Evolution in Natur und Kultur

Gerhard Schurz

Evolution in Natur und Kultur

Eine Einführung in die verallgemeinerte
Evolutionstheorie

Gerhard Schurz
Heinrich-Heine-Universität
Institut für Philosophie
Universitätsstraße 1
40225 Düsseldorf

Bibliografische Information der Deutschen Nationalbibliothek
Die Deutsche Nationalbibliothek verzeichnet diese Publikation in der Deutschen Nationalbibliografie; detaillierte bibliografische Daten sind im Internet über http://dnb.d-nb.de abrufbar.

Springer ist ein Unternehmen von Springer Science+Business Media
springer.de

© Spektrum Akademischer Verlag Heidelberg 2011, Softcover 2013
Spektrum Akademischer Verlag ist ein Imprint von Springer

11   12   13   14   15   5   4   3   2   1

Planung und Lektorat: Dr. Andreas Rüdinger, Heidemarie Wolter
Redaktion: Regine Zimmerschied
Satz: klartext, Heidelberg
Umschlaggestaltung: wsp design Werbeagentur GmbH, Heidelberg
Titelfotografie: 10.000 Meisterwerke, The Yorck Projekt: Hieronymus Bosch, Der Garten der Lüste (Detail)

ISBN 978-3-8274-2665-9 (Hardcover)
ISBN 978-3-8274-3118-9 (Softcover)

Inhaltsverzeichnis

Teil I
Woher kommen wir? Evolution in der Natur   1

Teil II
Evolution überall? Verallgemeinerung der Evolutionstheorie

Teil III
Menschlich – Allzu menschlich: Evolution der Kultur . . . .

Teil IV
Gedankliche Akrobatik: Mathematische Grundlagen und theoretische Modelle der verallgemeinerten Evolutionstheorie

Teil V
Gut und Böse, Wahr und Falsch: Die Evolution
von Moral, Wissen und Glaube

Vorwort und Einleitung

Die von Darwin begründete Evolutionstheorie hatte lange Zeit große Schwierigkeiten, nicht missverstanden zu werden und allgemeine Anerkennung zu finden. Zu ihrer Zeit stieß sie auf heftigen Widerstand. Immerhin lehrte sie, dass alles Leben auf der Erde bis hin zum Menschen in vielen Jahrmillionen durch natürliche Anpassungsprozesse entstanden sei, ohne dass dabei eine höhere zielgerichtete Schöpfungskraft, eine „lenkende Hand" im Spiel war. Dadurch geriet die Darwin'sche Evolutionstheorie nicht nur mit Kirche und Religion, sondern auch mit alltäglichen Vorstellungen des Common Sense in heftigen Konflikt.

Mittlerweile hat die biologische Evolutionstheorie eine kaum zu überbietende wissenschaftliche Erfolgsgeschichte aufzuweisen. Zumindest in der akademischen Fachwelt bildet sie die unbezweifelte Grundlage der Lebenswissenschaften. Gerade in den letzten beiden Jahrzehnten war eine stetig anwachsende Flut von Berichterstattungen über die Evolution des Lebens zu konstatieren, die mithilfe der neuen computergestützten Visualisierungsmethoden auch die visuellen Medien erobert hat. Zwar tobt die ideologische Auseinandersetzung zwischen Evolutionstheorie und religiös-kreationistischer Welterklärung nach wie vor, doch wird heute längst nicht mehr darüber verhandelt, ob die Evolutionstheorie eine akademisch akzeptable Theorie ist oder nicht. Es geht vielmehr umgekehrt um die Frage, ob eine rein naturalistische Welterklärung durch natürliche Evolutionsprinzipien ausreicht oder ob nicht doch, zumindest auf irgendeiner Ebene, auf intelligente Schöpfungskräfte zurückgegriffen werden muss, so wie dies in jüngster Zeit von Vertretern des anthropischen Prinzips in der Kosmologie vorgeschlagen wurde.

Wenn wir uns also in der Zeit einer stetig anwachsenden Flut von Literatur über Evolution befinden, warum dann ein weiteres Buch über Evolutionstheorie aus der Hand eines Wissenschaftsphilosophen? Weil sich in der Zwischenzeit, über die biologische Evolutionstheorie hinaus, ein wesentlich umfassenderes wissenschaftliches Theoriegebilde bzw. Paradigma herausgebildet hat, zu dem es bislang kaum eine Gesamtdarstellung gibt. Ich nenne dieses Paradigma bzw. Theoriegebilde die *verallgemeinerte* Evolutionstheorie. In einigen Fachgebieten wurde teilweise unabhängig voneinander die Darwin'sche Evolutionstheorie nämlich derart verallgemeinert, dass sie auf ganz neuartige Gebiete angewandt werden konnte, die außerhalb des Bereichs der Biologie liegen. Dabei werden die drei Darwin'schen Prinzipien der Reproduktion, Variation und Selektion von ihren biologisch-genetischen Grundlagen abgelöst und als abstrakte Eigenschaften dynamischer Systeme aufgefasst.

Das Neuartige des vorliegenden Werkes soll darin liegen, diese verallgemeinerte Evolutionstheorie in interdisziplinärer und philosophischer Gesamtsicht dem Leser nahezubringen. Die biologische Evolution auf dem neuesten Wissensstand darf in diesem Werk selbstverständlich nicht fehlen, ebenso wenig wie die aktuelle philosophische Auseinandersetzung mit dem Kreationismus und dem anthropischen Prinzip. Doch dies bildet nur einen Teil einer Gesamtdarstellung, in der auch die kulturelle Evolutionstheorie und die evolutionäre Spieltheorie, die evolutionäre Erkenntnistheorie und Psychologie sowie die evolutionäre Ethik ihren Platz haben, bis hin zu neuen Theorien der präbiologisch-kosmischen Protoevolution, zur mathematischen Evolutionstheorie und zur wissenschaftstheoretischen Fundierung der abstrakten Theorie evolutionärer Systeme.

Mit etwas Wagemut kann die wissenschaftsphilosophische These formuliert werden, dass die verallgemeinerte Evolutionstheorie derzeit im Begriff ist, sich über ein Leitparadigma der Lebenswissenschaften hinaus zu einem übergreifenden Rahmenparadigma aller gegenstandsbezogenen Wissenschaften und der zugehörigen Wissenschaftsphilosophien zu entwickeln, von der Kosmologie bis zu den Kulturwissenschaften. Dies schließt nicht aus, dass daneben auch noch andere Leitparadigmen, beispielsweise die Systemtheorie oder die Handlungstheorie, eine bedeutende Rolle spielen können. Wir werden an entsprechenden Stellen dieses Buches herausarbeiten, wie solche Paradigmen in die verallgemeinerte Evolutionstheorie eingebettet werden können.

Zwar gab es schon Ende des 19. Jahrhunderts, noch zu Lebzeiten Darwins, Verallgemeinerungsversuche der Evolutionstheorie, jedoch in Gestalt des sogenannten Sozialdarwinismus, der auf mehreren gravierenden Fehlinterpretationen der Darwin'schen Evolutionstheorie beruhte. Beispielsweise gibt es in der modernen Evolutionstheorie keinen Automatismus zur Höherentwicklung, wie es der Sozialdarwinismus lehrte. Schon gar nicht gibt es ein Gesetz der Selektion des Stärksten, sondern nur eine Selektion des Bestangepassten, welche auch die Evolution von Altruismus und Kooperation befördern kann. Aufgrund solcher ideologischer Missdeutungen waren Verallgemeinerungsversuche der Evolutionstheorie bis in die frühen 1970er Jahre im geisteswissenschaftlichen Lager schlecht angesehen, was sich auch in der überwiegenden Ablehnung der Wilson'schen *Soziobiologie* seitens sozial- und geisteswissenschaftlicher Disziplinen äußerte. Die bahnbrechenden Erfolge der Evolutionstheorie, von der „modernen Synthese" (*modern synthesis*) bis zur Entdeckung des genetischen Codes, haben sich bis in die 1970er Jahre vorwiegend auf die Naturwissenschaften beschränkt. Dort führten sie jedoch durch zahlreiche neue Erkenntnisse, z. B. über die Existenz von Zufallsdriften und anderen nicht adaptionistischen Prozessen, zu einem wesentlich fortgeschritteneren Bild von biologischer Evolution, verglichen zu früheren Vorstellungen von biologischer Arterhaltung oder universalem Anpassungsdrang.

Die entscheidenden wissenschaftlichen Anstöße zur Entwicklung einer verallgemeinerten Evolutionstheorie erfolgten dagegen erst ab den späten 1970er Jahren. In diesem Zeitraum entwickelte Richard Dawkins den Begriff des *Mems* als kulturellem Gegenstück des Gens. Meme sind nicht angeborene, sondern erworbene menschliche Ideen und Fertigkeiten, die durch den Mechanismus der kulturellen Tradition reproduziert werden. Dawkins postulierte damit eine eigenständige Ebene der kulturellen Evolution, und diese Idee wurde seither von vielen bekannten Wissenschaftlern weiterentwickelt. Der Begriff der Kultur wird dabei im weiten Sinne verstanden – er umfasst nicht nur Religion, Moral und Kunst, sondern auch Rechtssysteme und soziale Institutionen sowie insbesondere Sprache, Wissen und Technologie.

In etwa dieselbe Zeit fällt die Entwicklung der *evolutionären Spieltheorie* durch John Maynard Smith, die sich in der Ökonomie und den Sozialwissenschaften mittlerweile zum bedeutendsten Theorienansatz weiterentwickelt hat, mit dem die Evolution von Handlungsinteraktionen beschreibbar und durch Computersimulationen voraussagbar ist. Ebenfalls in den 1970er Jahren hat Neil A. Campbell seine auf Begriffen der Variation, Selektion und Retention basierende verallgemeinerte Evolutionstheorie entwickelt, die auch präbiologische Prozesse in der Chemie oder im Kosmos erfasst und sich ebenfalls zwanglos in die hier entwickelte Konzeption der verallgemeinerten Evolutionstheorie einfügt.

Campbell hat auch wesentlich zur *evolutionären Erkenntnistheorie* beigetragen, die schon in den 1940er Jahren durch Lorenz angeregt wurde. Die ältere evolutionäre Erkenntnistheorie steht mit ihrem Glauben an den evolutionären Wahrheitsfortschritt in interessantem Kontrast zur jüngeren Disziplin der *evolutionären Psychologie*, insbesondere der evolutionären Kognitionspsychologie. Für die Analyse dieses Gegensatzes erweist sich der Rahmen der verallgemeinerten Evolutionstheorie als ebenso nützlich wie für die Analyse zweier weiterer Gebiete, die den Abschluss dieses Buches bilden. Das erste Gebiet bildet die Frage nach den Möglichkeiten der Evolution von *sozialer Kooperation*, einer der Hauptfragen der evolutionären Spieltheorie, zu der es mittlerweile eine Flut von Spezialliteratur gibt. Soziale Kooperation kann zwar vergleichsweise leicht entstehen, doch ihre nachhaltige evolutionäre Stabilisierung gegenüber „Ausbeutern" sieht sich bekanntlich hartnäckigen Schwierigkeiten gegenüber und erfordert komplexe soziale Mechanismen wie z. B. gemeinschaftliche Reputations- oder Sanktionssysteme. Das zweite Gebiet ist die Erklärung der evolutionären Nachhaltigkeit von *Religionen*, auch noch in den zivilisatorisch fortgeschrittensten Teilen dieser Welt. Als Erklärung dieses Phänomens wird der *verallgemeinerte Placeboeffekt* vorgeschlagen. Auch dieser Effekt lässt sich nur im Rahmen der verallgemeinerten Evolutionstheorie befriedigend erfassen.

Fasst man die gesamte Literatur in jenen Disziplinen ins Auge, die in das so umschriebene Gebiet der verallgemeinerten Evolutionstheorie fallen, so erreicht diese Literatur einen hohen Grad an Interdisziplinarität und eine für Laien wie Spezialisten verwirrende Komplexität. Im vorliegenden Buch wird diese Komplexität systematisiert, sprachlich vereinheitlicht und allgemein verständlich dargestellt, ohne besondere Vorkenntnisse vorauszusetzen. Das besondere Augenmerk gilt dabei den philosophischen Grundlagen und Letztfragen, die immer wieder angesprochen werden.

Als weitere Besonderheit dieses Buches werden wir aufzeigen, wie sich die Beschreibungsmodelle der biologischen Populationsgenetik, der Memtheorie und der evolutionären Spieltheorie auf Variationen ein und desselben Grundmodells zurückführen lassen. Durch all ihre vielfältigen und sehr konkreten Anwendungen hindurch wird nämlich die Gesamtdisziplin der verallgemeinerten Evolutionstheorie in ihrem Kern von einer einheitlichen und mathematisch im Detail ausformulierten

Theorie zusammengehalten, und diese erst rechtfertigt es, von der verallgemeinerten Evolutionstheorie nicht nur in einem metaphorischen, sondern *genuin theoretischen* Sinn zu sprechen.

Der besseren Orientierung halber ist das Buch in fünf aufeinander aufbauende Teile gegliedert, die Kapitel sind jedoch fortlaufend durchnummeriert. Abbildungen, Tabellen und Boxen (die allgemein-philosophische Erläuterungen enthalten) sind kapitelweise nummeriert (z. B. Abb. 3.4 = Abb. 4 von Kap. 3). Kapitel- und Abschnittsverweise mit Literaturbezug beziehen sich auf das genannte Buch (z. B. Meier 2000, Kap. 5) und mit Verweispfeilen auf das vorliegende Buch (▶ Kap. 5).

Teil I behandelt die historische Entwicklung und die modernen Grundlagen der biologischen Evolutionstheorie sowie aktuelle Theorien zu protoevolutionären Entwicklungsprozessen im Kosmos. Dabei konzentrieren wir uns auf die philosophische Auseinandersetzung mit dem Kreationismus, dem anthropischen Prinzip und den letzten Warum-Fragen. In **Teil II** werden die grundsätzlichen Schritte zur Verallgemeinerung der Evolutionstheorie vorgenommen sowie die wissenschaftstheoretischen Grundfragen und ethischen Konsequenzen der verallgemeinerten Evolutionstheorie behandelt. Bei den wissenschaftstheoretischen Grundfragen geht es insbesondere um das moderne Verständnis des Begriffs der *Funktion* und um die Frage der *Reduzierbarkeit* bzw. Nichtreduzierbarkeit von „höheren" Wissenschaften wie z. B. der Biologie auf die Physik. Das ethische Schlusskapitel enthält eine Kritik des Sozialdarwinismus sowie eine Diskussion von Prinzipien einer evolutionären Ethik und ihrer Beziehung zu Prinzipien der humanistischen Ethik.

Teil III enthält die Übertragung der verallgemeinerten Evolutionstheorie auf die kulturelle Evolution. Nach einer kritischen Einführung in die aktuelle Kontroverse um die Theorie der Meme werden aktuelle Anwendungen der kulturellen Evolutionstheorie vorgestellt sowie die Wechselwirkungen zwischen biologischer, kultureller und individueller Evolution analysiert. Daran anknüpfend werden in **Teil IV** die mathematischen Modelle der Populationsgenetik und der Populationsdynamik von Memen in vereinheitlichter Weise dargestellt und nahtlos in die Modelle der evolutionären Spieltheorie übergeführt. Dieser Teil ist aus zwei Gründen fundamental. Erstens, weil in ihm das einheitliche Kernstück der verallgemeinerten Evolutionstheorie herausgearbeitet wird. Zweitens, weil darin gezeigt wird, warum bedeutende evolutionstheoretische Einsichten erst durch die präzisen Modelle der Populationsdynamik und ihrer mathematisch-computergestützten Analyse ermöglicht werden. Zugleich ist Teil IV der einzige der fünf Teile, welcher dem Leser etwas „Gedankenakrobatik" in Form mathematischer Gleichungen vom Niveau gymnasialer Oberstufenmathematik zumutet, deren wesentlicher Gehalt aufgrund der grafischen Illustrationen, aber auch ohne genaues mathematisches Verständnis nachvollzogen werden kann. **Teil V** beschließt das Buch schließlich mit einer vertieften Analyse des Problems der Evolution von sozialer Kooperation sowie der Evolution von menschlicher Kognition, Weltanschauung und Religion im Spannungsfeld zwischen Rationalität und Irrationalität.

Für wertvolle Hilfestellungen bei der Erstellung und Abfassung des Buchmanuskripts danke ich insbesondere meinem Kollegen Axel Bühler, meinen Mitarbeitern Katja Ludwig, Erasmus Scheuer, Hakan Beseoglu und Veronika Linke, meiner Frau Dorothea Schurz-Weisheit und meiner Tochter Christine Schurz, sowie meinen geschätzten Düsseldorfer Diskussionspartnern und Kollegen Dieter Birnbacher, Werner Kunz, Hans Geisler, Klaus Lunau, Michael Baurmann, Markus Werning, Ioannis Votsis, Ludwig Fahrbach, Eckhart Arnold, Elmar Hermann, Jens Fleischhauer und Matthias Unterhuber. Dank für hilfreiche Korrespondenz schulde ich ferner Gerhard Vollmer, Wolfgang Wicklcr, Lucie Salwiczek, Marcel Weber, Martin Carrier, Paul Hoyningen-Huene, Hannes Leitgeb, Hartmut Kliemt, Heinz Wimmer, Josef Perner, Gernot Kleiter, Niki Pfeifer, Ruth G. Millikan, Samir Okasha, Philip Kitcher, Brian Skyrms, Alvin Goldman, Simon Huttegger, Reiner Hegselmann, Igor Douven und Kevin Kelly. Für die gute Zusammenarbeit mit dem Verlag bedanke ich mich bei Andreas Rüdinger und Heidemarie Wolter. Mich selbst hat das Gebiet der verallgemeinerten Evolutionstheorie im Laufe meiner Arbeit immer mehr fasziniert, und ich wünsche mir, dass etwas von dieser Faszination auf die geschätzte Leserin bzw. den geschätzten Leser übergeht.

Düsseldorf, im März 2010   Gerhard Schurz

Teil I:

Woher kommen wir?
Evolution in der Natur

Wie entstand komplexes Leben bis hin zum Menschen aus der ersten Zelle? Charles Darwin zeigte uns, wie dies geschehen konnte, auch ohne dass eine göttliche Hand im Spiel war, allein durch das Wirken von Evolution. Für den Common-Sense-Verstand ist diese Einsicht nach wie vor schwer verstehbar. In Teil I werden nach einer historischen Einführung die vielfältigen Gründe und Evidenzen dargestellt, auf welche sich die moderne biologische Evolutionstheorie stützt und die den Verfechtern des Kreationismus entgegenhalten werden können. Anschließend behandeln wir die weitergehende Frage nach den Voraussetzungen der Entstehung von Leben im Universum. Wem oder was verdankt unser Universum die lebensfreundlichen Parametersetzungen? Kann auch noch die Entwicklung des Kosmos durch natürliche Evolutionsprinzipien befriedigend erklärt werden, oder muss nicht doch, zumindest auf irgendeiner Ebene, auf intelligente Schöpfungskräfte zurückgegriffen werden, so wie dies in jüngster Zeit von Vertretern des anthropischen Prinzips in der Kosmologie vorgeschlagen wurde? Der Antwort auf diese Frage sind wir in diesem Teil auf der Spur.

1.
Von der Genesis zur Evolution: Die historische Ablösung der Evolutions-theorie aus metaphysisch-normativen Entwicklungskonzeptionen

1.1 Fernab von Darwin: Entwicklungstheorien des Common Sense

Wir beginnen dieses Buch mit einer Klärung der Begriffe von Entwicklung und Evolution. Den *Entwicklungsbegriff* verstehen wir als einen Oberbegriff. Evolution ist eine *Unterart* von Entwicklung, die auf bestimmte, in diesem Buch zu erläuternde Weise zustande kommt – wobei wir erkennen werden, dass die meisten natürlichen und kulturellen Entwicklungen evolutionäre Grundlagen haben.

So vertraut der Entwicklungsbegriff auch scheinen mag – er ist durchaus subtil. Unter *Entwicklung* verstehen wir jede *nachhaltig gerichtete Veränderung* von Realsystemen in der *Zeit*.[1] Das Subtile liegt darin, dass eine Veränderung, die über eine gewisse Zeit hindurch eine bestimmte *Richtung* besitzt, sich auf ein *Ziel* hinzubewegen scheint. Dies impliziert jedoch gerade *nicht*, dass dieses Ziel auch ontologisch eigenständig *existieren* oder wirken muss, sondern nur, dass sich dieses Ziel als hypothetischer Endpunkt einer bislang konstatierten Entwicklungsrichtung *konstruieren* lässt. Die fundamentale Bedeutung dieser Beobachtung wird im weiteren Verlaufe klar werden.

Entwicklung ist ein Phänomen, mit dem der Mensch in seiner natürlichen Umgebung von jeher und allerorts vertraut ist. Alle biologischen *Organismen*, Pflanzen und Tiere entwickeln sich, vom Keim bis zum erwachsenen Organismus; Menschen entwickeln sich im Körper und im Geist; menschliche Gesellschaften entwickeln sich; und auch jede *menschlichen Handlung* ist eine Entwicklung, vom Plan und Willensimpuls über die Ausführung zum mehr oder weniger erwünschten Handlungsresultat. Auch im Bereich der unbelebten Natur, auf unserem Planeten wie im Kosmos, zeigen sich Entwicklungen, die Richtungen besitzen und darüber hinaus aber häufig in größere Zyklen eingebunden sind, wie der Wasserkreislauf oder die Jahreszeiten. Auch biologische Entwicklungsprozesse sind in solche Zyklen eingebunden, von den Tages- und Nachtrhythmen und jahreszeitlichen Rhythmen bis zu den Zyklen der biologischen Generationenfolge. Demgemäß stellten sich Menschen seit alters die Frage, ob der Entwicklungsverlauf der Welt letztlich ein linearer oder zyklischer sei, und die evolutionstheoretische Antwort darauf lautet „jein", da es gerade die zyklischen

---

[1] Veränderung ist somit ein noch allgemeinerer Oberbegriff; nicht jede Veränderung ist als Entwicklung, d. h. als nachhaltig gerichtet zu bezeichnen.

Reproduktionsprozesse sind, die den Baum der Evolution weiterwachsen und dabei Neues entstehen lassen – aber dies ist ein Vorgriff auf Zusammenhänge, zu denen wir uns erst hinarbeiten müssen.

Vor allem zeigen sich die Entwicklungsprozesse des Lebens und ihre Resultate als *planmäßig* geordnet und *harmonisch* aufeinander abgestimmt. Alle Lebewesen haben gerade die Organe und Fähigkeiten, die sie für ihr artspezifisches Überleben in ihrer artspezifischen Umgebung benötigen – die Pflanzenfresser der Steppe besitzen Hufe und Mahlzähne, die Raubtiere Reißzähne und Krallen, die Fische Kiemen und Flossen, die Vögel Flügel und leichte Knochen usw. Selbst die physikalisch-chemischen Prozesse auf der Erde, auch wenn sie keine zielgerichteten Entwicklungen, sondern einfache Zyklen formen, scheinen der zielgerichteten Entwicklung allen Lebens zu dienen: Die Sonne spendet Licht und Wärme, Wolken liefern Wasser, die Erde gibt Nahrung für die Pflanzen, welche kleinere Tiere und diese wiederum größere Tiere ernähren; die Nacht lässt die Lebewesen schlafen und der Tag sie erwachen, Bäume spenden Schatten, Kräuter dienen als Heilmittel usw. Für das intuitive Denken des Menschen und den unaufgeklärten Verstand des Common Sense erscheint diese Harmonie derart *überwältigend*, dass ihm (im Regelfall) gar keine andere Erklärung denkmöglich erscheint als jene, die Religionen und Frühphilosophien seit Urzeiten gegeben haben und die in der jüngeren Kontroverse das *Designargument* genannt wurde: dass nämlich ein höheres mächtiges Wesen, ein *Schöpfer*, dies alles absichtsvoll und wohlgeplant so eingerichtet hat. Die Wesen der Natur scheinen sich überdies entlang einer *hierarchischen* Stufenleiter der Vollkommenheit anordnen zu lassen, von unbelebten Gegenständen über Pflanzen und Tiere bis hin zum Menschen, sodass man von Aristoteles bis zur neuzeitlichen Philosophie eine *Scala Naturae*, eine Stufenleiter der Natur, annahm (vgl. Crombie 1959, 136 f; Mayr 1982, 201 f; Lovejoy 1936).

Diese Idee eines höheren zielgerichteten Wesens oder einer solchen Macht steht daher im Zentrum aller *vordarwinistischen* Entwicklungsphilosophien, welche rationale Ausdifferenzierungen solcher in der natürlichen Intuition des Menschen verankerten Vorstellungen sind. Versucht man, die Vielzahl vordarwinistischer bzw. nicht-evolutionärer Entwicklungskonzeptionen zu systematisieren, so kristallisieren sich letztlich zwei große Familien von Entwicklungstheorien heraus: erstens die älteste und umfangreichste Familie *kreationistischer* Entwicklungstheorien, welche alle Spielarten religiöser Weltdeutungen umfassen und noch heute die Menschheit ideologisch bestimmen, und zweitens die auf Aristoteles zurückgehende *Teleologie*, die als Schöpfungsursachen statt übermächtiger Wesen gewisse (abstrakte) *zielgerichtete Kräfte* bzw. *Zweckursachen* annimmt und auch noch in der Philosophie der Neuzeit und Gegenwart eine maßgebliche Deutungsrolle spielt. Diese beiden Hauptfamilien nicht darwinistischer Entwicklungstheorien sind in ▶ Abb. 1.1 eingetragen und bilden den Inhalt der nächsten beiden Abschnitte.

Obwohl die natürliche Kognition des Menschen in einigen Hinsichten erstaunlich leistungsstark ist, wurde sie in anderen Hinsichten durch die Entwicklung der modernen Naturwissenschaften radikal infrage gestellt. Wie die moderne Physik, so ist auch die moderne, auf Darwin zurückgehende Evolutionstheorie den intuitiven Denkmodellen des Menschen schlichtweg *fremd*. In ▶ Abb. 1.1 haben wir, dem entsprechend, neben den zwei großen vordarwinistischen Entwicklungskonzeptionen

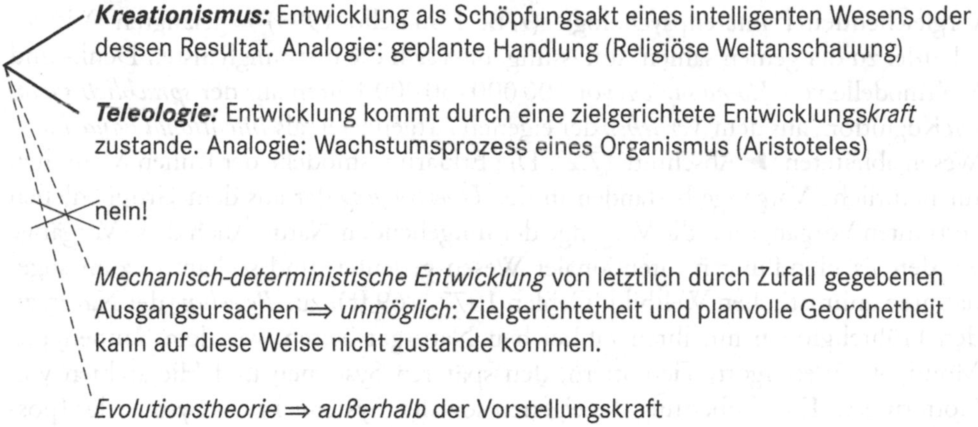

Kreationismus: Entwicklung als Schöpfungsakt eines intelligenten Wesens oder dessen Resultat. Analogie: geplante Handlung (Religiöse Weltanschauung)

Teleologie: Entwicklung kommt durch eine zielgerichtete Entwicklungs*kraft* zustande. Analogie: Wachstumsprozess eines Organismus (Aristoteles)

nein!

Mechanisch-deterministische Entwicklung von letztlich durch Zufall gegebenen Ausgangsursachen ⇒ *unmöglich*: Zielgerichtetheit und planvolle Geordnetheit kann auf diese Weise nicht zustande kommen.

Evolutionstheorie ⇒ *außerhalb* der Vorstellungskraft

Abb. 1.1 Zwei nicht evolutionäre Entwicklungstheorien des Common Sense und zwei nicht infrage kommende Alternativen.

noch zwei weitere Modellvorstellungen von Veränderungsprozessen eingetragen, die dem Common Sense bzw. vormodernem Denken zufolge *unmöglich* Entwicklung beschreiben können (gestrichelte Linien). Eine rein physikalische Erklärung der so zweckmäßig eingerichteten Natur nur durch Zufall und Notwendigkeit wurde bis vor Darwin als gänzlich unplausibel abgelehnt, und zwar deshalb, weil eine solche Erklärung immer nur im Sinne der oberen gestrichelten Alternative von ▶ Abb. 1.1 verstanden wurde, als mechanisch determinierte Entwicklung aufgrund zufälliger und astronomisch unwahrscheinlicher Ausgangsursachen – als würden durch Zufall Milliarden von Atomen so zusammengewürfelt, dass sie einen Menschen ergeben. Dagegen lag der viel subtilere evolutionstheoretische Ansatz (die untere gestrichelte Linie) *außerhalb* des intuitiven menschlichen Denk- und Vorstellungsrahmens (Mayr 1982, 309). Dies schließt nicht aus, dass es einige frühe Denker gab, die Vorformen evolutionärer Modelle vorschlugen (z. B. die antiken Atomisten); aber sie konnten sich gegen die Gegenargumente ihrer Zeitgenossen nicht durchsetzen, da ihre Denkmodelle zu viele damals noch ungelöste Probleme enthielten.

1.2 Der planvolle Schöpfungsakt: Spielarten des Kreationismus

Dem Kreationismus zufolge ist Entwicklung die Wirkung einer intentionalen (absichtsvollen) und intelligenten (planvollen) Ursache. Die kreationistische Ursache-Wirkungs-Beziehung fällt also mit der Beziehung zwischen der Handlungsabsicht und dem Handlungsresultat von *Agenten* zusammen. Die kreationistische Konzeption von Weltentwicklung ist uralt, archaisch und archetypisch: Sie ist der gemeinsame Kern aller Religionen, und ihre Spuren sind noch in den ältesten Spuren menschlicher Weltvorstellungen auffindbar. In mehreren zeitlich wie disziplinär getrennten Fachrichtungen – der deutschsprachigen Anthropologie und Sozialphilosophie (z. B. Gehlen 1977; Topitsch 1979), der angelsächsischen Soziobiologie und kognitiven Psychologie (z. B. Wenegrat 1990; Boyer 1994) und der jüngsten

vergleichenden Primatenpsychologie (z. B. Tomasello 1999) – gelangten Wissenschaftler zu der gemeinsamen Auffassung, dass sich die ursprünglichsten Denk- und
Weltmodelle von *Homo sapiens* vor 100 000–50 000 Jahren aus der *sprachlich-sozia-
len* Kognition, aus dem *Verstehen* der eigenen Artgenossen als *intentional handelnden*
Wesen ableiteten (▶ Abschnitt 17.2). Die Erklärungsmodelle der frühen Menschen
für natürliche Vorgänge bestanden in der *Übertragung* der aus dem Gruppenleben
vertrauten Vorgänge auf die Vorgänge der umgebenden Natur. Auch diese Vorgänge
wurden als Handlungen intentionaler Wesen gedeutet, und so kam es zum sogenannten animistischen Weltbild (Gehlen 1977, 169 ff), zur *Beseelung* der Natur, zu
den Frühreligionen mit ihren zahlreichen Naturgottheiten, wie dem Sonnengott,
Mondgott, Wettergott, Tiergöttern, den späteren Systemen und Hierarchien von
Göttern usw. Die Einbettung des eigenen sozialen Systems in das System der (postulierten) höheren Mächte erfolgte mithilfe von *kreationistischen* Schöpfungs- und
Heilslehren, welche die Weltentstehung auf der eigenen Gruppe wohlgesonnene
Gottheiten zurückführten, sowie mittels kultisch-religiösen Ritualen, in denen man
diesen Gottheiten näher zu kommen trachtete. Beide Elemente bilden auch noch
heute die zwei zentralen Stützpfeiler von Religionen.

Wie kann das merkwürdige Phänomen erklärt werden, dass Religionen nach jahr-
hundertelangem Fortschritt von Aufklärung und Wissenschaft immer noch einen
derart großen Einfluss auf das Denken der gegenwärtigen Menschheit besitzen? Evolutionär betrachtet hat es offenbar spezifische *Selektionsvorteile* für die Ausbildung
religiösen Denkens gegeben. Dies bedeutet freilich nicht, dass religiöse Denkvorstellungen in einem nachprüfbaren Sinne *wahr* sind – im Gegenteil sind die meisten
religiösen Denkvorstellungen höchstwahrscheinlich falsch oder zumindest unbegründet (▶ Kap. 3 bis 5). Religionen haben sich vielmehr aufgrund anderer, von der
Wahrheitsfrage unabhängiger Selektionsgründe entwickelt. Hierfür lassen sich, wie
in ▶ Abschnitt 17.5 herausgearbeitet wird, insbesondere zwei nennen. Erstens die
erwähnte Tatsache, dass die natürliche Kognition des Menschen die Welt in Kategorien von intentionalen Agenten beschreibt, und zweitens die Tatsache, dass Religion
verallgemeinerte Placebowirkungen besitzt: Der bloße Glaube eines Menschen an
einen beschützenden Gott hat ganz unabhängig von seiner Wahrheit positive Auswirkungen, indem er das Selbstvertrauen dieses Menschen, seine innere Kraft und
auch seine positive Ausstrahlung auf die Gemeinschaft stärkt.

Gerade weil sich religiöse Vorstellungen im Menschen nicht aufgrund ihrer Wahrheit, sondern aufgrund ihrer verallgemeinerten Placeboeffekte herausbildeten, sind
sie auch so vielfältig und untereinander widersprüchlich. Jede menschliche Stam-
mesgruppe hatte ihren spezifischen Schöpfungsmythos; Wilson (1998, 325) schätzt,
dass es in der Geschichte der Menschheit etwa 100 000 verschiedene religiöse Glaubenssysteme gegeben hat. Diese wurden mit fortschreitend zivilisatorischer Vereinigung von Großfamilien zu größeren Verbänden bis hin zu Frühstaaten ebenfalls vereinheitlicht – teils eliminiert und teils aneinander angepasst, wobei *soziomorphe*
Religionen (im Sinne von Topitsch 1979) bedeutend wurden. So findet man in
Frühreligionen häufig die Deutung des Kosmos nach dem Muster einer Ahnenreihe,
von Gott als Urahn bis zu den ältesten lebenden Sippenmitgliedern und den darun-
terstehenden Tieren, Pflanzen und sogar Mineralien – in diesem Vorläufer der Scala
Naturae fallen Abstammung und Hierarchie in eins.

Zwei große Transformationsprozesse waren es, denen Frühreligionen unterlagen. Erstens ihre *Monotheisierung*, also die Reduktion der polytheistischen Götterwelt auf einen höchsten Gott, welche ihre Wurzel vermutlich in der monotheistischen Gotteslehre des ägyptischen Königreichs ca. 2500 v. Chr. besitzt, aus der die untereinander verwandten Religionen des Judentums, Christentums und Islams hervorgingen (Gehlen 1977, 167). Zweitens und in Verbindung damit ihre *Rationalisierung*, die wir schon in den frühen Philosophien Chinas und Indiens und in vollem Ausmaß in der abendländischen Philosophie vorfinden, die im antiken Griechenland als der Wiege der Philosophie begann und in der neuzeitlichen *Aufklärungsphilosophie* weitere Transformationen erfuhr.

Auch in der abendländischen Philosophie wirkten kreationistische und teleologische Entwicklungsvorstellungen lange nach, während darwinistisches bzw. genuin evolutionäres Denken außerhalb der philosophischen Reichweite lag. Platon (427–348 v. Chr.) hat in seiner Lehre von den ewigen *göttlichen Ideen*, die alles Irdische prädeterminieren, das kreationistische Paradigma in abstrakter Form reproduziert. Später stellte Plotin (203–269 n. Chr.) in seiner „neuplatonistischen" Synthese von Vernunft und Religion die christliche Gottheit an die Spitze aller platonischen Ideen. Aristoteles, der große Schüler Platons und Begründer wissenschaftlich orientierter Philosophie, hatte Platons Vorstellung einer göttlichen Ideenwelt bekanntlich abgelehnt und stattdessen die Konzeption einer der Natur immanenten Teleologie entwickelt, welche im nächsten Abschnitt besprochen wird. Allerdings wurde das umfangreiche Wissen der Antike für lange Zeit nur im arabischen und persischen Raum tradiert und war bis ins 12. Jahrhundert dem mittelalterlichen Europa weitgehend unbekannt (vgl. Crombie 1977, 39–44). Die Philosophie des europäischen Mittelalters beschränkte sich daher lange Zeit auf eine Rationalisierung des Christentums und erfuhr erst ab dem 12. Jahrhundert einen Innovationsschub, als ganze Schiffsladungen von antiken Schriften ins mittelalterliche Europa transportiert wurden.

Damals war es das zentrale Streben der spätmittelalterlichen Scholastiker, die Lehren des als überragende Autorität anerkannten Aristoteles mit jenen des Christentums zu vereinen – was nur teilweise gelingen konnte. Dass diese Vereinbarung von kirchlichen und weltlich-rationalen Lehren dem katholischen Christentum so wichtig war, hat folgenden in der gegenwärtigen Kreationismusdebatte nach wie vor aktuellen Grund: Gemäß der von Thomas von Aquin (1225–1274) ausformulierten *Übereinstimmungslehre* dürfen sich Vernunftwahrheiten und Offenbarungswahrheiten nicht in Widerspruch befinden. Denn Gott hat dem Menschen die Vernunft gegeben, um über die Vernunftwahrheiten zu höheren Offenbarungswahrheiten vorzudringen. Wenn also eine angebliche Vernunfterkenntnis mit einer religiösen Doktrin in Widerspruch steht, muss entweder die angebliche Vernunfterkenntnis falsch oder die religiöse Doktrin ein Irrglaube sein. Diese Übereinstimmungslehre ist noch heute eine wesentliche Grundlage des katholischen Christentums (vgl. die Enzyklika *Fides et Ratio* von Papst Johannes Paul II., 9–12, 30–40). Allerdings war die Übereinstimmungslehre nicht universell akzeptiert; sie war zwar die Auffassung des Dominikanerordens, aber nicht des Franziskanerordens. Die Philosophen des Franziskanerordens, z. B. der berühmte William von Ockham (1295–1349), trennten wissenschaftliche von religiösen Wahrheiten und lösten damit eine aufklärerische

„Frührevolution" des Spätmittelalters aus (vgl. Crombie 1977, 27 f, sowie Umberto Ecos Roman *Der Name der Rose*).

Der Prozess der Aufklärung im westlichen Abendland war kompliziert und erstreckte sich vom 15. bis zum 19. Jahrhundert. Nicht nur wurde mittelalterliche Dogmatik zunehmend zum Hemmschuh der Entwicklung; die Sicherheit der christlichen Religion wurde auch von innen durch zunehmende Religionsstreite unterhöhlt (z. B. Katholizismus vs. Protestantismus oder Calvinismus). Im England des 17. Jahrhunderts kristallisierte sich immer mehr die Notwendigkeit heraus, politische Fragen von Religionsfragen zu trennen. Die Entwicklung kulminierte in der Glorious Revolution von 1688, die zur ersten parlamentarischen Demokratie (im Rahmen der englischen konstitutionellen Monarchie) führte. Die neue geistige Einstellung spiegelt sich trefflich in einer einflussreichen Schrift des Philosophen John Locke (1632–1704) aus dem Jahr 1695 mit dem Titel *Die Vernünftigkeit des Christentums*. Locke führte darin aus, dass Konfessionsstreitigkeiten keinen vernünftigen Grund hätten und der Kern der christlichen Lehre durch reine Vernunft erkennbar sei. Damit läutete Locke eine weitere Wendung in der Transformation der Religion ein: die Wendung vom *Offenbarungsglauben* bzw. „Fideismus", dem zufolge die Grundlage des wahren Glaubens in autoritativen und auf Gottes Wort zurückgehenden Texten bzw. „heiligen Quellen" liegt, hin zum Deismus oder *Vernunftglauben*. Im Zeitalter der Glaubenskriege wurden Offenbarungsdogmen immer fragwürdiger, und geistige Autoritäten schlossen sich zunehmend dem *Deismus* oder dem später sich davon abspaltenden *Theismus* an (Röd 1984, 149 ff). Deismus wie Theismus vertreten eine natürliche vernünftige Religion; der Theismus glaubt darüber hinaus an einen persönlichen Gott, mit dem der Mensch in eine kommunikative Beziehung treten kann.

Obwohl sich Locke vom Deismus distanzierte, beriefen sich radikale deistische Freidenker auf ihn. Führende Kirchenvertreter erkannten die Gefahr, die vom Deismus ausging, denn wenn es jedermann unter Berufung auf die Vernunft gestattet ist, seine eigenen religiösen Lehren zu verbreiten, ist die Einheit der Religion bedroht. Dementsprechend wurden die Deisten von den Kanzeln der christlichen Kirchen als *Ungläubige* verurteilt. Wie leicht religiöses Freidenken zu Materialismus und Atheismus führt, zeigte sich unter anderem in der Entwicklung der Philosophie im vorrevolutionären Frankreich. Letztlich scheiterten die Versuche, Gott und Religion durch reine Vernunft zu begründen. Diese Einsicht zeichnete sich jedoch erst deutlich am Ende der Aufklärungsepoche ab, etwa in der Schrift *Religion innerhalb der Grenzen der bloßen Vernunft* (1793) von Immanuel Kant (1724–1804), worin der Offenbarungsglaube als Aberglaube bezeichnet und der Gottesglaube nicht durch Vernunft, sondern durch das Bedürfnis nach Glückseligkeit pragmatisch begründet wird.

Trotz dieser Entwicklung haben kreationistische oder teleologische Denkansätze in der rationalisierten Philosophie des 19. und 20. Jahrhunderts weiter fortbestanden. So war William Paleys *Natural Theology* von 1802 auch noch die Lieblingslektüre des jungen Darwin. Paleys Schrift war das Standardwerk des kreationistischen Designarguments im 19. Jahrhundert. Paley argumentierte darin, würde jemand im Sand eine Uhr finden, würde er zweifellos nicht annehmen, die Uhr sei durch eine Serie riesenhafter Zufälle ohne intelligente Ursachen entstanden. Ebenso wenig könne man das von der Natur annehmen: So wie wir glauben, die Uhr ist das Produkt eines Uhrenherstellers, sollten wir auch glauben, die Welt sei das Produkt eines Weltenschöpfers (Sober 1993, 30). Der Titel von Dawkins' berühmtem Buch *Der blinde Uhrmacher* (1987) ist eine Anspielung auf Paleys Uhrenbeispiel. Versionen dieses Designarguments finden sich freilich in den Schriften vieler früherer Autoren.

Noch vor Paleys Formulierung hatte David Hume (1711–1776) in seinen *Dialoges on Natural Religion* (1779) das Designargument eingehend kritisiert. Ein schon bei Hume vorfindbares Gegenargument besagt, dass es zahllose *alternative* kreationistische Erklärungen gebe, welche durch die Tatsachen ebenso gut bestätigt wären wie die biblische Schöpfungslehre – beispielsweise könnten mehrere Götter in Kooperation oder Götter in Kooperation mit Teufeln die Welt erschaffen haben. Diese Argumentationsstrategie benutzt gegenwärtig eine Gruppe von Studierenden in den USA, die sich „Church of the Flying Spaghetti Monster" nennt, um die kreationistische Forderung, die biblischen Schöpfungsmythen in der Schule zu lehren, mit der Forderung ad absurdum zu führen, es sollte dann auch die Lehre ihrer Kirche gelehrt werden, der zufolge die Welt von einem fliegenden Spaghetti-Monster erschaffen worden sei (vgl. www.venganza.org/aboutr/open-letter).

In Anbetracht der Dominanz von Religionen in den gegenwärtigen Weltkulturen und den damit einhergehenden Gefahren des Fundamentalismus ist unser Erbe der Aufklärung ein sorgsam zu pflegendes und zu verteidigendes Gut (▶ Abschnitt 17.6). Auch dieses Buch will hierzu etwas beisteuern, ohne deshalb alle Religionen in Bausch und Bogen zu verdammen – was auf Dawkins' Schrift *Der Gotteswahn* (2007) leider zutrifft. Gerade *weil* Religionen nicht aus rationalen Gründen geglaubt werden, gibt es so viele und oftmals einander widersprechende kreationistische Lehren. Nicht nur, wenn man die Vielzahl von Frühreligionen betrachtet – auch die große Zahl von christlichen und religiösen Sekten der Gegenwart, speziell in den USA, haben eine barocke Vielfalt an kreationistischen Lehren hervorgebracht. Mithilfe von ▶ Tab. 1.1 verschaffen wir uns zunächst einen groben Überblick.

Offizielle Kirchenlehren sind im Regelfall fideistisch orientiert; reformerische Gruppen oder Sekten wie etwa die Scientology dagegen häufig deistisch, vermischt

Tab. 1.1 Varianten des gegenwärtigen Kreationismus

	Offenbarung/ Autorität	Vernunftreligion	
	Fideismus	Deismus (unpersönlicher Gott)	Theismus (persönlicher Gott)
strenge Auslegungen	×	–	–
liberale Auslegungen	×	×	×

Erläuterung: Die Unterscheidung „liberale vs. strenge Auslegung" ist gradueller Natur. Mit – markierte Positionen sind inkonsistent, denn strenge Auslegungen heiliger Schriften sind notwendigerweise fideistisch. Mit × markierte Positionen sind dagegen möglich bzw. konsistent.

mit eklektischen Zusatzhypothesen. Unter strengen Auslegungen verstehen wir solche, welche die heiligen Schriften mehr oder weniger wörtlich auslegen. Liberalere Auffassungen erlauben dagegen eine metaphorisch-gleichnishafte Auslegung, in der die Angaben in den heiligen Schriften (etwa Orts- und Zeitangaben) nicht wörtlich ausgelegt werden. Während sich die offizielle päpstliche Lehre des Katholizismus zu einer vergleichsweise liberalen Auffassung durchgerungen hat, werden heute in den USA von einigen lautstark auftretenden Kreationismusbewegungen wörtliche Bibelauslegungen propagiert, was einen starken Widerspruch zu naturwissenschaftlich etabliertem Wissen provoziert. Isaak (2002) unterteilt die gegenwärtigen kreationistischen Strömungen der USA, wesentlich feiner als in ▶ Tab. 1.1, in folgende Positionen, die von extrem absurden zu immer liberaleren Positionen fortschreiten (Isaak nennt auch jeweils die zugehörigen Adressen religiöser Vereinigungen):

1.) Anhänger der Lehre der flachen Erde
2.) Geozentristen (Erde im Mittelpunkt des Sonnensystems)
3.) Junge-Erde-Kreationisten (Erde 6000–100 000 Jahre alt)
4.) Alte-Erde-Kreationisten (vereinbaren die biblische Lehre auf unterschiedliche Weisen mit hohem Alter der Erde), darunter (4.1) Lücken-Kreationisten und (4.2) Tag-entspricht-Ära-Kreationisten
5.) Progressive Kreationisten (Gott kreiert in zeitlicher Reihenfolge)
6.) Intelligent-Design-Kreationisten (berufen sich auf das Design-Argument)
7.) Evolutionäre und theistische Kreationisten (Gott kreiert durch Evolution gemäß naturwissenschaftlicher Lehre).

Während sich die Positionen 1 bis 3 in krassem und Position 4 in teilweisem Widerspruch zu naturwissenschaftlichen Evidenzen befinden, sind die Positionen 5 bis 7 durch Argumente gegen den Designcharakter oder durch wissenschaftstheoretische Einwände kritisierbar (▶ Kap. 5). Die Positionen 4 und 5 wurden erstmals im 17. Jahrhundert entwickelt, um Fossilevidenzen mit biblischen Lehren vereinbar zu machen. Insgesamt zeigt allein die Vielfalt von einander widersprechenden kreationistischen Entwicklungslehren die Unsinnigkeit des Anliegens auf, religiöse Vorstellungen als gleichwertig mit Biologie in der Schule zu unterrichten: die „Kirche des Flying Spaghetti Monster" hat diesen Punkt zweifellos richtig erkannt. Der Inhalt verbindlicher Allgemeinbildung kann nur in objektivem, d. h. durch empirische Evidenz intersubjektiv nachprüfbarem Wissen liegen und nicht in ideologisch-weltanschaulichen Lehren, die auf bloß subjektivem Glauben basieren.

1.3 Zielgerichtete Bildungskraft: Teleologie nach Aristoteles

Aristoteles (384–322 v. Chr.), der größte Wissenssystematisierer und Philosoph der Antike, hatte die Vorstellung einer göttlichen Ideenwelt abgelehnt. Stattdessen entwickelte er die Konzeption einer der Natur immanenten Zweckmäßigkeit bzw. Teleologie. Diese Konzeption lässt sich am besten im Rahmen der aristotelischen Ursachenlehre verstehen. Aristoteles unterscheidet *vier Arten von Ursachen,* die an allen Arten von Geschehnissen mehr oder weniger beteiligt sind:

Aristotelische Ursachenart	Beispiel: Herstellung eines Möbelstücks
Stoffursache, *causa materialis*	Das bearbeitete Holzmaterial
Formursache, *causa formalis* (Bewegungsgesetz)	Die Bewegung des Hobelns
Wirkursache, *causa efficiens* (auslösende Ursache)	Die Muskelkraft des Tischlers
Zweckursache, *causa finalis* (Teleologie)	Das Möbelstück, das der Tischler herstellen will

Während die ersten drei Ursachenarten sich im Rahmen physikalischer (bzw. natürlicher) Kausalität verstehen lassen, hält Aristoteles Zweckursachen als vierte Ursachenart für unerlässlich, um zielgerichtete Entwicklungsprozesse in der Natur erklären zu können. Zweckursachen sind somit die Grundlage von Aristoteles' Teleologie (*telós*, „das Ziel").

Mit Zweckursache meint Aristoteles vorrangig nicht die subjektive Vorstellung des Zieles, also z. B. die Vorstellung des Möbelstücks im Bewusstsein des Tischlers, die in zeitlich-vorwärtsgerichteter Weise wirkt – er meint das Ziel selbst. Aristoteles' Zweckursachen sind keineswegs auf menschliche Ziele beschränkt. Auch im Falle des Wachstums einer Pflanze ist es nach Aristoteles die vollendete Pflanzenform, die als Zweckursache die keimende Pflanze antreibt bzw. zu sich hinzieht, ohne dass damit eine Absicht der Pflanze verbunden wäre. In sämtlichen natürlichen Entwicklungsprozessen seien solche Zweckursachen involviert. Der wesentliche Unterschied der Teleologie zum Kreationismus liegt somit darin, dass genuin zielgerichtete Entwicklungen angenommen werden, ohne diese durch intelligente Erstursachen in Form eines göttlichen Kreators zu erklären.

Zweckursachen als Ursachentyp sui generis scheinen im modernen naturwissenschaftlichen Theoriengebäude allerdings keinen Platz zu haben. Natürliche (physikalische) Ursachen sind nämlich gemäß der Standardauffassung immer zeitlich *vorwärtsgerichtet*. Zweckursachen, also die anzustrebenden Ziele, liegen jedoch in der Zukunft und ziehen das vergangene bzw. gegenwärtige Geschehen auf eigentümliche Weise zu sich heran – ein derartiger zeitlich rückwärtsgerichteter teleologischer Mechanismus kommt im natürlichen Kausalitätsgeschehen jedoch nicht vor.

Rückwärtskausalität ist die dominierende, aber nicht die einzige mögliche Interpretation von Zweckursachen. Alternativ kann man die teleologische Kausalität als eine zeitlich vorwärtsgerichtete *intelligente* und absichtsvolle *Kraft* auffassen, welche die gegenwärtigen Geschehnisse in Richtung auf ein höheres Ziel *hintreibt*. In jüngeren Versionen dieser Interpretation spricht man hier auch von *normativen* Entwicklungstheorien (Mayr 1982, 528), denen zufolge Entwicklung notwendigerweise zu immer höheren *Stufen* führt. Für das Erklimmen dieser Stufen werden verschiedene, aber grundsätzlich immer teleologische Kräfte oder Mechanismen angenommen, wie z. B. in dialektischen Entwicklungstheorien mit ihrer Lehre der zu höheren Stufen führenden „Synthese von Widersprüchen". Teleologische Kräfte erfordern die implizite Intelligenz zu wissen, wo sich das Entwicklungsziel in Relation zum gegenwärtigen Zustand befindet, sowie die Absicht, dieses Ziel immer zu erreichen. Das Wirken einer teleologischen Kraft gleicht somit dem Wirken eines intelligenten und wirkungsmächtigen Subjekts. Zusammenfassend bewegt sich die Interpretation der Teleologie als intelligente Kraft somit in die Richtung einer *pantheistischen* Version des Kreationismus, dem zufolge die göttliche Schöpfungsmacht überall in der Natur vorhanden ist bzw. mit dieser in eins fällt.

Von teleologischen Theorien zu unterscheiden sind *Reifungstheorien* der Entwicklung. Ihnen zufolge entfaltet sich im Organismus nur das, was in seinen Keimanlagen schon angelegt ist; in den Keimanlagen ist also schon alles enthalten, was die weitere Entwicklung bestimmt, solange die nötige Materie- und Energiezufuhr anhält, in Analogie zu einem Computerprogramm, das nur per Knopfdruck ausgelöst werden muss, um den weiteren Programmverlauf abzuspulen, sofern die Stromversorgung vorhanden ist. Zwischen einem organischen Wachstumsprozess und einem komplizierten mechanischen Prozess besteht dieser Sichtweise zufolge kein prinzipieller Unterschied: Reifungstheorien lassen sich problemlos im Rahmen der natürlichen zeitlich vorwärtsgerichteten Kausalität verstehen, und die Annahme teleologischer Kräfte wird dabei unnötig.

Man fragt sich, warum Aristoteles, der „philosophierende Biologe" (Mayr 1982, 152), Wachstumsprozesse nicht im Sinne von Reifungstheorien interpretiert hat. In der Tat hatte Aristoteles dieses Problem überdacht, doch kam er dabei zu dem Schluss, dass eine reine Reifungstheorie zum Scheitern verurteilt sein müsse, da sie zu folgender *Antinomie* führe (Crombie 1977, 150): Wenn alle Teile des Nachfolgers eines Organismus O bereits ansatzweise in O's Samen vorhanden wären, dann müsste auch der Samen von O's Nachfolger im Samen von O vorhanden sein. In gleicher Weise müsste aber auch der Samen von O's Nachfolger bereits den Samen seines Nachfolgers enthalten, was bedeutet, dass auch der Samen des Nachfolgers von O's Nachfolger in O's Samen enthalten sein müsste, usw.[2] Somit entstünde ein unendlicher Progress von sich enthaltenden Samen, in Analogie zu einem Bild, das als Teil eine Kopie von sich selbst und somit eine unendliche Folge von immer kleiner werdenden Kopien enthält. Dies ist nach Aristoteles jedoch denkunmöglich, und daher lehnte er diese Auffassung ab. In der Reifung des befruchteten Samens müssten vielmehr Teile *neu* entstehen, ohne dass deren Entstehung schon durch die Keimanlagen prädeterminiert wurden, und dazu bedürfe es der teleologischen Kraft.

Wie steht es um die aristotelische Reifungsantinomie in moderner Sicht? Aristoteles hat darin Recht, dass es für endliche Systeme (aus logischen Gründen) unmöglich ist, dass sie einen echten Teil enthalten, der mit ihnen selbst isomorph (strukturidentisch) ist und somit dieselbe Komplexität besitzt wie das Gesamtsystem. Denn weil das Gesamtsystem neben diesem Teil noch andere Teile besitzt (das ist mit „Echtheit" eines Teiles gemeint), muss seine Komplexität größer sein.[3] Aus moder-

---

[2]   Aristoteles nahm an, dass nur der männliche Samen die formgebenden Erbanlagen enthält, während das weibliche Ei das Substrat liefere. Galen (129–200 n. Chr.) war der Erste, der Aristoteles in dieser Auffassung korrigierte.

[3]   Unendliche Systeme können echte Teile besitzen, zu denen sie isomorph sind – man denke z. B. an die bijektive Abbildung der natürlichen auf die geraden Zahlen. Doch natürliche Systeme sind immer endlich.

ner Sicht löst sich das Problem dadurch auf, dass der wachsende Organismus ständig Komplexität bzw. „negative Entropie" aus der Umgebung aufnimmt, in Form von „Nährstoffen" und letztlich in Form von Sonnenenergie. Sein Entwicklungsprogramm dient dazu, diese aufgenommene Komplexität richtig einzubauen, sodass dieses Programm eine durchaus niedrigere Komplexität besitzen kann als der erwachsene Organismus, ohne physikalischen Gesetzen zu widersprechen.

Die Annahme von *Urzeugung*, also der spontanen Entstehung von primitiven Lebenskeimen aus unbelebter Materie (z. B. Schlamm), war ein konsequenter Bestandteil der aristotelischen Teleologie, der zufolge sich die Natur aus primitiven anorganischen zu immer höheren organischen und schlussendlich vernünftigen Formen hin entwickelt. Im kreationistischen Weltbild ist die Annahme von Urzeugung dagegen nicht nötig, denn Gott hat die verschiedenen Lebewesen in separaten Schöpfungsakten geschaffen, sodass keine Notwendigkeit besteht, eine höhere Spezies aus einer niederen durch teleologische Prozesse hervorgehen zu lassen. Dennoch war der Glaube an die Möglichkeit von Urzeugung von der Antike bis in die späte Neuzeit weit verbreitet, zumal die Alltagserfahrung der spontanen Sprossung von Pflanzen aus reiner Erde oder von Schimmelpilzen auf organischem Material diesen Glauben zu stützen schien. Erst im 17. und beweiskräftig gar erst im 19. Jahrhundert wurde die Möglichkeit von Urzeugung widerlegt (▶ Abschnitt 1.4).

Das biologische Klassifikationsprinzip des Aristoteles gründete sich auf die Lehre des *Essenzialismus*. Dieser Lehre zufolge, die teilweise heute noch die Metaphysik bestimmt, lassen sich die Eigenschaften von sämtlichen „Substanzen", seien es Gegenstände oder Organismen, in *essenzielle* oder Wesenseigenschaften vs. *akzidentelle* (d. h. mehr oder minder zufällige) Eigenschaften unterteilen. Die essenziellen Eigenschaften bestimmen das Wesen und die Identität des Gegenstands und sind *historisch unwandelbar*. Im Fall biologischer Organismen werden die essenziellen Eigenschaften durch deren Artzugehörigkeit und somit durch deren Keimanlagen festgelegt oder, wie man heute sagen würde, vererbt. Alle Individuen derselben biologischen Art bzw. Gattung besitzen daher dieselben essenziellen Eigenschaften und unterscheiden sich nur in ihren akzidentellen Eigenschaften, die dem Einfluss unterschiedlicher kontingenter Umgebungseinflüsse zu verdanken sind. Unterschiedliche biologische Gattungen, z. B. Katzen vs. Hunde, Vögel vs. Säugetiere, besitzen dagegen auch unterschiedliche essenzielle Eigenschaften.

Da essenzielle Eigenschaften unwandelbar sind, ist dem Essenzialismus zufolge eine Evolution von Spezies ausgeschlossen. Für Mayr (1982, Teil I) war der Essenzialismus daher ein Haupthindernis für das vordarwinistische Denken, zum evolutionären Denken vorzudringen. Allerdings ist der Essenzialismus des Aristoteles weniger die Konsequenz seiner (speziellen) Teleologie als die Konsequenz seiner (allgemeinen) *Metaphysik*. Die Unterscheidung zwischen essenziellen vs. akzidentellen Eigenschaften war wesentlich für die Festlegung der Identität von Dingen in der Zeit sowie für die Unterscheidung zwischen Notwendigkeiten vs. Zufälligkeiten in der Natur insgesamt. Im teleologischen Entwicklungsmodell legen die essenziellen Eigenschaften den Entwicklungsverlauf eines individuellen Organismus fest; im Modell der Urzeugung ist dagegen auch Raum für die *Neuentstehung* von essenziellen Eigenschaften vorgesehen. Wesentlich stärker als durch die Teleologie wird der Essenzialismus biologischer Arten dagegen durch das *kreationistische* Modell gestützt. Denn diesem Modell zufolge wurden die essenziellen Eigenschaften vom Schöpfergott einstmals planvoll in die Organismen hineingelegt und liegen seitdem in diesen *unveränderlich* fest. Dementsprechend hat auch der im nächsten Abschnitt besprochene Linné seinen Essenzialismus nicht auf die aristotelische Teleologie, sondern auf den christlichen Kreationismus gegründet.

1.4 Beginnende Naturwissenschaft: Entwicklungstheorien vor Darwin

Der Stand des biologischen Wissens im Ausklang des Mittelalters hatte gegenüber dem antiken Wissensstand nicht wesentlich zugenommen. Anders als die Klassifikation der chemischen Substanzen war die aristotelisch-scholastische Klassifikation der Lebewesen und insbesondere die der Tiere unseren gegenwärtig üblichen Klassifikationen durchaus nahe – was wohl daran liegt, dass die natürliche Kognition des Menschen seit Urzeiten mit den ihn umgebenden Tieren und Pflanzen beschäftigt und daher gut darauf zugeschnitten war. So unterschied die bis ins 17. Jahrhundert gelehrte aristotelische Substanzontologie bzw. „Chemie" lediglich *vier* Grundelemente (Wasser, Erde, Luft, und Feuer), denen die vier heiligen Farben der Alchemie (Weiß, Schwarz, Gelb, Rot) sowie die vier Körpersäfte (Schleim, schwarze Galle, gelbe Galle, Blut) zugeordnet waren (Crombie 1977, 159 f). Verglichen zu dieser aus heutiger Sicht abwegigen Chemie ist die aristotelische Klassifikation der *Tiere* auch heute noch in vieler Hinsicht plausibel. Sie wurde vom spätmittelalterlichen Philosophen und Dominikanermönch Albertus Magnus (1206–1280) in der in ▶ Tab. 1.2 dargestellten Form übernommen und hat sich bis ins 18. Jahrhundert gehalten.

Aristoteles' Unterscheidung zwischen Bluttieren und Blutlosen wurde erst von Lamarck in Wirbeltiere und Wirbellose umbenannt (Mayr 1982, 152). Die Nähe von Aristoteles' Klassifikation der Wirbeltiere zur heute akzeptierten Einteilung ist bemerkenswert. Aristoteles' Klassifikation der Wirbellosen ist dagegen wesentlich weiter von der heute akzeptierten Klassifikation entfernt. Dasselbe trifft auf die Klassifikation der Pflanzen zu. Sie war bei Aristoteles nur wenig entwickelt, wurde in der Antike von Theophrast (372–288) erweitert und darauf aufbauend von Albertus Magnus wie in ▶ Tab. 1.3 dargestellt. Zentrale heutige Unterscheidungen wie die zwischen Nichtsamenpflanzen und Samenpflanzen und unter letzteren die zwischen nacktsamigen und bedecktsamigen fehlen in dieser Klassifikation.

Schließlich war die in ▶ Abb. 1.2 dargestellte Scala Naturae seit Aristoteles bis in die Neuzeit wissenschaftlich akzeptiert (Crombie 1977, 136).

Erst ab dem 16. Jahrhundert wurde die Biologie als eigenständige Wissenschaft überhaupt erst anerkannt. Bis ins 13. Jahrhundert interessierten sich die Gelehrten für Pflanzen primär aus medizinischen Gründen, während das Interesse an Tieren vorwiegend dem Unterhaltungsbedürfnis entsprang. Exotische Tierschauen – die Vorläufer moderner Zoos – waren in Kaiserhäusern seit Langem üblich; Klöster pflegten in ihren Gärten Sammlungen seltener Natur- und Zuchtpflanzen. Als einer der Ersten begann Albertus Magnus mit der wissenschaftlichen Klassifikation der Pflanzen um ihrer selbst willen.

Tab. 1.2 Die aristotelische Klassifikation der Tiere (mit Abwandlungen bis ins 18. Jahrhundert akzeptiert) (verändert nach Crombie 1977, 154)

Enaima (Bluttiere, modern: Wirbeltiere)		
A. Lebend gebärende		1. Mensch 2. Behaarte Vierfüßler (Landsäugetiere, klassifiziert nach: gespaltenem Huf, Zähnen usw.) 3. Cetacea (Seesäugetiere, von Albertus zu den Fischen gerechnet)
B. Eierlegende (manchmal im Inneren Eier, nach außen lebende Junge gebärend, wie manche Vipern und Knorpelfische)	a. mit vollkommenem Ei	4. Vögel (geordnet nach Raubvögeln, Schwimmfüßlern usw.) 5. Schuppige Vierfüßler und Fußlose (Reptilien und Amphibien)
	b. mit unvollkommenem Ei	6. Fische (Gräten- und Knorpelfische)

Anaima (Blutlose, modern: Wirbellose)		
Eierlegende	c. mit unvollkommenem Ei	7. Malacia (Kopffüßer) 8. Malacostraca (Krustentiere)
C. Würmergebärende, gegliedert		9. Entoma (Insekten, Tausendfüßler, Spinnen, Eingeweidewürmer usw., Albertus' „animalia corpora annulosa vel rugosa habentia")
Erzeugt durch Zeugungsschleim, Knospung oder Urzeugung		10. Ostracoderma oder Testacea (Mollusken außer Kopffüßern; Seeigel, Manteltiere)
Erzeugt durch Urzeugung		11. Zoophyten (Seegurken, Seeanemonen, Quellen, Schwämme)

Im mittelalterlichen Denken gerieten die beiden großen vordarwinistischen Entwicklungstheorien, die Teleologie und der Kreationismus, nicht nur in Berührung, sondern auch in Konflikt. Seit der Antike war die *Wandelbarkeit* von Arten durch *Züchtung* bekannt. Sie passte bestens in die aristotelische Teleologie, war aber mit der biblischen Schöpfungslehre streng genommen unvereinbar, denn Gott hatte die biologischen Arten ja nur einmal und dann aber auch schon vollkommen geschaffen. Um die Genesis mit der Wandelbarkeit von Arten in Einklang zu bringen, schlug schon der frühe christliche Theologe *Augustinus* (354–430) als Kompromiss vor, dass Gott die Lebewesen nur in ihren Keimen geschaffen hätte, worauf sie erst nach und nach in Erscheinung träten (Crombie 1977, 146 ff). Albertus Magnus übernahm

Tab. 1.3   Klassifikation der Pflanzen nach Albertus Magnus (wurde schon im 17. Jahr-hundert erweitert) (verändert nach Crombie 1977, 145)

I.   Blattlose Pflanzen (großteils unsere Kryptogamen, d. h. Pflanzen ohne echte Blüte)
II. Blattpflanzen (unsere Phanerogamen oder Blütenpflanzen, gewisse Kryptogamen)
    II.1. Rindenbildende Pflanzen mit starrer Außenhülle (unsere Monokotyledonen, die
          nur ein Keimblatt haben)
    II.2. Umkleidete Pflanzen mit Jahresringen, *ex ligneis tunicis* (unsere Dikotyledonen,
          die zwei Keimblätter haben)
        II.2a. Krautige   II.2b. Holzige

diesen Gedankengang und erklärte Arten, im Gegensatz zu übergeordneten Gattungen, für begrenzt wandlungsfähig.

Bis ins 16. und 17. Jahrhundert gingen die meisten Gelehrten gemäß der Lehre des Thomas von Aquin (▶ Abschnitt 1.2) davon aus, dass das naturwissenschaftliche Wissen in Harmonie mit der biblischen Genesis stehen müsse. So berechnete Bishop Usher im 17. Jahrhundert aufgrund der in der Genesis verzeichneten Stammbäume der Nachfahren von Adam und Eva, dass die Welt vor ca. 4000 Jahren entstanden sein müsse. In seiner *Sacred Theory of Earth* von 1681 schlug Reverend Thomas Burnet vor, die *Sintflut* sei durch das Bersten der äußeren Erdkruste und Eruption subtranen Wassers ausgelöst worden, im Gegensatz zu konkurrierenden Erklärungsmodellen, die Noahs Flut auf den Einschlag eines Kometen zurückführten. Auch die führenden Physiker dieser Zeit, wie Descartes, Huygens, Boyle oder Newton, waren strikte Kreationisten und Theisten (vgl. Mayr 1982, 303, 308, 314).

Doch es wurde immer schwieriger, das zunehmende empirische Wissen mit einer strikten Bibelauslegung zu vereinbaren. Es dämmerte die Einsicht herauf, dass die Erde eine sehr lange Entwicklungsgeschichte hinter sich und früher ganz anders ausgesehen haben musste als heute. Dabei spielte die *Geologie* als neue Wissenschaft, die sich Anfang des 18. Jahrhunderts herausgebildet hatte, die entscheidende Rolle (Rudwick 2005). So erkannte man, dass Boden und Gestein aus (mehr oder weniger deutlich ausgeprägten) *Schichten* von Sedimentablagerungen bestanden, die sich Jahr für Jahr neu bildeten und oftmals nicht vertikal, sondern schräg oder horizontal verworfen waren, so, als hätten an diesen Stellen erst nachträglich Gebirgsaufstülpungen stattgefunden. Letztere Hypothese wurde insbesondere dadurch belegt, dass man im Gestein hoher Berge oftmals Muschelfossilien und andere marine Ablagerungen fand, was bedeutete, dass diese Schichten einstmals Meeresboden waren. Die Schichtenstruktur der Erdoberfläche erlaubte erstmals eine unabhängige Abschät-

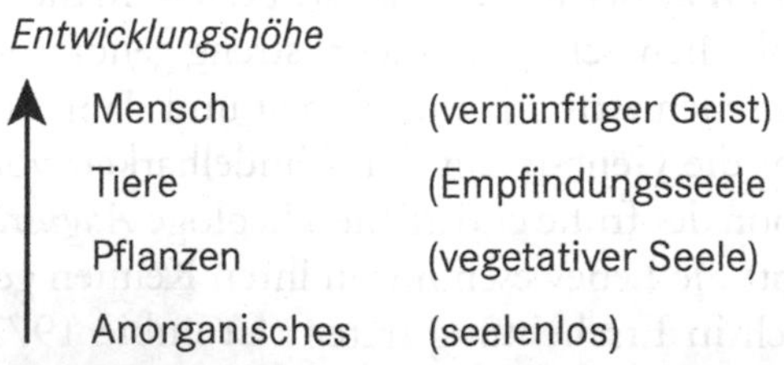

Entwicklungshöhe

↑ Mensch   (vernünftiger Geist)

   Tiere   (Empfindungsseele

Abb. 1.2   Die seit Aristoteles bis in   Pflanzen   (vegetativer Seele)
die Neuzeit akzeptierte Scala Naturae.   Anorganisches   (seelenlos)

zung des Erdalters: Da manche Schichtformationen bis zu 10 km Tiefe bzw. Ausdehnung aufwiesen und durch Gesteinsablagerung jährlich nur Größenordnungen von wenigen Zentimetern hinzukommen konnten (was aus Fundstellen jüngeren Datums wie z. B. römischen Ausgrabungen bekannt war), ergaben Hochrechnungen ein viel längeres Erdalter, als es die Bibel lehrte. Im Jahr 1779, also zur Zeit von Linné, kalkulierte der mutige Buffon das Erdalter auf mindestens 168 000 Jahre, was damals als Häresie galt (Mayr 1982, 315 f). Darauf aufbauend begründete 1795 James Hutton mit seiner *Theory of Earth* die moderne Geochronologie.

Ende des 17. Jahrhunderts war auch die Anzahl der seit der Antike bekannten Fossilien beträchtlich gestiegen, und man begann sich zunehmend mit ihnen zu beschäftigen. Der Philosoph Gottfried Wilhelm Leibniz (1646–1716) ließ in seinen *Protagaea* von 1692 die Möglichkeit zu, dass einige Tierspezies auch vergehen und andere neu entstehen können; lediglich die göttlich vorgeformten Ideen solcher Spezies, die Monaden, seien ewig. Wesentlich konkreter deutete John Woodward 1695 alle damals bekannten Fossilien als Überreste der während der Sintflut ertrunkenen Tiere (Mayr 1982, 313, 317). Zugleich nahm aber auch das Wissen um die Unterschiedlichkeit der exotischen Fauna und Flora ferner Länder zu, und man fragte sich: Wenn alle diese Pflanzen und Tiere von Arche Noahs Landeplatz, dem Berg Ararat, entsprungen sind, warum findet man dann in verschiedenen geografischen Regionen so sehr *verschiedene* Pflanzen und Tiere?

Zudem zeigte sich, dass auch die Fossilienfunde selbst geschichtet waren: In unterschiedlichen Gesteinsschichten waren jeweils *andere* Fossilien begraben. Als Ad-hoc-Erklärung dieses bemerkenswerten Sachverhalts postulierten einige christliche Gelehrte, es hätte mehrere Sintfluten gegeben und zugleich mehrere Kreationen, in denen Gott jeweils wieder neue und verbesserte Spezies geschaffen hatte, nachdem er die alten von einer Sintflut hinwegraffen ließ (Mayr 1982, 320). Zeitgenossen von Georges Cuvier entwickelten die ähnlich gelagerte Lehre des *Progressionismus*, der zufolge nach jeder Katastrophe eine neue Kreation stattfand (ebd., 374; Rudwick 1972). Diese Beispiele zeigen erneut (▶ Abschnitt 1.2), wie zahlreich die *möglichen* Varianten des Kreationismus sind, die man sich ausdenken kann, wenn man nach einen Kompromiss zwischen einer strengen und einer liberalen Auslegung der Heiligen Schrift sucht.

Die Grundlage der Entwicklung der Biologie als eigenständige Wissenschaft war das Wissen um die Vielfalt der Arten, das sich seit dem 16. Jahrhundert rapide vermehrte. Aristoteles selbst erwähnte etwa 550 Tierarten, und die Kräutersammler der Renaissance kannten etwa ebenso viele Pflanzen (Mayr 1982, 135, 156; Crombie 1977, 155, 496). Dagegen nannte Gaspard Bauhin (1560–1624) schon 6 000 und John Ray 1682 bereits 18 000 Pflanzenarten (ebd.). In der Zoologie kam man aufgrund der erst 1750 entwickelten Tierpräservationstechniken weniger schnell voran: John Ray nannte Ende des 17. Jahrhunderts jeweils mehrere Hundert Spezies von Säugetieren, Vögeln, Fischen und noch wesentlich mehr Insektenspezies (Mayr 1982, 168, 170). Hinzu kam die Entdeckung der Mikroflora und -fauna durch die Erfindung des Mikroskops, das den Gelehrten mikroskopische Bilder von Insekten und deren Eiern, Spermatozoen oder Bakterien lieferte (Singer 1959, 255, 283 ff). Diese Erkenntnisse führten William Harvey, den Entdecker des Blutkreislaufs, und einige seiner Zeitgenossen zur erstmaligen Zurückweisung der Urzeugung: Die

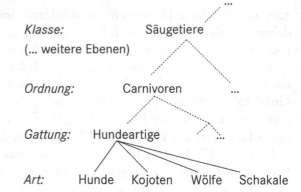

Klasse: Säugetiere
(... weitere Ebenen)

Ordnung: Carnivoren   ...

Gattung: Hundeartige   ...

Abb. 1.3   Hierarchische
Klassifikation – Verzweigungsbaum.   *Art:*   Hunde   Kojoten   Wölfe   Schakale

spontane Keimung organischen Materials sei vielmehr der Existenz von unsichtbaren Keimen oder Eiern zu verdanken.[4]

Und damit gelangen wir zu *Carl Linnaeus* (1707–1778), oder kurz Linné, dem idealtypischen Hauptvertreter und zugleich Endpunkt des essenzialistischen Paradigmas der biologischen Systematik. Um 1753 kannte Linné etwa 6 000 Pflanzen- und 4 000 Tierarten; er schätzte deren Gesamtzahl auf jeweils 10 000. Linnés Schätzung war sehr vorsichtig; sein Zeitgenosse Eberhard von Zimmermann kam 1778 auf die wesentlich realistischere Schätzung von 150 000 Pflanzen- und 7 000 000 Tierarten (Mayr 1982, 172). Der gewaltige Kenntniszuwachs über den biologischen Artenreichtum machte Bemühungen um effiziente Klassifikationssysteme bzw. Taxonomien erforderlich, die bis dahin sehr spärlich waren. Klassifikationen haben (standardmäßig) die Form von *Verzweigungsbäumen,* d. h., es gibt eine Hierarchie von nach oben hin immer allgemeineren Ebenen, entlang derer sich die biologischen Kategorien bzw. Taxa nach unten hin aufzweigen (▶ Abb. 1.3). Linné begnügte sich in seiner Taxonomie mit nur vier Ebenen: *Klasse* als oberste Ebene, gefolgt von *Ordnung, Genus* (Gattung) und schließlich *Spezies* (Art) als der untersten Ebene (Mayr 1982, 174). Heutige Klassifikationen kennen dagegen sieben Ebenen (Reich, Stamm, Unterstamm, Klasse, Ordnung, Familie, Gattung, Art; vgl. Ridley 1993, 356). ▶ Abb. 1.3 illustriert dies an einem Beispiel heutiger Klassifikation: Die Spezies *Hund* wird zusammen mit Wölfen, Kojoten und Schakalen zum *Genus* Canis, der Hundeartigen, zusammengefasst; die übergeordnete Ordnung sind die Carnivora bzw. Fleischfresser und die Klasse die Säugetiere.

Linné war strikter Kreationist. Wie er im Appendix von 1764 zu seinem Werk *Genera Planetarum* (1737) explizit ausführt, waren für ihn die Gattungen die Essenzen der biologischen Wesen, so wie sie Gott unwandelbar kreiert hat (Mayr 1982, 176, 200). Aus der Gattung heraus verzweigen sich unterschiedliche Arten durch

---

[4]   Francesco Redis Nachweis durch Erhitzen und luftdichtes Abschließen von organischem Material wurde von den Befürwortern der Urzeugungshypothese mit der Ad-hoc-Hypothese konterkariert, für Urzeugung sei die „keimerzeugende Kraft der Luft" nötig. Diese Ad-hoc-Hypothese wurde später von Louis Pasteur (1822–1895) widerlegt, mittels eines raffiniert gebogenen, aber offenen Glasröhrchens, welches das Einwehen von Keimen durch die Luft verhinderte. Vgl. Singer (1959, 286 f, 463 ff) und Crombie (1977, 512 f).

ihre jeweiligen besonderen Merkmale bzw. *differentia specifica*. Die höheren Taxa waren dagegen weniger bedeutend und wurden von Linné häufig nach Ökonomieprinzipien abgeändert. Dass Linné die Gattungen mit den Essenzen identifizierte, lag daran, dass es unterhalb der Gattungsebene, speziell bei den Pflanzen, *zu viele* Spezialisierungen in Arten gab (ganz abgesehen von Züchtungen), um all diese als zeitlose Essenzen gelten zu lassen. Ein Stück weit irdisch-akzidentelle Veränderbarkeit gegenüber dem göttlichen Plan musste also auch Linné zulassen, um der empirischen Komplexität gerecht zu werden. Auch die Methode der *binären* Klassifikation benutzte Linné nur bis zur Gattungsebene und ließ darunter *Vielfachverzweigungen* in Arten zu.

Für die Biologen seiner Zeit war das *Systema naturae* von Linné (1735, 10. Aufl. 1758) deshalb so bedeutend, weil er die Methode der systematischen Klassifikation logisch konsequent entwickelte und mit hoher empirischer Genauigkeit verband – er standardisierte die Nomenklatur, führte die Klassifikation der Pflanzen nach ihren geschlechtlichen Merkmalen, Staubgefäßen und Fruchtknoten ein und vieles mehr. Linnés binäre und auf je einem Unterscheidungsmerkmal basierende Klassifikationsmethode erwies sich allerdings als zu beschränkt. 1763 erprobte Michel Adanson 65 gemäß Linnés binärer Methode konstruierte artifizielle Pflanzenklassifikationen und kam zu dem Ergebnis, so würde man keine natürlichen Taxa erhalten, man müsse vielmehr mehrere Merkmale zur Bildung natürlicher Taxa heranziehen (Mayr 1982, 194). Adanson schlug vor, Linnés „logische" Klassifikationsmethode durch eine bei den Arten beginnende „empirisch-induktive" Klassifikation zu ersetzen.

Daran anknüpfend unterscheidet Mayr (1982, 159 ff) innerhalb essenzialistischer Klassifikationen zwischen den Methoden der *Abwärtsklassifikation* und der *Aufwärtsklassifikation*. Abwärtsklassifikation beginnt „von oben" bei der Menge aller Lebewesen und versucht diese nach möglichst ökonomischen Unterscheidungskriterien in immer kleinere Gruppen einzuteilen, bis man bei den Arten angelangt. Aufwärtsklassifikation fängt dagegen „von unten" bei den biologischen Spezies an und versucht über deren Merkmalsähnlichkeiten übergeordnete Klassen zu konstruieren. Mayr kritisiert die von Linné verwendete Methode der Abwärtsklassifikation als „willkürlich", im Gegensatz zur Aufwärtsklassifikation, die näher an den biologisch relevanten Merkmalen ist. Doch diese Kritik ist nur teilweise berechtigt, denn auch Abwärtsklassifikation kann bei gutem biologischen Hintergrundwissen effiziente Allgemeinkategorien produzieren – ein Beispiel wäre die aristotelische Abwärtsklassifikation in Bluttiere vs. Blutlose, die den Wirbeltieren vs. Wirbellosen entspricht. Umgekehrt kann auch Aufwärtsklassifikation zu Willkürlichkeit führen, z. B. wenn superfizielle Detailmerkmale wie „Behaartheit" herausgegriffen werden. Überdies können beide Methoden so kombiniert werden, dass sie sich in der Mitte treffen – in ▶ Abb. 1.3 beispielsweise bei den Carnivoren.

Wie Mayr (1982, 177) selbst ausführt, war Linné nicht nur kreationistischer Systematiker – er war zugleich sehr am empirischen Detail orientiert: Für Linné sollte eine gute Klassifikation auch empirische *Identifikationsmethoden* liefern und somit *diagnostisch effizient* sein. Die diagnostische Effizienz einer Kategorie ist umso höher, je mehr relevante (diskriminative) Merkmale mit der Zugehörigkeit zu der Kategorie korrelieren (▶ Abschnitt 2.5). Schon vor Linné, nämlich seit John Ray, waren sich die meisten Taxonomen darin einig, dass gute Klassifikationen in diesem Sinn diagnostisch effizient sein sollen, wobei unter den relevanten zumeist *anatomische* Merkmale verstanden wurden (Mayr 1982, 193).

Unter dem *natürlichen* System verstand man religionsbedingt zunächst jenes System, das den *göttlichen Plan* am besten wiedergab. Doch als die Macht der Theologie zurückging, begann der Begriff der *Natürlichkeit* eines Klassifikationssystems interpretationsbedürftig zu werden. Viele empirisch orientierte Methodologen verstanden damals wie heute darunter nichts anderes als ein empirisch gut fundiertes, d. h. diagnostisch effizientes System (vgl. Mayr 1982, 199f). In stärker metaphysisch orientierten Methodologien der Gegenwart wird unter „Natürlichkeit" einer Klassifikation ihre Orientierung an „essenziellen Eigenschaften" verstanden. Wie in ▶ Abschnitt 2.5 argumentiert wird, läuft dieser Natürlichkeitsbegriff auf die Kohärenz mit einer vorausgesetzten *Hintergrundtheorie* hinaus, die uns sagt, welche Eigenschaften als „essenziell" bzw. „klassifikatorisch relevant" anzusehen sind.

War Linné der Höhepunkt der essenzialistischen Biologie, so kommen wir nun zu Biologen, die Linnés Paradigma aushöhlten und unwissentlich die Evolutionstheorie vorbereiteten, obwohl diese noch außerhalb ihrer theoretischen Reichweite lag. Ein bedeutender Zeitgenosse Linnés war Georges-Louis Leclerc de *Buffon* (1704–1788). 1776 kam Buffon der Evolutionstheorie erstaunlich nahe, als er spekulierte, dass Esel und Pferd gemeinsame Vorfahren haben könnten, und dann meinte, dies könnte theoretisch sogar auf Affe und Mensch zutreffen. Doch er weist diesen Gedanken augenblicklich wieder zurück, da die Offenbarung Gegenteiliges lehre (Mayr 1982, 332 f).

In seiner *Naturgeschichte* von 1749 wandte Buffon gegen Linné ein, man könne die Gattungen nicht so scharf abgrenzen, wie Linné meinte (Mayr 1982, 334). In der Natur sei nämlich alles kontinuierlich, und Linnés Genera beruhten mehr oder weniger auf „nominalistischen", also vom Menschen gemachten Abgrenzungen. Was Buffon hier gegen Linnés Genera einwendet, ist eine Version der Nominalismuskritik am biologischen Begriffsrealismus (▶ Box 2.3). Als Alternative schlug Buffon vor, biologische Gattungen ließen sich zumindest durch ihre *typischen* Eigenschaften charakterisieren. In der Terminologie der gegenwärtigen kognitiven Semantik optierte Buffon damit für eine *Prototypentheorie* der biologischen Arten, während Linné die klassische *Definitionsmethode* vertritt (vgl. Margolis und Laurence 1999). Die klassische Definitionstheorie sagt, dass man die biologische Artzugehörigkeit durch eine Liste von einzeln notwendigen und zusammen hinreichenden Merkmalen scharf definieren kann (z. B. „x ist ein Tiger genau dann, wenn x die und die Merkmale hat"). Die Prototypentheorie wendet ein, dies sei nicht möglich; vielmehr könne man so nur die „normalen" bzw. typischen Artvertreter charakterisieren (normale Tiger haben ein typisches Streifenmuster, aber es gibt Ausnahmen wie z. B. weiße Albinotiger usw.; vgl. Schurz 2010). Nur die Art, so Buffon, sei eine scharf abgrenzbare Kategorie, definiert durch gemeinsame Fortpflanzung. In Bezug auf Arten vertritt Buffon also den gegenwärtig breit akzeptierten „biologischen" Artbegriff (ebd., 273 f, sowie Abschnitt 2.5).

Eine bedeutende Vorbereitung für Darwin war ferner *Georges Cuvier* (1769–1832). Interessanterweise war Cuvier lebenslang Opponent von Evolution, obwohl gerade er die meisten Belege für die Evolution produzierte, auf die sich Darwin später stützte, insbesondere die genauere Untersuchung der Fossilien in den schon erwähnten Sedimentschichten, die im Pariser Becken besonders schön ausgeprägt waren. Cuvier fand im Pariser Becken die Strata (Schichten) des Tertiärs und beobachtete, dass jedes Stratum seine eigene Säugetierfauna hatte. Er zeigte auch, dass diese Fossilien nicht spontane Produkte des Felsens sein können (wie bis dahin manche annahmen). Dennoch lag Cuvier der Schluss auf die Evolution der Lebewesen fern; er blieb zeitlebens Essenzialist und glaubte wie Linné, dass nur nicht essenzielle Merkmale evolutionär variieren können (Mayr 1982, 363–365).

Cuvier war nicht nur ein Hauptbegründer der Paläontologie, sondern auch der erste Zoologe unter den Sezierern, die sich bis dahin nur aus Medizinern rekrutierten. 1795 erkannte Cuvier durch Sezierungen, dass Linnés Klasse der *Vermes* („Würmer") sehr heterogene Genera umfasste, und 1812 teilte er das Reich der Tiere gemäß ihrem anatomischen Bauplan in vier Stämme ein, nämlich die Vertebraten (Wirbeltiere), Mollusken (Weichtiere), Articulaten (Gliederfüßer) und Radiaten (Mayr 1982, 182 f, 460). Zum Vergleich: In der heutigen Systematik zerfällt das Reich der Tiere in insgesamt 17 Stämme, von denen die Vertebraten der 17. Stamm sind. Durch Cuviers neue Tiersystematik wurde erstmals die bis dahin akzeptierte durchgängige Scala Naturae infrage gestellt, weil unter den vier Stämmen (evtl. abgesehen von den Vertebraten) keine klare Perfektionsskala mehr möglich ist. In der botanischen Klassifikation war die Annahme einer Scala Naturae noch weniger plausibel (ebd., 201 ff). Dass freilich die Säugetiere und insbesondere der Mensch in der Hierarchie ganz oben standen, war weiterhin unbezweifelt.

Eine weitere „Vorbereitung" des Darwinismus war die Unterscheidung zwischen bloßer *Analogie* vs. echter *Affinität*. Die zugrunde liegende Rahmentheorie war die von *deutschen Naturphilosophen* wie Johann Wolfgang von Goethe (1749–1832), Lorenz Oken (1779–1851) und anderen entwickelte *idealistische Morphologie* (vgl. Mayr 1982, 202 f, 457 f), wonach alle Tierarten durch ihre anatomisch-morphologischen Baupläne essenziell charakterisiert seien. Affinitäten bestehen in Ähnlichkeiten hinsichtlich dieser essenziellen Merkmale. Beispielsweise sind die Pinguine den Walen bloß analog, aber den Vögeln affin, also essenziell mit ihnen verwandt. Der Anatom Friedrich Meckel unterteile 1821 aufgrund dieser Theorie Cuviers Radiata in zwei ganz unterschiedliche Gruppen: die Stachelhäuter und die Rundwürmer. Und noch 1848 begründete Owen seine Skeletthomologielehre auf diese Weise.

Der morphologische Begriff der Affinität war ein Vorläufer des evolutionären Begriffs der *Homologie* als Merkmalsgleichheit aufgrund gemeinsamer Abstammung; er wurde jedoch noch in keinerlei Bezug zur Evolution gesetzt. Obwohl die idealistische Morphologie von Evolution also weit entfernt war, traf sie dennoch einen evolutionstheoretisch bedeutsamen Punkt, denn anatomische Baupläne ändern sich evolutionär viel langsamer als andere Merkmale und sind daher in der Tat für viele weitere Eigenschaften von Organismen grundlegend.

1.5 Die Entstehung der Darwin'schen Evolutionstheorie

Ende des 18. Jahrhunderts gewannen der *Materialismus* und die antiklerikale Aufklärung zunehmend an Einfluss, zunächst in Frankreich und etwas später in Deutschland. Mit dem Aufkommen materialistischer Denkweisen lag auch das Wort

„Evolution" in der Luft. Sämtliche frühe materialistische Philosophen, von Diderot und Holbach bis Marx und Engels, bekannten sich zur „Evolution", aber keiner von ihnen war wirklich evolutionstheoretisch im Sinne Darwins. Die Entwicklungstheorien dieser Philosophen waren mechanistische Reifungstheorien mit normativ-teleologischen Komponenten, die eine intrinsische Tendenz zur zielgerichteten Höherentwicklung postulierten. Ein prominentes Beispiel ist die dialektisch-materialistische Evolutionstheorie von Marx und insbesondere Engels; ähnlich dachten auch idealistische „Evolutionisten" wie z. B. J. F. Blumenbach, der Ende des 18. Jahrhunderts vom „Bildungstrieb in der Natur" sprach; und dasselbe trifft auf weitere noch zu besprechende Zeitgenossen Darwins wie Spencer oder Lamarck zu.

England war kirchenfreundlicher als das Frankreich des 18. und frühen 19. Jahrhunderts, was auch daran lag, dass England die parlamentarische Revolution in gemäßigt-puritanischer Form wesentlich früher durchgemacht hatte. Unter Englands Wissenschaftlern dominierte die Einstellung eines liberalen Deismus, und es gab eine Allianz von zahlreichen wissenschaftlichen Kreisen mit der Kirche. Das schon in ► Abschnitt 1.2 anhand von Paleys Uhrenbeispiel erläuterte *Designargument* findet sich in den Schriften vieler englischer Gelehrter dieser Zeit. Freilich gab es auch im englischsprachigen Bereich empiristische oder materialistische Religionskritiker, wie den bereits erwähnten David Hume. Auch Darwins Großvater Erasmus Darwin verfasste spekulative Schriften zur Evolution, die allerdings weder im engeren Sinne evolutionstheoretisch waren, noch den Enkel Charles beeinflusst haben.

Der erste zumindest „halbe" Evolutionist, der jedoch signifikant vom späteren Darwin abwich, war ein Assistent von Buffon, nämlich *Jean-Baptiste de Lamarck* (1744–1829). Lamarck vertrat die These einer langsamen und kontinuierlichen Artenveränderung im Verlauf der Erdentwicklung, verbunden mit einer zunehmenden Vervollkommnung. Lamarck stützte seine These auf Fossilienevidenzen wie beispielsweise Ähnlichkeitsreihen von fossilierten Muscheln, die in den gegenwärtigen Muscheln enden. Tatsächlich hatte man zu Lamarcks Zeit bereits zahlreiche ausgestorbene Spezies entdeckt, z. B. die Ammoniten (krebsartige Tiere), später Mastodone (kleine Urelefanten) in Nordamerika und Mammuts in Sibirien (Singer 1959, 329–332).

Die Tatsache, dass so viele Arten ausgestorben zu sein schienen, stand nicht nur in Konflikt mit der Heiligen Schrift, sondern konstituierte auch eine neue Facette des *Theodizeeproblems*, also des Problems, wie die Vollkommenheit Gottes mit dem Übel in der Welt vereinbar sei. Denn warum sollte ein perfekter, allwissender, allmächtiger und allgütiger Gott so viele von ihm geschaffene Spezies hinterher wieder aussterben lassen? Lamarcks evolutionäre Transformationstheorie bot hierfür eine geniale Lösung: Die fossilen Spezies wären gar nicht ausgestorben, sondern hätten sich nur langsam in die heutigen Spezies transformiert (Lamarck 1809; vgl. Mayr 1982, 349).

Lamarck lehrte, die Veränderung der Lebewesen gehe nach zwei Kriterien vor sich. Erstens gebe es in der Natur einen intrinsischen Verbesserungsdrang, und zweitens besäßen Organismen einen ökologischen *Anpassungsdrang*, eine Anpassung der Organismen an die Besonderheiten ihrer Umgebung (Lamarck 1809; Mayr 1982, 353 f). Lamarck stützte seine Hypothesen insbesondere auf die Beobachtung, dass Organe durch stetige Übung ihre Leistungskraft verbessern. Dabei nahm er an, dass auch erworbene bzw. erlernte Merkmale biologisch vererbt würden – dass also beispielsweise ein Sportler, der durch Training eine starke Muskulatur erwirbt, diese auch an seine Kinder weitervererbt.

Die These der Vererbung erworbener Merkmale wird auch *Lamarckismus* genannt, und sie ist aufgrund des heutigen Wissensstandes als weitgehend falsch anzusehen: *Erworbene Merkmale* werden *nicht vererbt*, bis auf einige wenige *Ausnahmen*, die im Bereich der Epigenetik diskutiert werden (▶ Abschnitt 2.3). Signifikante Vererbung von erworbenen Merkmalen konnte bislang nicht beobachtet werden; die lamarckistische Agrarwirtschaft des Stalin-Gefolgsmanns Lyssenko erwies sich bekanntlich als kompletter Fehlschlag (de.wikipedia.org/wiki/Lyssenko). Dennoch gab es bis heute immer wieder lamarckistische Gegenströmungen zur akzeptierten genetischen Vererbungslehre. Wie auch Mayr (1982, 359) hervorhebt, ist es einseitig, wenn Lamarck heute vorwiegend für die lamarckistische Vererbungslehre und damit für seine Fehler zitiert wird und weniger für seine Leistungen – immerhin war er der erste Evolutionist, wenn auch noch mit schwach normativ-teleologischen Komponenten.

Bedeutenden Einfluss auf den jungen Darwin hatte der zu seiner Zeit führende Geologe *Charles Lyell* (1797–1875). In seinen *Principles of Geology* (1833) zeigte er minutiös, wie im Verlauf der Erdgeschichte Schichten mit Fossilien entstanden, Felsen durch Seen und Flüsse zerlegt und durch Gletscher aufgespalten werden usw. Der junge Darwin hatte Lyells Buch auf seine Schiffsreise mitgenommen, und manche Autoren meinten, Darwin hätte Teile seiner Evolutionstheorie Lyell zu verdanken, aber diese Auffassung ist wohl inkorrekt. Denn Lyell vertrat den sogenannten *Uniformitarismus*, dem zufolge in der Entwicklungsgeschichte der Erde, in der belebten wie unbelebten Natur, überall dieselben Arten von Kräften wirken. Die Gerichtetheit dieses Entwicklungsprozesses oder einen Lamarck'schen Perfektionsdrang wies Lyell jedoch zurück. Insofern Lyell der Teleologie eine Absage erteilte, bereitete er den Boden für Darwin vor. Lyell war jedoch Essenzialist; eine historische Wandelbarkeit oder gar Evolution von Arten lehnte er ab. Er nahm lediglich an, dass Arten aussterben und gelegentlich auch neu entstehen können (Mayr 1982, 406 f).

Fast zeitgleich mit Darwin haben zwei weitere Autoren die Lehre der „Evolution" propagiert, allerdings ohne empirisch-wissenschaftliche Begründung. Der eine war der Populärautor *Robert Chambers*, der 1844 unter einem Pseudonym „Mirambeaud" die These der „Evolution" postulierte und dafür heftig attackiert wurde. Der zweite und noch bekanntere war der Philosoph *Herbert Spencer* (1820–1903). Manche Spencer-Interpreten haben behauptet, Spencer habe Darwin vorweggenommen, und andere, er hätte die inhumanen sozialen Konsequenzen des Darwinismus aufgezeigt (vgl. Mayr 1982, 382, 385). Doch beides ist unrichtig. Seinen ersten Essay über Evolution schrieb Spencer 1852, also noch *bevor* Darwin sein Buch *Origin of Species* herausbrachte. Spencer verstand nur wenig von Biologie; er berief sich vorwiegend auf Chambers und Lyell, und seine philosophischen Prinzipien der Evolution sind häufig Leerformeln. Jedenfalls aber vertrat Spencer eine normativ-teleologische Entwicklungstheorie: Evolution implizierte ihm zufolge immer eine notwendige Progression zu Höherem, die allerdings nicht immer ohne Leid und Entbehrung auf Seiten der Schwächeren vor sich geht. Im Zusammenhang damit wurde Spencer als Erfinder des berüchtigten *Sozialdarwinismus* bekannt, der Vor-

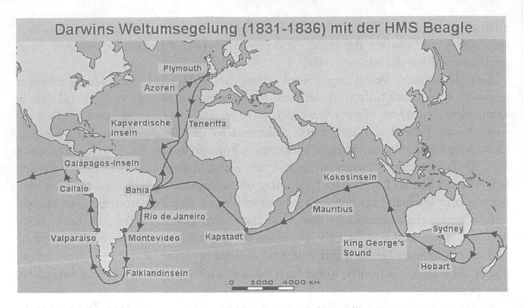

Abb. 1.4 Stationen von Darwins Weltumsegelung (de.wikipedia.org/wiki/Datei:Darwins_
Weltumsegelung.png).

stellung von Menschheitsentwicklung als Kampf um die Existenz und als Überleben
des Stärkeren. Wie in ▶ Kap. 8 ausgeführt wird, ist der Spencer'sche Sozialdarwinismus allerdings eine Fehldeutung der Darwin'schen Evolutionstheorie.

Damit kommen wir zu *Charles (Robert) Darwin* (1809–1882), dem berühmten
Begründer der Evolutionstheorie im engeren Sinne (für das Folgende vgl. z. B. Mayr
1982, 394 ff, sowie de.wikipedia.org/wiki/Darwin). Mit nur 22 Jahren, im Jahr
1831, trat Darwin seine berühmte Schiffsreise mit der *Beagle* an, die auf ihrer fünf-
jährigen Weltumsegelung zahlreiche exotische Länder und Inseln ansteuerte (▶ Abb.
1.4). Als Darwin seine Reise begann, war er tief religiös und von Paleys *Natural Theology* sehr beeindruckt. Er berichtet in seinem Tagebuch, häufig aus der Bibel zitiert
zu haben und dafür ausgelacht worden zu sein. Auf seiner Reise sammelte Darwin
zahlreiche exotische Arten, insbesondere zahlreiche Vogelarten auf den Galápagos-
Inseln. Nach seiner Rückkehr begann er, seine reichhaltigen Funde auszuwerten bzw.
auswerten zu lassen. Zwei Jahre nach seiner Rückkehr legte Darwin seinen religiösen
Glauben ab – und zwar *aufgrund* der aus seiner Reise hervorgegangenen wissenschaftlichen Einsichten. Wie war das möglich – was war geschehen?

Darwin brachte von den Galápagos-Inseln interessant variierende Arten von Finken und Spottdrosseln mit. 1837 arbeitete der Ornithologe John Gould Darwins
Vogelkollektionen auf und entdeckte, dass sich Darwins Spottdrosseln von Insel zu
Insel spezifisch unterschieden – so spezifisch, dass man sie als separate Arten ansehen
musste (Mayr 1982, 409).[5] Zudem ließen sich zwischen spezifischen Merkmalsaus-
prägungen der Vögel und den ökologischen Besonderheiten ihrer Inseln auffallende

---

[5] Man nennt oft Darwins Galápagos-Finken, doch seine Finkenkollektionen waren lückenhaft und
beschädigt, sodass er seine Erkenntnisse zuerst an den Galápagos-Spottdrosseln gewann; später wurden auch die Galápagos-Finken untersucht.

Anpassungskorrelationen finden; beispielsweise hatten die Spottdrosseln dort größere Schnäbel, wo die Nüsse, von denen sie lebten, größer waren und somit dickere Schalen hatten, zu deren Knacken längere Schnäbel vorteilhaft waren (Ridley 1993, 212–214). Diese Befunde legten den klaren Schluss nahe, dass die Spezies der Spottdrosseln vor langer Zeit einmal vom amerikanischen Festland auf die Galápagos-Inseln eingeflogen war, auf verschiedenen Inseln voneinander isolierte Populationen bildete, die sich nach und nach an die natürlichen Anforderungen ihrer Umgebung anpassten und sich dabei so stark veränderten, dass daraus schließlich verschiedene, untereinander nicht mehr reproduktionsfähige Spezies geworden waren. Dass sich die natürlichen Arten auf so offenkundige Weise wandelten und sich in neue Spezies aufspalteten, war ein derart starker Schlag gegen die christlich-kreationistische Weltauffassung, dass Darwins Weltanschauung in den Jahren 1837 und 1838 eine Konversion durchmachte.

Darwin schrieb seine Einsichten allerdings erst wesentlich später zusammen und trug sie noch später vor – er war sehr genau und brachte seine Gedanken nur zögernd zu Papier. Sein zuerst erschienenes Werk *Origin of Species* schrieb er 1858/1859 und publizierte es 1859, doch nur unter dem starkem Druck seiner Kollegen. Der vollständige Titel lautete *On the Origin of Species by Means of Natural Selection (or the Preservation of Favoured Races in the Struggle for Life)*. *Natural Selection* schrieb er zwar noch früher, nämlich von 1856 bis 1858, brachte aber diese Schrift erst 1875 als sein drittes Hauptwerk heraus (hrsg. von R. C. Stauffer). Zuvor, nämlich 1871, erschien sein zweites Hauptwerk, *The Descent of Man and Selection in Relation to Sex*, das den vergleichsweise größten Skandal auslöste, da er darin seine Evolutionstheorie auf den Menschen als Abkömmling des Affen anwandte.[6]

Darwins grundlegende Hypothese war die Entstehung von neuen Arten aus Varietäten bzw. „Rassen" durch anhaltende geografische Separation. Dabei wird der Begriff der Rasse bei Darwin, so wie auch im vorliegenden Buch, selbstverständlich immer nur im wertfrei-biologischen Sinn als „genetische Variante innerhalb einer Spezies" verstanden. Darwins Hypothese war schon bei einigen Autoren vorformuliert (z. B. 1825 bei Leopold von Buch; vgl. Mayr 1992, 411). Doch erst Darwin hatte diese Hypothese genau ausformuliert und begründet. Darwins Schlüsselbeobachtungen waren folgende:

1.) immer wieder eintretende Migrationsbewegungen von Populationen in neue Regionen, wenn Ressourcen der alten Umgebung knapp werden;

2.) die langsame Anpassung an veränderte Umgebungsbedingungen und der schleichende Übergang von extrinsischen (z. B. geografischen) zu intrinsischen Fortpflanzungsbarrieren, d. h., sind zwei Vogelpopulationen über viele Tausend Jahre geografisch getrennt, haben sie sich zwischenzeitlich so stark modifiziert, dass sie sich untereinander nicht mehr fortpflanzen können;

3.) die aufgrund der *Diversität* von Umgebungen bzw. „ökologischen Nischen" einhergehende adaptive *Multiplikation* von Spezies in Form eines sich immer weiter verzweigenden Abstammungsbaumes (Mayr 1982, 411–414).

---

[6] Berüchtigt ist die Polemik von Wilberforce, Bischof von Oxford, der den Darwin-Verteidiger T. H. Huxley sarkastisch fragte, ob er nun mütterlicherseits oder väterlicherseits von einem Affen abstamme (Dennett 1997, 466).

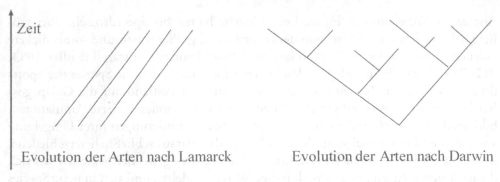

Abb. 1.5   Vergleich der Evolutionstheorien von Lamarck und Darwin.

In ▶ Abb. 1.5 ist der Unterschied zwischen der Darwin'schen Evolutionstheorie als Verzweigungsbaum gegenüber der Lamarck'schen Auffassung einer kontinuierlichen Artentransformation schematisch dargestellt. Die vertikale Achse entspricht dabei der Zeitrichtung, die horizontale einer graduellen Anordnung von Merkmalen. Linien, die nicht bis in die Gegenwart reichen, entsprechen ausgestorbenen Spezies.

Es ist eine harmlose Idealisierung, den Darwin'schen Abstammungsbaum mittels *binärer* Aufspaltungen zu zeichnen, da man immer annehmen kann, eine Aufspaltung der Mutterpopulation in mehr als zwei Tochterpopulationen habe jeweils zu ein wenig verschiedenen Zeiten stattgefunden – von der Auswanderungspopulation der Spottdrosseln landete beispielsweise zuerst eine Subpopulation auf Insel 1 und erst danach eine auf Insel 2 usw.

Darwin referierte ab 1837 immer wieder auf sein demnächst erscheinendes Speziesbuch, ohne es geschrieben zu haben; er wollte zuvor seine Reputation als Systematiker erhöhen (vgl. Mayr 1982, 421). Zeitgleich mit Darwin wurde die Evolutionstheorie auch von *Alfred R. Wallace* (1823–1913) entwickelt, wenngleich in wesentlich bescheidenerer Ausarbeitung und Begründung. Nach detaillierten Beobachtungen der Fauna und Flora im Amazonasgebiet und im Malaiischen Archipel schrieb Wallace (1855) seinen Aufsatz *On the Law which has Regulated the Introduction of New Species*, worin er ausführte, wie durch anhaltende geografische Separation neue Spezies entstehen (Mayr 1982, 418 f). Mayr zufolge war Wallace ein Bewunderer von Darwin und nicht eifersüchtig; Darwin wiederum erkannte an, dass Wallace von ihm unabhängig denselben Gedanken entwickelt hatte (ebd., 498, 422).[7] Lyell und Hooker präsentierten Wallaces Aufsatz zusammen mit Extrakten eines Essays von Darwin aus dem Jahre 1844 und einen Brief Darwins von 1857 im Jahre 1858 der Linné-Gesellschaft. Obwohl sich zunächst wenig Reaktion einstellte, drängten Lyell und Hooker 1958 Darwin dazu, ein Abstract zu seinem geplanten Speziesbuch zu schreiben, aus dem schließlich das 1959 publizierte *Origin of Species* hervorging.

---

[7]   Vgl. auch de.wikipedia.org/wiki/Alfred_Russel_Wallace. Die gelegentlich geäußerte These, Darwin hätte Wallaces Ideen gestohlen (z. B. www.welt.de/wissenschaft/article2081922/), ist jedoch kaum haltbar (Kutschera 2008).

Das Besondere an Darwin waren die Überzeugungskraft seiner gleichermaßen tiefsinnigen wie umfassenden Begründungen. In *Origin of Species* führt Darwin folgende *Fossilevidenzen* für seine These der verzweigenden Evolution durch gemeinsame Abstammung an (ebd., 433 ff):

1.) Zahlreiche Fossilien (z. B. die urzeitlichen Ammoniten und Trilobiten) sind heute ausgestorben.
2.) Je älter ein Fossil ist (gemäß den geologischen Schichten), desto weniger ähnlich ist es den Tieren der Gegenwart.
3.) Die Fossilien von zwei aufeinanderfolgenden geologischen Schichten sind einander ähnlicher als die von entfernten Schichten.
4.) Die ausgestorbenen Fossilienformen auf einem Kontinent sind den lebenden Arten desselben Kontinents ähnlicher als denen von anderen Kontinenten.

Zusammengefasst korreliert also die Ähnlichkeit unter den lebenden wie den fossilierten Spezies mit ihrem erdgeschichtlichen Zeitabstand sowie mit der (in der Zeit zurückgelegten) geografischen Distanz ihrer Lebensräume bzw. Fundorte. Die Erklärung, die Darwin dafür gab, war eben seine evolutionäre Hypothese der Aufspaltung von Spezies mit gemeinsamer Abstammung durch reproduktive Isolierung. Der hypothetische Schluss, den Darwin hier zog, ist ein Musterbeispiel für den sogenannten *Schluss auf die beste Erklärung*, auch *Abduktion* genannt (▶ Box 1.1; Näheres in Schurz 2006, 2008a).

Box 1.1   Deduktion, Induktion und Abduktion

In der Wissenschaftstheorie unterscheidet man zwischen drei Schlussarten:
1.) Mittels der *Deduktion* erschließt man aus mehreren (allgemeinen und/oder besonderen) Prämissen nur solche Konklusionen, die mit *Notwendigkeit* bzw. in allen möglichen Situationen („Welten") daraus folgen. Deduktive Schlüsse sind daher sicher, aber nicht gehaltserweiternd; ihre Konklusion enthält keine Information, die nicht schon implizit in den Prämissen steckt. *Beispiel*: Alle Menschen sind sterblich, Sokrates ist ein Mensch, daher ist Sokrates sterblich.
2.) Mittels der *Induktion* extrapoliert man bisher konstant beobachtete Regelmäßigkeiten in die Zukunft bzw. generalisiert sie zu allgemeinen Gesetzen. *Beispiel*: Alle (oder r % aller) bisher beobachteten Raben waren schwarz, also sind alle Raben (bzw. r % aller Raben) schwarz. Induktive Schlüsse sind nicht notwendig, sondern unsicher, aber dafür ist ihre Konklusion gehaltserweiternd. Mit induktiven Generalisierungsschlüssen lässt sich zwar von Einzelbeobachtungen auf empirische Gesetzeshypothesen schließen, nicht aber auf wissenschaftliche Theorien, die neue (sogenannte) *theoretische* Begriffe enthalten, denn die Konklusion induktiver Schlüsse enthält nur solche Begriffe, die auch in den Prämissen enthalten sind.
3.) Mit der *Abduktion* bzw. dem *Schluss auf die beste Erklärung* ist das letztere möglich. Dabei schließt man von einer beobachteten Wirkung auf eine ver-

mutete Ursache. Im einfachsten *Beispiel* schließt man von einer sich dahin-schlängelnden Sandspur auf eine Sandviper, die hier vorbeikroch, wobei die Gesetze über die Erzeugung von Kriechspuren bekannt sind. In Darwins komplexen Abduktionsschlüssen wird von Ähnlichkeitsreihen zwischen fossilen Skeletten und deren Korrelation mit Sedimentschichtaltern auf deren evolutionären Stammbaum geschlossen. In wissenschaftlichen Modellab-duktionen kann das Gesetz auch (teilweise) unbekannt sein, z. B. wenn man von den konstanten Mengenproportionen bei chemischen Reaktionen auf die molekulare Struktur der Materie schließt.

Wie Darwin mehrfach hervorhob, ist die Fossilienevidenz sehr lückenhaft – damals um ein Vielfaches lückenhafter als heute. Zwar gab es auch zu Darwins Zeit spekta-kuläre Funde neuer Fossilien (z. B. 1861 der Urvogel *Archaeopterix*). Dennoch fehl-ten zahlreiche hypothetisch postulierte fossile Zwischenglieder der Evolution. Daher war Darwin bemüht, seine Hypothesen durch weitere, von Fossilienevidenz unab-hängige Arten von Evidenzen zu stützen.[8]

Eine zweite Gruppe von Evidenzen waren die Fakten der *Biogeografie*, die im Ver-lauf der zunehmenden Fernreiseaktivitäten zusammengetragen wurden. So stellte der schon erwähnte Wallace 1876 fest, dass die Tiere Südamerikas und Australiens sowie die Eurasiens und Nordamerikas einander ähnelten. Dies passte zur der schon zuvor (1847 von Hooker) aufgestellten Hypothese einer frühen Landverbindung zwischen diesen (Sub-)Kontinenten. Die Erkenntnis der Kontinentalverschiebung setzte sich allerdings erst viel später durch; bis 1940 dominierte die statische Konti-nentaltheorie, die frühere Kontinentalverbindungen auf Meeresspiegelveränderun-gen zurückführte (▶ Abschnitt 2.4).

Als dritte Gruppe von Evidenzen führte Darwin schließlich jene gemeinsamen morphologischen Merkmale an, auf die sich auch die erwähnte idealistische Mor-phologie gestützt hatte. So besitzen alle Warmblütler einen gemeinsamen Skelett-bauplan – sie haben nicht nur Haare, Herz, Lunge, Leber und Nieren gemeinsam –, und die naheliegende Erklärung hierfür ist erneut die Hypothese ihrer gemeinsamen Abstammung. Noch beeindruckender sind die morphologischen Gemeinsamkeiten im *Embryonalstadium*: So entwickeln Säugetierembryos Kiemenansätze, die sie spä-ter wieder verlieren (was 1827 Carl Ernst von Baer erstmals gezeigt hatte). Allerdings postuliert Darwin keine strenge Parallele zwischen der *Ontogenese* bzw. Individual-entwicklung und der *Phylogenese* bzw. Evolution. Eine solche Parallele lehrte 1821 J. F. Meckel und begründete sie durch die universale Scala Naturae; 1866 griff Ernst Haeckel dieses Parallelgesetz in Form seines „biogenetischen Gesetzes" wieder auf, und ähnliche Parallelgesetze wurden für andere Bereiche formuliert. Zu Recht ver-hielt sich Darwin gegenüber solchen strikten und letztlich normativen Parallelhypo-thesen reserviert, da sie keine evolutionstheoretische Grundlage besaßen und empi-risch nicht abgesichert waren. Er begnügte sich mit der evolutionären Erklärung der embryonalen Parallelitäten zwischen entfernten Spezies durch deren Abstammung

---

[8]   Für das Folgende vgl. Mayr (1982, 426–476, insbesondere 430, 445, 455, 470).

von gemeinsamen Vorfahren, woraus folgte, dass auch deren unterschiedliche Embryonalstadien sich aus den Embryonalstadien ihres gemeinsamen Vorfahren herausdifferenziert haben mussten.

In *Origin of Species* entwickelte Darwin seine Theorie der Stammesgeschichte der Lebewesen durch Artaufspaltung über die Mechanismen der Variation, Anpassung und reproduktiven Isolierung. Es blieb darin weitgehend offen, *wie* Variationen und Anpassungsleistungen zustande kommen. Diese Prozesse könnten auch kreationistisch, teleologisch oder lamarckistisch erklärt werden. Darwin lehnte diese Erklärungsansätze aufgrund ihrer empirischen Unfundiertheit ab. Jedoch lieferte er seine eigene Erklärungshypothese für Variation und gerichtete Anpassung erst in seinem Buch *Natural Selection*, dessen Publikation er am längsten hinausgezögert hatte, weil die empirische Fundierung seiner dort vertretenen Selektionshypothese vergleichsweise am schwierigsten war.

Den Zugang zur Selektionshypothese fand Darwin über den Demografen *T. R. Malthus* (1766–1834), der bezugnehmend auf die damalige Überbevölkerung Englands zum ersten Mal das Gesetz des (im ungebremsten Fall) *exponentiellen Bevölkerungswachstums* formulierte und, darauf aufbauend, eine politische Ökonomie entwickelte, in deren Zentrum das Konzept des *Überlebenskampfes* stand. Mayr (1982, 492) betont zwar, dass Darwin nur Malthus' Wachstumsgesetz und nicht seine politische Ökonomie übernahm; dennoch taucht im Untertitel von Darwins *Origin of Species* der Begriff *struggle for life* auf. Dies bescherte Darwin zahlreiche Missverständnisse und unberechtigte Kritiken, da die meisten Leser den „Überlebenskampf" als einen Kampf im wörtlichen Sinne verstanden, während Darwin damit immer nur eine *Konkurrenz* um Nahrungsbeschaffung und letztlich um Fortpflanzungsmöglichkeiten verstand, die auch mit friedlichen und kooperativen Mitteln ausagiert werden kann (▶ Abschnitt 8.4).

Darwins Argumentation für das Wirken der natürlichen Selektion bestand aus folgenden Schritten (vgl. Mayr 1982, 479 ff):

1.) Das erste Ausgangsfaktum ist die *hohe Geburtenrate* von deutlich mehr als einem Nachkommen pro Elternteil, die nicht nur bei den meisten Tieren, sondern auch beim Menschen beobachtet worden war. Daraus ergibt sich das *exponentielle Wachstumsgesetz*, das besagt, dass sich ohne natürliche Bremsung durch erhöhte Sterblichkeit (z. B. aufgrund von Nahrungsknappheit) jede Population mit einer über 1 liegenden Geburtenrate beschleunigt vermehrt, sodass die Bevölkerungszahl nach nur kurzer Zeit in astronomische Höhen schnellen würde. Dabei ist die Geburtenrate g die Anzahl der Nachkommen pro Kopf: Für g = 2 würde sich beispielsweise die Bevölkerung jede Generation verdoppeln, und im allgemeinen Fall ver-g-fachen, d. h., es gilt $N(n) = g^n \cdot N(0)$ (vgl. Erläuterung zu ▶ Abb. 1.6). ▶ Abb. 1.6 zeigt exponentielle Wachstumskurven für verschieden effektive Geburtenraten g > 1, links in gewöhnlicher und rechts in logarithmischer Darstellung. Nur für g = 1 befindet sich die Population im Gleichgewicht.

2.) Das zweite Ausgangsfaktum besteht darin, dass trotz der hohen Geburtenraten die Populationsgröße eine durch natürliche Ressourcenbegrenzung (Nahrung und Lebensraum) vorgegebene *Oberschranke* nicht überschreiten kann.

3.) *Folglich* gibt es, sobald die Bevölkerung an ihrer natürlichen Oberschranke angelangt ist, einen „Kampf ums Dasein", in dem es nur mehr wenigen Populations-

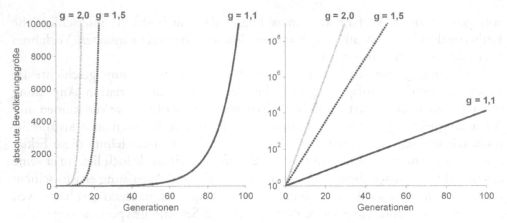

Abb. 1.6 Exponentielle Wachstumskurven. $H(n) = g^n \cdot H(0)$. $H(n)$ = Bevölkerungszahl (absolute Häufigkeit) nach n Generationen in Vielfachen des Startwertes $H(0) = 1$. Links: in linearer Skala; rechts: in logarithmischer Skala. Für verschiedene „effektive" Geburtenraten g (Anzahl nachkommenerzeugender Nachkommen pro Kopf). Programmiert mit *MatLab*.

mitgliedern gelingen kann, fortpflanzungsfähige Nachkommen großzuziehen. Es stellt sich die Frage, wer diesen Kampf gewinnt.

4.) Nun sind, als drittes empirisches Faktum, keine zwei Individuen einer Spezies einander völlig gleich – es gibt vielmehr überall kleine *Variationen*, die kleine Unterschiede in den Reproduktionschancen bewirken, und viele dieser Variationen sind *vererbbar*.

5.) Daraus ergab sich Darwins letztlicher Schluss: Es gibt *natürliche Selektion*. Das heißt, in einer gegebenen Umgebung begünstigen gewisse vererbbare Merkmale die effektive Fortpflanzungsfähigkeit – also die Fähigkeit zu überleben *und* seinerseits fortpflanzungsfähige Nachkommen zu zeugen *und* großzuziehen. Individuen, die Träger dieser vorteilhaften Merkmale sind, besitzen (wie man sagt) eine höhere *Fitness*, d. h., sie erzeugen mehr Nachkommen als ihre Konkurrenten. Natürliche Selektion erhöht somit in jeder Generation den Populationsanteil der fitteren Individuen und eliminiert damit nach und nach die weniger fitten Individuen.

Die obige Beschreibung der natürlichen Selektion erklärt die sukzessive Veränderung der Merkmalsverteilung innerhalb einer Population zugunsten immer fitterer Varianten; aber sie erklärt noch nicht direkt das Entstehen evolutionärer Verzweigungen. Diese ergeben sich jedoch ganz zwanglos aus den in *Origin of Species* gemachten Beobachtungen Darwins: Sobald eine Teilpopulation in eine andere Umgebung mit anderen Selektionsparametern auswandert, geht dort die natürliche Selektion in eine andere Richtung – man erinnere sich an Darwins Spottdrosseln auf den unterschiedlichen Galápagos-Inseln –, und nach hinreichend vielen Generationen haben sich die zwei Teilpopulationen so weit auseinanderentwickelt, dass sie sich nicht mehr untereinander fortpflanzen können.

Als weiteres Argument fügte Darwin den Vergleich mit der *künstlichen Selektion* hinzu, also der Züchtung von Pflanzen und Tieren durch den Menschen, deren

Wirksamkeit seit Jahrtausenden bekannt sei. Später betont Darwin sogar, dass er auf die Wirksamkeit der natürlichen Selektion erst durch die Analogiebeziehung zur künstlichen Selektion gekommen sei (Mayr 1982, 486). Allerdings *beschleunigt* die künstliche Selektion das Tempo der natürlichen Selektion um ein Vielfaches, da der Mensch viel rigider selektiert: Angenommen eine Variante A besitzt gegenüber Variante B geringe Selektionsvorteile, die in natürlicher Selektion 100 Generationen brauchen würden, um zur Elimination von B zu führen, so züchtet der Züchter schon nach der ersten Tochtergeneration nur Variante A weiter, mit dem Effekt einer hundertfachen Beschleunigung.

Der Begriff des *struggle for existence* war vor Darwin im 17. Jahrhundert in Gebrauch: Für Linné und Herder bestand dieser *struggle* allerdings lediglich darin, Missgeburten bzw. „Ausrutscher" der Natur zu korrigieren. Die Idee von Selektion im Sinne einer *bewahrenden* Selektion (▶ Abschnitt 6.1) hat eine lange Geschichte: Empedokles, Lukrez, Diderot, Rousseau, Maupertius und Hume verstanden unter natürlicher Auslese immer nur die Elimination schlechter Artvertreter im Dienste der Arterhaltung (Mayr 1982, 483, 489). Aber niemand hätte vor Darwin daran gedacht, dass auf diese Weise auch *neue* Arten entstünden und die natürliche Evolution insgesamt erklärt werden könnte. Mayr (ebd., 487) zufolge lag der entscheidende denkerische Fortschritt Darwins im Übergang vom *Essenzialismus* zum *Populationsdenken* (*population thinking*). Während der Essenzialismus vom Glauben ausgeht, der Natur gehe es um die Bewahrung der natürlichen Arten, setzt Populationsdenken bei der Population als einer Gruppe von individuell unterschiedlichen Artgenossen an, die sich die ökologische Umgebung teilen. Der unmittelbare Angriffspunkt der natürlichen Selektion ist nicht die Art oder Rasse, sondern vielmehr das *Individuum* bzw., genauer gesagt, seine vererbbaren Merkmale (und nach Dawkins (1998) seine „Gene"; ▶ Abschnitt 6.2.1). Es gibt in der Evolution keinen intrinsischen Drang zur Arterhaltung, und schon gar nicht zur Rassenerhaltung. Eine Abweichung eines Individuums oder einer Teilpopulation vom innerartlichen Durchschnitt wird vielmehr genau dann positiv selektiert, wenn sie dem Individuum bzw. der Teilpopulation Reproduktionsvorteile einbringt; eben deshalb gab es ja in der Evolution so viele Artaufspaltungen. Zum Populationsdenken gehört ferner auch Darwins Einsicht, dass die evolutionären Selektionsgesetze keine *strikten* (ausnahmslosen), sondern lediglich *statistische* Gesetze seien (Mayr 1982, 433; ▶ Abschnitt 7.4).

Last but not least hatte Darwins Evolutionstheorie auch einschneidende Konsequenzen für die Methoden der biologischen *Klassifikation*. Da natürliche Verwandtschaften oder Homologien nun auf gemeinsame Abstammung zurückzuführen waren, sollte die natürliche Klassifikation der Lebewesen in Spezies und höhere taxonomische Kategorien ihrer gemeinsamen Abstammungsgeschichte folgen. In der Tat orientierten sich die Klassifikationssysteme nach Darwin an der Abstammungsgeschichte als klassifikatorische Leitlinie, doch diese Leitlinie war nicht leicht durchzuhalten, da Klassifikationen auch diagnostisch effizient sein sollen und gemeinsame Abstammung sich zwar oft, aber *nicht immer* in diagnostisch relevanten Gemeinsamkeiten niederschlägt. Auf diese Schwierigkeiten biologischer Klassifikationssysteme, die bis in die Gegenwart anhalten, kommen wir in ▶ Abschnitt 2.5 zurück. Bereits Darwin sah diese Schwierigkeiten. Wie er in *Origin of Species* ausführte, würde das Kriterium der sexuellen Reproduktion nicht immer eine adäquate Speziesdefinition abgeben; Spezies evolvieren und seien deshalb nicht streng definierbar, weshalb keine Speziesdefinition alle Biologen befriedigen könne (Mayr 1982, 267f).

2.
The Modern Synthesis: Von Darwin bis zur biologischen Evolutionstheorie der Gegenwart

Darwins Theorie der Abstammung mit Variation war schnell akzeptiert, doch seine Theorie der natürlichen Selektion wurde zunächst massiv bezweifelt. Beispielsweise wurde eingewandt, das Postulat natürlicher Selektion sei reine Spekulation oder eine bloße Metapher (Mayr 1982, 520–525). Insbesondere erschien es unvorstellbar, wie viele minimale (und geeignet selektierte) Variationen gänzlich neue Arten erzeugen könnten. Das hauptsächliche Gegenargument besagte (z. B. bei Bateson 1894, 15 ff; vgl. Weber 1998, 26), dass *rudimentäre Vorformen* neuer Organe, z. B. sehr kleine Flügelchen eines mutierten Dinosauriers, für die Fitness völlig *wertlos* seien und daher niemals hätten herausselektiert werden können. Eine gezielte „Makromutation" sei hier erforderlich, und dasselbe gelte etwa für andere Makrotransformationen wie z. B. die Entstehung von vierfüßigen Landtieren aus Fischen. Hier lag ein Erklärungsnotstand der Darwin'schen Theorie vor, auf den sich zahlreiche Alternativtheorien zum Darwinismus beriefen. Mayr (1982, 525 ff) nennt drei hauptsächliche Gruppen von Alternativtheorien, die zu Darwins Zeiten und danach diskutiert wurden:

1.) *Saltationistische* Theorien, denen zufolge die Evolution immer wieder Sprünge macht. Weitverbreitet waren die Lehren von Bateson (z. B. 1894) und de Vries (z. B. 1901), die zwei Arten von Variationen unterschieden: *Mikrovariationen* verschieben die Speziesgrenzen und sorgen für die Elimination von dysfunktionalen oder letalen Mutationen; *Makrovariationen* erzeugen dagegen neue Spezies. Sogar der getreue Darwin-Schüler Thomas H. Huxley wandte gegen Darwins Selektionstheorie ein, keinem Tierzüchter wäre jemals die Züchtung einer neuen Spezies gelungen (vgl. Mayr 1982, 522, 542–550; Weber 1998, Abschnitt 2.2–2.3, 136).

2.) *Neolamarckistische* Theorien verdankten ihre Verbreitung ebenfalls dem Zweifel daran, dass die natürliche Selektion der *zufälligen* Mutation des Erbguts ausreiche, um die Geordnetheit und Zielgerichtetheit der Natur zu erklären. Sie nahmen verschiedene individualgeschichtlich wirksame Adaptions- oder Lernmechanismen an, deren Resultate erst sekundär in das Erbmaterial eingehen, von der Vererbung erlernter Eigenschaften bis zur Vererbung von Effekten einer sogenannten Umweltinduktion. Darunter wurde ein direkt formender Einfluss der Umgebung auf Organe verstanden, dem zufolge die Strömung des Wassers die Fischflossen oder der Steppenboden die Pferdehufe geformt hätte.

3.) *Orthogenetische* Theorien – eine Spielart normativer Entwicklungstheorien – nahmen teleologische (bzw. finalistische) Kräfte an oder behaupteten eine intrinsische Perfektionsskala, welcher die Entwicklung folgt. Zu Darwins Zeit waren es unter den Biologen insbesondere Nägeli (1865) und Eimer (1888), die teleologische Prinzipien verteidigten. Eimer nannte sein Perfektionsprinzip Orthogenesis; später sprach Berg von Nomogenesis, Osborn von Arostogenesis und Teilhard de Chardin vom Omega-Prinzip (vgl. Dennett 1997, 445).

Wie in ▶ Abschnitt 6.2.6 ausgeführt wird, ist bei solchen „Alternativen zu Darwin" sorgfältig zu unterscheiden, welche davon in einer verallgemeinert-darwinistischen Evolutionstheorie Platz haben und welche der verallgemeinerten Evolutionstheorie oder sogar naturalistischen Grundprinzipien (z. B. solchen der Kausalität) widersprechen. Letzteres trifft nur auf Gruppe 3 der teleologischen Theorien zu, während es sich bei den Theoriengruppen 1 und 2 um empirisch überprüfbare Theorien handelt, die in der verallgemeinerten Evolutionstheorie Platz hätten, jedoch empirisch nicht bestätigt werden konnten. Die Vertreter aller drei Gruppen von Alternativtheorien beriefen sich auf die genannten Erklärungslücken der Evolutionstheorie zu Darwins Zeit. In diesem Kapitel wird dargestellt, wie die postdarwinistische Entwicklung der Evolutionsbiologie bis hin zur Gegenwart diese Erklärungslücken nach und nach auffüllte. In dieser postdarwinistischen Entwicklung kam es zur sogenannten „Modern Synthesis", d. h. zu einer Synthese von zuvor unabhängigen Teilbereichen der Evolutionsbiologie.

2.1 Mendel und die Mechanismen der biologischen Vererbung

Zu Darwins Lebzeiten war die biologische Evolutionstheorie noch keineswegs vollständig entwickelt. Die größte Lücke, die klaffte, war das weitgehende Unwissen über den *Mechanismus* der biologischen Vererbung. Man wusste, dass sich zahlreiche Merkmale von Eltern auf Kinder vererbten, doch auf welcher biologischen Grundlage sollte dies funktionieren? Mitte des 19. Jahrhunderts entstand die *Zelltheorie*. Es war ein sensationeller Befund, dass sich alle Teile von Organismen aus Zellen zusammensetzten (Schleiden, Schwann und Graham) und dass Zellen nur aus Zellen entstehen konnten (Pasteur und Virchow). 1870 wurde die *Mitose*, d. h. die gewöhnliche (somatische) *Zellteilung*, entdeckt und nur sieben Jahre später die *Meiose*, d. h. die Ausbildung der Geschlechtszellen, ohne noch verstanden worden zu sein. Damit waren zwar wesentliche Grundlagen gelegt, aber ein Wissen über den biologischen Vererbungsmechanismus fehlte.

Darwin (1874) vertrat die Hypothese des Pangenismus, der zufolge spezifische Organzellen spezifische Erbkörperchen, sogenannte Germule, produzierten, die bewirkten, dass daraus während der Mitose Organzellen desselben Typs entstanden, und die sich überdies im Körper verteilten, in den Geschlechtszellen sammelten und von dort an die Nachkommen weitergegeben wurden. Die später akzeptierte Theorie, dass eine gemeinsame Erbsubstanz als Ganzes von Nachkomme zu Nachkomme weitergereicht wird, war gemäß Stanford (2006, 60 f) eine außerhalb von Darwins Vorstellungskraft liegende Alternativerklärung. Die eigentliche Schwierigkeit lag darin zu erklären, wie die gleiche Erbsubstanz unterschiedliche Organzellen hervorbringen kann, die ihrerseits nur Organzellen gleichen Typs hervorbringen (Magenzellen produzieren Magenzellen, Leberzellen Leberzellen usw.). Die heutige Erklärung hierfür ist die Epigenetik (▶ Abschnitt 2.3) und lag zweifellos außerhalb der damaligen Vorstellungskraft.

1893 prägte der führende Genetiker August Weismann den Begriff des *Keimplasmas* als die für die Vererbung zuständige Zellsubstanz. Er vermutete, jedes vererbbare Merkmal eines Organismus werde durch ein gewisses genetisches Partikel, ein Biophor, codiert. Hugo de Vries sprach stattdessen von „Pangenen" als Weiterentwicklung der Darwin'schen Theorie.[9] De Vries und Weismann nahmen Darwins Transporthypothese, der zufolge die Biophoren von Körperzellen in Geschlechtszellen wandern, zurück, behielten die anderen Komponenten jedoch im Wesentlichen bei. Während beide glaubten, dass Biophoren bzw. Pangene nicht nur im Zellkern, sondern auch im Zellplasma in Vielzahl vorhanden seien, führte Wilhelm Waldeyer 1888 zwar die Bezeichnung *Chromosom* für die neu entdeckten länglichen Strukturen im Zellkern ein, ohne aber deren Funktion für die Vererbung erkannt zu haben.

Darwin hatte die Möglichkeit einer (lamarckistischen) Vererbung erworbener Merkmale als biologisch unbedeutend angesehen, weil sich dafür kaum empirische Belege finden ließen, sie aber nicht ausgeschlossen (Mayr 1982, 689). Darüber hinaus glaubte Darwin, wie die Mehrheit der Biologen seiner Zeit, an eine geschlechtliche *Mischvererbung* (*blending inheritance*), der zufolge sich die genetischen Anlagen von Vater und Mutter zu einer Art Mischanlage vereinen würden. Weismann war dagegen ein Gegner des Lamarckismus und sprach sich auch gegen *blending inheritance* aus, weil diese nicht die vorfindbare Genotypenvielfalt erklären könne – bei fortgesetzter Mischvererbung dürften in einer Population zuletzt nur „mittlere Anlagen" übrig bleiben (vgl. Ridley 1993, 35). Er kam damit zwar nahe an den Mendelismus heran, machte aber eine Reihe aus heutiger Sicht mehrere falsche Annahmen, die ihn daran hinderten, zu Mendels Einsichten zu gelangen – z. B. dass nicht jede Zelle alle Biophoren enthalte, dafür aber dieselben Biophoren in multiplen Kopien, und dass Vater und Mutter ihre Biophoren in unterschiedlichen Zahlenverhältnissen an die Kinder weitervererben. Bekanntlich wurde das Vererbungsproblem erstmals durch Gregor Mendel (1822–1884) gelöst. Bevor wir darauf eingehen, sei der leichteren Verständlichkeit halber zunächst die aus Mendels Einsichten hervorgehende moderne Sicht der geschlechtlichen Vererbungsmechanismen knapp erläutert.

Für vererbbare phänotypische Merkmale, z. B. braune vs. blaue Augenfarbe, gibt es gewisse ursächlich verantwortliche *Gene* oder, genauer gesagt, Genvarianten – sogenannte *Allele*: sagen wir Allel A für Augenfarbe „Braun" (Br) und Allel a für „Blau" (Bl). Derselbe Buchstabe „A" vs. „a" deutet an, dass es sich um Allele desselben Gens bzw. desselben genetischen Locus (Ortes) am Chromosom handelt, der das Attribut „Augenfarbe" determiniert. Im Kern jeder Zelle befinden sich die schon erwähnten Chromosomen, die aus Strängen von sehr vielen Genen bestehen und in ihrer Gesamtheit das *Genom* (des jeweiligen Organismus) bilden. Der Kern jeder somatischen Zelle bzw. Körperzelle enthält jedes Chromosom und damit jedes Gen zweimal, eines stammt vom väterlichen und das andere vom mütterlichen Elternteil; man sagt auch, der Chromosomensatz ist *diploid.* Die diploide Genkonstellation eines (sich geschlechtlich vermehrenden) Organismus nennt man auch den *Genotyp.*

---

[9] Vgl. Weber (1998, 41), Stanford (2006, 108) und Mayr (1982, 674, 703, 708).

Häufig, aber nicht immer, ist eines der beiden Allele eines Organismus *dominant* und das andere *rezessiv*; in diesem Fall wird der entsprechende Phänotyp vom dominanten Allel allein bestimmt. In unserem Beispiel ist das Braun-Allel A gegenüber dem Blau-Allel dominant. Damit ergeben sich folgende drei Kombinationsmöglichkeiten aus Mutter- und Vaterallelen:

Genotyp	AA	Aa (= aA)	aa
Phänotyp (Augenfarbe)	Br	Br	Bl

Man nennt gleiche Allelpaare („AA", „aa") auch *homozygotisch* und ungleiche („Aa") auch *heterozygotisch*. Während der Bildung von Geschlechtszellen oder *Gameten*, also Eizellen im Weibchen resp. Samenzellen im Männchen, wird der diploide Chromosomensatz nun *halbiert*. Auf mehr oder weniger *zufällige* Weise gelangt entweder das mütterliche oder das väterliche Chromosom in den Kern der Geschlechtszelle. Man sagt auch, Geschlechtszellen besitzen nur den *haploiden* Chromosomensatz, und nennt diesen Vorgang geschlechtliche Zellteilung oder *Meiose* (im Gegensatz zur ungeschlechtlichen Zellteilung oder *Mitose*). Ausgehend von homozygoten Eltern unterschiedlicher phänotypischer Sorte gehorcht die Vererbung eines Merkmals wie die Augenfarbe über drei Generationen hinweg der in ▶ Box 2.1 dargestellten Vererbungsstatistik, die von Mendel erstmals – wenngleich nicht in diesen einfachen Worten – entdeckt wurde.

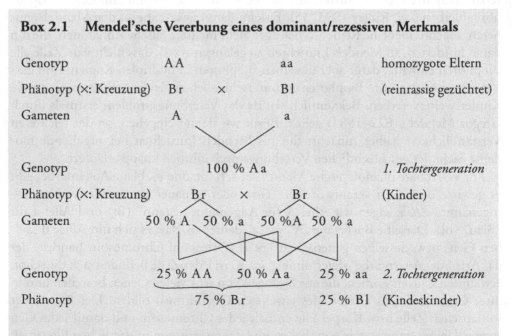

Box 2.1   Mendel'sche Vererbung eines dominant/rezessiven Merkmals

Genotyp	AA		aa		homozygote Eltern
Phänotyp (×: Kreuzung)	Br	×	Bl		(reinrassig gezüchtet)
Gameten	A		a		

Genotyp	100 % Aa				1. Tochtergeneration
Phänotyp (×: Kreuzung)	Br	×	Br		(Kinder)
Gameten	50 % A	50 % a	50 %A	50 % a	

Genotyp	25 % AA	50 % Aa		25 % aa	2. Tochtergeneration
Phänotyp	75 % Br			25 % Bl	(Kindeskinder)

Kreuzungen in der *3. Tochtergeneration* (Diagramme werden hier zu kompliziert):

    Bl × Bl erzeugt zu 100 % Bl (aa).

    Br × Br erzeugt mit Wahrscheinlichkeit $2/3 \cdot 1/2 \cdot 2/3 \cdot 1/2 = 1/9$ Bl (aa).

Mithilfe dieses Grundwissens lassen sich Mendels Experimente nun leicht erklären. Mendel führte seine Kreuzungsexperimente mit Erbsenpflanzen durch, die er sorgfältig ausgewählt hatte: Er benutzte nur Sorten, die sich untereinander kreuzen (hybridisieren) ließen, wobei bei allen von ihm ausgewählten Attributen jeweils ein Merkmal *dominant* war, z. B. rotblütig (dominant) vs. weißblütig (rezessiv). Schließlich sorgte er durch Selbstbefruchtung dafür, dass die Elterngeneration homozygot bzw. „reinrassig" war, indem er nur solche Pflanzen auswählte, die bei Selbstbefruchtung immer nur dasselbe Merkmal produzierten (Mayr 1982, 712, 714). Mendel beobachtete nun die in ▶ Box 2.1 angeführten statistischen Verteilungen der *Phänotypen* (man bedenke, dass nur diese beobachtbar sind), wobei ihm folgende Fakten auffielen:

Fakt 1: Die erste Tochtergeneration hatte uniform nur das dominante Merkmal während das rezessive Merkmal verschwand.

Fakt 2: In der zweiten Generation tauchte jedoch das rezessive Merkmal mit einer Häufigkeit von 1/4 wieder auf.

Fakt 3: Wenn man rezessive Merkmalsträger der zweiten Generation untereinander kreuzte (Bl · Bl), blieb das rezessive Merkmal uniform erhalten.

Fakt 4: Selbstbefruchtung dominanter Merkmalsträger der zweiten Generation zeigte, dass diese zu 1/3 aus reinrassigen und 2/3 aus gemischtrassigen Pflanzen bestand.

Fakt 5: Kreuzte man dominante Merkmalsträger der zweiten Generation, tauchte das rezessive Merkmal in der dritten Generation mit einer Häufigkeit von 1/9 auf.

Es war Mendels geniale Leistung, eine Erklärung für die prima facie *rätselhaften* statistischen Fakten 1 bis 5 gefunden zu haben, die aus folgenden zwei Hypothesen bestand:

Hypothese 1: Die genetischen Anlagen für ein gegebenes Merkmal kommen jeweils *doppelt*, väterlicher- und mütterlicherseits vor, und nur *eine* dieser Anlagen gelangt durch zufällige Auswahl in die eigenen Geschlechtszellen – um eine Multiplikation von Erbanlagen zu vermeiden, muss in der Meiose eine haploide Reduktion erfolgen.

Hypothese 2: Es findet keine „Vermischung" des väterlichen und mütterlichen Erbteiles statt, sondern beide bleiben im Organismus erhalten, wobei – jedenfalls in Mendels Experimenten – immer ein Erbanteil den anderen dominierte und den Phänotyp bestimmte.

Es handelte sich um einen raffinierten Abduktionsschluss (im Sinne von ▶ Box 1.1), den Mendel hier anstellte: Die beiden Annahmen erklären sämtliche in ▶ Box 2.1 erläuterten statistischen Kreuzungsresultate auf elegante Weise. Sowohl die Zahlenverhältnisse als auch das bemerkenswerte Verschwinden des rezessiven Merkmals in der ersten und sein Wiederauftauchen in der zweiten Generation sind so eigenwillig, dass eine andere als Mendels Erklärungsmöglichkeit kaum vorstellbar erscheint. Durch diesen Erklärungserfolg waren also die Mendel'schen Hypothesen als hervorragend bestätigt anzusehen, obwohl sie zu Mendels Zeit noch reine Hypothesen waren und insbesondere die Haploidisierung des Chromosomensatzes in der Meiose erst wesentlich später von Thomas H. Morgan experimentell nachgewiesen wurde (Mayr 1982, 761).

Die Mendel-Episode ist auch wissenschaftsgeschichtlich höchst interessant. Mendel war Student des Botanikers Franz Unger; er war zwar Mönch, aber in seiner Denkweise nicht esoterisch, sondern wissenschaftlich und weltzugewandt. 1865 trug Mendel die Resultate seiner Experimente vor der Natural History Society vor und publizierte sie 1866 in mehreren internationalen Zeitschriften. Dennoch blieben seine Resultate die folgenden 35 Jahre ignoriert. Während die führenden englischsprachigen Genetiker dieser Zeit vergebens nach einer Lösung des Vererbungsproblems suchten, schlummerte diese Lösung in den Bibliotheken vor sich hin, offenbar weil sich diese führenden Genetiker nicht dazu herabließen, den Aufsatz eines wenig bekannten Botanikers aus Deutschland ernsthaft zu studieren (vgl. Mayr 1982, 710 ff, 725). 1864 musste Mendel seine Forschungen beenden, weil sein Erbsensamen durch einen Virus infiziert wurde. 1871 wurde er zum Abt seines Klosters gewählt und konnte seine Forschungen nicht weiterführen. Erst im Jahr 1900 erfolgte der Durchbruch: *De Vries* hatte in eigenen Experimenten dieselben statistischen Verhältnisse wie Mendel gefunden; während seiner Forschungen stieß er auf Mendel und musste enttäuscht berichten, dass seine Arbeiten durch denselben vorweggenommen worden waren. Dasselbe passierte Carl Correns, der berichtet, dass ihm die Mendel'schen Verhältnisse 1899 wie eine „Erleuchtung" eingefallen seien, und ebenso erging es Erich Tschermak im Jahr 1900. Erst ab dieser Zeit begann der sogenannte *Mendelismus* der Vererbung, und etwas später führte Bateson die Begriffe des Gens, Allels, der Heterozygote und Homozygote ein (ebd., 728, 733). Diese bemerkenswerte wissenschaftsgeschichtliche Episode hinterlässt ein etwas zweifelhaftes Bild vom wissenschaftlichen Informationsfluss und legt uns die Frage vor, wie viele bislang unentdeckte *Mendels* es denn im Schatten des Rampenlichts heutiger Eliteuniversitäten wohl noch gibt oder gegeben hat.

Es dauerte eine Weile, bis die Mendel'sche Vererbungstheorie kohärent ausgereift war, denn zwei spezielle Annahmen Mendels sind nicht immer erfüllt. Erstens die *Dominanzannahme:* Nicht immer ist eines beider Allele dominant; in anderen Fällen (z. B. bei Größenmerkmalen) sind die Merkmale „semidominant" bzw. „semirezessiv"; d. h., der resultierende Phänotyp liegt etwa in der Mitte der beiden elterlichen Phänotypen. Solche Merkmale schloss Mendel experimentell aus. Zweitens die *Unabhängigkeit:* Mendel führte seine Experimente mit *mehreren* Merkmalen durch und wählte dabei nur solche Merkmale, die sich *unabhängig* vererbten. Er wusste, dass dies nicht immer der Fall war; manche Merkmale schienen in der Vererbung aneinander *gekoppelt* zu sein (*genetic linkage*). Aus moderner molekulargenetischer Sicht erklärt sich gekoppelte Vererbung einfach dadurch, dass die verantwortlichen Gene am *selben* Chromosom sitzen, während sich Merkmale nur dann unabhängig vererben, wenn ihre Gene an verschiedenen Chromosomen sitzen (▶ Abb. 2.1).

Die chromosomale Interpretation der Mendel'schen Regeln für unabhängige Vererbung wie abhängige Vererbung durch Zufallsauswahl der elterlichen Chromosomen in der Meiose wurde 1902 erstmals von *Walter Sutton* vorgeschlagen (vgl. Weber 1998, 52). Die Sache sollte sich aber als noch verwickelter erweisen. In den ersten Jahren des 20. Jahrhunderts studierten de Vries, Boveri, Bateson und andere Farb- und Formmerkmale von Blumen, fanden dort aber weder unabhängige noch

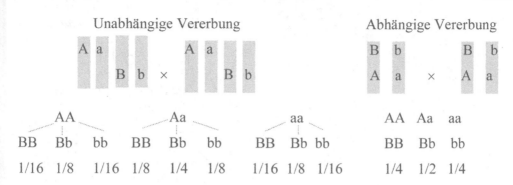

Abb. 2.1   Unabhängige vs. abhängige Vererbung.

völlig abhängige Vererbung (Mayr 1982, 764). Schon de Vries und Boveri postulierten zur Erklärung dieses Befunds einen Genaustausch zwischen mütterlichem und väterlichem Chromosom. Dieselbe Erklärung, nur genauer und besser abgesichert, wurde etwas später von Thomas Morgan geliefert, dessen Arbeitsgruppe (die Morgan-Schule) die Vererbungsgesetze anhand der Fruchtfliege *Drosophila* studierten, welche mit ihren nur vier Chromosomenpaaren ein ideales Studienobjekt war. Morgan konnte sämtliche an Pflanzen festgestellten Gesetze der unabhängigen und abhängigen Vererbung bestätigen. Anhand der gekoppelten Vererbung zweier *Drosophila*-Merkmale, normal-graue vs. schwarze Körperfarbe und normale vs. Stummelflügel, stellte Morgan jedoch fest, dass die Kopplungen unvollständig waren und in etwa 9 % der Fälle dennoch ungekoppelte Merkmalsvererbungen auftraten. Morgan erklärte dies durch die von F. A. Janssen beobachteten „Chiasmata" – gelegentlich auftretende Überkreuzungen der gepaarten Chromosomen während der Meiose: In solchen Überkreuzungen komme es, so Morgan, zum *Crossing-over*, d. h. der Rekombination bzw. dem Austausch ganzer Chromosomenabschnitte zwischen mütterlichem und väterlichem Chromosom, wie in ▶ Abb. 2.2 anschaulich dargestellt.[10]

Morgan hatte zwei geniale Einfälle. Erstens sollte die Anzahl der erhaltenen Kopplungsgruppen (= Gruppen gekoppelter Gene) genau der Chromosomenanzahl entsprechen, was 1914 Hermann Muller für *Drosophila* bestätigen konnte. Zweitens sollte die Häufigkeit von Überkreuzungen zwischen zwei am selben Chromosom sitzenden Genen mit ihrem Abstand am Chromosom korrelieren, wodurch die Möglichkeit einer *Genkartierung* für die *Drosophila*-Chromosomen entstand. Diese konnte in den 1930er Jahren in eindrucksvoller Weise direkt bestätigt werden, und zwar anhand der Riesenchromosomen in den Speicheldrüsen der *Drosophila*-Larven, an denen im Mikroskop durch Einfärbungen Chromosomenabschnitte unterscheidbar waren, die den Abschnitten auf der Genkartierung (zwischen jeweils zwei benachbarten Überkreuzungspunkten) gut entsprachen (Weber 1998, 57, 60).

[10]   Vgl. Mayr (1982, 744–761), Weber (1998, 56), Ridley (1993, 31) und Linder-Biologie (1992, 14 f.

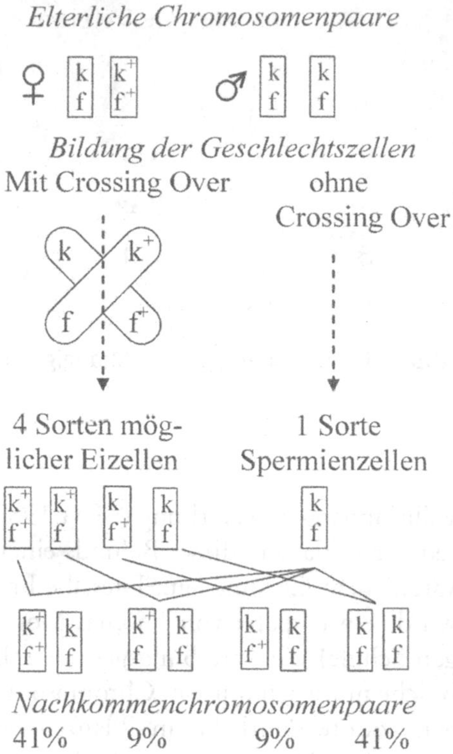

Elterliche Chromosomenpaare

♀ $\boxed{\frac{k}{f}}$ $\boxed{\frac{k^+}{f^+}}$ ♂ $\boxed{\frac{k}{f}}$ $\boxed{\frac{k}{f}}$

Bildung der Geschlechtszellen
Mit Crossing Over   ohne
                          Crossing Over

4 Sorten mög-   1 Sorte
licher Eizellen   Spermienzellen

$\boxed{\frac{k^+}{f^+}}$ $\boxed{\frac{k^+}{f}}$ $\boxed{\frac{k}{f^+}}$ $\boxed{\frac{k}{f}}$ $\boxed{\frac{k}{f}}$

Abb. 2.2   Gekoppelte Vererbung mit 9 %
Crossing-over von normal-grauer Körperfarbe (k) vs. rezessiv schwarzer Körperfarbe (k⁺) und normalen Flügeln (f) vs.
rezessiven Stummelflügeln (f⁺) (verändert
nach Linder-Biologie 1992, 15).

$\boxed{\frac{k^+}{f^+}}\boxed{\frac{k}{f}}$ $\boxed{\frac{k^+}{f}}\boxed{\frac{k}{f}}$ $\boxed{\frac{k}{f^+}}\boxed{\frac{k}{f}}$ $\boxed{\frac{k}{f}}\boxed{\frac{k}{f}}$

Nachkommenchromosomenpaare
41%   9%   9%   41%

2.2 Theoretische und empirische Populationsgenetik

Trotz der Fortschritte in der Vererbungslehre bereitete es nach wie vor Schwierigkeiten zu verstehen, wie eine Vielzahl kleiner und blinder Mutationen des Erbmaterials zu nachhaltig gerichteter Evolution führen können. Selbst Weismann nahm um die Wende zum 20. Jahrhundert eine Art „gerichteter Variation" an, weil es ihm als zu unplausibel erschien, dass zufällige Mutation und Selektion im Mikromaßstab zu Makromutationen wie dem Übergang von Wasser- zu Landlebewesen führen könne oder zu ganzheitlichen Anpassungsleistungen wie der Nachahmung (Mimikry) bei Schmetterlingen, die das komplette Farbmuster eines anderen giftigen Schmetterlings imitieren (Lunau 2002). Weismann hat in diesem Zusammenhang einen für die moderne Evolutionstheorie bedeutenden und nicht lamarckistischen Erklärungsansatz, indem er nämlich annahm, dass nicht nur die Variationen selbst, sondern auch die *Variationsrate* von Merkmalstypen bzw. entsprechenden Chromosomenabschnitten selektiert wird. So hat die Evolution für die Formen der Wirbeltiergliedmaßen und noch mehr für die Farbmuster von Schmetterlingen eine hohe Variabilität begünstigt, damit sich diese Organismen schnell wechselnden Umwelterfordernissen anpassen können. Ich nenne diesen Effekt den *Weismann-Effekt*, und er ist ein Unterfall dessen, was die „Evolution der Evolutionsfähigkeit" genannt wird (▶ Abschnitt 6.2.5). Für Weismanns Zeitgenossen erschien allerdings auch dieser Weismann-Effekt noch nicht ausreichend, um das Wunder komplexer

Adaptionsprozesse zu erklären; selbst Rensch und Mayr vertraten bis in die 1920er Jahre neolamarckistische Positionen (Mayr 1982, 554).

Einen entscheidenden Durchbruch für die Glaubwürdigkeit der Evolutionstheorie bewirkten die Fortschritte in der theoretisch-mathematischen sowie in der empirisch-experimentellen Populationsgenetik. Durch die Vereinigung von Darwins Evolutionslehre, Mendels Vererbungslehre und der theoretischen und experimentellen Populationsgenetik entstand in den 1930er und 1940er Jahren dasjenige, was seit dem Buch von J. Huxley (1942) die *moderne Synthese* (*modern synthesis*) in der Evolutionstheorie genannt wird. Für viele gegenwärtige Evolutionsbiologen (z. B. Ridley, Allen und Sober)[11] sind die „Helden" dieser modernen Synthese die Begründer der mathematischen Populationsgenetik – in erster Linie Ronald A. Fisher (1930), John B. S. Haldane (1892–1964) und Sewall Wright (1931, 1968 ff). Ich schließe mich diesem Standpunkt an, ohne die empirische Seite deshalb zu missachten. Mayr (1942) kritisierte hingegen die mathematische Populationsgenetik als „realitätsfern" und schrieb den Hauptanteil an der „neuen Synthese" den empirischen Populationsgenetikern zu, namentlich Dobzhanski (1937), Simpson, Rensch und sich selbst (Mayr 1982, 568; Weber 1998, 13 f). Mayr (1959) schrieb sogar eine Polemik gegen die „Bohnensackgenetik", wie er die mathematische Populationsgenetik herabwürdigend bezeichnete. Gegen diese verfasste jedoch Haldane (1964) eine treffende Gegenschrift, in der er die Bedeutung mathematischer Evolutionsmodelle mit mathematischen Modellen der Physik verglich. Heutzutage zweifelt kaum ein Evolutionsbiologe mehr an der Nützlichkeit populationsgenetischer Modelle, und man darf sagen, dass der Streit Mayr vs. Haldane zugunsten Haldanes ausging ist (so auch Crow 2001). Bedeutend war vor allem die enge *Verbindung* von theoretischer und empirischer Populationsgenetik, im Sinn empirischer Überprüfungsversuche, die besonders auf Dobzhansky (1937) zurückgeht. Weber (1998, 102 ff) sieht daher in ihm den Hauptbegründer der neuen Synthese.

Ich selbst sehe in Mayrs Polemik nur eine Instanz des in allen naturwissenschaftlichen Disziplinen anzutreffenden und eher irrationalen Konflikts zwischen „Empirikern" und „Theoretikern". Mayrs Polemik sollte auch deshalb nicht so heiß gegessen werden, weil der spätere Mayr selbst die bahnbrechende Bedeutung der Populationsgenetik hervorhebt, welche Rensch und ihn sowie viele andere veranlassten, ihren Neolamarckismus aufzugeben (Mayr 1982, 554, 793). Worin bestanden aber diese bahnbrechenden Einsichten?

2.2.1 Mathematisch-theoretische Populationsgenetik

Zum einen ermöglichte die mathematisch-theoretische Populationsgenetik die Weiterentwicklung der teils nur vage-metaphorisch beschriebenen Evolutionstheorie zu einer wissenschaftlichen Theorie mit überprüfbaren empirischen Voraussagen. Zum anderen bildete sie die Basis für die *verallgemeinerte* (nicht auf Gene beschränkte) Evolutionstheorie, der wir uns in ▶ Abschnitt 6.3 zuwenden. Hier geben wir nur eine knappe informelle Darstellung der Populationsgenetik, während ihre einge-

---

[11] Vgl. Ridley (1993, 16, 83), Allen (1978, 126 ff), Sober (1993, 92) und Weber (1998, 11 f).

hende Behandlung in ▶ Kap. 13 erfolgt. Schon 1915 zeigte Norton zur Überraschung aller, dass bereits ein kleiner selektiver Vorteil eines Allels gegenüber einem konkurrierenden Allel genügt, um nach vergleichsweise wenigen (10 bis 100) Generationen *drastische* Veränderungen der Genfrequenzen zu bewirken. Diese Ergebnisse wurden ab 1918 von Fisher und ab den frühen 1920er Jahren von Haldane und Chetverikov ausgebaut (Mayr 1982, 554). Pars pro toto erläutern wir hier zwei Beispiele: die auf Haldane zurückgehende mathematische Analyse von Selektion mit Rückmutation und Fishers raffinierte Erklärung des 1:1-Häufigkeitsgleichgewichts der Geschlechter.

Angenommen zu einem Allel B bildet sich ein konkurrierendes Allel A (am selben genetischen Locus) heraus, das dominant oder rezessiv sein mag, aber einen geringen Selektionsvorteil besitzt. A stehe z. B. für die etwas längeren Beine einer Antilopenspezies, die höhere Fluchtgeschwindigkeit vor Räubern verleiht. Mathematisch wird der relative Fitnessnachteil der Variante B durch einen Selektionskoeffizienten s ausgedrückt, der das Verhältnis des Fitnessnachteils von B zur Fitness von A ausdrückt. Zudem nehmen wir an, es gibt eine gewisse geringe Rückmutationswahrscheinlichkeit m: A→ B, d. h., das vorteilhaftere Allel degeneriert mit geringer Wahrscheinlichkeit m (z. B. 10^{-5}) in das alte Allel zurück. Dann wird der A-Prozentsatz an der Gesamthäufigkeit der Allele jede Generation etwas ansteigen, weil A-Individuen den Räubern besser entfliehen und dadurch mehr Nachkommen zeugen können als B-Individuen. Die mathematische Berechnung der daraus resultierenden Differenzgleichung wird in ▶ Abschnitt 13.1.1 behandelt und ergibt das Resultat, dass nach einer hinreichend hohen Anzahl von Generationen das vorteilhafte Allel A *fast universal* sein wird. Das heißt, der Grenzwert seiner Häufigkeit (für n gegen unendlich) wird nahe bei 100 % liegen, während das nachteilige Allel B fast verschwunden ist und sein geringer Prozentanteil nur mehr durch Rückmutationen aus A-Individuen erzeugt wird. Der Funktionsverlauf ist in ▶ Abb. 2.3 dargestellt.

Die Durchsetzung des A-Allels gelingt allerdings nur, wenn A nicht schon im Anfangsstadium durch Rückmutation ausstirbt. Wenn A rezessiv ist, kann dies sehr leicht geschehen, da dann A seine positive Selektion nur im homozygoten Zustand (AA) entfalten kann, der ausgehend von einer Punktmutation erst durch geeignete Paarungen in Folgegenerationen entstehen kann (zur genauen mathematischen Analyse ▶ Abschnitt 13.2.2, sowie Ridley 1993, 93–95). Zur selben Konsequenz wie

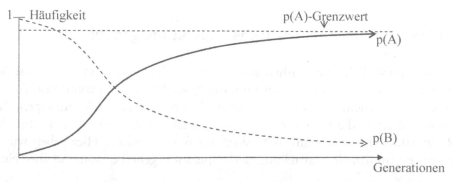

Abb. 2.3   Selektion eines vorteilhaften Allels A mit geringer Rückmutation zu B.

Haldane gelangte auch Chetverikov. Er beschäftigte sich besonders mit der Tatsache, dass Mutanten zuerst nur heterozygot auftreten und daher, wenn sie rezessiv sind, phänotypisch verborgen bleiben. Er spekulierte, dass Organismen viele solcher verborgener rezessiver Mutanten besitzen müssten, und konnte bei 239 wilden *Drosophila*-Weibchen 32 Loci mit rezessiven Mutanten nachweisen (Mayr 1982, 557).

Die evolutionäre Durchsetzung eines vorteilhaften Allels bzw. Phänotyps nennt man auch *Monomorphismus*. Es war damals aber auch schon bekannt, dass sich unter spezifischen Bedingungen auch ein sogenannter balancierter *Polymorphismus* ausbilden kann, worin sich die Häufigkeiten mehrerer Allele die Waage halten (▶ Abschnitt 13.3). Ein spezieller Fall eines solchen Polymorphismus ist das annähernd konstante 1:1-Gleichgewicht der Geschlechter, das sich in fast allen Populationen vorfindet. Hierfür lieferte erstmals Fisher eine berühmte Erklärung, die seitdem in allen Lehrbüchern der Evolution zu finden ist (vgl. Ridley 1993, 295; Sober 1993, 17; Skryms 1999, 7; Wilson 1975, 316 f).

Zunächst sei klargestellt, was Fishers Erklärung erklärt und was nicht. Bekanntlich besitzen weibliche Individuen zwei X-Chromosomen und männliche ein X- und ein Y-Chromosom. Unter der Annahme, dass die Aufteilung des männlichen X- und Y-Chromosoms in der Meiose gleichwahrscheinlich erfolgt und Eltern in gleichem Maße für ihre ♀- wie ♂-Nachkommen sorgen, produziert jedes Elternpaar im Schnitt gleich viele reproduktionsfähige ♀- wie ♂-Nachkommen, d. h., ♂ ist gar kein erbliches Merkmal. Unter dieser Annahme wird jede Generation, unabhängig von ihrem ♂-♀-Verhältnis, schon in der nächsten Generation Nachkommen im ♂-♀-Verhältnis von 1 : 1 gezeugt haben (ein Spezialfall des Hardy-Weinberg-Gesetzes; ▶ Abschnitt 12.3).

Das eigentliche Problem, an dem Fisher anknüpfte, bestand darin, dass die Sterbehäufigkeit vor der Fortpflanzung bei Männern üblicherweise höher ist als bei Frauen, insbesondere in Kriegszeiten. Daher wäre zu erwarten, dass es in jeder Generation weniger Männer als Frauen gibt – dem war aber nicht so. Vielmehr belegten Einwohnerstatistiken die erstaunliche Tatsache, dass dort, wo die ♂-Mortalitätsrate besonders hoch ist, auch mehr ♂ als ♀ geboren werden. Warum ist das so?

1710 leitete John Arbuthnot, Leibarzt der englischen Königin, daraus einen Beweis für die göttliche Vorsehung ab. Nicht einmal Darwin konnte diesen Sachverhalt erklären (vgl. Skyrms 1999, 1–3); erst Fisher gelang der Durchbruch. Das ♀:♂-Verhältnis der Nachkommen ist nämlich nicht bei allen Individuen 1:1, vielmehr gibt es gewisse „M-Erbanlagen" (so nennen wir sie), die dazu führen, mehr ♂- als ♀-Nachkommen zu produzieren. Analog gibt es W-Anlagen, die zu mehr ♀- als ♂-Nachkommen führen. Die M-Anlagen sind mit dem ♂-Geschlecht korreliert und treten daher häufiger bei ♂ auf und analog die F-Anlagen häufiger bei ♀. Unter Bedingungen eines Frauenüberschusses können sich Männer im Schnitt nun häufiger reproduzieren als Frauen; sie bringen daher mehr M-Anlagen in die nächste Generation als Frauen entsprechende F-Anlagen, was bewirkt, dass die Häufigkeit der M-Anlagen in der nächsten Generation gestiegen ist. Dies wiederum bewirkt, dass in der übernächsten Generation, d. h. unter den Enkelkindern, mehr ♂ als ♀ erzeugt werden und somit der Frauenüberschuss kompensiert wird, so lange, bis sich ein Gleichgewicht einpendelt. Dieses ist unter Bedingungen eines konstanten Männerunterschusses dann gegeben, wenn die Häufigkeit von M-Anlagen etwas größer als die von F-Anlagen ist. Und damit war das, was Arbuthnot für göttliche Vorsehung hielt, populationsgenetisch erklärt.

Fishers Erklärung besaß übrigens den weiteren Vorzug, auch erklären zu können, warum sich das 1:1-Geschlechterverhältnis selbst in Haremgesellschaften einpendelt, wogegen Arbuthnot annahm, das 1:1-Verhältnis sei nur unter dem göttlich vorgesehenen Gesetz der Monogamie stabil. Spätere Untersuchungen haben übrigens gezeigt, dass Fishers Argument nur gilt, wenn in der Population ein „globaler Reproduktionsmarkt" vorherrscht. Ist die Reproduktion auf eine kleine Nachbarschaft beschränkt, im Extremfall der Inzucht auf die eigenen Geschwister, so kann sich auch ein nicht symmetrisches Geschlechterverhältnis von mehr Weibchen als Männchen als optimal herausstellen – damit konnte man Abweichungen vom symmetrischen Geschlechterverhältnis erklären (vgl. Ridley 1993, 296 f).

In anderen Arbeiten zeigte Fisher, wie viele einzelne Genmutationen mit kleinem phänotypischen Effekt gerichtete Evolution auf der Ebene von Makrovariationen bewirken können. Fisher und Wright arbeiteten schließlich auch die Rolle der sogenannten *Zufallsdrifte* in der Evolution heraus: Nicht jede evolutionäre Veränderung beruht auf natürlicher Selektion, sie kann auch auf selektionsneutralem Zufall beruhen. Dazu zählt z. B. das zufällige Aussterben eines Allels in einer zu kleinen Auswanderungspopulation (Mayr 1982, 555); zu Zufallsdriften rechnet man aber auch funktionell konsequenzenlose, sogenannte *neutrale* Mutationen.

2.2.2 Empirische („ökologische" und experimentelle) Populationsgenetik

Wie erwähnt zweifelten Ende des 19. Jahrhunderts viele Biologen daran, dass kontinuierliche Mikromutationen zu Makromutationen führen konnten. William Bateson, ein Vertreter des erwähnten Saltationismus, hatte das Auftreten diskontinuierlicher Makrovariationen wie z. B. die plötzliche Verdoppelung der Anzahl von Gliedmaßen dokumentiert und postulierte, dass Makromutationen und Mikromutationen auf unterschiedlichen Prozessen beruhten (vgl. Weber 1998, 23–29). Die mathematische Populationsgenetik hatte danach zwar die theoretische Möglichkeit erwiesen, dass Mikroevolution auf Mendel'scher Basis innerhalb evolutionär betrachtet kurzer Zeitspannen zu scheinbar sprunghaften Makrovariationen führen kann. Aber konnte die Effizienz kontinuierlicher Mikroevolution auch empirisch nachgewiesen werden?

Um dies herauszufinden, begannen „ökologische" Populationsgenetiker, Mutationen in der Natur zu studieren. Schon 1918 hatte Goldschmidt das Auftreten von Dunkelmutationen bei Faltern in Industriegebieten mit hohen Rauchemissionen beobachtet und damit die Wirksamkeit von Mutation und Selektion in der Natur dokumentiert (▶ Abschnitt 12.4.1; Ridley 1993, 97). Sumner untersuchte in den Jahren 1910–1920 40 unterschiedliche Merkmalsvarianten bzw. Rassen der Springmaus. Er stellte fest, dass Kreuzungen unterschiedlicher Rassen diverse *intermediäre* Typen ergaben (Weber 1998, 76–80). Sumner schloss daraus, dass für eine Merkmalsvariante viele Gene verantwortlich sein müssten (Polygenie). Viele kleine und auf Allel-Ebene diskontinuierliche Mendel-Mikromutationen führen also zu einer kontinuierlichen Merkmalsreihe, deren Anfangs- und Endglieder zueinander im Verhältnis einer Makrovariation standen. Die damals übliche Unterscheidung zwischen kontinuierlicher und diskontinuierlicher Evolution, so Sumner, sei daher fragwürdig.

Ein wenig später begannen experimentelle Populationsgenetiker (insbesondere solche der Morgan-Schule), Mutationen künstlich zu erzeugen. 1927–1930 gelang es Muller, durch Röntgenbestrahlung die Mutationsrate bei *Drosophila* von 0,1 % auf 10 % anzuheben (Mayr 1982, 801). Der junge Mayr bezweifelte die Relevanz laborerzeugter Mutationen für die natürliche Selektion. Doch Muller konnte zeigen, dass radioaktive Bestrahlungen dieselben Mutationen hervorriefen, die man auch in der Natur vorfindet, wobei sich unter den (künstlichen oder natürlichen) Mutanten tatsächlich auch einige wenige „makromutationale Monster" im Sinne von Bateson fanden. Während die meisten Mutationen die Vitalität herabsetzten, führten einige zu erhöhter Vitalität, was ein Beleg für die Effizienz künstlich erzeugter Mutationen in der natürlichen Evolution war (vgl. Weber 1998, 66–69, 85 f).

Damit waren die Grundlagen für die Synthese von theoretischer und empirischer Populationsgenetik gelegt, die Dobzhansky (1937) vornahm. In seiner Studie über Mutanten von *Drosophila pseudoobscura* zeigte Dobzhansky mithilfe von Genmarkern, dass sich alle Rassen dieser Gattung durch die unterschiedliche Reihenfolge von acht Genen auf einem Chromosom unterschieden (Weber 1998, 98 f) und sich somit sämtliche Mutationen durch den Mechanismus der Chromosomeninversion erklären ließen. Anhand von Marienkäfern wies Dobzhansky 1933 nach, dass die Mutationen ihres roten Panzers in verschiedenen Gattungen auf gleichen genetischen Loci mit gleichen Allelen beruhten. Aufgrund seiner Befunde wandte sich Dobzhansky gegen die Annahme von unterschiedlichen Mechanismen für Mikro- und Makrovariationen (vgl. Weber 1998, 94 f, 98 f, 107). Gegen den Saltationismus brachte er schließlich auch ein wahrscheinlichkeitstheoretisches Argument vor: Angenommen, dass ein Makromerkmal auf vielen (z. B. zehn) Genen beruht, die jeweils eine geringe unabhängige Mutationswahrscheinlichkeit (von z. B. 10^{-4}) besitzen, dann würde die Wahrscheinlichkeit einer Makrovariation einen astronomisch kleinen Wert betragen, in unserem Beispiel $(10^{-4})^{10} = 10^{-40}$ (eine Eins mit 40 Nullen hinter dem Komma) – und das ist zu unwahrscheinlich, um in der Natur vorzukommen.

2.3 Genetischer Code und epigenetische Steuerung

Die chemische Entschlüsselung der Erbsubstanz wird nicht mehr zur *modern synthesis* im engeren Sinn gerechnet. Dennoch gehört sie zur modernen Synthese der Evolutionstheorie im weiteren Sinn, da erst dadurch die einheitlichen Grundlagen der biologischen Evolution auf molekularer Ebene erkannt wurden, wodurch eine Reihe von Streitfragen, z. B. um unterschiedliche Mutationsmechanismen, beantwortet werden konnten. Anfang des 20. Jahrhunderts war zwar schon bekannt, dass Chromatin hauptsächlich aus DNS (Desoxyribonukleinsäure, englisch DNA) bestand, doch die meisten Biologen dachten, ein DNS-Molekül sei viel zu simpel aufgebaut, um etwas so Komplexes wie die Vererbung der gesamten genetischen Information bewerkstelligen zu können (vgl. Mayr 1982, 813–817, 820). In den 1930er Jahren entstand aber die Theorie der chemischen *Polymere* bzw. Makromoleküle. So wie Proteine, wie man erkannt hatte, sich aus vielen Tausenden von (chemisch verbundenen) Aminosäuren zusammensetzen, die komplexe dreidimensionale Strukturen bilden können, so könnte ja auch das Erbmaterial aus DNS-Polymeren, also vielen DNS-Molekülen, gebildet sein. Mehrere Forschergruppen versuchten nun fieberhaft, die Makrostruktur der DNS herauszufinden. Einen entscheidenden Hinweis erbrachten Erwin Chargaffs Befunde um 1950, dass das Verhältnis der Nukleotide Adenin zu Thymin und Purin zu Pyrimidin im Chromatin bei nahezu 1:1 lag, was kein Zufall sein konnte. 1953 gewannen schließlich James Watson und Francis Crick das Rennen mit ihrem berühmten Doppelhelixmodell der DNS, das in ▶ Abb. 2.4 dargestellt ist.

Eine DNS-Kette wie in ▶ Abb. 2.4a besteht aus Iterationen von je einem Phosphorsäurerest (eingezeichnet als Kreis), einem Zuckermolekül, der Desoxyribose (eingezeichnet als Fünfeck) sowie einem von vier (basischen) Nukleotiden oder kurz Basen: Adenin (A), das sich nur mit Thymin (T) bindet, und Cytosin (C), das sich nur mit Guanin (G) bindet. Die RNS oder Ribonukleinsäure ist ein chemisch etwas weniger stabiler evolutionärer Vorfahre der DNS, der Ribose statt Desoxyribose und Uracil (U) statt Thymin enthält (vgl. Siewing 1978, 119). Ein Chromosom besteht aus zwei komplementär aneinander gebundenen DNS-Strängen (▶ Abb. 2.4b), die beim Menschen aus ca. 3 Mrd. Basenpaaren bestehen. Der DNS-Doppelstrang ist in Form einer Doppelhelix geschraubt, die sich ihrerseits um gewisse Proteine namens

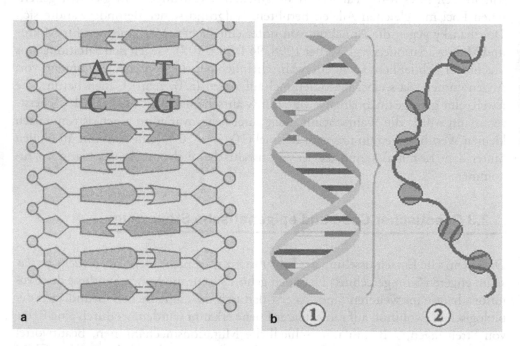

Abb. 2.4 (a) DNS-Struktur (verändert nach Linder-Biologie 1992, Abb. 31.1b). Komplementäre Nukleotide: A bindet sich nur mit T, C nur mit G. (b) Chromosomenspiralisierung (de.wikipedia.org/wiki/Chromosom). 1 = Doppelhelixstruktur. 2 = Spiralisierung um Nukleosomen.

Nukleosomen windet und durch diese Mehrfachspiralisierung eine enorm kompakte Form einnimmt.[12] Entschraubt hätte ein menschlicher Chromosomenfaden eine Länge von ca. einem Meter, denn er besitzt ca. $3 \cdot 10^9$ Basen von je ca. $3 \cdot 10^{-10}$ m Länge. Im Zellkern ist der Strang auf Bruchteile von Mikrometern ($= 10^{-6}$ m) zusammengeschraubt. Nur zum Zwecke der Replikation und Transkription (▶ Abb. 2.6) schraubt sich der Faden partiell auf.

Die eindeutig zugeordnete Bindungsmöglichkeit zwischen den Nukleotiden A–T einerseits und C–G andererseits ermöglicht die exakte *Replikation* bzw. Vervielfachung der genetischen Information. Die Replikation der DNS findet während jeder Zellteilung statt. Sie wird durch Enzyme gesteuert, die den DNS-Doppelstrang aufspalten, woraufhin sich an beide Teilstränge komplementäre Nukleotidbasen (plus entsprechende Zucker- und Phosphatreste) anlagern, die im Kernplasma herumschwimmen. Dadurch entstehen zwei neue Doppelstränge, die den alten genau kopieren, wodurch in jeder Zellteilung die genetische Information erhalten bleibt.

Die in einem DNS-Strang enthaltene genetische Information wird dadurch wirksam, dass jeweils drei Basen hintereinander ein *Basentriplett* oder auch *Codon* bilden, das genau eine *Aminosäure* bindet. Aminosäuren sind ihrerseits die Grundbausteine von Proteinen, die mehr oder weniger die gesamte makromolekulare „Maschinerie" des Lebens bilden – als *Enzyme* katalysieren sie chemische Reaktionen und steuern damit den Stoffwechsel; sie bewerkstelligen den hormonellen, immunologischen und neuronalen Informationstransfer; sie bilden das Grundsubstrat von diversen Gewebearten wie Membranen, Muskelgewebe oder Stützgewebe usw.

Die Basentriplett-Aminosäuren-Zuordnung ist das Herzstück des *genetischen Codes*, der in ▶ Abb. 2.5 dargestellt ist. Es gibt ca. 20 Aminosäuren (AS), aus denen natürliche Proteine aufgebaut sind (bis auf ein paar Ausnahmen; Karlson 2007, Kap. 2). Da aus drei Basen $3^4 = 64$ verschiedene Tripletts bzw. Codons gebildet werden können, enthält der genetische Code in der dritten Base eine Redundanz – dieselbe Aminosäure kann durch verschiedene Tripletts gebunden werden (Ridley 1993, 26). Zusätzlich codieren gewisse Tripletts, statt einer AS, eine Start- oder Stoppanweisung beim Informationsableseprozess.

Die *genetische Proteinsynthese* ist in ▶ Abb. 2.6 dargestellt. Sie besteht aus zwei Teilprozessen. In der *Transkriptionsphase* spult ein Enzym die DNS teilweise auf und lagert einzelne RNS-Nukleotide an, die einen komplementären Einfachstrang bilden, die Messenger-RNS (mRNS). Diese wandert durch die Kernmembran in das Zellplasma zu den Ribosomen, den Orten der Proteinsynthese (Ribosomen bestehen ihrerseits aus Proteinen und ribosomaler RNS, kurz rRNS). Im Zellplasma schwimmen nun einzelne Bausteine der Transfer-RNS (tRNS) herum, die jeweils aus einem RNS-Basentriplett bestehen, das mit einer zugeordneten Aminosäure beladen ist. Die tRNS-Bausteine lagern sich am Ribosom an die mRNS komplementär an, wobei die daran befindliche Aminosäure jeweils an den bereits gebildeten Polypeptidstrang andockt und das tRNS-Molekül wieder frei wird (Translationsphase).

---

[12] Vgl. Ridley (1993 25) und Karlson et al. (2007, Abschnitt 5.6). Die Mehrfachspiralisierungshypothese (z. B. in Linder-Biologie 1992, Abb. 30.2) ist bislang allerdings Spekulation (de.wikipedia.org/wiki/Chromosom).

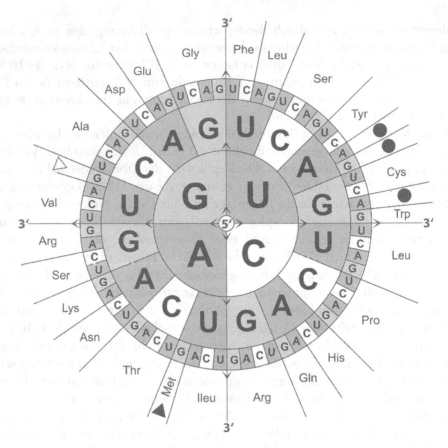

Abb. 2.5 Genetischer Code und seine Redundanz. Aminosäuren in gebräuchlicher Abkürzung. Zum Beispiel steht Glu für Glutaminsäure, codiert durch die Basentripletts (von außen nach innen) AAG und GAG. ● = Stopp-Codon, ▲ und △ (selten) = Start-Codon (mRNS) (© Onie (Codesonne) de.wikipedia.org/wiki/Genetischer_Code).

Es gibt zwei Definitionen des Gens: erstens die *molekulare* und zweitens die *funktionale*. Gemäß der molekularen Definition ist ein Gen ein solcher Teil eines DNS-Stranges, der ein Polypeptid bzw. Protein codiert, jeweils abgegrenzt durch Start- und Stopp-Codon. Man nennt ein solches Gen auch Cistron. Für die Vererbungslehre wichtiger ist die funktionale Definition, wonach ein Gen ein solcher DNS-Abschnitt ist, der für die Entstehung eines phänotypischen Merkmals wie z. B. der Augenfarbe (ursächlich) verantwortlich ist. Die funktionale Gendefinition ist erstens oft vage, da die Individuierung „eines" phänotypischen Merkmals oft vage ist. Zweitens ist sie oft uneindeutig – nämlich in allen Fällen, in denen für ein Merkmal mehrere DNS-Abschnitte verantwortlich sind (Polygenie) oder umgekehrt ein DNS-Abschnitt für mehrere Merkmale verantwortlich ist (Polyphenie). Bislang konnten erblichen Merkmalen bzw. funktional definierten Genen nur in wenigen, aber sehr bedeutsamen Fällen klar abgegrenzte Chromosomenabschnitte zugeordnet werden – z. B. ist bekannt, dass Normabweichungen in gewissen Genen gewisse Erbkrankheiten bewirken (zu weiteren Problemen der funktionalen Gendefinition vgl. auch Dawkins 1998, 62 f, und El-Hani 2007).

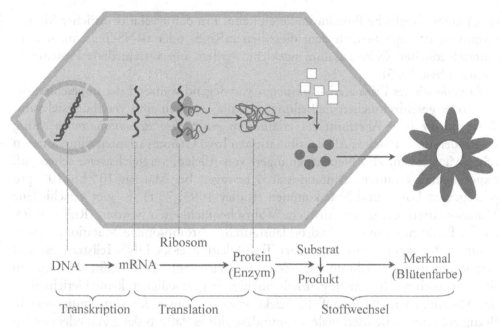

Proteinsynthese (verändert nach Linder-Biologie 1992, Abb. 33).

Durch moderne DNS-Sequenzierer ist die DNS-Sequenz menschlicher Chromosomen mittlerweile vollständig entschlüsselt.[13] Versteht man unter Code den *semantischen* Code, also die Bedeutungszuordnung, so ist der genetische Code dennoch bislang nur auf unterster Ebene, der Zuordnung zwischen Basentripletts und Aminosäuren, vollständig bekannt. Man kennt zwar aufgrund charakteristischer Anfangs- und Endsequenzen (sowie anderer Methoden) auch alle Abschnitte, die strukturellen bzw. proteincodierenden Genen entsprechen. Doch auf höherer Ebene ist die Zuordnung der Cistrone zu den Funktionen, funktionellen Genen bzw. phänotypischen Merkmalen noch weitgehend unbekannt, obwohl auch hier das Wissen stetig zunimmt.

Ein typisches Polypeptid bzw. Protein hat ca. 100–300 Aminosäuren. Ein molekulares Gen benötigt also ca. 1 000 Basen, um ein Protein zu codieren. Noch vor zehn bis 15 Jahren schätzte man die Anzahl der molekularen Gene im Menschen auf ca. 100 000 (Ridley 1993, 27). Mittlerweise aber weiß man, dass es nur ca. 23 000 proteincodierende (molekulare) Gene gibt (http://en.wikipedia.org/wiki/Human_genome). Insgesamt besitzen nur ca. 1,5 % der DNS proteinsynthetisierende Funktion. Da das menschliche Genom aus etwa $3 \cdot 10^9$ Basenpaaren besteht, ergibt dies ca. 1 500 Basenpaare pro Cistron. Die Funktion des restlichen Anteils der DNS ist größtenteils unbekannt. Man weiß zwar, dass ein hoher Prozentsatz der DNS *redundant* und funktionslos ist. Doch die frühere Auffassung, dass über 90 % der DNS solche Junk-DNS sei, wird heute wieder infrage gestellt. Man kennt beispielsweise einige proteincodierende DNS-Abschnitte, die *regulatorische* Funktion besitzen und bewirken, dass derselbe DNS-Abschnitt abhängig von epigenetischen Faktoren

---

[13] Das Human Genome Project: www.ornl.gov/sci/techresources/Human_Genome/home.shtml.

(s. u.) unterschiedliche Proteine codieren kann. Ein dafür verantwortlicher Mechanismus ist das Spleißen, in dem dieselben mRNS- oder tRNS-Teilsequenzen in unterschiedlicher Weise zusammengeklebt werden, um verschiedene Proteine zu erzeugen (Ast 2005).

Mutationen des Erbmaterials passieren vorwiegend während der ungeschlechtlichen oder geschlechtlichen Zellteilung; nur die letzteren sind vererbungsrelevant. Während die in ▶ Abschnitt 2.1 erläuterten *genetischen Rekombinationen* häufig stattfinden und zu neuen Allelkombinationen bzw. Genomvarianten führen, treten echte Mutationen, also Neuentstehungen von Allelen, vergleichsweise selten auf. Experimentell ermittelte Mutationsraten betragen bei Mäusen 10^{-6} bis 10^{-5} pro genetischem Lokus und Nachkommen (Ridley 1993, 75 f). Es gibt verschiedene Mutationsarten, die unterschiedliche Wahrscheinlichkeiten besitzen (Ridley 1993, 74 ff): Punktmutationen (Nukleotidaustausch), chromosomale Mutationen (Auslassung, Duplikation, Inversion oder Translokation eines DNS-Teilstranges) und Genommutationen (Chromosomensatzvervielfachung). Das heißt, Mutationen sind chemisch gesehen nicht gänzlich zufällig. Es gibt lediglich keine Gerichtetheit der Mutationen in Bezug auf die Selektionserfordernisse der Umgebung oder in Bezug auf erworbene Merkmale – zumindest gibt es dafür bislang keinerlei empirische Evidenz –, und nur in diesem Sinn sind biologische Mutationen *blind*, d. h. unabhängig von den selektiven Kräften der Umgebung. Die jüngsten nachgewiesenen Mutationen beim Menschen sind die Mutation des Mikrozephalins im Gehirn vor ca. 37 000 Jahren (gleichzeitig mit der Entwicklung von Kunst, Kultur und Religion) und die Laktoseverdauungsmutation vor ca. 10 000 Jahren im kaukasischen Raum (noch heute können nicht alle Erwachsenen Milchzucker verdauen; vgl. http://de.wikipedia.org/wiki/Mutation).

Mutationen in funktionslosen DNS-Abschnitten sind ohne phänotypischen Effekt und daher selektiv *neutral*. Neutrale Mutationen führen zu einer ungeheuren Diversität der DNS: In den neutralen Chromosomenabschnitten besitzt jeder Mensch individuell charakteristische Basensequenzen, die (mittlerweile nicht nur in der Kriminologie) zum Zwecke der genetischen Identifikation von Personen verwendet werden. In analoger Weise gibt es bei jedem Protein *neutrale* Aminosäuren, die nicht in den sogenannten funktionalen, d. h. chemisch wirksamen, Abschnitten des Proteins liegen, sondern lediglich statische Funktion besitzen und somit durch andere Aminosäuren austauschbar sind. Neutrale Aminosäuren mutieren wesentlich schneller als funktionale Aminosäuren. Kimura (1968) studierte Mutationsraten von neutralen Aminosäuren und stellte fest, dass sie mit einer einigermaßen gleichbleibenden Rate mutieren. Er sprach hier von einer *molekularen Uhr* der Evolution (Ridley 1993, Kap. 7). Man kann diese Uhr zur unabhängigen evolutionären Altersbestimmung von Organismen und ihrer spezifischen Proteine verwenden und damit evolutionäre Hypothesen wesentlich verlässlicher bestätigen, als dies zuvor möglich war (Näheres in ▶ Abschnitt 3.3.3). Die Einsicht, dass es in der Evolution viele keiner Selektion unterliegende zufällige Prozesse, sogenannte *Zufallsdrifte*, gibt, hat in der jüngeren Evolutionstheorie zu einem Umdenken gegenüber einem übersteigerten Adaptionismus früherer Jahre geführt (▶ Abschnitt 6.2.6).

Wie man seit mehreren Jahrzehnten weiß, werden Proteine und letztlich erbliche Merkmale nicht durch die Gene allein produziert, sondern immer nur zusammen mit biochemischen Steuerungsmechanismen, die mit den Genen interagieren: den *epigenetischen Steuerungssystemen*. Für multizelluläre Organismen ergibt sich die Notwendigkeit epigenetischer Steuerung aus der Existenz von *spezialisierten* Körperzellen (Haut-, Leber-, Nervenzellen etc.), welche verschiedene Funktionen ausüben, obwohl sie im Kern denselben diploiden Chromosomensatz besitzen. Dies ist nur deshalb möglich, weil auf den DNS-Doppelsträngen jedes Zellkerns viele sogenannte Repressormoleküle sitzen, welche die jeweiligen DNS-Abschnitte blockieren. Dies hat zur Folge, dass jeder DNS-Doppelstrang ein spezifisches *Aktivierungsprofil* besitzt, das nur gewisse Gene für Kopierfunktionen aktiviert und andere unterdrückt. Diese Aktivierungsprofile und die Mechanismen ihrer Veränderung machen die epigenetischen Steuerungssysteme aus.

Bei den Repressormolekülen kann es sich z. B. um Proteine, Histonmodifikatoren, Interferenz-RNS oder Methylgruppen handeln.[14] Epigenetische Steuerungssysteme lösen Darwins Problem mit der Vererbung (▶ Abschnitt 2.1), nämlich wie erklärt werden kann, dass aus Hautzellen nur Hautzellen und aus Leberzellen nur Leberzellen usw. herauswachsen. Embryonale Stammzellen sind noch nicht in Körperzellen ausdifferenziert und eben deshalb für medizintechnologische Zwecke (z. B. die Züchtung von Organen) so begehrt. Wie Szathmáry und Wolpert (2003, 275 f) herausarbeiteten, spielte für die Evolution von multizellulären Organismen die Tatsache eine entscheidende Rolle, dass etliche Einzeller schon epigenetische Steuerungssysteme besessen haben. Ein Beispiel sind die Milchsäurebakterien, deren epigenetische Steuerung des Laktosestoffwechsels gut verstanden ist: Ein bestimmtes Gen G_1 produziert ein Repressorprotein P_1, welches das eigentliche den Laktosestoffwechsel regulierende Gen G_2 blockiert. P_1 wiederum bindet mit dem „Induktormolekül" Laktose: Wenn also Laktose in die Zelle eindringt, wird P_1 inaktiv und dadurch Gen G_2 aktiviert, welches dann zwei Enzyme produziert, die die Laktoseverdauung bewerkstelligen.

Die jüngst viel diskutierten DNS-Methylierungen scheinen einen wesentlichen Anteil an den DNS-Aktivierungsmustern auszumachen. Von etlichen Krankheiten, z. B. Krebs, Diabetes oder Multiple Sklerose, ist aufgrund ihres unterschiedlichen Auftretens bei eineiigen Zwillingen bekannt, dass sie *auch*, aber nicht *nur* genetisch bedingt sind. So vermutet man, dass das Auftreten solcher Erbkrankheiten auf fehlerhafte Methylierungsmuster zurückzuführen ist, die nicht mehr in der Lage sind, die entsprechenden DNS-Abschnitte zu hemmen. Die Aktivierungsmuster unseres Erbgutes werden auch durch unsere Erfahrungen bzw. unsere Biografie bestimmt. Man vermutet, dass traumatische Erlebnisse eine Veränderung chromosomaler Aktivierungsmuster in unseren Gehirnzellen bewirken, die nachhaltige psychische Veränderungen wie z. B. leicht auftretende Angstzustände bewirken können (Bauer 2004).

Krebstumore können eventuell durch Vererbung fehlerhafter Methylierungsmuster von Krebszellen auf deren somatische Tochterzellen erklärt werden. Die Tatsache, dass das geklonte Schaf Dolly früh an Arthritis und anderen Alterskrankheiten litt, könnte damit erklärt werden, dass durch das Klonen einer somatischen Erwachse-

---

[14] Vgl. de.wikipedia.org/wiki/Epigenetik und de.wikipedia.org/wiki/DNA-Methylierung.

nenzelle auch ein Erwachsenenaktivierungsmuster mitvererbt wurde (Dennies 2003). Damit sind wir bei einer zentralen Frage: der Vererbbarkeit von Methylierungsmustern. Höchstwahrscheinlich vererben sich diese während der somatischen Zellteilung bzw. Mitose. Aber können sie auch in die Keimbahn gelangen, d. h. sich während der Meiose auf die Geschlechtszellen und damit auf die Nachkommen vererben?

Um diese Fragestellung zu pointieren, unterscheiden wir zwischen *Epigenetik im schwachen Sinn*, welche das Vorliegen epigenetischer Steuerungssysteme innerhalb der Entwicklung eines Organismus behauptet und gänzlich unbestritten ist, und *Epigenetik im starken Sinn*, die zusätzlich die Vererbbarkeit von epigenetisch erzeugten DNS-Aktivierungsmustern behauptet und umstritten ist. Epigenetik im starken Sinn wäre ein zumindest partiell *lamarckistischer* Effekt, da hierbei erworbene Merkmale auf die Nachkommen vererbt würden – allerdings nur in der „partiellen" Form von Aktivierungsmustern für genetische Merkmalspotenziale, die schon zuvor durch nicht lamarckistische Evolution entstanden sein müssen. Obwohl das Leitparadigma der biologischen Evolutionstheorie bis vor Kurzem die Existenz lamarckistischer Effekte bestritt, weil solche nicht nachgewiesen werden können, berichteten in jüngerer Zeit einige Mediziner und Biologen von empirischen Evidenzen für stark epigenetische (und somit lamarckistische) Effekte. Kaati et al. (2002) lieferten Evidenzen dafür, dass Personen, deren Großmutter einer nicht genetisch bedingten Überernährung ausgesetzt gewesen war (was man wusste, weil diese eine nicht überernährte eineiige Zwillingsschwester hatte), ein erhöhtes Diabetes- und Herz-Kreislauf-Risiko besitzen. Molinier et al. (2006) zeigten einen lamarckistischen Effekt in Bezug auf die Mutationsrate: Unter Stress entwickeln Pflanzen eine höhere Mutationsrate und vererben diese an Nachkommen weiter. Einen direkten experimentellen Nachweis lieferten Morgan et al. (1999) bei Mäusen, bei denen ein Allel namens „Avy", das gelbliche Hautfarbe erzeugt, durch eine bestimmte Diät blockiert werden kann. Genidentische Avy-Mäuse, die unterschiedliche Nahrung einnahmen, hatten nicht nur eine unterschiedliche Hautfarbe; ihre Hautfarbe vererbte sich sogar statistisch auf ihre Nachkommen unmittelbar nach der Geburt weiter, obwohl alle ihre Nachkommen das Avy-Allel besaßen.

Wenn sich diese Befunde zugunsten der Epigenetik im starken Sinn erhärten würden, so wäre dies eine durchaus revolutionäre Erkenntnis. Dennoch ist zu betonen, dass damit nur gezeigt wäre, dass *einige wenige* erworbene Merkmale (in der erläuterten partiellen Weise, d. h. über Aktivierungsmuster) vererbt werden können. Keineswegs wäre damit der pauschale Lamarckismus wiederbelebt, dem zufolge alle erworbenen Merkmale „irgendwie" vererbbar sind.

2.4 Zwischen Stagnation und Revolution: Eckdaten biologischer Evolution

Die wichtigsten Eckdaten der biologischen Evolution auf unserem Planeten gemäß heutigem Wissensstand sind in ▶ Box 2.2 zusammengefasst. Unser Universum entstand gemäß gängiger Kosmologie vor ca. 13,7 Mrd. Jahren durch einen Urknall (Weinberg 1977); unser Sonnensystem vor etwa 5 Mrd. Jahren und 500 Mio. Jahre später unser Planet Erde. Die ersten stabilen Gesteine (Zirkone) bildeten sich vor ca. 4,2 Mrd. Jahren, und seit ca. 4 Mrd. Jahren wurde unsere Erde nicht mehr von Kometen behagelt (Ward und Brownlee 2000, 60, 231). Sehr „bald" danach, vor ungefähr 3,8 Mrd. Jahren, kam es vermutlich auch schon zum Beginn des Lebens in Form der primitivsten Einzeller, der Prokaryonten. Immerhin 3,6 Mrd. Jahre alt sind die ältesten nachweisbaren Prokaryonten in Form von Stromatolithen (Kalkkrusten), die von Vorfahren unserer heutigen Blaualgen gebildet wurden (ebd., 57; Linder-Biologie 1992, 109 f).

Es gibt zwei Arten von Einzellern: Prokaryonten und Eukaryonten. Prokaryonten sind 0,2–5 Mikrometer (10^{-6} m) groß und die primitivsten Einzeller. Sie bestehen nur aus einer Zellmembran, in der RNS-Doppelstränge zusammen mit Ribosomen frei herumschwimmen (zur Erinnerung, RNS ist der evolutionäre Vorfahre von DNS). Archaebakterien und die photosynthesebetreibenden und koloniebildenden Blaualgen sind die wichtigsten Prokaryontenstämme (Linder-Biologie 1992, 109). Die Atmosphäre vor $3 \cdot 10^9$ Jahren enthielt noch keinen Sauerstoff. Viele von den damaligen Prokaryonten abstammende Bakterien betreiben heute noch anaeroben (sauerstofffreien) Stoffwechsel; einige Archaebakterien halten extreme Bedingungen aus (z. B. Temperaturen über 100 Grad in der Nähe unterirdischer Vulkane). Es waren auch die Blaualgen (und nicht die mehrzelligen Pflanzen), die in Milliarden

---

Box 2.2   Eckdaten zur Makroevolution
(10^n = Zahl mit n Nullen; Jahre = Jahre vor Chr.)

$14 \cdot 10^9$ Jahre: Urknall.

$5 \cdot 10^9$ Jahre: Unser Sonnensystem.

$4,5 \cdot 10^9$ Jahre: Planet Erde.

$4.2 \cdot 10^9$ Jahre: Erste stabile Gesteine; Abklingen des Kometenhagels.

$3,8 \cdot 10^9$ Jahre: Erste Prokaryonten (Einzeller ohne Zellorganellen); sauerstofflose Atmosphäre (Kohlendioxid, Stickstoff); *Explosionsphase* der Prokaryonten.

$1,5 \cdot 10^9$ Jahre: Anreicherung der Atmosphäre mit Sauerstoff (produziert durch Blaualgen).

$1,5 \cdot 10^9$ oder $0,8 \cdot 10^9$ Jahre: Erste Eukaryonten (große Einzeller mit Zellorganellen); *Explosionsphase* der Eukaryonten. Bisherige Annahme: $1,5 \cdot 10^9$ Jahre. Alternativannahme: erst $0,8 \cdot 10^9$ Jahren, zuvor Riesenbakterien.

$700 \cdot 10^6$ Jahre: Erste Vielzeller.

$600 \cdot 10^6$ Jahre: Kambrische *Explosion* der Vielzeller.

$500 \cdot 10^6$ Jahre: Erste Wirbeltiere, Fische.

$400 \cdot 10^6$ Jahre: Tetrapodische Fische; Übergang zum Landleben (genügend Sauerstoff in Atmosphäre).

$400–250 \cdot 10^6$ Jahre: *Explosionsphase* der Landlebewesen (Koevolution von Tieren und Pflanzen: Skorpione, Protoamphibien, Amphibien und Reptilien, Insekten; Farne, Schachtelhalme, Bärlappgewächse, später Nadelhölzer).

$250–70 \cdot 10^6$ Jahre: Zeit der Saurier (*Explosionsphase*); erste Säugetiere; ab $100 \cdot 10^6$ Jahren Blütenpflanzen.

70 · 10⁶ Jahre: Aussterben der Saurier; *Explosionsphase* der Säugetiere; erste Vögel; erste (kleine) Primaten (Affen).

5 · 10⁶ Jahre: Erste Hominiden bzw. Hominini (Abtrennung Schimpanse – Mensch vom gemeinsamen Vorfahr).

2–1 · 10⁶ Jahre: *Homo habilis,* dann *Homo erectus*; primitivste Steinwerkzeuge.

150 000 Jahre: *Homo sapiens.*

70 000 Jahre: *Explosion* der Werkzeugentwicklung (Sprache); *Homo sapiens out of Africa.*

10 000 Jahre: Viehzucht und Ackerbau; *Explosion* von Mensch*gesellschaften.*

5 000 Jahre: Erste Hochkulturen.

1 000 Jahre: Erste Wissenschaft.

Seit 300 Jahren: Moderne Wissenschaft und Zivilisation; jüngste *Explosionsphase.*

von Jahren nach und nach die Sauerstoffatmosphäre erzeugten (Ward und Brownlee 2000, 68, 98).

Alle anderen Einzeller und alle Zellen mehrzelliger Organismen sind dagegen Eukaryonten. Dies sind etwa 1 000-mal größere Zellen als Prokaryonten, die einen Zellkern enthalten, in dem sich Chromosomen (mit DNS statt RNS) befinden, sowie eine Reihe weiterer „Zellorgane", die Organellen. Dazu zählen die in allen Eukaryonten vorhandenen Ribosomen (zuständig für Proteinsynthese), die Mitochondrien (zuständig für chemischen Stoffwechsel), ferner das endoplasmatische Retikulum und der Golgi-Apparat sowie unterschiedliche Arten von Plastiden, z. B. Chloroplastiden, welche die Photosynthese bewerkstelligen (Ridley 1993, 24).

Bei der DNS bzw. RNS als Reproduktionsmechanismus handelt es sich um eine *universale Homologie* aller Lebewesen, d. h. eine Gleichartigkeit aufgrund gemeinsamer Abstammung von den Urprokaryonten. Injiziert man beispielsweise die mRNS eines Kaninchens für Hämoglobin (das Protein der roten Blutkörperchen, das Sauerstoff bindet) in das Bakterium *Escherichia coli,* so erzeugt dieses Bakterium Kaninchen-Hämoglobin. Dies zeigt in beeindruckender Weise, wie gleichartig dieser Mechanismus bei allen Lebewesen funktioniert (Ridley 1993, 46).

An den ersten 2 Mrd. Jahren des Lebens auf unserem Planeten, also über 50 % seiner Evolutionszeit, sind zwei Dinge auffallend: erstens, wie „schnell" die Prokaryonten entstanden, und zweitens, wie lange die Eukaryonten benötigten. Während „nur" 2–3 Mio. Jahre bis zum Einsetzen der Prokaryontenexplosion vergingen, passierte in den nächsten 1,5 Mrd. Jahren sozusagen fast gar nichts. Die Prokaryonten bildeten eine Welt für sich (zur Vielfalt der heute noch lebenden Prokaryontenstämme vgl. de.wikipedia.org/wiki/Evolution). Dagegen war der evolutionäre Sprung zu Eukaryonten offenbar sehr schwierig, vielleicht schwieriger als der Übergang von den Eukaryonten zu mehrzelligen Organismen. Warum?

Die DNS der Mitochondrien heutiger Eukaryonten ähnelt der RNS der Prokaryonten. Aufgrund dieses Tatbestands und anderer Fakten vermutet man gemäß der *Endosymbiontenhypothese,* dass die Mitochondrien der ersten Eukaryonten dadurch entstanden, dass größere Prokaryonten Bakterien verschluckten (gewisse Amöben tun dies noch heute), die dann im Zellplasma symbiotisch Stoffwechsel betrieben und sich als Zellorganelle mitreplizierten. Auf ähnliche Weise, so die Vermutung, sind auch die weiteren Zellorganellen entstanden.[15]

Nun ist aber die Zellmembran der Prokaryonten nicht so durchlässig wie die heutiger Eukaryonten. Vielmehr enthält die Bakterienzellmembran *Murein* als feste Stützschicht, die viel starrer ist als die Eukaryontenzellmembran und im Gegensatz zur letzteren nur kleinere Moleküle, aber keine Riesenmoleküle oder gar kleine Prokaryonten durchlassen kann. Damit aus prokaryontischen Zellen eukaryontische Zellen werden konnten, die Phagozytose betreiben, also ganze Prokaryonten verschlucken konnten, mussten die Prokaryonten zunächst die starre Zellwand aufgeben. Doch die starre Zellwand *schützte* die Prokaryonten vor diversen schädlichen Einflüssen, während komplexere Schutzmechanismen der Eukaryonten, wie primitive Wahrnehmung und Fortbewegung, den Prokaryonten nicht zur Verfügung standen. Die Prokaryonten mussten daher zunächst ein *Fitnesstal* durchwandern, sich also verletzlicher machen, um von ihrem bisherigen Fitnessgipfel auf einen noch höheren Fitnessgipfel, den der Eukaryonten, zu gelangen (Maynard Smith und Szathmáry 1996, 122–126). Diese Notwendigkeit des Durchlaufens von Fitnesstälern erklärt die lange Stagnationszeit, bevor die Eukaryontenebene erreicht und eine neue Explosionsphase der Evolution eintreten konnte (zu Fitnesstälern vgl. ▶ Abschnitt 4.2.3).

Zum Entstehungszeitpunkt von Eukaryonten gibt es derzeit zwei konkurrierende Hypothesen. Gemäß der älteren Standardhypothese entstanden die ersten Eukaryonten vor ca. 1,5–1,8 Mrd. Jahren. Gemäß einer jüngeren Alternativhypothese könnten sie jedoch erst wesentlich später entstanden sein, vor ca. 800 Mio. Jahren – denn nur für diese Zeit gibt es einigermaßen sichere Spuren, wogegen es sich bei den versteinerten Spuren angeblicher Eukaryonten vor $1,5 \cdot 10^9$ Jahren auch um Spuren von jüngst gefundenen *Riesenbakterien* handeln könnte, die ebenfalls Eukaryontenmaße annehmen können (Cavalier-Smith 2002). Für die Alternativhypothese spricht noch ein weiterer theoretischer Grund: Für die alsbald danach erfolgende schnelle Ausbreitung der Vielzeller ist die (in ▶ Abschnitt 2.3 erläuterte) epigenetische Steuerung der Zellspezialisierung notwendig, die sich bereits bei einigen Eukaryonten findet, z. B. bei Flagellaten, Schimmel-, Schleim- und Hefepilzen (Szathmáry und Wolpert 2003, 272, 275 f).

Die ersten Vielzeller entstanden vor etwa 700 Mio. Jahren, und schon 100 Mio. Jahre später kam es zur schnellen Ausbreitung derselben über die ganze Erde, der sogenannten kambrischen Explosion, benannt nach der erdgeschichtlichen Periode des Kambriums.[16] Bald danach kam es zur Entstehung des ersten Landlebens – der Sauerstoffgehalt der Meere und der Atmosphäre war für aeroben Stoffwechsel nun hinreichend hoch. Die weiteren in ▶ Box 2.2 angeführten Eckdaten sind weitgehend bekannt und kaum erläuterungsbedürftig. In welchem Ausmaß das Tempo der

---

[15] Vgl. Linder-Biologie (1992, 109), Maynard Smith und Szathmáry (1996, 126, 140), Ward und Brownlee (2000, 85 ff) sowie Siewing (1978, 160).

[16] In der Geologie verwendet man Bezeichnungen für erdgeschichtliche Perioden, die sich aus gewissen Fundstätten ableiten. Die wichtigsten sind: Präkambrium (–600), Kambrium (590–500), Ordovizium (500–440), Silur (440–400), Devon (400–360), Karbon (360–290), Perm (290–240), Trias (240–210), Jura (210–140), Kreide (140–70), Tertiär (70–2), Quartär (2–jetzt) (Kleesattel 2002, 13).

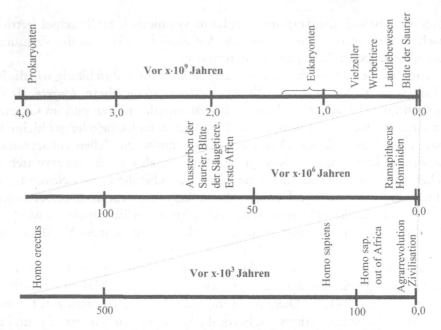

Abb. 2.7 Exponentielle Zeitfenster der Makroevolution (nach ▶ Box 2.2).

Evolution, aus der Perspektive des Menschen, eine exponentielle Beschleunigung erfahren hat, zeigt ▶ Abb. 2.7: Die Geschichte der zivilisierten Menschheit spielt sich erst in den letzten Jahrtausenden ab; die Evolution von den ersten Affen zum Menschen in Jahrmillionen, die Evolution des Lebens dagegen in Jahrmilliarden. Wie sehr Evolution Diversifizierung bedeutet, zeigt der (stark vereinfachte) Stammbaum aller Lebewesen in ▶ Abb. 2.8.

Für das Verständnis der geografischen Verbreitung mehrzelliger Spezies seit der kambrischen Explosion war weiterhin die Erkenntnis der Kontinentalverschiebung bedeutsam, die sich erst in den 1960er Jahren durchsetzte. Die Theorie der Kontinentaldrifts wurde zwar bereits 1915 von Alfred Wegener aufgestellt, aber lange Zeit abgelehnt, weil es keine plausible Erklärung für die geologischen Kräfte gab, welche solches hätten bewirken können. Stattdessen dominierten Modelle von Landbrücken durch Eiszeiten oder Meeresspiegelveränderungen, um zu erklären, warum so viele Spezies auf *allen* Kontinenten zu finden waren (Mayr 1982, 449 f). Erst in den 1960er Jahren konnte ein plausibler Mechanismus der Kontinentalverschiebung in Form der Plattentektonik gefunden werden: Danach wird die Bewegung der Landplatten auf den schwereren Meeresplatten durch die rotierende Bewegung des Erdmagmas angetrieben, die auch das Magnetfeld der Erde erzeugt (▶ Abschnitt 5.1; Ward und Brownlee 2000, 195–197). Bald danach war die jährlich nur Zentimeter betragende Kontinentalbewegung mithilfe von Satellitenbildern präzise messbar.

▶ Abb. 2.9 zeigt den Superkontinent Pangäa vor etwa 300 Jahrmillionen, der vor 200 Mio. Jahren in zunächst zwei Teile auseinanderbrach: Laurasien, aus dem Nordamerika und Eurasien hervorgingen, sowie Gondwana, aus dem Südamerika, Afrika, Australien und Neuseeland entstanden (zur Geschichte der „Urkontinente" und ersten Landmassen vor Pangäa vgl. en.wikipedia.org/wiki/List_of_

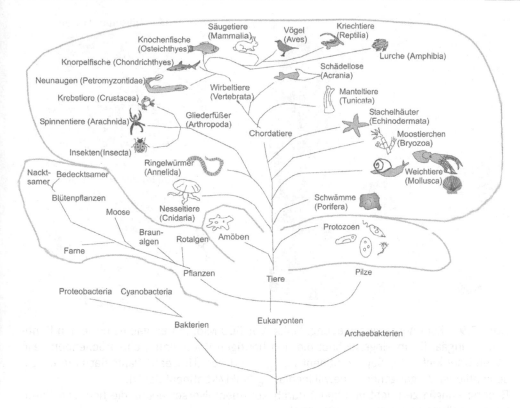

Abb. 2.8 Stammbaum der Lebewesen (verändert nach http://schuetz.sc.ohost.de/Biologie/Evolution/Stammbaum der Lebewesen.pdf).

supercontinents). Pangäa war die Zeit der Saurier. Sämtliche damals lebenden Tier- und Pflanzenspezies konnten sich über alle heutigen Erdteile verbreiten. Noch heute ähneln sich Spezies auf weit entfernten Kontinenten (wie Südamerika und Australien) aufgrund ihrer ehemaligen Verbundenheit (▶ Abschnitt 3.2).

Die meisten mehrzelligen Spezies, die eine längere Zeit erfolgreich waren, sind irgendwann ausgestorben. Oft ist das Aussterben die direkte Folge eines katastrophalen Umweltereignisses (wie ein Kometeneinschlag oder eine Dürreperiode) oder das Resultat eines puren Zufallsdrifts (z. B. eine Abnahme der Populationszahl), welches mit externen Katastrophen fatal zusammenwirkt. Die Annahme, dass die Aussterbewahrscheinlichkeit einer Spezies das Resultat von nicht adaptionistischen Prozessen, also Zufallsprozessen oder externen Ereignissen ist, wird durch die empirische Tatsache gestützt, dass die Häufigkeit von Spezies mit ihrer Existenzdauer negativ-exponentiell abnimmt. Daraus folgt, dass die Aussterbewahrscheinlichkeit einer Spezies, wenn sie sich einmal evolutionär etabliert hat, pro Zeiteinheit in etwa konstant bleibt und sich durch weitere Adaption nicht verringert. Bei Säugetieren beispielsweise haben nur wenige Spezies länger als 10 Mio. Jahren existiert; einige brachten es bis zu 50 Mio. Jahren; bei Knochenfischen und Reptilien sind die Speziesexistenzzeiten etwas länger (vgl. Ridley 1993, 594 f).

Bemerkenswert an der Makrogeschichte des Lebens ist, dass sich regelmäßig Phasen der Stagnation und Phasen der Explosion ablösten. Innerhalb der Evolutions-

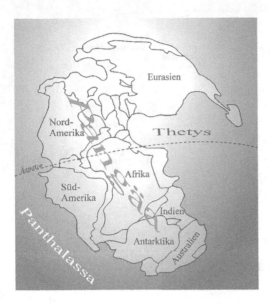

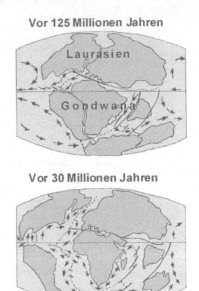

Vor 125 Millionen Jahren

Vor 30 Millionen Jahren

Abb. 2.9 Kontinentalverschiebung. Links: Vor 300 Mio. Jahren gab es nur einen Kontinent: Pangäa. Darin eingezeichnet die den heutigen Kontinenten entsprechenden Teile (© en:User:Kieff (Der Superkontinent Pangäa und der „Urozean" Panthalassa in erdgeschichtlicher Vergangenheit); de.wikipedia.org/wiki/Kontinentaldrift).
Rechts: Pangäa zerbricht und bildet durch Kontinentalverschiebung die heutigen Kontinente (verändert nach Ridley 1993, 486).

theorie gibt es keinen Gegensatz von *Evolution* und *Revolution*: Auch revolutionäre Diskontinuitäten sind evolutionstheoretisch erklärbar. Zu einer Explosion nach einer langen Periode der Stagnation kommt es im Regelfall dann, wenn eine qualitativ neue Lebensform zunächst ein Fitnesstal durchschreiten musste und sich dann so weit durch Selektion stabilisiert hat, dass sie einen neuen Typus von ökologischen Nischen bzw. *adaptiven Zonen* erobern konnte – wobei es sich sowohl um neue geografische Regionen als auch um neue Arten der Nahrungsbeschaffung etc. handeln kann. Als sich die ersten prokaryontischen Protozellen so weit entwickelt hatten, dass eine verlässliche Zellteilung erfolgen konnte, haben die Prokaryonten alsbald alle Ozeane erobert. Lange blieb das so, bis die ersten Eukaryonten und anschließend die ersten Vielzeller entstanden und sich dann ebenfalls explosionsartig verbreiteten. Weitere explosive Phasen gab es, als der Übergang zum Landleben einsetzte oder als die Saurier ihre Hochblüte erreichten. Säugetiere gab es schon während der Saurierzeit; doch sie waren klein und auf der Basis ihres stabilen Wärmehaushalts auf Nachtaktivität spezialisiert, um so besser den Raubsauriern zu entgehen. Erst nachdem die Saurier ausstarben, eroberten die Säugetiere den Tag und den Erdball (Schwab 2004, 80 ff). Später wiederum eroberten die Vögel „schlagartig" die Luft als neuen Lebensraum. In all diesen Fällen waren zuvor Fitnesstäler zu überwinden, denen wir in ▶ Abschnitt 4.2.3 näher nachgehen.

Jede revolutionäre Phase der Evolution hat andererseits auch die Umwelt und damit zusammenhängend die Selektionsbedingungen für andere Spezies radikal verändert. Van Valen (1973) sprach in diesem Zusammenhang von einem „red queen equilibrium" (vgl. Ridley 1993, 591–600): Um stabil weiterzuexistieren, muss sich jede Spezies sukzessiv anpassen. (Die rote Königin aus *Alice im Wunderland* sagte: „Du musst weiterlaufen, um auf der Stelle zu bleiben.") Aus demselben Grund gab es auch immer eine Koevolution von Nahrungsgebern und Nahrungsnehmern, Tieren und Pflanzen, Jägern und Gejagten (Ridley 1993, 570).

Ein Sonderkapitel der Evolution bildet abschließend die Evolution der Hominiden bzw. Hominini, d. h. menschenartigen Spezies.[17] Vor ca. 6 Mio. Jahren spalteten sich die Hominiden von ihrem gemeinsamen Vorfahren mit dem Schimpansen ab. (Diamond (1994) nannte den Menschen daher, neben dem gemeinen und dem Bonobo-Schimpansen, den „dritten Schimpansen".) Wie man aufgrund zahlreicher fossiler Skelettfunde weiß, gab es eine ganze Reihe von Hominidenspezies (deren Klassifikation teilweise ungewiss ist). Sie beginnen mit Varianten des *Australopithecus*, der heute als eigene Hominidengattung der *Homo*-Gattung gegenübergestellt wird. Letztere Gattung brachte vor 2,5 Mio. Jahren *Homo habilis*, dann *Homo ergaster* und vor ca. 1 Mio. Jahre *Homo erectus* hervor (mit dem Heidelberger und dem Peking-Mensch als fortgeschrittene Varianten) sowie vor 200 000 Jahren den Neandertaler. Bis schließlich vor etwa 150 000 Jahren die Spezies des *Homo sapiens* auftauchte, zu der sämtliche heutige Menschen gehören und welche die einzige heute (noch) nicht ausgestorbene Hominidenspezies bildet.[18] Während *Homo habilis* und *erectus* nur primitiven Steinwerkzeuggebrauch kannten, trat mit *Homo sapiens* eine Explosion der fortgeschrittenen Werkzeuganfertigung auf, zugleich mit Kultur- und Kunstgegenständen und komplexem Sozialleben (Diamond 1998, 35–41). Dies lassen zahlreiche archäologischen Fundstellen, Feuer- und insbesondere Grabstellen vermuten (die ältesten bekannten Höhlenmalereien in der Chauvet-Höhle sind über 30 000 Jahre alt; de.wikipedia.org/wiki/Höhlenmalerei).

Was war das spezifische biologische Merkmal von *Homo sapiens*? Der aufrechte Gang war schon ein Merkmal früherer Hominiden ab *Homo habilis*. Auch die frühere Hypothese, dass besondere Kehlkopfmerkmale von *Homo sapiens* dessen Sprechfähigkeit ermöglichten, ist heute umstritten (man fand solche Merkmale auch bei anderen Hominiden; science.orf. at/science/news/77065). Entscheidend war vielmehr der Fortschritt in den sprachlich-kognitiven Fähigkeiten, wofür auch die stetige Zunahme der Gehirngröße bis zum Gehirn des *Homo sapiens* spricht.

Gemäß archäologischen Funden muss es schon vor etwa 1–2 Mio. Jahren Auswanderungswellen von *Homo erectus* nach Asien und später nach Mitteleuropa gege-

---

[17] Die Terminologie ist hier uneinheitlich (de.wikipedia.org/wiki/Hominini). Traditionellerweise wurden die menschenähnlichen Arten und Rassen als „Hominiden" bezeichnet und den Menschenaffen (Pongidae) gegenübergestellt, während jüngere Systematiker Schimpansen und Gorillas zu den Hominiden hinzurechnen und die Menschenartigen als „Hominini" abgrenzen. Wir verwenden den Begriff „Hominide" im traditionellen Sinn, gleichbedeutend mit „Hominini".

[18] Vgl. en.wikipedia.org/wiki/Human_evolution, Kleesattel (2002, 109) oder Linder-Biologie (1992, Abb. 139.1) sowie www.egbeck.de/skripten/13/bs13e. htm. Die Hominidenklassifikation ist durch neue Fossilienfunde in stetiger Entwicklung begriffen. Kürzlich wurden zwei sensationelle Funde gemacht. Zum einen wurde eine neue, vor über 2 Mio. Jahren in Südafrika lebende Übergangform zwischen *Australopithecus* und *Homo habilis* entdeckt (www.zeit.de/wissen/geschichte/2010-04/ Australopithecus-sediba-hominid-2). Zum anderen wurde eine vor 50 000 Jahren in Südsibiren lebende Form entdeckt, die sich sowohl vom Neandertaler als auch von *Homo sapiens* unterscheidet (www.spiegel.de/wissenschaft/mensch/ 0,1518,685333,00. html).

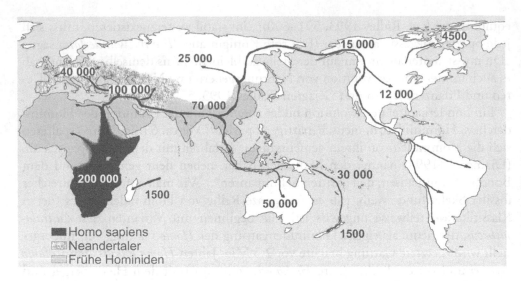

Abb. 2.10   „Out of Africa" und Ausbreitung von *Homo sapiens* (schwarze Pfeile). Grau: Verbreitung früherer Hominiden. Hellgrau: Neandertaler (verändert nach © Altaileopard (Spreading homo sapiens); http://de.wikipedia.org/w/index.php?title=Datei:Spreading_homo_sapiens.jpg).

ben haben.[19] Alle heutigen Menschen stammen jedoch von einer kleinen Gründerpopulation der Varietät *Homo sapiens* in Afrika um etwa 150 000 v. Chr. ab. Diese Hypothese stützt sich auf die Analyse genetischer Verwandtschaftsgrade heutiger Menschen in Bezug auf verschiedene Parameter (Blutgruppen, Mitochondrien-DNS). Aus diesen Daten, zusammen mit archäologischen Funden, wurden die plausibelsten Abstammungsbäume heutiger Menschen sowie ihre wahrscheinlichsten historisch-geografischen Ausbreitungsbewegungen abduktiv rekonstruiert (▶ Abschnitt 3.3.3 und 17.1). Bahnbrechend waren dabei die Arbeiten von Cavalli-Sforza (2001) (vgl. auch Ridley 1993, 469). ▶ Abb. 2.10 zeigt die historischen Eckdaten der Ausbreitung von *Homo sapiens* über den Erdball, beginnend mit der ersten Out-of-Africa-Welle vor etwa 70 000 Jahren. Hinsichtlich der Besiedelung von Amerika ist zu berücksichtigen, dass während der letzten Eiszeit (die ca. 40000 v. Chr. ihren Höhepunkt hatte und ca. 12000 v. Chr. endete) Sibirien und Nordamerika durch eine Eisdecke verbunden waren, sodass eine Besiedelung auf dem Landweg möglich war. Dennoch sind die gegenwärtig vermuteten Zeitpunkte ursprünglicher Besiedelungen durch *Homo sapiens* unsicher und schwankend;[20] z. B. ist unsicher, ob die erste Besiedelungswelle von Amerika schon früher als in ▶ Abb. 2.10 angegeben einsetzte.

Als sie neue Regionen und Kontinente eroberten, haben die Menschen nicht selten ökologische Katastrophen ausgelöst. Vor dem Eindringen von *Homo sapiens* hat es im damals sehr fruchtbaren Australien und Neuseeland wie auch in Nordamerika viele große Säugetier- und Vogelspezies gegeben, die nicht mit *Homo sapiens* koevol-

---

[19]   Vgl. Diamond (1998, 37) und www.evolution-mensch.de/thema/siedlung/erectus.php.
[20]   Die Schätzungen sind unterschiedlich; vgl. Cavalli-Sforza (2001, 131) und Kleesattel (2002, 113).

viert hatten und daher seinen Jagdaktivitäten nicht angepasst waren; so hat *Homo sapiens* dort in nur wenigen Tausend Jahren diese Bestände dezimiert und schließlich ausgerottet (Diamond 1998, 43). Beispiele aus jüngster Zeit sind die Ausrottung von Beutelwölfen und der flugunfähigen Moa-Riesenvögel auf Neuseeland, der flugunfähigen Riesengänse auf Hawaii oder der Lemuren auf Madagaskar. Aus analogen Gründen haben im 16. Jahrhundert die neuen Viren, welche die Mitteleuropäer nach Amerika mitbrachten, die meisten indianischen Ureinwohner ausgerottet (▶ Abschnitt 9.2; Diamond 1998, 211).

Jene Revolutionen, die das Antlitz unseres Planeten am schnellsten und tiefgreifendsten verändert haben, sind erst extrem jungen Datums: zum einen die Agrarrevolution vor etwa 12 000 Jahren und zum anderen die wissenschaftlich-technische Revolution seit etwa 300 Jahren. Die Erfindung von Ackerbau und Viehzucht ermöglichte eine Vervielfachung der Nahrungsressourcen und in der Folge eine extreme Populationsvermehrung, die durch den wissenschaftlich-technischen Fortschritt noch einmal potenziert wurde. Die Folge davon war eine *superexponentielle Beschleunigung* der Evolution: Die Spanne seit der Jungsteinzeit, die mit der Erfindung von Ackerbau und Viehzucht beginnt, beträgt gerade einmal ein 300 000stel der gesamten Evolution des Lebens und ein 500stel der gesamten Evolution der Hominiden (▶ Abb. 2.7). Sowohl die Agrarrevolution als auch die technische Revolution haben zugleich zu zahlreichen ökologischen Katastrophen geführt, die aus menschlicher Zeitperspektive zwar „schleichen", aber aus evolutionärer Perspektive beängstigend schnell verlaufen. So wurden seit der Agrarrevolution etwa 70% des Urwaldes vernichtet. Allein seit 1960 wurden tropische Wälder von ungefähr $650 \cdot 10^6$ ha, das sind ca. 15% des gesamten gegenwärtigen Waldbestands von etwa $4 \cdot 10^9$ ha, vernichtet (Zustandsbericht des WWF vom 20.03.2007). Ein anderes Beispiel sind die *Bodenerosionen*: Fast alle heutigen Wüsten sind durch agrarische Überbeanspruchung entstanden. Das einstmalige Fruchtbarkeitsdelta zwischen Euphrat und Tigris, die Wiege der ackerbaubetreibenden Menschheit vor etwa 12 000 Jahren, ist heute Wüste; die heutige Sahara war zwischen 9000 und 4000 ein seenreiches fruchtbares Weideland (Diamond 1998, 124, 387 ff). Nach Schätzungen der Vereinten Nationen ist heute etwa ein Drittel aller landwirtschaftlich nutzbaren Flächen der Erde von Bodenerosion und potenzieller Desertifikation betroffen (en.wikipedia.org/wiki/Desertification). Gegenwärtig expandiert die Sahara etwa 48 km pro Jahr, und wenn die Wüstenbildung so anhält, wird gemäß Hochrechnungen Afrika im Jahr 2025 nur noch 25% seiner gegenwärtigen Bevölkerung ernähren können.

2.5 Kategorisierung des Evolvierenden: Das Problem der natürlichen Klassifikation biologischer Arten und Gattungen

Ende des 19. Jahrhunderts ließ das Interesse an Klassifikationen nach, weil sich dabei keine eindeutigen Resultate ergaben (Mayr 1982, 217 ff). Darwin hatte argumentiert, dies sei nicht verwunderlich, da Spezies sich historisch wandelnde Entitäten sind (▶ Abschnitt 1.5). Ab den 1970er Jahren erfolgte wieder eine zunehmende, allerdings auf einen engen Kreis beschränkte Kontroverse um die „richtige" Klassifikationsmethode.

Eine angemessene Diskussion dieser Frage bedarf zunächst einer wissenschafts-theoretischen Grundorientierung. Klassifikationssysteme bzw. „Taxonomien" sind Einteilungen von Individuen in *Klassen* (bzw. Arten, Kategorien) von Individuen. Dabei werden solche Individuen zu Klassen zusammengefasst, die möglichst *viele rele-vante Merkmale* miteinander gemeinsam haben. Hierbei kann es sich um intrinsische Merkmale oder *Eigenschaften* handeln, z. B. die Eigenschaft der Warmblütigkeit, oder um *relationale* Merkmale, z. B. die Abstammung von einem (gemeinsamen) Vorfah-ren. Die logische Tatsache, dass jedes Klassifikationssystem an relevanten gemeinsa-men Merkmalen orientiert ist, hat für die biologische Kontroverse insofern Bedeu-tung, als seit Darwin zwei Klassifikationsparadigmen einander gegenübergestellt werden: die merkmalsbasierte *phenetische* Klassifikation und die entwicklungsge-schichtliche *phylogenetische* Klassifikation. Der Unterschied liegt darin, dass die phe-netische Klassifikation auf intrinsische phänotypische Merkmale konzentriert ist, während sich die phylogenetische Klassifikation an relationalen Abstammungsmerk-malen orientiert. Die phenetische Klassifikation wird heutzutage meist als überholt angesehen (Kunz 2002), obwohl sie auch noch gegenwärtige Vertreter besitzt (z. B. Sneath und Sokal 1973). Doch generell gesehen ist es keine Regel, dass entwicklungs-geschichtliche Klassifikationen den ahistorisch-phenetischen Klassifikationen überle-gen sein müssen. Beispielsweise hätte es wenig Sinn, Fachbücher anstatt nach Sachge-bieten nach ihrer Entwicklungsgeschichte zu klassifizieren. Die Überlegenheit phylogenetischer Klassifikationen in der Biologie verdankt sich vielmehr der Beson-derheit, dass die biologischen Arten mit ihren spezifischen Merkmalen erst durch die Evolution zu dem *geworden* sind, was sie sind, sodass die Klassifikation nach evolu-tionären Gesichtspunkten zumindest *normalerweise* am besten geeignet ist, relevante gemeinsame Merkmale zu erfassen (ebenso Ridley 1993, 357). Das heißt, die besagte Besonderheit bewirkt tendenziell eine Konvergenz von Phenetik und Phylogenie.

Freilich hat die Konvergenz von Phenetik und Phylogenie (wie alles in der Evolu-tion) zahlreiche *Ausnahmen*, an denen die Klassifikationskontroverse starken Anstoß nahm. Ausnahmen von der Konvergenz zwischen Phenetik und Phylogenie gibt es insbesondere bei äußerlichen Makromerkmalen. Bezieht man anatomische Bauplan-merkmale oder molekulargenetische Mikromerkmale mit ein, so wird die Konver-genz viel höher – und dies muss auch so sein, denn wie in ▶ Kap. 3 ausgeführt wird, sind solche Merkmalsähnlichkeiten neben unabhängigen Altersdatierungen die wichtigste Bestätigungsgrundlage für Hypothesen über Abstammungsbäume. Die gelegentlichen Divergenzen von Phenetik und Phylogenie werden verstärkt durch den Umstand, dass die Klassifikationssysteme (vorwiegend) an einer natürlichen Einteilung der *gegenwärtig* existierenden Arten interessiert sind, während phyloge-netisch basierte Klassifikationen oft nur dann als natürlich erscheinen, wenn sie auch alle *ausgestorbenen* Arten mit einbeziehen. Beispielsweise ist die Tatsache, dass die Krokodile phylogenetisch den Vögeln näher sind als den Reptilien, bezogen auf die gegenwärtigen Spezies unnatürlich, würde aber bezogen auf sämtliche ausgestor-bene Sauropsiden inklusive ihrer vogelähnlichen Übergangsformen weit natürlicher wirken.

Gibt es so etwas wie „die richtige" Klassifikation, oder sind darin immer subjek-tive Gesichtspunkte involviert? Hierzu gibt es zwei altehrwürdige philosophische Auffassungen (▶ Box. 2.3). Dem *Nominalismus* zufolge existieren nur Individuen,

Artbegriffe sind dagegen kognitive Konstruktionen des Menschen. Dem *Realismus* zufolge besitzen auch gewisse Arten objektive Realität – die sogenannten *natürlichen* Arten. Doch wodurch soll die objektive Realität natürlicher Arten festgelegt sein, wenn Arten immer durch gemeinsame Merkmale charakterisiert werden? Man zieht ja niemals alle denkbaren Merkmale zur Klassifikation heran, sondern nur „relevante" Merkmale. Beispielsweise wird der Biologe Wirbeltiere nicht (so wie ein Koch) nach ihrem Nährwert für Menschen, sondern nach biologisch relevanten Merkmalen klassifizieren. Aber was genau sind denn die „relevanten" Merkmale – steckt darin nicht ein *subjektiver* Faktor? Dem metaphysischen Essenzialismus zufolge werden Arten nur durch sogenannte essenzielle Merkmale festgelegt. Dagegen ist einzuwenden, dass die Festlegung essenzieller Merkmale von der jeweils vorausgesetzten *Hintergrundtheorie* abhängt (Hempel 1965, Kap. 6; Bird 1998, 108–120). Schon gar nicht trifft die essenzialistische Artkonzeption auf die Biologie zu, denn biologische Arten wandeln sich in der Zeit.

Box 2.3 Nominalismus vs. Realismus und analytische vs. synthetische Sätze

Die begriffslogischen Theorien des *Nominalismus* und *Universalienrealismus* entstanden in der Spätscholastik (Stegmüller 1965). Der Nominalismus besagt, dass nur *Individuen* existieren, aber keine „generischen" (allgemeinen) Entitäten, denn nur Individuen besitzen konkrete raumzeitliche Existenz. Dem Universalienrealismus zufolge existieren dagegen auch generische Entitäten, sogenannte *Universalien.* Platon lehrte, dass Universalien in einer ewigen objektiven Ideenwelt existieren. Vertritt man dagegen einen naturalistischen Standpunkt und lehnt eine solche Ideenwelt ab, so liegt die Schwierigkeit des Universalienrealismus darin, dass Universalien (z. B. die Art „Ente" oder die Eigenschaft „rot") keine konkrete physikalische Existenz besitzen – dies tun nur ihre individuellen Exemplifikationen (wie „diese Ente" bzw. „dieses rote Ding"). Dennoch scheinen auch natürliche Arten und Eigenschaften objektiv in der Realität vorhanden zu sein. Es fragt sich, wie dies naturalistisch kohärent expliziert werden kann – dies konstituiert das gegenwärtige Universalienproblem.

Verknüpft mit der Nominalismus-Realismus-Frage ist auch die Frage der Abgrenzung von analytischen vs. synthetischen Sätzen. Gemäß traditioneller sprachanalytischer Auffassung beruhen Klassifikationssysteme auf *Definitionen.* Definitionen sind „analytisch wahre" Sätze, deren Wahrheit nicht auf den Tatsachen der Welt, sondern auf sprachlichen *Konventionen* beruht. Analytische Sätze können daher nicht, so wie gewöhnliche empirische synthetische Sätze, wahr oder falsch sein – sie können lediglich mehr oder weniger empirisch *adäquat* im Sinne von diagnostisch effizient sein (Carnap 1972; Hempel 1965, Kap. 6, §5; Hull 1997). Im Begriffsrealismus wird dagegen angenommen, dass es real existierende „natürliche" Arten und somit auch „wahre" bzw. „richtige" Definitionen derselben gibt (z. B. Kripke 1972). Eine Kritik des biologischen Begriffsrealismus findet sich im Text.

Auch wenn es keine eindeutig „richtige" biologische Klassifikation gibt, muss man zumindest fragen, was denn die Güte einer solchen Klassifikation ausmacht. Eine Teillösung des Problems bringt das Konzept der *diagnostischen Effizienz* einer Klassifikation. Eine taxonomische Kategorie (z. B. Hund, Säugetier) ist diagnostisch umso effizienter, je mehr (relevante) Merkmale durch diese Kategorie erfasst werden, die nicht schon unter die entsprechende übergeordnete Kategorie fallen (vgl. Kleiber 1998, 63).[21] Je höher die diagnostische Effizienz einer Kategorie ist, desto höher ist auch ihre Voraussagekraft. Evolutionäre Abstammungskategorien sind normalerweise auch diagnostisch hocheffizient, denn abstammungsmäßig eng verwandte Arten haben einen Großteil ihrer Selektionsgeschichte und der darin selektierten Merkmale gemeinsam (Schurz 2010). Umgekehrt führt Artaufspaltung und Wegfall des Genflusses normalerweise zu merkmalsmäßiger Auseinanderentwicklung von Arten (Ridley 1993, 388).

Die diagnostische Effizienz einer Klassifikation ist relativ zu einem gegebenen Bereich von relevanten Merkmalen, dessen Festlegung letztlich immer auch einen subjektiven Faktor involviert. Selbst wenn man die biologisch relevanten Merkmale als zumindest pragmatisch einigermaßen klar bestimmt ansieht, liefert das Kriterium maximaler diagnostischer Effizienz nicht immer eine eindeutige optimale Klassifikationslösung. Gelegentlich gibt es mehrere diagnostisch gleichwertige Alternativklassifikationen – wir werden diesbezüglich Beispiele kennenlernen. Die Auswahl unter gleichwertigen Alternativklassifikationen ist also ein zweites Eintrittstor für den subjektiven Faktor. Um die Auswahl eindeutig zu machen, muss man an dieser Stelle *theoriegestützte* Einteilungskriterien heranziehen. Die Einteilung biologischer Arten aufgrund evolutionärer Abstammungskriterien ist ein typisches Beispiel eines theoriegestützten Einteilungskriteriums. Aber natürlich darf ein theoriegestütztes Einteilungskriterium nicht *auf Kosten* der diagnostischen Effizienz gehen, sonst wäre es dem Vorwurf der *Willkürlichkeit* ausgesetzt und würde die subjektive Ambiguität von Klassifikationen statt durch Sachgründe lediglich durch dogmatische Willkür reduzieren (Beispiele s. u.).

Betrachten wir zuerst die Kernfrage der *Mikrotaxonomie*: Was ist eine biologische Art bzw. *Spezies*? Weithin anerkannt ist hier das Konzept der Spezies als *Reproduktionsgemeinschaft*, das Mayr (1982, 273 ff), einer seiner Hauptproponenten, das „biologische" Spezieskonzept nannte. Die wesentliche Grundlage dieses Konzepts ist das Bestehen von *Reproduktionsbarrieren*, die (auf unterschiedliche Weisen)[22] die geschlechtliche Fortpflanzung zweier Individuen unterschiedlichen Geschlechts verhindern. Dadurch werden unterschiedliche Arten voneinander abgegrenzt. Durch Entstehung von *Reproduktionsbarrieren* kommt es auch zur evolutionären *Artauf-*

---

[21] Die einer Kategorie zukommenden Merkmale müssen nicht, so wie es die *klassische Konzepttheorie* annimmt, auf alle Individuen der Kategorie ausnahmslos zutreffen, sondern sie können auch im Sinne der *Prototypentheorie* nur auf die meisten bzw. typischen Mitglieder der Kategorie zutreffen (zu Konzepttheorien vgl. Margolis und Laurence 1999).

[22] So gibt es *präzygotische* Barrieren (keine Paarung), *zygotische* (Embryonaldefekte) und *postzygotische* Barrieren (Unfruchtbarkeit des Bastards). Präzygotische Barrieren können ihrerseits durch *allopatrische* Artaufspaltung (geografische Isolation), *parapatrische* Artaufspaltung (Teilüberlappung mit Selektionsnachteil des Heterozygoten) oder *sympatrische* Artaufspaltung entstanden sein. Näheres vgl. Dobzhansky (1970) und Ridley (1993, 389 ff).

spaltung – der Grundmechanismus, auf dem auch die gesamte phylogenetische Klassifikation beruht. Mayr (1942) definiert eine Spezies als eine maximale Menge von Individuen, die aktual oder zumindest *potenziell* wechselseitig reproduktionsfähig und gegenüber anderen Populationen durch Reproduktionsbarrieren isoliert sind. Die Abschwächung auf potenzielle Reproduktionsfähigkeit ist nötig, um zu garantieren, dass untereinander reproduktionsfähige, aber faktisch separierte Populationen, z. B. zwei durch ein Gebirge getrennte artgleiche Schneckenpopulationen, immer noch als gleiche Art angesehen werden können (Ridley 1993, 395). Mayr (1982, 273) führt aus, dass seine Potenzialitätsklausel von 1942 unnötig wäre, weil sie schon durch die zweite Bedingung der Reproduktionsbarrieren abgedeckt sei, doch auch der Begriff der Reproduktionsbarriere involviert eine Potenzialitätsklausel, denn er bedeutet nichts anderes als „keine potenzielle Reproduktion gegenüber anderen Populationen".

Die Alternative bestünde darin, den Speziesbegriff durch die Bedingung der *aktualen* Reproduktion bzw. des aktualen *Genflusses* einzuschränken. Das aktuale Genflusskriterium scheint eine interessante Konsequenz zu haben: Sämtliche Artvertreter sind diesem Kriterium zufolge ja durch die aktuale Relation des Genflusses verbunden. Hull (1978) und Ghiselin (1987) haben vorgeschlagen, Spezies ontologisch nicht als eine *Klasse* von Individuen – so wie im merkmalsbasierten Spezieskonzept –, sondern als ein einziges, raumzeitlich komplex zusammengesetztes Individuum zu begreifen: als historische Folge von durch Genfluss verbundenen „gewöhnlichen" Individuen. Diese Auffassung wird aufgrund des aktualen Genflusskriteriums in der Tat plausibel gemacht. Sie folgt daraus jedoch keineswegs zwingend (vgl. Ridley 1993, 403 f; Griffith 1999). Denn eine Menge von kausal interagierenden Individuen einmal als Klasse und das andere Mal als komplexes Individuum zu betrachten, schließt sich keineswegs aus. Die Frage ist lediglich, welche Betrachtung angemessener ist.

Nimmt man für Arten das Kriterium des aktualen Genflusses an, so ist ihre Auffassung als komplexe Individuen plausibel. Doch das Kriterium des aktualen Genflusses scheint den Einwänden nicht standhalten zu können – nicht nur aufgrund der erwähnten Fälle von artgleichen Populationen, zwischen denen kein Genfluss besteht, sondern aus prinzipiellen Gründen. Mit Genfluss ist ja Genvereinigung in gemeinsamen Nachkommen gemeint. Sämtliche verschiedengeschlechtliche Mitglieder einer Art müssen dem aktualen Genflusskriterium zufolge daher nicht nur – wie in jedem evolutionären Artbegriff – gemeinsame Vorfahren, sondern auch gemeinsame Nachfahren besitzen. Die Bedingung gemeinsamer Nachfahren ist jedoch aus simplen mathematischen Gründen für eine Art mit konstanter (und nur schwach wachsender) Population unmöglich einlösbar. Denn angenommen in der ersten Generation gibt es $2 \cdot n$ Individuen, darunter n ♀ und n ♂, dann gibt es n^2 mögliche verschiedengeschlechtliche Paare. Wenn alle diese in zumindest *irgendeiner* späteren Generation g gemeinsame Nachfahren (also Enkel g-ten Grades) besitzen, dann müsste es in dieser Generation g n^2 unterschiedliche Nachfahren und somit mindestens n^2 Individuen geben, was der Annahme der Populationskonstanz (bzw. des nur schwachen Wachstums) der Art widerspricht. Damit ist das aktuale Genflusskriterium zusammengebrochen, und mögliche Aufweichungen gehen unvermeidlich in die Richtung potenzieller Reproduzierbarkeit.

Potenzielle Reproduktionsfähigkeit ist das adäquatere Artkriterium. Doch das Kriterium ist *vage* und erlaubt *graduelle* Übergänge. Welche Hilfsmittel sind für die Möglichkeit von Reproduktion erlaubt? Beispielsweise kann sich ein Dackel mit einem irischen Wolfshund wegen des Größenunterschieds nicht paaren, es sei denn, der Mensch greift helfend ein. Doch mit menschlicher Hilfe, nämlich Chemikalien, kann man auch unterschiedliche Pflanzenspezies miteinander hybridisieren, und wenn man auch diese Hilfsmittel zulässt, würde der Speziesbegriff in der Botanik unbrauchbar (Ridley 1993, 372). Man könnte vorschlagen, nur Reproduktion unter „natürlichen" Bedingungen zuzulassen, doch abgesehen von der Dehnbarkeit dieses Begriffs wären dann Tierspezies, deren Vertreter nur noch in Zoos leben oder künstlich befruchtet werden, keine Spezies mehr. Davon abgesehen wird von einer Speziesdefinition erwartet, auch unter phenetischen Gesichtspunkten akzeptabel, also diagnostisch effizient zu sein und morphologische Ähnlichkeiten wiederzugeben (Ridley 1993, 388). Biologische Taxonomen sträuben sich daher, morphologisch sehr unterschiedliche Varietäten als „gleiche Spezies" zu definieren. Beispielsweise gelten Wölfe, Hunde und Kojoten als verschiedene Arten, obwohl sie sich kreuzen können und ihre Nachkommen meist fruchtbar sind (Dennett 1997, 56).

Zusammenfassend bleibt es also bei der Darwin'schen Diagnose (▶ Abschnitt 1.5), dass kein Speziesbegriff alle Ansprüche befriedigt und selbst der beste (nämlich biologische) Speziesbegriff Vagheiten und Ausnahmen zulassen muss. Solche Ausnahmen treten weit häufiger bei pflanzlichen als bei tierischen Organismen auf. Die Frage, in welchem Grad der Mayr'sche Speziesbegriff auf die gebräuchlichen Spezies gängiger biologischer Taxonomien zutrifft, wurde von Grant (1957) für elf Genera von kalifornischen Pflanzen untersucht. Nur weniger als die Hälfte davon waren gute Mayr-Spezies, d. h., sie konnten weder miteinander verwechselt noch miteinander gekreuzt werden (Mayr 1982, 280 f). Andererseits ergab eine Untersuchung von Mayr und Short (1970) bei 607 Vogelarten nur 46 schlechte Mayr-Spezies.

Konflikte zwischen phenetischer und phylogenetischer Klassifikation treten verstärkt dann auf, wenn wir die Frage der *diachronen* Identität von Arten in der Zeit betrachten, und insbesondere dann, wenn es um die Klassifikation der *höheren* Taxa (Gattungen, Ordnungen etc.) geht. Es gibt zwei Arten von Ausnahmen von der Konvergenz zwischen Phenetik und Phylogenie. Zum einen sind dies die in ▶ Abschnitt 3.4 näher erläuterten Merkmalsanalogien zwischen unterschiedlichen Arten, die nicht auf gemeinsamer Abstammung, sondern nur auf gleichartiger Umgebung beruhen, wie die Analogie zwischen der Flosse eines Haifisches und eines Wales. Zum anderen gibt es auch Merkmalsveränderungen innerhalb einer Stammart ohne Artaufspaltung (Ridley 1993, 400, ▶ Abb. 15.5). Aus diesem Grund ist selbst innerhalb der phylogenetischen Klassifikationsmethode die „richtige" Klassifikation teilweise unbestimmt – vielmehr gibt es hier zwei unterschiedliche Auffassungen: Während die auf Hennig (1950) zurückgehende *Kladismus* ausschließlich Abstammungsrelationen zur Klassifikation heranzieht, die durch Artaufspaltungen definiert sind, zieht die vorwiegend auf Mayr (1969; vgl. auch 1982, 233 ff) und Dobzhansky (1970) zurückgehende *evolutionäre Klassifikation* auch evolutionär bedingte Merkmalsbeziehungen heran, die nicht mit Artaufspaltungen einhergehen, und ist insofern als Kompromiss zwischen rein merkmals- und rein abstammungsbasierter

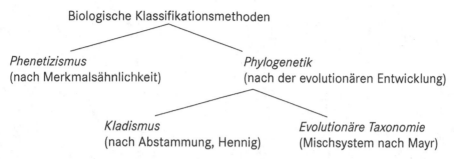

Abb. 2.11 Paradigmen biologischer Klassifikation.

Klassifikation anzusehen. Die Hauptparadigmen biologischer Klassifikation lassen sich daher so einteilen, wie in ▶ Abb. 2.11 gezeigt.

Da der reine Phenetizismus überholt ist, geht es uns hier lediglich um den Unterschied zwischen der kladistischen und der evolutionären Taxonomie. Rekapitulieren wir zunächst die Grundelemente eines Abstammungsbaumes: Er besteht aus Knoten und nach oben binär verzweigten gerichteten Kanten; die Richtung von unten nach oben entspricht der Zeitachse. Knoten entsprechen Artaufspaltungen; der unterste Knoten („Wurzel") bezeichnet die erste Lebensform; die Endknoten („Blätter") entsprechen entweder ausgestorbenen Spezies oder, wenn sie bis in die Gegenwartszeit reichen, gegenwärtig lebenden Spezies. Unter einer (vollständigen) *Stammlinie* versteht man einen Kantenzug vom Wurzelknoten bis zu einem Endknoten. Betrachten wir nun das Problem der diachronen Identität einer Art in evolutionärer Zeit. Wo sollte man, im Verlauf einer Stammlinie, den Schnitt ziehen und von einer neuen Art sprechen? Für den Kladismus sind hierbei nur die Artaufspaltungsereignisse bzw. Knoten des Baumes relevant: Er definiert die diachrone Art als eine Kante zwischen zwei Knoten (Ridley 1993, 401). Für die evolutionäre Taxonomie ist jedoch zusätzlich ausschlaggebend, wie stark die Merkmalsveränderung innerhalb einer Stammlinie bzw. Folge von Kanten war.

In der evolutionären Taxonomie wird der Grad der Merkmalsunterschiedlichkeit im Abstammungsbaum durch den horizontalen Abstand und die Zeitdauer durch den vertikalen Abstand dargestellt (▶ Abb. 2.12), während für kladistische Bäume diese Abstandsinformation keine Rolle spielt und nur die Graphenstruktur zählt. ▶ Abb. 2.12a zeigt den Fall einer Artaufspaltung, bei der sich die Tochterarten von der Mutterart klar unterscheiden – hier stimmen kladistische und evolutionäre Klassifikation überein und postulieren eine ausgestorbene und zwei rezente Spezies. In ▶ Abb. 2.12b und 2.12c zweigt sich dagegen eine Tochterspezies von einer Stammspezies ab, ohne dass sich dabei die Stammspezies ändert. Während der Kladismus die Stammspezies hier ebenfalls in zwei Spezies unterteilt, eine ausgestorbene vor dem Knoten und eine rezente, nimmt die evolutionäre Taxonomie nur eine Stammspezies an. Dieser wichtige Fall taucht auch bei höheren Taxa auf. Beispielsweise haben sich von den Reptilien die Vögel abgezweigt, ohne dass deshalb die Reptilien vor und nach der Vogelabzweigung deutlich unterschieden sind. Während der Kladismus deshalb zwei (oder mehrere) Klassen von Reptilien annehmen muss, kann die evolutionäre Taxonomie weiterhin von einer einheitlichen Reptilienklasse sprechen, was diagnostisch effizienter und intuitiv plausibler ist (▶ Abb. 2.14 unten).

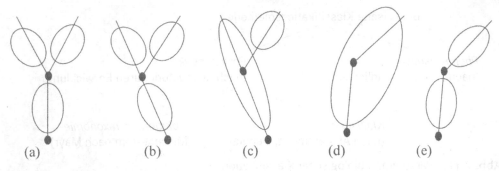

Abb. 2.12   Kladistische und evolutionäre Taxonomie im Vergleich (= Aufspaltung oder Mutation, Ellipsen = Spezies). (a) Stammart zweigt sich in zwei Tochterarten auf; beide Taxonomien stimmen überein. (b) Von einer unveränderten Stammart zweigt sich eine Art ab – kladistische Klassifikation. (c) Evolutionäre Klassifikation im Fall (b). (d) Eine Art ändert sich sprungartig – kladistische Klassifikation. (e) Evolutionäre Klassifikation im Fall (d). – Dieselben Unterschiede treten bei der Klassifikation höherer Taxa auf.

▶ Abb. 2.12d und 2.12e beinhalten schließlich den Fall einer Spezies, die sich ohne Aufspaltung (z. B. aufgrund Umgebungsveränderung) stark verändert hat: Während der Kladismus hier nur eine Spezies postuliert, kann die evolutionäre Taxonomie zwei annehmen.

Kladisten kritisieren an der phenetischen evolutionären Klassifikationsmethode den subjektiven Faktor und heben an der Kladistik deren größere „Objektivität" hervor (Ridley 1993, 375, 401). Dabei wird zweierlei übersehen. Erstens ist wie erläutert auch der Prozess der Artaufspaltung, auf dem die Kladistik beruht, kein scharfes, sondern ein graduelles Phänomen, das subjektiven Entscheidungen Raum gibt. Zweitens wird die größere Eindeutigkeit der kladistischen „Objektivität" teilweise durch Willkürlichkeit oder Ignoranz erkauft – und dies ist ebenfalls keine echte Objektivität. Im Fall von ▶ Abb. 2.12b ist es Willkür, eine Art (oder Gattung etc.) in zwei aufzutrennen, bloß weil sich von ihr eine andere Art, etwa durch Auswanderung auf eine Insel, abgespalten hat; und in ▶ Abb. 2.12d ist es Ignoranz, trotz starker Merkmalsveränderung immer noch von einer Art (oder Gattung etc.) zu sprechen. Dies ist auch der Hauptkritikpunkt von Mayr (1982, 229–233) an der Kladistik.

Noch mehr Uneindeutigkeiten treten bei der Einteilung in höhere biologische Kategorien bzw. Taxa auf. Der Kladismus identifiziert höhere Taxa mit den vollständigen *Teilbäumen* des gesamten Abstammungsbaumes. Jeder Knoten, der kein Endknoten ist, definiert einen Teilbaum und damit ein höheres kladistisches Taxon, das sämtliche Nachfolgerknoten des Wurzelknotens des Teilbaumes enthält. Da sich die Teilbäume ineinander verschachteln, erhält man damit eine hierarchische Klassifikation. Eine kladistische Kategorie nennt man auch *monophyletisch*, weil sie sämtliche Nachfolgespezies einer Stammspezies enthält. Dies ist in ▶ Abb. 2.13 am Stammbaum der Reptilien und Vögel dargestellt (die Schildkröten wurden einfachheitshalber ausgelassen). Kladistisch legitime monophyletische Kategorien (bzw. Taxa) sind – abgesehen von den Einzelspezies und der Gesamtgruppe – nur die beiden in ▶ Abb. 2.13a eingezeichneten Taxa, die in ▶ Abb. 2.14 unten „Krögel" und

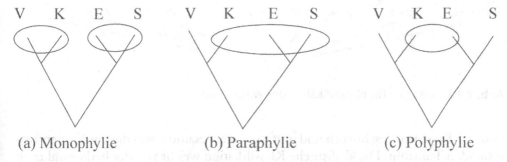

(a) Monophylie   (b) Paraphylie   (c) Polyphylie

Abb. 2.13 Monophylie, Paraphylie und Polyphylie. V = Vögel, K = Krokodile, E = Eidechsen und S = Schlangen. Nur die Klassifikation (a) ist kladistisch korrekt; (b) entspricht der evolutionären Taxonomie; (c) einer reinen Phenetik.

„Schlechsen" genannt sind. Die Klassifikation in ▶ Abb. 2.13b, die der gängigen biologischen Klassifikation nahekommt, ist eine sogenannte *Paraphylie* – hier wird aus einer monophyletischen Gruppe ein Zweig weggelassen. Die Klassifikation in ▶ Abb. 2.13c, worin ähnliche Spezies aus unterschiedlichen Stammlinien vereint werden, heißt schließlich *Polyphylie* (Ridley 1993, 367 f.). Sowohl Paraphylie als auch Polyphylie sind kladistisch inkorrekt; Paraphylien werden jedoch von der evolutionären Taxonomie zugelassen, während Polyphylien nur in rein phenetischen Klassifikationen vorkommen.

In Bezug auf höhere Taxa hat der Kladismus zwei Hauptprobleme: Erstens liefert er zu viele biologische Taxa, und zweitens liefert er merkmalsbezogen oft gegenintuitive Taxa (ebd., 369). Beispielsweise ist dem Kladismus zufolge die Kuh dem Lungenfisch verwandter als der Lungenfisch dem Lachsfisch. Eine kladistische Grobklassifikation der Wirbeltiere zeigt ▶ Abb. 2.14, im Vergleich zur üblichen Klassifikation in ▶ Abb. 2.15. Die Taxonbezeichnungen sind (korrekterweise) neben den Kanten (und nicht an den Knoten) angeführt; einige höhere Taxa sind

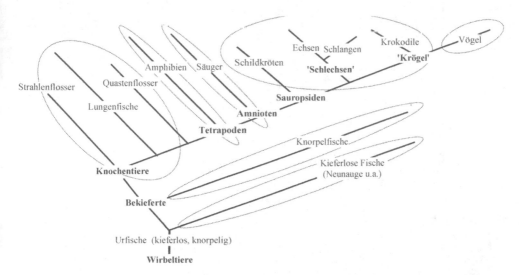

Abb. 2.14 Kladistische Grobklassifikation der Wirbeltiere. Die gepunkteten Kreise entsprechen den herkömmlichen Wirbeltierklassen.

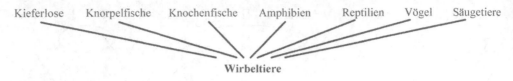

Abb. 2.15   Gängige Grobklassifikation der Wirbeltiere.

(fett) an Knoten angeschrieben und umfassen den gesamten von diesem Knoten ausgehenden Teilbaum. Die kladistische Klassifikation weicht von der herkömmlichen stark ab. Weder Knochenfische noch Reptilien noch Vögel sind eine monophyletische Kategorie. Dafür treten diagnostisch ineffiziente monophyletische Klassen wie die der „Krögel" auf. Das Beispiel zeigt deutlich, wie der Kladismus seine theoretische Eindeutigkeit durch ein gewisses Maß an Willkürlichkeit und Unplausibilität erzwingt. Die evolutionäre Taxonomie könnte dagegen die herkömmlichen Klassen mit dem Abstammungsbaum, wie in ▶ Abb. 2.14 eingezeichnet, kombinieren, da sie paraphyletische Taxa zulässt, wenn dies sinnvoll erscheint.

Insgesamt hat sich in diesem Abschnitt Darwins Diagnose bestätigt, dass der subjektive Faktor in der Kategorisierung des Evolvierenden unvermeidbar ist. Er besteht in der Notwendigkeit, in graduelle Übergänge plausible Schnitte zu ziehen, und ihm wird wohl am besten in einer pluralistischen Taxonomie Rechnung getragen.

3.
Was man strengen Kreationisten entgegenhält: Evidenzen für die Evolution

Was sagen Sie einem Kreationisten, wenn Sie ihn von der Wahrheit der biologischen Evolutionstheorie überzeugen wollen? Darauf werden wir in den folgenden drei Kapiteln eine Antwort zu geben versuchen. Im vorliegenden Kapitel wenden wir uns dem strengen, mehr oder weniger bibeltreuen Kreationisten zu, der die Existenz der biologischen Evolution und deren Details (z. B. Altersangaben) anzweifelt. In ▶ Kap. 4 werden wir uns dem liberalen Kreationisten widmen, der unter Berufung auf das Designargument einen Schöpfergott postuliert, ohne die Details der Evolutionsgeschichte in Frage zu stellen. ▶ Kap. 5 richtet sich schließlich an die Vertreter des anthropischen Prinzips. In den folgenden Abschnitten arbeiten wir uns von sehr speziellen zu immer allgemeineren Belegen für die Evolutionstheorie vor.

3.1 Direkter empirischer und praktischer Nachweis der evolutionären Selektion

So mancher Antievolutionist hat behauptet, *natürliche Selektion* sei nur „graue Theorie", da sie noch niemals beobachtet worden sei. In der Tat trifft dies in vielen Bereichen zu, aber nur deshalb, weil die natürliche Selektion hier Jahrtausende braucht und man jahrtausendelang Beobachtungen anstellen müsste, obwohl es die moderne Wissenschaft erst ein paar Jahrhunderte gibt. Doch es gibt auch Bereiche, wo sich die natürliche Selektion bereits nach Jahren oder wenigen Jahrzehnten bemerkbar macht, und hier konnte natürliche Selektion tatsächlich beobachtet werden. So wurde im 19. Jahrhundert in England bei gewissen Mottenfaltern eine Zunahme von Schwarzflügeligkeit (Melanismus) festgestellt, die umso stärker war, je mehr die Luft durch Industrieabgase, speziell Staub und Kohle, verunreinigt war (vgl. Ridley 1993, 36 f, 95 ff). Von 1848 bis 1898, also in 50 Generationen, stieg die Melanismushäufigkeit nahe bei Manchester von weit unter einem Promille auf etwa 80 % an. Es gelang Kettlewell (1973) sogar, den Selektionsvorteil dunkelflügeliger Falter in verschmutzter Luft experimentell zu reproduzieren und den experimentell ermittelten Selektionskoeffizienten mit dem (mithilfe der populationsdynamischen Gleichungen) theoretisch ermittelten Selektionskoeffizienten zu vergleichen (▶ Abschnitt 12.4.1): Die Übereinstimmung war zwar nur mäßig, stellte aber angesichts der vielen unberücksichtigten Störfaktoren dennoch eine beeindruckende qualitative Bestätigung der Hypothese der natürlichen Selektion dar. Zudem wurde in jüngerer Zeit beobachtet, dass die Melanismushäufigkeit nach 1940 wieder zurückging, parallel zu Luftverbesserungen durch Umweltschutzbestimmungen (ebd., 38).

Mutation und Selektion können nicht nur in ausgesuchten Szenarien beobachtet, sondern auch experimentell bzw. durch praktischen Eingriff erzeugt werden. Das Beispiel par excellence hierfür ist die Züchtung bzw. *künstliche* Selektion. Züchtung von ausgesuchten Pflanzen- und Tiersorten wird von den Menschen seit vielen Tausend Jahren betrieben. Anhand der Züchtung beispielsweise von Getreide aus Gräsern, von Rindern aus Auerochsen oder Hunden aus Wölfen ist der Mechanismus der Selektion deutlich nachvollziehbar. Wie in ▶ Abschnitt 1.5 erläutert schreiten die Züchtungsfortschritte aufgrund der rigiden Selektion des Menschen mit einem um ein Vielfaches höheren Tempo voran als die natürliche Selektion (die Einheit der Evolutionsrate wird übrigens in „darwin" gemessen; Ridley 1993, 505).

Man hat gegen das Züchtungsargument eingewandt, dass bislang nur neue Rassen, aber keine neue Spezies gezüchtet wurden. Doch dieses Argument ist angreifbar. Erstens ist die völlige reproduktive Trennung von Spezies eine Frage der Zeit, und 10 000 Jahre Züchtungsgeschichte sind evolutionär keine sehr lange Zeit. Zweitens gibt es in der Tat etliche Zuchtrassen, die sich wechselseitig oder mit ihren natürlichen Varianten nicht mehr kreuzen können, z. B. Zwergpinscher mit Bernhardinern oder Wölfen, sodass man gemäß dem Reproduktionskriterium hier eigentlich schon von verschiedenen Spezies sprechen müsste (▶ Abschnitt 2.5). Drittens schließlich ist im Falle von Pflanzenspezies heutzutage auch eine direkte gentechnische Erzeugung neuer Spezies möglich. So können Kreuzungen von verschiedenen Pflanzenspezies, die zunächst unfruchtbar sind, durch chemische Substanzen wieder furchtbar gemacht werden, die eine Verdoppelung (Polyploidisierung) ihres Chromosomensatzes bewirken (Ridley 1993, 42 f). Eine Reihe neuer Gartenblumen wurde auf diese Weise produziert. Mittlerweile wurden auch bei Tieren einfache gentechnische Experimente angestellt (z. B. gentechnisch veränderte Katzen, die nachts im ultravioletten Licht leuchten; www.focus.de/wissen/wissenschaft/tid-8609/).

3.2 Biogeografie: Evolutionäre Erklärung geografischer Variation

Wir haben biogeografische Evidenzen für die Evolution bereits in ▶ Abschnitt 1.5 anhand von Darwins Galápagos-Finken kennengelernt, die eigentlich Spottdrosseln waren. Die echten Finkenspezies der Galápagos-Inseln wurden seit 1973 von Grant und anderen Biologen im Detail untersucht (Ridley 1993, 211–214; Linder-Biologie 1992, 75). Aus ihren charakteristischen Merkmalsdifferenzen (Schnabelgrößen, Lebensraum) lässt sich eine Serie von sukzessiven Abwandlungen konstruieren, die auf die vermutliche Ausbreitung der vom Festland eingewanderten Finken von Insel zu Insel schließen lässt. Dabei konstruiert man hypothetische Zwischenformen und vermutet jene Form, die der Außengruppe (*outgroup*) im Einwanderungsland am ähnlichsten ist, als ursprünglich eingewanderte Spezies, die den gemeinsamen Vorfahren aller Inselspezies bildet. Carson (1983) wendete diese Methode auf genetische Ähnlichkeitsreihen von 103 Spezies hawaiianischer Fruchtfliegen an (Ridley 1993, 458–460).

In ▶ Abschnitt 2.4 wurden die Zusammenhänge von geografischer Speziesverteilung und Kontinentalverschiebung angesprochen. Freilich gelten diese nur grob und werden durch diverse weitere Effekte überlagert; dennoch ergeben biogeografische Methoden beeindruckende qualitative Resultate. Gemäß einer auf Brundin zurückgehenden Methode kann man für die gegenwärtigen Kontinente aufgrund der Ähnlichkeit der auf ihnen lebenden Spezies einen Abstammungsbaum erstellen, der ihre vermutliche Aufspaltungsgeschichte von einem gemeinsamen Urkontinent (Pangäa) darstellt. Brundin gelangte aufgrund seiner Ähnlichkeitsanalyse antarktischer Mücken zu dem Ergebnis, dass sich Afrika vom Urkontinent zuerst abgespaltet hat, während Australien mit Südamerika noch verbunden war. Diesen Befund bestätigte auch Patterson, der anhand seiner Ähnlichkeitsanalyse von fossilen und lebenden Beuteltieren für nicht afrikanische Kontinente das geografische Kladogramm in ▶ Abb. 3.1 erstellte (vgl. Ridley 1993, 489, 492). Nordamerika und Europa sind einander enger speziesverwandt und haben sich daher erst später voneinander abgespalten als beispielsweise Nordamerika von Südamerika oder Südamerika von Australien und Neuguinea. Die geografische Verteilung anderer Spezies ergeben ein ähnliches Kladogramm. Es stimmt auffallend gut mit der (unabhängig festgestellten) tatsächlichen Geschichte der Kontinentalverschiebung überein. Auffallend ist jedoch, dass (für eine Reihe von Spezies) zu Nordamerika zwei Äste führen: einer von Europa und der andere von Südamerika kommend. Dies erklärt sich dadurch, dass urgeschichtlich zwar Europa und Nordamerika vom gemeinsamen Urkontinent Laurasien abstammen (und nicht von Gondwanaland, dem Südamerika zugehörte), jedoch vor ca. 3–4 Mio. Jahren sich die Landbrücke zwischen Südamerika und Nordamerika ausbildete, sodass seit damals eine Reihe von zuvor rein gondwanaländischen Arten wie z. B. Gürteltier, Faultier und Ameisenbär nach Nordamerika einwandern konnten.

Eine eindrucksvolle biogeografische Evidenz für den Übergang von Rassen zu Artenbildung durch kontinuierliche Variation und reproduktive Isolierung sind sogenannte *Ringspezies* (Ridley 1993, 40–42). So gibt es in Großbritannien zwei Möwenspezies, die sich nicht kreuzen, nämlich die britische Silbermöwe und die etwas kleinere und schwarzrückige britische Heringsmöwe (▶ Abb. 3.2). Nun gibt es eine kontinuierliche Variation beider Möwenarten einmal links herum um die nördliche Erdhalbkugel (über die Amerikanische Silbermöwe) und einmal rechts herum (über die Skandinavische Heringsmöwe), wobei sich beide Reihen auf der anderen Seite der nördlichen Erdhalbkugel bei der Sibirischen Silbermöwe treffen. Die plau-

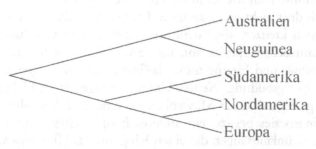

Abb. 3.1 Geografisches Kladogramm anhand fossiler Beuteltiere.

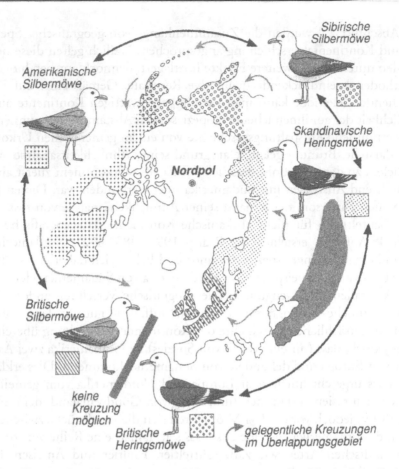

Abb. 3.2 Ringspezies: Verbreitung von Möwenrassen um den Nordpol (verändert nach Kleesattel 2002, 51). Balken = Kreuzungsbarriere: Genfluss zwischen Britischer Silbermöwe und Heringsmöwe ist nur indirekt rund um den Rassenkreis möglich.

sible Erklärung hierfür ist die evolutionäre Abstammung der Möwenspezies von einer Ausgangsspezies (während der Eiszeit in Südwestasien lokalisiert), die sich nach und nach über die nördliche Erdhalbkugel ausbreitete und adaptierte; die eine Ausbreitungsrichtung über die Sibirische und Amerikanische bis zur Britischen Silbermöwe, die andere über die Skandinavische bis zur Britischen Heringsmöwe, bis sich die beiden Variationsreihen wieder in Europa trafen, dort aber schon so verschieden sind, dass sie sich dort nicht mehr kreuzen. Da sich aber alle anderen benachbarten Möwenrassen noch kreuzen, liegt dennoch ein indirekter Genfluss zwischen den beiden großbritannischen Spezies vor, und zwar um die ganze Erdkugel herum. Britische Silbermöwe und Heringsmöwe befinden sich somit genau im Übergang von Rassen- zu Speziesbildung. Neuere Untersuchungen (z. B. Liebers et al. 2004) haben übrigens gezeigt, dass das Möwenbeispiel eine noch kompliziertere Struktur als die einer Ringspezies besitzt; ein anderes Beispiel einer Ringspezies sind die Vogelspezies der Grünlaubsänger, die einen Ring um das Himalaya-Gebirge bilden (de.wikipedia.org/wiki/Ringspezies).

3.3 Unabhängige Methoden der Altersbestimmung

3.3.1 Fossilfunde, Serien und Lücken

Die bloße Existenz der Fossilien ausgestorbener Spezies ist per se noch kein Beleg für evolutionäre Abstammung. Wohl aber, dass sich diese in Form von baumartig verzweigten Ähnlichkeitsreihen anordnen lassen, deren Reihenfolge mit unabhängigen Altersbestimmungen (im einfachsten Fall der Anordnung von Sedimentschichten) übereinstimmt und in den gegenwärtigen Spezies endet. Schon für Darwin war dies eine zentrale Stütze seiner Evolutionstheorie (vgl. Darwins Begründungsschritte in ▶ Abschnitt 1.5).

Gegen diese empirische Stützung der Evolutionstheorie wurde eingewandt, dass die Ähnlichkeitsreihen bekannter Fossilfunde große Lücken aufweisen, in denen Zwischenglieder fehlen (Ridley 1993, 511 f). Hierzu sind drei Dinge anzumerken. Erstens wird (wie dieses Kapitel zeigt) die Evolutionstheorie keineswegs nur durch Fossilfunde gestützt – obwohl diese freilich am augenfälligsten sind. Zweitens sind viele Lücken der Fossilfunde in den letzten Dekaden beeindruckend geschlossen worden. Ein Beispiel sind die Fossilfunde von Sedgwick in Wales im Jahr 1823: Sämtliche Gesteinsschichten bis zur untersten Schicht vor 500–490 Mio. Jahren enthielten fossilierte mehrzellige Meerestiere (z. B. Trilobiten), während man darunter überhaupt keine Tiere mehr fand. Dies führte zum Begriff „kambrische Explosion", und Sedgwick erklärte den Befund durch einen Akt der *Kreation* der mehrzelligen Tiere (Ward und Brownlee 2000, 128–130). Wesentlich später wurden dann auch in den unter dem Kambrium liegenden Schichten mehrzellige Meerestiere gefunden, aber sie waren ca. 1 000-mal kleiner, nicht mehrere Millimeter, sondern Mikrometer, und mit den damaligen Methoden nicht entdeckbar. Auch heute werden immer wieder neue Fossilien gefunden, und ein einzelner solcher Fund bedeutet oftmals eine kleine „Revolution" in der Paläontologie.

Drittens muss man sich vor Augen halten, dass die Fossilierung eines Tieres an sich ein sehr unwahrscheinlicher (und bei Pflanzen noch unwahrscheinlicherer) Vorgang ist, sodass große Lücken in den Fossilfunden keineswegs verwunderlich, sondern im Gegenteil zu erwarten sind. Alle organischen Teile eines gestorbenen Tieres (oder einer Pflanze) werden normalerweise chemisch zersetzt oder von anderen Tieren verzehrt – nur in extrem seltenen Fällen bleibt von einem Tier mehr als das Skelett erhalten, z. B. wenn es aus ewigem Eis geborgen wird. Aber auch das Skelett von Tieren wird im Regelfall entweder zerbrochen und verzehrt oder von Steinen, Wind oder Wasser zermalmt und erodiert. Nur wenn das Skelett durch eine dichte Erdschicht von Sauerstoff dauerhaft abgeschlossen wird (z. B. unterhalb eines Meeres oder Sees), hat es eine realistische Chance zu fossilieren. Dabei darf, bevor der Versteinerungsprozess abgeschlossen ist, das Skelett nicht wieder durch Wasser freigewaschen oder durch geologische Verschiebungen zermalmt werden etc. (Ridley 1993, 623). Davon abgesehen sind auch Sedimentschichten unvollständig; sie können teilweise oder gänzlich von Wind, Wasser oder Eis vernichtet bzw. wegtransportiert worden sein (ebd., 630). Trotz dieser Beschränkungen sind mittlerweile für eine Reihe von Evolutionsabschnitten entsprechende Reihen fossiler Spezies bekannt, die in Form von zahlreichen Zwischengliedern kontinuierliche evolutionäre Formenrei-

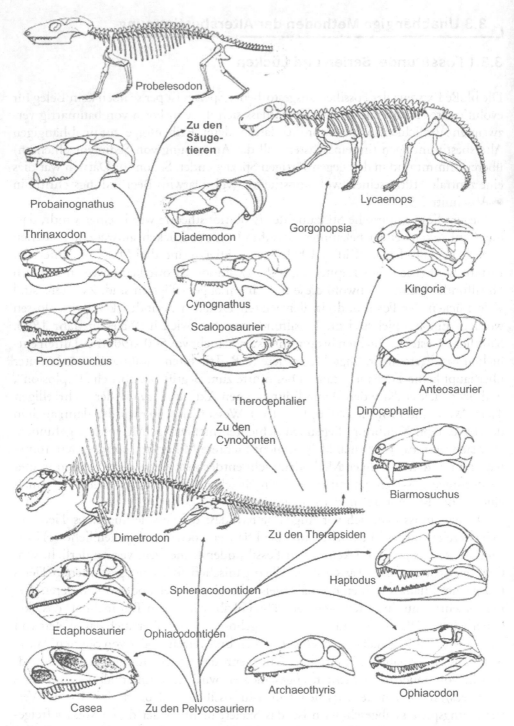

Abb. 3.3 Evolution säugetierähnlicher Reptilien (verändert nach Kemp 1982; vgl. auch Ridley 1993, 535).

hen erkennen lassen. Ein Beispiel dazu liefern die in ▶ Abb. 3.3 dargestellten fossilen Skelette, welche die kontinuierliche Evolution von Säugetieren aus Reptilien belegen.

3.3.2 Altersbestimmung durch radioaktive Isotope

Fossilfunde sind nur dann ein brauchbarer Beleg für die Evolution, wenn es unabhängige Methoden ihrer Altersbestimmung gibt. Denn theoretisch hätten ja auch alle jetzigen fossilierten Spezies einstmals zugleich kreiert werden können. Wie in ▶ Abschnitt 1.4 ausgeführt, hatte man schon im 19. Jahrhundert Altersschätzungen aufgrund der Anzahl übereinanderliegender Sedimentschichten vorgenommen, doch waren diese Schätzungen sehr unzuverlässig. Zumindest war durch die Sedimentschichtung eine historische Reihung der Fossilfunde möglich. Die Situation änderte sich, nachdem Mitte des 20. Jahrhunderts die radioaktiven Isotopenmethoden der absoluten Altersbestimmung entwickelt wurden. Isotope sind Formen chemischer Elemente, welche dieselbe Anzahl von Elektronen und Protonen und somit dieselben chemischen Eigenschaften besitzen, sich jedoch in der Anzahl ihrer Neutronen unterscheiden. So gut wie jedes chemische Element tritt neben seiner Hauptisotopenform in geringerem Anteil in anderen Isotopenformen auf. Diese haben dieselbe Anzahl von Elektronen und Protonen und somit dieselben chemischen Eigenschaften wie die Hauptform, besitzen jedoch mehr Neutronen im Atomkern und sind meistens atomar instabil, d. h., die Atomkerne dieser Isotope zerfallen mit der Zeit in kleinere Atomkerne. Die zeitlichen Zerfallsraten folgen dem Gesetz des exponentiellen Zerfalls, ausgedrückt durch die sogenannte Halbwertszeit, d. h. die Zeit, nach der die Hälfte einer beliebigen Menge des Isotops zerfallen ist. Am gegenwärtigen Prozentsatz eines Isotops kann man daher den Prozentsatz des seit der Bildung des entsprechenden Elements zerfallenen Isotops und damit die seit damals vergangene Zeit bestimmen, wenn man den Anfangsanteil des Isotops kennt, was auf viele Isotope zutrifft.

Bekannt ist die C^{14}-Methode zur Altersbestimmung organischen Materials (C = Kohlenstoff). Kohlenstoff kommt in der Natur in der stabilen Hauptform C^{12} vor (12 Kernteilchen: 6 Protonen und 6 Neutronen). Es gibt aber auch (neben dem stabilen C^{13}) das instabile Isotop C^{14}, das mit einer Halbwertszeit von 5 730 Jahren in N^{14} zerfällt (N = Stickstoff). Nun wird in der Atmosphäre der C^{14}-Anteil im Kohlendioxid durch kosmische (energiereiche) Strahlung ständig regeneriert und auf einem geringen Gleichgewichtsanteil (von ca. 10^{-12}) gehalten. Solange ein Lebewesen lebt und damit Kohlenstoff aufnimmt (bei Pflanzen durch Photosynthese; bei Tieren durch Nahrung), stimmt sein C^{14}-Anteil mit dem der Atmosphäre überein. Sobald es stirbt und seine Stoffwechselkreisläufe zusammenbrechen, zerfällt sein C^{14}-Anteil. Darauf beruht die C^{14}-Methode, mit der man mit den heutigen Messtechniken evolutionäre Zeitspannen bis zu 100 000 Jahren bestimmen kann; bei höheren Zeitspannen ist die Anzahl noch vorhandener C^{14}-Atome gering und der Messfehler entsprechend hoch.

Dieselbe Methode lässt sich auch auf andere Isotope anwenden, die für längere Zeiträume geeignet sind, z. B. um das Alter von Gesteinsschichten zu schätzen. Der ursprüngliche Anteil von Isotopen in heißflüssiger Magma, wenn es aus der Erde austritt, ist bekannt und weitgehend konstant; sobald die Magma erstarrt, zerfallen die radioaktiven Isotope (Ridley 1993, 626). Wichtige Methoden, um das Alter von Gesteinen zu bestimmen, sind (unter anderem) die Kalium-Argon-Methode für Zeiträume von 50 000 bis 1 Mrd. Jahren (K^{40} zerfällt zu Ar^{40} mit $1,27 \cdot 10^6$ Jahren Halbwertszeit) oder die Rubidium-Strontium-Methode für noch längere Zeiträume (Rb^{87} zerfällt zu Sr^{87} mit $47,5 \cdot 10^9$ Jahren Halbwertszeit). Durch diese Methoden ergab sich ein Riesenfortschritt in Bezug auf die Sicherheit der Altersbestimmung von Fossilien und Gesteinen und damit für die Sicherheit der Aussagen über die evolutionäre Vergangenheit unseres Planeten insgesamt.

3.3.3 Altersbestimmung durch neutrale Mutationsraten

Ab den 1960er Jahren gesellten sich zu den Isotopenmethoden noch die in ▶ Abschnitt 2.3 angesprochenen Methoden der *molekularen Uhren*, die auf neutralen Mutationsraten beruhen. Proteine haben ihre eigene Evolution, sozusagen durch die diversen Spezies hindurch, in denen sie auftreten. Das α-Globin ist beispielsweise ein Polypeptid, das bei allen Tieren und schon bei Einzellern auftritt. Kimura (1968) studierte die Anzahl von Aminosäuren, in denen sich die α-Globine von je zwei verschiedenen Tierspezies aufgrund neutraler Mutation unterschieden. Gemäß der Methode minimaler Mutationen nimmt man an, dass die Anzahl unterschiedlicher Aminosäuren der Summe neutraler Mutationen in beiden Spezies seit ihrem nächsten gemeinsamen Vorfahren entspricht – Abweichungen von dieser Annahme sind sehr unwahrscheinlich (▶ Abschnitt 3.4). Wenn sich somit beide Spezies in n Aminosäuren unterscheiden und die Mutationsraten in beiden Abstammungslinien gleich waren, so unterscheiden sie sich von ihrem nächsten gemeinsamen Vorgänger (modulo Zufallsirrtümern) in n/2 Aminosäuren (▶ Abb. 3.4).

Kimura schlug die neutrale Aminosäurendifferenz von Proteinen als Methode der Altersbestimmung in Bezug auf den nächsten gemeinsamen Vorfahren vor. Zu diesem Zweck trug er die Anzahl unterschiedlicher Aminosäuren im α-Globin von Paaren von Tierspezies bekannten evolutionären Alters in Abhängigkeit von ihrem Zeitabstand zum nächsten gemeinsamen Vorfahren auf und erhielt annähernd eine Gerade, deren Steigung die Mutationsrate des α-Globins wiedergab. Die so ermittelten Mutationsraten für einige evolutionär grundlegende Polypeptide (α-Globin, Fibrinopeptide, pankreatische Ribonuklease, Myoglobin, Insulin, Cytochrom c usw.) bewegten sich zwischen 0,5 und 10 Mutationen pro Aminosäure und Milliar-

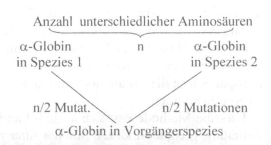

Anzahl unterschiedlicher Aminosäuren

α-Globin   n   α-Globin
in Spezies 1   in Spezies 2

n/2 Mutat.   n/2 Mutationen
α-Globin in Vorgängerspezies

Abb. 3.4 Altersbestimmung durch die Methode der „molekularen Uhr".

den Jahren (Ridley 1993, 142 f). Diese Rate von ca. 10^{-9} pro Jahr ist gering, gilt aber nur für eine Aminosäure. Rechnet man 300 Aminosäuren pro Polypeptid und daher pro Gen, dann ergibt sich näherungsweise eine Rate von $3 \cdot 10^{-7}$ pro Jahr.[23] Damit konnte man nun das unbekannte evolutionäre Alter anderer Tierspezies ermitteln. Beispiel: Beträgt die Mutationsrate von α-Globin 1 pro 10^6 Jahren und unterscheidet sich das α-Globin von Menschen und Pantoffeltierchen in 800 Aminosäuren, beträgt der wahrscheinliche Zeitabstand beider zum gemeinsamen Vorfahren etwa 700 Mio. Jahre, was zwischen dem vermuteten Alter von Eukaryonten und dem von Mehrzellern (gemäß Abschnitt 2.4) liegt. Die neutralen Mutationsraten sind übrigens nicht bei allen Proteinen konstant, aber auch wenn sie sich zeitlich ändern, kann man mithilfe von Spezies bekannten Alters Eichkurven ermitteln und diese der Altersbestimmung zugrunde legen (Ridley 1993, 144 f).

Dieselbe Methode wird für neutrale DNS-Mutationen angewandt. Die DNS der Mitochondrien (Zellorganellen) wird nur in weiblicher Linie weitervererbt und bedingt außer gewissen Zellbeschaffenheitsmerkmalen (vermutlich) keine phänotypischen Eigenschaften (vgl. Ridley 1993, 468 f; Lindner-Biologie 1992, 20). Sie mutiert vergleichsweise schnell und kann für Zeitdifferenzen von bis zu ca. 10 Mio. Jahren benutzt werden. Mitochondriale DNS-Mutationen wurden zur Erstellung des wahrscheinlichsten *Homo sapiens*-Stammbaums verwendet (▶ Abschnitt 3.4). In diesem Fall wendete man Kimuras Methode also nicht auf unterschiedliche Spezies an, sondern auch auf unterschiedliche Varianten innerhalb ein und derselben Spezies, nämlich *Homo sapiens*. Die RNA der Ribosomen (ebenfalls Zellorganellen) mutiert andererseits extrem langsam und kann für Zeitbestimmungen von 10^8 bis 10^9 Jahren eingesetzt werden, also für Speziesabstände bis zurück zu den Einzellern. Zusammenfassend bilden molekulare Uhren ein weiteres mächtiges Werkzeug der evolutionären Altersbestimmung – aber nicht nur das, sie eignen sich auch vortrefflich zur Konstruktion wahrscheinlicher Abstammungsbäume, wie im folgenden Abschnitt erläutert wird.

3.4 Unabhängige Methoden der Generierung evolutionärer Stammbäume

Für eine gegebene Menge von Arten mit gegebenen Merkmalen kann man ihren wahrscheinlichsten Abstammungsbaum aus hypothetischen gemeinsamen Vorfahren konstruieren. Wissenschaftstheoretisch gesehen handelt es sich dabei um die Methode der *theoriegeleiteten* Abduktion (vgl. Schurz 2008a, §5, sowie ▶ Box 1.1). Die grundlegenden theoretischen Annahmen dabei sind erstens die Entstehung aus einem gemeinsamen Vorfahren durch *binäre* Aufspaltungen aufgrund von Mutationen sowie zweitens ein wahrscheinlichkeitstheoretisches *Sparsamkeitsprinzip*, dem

---

[23] Ist p die Wahrscheinlichkeit eines Ereignisses e (Aminosäurenmutation), dann beträgt die Wahrscheinlichkeit, dass unter N unabhängigen Möglichkeiten (Aminosäuren) das Ereignis e niemals eintritt, $(1-p)^N$. Dies ist für sehr kleine p (und $p < 1/N$) näherungsweise $1 - N \cdot p$ (Beweis durch Vernachlässigung höherer p-Potenzen im Multinominalgesetz). Daher ist die Wahrscheinlichkeit, dass e unter N Möglichkeiten mindestens einmal auftritt, näherungsweise $N \cdot p$.

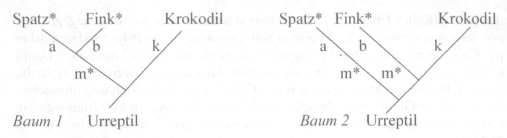

Abb. 3.5   Methode der minimalen Mutationen. Zwei Abstammungsbäume für Spatz, Fink und Krokodil; * = neues Merkmal der Flugfähigkeit. Baum 1 ist mutationsminimal, Baum 2 benötigt dagegen die *-erzeugenden Mutation(en) m* zweimal. (m*, a, b und k stehen für Mutationsanzahlen an den jeweiligen Ästen.)

zufolge nur Abstammungsbäume mit einer minimalen (möglichst geringen) Anzahl von Mutationen postuliert werden. Denn in Abstammungsbäumen, die nicht mutationsminimal sind, treten dieselben (oder sich genau kompensierende) Mutationen mehrmals auf, was bei neutralen Mutationen extrem unwahrscheinlich und auch bei mäßigem Selektionsdruck unwahrscheinlich ist; Ausnahmen davon bilden jedoch analoge Merkmalsähnlichkeiten (s. u.).

Wissenschaftstheoretisch ist bedeutsam, dass Sparsamkeit in der Methode minimaler Mutationen nicht als „ästhetisches" Prinzip, sondern als Bestätigungskriterium fungiert (Forster und Sober 1994, 28). ▶ Abb. 3.5 illustriert die Methode an einem einfachen Beispiel: dem gemeinsamen Abstammungsbaum von zwei Vogelspezies, Spatzen und Finken, und der Spezies der Krokodile, wobei vorausgesetzt wird, dass alle drei Spezies von den Reptilien abstammen. Stark vereinfachend ordnen wir phänotypischen Merkmalsänderungen einzelne Mutationen zu und betrachten die Mutation m*, die angenommenerweise das neue Merkmal * der Flugfähigkeit hervorbringt (vgl. Sober 1993, 175). Baum 1 ist mutationsminimal, da er die *-Merkmalsgleichheit von Spatz und Fink durch einen direkten gemeinsamen Vogelvorfahren erklärt und somit Mutation m* nur einmal benötigt, während Baum 2 zuerst Spatzen und dann erst Finken aus Reptilien entstehen lässt (also für Finken und Krokodile einen direkten gemeinsamen Vorfahren annimmt) und daher Mutation m* zweimal benötigt.

In der realistischeren Deutung werden komplexe Merkmale wie Flugfähigkeit nicht nur durch eine Mutation erzeugt, und überdies sind noch weitere Mutationen im Spiel. Die Buchstaben m*, a, b und k stehen für die minimalen Anzahlen von Mutationen, die entlang der jeweiligen Äste nötig waren, um die angeführten Merkmalsunterschiede zu erzeugen (m* vom Urreptil zum Urvogel (rechts zu beiden Urvögeln), a bzw. b vom Urvogel zum Spatz bzw. Fink und k vom Urreptil zum Krokodil). Diese realistischere Lesart ändert nichts am Endergebnis, dass nur Baum 1 mutationsminimal ist, weil am Baum 2 die Mutationen in m* zweimal durchlaufen werden müssen.

Mutationsminimale Abstammungsbäume sind unsicher und nicht immer eindeutig. Oft gibt es für dieselbe Merkmalsmenge mehrere gleichminimale, aber unterschiedliche Abstammungsbäume, von denen nur einer zutrifft. Darüber hinaus können unterschiedliche Merkmalsmengen, mittels derer die gegebenen Spezies charakterisiert werden, gelegentlich zu unterschiedlichen minimalen Abstammungsbäumen führen. Nicht immer liefert also die Methode der minimalen Mutationen den wahren Abstammungsbaum. Manche Sorten von Merkmalen liefern verlässlichere Abstammungshypothesen als andere. Hypothesen über Abstammungsbäume bedürfen daher (wie alle abduktiv generierten Hypothesen) weiterer unabhängiger Überprüfung, wofür sich Überprüfung mithilfe anderer Merkmale und insbesondere die Überprüfung durch unabhängige Altersbestimmungen oder Fossilevidenzen eignen.

Ein Hauptgrund für die Generierung fehlerhafter Abstammungsbäume sind Merkmalsgleichheiten aufgrund von *Analogien*. Dies wird durch ▶ Abb. 3.6 illustriert, wo der Abstammungsbaum für den (leider ausgestorbenen) Tasmanischen Beutelwolf, den gewöhnlichen (plazentalen) Wolf und das Känguru dargestellt ist (Ridley 1993, 453). Beutelwolf und gewöhnlicher Wolf sind sich äußerlich wesentlich ähnlicher als Beutelwolf und Känguru. Die Beutelwolf und Wolf gemeinsamen „äußeren Wolfsmerkmale" (w an der Zahl) resultieren nicht aus gemeinsamer Abstammung, sondern gleichartiger Anpassung an die Selektionserfordernisse eines in Rudeln lebendes Raubtieres. Gemeinsame Merkmale aufgrund von gleichartigem Selektionsdruck nennt man *analoge* Merkmale; Merkmale aufgrund gemeinsamer Abstammung dagegen *homologe* Merkmale. Phylogenetisch bzw. abstammungsmäßig sind sich Känguru und Beutelwolf wesentlich näher als Beutelwolf und Wolf, denn beide entspringen der Stammlinie der Beuteltiere und teilen sich somit jene homologen Merkmale, welche allen Beuteltieren gemeinsam sind (b an der Zahl) – wobei es sich hier vorwiegend um gemeinsame morphologische Merkmale handelt. Der Bezug auf die Klasse aller betrachteten (w+b) Merkmale führt hier zum mutationsminimalen, aber inkorrekten Stammbaum 1. Der korrekte Stammbaum 2 ist nicht mutationsminimal in Bezug auf die Klasse aller betrachteten Merkmale, sondern nur in Bezug auf die eingeschränkte Klasse der morphologischen Merkmale.

Es gibt keine sicheren Kriterien, um homologe von analogen Merkmalen zu unterscheiden, ohne die wahre Phylogenie als bekannt vorauszusetzen. Wohl aber gibt es unsichere Wahrscheinlichkeitskriterien: Echt homologe Merkmale sind im Regelfall verankert in anatomischen Bauplanstrukturen und bilden sich in derselben Phase der Embryonalentwicklung heraus (Ridley 1993, 454).

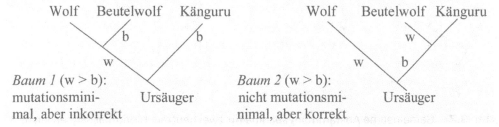

Abb. 3.6 Merkmalsgleichheit aufgrund Homologie vs. Analogie. Äußerlich ähneln sich Wolf und Beutelwolf in mehr Merkmalen als Beutelwolf und Känguru (w > b). Die „Wolfsmerkmale" (w) beruhen jedoch nicht auf gemeinsamer Abstammung (Homologie), sondern auf gleichartigem Selektionsdruck (Analogie). Phylogenetisch sind Beutelwolf und Känguru näher miteinander verwandt; sie teilen sich die homologen Beuteltiermerkmale (b).

Zusammengefasst sind mutationsminimale Abstammungsbäume, die sich auf gemeinsame phänotypische Merkmale gründen, nicht immer korrekt. Das heißt nicht, dass man gemeinsame Merkmale gar nicht zur Konstruktion von Stammbäumen heranziehen sollte, wie manche „radikale Kladisten" meinen (▶ Abschnitt 2.5) – schließlich sind gemeinsame Merkmale die wichtigste Erkenntnisquelle für evolutionäre Abstammung. Die noch wichtigere Schlussfolgerung daraus ist jedoch, dass bevorzugt *selektionsneutrale* Merkmale für Abstammungsbäume heranzuziehen sind, wie die oben erwähnten Merkmale der molekularen Uhren (neutrale Aminosäuren- oder DNS-Sequenzen). Denn durch Beschränkung auf neutrale Merkmale kann man das Problem von Merkmalsgleichheit aufgrund von Analogien weitgehend ausschalten (Ridley 1993, 455). Analogien treten dann auf, wenn Merkmale einem starken (gemeinsamen) Selektionsdruck unterliegen, was bei phänotypischen Makromerkmalen (Körperform und Verhaltensweisen) fast immer der Fall ist. Der gemeinsame Selektionsdruck bewirkt, dass in beiden verglichenen Spezies dieselben Mutationen auftreten und sich daher in keinen Merkmalsunterschieden äußern. Ohne Selektionsdruck sind die einzelnen Mutationen dagegen voneinander probabilistisch unabhängig. Daher ist die Wahrscheinlichkeit des Auftretens zweier gleicher Mutationen (am selben Locus in dieselbe neue Variante) extrem gering, gegeben durch das Produkt $p \cdot p = p^2$ (für $p = 10^{-6}$ beträgt p^2 z. B. $10^{-12} = 0{,}000\,000\,000\,001$).

In ▶ Abb. 3.7 wird dies an einem Beispiel erläutert. Angenommen zwei gegenwärtige Spezies A und B differieren in zwei neutralen (molekularen) Merkmalen voneinander, die wir durch Zahlen ausdrücken (die z. B. für DNS-Basen oder Aminosäuren stehen) – sagen wir A = 123 und B = 154. Dann gibt es vier mutationsminimale gemeinsame Vorgänger, nämlich (a) 123, (b) 124, (c) 153 und (d) 154.

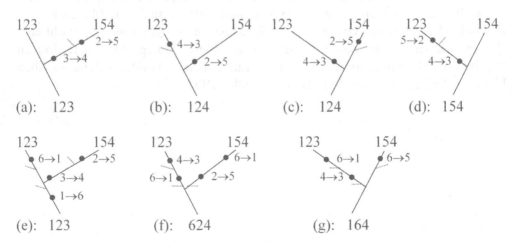

Abb. 3.7 Gemeinsame Abstammungsbäume für zwei neutrale Merkmalssequenzen 123 und 154 (z. B. Aminosäuren oder DNS-Basen). „● 2→3" steht für „Mutation von Merkmalsvariante 2 nach 3". Bäume (a) bis (d) sind mutationsminimal (gestrichelte rudimentäre Zweige stehen für ausgestorbene Zwischenformen). Bäume (e) bis (g) sind nicht mutationsminimal und aufgrund der Unabhängigkeit von Mutationen extrem unwahrscheinlich. Nur Bäume (b) und (c) erfüllen zudem die Bedingung gleicher Mutationsraten auf verschiedenen Stammlinien.

Alle vier erzeugen in jeweils zwei Mutationen die Spezies A und B. Man beachte, dass alle vier Abstammungsbäume genau eine ausgestorbene Zwischenform postulieren müssen (dargestellt durch den gepunkteten rudimentären Zweig). Die Stammbäume (e) bis (g) sind dagegen nicht mutationsminimal: In (e) treten auf derselben Stammlinie zwei sich genau kompensierende Mutationen auf ($1 \to 6$ und $6 \to 1$), in (f) tritt auf zwei unterschiedlichen Stammlinien dieselbe Mutation auf ($6 \to 1$), und in (g) mutiert auf zwei unterschiedlichen Stammlinien dasselbe Allel bzw. neutrale Merkmal (statt dass es vor der Verzweigung nur einmal mutiert) – für neutral mutierende Merkmale sind dies jeweils extrem unwahrscheinliche Zufälle. Da neutrale Mutationen zudem konstante Mutationsraten aufweisen, sind unter den vier mutationsminimalen Stammbäumen (b) und (c) am wahrscheinlichsten, da nur auf beiden Stammlinien gleich viele Mutationen auftreten. Unter (b) und (c) kann dagegen nur durch externe Kriterien unterschieden werden, z. B. durch eine Außengruppe oder durch Fossilevidenz.

Für die Generierung wahrscheinlichster Abstammungsbäume gibt es Computerprogramme. Eine Möglichkeit besteht darin, für die gegebene Menge von Arten oder Varianten alle möglichen binären wurzellosen Bäume zu generieren, dann unter diesen die mutationsminimalen Bäume auszuwählen und schließlich darunter die Wurzel durch unabhängige Kriterien (wie Außengruppen oder Fossilevidenz) zu bestimmen (für Details vgl. Ridley 1993, 470). Die Konstruktion von *allen* möglichen Bäumen ist allerdings oft zu aufwendig. Man kann mutationsminimale wurzellose Bäume mit weniger Aufwand generieren, wenn man zuerst einen Ähnlichkeitsgraphen erzeugt, worin die ähnlichsten Varianten Nachbarn sind, und dann daraus wurzellose Bäume erzeugt, die man auf Mutationsminimalität prüft (ebd., 457 f). ▶ Abb. 3.8 zeigt die Anwendung des Verfahrens auf neutrale Aminosäurenmutationen im Stammbaum des Cytochrom c in verschiedenen Lebewesen. Die sich ergebenden Abstammungsverhältnisse stimmen mit anderen Informationsquellen weitgehend überein (Abweichungen gibt es bei Blütenpflanzen).

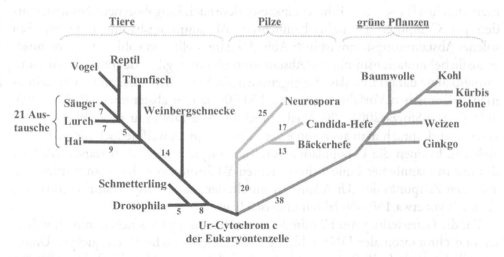

Abb. 3.8 Stammbaum des Cytochrom c. Die Ziffern (bzw. Astlängen) entsprechen den Anzahlen der durch Mutation ausgetauschten Aminosäuren (verändert nach Linder-Biologie 1992, Abb. 123.1).

In analoger Weise generierten Penny, Foulds und Hendy (1982) anhand von fünf Polypeptiden die plausibelsten Abstammungsbäume für elf Säugetierspezies und gelangten für alle fünf Polypeptide zu demselben mutationsminimalen Abstammungsbaum (Ridley 1993, 51). In anderen Fällen können sich aber auch erhebliche Abweichungen ergeben, sodass die wahren Abstammungsverhältnisse niemals allein aus einer Sorte von Evidenz, sondern nur aufgrund der Gesamtevidenz erschlossen werden können. Beispielsweise würde die Tatsache, dass unter den Wirbeltieren nur Säuger und Vögel Warmblüter sind, darauf hindeuten, dass beide einen unmittelbaren gemeinsamen Vorfahren besitzen – was diese Hypothese widerlegt, ist in erster Linie die Fossilevidenz (Ridley 1993, 464–466).

Mit denselben Methoden wurde auch die Abstammung des Menschen untersucht. Eine wenig aufwendige Methode, die Unterschiedlichkeit von gleichartigen Proteinen in unterschiedlichen Spezies zu messen, beruht auf der immunologischen Abstoßungsreaktion: Wenn etwa menschliches Albumin einem Gorilla, Schimpansen oder Kaninchen injiziert wird, gibt es eine messbare Rate immunologischer Abstoßung. Auf diese Weise ermittelten Sarich und Wilson (1967) die Unterschiedlichkeit von gemeinsamen Proteinen im Menschen und Menschenaffen. Sie kamen zu dem Ergebnis, dass der nächste gemeinsame Vorfahre von Menschen, Schimpansen und Gorilla etwa 5,5 Mio. Jahre zurückliegen muss, und widerlegten damit die bis 1960 akzeptierte These, der zufolge der fossile Menschenaffe *Ramapithecus* vor 9–12 Mio. Jahren der nächste Vorfahre des Menschen sei – was man zuvor angenommen hatte, da das Gebiss des *Ramapithecus* mehr dem des Menschen als dem des Schimpansen gleicht (Ridley 1993, 473). Dies ist ein Beispiel dafür, wie die Konstruktion von evolutionären Abstammungsbäumen durch phänotypische Merkmale zu Irrtümern führen kann, die durch Heranziehung molekularer Evidenz korrigiert werden.

Die wichtigste molekulare Abstammungsevidenz für den Menschen liefert die im vorhergehenden Abschnitt angesprochene schnell evolvierende Mitochondrien-DNS. Durch Vergleich der Mitochondrien-DNS von 135 unterschiedlichen menschlichen Rassen bzw. Ethnien, insbesondere auch Eingeborenenstämmen, wurden per Computer die wahrscheinlichsten Abstammungsbäume generiert. Ein solcher Abstammungsbaum ist in ▶ Abb. 3.9 dargestellt. Obwohl es mehrere unterschiedliche mutationsminimale Abstammungsbäume gibt, deuten alle Abstammungsbäume darauf hin, dass die gegenwärtigen Menschen allesamt von gemeinsamen afrikanischen Vorfahren vor etwa 150 000 Jahren abstammen (Ridley 1993, 469; Cavalli-Sforza 2001, 78). Weil mitochondriale DNS nur in weiblicher Linie vererbt wird, sprach man auch von einer „Ur-Eva" (man weiß jedoch nicht, aus wie vielen Individuen die Urpopulation von *Homo sapiens* wirklich bestand). Mithilfe des nur in männlicher Linie weitervererbten Y-Chromosoms hat man mittlerweile auch den Zeitpunkt des „Ur-Adams" ermittelt, der gemäß Cavalli-Sforza (2001, 81) ebenfalls vor etwa 150 000 Jahren in Afrika liegt.

Für die Generierung von Hominidenstammbäumen gibt es neben mitochondrialer und chromosomaler DNS zahlreiche weitere genetische Datenquellen. Unterschiedliche Allele (z. B. für Blutgruppengene oder Immunglobuline) sind in unterschiedlichen Bevölkerungsgruppen unterschiedlich verteilt. Cavalli-Sforza und andere begannen mit der Sammlung humangenetischer Datenbanken und be-

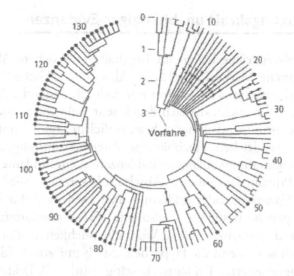

Abb. 3.9 Stammbaum von *Homo sapiens* auf der Basis mitochondrialer DNS (verändert nach Ridley 1993, 469, Abb. 17.14a). Jede der 135 Spitzen (●) entspricht einem Typ von Mitochondrien-DNS aus folgenden ethnischen Quellen: westliche Pygmäen (1, 2, 37–48), östliche Pygmäen (4–6, 30–32, 65–73), !Kung (7–22), Afrika-Amerikaner (3, 27, 33, 35, 36, 59, 63, 100), Yorubaner (24–26, 29, 51, 57, 60, 63, 77, 78, 103, 106, 107), Australier (49), Herero (34, 52–56, 105, 127), Asiaten (23, 28, 58, 74, 75, 84–88, 90–93, 95, 98, 112, 113, 121–124, 126, 128), Papua-Neuguineer (50, 79–82, 97, 108–110, 125, 129–135), Hadza (61, 62, 64, 83), Naron (76), Europäer (89, 94, 96, 99, 101, 102, 104, 111, 114–120).

stimmten die durchschnittlichen genetischen Distanzen zwischen ca. 2 000 (meist nativen) Populationen. Es ergab sich eine Korrelation mit der geografischen Distanz entlang der Migrationsbewegung von *Homo sapiens*-Populationen seit der Auswanderung aus Afrika vor ca. 100 000 bis 70 000 Jahren (Cavalli-Sforza 2001, 39, 54, 68 ff). Durch faktorenanalytische Auftrennung der genetischen Varianzen konnten Cavalli-Sforza und sein Team sogar Migrationswellen jüngeren evolutionären Datums rekonstruieren. Etwa 12 000 v. Chr., nach dem Abklingen der letzten Eiszeit, fand eine Expansion der Lappen in den Süden und der Basken in den Westen statt. Am stärksten ausgeprägt ist die Migrationswelle von etwa 10 000 v. Chr., die sich der Agrarrevolution im Fruchtbarkeitsdelta des Mittleren Ostens und dem dadurch ermöglichten Bevölkerungswachstum verdankt und zur Ausbreitung der neuen Lebensweise in Asien und Europa führte. Später, etwa 5000 v. Chr., erfolgte die Ausbreitung der Kaukasoiden, welche die Pferde domestiziert hatten, andere agrarische Völker unterwarfen und zur Entstehung der indoeuropäischen Sprachfamilie wesentlich beitrugen. Schließlich erfolgte die Expansion der Griechen etwa 1500 v. Chr., womit die abendländische Kultur im engeren Sinne begann (ebd., 109, 114, 117).

3.5 Die Bestätigungskraft unabhängiger Evidenzen

Molekulare Merkmalsvergleiche liefern im Regelfall verlässlichere Abstammungsbäume als phänotypische Merkmalsvergleiche. Aber die wirkliche Sicherheit, der
entscheidende Bestätigungszuwachs, kommt erst dadurch zustande, dass man nach
einem Abstammungsbaum sucht, der sich durch sehr viele voneinander unabhängige Evidenzen übereinstimmend als der wahrscheinlichste ergibt – unterschiedliche
Arten von Merkmalsvergleichen, unabhängige Altersbestimmungen und Fossilfunde. Die Bestätigungskraft unabhängiger Evidenzen ist ein fundamentales wissen-
schaftstheoretisches Prinzip, das in diesem Abschnitt besprochen wird.

Jede erfolgreiche Voraussage oder Erklärung einer Evidenz E durch eine Hypothese H liefert eine gewisse Bestätigung, also eine *Wahrscheinlichkeitserhöhung* der
Hypothese H durch die Evidenz E. Diese Wahrscheinlichkeitserhöhung kann verhältnismäßig schwach sein, wenn die Hypothese durch nur *eine* Evidenz oder eine
Gruppe von *abhängig* generierten Evidenzen bestätigt wird (z. B. Evidenzen, die allesamt aus nur einer Fossilfundstätte stammen und die daher alle denselben geologischen Fehlerquellen unterliegen könnten). Speziell im Fall von evolutionären Hypothesen über Ereignisse, die Jahrmillionen zurückliegen, ist jede einzelne empirische
Evidenz mit einer Reihe von Unsicherheiten und falliblen Hintergrundannahmen
behaftet, sodass es *prima facie* nicht danach aussieht, als könnten wissenschaftlichen
Hypothesen gut bestätigt sein, die über die tatsächlichen Beobachtungen derartig
weit entfernter Phänomene sprechen. Glücklicherweise ist diese Überlegung ein Irrtum: Auch in diesem Falle ist beliebig hoher Bestätigungszuwachs möglich, und
zwar genau dann, wenn sehr viele voneinander unabhängige Evidenzen in dieselbe
Richtung weisen, also dieselben Hypothesen favorisieren. Dies ist die rationale
Grundlage der hohen Sicherheit, mit der wissenschaftliche Experten heute ihre
Theorien über die Evolutionsgeschichte des Lebens auf unserer Erde vorbringen.

Das Prinzip der Bestätigungskraft übereinstimmender unabhängiger Evidenzen
ist auch in anderen Disziplinen bedeutsam. Ein oft erwähntes Beispiel ist die Avoga-
dro'sche Zahl, also die Anzahl von Molekülen in einem Liter Gas (ca. 10^{24}), welche
auf vielen unabhängigen empirischen Wegen ermittelt wurde, die alle zu annähernd
demselben Wert führten (vgl. Krüger 1981, 241 f).

Man kann das Prinzip der Bestätigungserhöhung durch unabhängige Evidenzen
im Rahmen der (bayesianischen) Wahrscheinlichkeitstheorie beweisen. Dies ist in
▶ Box 3.1 ausgeführt, wo gezeigt wird, dass eine zunehmende Vielzahl von unabhängigen Evidenzen die Wahrscheinlichkeit einer Hypothese beliebig nahe gegen 1,
also gegen *Sicherheit* gehen lässt, auch wenn jede einzelne Evidenz nur eine schwache
Wahrscheinlichkeitserhöhung der Hypothese bewirkt. Dabei ist Letzteres genau
dann der Fall, wenn jede einzelne Evidenz der fraglichen Hypothese einen Likeli-
hood-Überschuss gegenüber allen Alternativhypothesen einräumt. Die Bestätigungskraft unabhängiger Evidenzen wird damit eine besonders einleuchtende
Instanz des auf Putnam (1975, 73) zurückgehenden *Wunderarguments*, dem zufolge
es unter der Annahme, die Evolutionshypothese sei falsch, es so unerklärlich wäre
wie ein Wunder, dass alle unabhängigen Evidenzen dieselben falschen Altershypo-
thesen und Abstammungsbäume liefern. Schlussendlich zeigt dieses Prinzip in
▶ Box 3.1, dass die Evolutionstheorie nicht nur eine *überprüfbare*, sondern auch

eine überprüfte und sehr gut *bestätigte* Theorie ist. Dies ist insofern bedeutend, als es noch vor einigen Jahrzehnten Wissenschaftstheoretiker gab (insbesondere Popper 1994/1974, 248–251),[24] die der Evolutionstheorie *Nichtfalsifizierbarkeit* oder empirische Gehaltlosigkeit vorwarfen. Tatsächlich gibt es zahlreiche Möglichkeiten, die Evolutionstheorie zu widerlegen oder in ihrer Plausibilität zu schwächen. Haldane bemerkte einmal, er würde die Evolutionstheorie aufgeben, sobald jemand ein Kaninchenfossil in Schichten des Präkambriums finden würde (Ridley 1993, 56). Um die Evolutionstheorie ins Schwanken zu bringen, würde auch genügen, dass etwa die geologisch untersten bzw. ältesten Sedimentschichten mithilfe der radioaktiven Isotopenmethode als die jüngeren bestimmt werden oder dass die Ähnlichkeitsreihen der Fossilien nicht mit der Schichtenfolge oder mit der Reihenfolge des Isotopenalters übereinstimmen oder dass ein Nachfahre eines mehrzelligen Vorfahren, etwa ein Haifisch als Nachfahre primitiver mariner Mehrzeller, plötzlich wieder unterhalb jener Schichten vorkommt, in der es nur Einzeller gibt, oder dass die molekularen Altersabstände diverser Polypeptide völlig unterschiedliche Abstammungsrelationen ergeben usw. Die Behauptung, die Evolutionstheorie sei nicht falsifizierbar, ist damit selbst als gänzlich falsifiziert anzusehen.

Box 3.1   Die Bestätigungskraft unabhängiger Evidenzen

Annahmen: Sei H_1, …, H_m eine Partition von (sich gegenseitig ausschließenden und den Möglichkeitsraum erschöpfenden) Hypothesen und E_1, …, E_n eine Menge von (miteinander verträglichen) Evidenzen. Die Ausgangswahrscheinlichkeiten $P(H_i)$ der Hypothesen und die der Evidenzen ($P(E_j)$) seien nicht dogmatisch, d. h. von 0 oder 1 verschieden. Die Evidenzen seien im folgenden Sinn konditional unabhängig ($P(X|Y)$ steht für die Wahrscheinlichkeit von X unter den Annahme Y):

(Unab.): Für alle Teilmengen E_{i_1}, …, E_{i_k} (unter den E_1, …, E_n; k ≤ n) und für alle H_r (unter den H_1, …, H_m; 1 ≤ r ≤ m) gilt: $P(E_{i_1} \& \ldots \& E_{i_k}|H_r) = P(E_{i_1}|H_r) \cdot \ldots \cdot P(E_{i_k}|H_r)$.

In Worten: Die Wahrscheinlichkeit einer Konjunktion von Evidenzen gegeben irgendeine der Hypothesen H_r ist gleich dem Produkt der Einzelwahrscheinlichkeiten der Evidenzen gegeben H_r.

Werde ferner die Hypothese H_k unter allen anderen konkurrierenden Hypothesen durch alle Evidenzen favorisiert, im Sinne eines Likelihood-Überschusses $\delta > 0$:

(Fav.): Für alle E_i (unter den E_1, …, E_n) und für alle H_r (unter den H_1, …, H_m) verschieden von H_k gilt: $P(E_i|H_k) \geq P(E_i|H_r) + \delta$.

In Worten: Die Wahrscheinlichkeit jeder Evidenz E_i unter der Annahme H_k ist um mindestens δ größer als die Wahrscheinlichkeit von E_i unter der Annahme, dass eine der konkurrierenden Hypothesen wahr ist.

---

[24] Vgl. auch Vollmer (1988, 277 f). In 1987, 144, hat Popper diesen Vorwurf abgeschwächt.

Dann resultiert das folgende Theorem[25]:

(a) Für alle $i \leq n$, $P(H_k|E_1 \& \ldots \& E_i) > P(H_k|E_1 \& \ldots \& E_{i-1})$, und
(b) $\lim_{n \to \infty} P(H_k|E_1 \& \ldots \& E_n) = 1$.

In Worten: Je größer die Anzahl unabhängiger Evidenzen, die H_k favorisieren, desto größer wird H_k's bedingte Wahrscheinlichkeit und nähert sich für $n \to \infty$ dem Wert 1.

---

[25] Der Beweis des Theorems in ▶ Box 3.1 sei hier angefügt (für ähnliche Resultate vgl. Bovens und Hartmann 2006, Kap. 4 und 5).
Wir setzen $P(H_k) = h > 0$ und $P(E_i|H_k) = p_i$, schreiben $\Sigma\{x_1,\ldots,x_x\}$ für die Summe der Zahlen $x_1,\ldots,x_n$ und $\Pi\{x_1,\ldots,x_x\}$ für ihr Produkt und rechnen wie folgt:

$P(H_k|E_1 \& \ldots \& E_n) = P(E_1 \& \ldots \& E_n|H_k) \cdot P(H_k)/\Sigma\{P(E_1 \& \ldots \& E_n|H_r) \cdot P(H_r) : 1 \leq r \leq m\}$ (gemäß der Bayes-Formel)

$$= \frac{h \cdot \Pi\{p_i : 1 \leq i \leq n\}}{h \cdot \Pi\{p_i : 1 \leq i \leq n\} + \Sigma\{P(H_r) \cdot \Pi\{P(E_i | H_r) : 1 \leq i \leq n\} : 1 \leq r \leq m, r \neq k\}}$$

(durch Einsetzen und wegen (Unab.) von ▶ Box 3.1)

$$\geq \frac{h \cdot \Pi\{p_i : 1 \leq i \leq n\}}{h \cdot \Pi\{p_i : 1 \leq i \leq n\} + \Sigma\{P(H_r) : 1 \leq r \leq m, r \neq k\} \cdot \Pi\{(p_i - \delta) : 1 \leq i \leq n\}}$$

(wegen (Fav.) von ▶ Box 3.1 und Umformung)

$$= \frac{h \cdot \Pi\{p_i : 1 \leq i \leq n\}}{h \cdot \Pi\{p_i : 1 \leq i \leq n\} + (1-h) \cdot \Pi\{(p_i - \delta) : 1 \leq i \leq n\}}$$

$$= \frac{1}{1 + \dfrac{1-h}{h} \cdot \dfrac{\Pi\{(p_i - \delta) : 1 \leq i \leq n\}}{\Pi\{p_i : 1 \leq i \leq n\}}}.$$

Wegen (Fav.) gilt außerdem $0 \leq p_i - \delta < p_i \leq 1$, woraus folgt:

$$\frac{\Pi\{(p_i - \delta) : 1 \leq i \leq n\}}{\Pi\{p_i : 1 \leq i \leq n\}} \leq (1 - \delta)^n \text{ und somit } \lim_{n \to \infty} \frac{\Pi\{(p_i - \delta) : 1 \leq i \leq n\}}{\Pi\{p_i : 1 \leq i \leq n\}} = 0.$$

Daraus folgen Behauptungen (a) und (b) des Theorems. Q.E.D.

4.
Was man liberalen Kreationisten und Teleologen entgegenhält: Evidenzen gegen das Designargument und Auflösung von Denkschwierigkeiten

4.1 Suboptimalitäten in der Evolution: Evidenzen gegen das Designargument

Der schriftgetreue Kreationismus wird durch die in ▶ Kap. 3 zusammengestellten Evidenzen für die evolutionäre Abstammungsgeschichte widerlegt, denn sowohl die Kreationshypothese als auch die Altersangaben der Bibel sind damit unvereinbar. Aber häufiger als extreme Varianten findet man, zumindest in unseren geistigen Breitengraden, gemäßigt-liberale oder deistische Varianten des Kreationismus, welche die heiligen Schriften metaphorisch anstatt wörtlich auslegen (▶ Abschnitt 1.2, Abb. 1.2). Liberale Kreationisten behaupten lediglich im Sinne des Designarguments, dass die Geordnetheit der Natur und das Wunder des Lebens auf irgendeine Art eines das menschliche Maß übersteigenden Schöpfergottes schließen lassen, ohne festzulegen, wann und wie Gott die Welt geschaffen habe, was auch damit verträglich ist, dass Gott die evolutionären Prozesse so ablaufen ließ, wie dies die Naturwissenschaften lehren. Der entscheidende naturalistische Irrtum besteht dem liberalen Kreationismus zufolge nur darin, nicht anzuerkennen, dass die evolutionären Prozesse niemals so wundersam hätten ablaufen können, wie sie es taten, ohne dass Gott dabei seine lenkende Hand im Spiel hatte. Dieser gemäßigte und wissenschaftsoffene Kreationismus (den es auch schon zu Darwins Zeiten und davor gab) steht fast gar nicht in Konflikt mit den Evidenzen des vorhergehenden Kapitels. Er gerät jedoch in Konflikt mit einer anderen Gruppe von Evidenzen, die wir in dem vorliegenden Kapitel zusammenstellen und die statt mit der „wunderbaren Perfektion" mit Suboptimalitäten und Dysfunktionalitäten der Evolution zu tun haben.

Erinnern wie uns an die grundlegende Unterscheidung zwischen Homologien und Analogien: Homologien sind Merkmalsähnlichkeiten aufgrund gemeinsamer Abstammung (z. B. der gleichartige Skelettbauplan von Walen und landlebenden Säugern).[26] Analogien sind dagegen Merkmalsähnlichkeiten aufgrund gleichartig selektierender Umgebung (z. B. die gleiche hydrodynamische Form von Wal- und Haifisch). Homologien sind nun für die Evolutionstheorie in zweifacher Hinsicht von zentraler Bedeutung. Erstens gibt es viele homologe Ähnlichkeiten, die nicht durch eine gemeinsame Selektionsgeschichte erklärbar sind, weil eine solche nicht vorhanden war – die einzig plausible Erklärung der Ähnlichkeit ist die gemeinsame

---

[26] Vor 50–40 Mio. Jahren entwickelten sich Wale (und Verwandte) aus flusspferdähnlichen wasserlebenden Huftieren Pakistans.

Abstammung. Dies konstituiert ein Argument gegen die Kreationsthese, der zufolge ähnliche Spezies separat geschaffen wurden. Zweitens und insbesondere sind die Homologien ohne gleichartige Selektionserfordernisse vom Standpunkt eines Konstrukteurs betrachtet im Regelfall mit zahlreichen Willkürlichkeiten und funktionalen Suboptimalitäten bzw. Imperfektionen verbunden. Und dies liefert das zentrale Gegenargument zum Designargument.

Ein Beispiel ist der homologe Skelettbauplan aller tetrapodischen (vierfüßigen) Wirbeltiere, die allesamt von den tetrapodischen Fischen, den (damaligen) Quastenflossern abstammen. Die Skelettstruktur der Extremitäten des Frosches, der Eidechse, des Vogels, des Menschen, der Katze, des Wales und der Fledermaus sind in ▶ Abb. 4.1 dargestellt. Sie sind alle gleichartig und enthalten sogar noch die fünfgliedrigen Finger- bzw. Zehenknochen (bis auf den Vogel, bei dem das vierte und fünfte Fingerglied verkümmert, aber im Ansatz ebenfalls noch vorhanden sind). Da diese Extremitäten ganz unterschiedliche Funktionen ausüben, ist ihre gleichartige Skelettkonstruktion vom Standpunkt eines Konstrukteurs geradezu ein „Witz": Welcher Konstrukteur würde auf die Idee kommen, Walflossen mit fünf Fingerknochen zu versehen? Dies ist eine klare Imperfektion und Willkürlichkeit, und die einzig plausible Erklärung dafür scheint zu sein, dass diese Lebewesen eben nicht von einem planenden Konstrukteur, sondern von einer fortlaufenden Evolution hervorgebracht wurden, die gar nicht anders kann, als neue Formen aus alten schon vorhandenen Formen sich heraus entwickeln zu lassen, auch wenn diese neuen Formen ganz anderen Funktionen erfüllen als die alten.

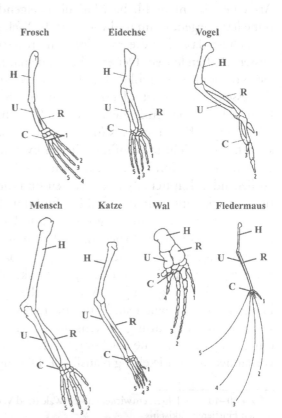

Abb. 4.1 Gleichartiger Skelettbauplan landlebender Wirbeltiere (verändert nach Ridley 1993, 45). Homologe Bestandteile: H = Humerus, U = Ulna, C = Carpal, R = Radius, 1–5 = 5 Finger- bzw. Zehenknochen.

In der Evolution gibt es viele Beispiele von Imperfektionen und sogar Dysfunktionalitäten aufgrund von Homologien. So stammt die gekrümmte Wirbelsäule des Menschen aus der Zeit seiner vierbeinigen Vorfahren und war für deren vierfüßigen Gang vorteilhaft: Sie ist das aber nicht mehr für den aufrechten Gang des Menschen (Sober 1993, 39). Ein extremes Beispiel ist der Kehlkopfnerv der Wirbeltiere (Ridley 1993, 343 f), der bei Fischen vom Gehirn zum Kehlkopf führt und hinter den Arterienbögen verläuft, welche die Kiemen speisen. Während dies bei Fischen anatomisch vorteilhaft ist, wird es bei Säugetieren kolossal dysfunktional, da dieser Nerv nun vom Gehirn zuerst den Hals hinunter um die Brustaterie herum und dann wieder hinauf zum Kehlkopf führen muss; bei einer Giraffe ist dies ein Umweg von mehreren Metern. Verblüffend sind auch die schon angesprochenen Homologien zwischen den Embryonalstadien von Wirbeltieren, wie etwa die von den Fischen abstammenden embryonalen Kiemenansätze, die bei Reptilien, Vögeln und Säugern später wieder verschwinden – vom Standpunkt eines kreierenden Ingenieurs ebenfalls eine ausgesprochene Absurdität, die nur evolutionär zu erklären ist.

Ein weiteres Beispiel einer evolutionären Dysfunktionalität ist die schon von Darwin analysierte *sexuelle* Selektion und der damit verbundene *Runaway-Prozess* des Überschießens über das Fitnessmaximum, den Fisher am Beispiel der langen Federschwänze des Pfauenhahnes analysierte (Ridley 1993, 283 f). Hähne mit längeren Federschwänzen signalisieren größere Stärke; bei Weibchen setzt sich daher eine Allelvariante durch, die langschwänzige Männchen bevorzugt. In der Folge können sich Männchen mit längeren Federschwänzen besser reproduzieren. Der Prozess stoppt aber nicht dann, wenn der Federschwanz des Pfauenmännchens eine optimale Länge erreicht hat, sondern schießt über das Fitnessoptimum hinaus – Weibchen bevorzugen angeborenerweise noch längere Federschwänze, selbst dann, wenn sie dem Pfauenhahn bereits *hinderlich* sind, bis sich ein Gleichgewicht einpendelt, das längenmäßig jedoch über dem Fitnessoptimum des Pfauenhahnes liegt und somit suboptimal ist.[27]

Die vielleicht drastischste Evidenz dafür, dass Evolution wahrscheinlich von keinem gütigen Kreator inszeniert wurde, sind Prozesse des *Massen(aus)sterbens* von Spezies, die in der Geschichte unserer Erde mehrmals vorgekommen sind. Massenauslöschungen, in der bis zu 20 oder 30 % aller Spezies verschwinden, finden vergleichsweise „häufig" und gemäß einer (allerdings kontroversen) Hypothese etwa alle 26 Mio. Jahre statt (Ridley 1993, 608 f; Ward und Brownlee 2000, 170). Aber große Massensterben, in denen zwischen 70 und 90 % aller Spezies vernichtet wurden, gab es in der Geschichte unseres Planeten nur eine Handvoll. Ihre Ursachen sind in den überwiegenden Fällen unbekannt; nur im Fall der durch einen Kometen bewirkten Massenauslöschung vor ca. 65 Mio. Jahren sind die Ursachen gesichert. Ward und Brownlee (2000, 185) zufolge können solche Globalkatastrophen (abgesehen von nahen Supernovaexplosionen, für die es bislang keine Hinweise gibt) entweder auf die Folgewirkungen von Kometeneinschlägen oder von globalen Klimaveränderungen zurückzuführen sein (Kälte- oder Wärmeeinbrüchen sowie Schwankungen des

---

[27] Die Handikaperklärung (Zahavi und Zahavi 1998), der zufolge Pfauenweibchen Männchen bevorzugen, die sich das Handikap überlanger Federschwänze leisten können, steht dazu nicht im Widerspruch.

Meeresspiegels). Eine gefährliche Klimaveränderung ist die Totalvereisung des Erd-
balles, die sogenannte *Schneeballerde*, die in der Geschichte unseres Planeten vermutlich schon zweimal vorgekommen ist. Man erschließt dies aus Vergletscherungs-
sedimentschichten (Tilliten), die bis in den Äquator als heißester Zone der Erde
hineinragen (Ward und Brownlee 2000, 115). Das Gefährliche daran ist der durch
positive Rückkopplung zustande kommende Aufschaukelungs- bzw. Runaway-Prozess: Eis und Schnee reflektieren Wärme stärker und tragen damit erst recht zur weiteren Erdabkühlung bei. Glücklicherweise gibt es auch Gegeneffekte, wie die Frei-
werdung von Kohlendioxid in unterirdischen Vulkanausbrüchen, das im kalten
Meereswasser unter dem Eis zunächst lange gespeichert wird und dann das Eis von
unten her wieder aufschmelzen kann. Im Übrigen gibt es auch den gegenteiligen
Aufschaukelungsprozess, den *Treibhauseffekt*, während dessen durch zunehmende
Aufheizung mehr und mehr Kohlendioxid aus den Meeren entweicht, in die Atmosphäre gelangt und dort als wärmespeicherndes Polster zusätzlich zu weiterer Aufheizung beiträgt (verstärkt wird dieser Effekt heutzutage durch Industrieabgase). Ein
Gegeneffekt ist in diesem Fall das Auswaschen des Kohlendioxids aus der Atmosphäre durch zunehmende Regentätigkeit – man spricht auch vom *Kohlendioxidzyklus* (ebd., 207 ff). Schnellball- und Treibhauseffekte spielten bei den globalen Klimaschwankungen auf der Erde eine zentrale Rolle.

Folgende Phasen ökologischer Extremzustände der Erde verbunden mit Spezies-
massensterben sind bekannt (ebd., 177–183):

1.) Vor 2,5–2,2 Mrd. Jahren gab es die erste Schneeballerde, von der sich die Erde
    glücklicherweise wieder erholte. Man vermutet, dass nach dem Wiederauf-
    schmelzen des Eises große Mengen von auf den Eisschichten angesammeltem
    Eisen und Magnesium ins Meer gelangten und dort zu einem enormen Wachs-
    tum photosynthetisierender Bakterien führten, die zum starken Anwachsen des
    Sauerstoffgehalts der Atmosphäre und in der Folge zu einem Massensterben von
    anaerobischen Prokaryontenspezies führten (Ward und Brownlee 2000, 117–
    120).

2.) Vor 750–600 Mio. Jahren machte die Erde eine zweite Schneeballphase durch.

3.) Das kambrische Massensterben vor 560–500 Mio. Jahren, das vor der kambri-
    schen Speziesexplosion stattfand, ist nach wie vor rätselhaft.

4.) Vor 440 Mio. sowie vor 370 Mio. Jahren gab es ebenfalls Massensterben, deren
    Ursachen man nicht kennt; man vermutet Klimaabkühlung (Ridley 1993, 615).

5.) Das extremste Massensterben von Spezies, bei dem bis zu 80 oder 90 % aller
    Spezies verschwanden, fand vor 250 Mio. Jahren statt und hatte komplexe
    Gründe; man vermutet schnelle Freiwerdung von Kohlendioxid im Meer und
    Treibhauseffekte in der Atmosphäre.

6.) Für ein weiteres Massensterben vor 202 Mio. Jahren vermutet man einen Mete-
    oreinschlag.

7.) Vergleichsweise sicher ist ein Meteoreinschlag als Ursache des bekanntesten
    Massensterbens vor ca. 65 Millionen Jahren. In den entsprechenden Sediment-
    schichten findet sich überall auf der Erde eine ungewöhnlich hohe Iri-
    diumkonzentration, die ein Hauptindikator für Meteoreinschlag ist. Ein
    Asteroid von etwa 10 km Umfang sauste damals mit etwa 40 000 Stundenkilo-
    metern in der Gegend von Yucatán in Mexiko auf die Erde; als Feuerball

erzeugte er zunächst riesige Waldbrände (erschlossen aus Fossilien verbrannter Bäume), Aschenwolken und eine einige Jahre anhaltende Verfinsterung und Abkühlung der Atmosphäre, gefolgt von einer anschließenden Wiederaufheizung durch hohe Kohlendioxid- und Wasserdampfkonzentration (Ward and Brownlee 2000, 157–160). Nicht nur die Dinosaurier, sondern mehr als 50 % aller Spezies starben damals aus.

8.) Das jüngste und in seinen Ausmaßen durchaus vergleichbare ökobiologische Katastrophenereignis auf unserem Planeten ist schließlich die Massenvernichtung von ökologischen Ressourcen und Spezies durch die zivilisierte Menschheit. Schätzungen zufolge könnten bis 2300 zwei Drittel aller Spezies durch den Menschen vernichtet worden sein (Ward und Brownlee 2000, 183). Die Waldvernichtung, Bodenerosion und Wüstenbildung seit der Agrarrevolution wurden am Ende von ▶ Abschnitt 2.4 angesprochen.

Dass sich das Leben (zumindest bislang) jedes Mal von solchen Katastrophen wieder erholte, ist Ward und Brownlee zufolge keinesfalls notwendig, sondern eher ein großes Glück. Während ihrer Schneeballzeiten und während der großen Massensterben vor 250 und vor 64 Mio. Jahren befand sich unsere Erde jedes Mal am Rande des Grabes (ebd., 187 f).

Wie die Imperfektionen und Dysfunktionalitäten der Evolution sprechen auch die erdgeschichtlichen Katastrophen gegen die Grundannahmen jeglichen kreationistischen Weltbildes. Ein allmächtiger Gott hätte die Lebewesen zweifellos nicht derartig merkwürdig, suboptimal oder gar dysfunktional kreiert. Und ein allgütiger Gott hätte das Leben auf der Erde sicherlich nicht mehrmals einer Art russischen Roulettes ausgeliefert. Die letztere Argumentation reiht sich ein in das altehrwürdige Problem der *Theodizee*, also das Problem, wie die Annahme der Existenz eines allmächtigen und allgütigen Gottes angesichts der vielen Missstände in dieser Welt aufrechterhalten werden kann – diese Problematik, welche schon den Aufklärern des 18. und 19. Jahrhunderts als Kern ihrer Religionskritik diente, wird durch die Fakten der Evolution noch einmal potenziert.

Zusammenfassend sprechen erfahrungswissenschaftliche Argumente also nicht nur gegen den strengen Kreationismus, sondern auch gegen den liberalen Designkreationismus. Die Argumentation gegen den Kreationismus ist damit allerdings noch nicht erschöpft. Es gibt nämlich auch raffinierte bzw. „rationalisierte" Kreationisten, die jegliches wissenschaftliche Wissen akzeptieren und sich damit begnügen, eine kreationistische Letzterklärung oben draufzusetzen, der zufolge ein Schöpfergott die Ursache von allem ist, ohne dass wir diesen Gott in seinen Intentionen und Plänen auch im entferntesten verstehen müssen (Sober spricht hier vom „trickster God"; 1993, 52). Diese Variante des Kreationismus ist tatsächlich immun gegen empirische Kritik, sie ist jedoch, wie in ▶ Kap. 5 gezeigt wird, *erkenntnismethodologisch* kritisierbar.

4.2 Kann das denn alles wirklich ohne das Wirken höherer Kräfte entstanden sein? Fundamentale Denkschwierigkeiten und ihre Auflösung

4.2.1 Zur Wahrscheinlichkeit der Entstehung höheren Lebens

Trotz alledem wird so mancher seine Schwierigkeiten damit haben, sich vorzustellen, so etwas Wunderbares wie das Leben könne aus einer Serie von günstig selektierten Zufällen entstanden sein. Stellen wir hierzu einige Gedankenexperimente an. Zunächst gibt es eine einfache Überlegung, mit der wir die Schwierigkeiten des Common Sense präzisieren können. Gemäß den Ausführungen in ▶ Abschnitt 2.3 besitzt die DNS des Menschen bei konservativer Schätzung etwa 10^8 genetisch relevante (nicht redundante) Nukleotidbasen. Da es vier unterschiedliche Basen gibt, gibt es somit die schier unfassbare hohe Zahl von $4^{(10^8)}$; das sind ungefähr $10^{600\,000\,000}$ mögliche Basenanordnungen im genetischen Erbgut des Menschen, eine Zahl mit 600 Mio. Nullen. Geht man nun davon aus, dass die richtige Basenanordnung durch zufällige Mutationen gefunden werden muss, so ergibt sich in der Tat ein unvorstellbar langer Zeitraum, um zufällig die richtige Basenanordnung zu erreichen. Die Schätzung von 10^{-5} Mutationen pro Jahr und genetischem Locus von etwa 10^3 Basenpaaren bei Säugetieren ergibt etwa eine Mutation im Genom pro Jahr (gemäß der Näherungsformel in Fußnote 23). Dies ergibt (gemäß derselben Näherungsformel) einen geschätzten Zeitraum von $10^{600\,000\,000}$ Jahren, oder das Alter des Universums 60 Mio. Mal mit sich selbst multipliziert. Diesem Gedankengang zufolge sollte man, so wie Paley in seinem Uhrenbeispiel (▶ Abschnitt 1.2), die Entstehung des Lebens durch Zufälle in der Tat ganz und gar ausschließen.

Doch darin liegt ein kolossaler Denkfehler. Denn in der Überlegung wurde übersehen, dass die natürliche Selektion modular, also schritt- bzw. stückweise, funktioniert, was bedeutet, dass das Ganze aus vielen unabhängig mutierenden und unabhängig selektierten Teilen besteht. Eine vorteilhafte Mutation für Nüsseknacken braucht nicht darauf zu warten, bis eine andere vorteilhafte Mutation für Bäumeklettern oder akustische Wahrnehmung eintritt. Dawkins (1987) hat dies vortrefflich anhand des Ratens einer zehnstelligen Zahl illustriert, die man sich am besten als zehnrädriges Zahlenschloss vorstellt (vgl. auch Sober 1993, 37 f). Müsste man die Zahl auf einmal raten, also die zehn Räder jedes Mal alle zugleich drehen, bräuchte man im schlimmsten Fall 100 Mrd. Rateversuche, im wahrscheinlichsten Fall etwa die Hälfte davon. Wenn man jedoch die Ziffern einzeln rät bzw. die Räder einzeln dreht und für jede richtige einzelne Ziffer eine Rückmeldung erhält (modulare Selektion), bräuchte man im schlimmsten Fall nur $10 \cdot 10 = 100$ und wahrscheinlich etwa 50 Rateversuche. Auf diesem Mechanismus beruhen auch die Methoden des Knackens von Zahlenschlössern.

Was natürliche Selektion von bloßem „Zufall und Selektion" unterscheidet, ist also wesentlich ihr modularer und inkrementeller Charakter, der schon Teilerfolge selektiert. Freilich beruhen nicht alle selektierten Merkmale auf unabhängig mutierenden genetischen Komponenten – doch immerhin viele. Das erste „Unmöglichkeitsargument" ist damit ausgeräumt. Doch noch sind die Probleme nicht beseitigt. Selbst wenn man den partiell modularen Charakter der Selektion annimmt, scheint die Wahrscheinlichkeit immer noch sehr gering zu sein. An einem Gen findet (wie erwähnt) eine Mutation etwa alle 10^5 Jahre statt, was bei 10^3 Basen pro Gen etwa eine Mutation pro Jahr ausmacht. Nun wird natürlich nicht jedes Basenpaar einzeln selektiert. Die durchschnittliche Länge der unabhängig voneinander selektierten Basensequenzen ist unbekannt; sie könnte wesentlich geringer als die durchschnittliche Länge eines Gens sein. Stellen wir eine weitere „Milchmädchenrechnung" an: Angenommen Sequenzen von etwa zehn Basen werden unabhängig selektiert. Dann wird durch jährliche Mutationen etwa alle 4^{10} = ca. 10^6 Jahre ein Treffer, also eine unabhängig selektierte Basensequenz, erzeugt. Selbst unter dieser günstigen Annahme würde es durch unabhängiges Raten von Zehnersequenzen immer noch $10^6 \cdot 10^7 = 10^{13}$ Jahre dauern, bis die richtige genetische Basenanordnung des Menschen entstünde. Das ist nun zwar keine „unmöglich" hohe Zahl, aber immerhin 1 000-mal so lange wie das Alter des Universums. Vermutlich sind jedoch die modular selektierten Basensequenzen durchschnittlich noch wesentlich länger als in unserer Annahme.

   An dieser Stelle hilft uns jedoch ein weiteres mächtiges Argument, das die Wahrscheinlichkeit erneut hinaufsetzt und im folgenden Abschnitt besprochen wird.

4.2.2 Die Bedeutung der geschlechtlichen Vermehrung –
Ein Argument gegen Klonen

Mutationen bringen in den Genpool einer Spezies neue Allele ein, treten jedoch vergleichsweise selten auf. Die mit Abstand *wichtigste* genetische Variationsressource liegt nicht in Mutationen, sondern in der *Rekombination* des genetischen Materials durch die *geschlechtliche* Vermehrung. Schon Fisher hatte den Vorteil der geschlechtlichen Vermehrung, der in der Rekombination liegt, für das Zustandekommen multipler vorteilhafter Mutationen wie folgt begründet.[28] Betrachten wir zwei (oder mehrere) vorteilhafte Allelmutationen A und B, die mit einer Mutationswahrscheinlichkeit von sagen wir $p = 10^{-6}$ (einmal in 10^6 Jahren) auftreten. Dass diese sich gleichzeitig bei einem Individuum finden, hat die extrem geringe Wahrscheinlichkeit von $p^2 = 10^{-12}$ (einmal in 10^{12} Jahren); dass sie jedoch bei zwei verschiedenen Individuen einer Population von N Individuen auftreten, hat die wesentlich höhere Wahrscheinlichkeit von $N^2 \cdot p^2$ pro Generation (geschätzt gemäß der Näherungsformel in Fußnote 23). Rekombination kann nun bewirken, dass durch geschlechtliche Reproduktion zweier Individuen, von denen das eine die vorteilhafte Mutante A und das andere die vorteilhafte Mutante B besitzt, ein Nachkomme entsteht, der sowohl A als auch B besitzt. Die Wahrscheinlichkeit, dass sich die A-Mutante mit der B-Mutante paart, ist $1/(N-1)$, was multipliziert mit $N^2 \cdot p^2$ etwa $N \cdot p^2$ ergibt. Mit r als Rekombinationswahrscheinlichkeit erhält man damit insgesamt $r \cdot N \cdot p^2$ als die Wahrscheinlichkeit des Auftretens zweier vorteilhafter Mutationen in einem Individuum. Wie in ▶ Abschnitt 2.2 erläutert liegt die Wahrscheinlichkeit einer Rekombination bei etwa 10 %. Gegeben die realistische Annahme, dass N in der Größen-

---

[28] Vgl. Ridley (1993, 271 f). Die beispielhafte Kalkulation stammt vom Autor. Analoge Kalkulationen finden sich in Wilson (1975, 315 f).

ordnung von 1/p (also 10^6) liegt, steigt damit die Wahrscheinlichkeit zweier vorteilhafter Mutationen in einem Individuum drastisch an: von $p^2 = 10^{12}$ auf $r \cdot p = 10^{-7}$, d. h. um das 100 000-fache.

Für mehrere unabhängige Mutationen werden die Überlegungen noch komplizierter. Aufgrund unserer Annahmen (N = 1/p, r = 10 %) wird im jährlichen Durchschnitt irgendwo in der Population etwa eine vorteilhafte Mutation erzeugt, die durchschnittlich alle zehn Generationen mit der bereits selektierten vorteilhaften Allelsequenz rekombiniert wird. Bei einer Generationsdauer von 20 Jahren und unabhängigen selektierten Zehnerbasensequenzen ergäbe sich damit ein Alter von etwa $10^7 \cdot 200 = 2 \cdot 10^9$ Jahren. Dass dies mit der tatsächlichen Evolutionszeit übereinstimmt, darf nicht darüber hinwegtäuschen, dass es sich dennoch um eine „Milchmädchenrechnung" handelt, insbesondere weil die unabhängige Selektion von Zehnerbasensequenzen eine willkürliche und zu optimistische Annahme ist. Die Überlegung vermag aber zu zeigen, welchen enorm wahrscheinlichkeitserhöhenden Effekt die geschlechtliche Fortpflanzung für vorteilhafte Kombinationen besitzt.[29]

Für die Menschheit ist Rekombination die kulturell entscheidende und historisch wahrnehmbare genetische Variationsquelle. Nach einer Faustregel des Soziobiologen Wilson (Lumsden und Wilson 1981) können sich kulturelle Unterschiede, die unterschiedliche Selektionswirkungen auf die Genausstattungen haben, nach etwa 1 000 Jahren in leichten Veränderungen der Genkombinationen bzw. des Genompools niederschlagen. Dies darf nicht lamarckistisch missverstanden werden, so als ob kulturell Erworbenes irgendwann in die Gene Eingang findet, sondern beruht nur darauf, dass unterschiedliche Kulturen unterschiedliche genetische Rekombinationen selektieren. Zum Beispiel könnte eine Kultur eher kampfstarke Männer, eine andere eher handwerklich geschickte und eine dritte sprachlich gewandte Männer als Paarungssubjekt begünstigen usw. Genetische Rekombinationen sind aber nicht nur für das Zusammenspiel von genetischer und kultureller Evolution des Menschen verantwortlich, sondern insbesondere und in erster Linie für die ungeheure *genetische Vielfalt* des Menschen. Dies mag folgende Überlegung illustrieren. Angenommen es gibt nur 1 000 menschliche Gene, die in (mindestens) zwei relevanten Allelen vorliegen (die anderen Gene seien fixiert, d. h., sie liegen in nur einem Allel vor). Dann gäbe es immerhin 2^{1000} mögliche Genome bzw. mögliche genetische Ausstattungen, die mit dem derzeitigen Allelpool von *Homo sapiens* durch Rekombination gebildet werden können, ohne dass eine neue Mutation erforderlich wäre. Dies ist eine astronomisch hohe Zahl von unterschiedlichen möglichen Menschengenomen bzw. genetisch unterschiedlichen Menschen, eine Zahl mit etwa 300 Nullen (2^{1000} = ca. 10^{300}), mehr als es Elementarteilchen im Universum gibt. Die ca. 10^{10} Menschen,

---

[29] Wie Ridley (1993, 199 ff) meint, können Rekombinationen auch nachteilig sein, nämlich wenn dadurch Allele auseinandergebrochen werden, die sich nur in Konjunktion vorteilhaft auswirken. Der von Ridley angesprochene Nachteil wirkt sich nur aus, solange die Allelkombination nicht schon durch Selektion fixiert wurde. In Bezug auf die evolutionäre Entstehung der abhängig selektierten Allelkombination sollte man dagegen nicht vom „Nachteil", sondern nur vom „Wegfall des Vorteils" von Rekombination sprechen. Der enorme Vorteil genetischer Rekombinationen zeigt sich auch daran, dass es in der gesamten Evolution nur wenige Beispiele ungeschlechtlicher Vermehrung gibt, sowie daran, dass Chromosomen die in ▶ Abschnitt 2.2 erwähnten Sollbruchstellen für Crossing-over besitzen.

die derzeit bzw. in naher Zukunft auf unserem Planeten leben, realisieren nur einen winzigen Bruchteil dieser ungeheuren rekombinatorisch-genetischen Diversität (ein Zehn-hoch-Dreißigstel oder das Verhältnis eines einzelnen Wassermoleküls zu einer Tonne Wasser). Auch aus genetischer Perspektive ist somit jeder Mensch in der Tat ein *einzigartiges Individuum* in dem ungeheuren kombinatorischen Möglichkeitsraum, und die sexuelle Vermehrung des Menschen bringt immer wieder genetisch neuartige Menschen hervor.

Aus diesen Überlegungen folgt ein grundsätzliches Argument gegen das *Klonen* des Menschen, also seine ungeschlechtliche Reproduktion durch Erzeugung einer genidentischen Kopie eines Individuums mittels Einbringung seiner Körperzellen-DNS in den Kern einer Eizelle und zygotischer Aktivierung dieser Eizelle. Dies sei hier betont, da in der gegenwärtigen bioethischen Kontroverse die Möglichkeit der menschlichen Fortpflanzung durch Klonen heiß diskutiert wird. So führt Birnbacher (2006, 154–163) in mehreren Überlegungen aus, dass menschliche Reproduktion durch Klonen in keiner ersichtlichen Weise gegen das Prinzip der „menschlichen Würde" verstoße, was die Gegner des Klonens behaupten. Bedauerlicherweise taucht aber nirgends in dieser Kontroverse das *entscheidende* biologische Argument *gegen* das Klonen auf, das folgendermaßen lautet: Würde sich die Menschheit von heute an nur mehr durch Klonen vermehren, so wäre der Riesenraum von möglichen genetischen Ausstattungen von heute an auf den winzigen Bruchteil der bestehenden Genomvarianten eingefroren. Es könnten nur noch jene genetischen Ausstattungen reproduziert werden, die bereits heute in irgendeinem Menschen existieren, und die genetische Vielfalt der Menschen wäre extrem eingeschränkt. Menschen mit neuen genetischen Ausstattungen würden von nun an nicht mehr entstehen, solange keine neue nicht neutrale und nicht letale Mutation eintritt, deren Wahrscheinlichkeit aber wie erläutert so gering ist, dass dies die nächsten 10 000 bis 100 000 Jahre nicht zu erwarten ist. Noch drastischer wird der Verlust an genetischer Vielfalt, wenn man bedenkt, dass sich reiche Menschen wesentlich häufiger klonieren würden als arme und somit jede Generation ein gewisser Prozentsatz aller Genome aussterben würde. Langfristig wäre damit die Gefahr der genetischen Degeneration (d. h. der Zunahme von Gendefekten) und eventuell des Aussterbens der Menschen vorprogrammiert (abgesehen von der in ▶ Abschnitt 2.3 erwähnten epigenetisch bedingten geringeren Resistenz geklonter Organismen). Daher wäre die Menschheit extrem schlecht beraten, in Zukunft geschlechtliche Reproduktion teilweise durch Klonierung zu ersetzen, auch wenn dies inzwischen fast schon im Bereich des technisch Möglichen liegt – mittlerweile ist die Klonierung von Schafen und anderen Säugetieren bereits gelungen.[30]

---

[30] Analoge Überlegungen gelten daher auch für nicht menschliche Spezies: Nicht nur, wenn man diese als Wert an sich ansieht, sondern auch aus der anthropozentrischen Perspektive des Züchters wäre die Einfrierung des Genombestands einer Zuchtspezies durch Klonierung sehr bedenklich. In Ausnahmefällen kann die Klonierung nicht menschlicher Spezies freilich auch vorteilhaft sein.

4.2.3 Das Problem der Makrotransformationen: Exadaption und Präadaption

Durch den Mechanismus unabhängig selektierter Teilmutationen zusammen mit den Vorteilen geschlechtlicher Reproduktion gelang es uns, wesentliche Argumente für die extreme Unwahrscheinlichkeit der Entstehung höheren Lebens durch Mutation und Selektion zu widerlegen. Nicht alle Gene bzw. Genkomponenten mutieren aber unabhängig. Komplexe phänotypische Merkmale beruhen im Regelfall auf der richtigen Kombination von mehreren Allelen, die nicht einzeln, sondern nur in ihrem Zusammenwirken selektiert werden. Die obigen Argumente greifen in diesem Fall nicht. Wir werden hier erneut auf das Problem der *Makrotransformationen* geführt, das immer schon eine Hauptschwierigkeit der Darwin'schen Evolutionstheorie war.

Um Missverständnissen vorzubeugen, mit „Makrotransformationen" meinen wir hier nicht „Makromutationen" im Sinne zufälliger Änderungen großer Genombestandteile, etwa durch Transkopierungen von ganzen Chromosomenabschnitten in andere Chromosomenbereiche (Ridley 1993, 549). Solche gibt es auch, und sie produzieren viel häufiger die in ▶ Abschnitt 2.2 erwähnten „makromutationalen Monster" als vorteilhafte neue Formen. Wir beziehen den Begriff der Makrotransformation vielmehr auf die Entstehung neuartiger komplexer Merkmale, Körperformen oder Fähigkeiten, für deren Zustandekommen die Kombination vieler Gene verantwortlich ist. Man spricht hier auch von *multiplikativer Fitness* (erst das Zusammenwirken mehrerer Gene bewirkt ein Merkmal), im Gegensatz zur additiven Fitness, wo jedes Gen allein schon eine partielle Merkmalsausbildung bewirkt (ebd., 194 f). Auch hierfür gibt es mittlerweile plausible evolutionäre Erklärungen, denen wir uns hier zuwenden.

Das grundsätzliche Problem der Entstehung neuer Makrostrukturen durch sukzessive Mutationen ist die anscheinende Notwendigkeit der Durchschreitung eines *Fitnesstales*. Wir haben dieses Problem schon zweimal angeschnitten: in ▶ Abschnitt 2.1 anhand der Evolution von Vogelflügeln, deren winzige Vorformen (Stummelflügel) im Vergleich zu Greifarmen die Fitness zunächst herabzusetzen scheinen, und in ▶ Abschnitt 2.4 anhand des Übergangs von prokaryontischen zu eukaryontischen Zellen, in dem Prokaryonten ihre schützende starre Zellwand aufgeben mussten, was ihre Fitness ebenfalls zunächst herabsetzte. Diese Situation ist in ▶ Abb. 4.2 veranschaulicht.

Wenn die Entstehung eines neuen Makromerkmals jedes Mal das Durchschreiten eines für die evolvierende Spezies lebensbedrohlichen Fitnesstales erfordert, warum sind in der Evolution dann so viele neue Makromerkmale entstanden, ohne dass dabei alle Spezies ausgestorben sind? Auch hierfür gibt es eine Lösung, die zumindest in den meisten Fällen die fehlende Erklärung nachliefert und die Wahrscheinlichkeit des Vorgangs erhöht. Sie besteht darin, dass es während einer Makrotransformation spezifische Übergangsformen gibt, die eine rudimentäre *Vorform* des neuen Makromerkmals besitzen, welche in der gegebenen Umgebung eine *andere* als die spätere Funktion, sozusagen eine *Vorfunktion*, ausübten, aufgrund derer sich bereits die Vorform als fitnesserhöhend auswirken konnte.

Wir illustrieren den Vorgang zunächst am Beispiel des evolutionären Übergangs von Fischen zu Amphibien. Wir fragen uns: Wie konnte der Übergang von Fischen

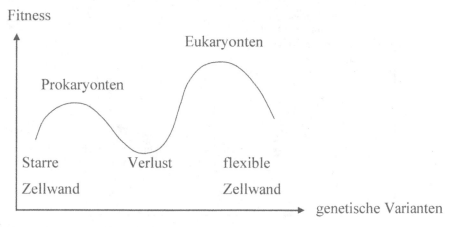

Abb. 4.2   Durchschreiten eines Fitnesstales.

zu Amphibien vor sich gehen, wenn sich einerseits die neuen Makromerkmale von Amphibien, also Füße und Lungen, bei Fischen nur nachteilig auswirken und wenn andererseits Fische ohne Füße oder Lungen auf dem Land ganz schnell sterben würden? Wie kann eine solche Makrotransformation überhaupt vor sich gehen?

Sämtliche landlebenden Wirbeltiere (die Tetrapoden oder Vierfüßler) stammen von den Vorfahren der tetrapodischen Knochenfische ab, den (damaligen) Quastenflossern. Diese besitzen im Gegensatz zu (fast) allen anderen Fischen – die als Strahlenflosser zusammengefasst werden – keine vertikal anliegenden Flossen, sondern ähnlich den Füßen eines Wirbeltieres seitlich-horizontal anliegende Vorder- und Hinterflossen. Man vermutet, dass die Quastenflosser als Vorfahren der ersten Amphibien in seichten Gewässern am Wassergrund und Uferrand mit ihren Flossen „watschelten" und dort Nahrung aufnehmen konnten, an welche die anderen Fische nicht herankamen. Gelegentlich watschelten sie dabei auch aus dem Wasser heraus und legten ihre Eier im Nassschlamm außerhalb des Wassers ab. Dies bedeutete einen enormen Selektionsvorteil, weil es dort keine Räuber gab. Während einer Übergangzeit von Jahrmillionen wurden immer fußähnlichere Flossen selektiert sowie lungenartige Atmungsorgane (neben den Kiemen) für die Atmung außerhalb des Wassers. Grundsätzlich sind ja auch die Haut und insbesondere die Schleimhaut in der Lage, Sauerstoff aus der Luft aufzunehmen, und man nimmt an, dass sich Vorformen von Lungen aus einer nach innen gestülpten Vergrößerung der Mundschleimhaut herausbildeten. Sobald den derart modifizierten Präamphibien längere Aufenthalte am Land möglich waren, waren eine explosionsartige Vermehrung und Diversifizierung der neuen Wesen auf dem Land die Folge, denn diese Zone war bisher unbesetzt und beherbergte Unmengen neuartiger ökologischer Nischen, die neuen Lebensformen Raum gaben.

Aus der Sicht der früheren Form bzw. Vorform nennt man diesen Vorgang *Exadaption*: Ein ehemals zu anderen Zwecken selektiertes Merkmal nimmt eine andere Funktion an. Aus der Sicht der späteren Funktion spricht man auch von *Präadaption*: Das der Vorfunktion dienende Merkmal war „wie dazu geschaffen", später einer anderen und ganz neuartigen Funktion zu dienen – wobei man das „wie dazu

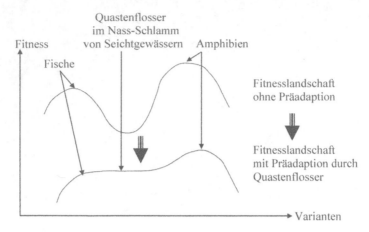

Abb. 4.3 Transformation der Fitnesslandschaft durch Präadaption (bzw. Exadaption). Übergang von Fischen zu Amphibien über Quastenflosser.

geschaffen" freilich nicht im teleologischen oder kreationistischen Sinn missverstehen darf, als wäre dies von höherer Hand so geplant gewesen (vgl. auch Ridley 1993, 329 f). In diesem Sinn waren die tetrapodisch angeordneten Flossen der Quastenflosser eine Präadaption für die Füße der Amphibien bzw. waren die letzteren eine Exadaption der ersteren. Der Prozess der Präadaption bzw. Exadaption ist in ▶ Abb. 4.3 anschaulich dargestellt: Die Fitnesslandschaft wird durch ihn von einer Berg-und-Tal-Bahn in einen sanften Anstieg transformiert.

In analoger Weise konnte man eine Reihe von weiteren Makrotransformationen erklären:

1.) **Der Übergang von Sauriern zu Vögeln:** Wie haben Vögel ihre gefiederten Flügel entwickelt? Vögel stammen von gewissen Sauriern ab. Bei einigen Sauriern hat sich ein Federkleid mit der Vorfunktion der Thermoregulation entwickelt (Millikan 1989, 44). Mittlerweile fand man Fossilien befiederter Saurier in der Größe heutiger Laufvögel. Vögel sind ja, wie Säugetiere, Warmblüter, können also ihre Körpertemperatur auch in kalter Umgebung hochhalten, was Reptilien nicht können – sie verfallen bei Kälte in Regungslosigkeit, was eventuell mitverantwortlich für das Aussterben der Saurier in einer Kälteperiode nach dem Kometeneinschlag war. Der leichte Knochenbau hatte sich ebenfalls schon bei den Sauriern entwickelt, da diese sich aufgrund ihrer Größe ohne extrem leichte Knochen nicht hätten fortbewegen können. Flügel könnten sich aus befiederten Flughäuten entwickelt haben. Hautspannen zwischen Finger- bzw. Zehengliedern und auch zwischen Körper und Extremitäten haben sich ja mehrmals in der Evolution entwickelt: bei wasserlebenden Säugetieren und Vögeln zu Flossen und bei baumlebenden Reptilien und Säugetieren (Fledermäusen etc.) zu Mitteln für den Gleitflug von Baum zu Baum.

2.) **Die Entstehung warmblütiger Säugetiere:** Die ersten Säugetiere während der Vorherrschaft der Saurier haben sich vorwiegend nachtaktiv entwickelt. In Bezug auf das Erfordernis der Aufrechterhaltung der nötigen Körpertemperatur während der kalten Nachtzeit waren sie daher besonders starker Selektion ausgesetzt. Durch ihre Warmblütigkeit konnten sie sich globalen Eiszeiten wesentlich besser anpassen als Saurier.

3.) **Der Übergang von Landsäugern zu wasserlebenden Säugern:** Wale (und später andere wasserlebende Säuger) haben sich vor etwa 50 Mio. Jahren aus nilpferdähnlich lebenden Huftieren Pakistans entwickelt. Während einer Übergangszeit von mehreren Millionen Jahren haben sich deren Füße wieder in flossenartige Extremitäten verwandelt; fossile Übergangsformen wie z. B. der Pakicetus sind bekannt (de.wikipedia.org/wiki/Wale). Kiemen haben sich nicht neu gebildet, stattdessen können wasserlebende Säugetiere die (über Nasenlöcher geatmete) Luft lange anhalten, müssen aber zum Luftholen regelmäßig auftauchen.

4.) **Die Ausbildung eines lernfähigen Gehirns bei *Homo sapiens*:** Das immer größer werdende Gehirn der Hominiden erforderte eine immer längere und riskantere Tragezeit des Embryos. Eine Lösung könnte gewesen sein, das Gehirn noch nach der Tragezeit weiterwachsen zu lassen. Die durch diese Vorfunktion entstandene Plastizität des Gehirns im Kinde könnte in weiterer Folge die Grundlage der Herausbildung der systematischen Lernfähigkeit von *Homo sapiens* gewesen sein.

5.) **Der Übergang von Prokaryonten zu Eukaryonten:** Wie hier das (▶ Abb. 4.3 erläuterte) Fitnesstal überwunden wurde und welche Präadaptionen im Spiel waren, ist ungeklärt. Ein Grund für die enorm lange Zeit von knapp 2 Mrd. Jahren dürfte sein, dass dieser Übergang sehr schwierig und riskant war. Einen Hinweis liefert die Tatsache, dass es eine Sondergruppe der Bakterien, die Archaebakterien, gibt, die man früher für eine besonders alte Bakterienstammart hielt, die aber nach neueren Erkenntnissen mehr Gemeinsamkeiten mit den Eukaryonten als mit den restlichen Bakterien (den Eubakterien) hat, weshalb man sie heute als Schwesterspezies der Eukaryonten betrachtet.[31] Archaebakterien besitzen im Gegensatz zu den Eubakterien keine feste mureinhaltige Zellstützwand, sodass ihre Vorgänger der Ausgangspunkt der Eukaryontenevolution gemäß der Endosymbiontenhypothese (▶ Abschnitt 2.4) gewesen sein können.

4.3 Aber wie entsteht die erste Zelle? Kooperation unter RNS-Molekülen und die präbiotische Evolution primitivsten Lebens

Wir haben nun zahlreiche plausible Entwicklungsszenarios und Erklärungen zur Evolution des Lebens kennengelernt, beginnend mit den primitivsten Zellen, den Prokaryonten. Aber wie kommt es zur Entstehung der ersten Zelle? Kritiker könnten einwerfen, dies vermöge die Evolutionstheorie nicht mehr zu erklären, da biologische Evolution im engeren Sinn erst beginnt, wenn die grundlegenden reproduktiven Einheiten des Lebens, die Zellen, bereits gebildet sind. Haben evolutionäre Erklärungen an dieser Stelle ihre Grenzen? Nein, keinesfalls. Doch um die Erklärung weiterzuführen, müssen wir hier zum ersten Mal einen Schritt tun, der auch im wei-

---

[31] Vgl. Maynard Smith und Szathmáry (1996, 125 f), Cavalier-Smith 2002, Szathmáry und Wolpert (2003, 272) sowie de.wikipedia.org/wiki/Evolution.

teren Verlauf des Buches zentral sein wird: die Verallgemeinerung der Evolutionstheorie und ihre Übertragung auf andere Bereiche. Auch die sogenannte *präbiotische*
Entwicklung, die zur ersten Zelle führte, lässt sich mithilfe von Reproduktion,
Mutation und Selektion beschreiben, nur dass es sich bei den reproduktiven Einheiten nun nicht mehr um Organismen oder Zellen, sondern um einzelne RNS-Ketten
handelt. Obwohl es von dieser Epoche der Evolution (vor etwa 3 Mrd. Jahren) so gut
wie keine Fossilien gibt, ist darüber doch aufgrund von Laborexperimenten, indirekter Evidenz und theoretischen Überlegungen Etliches bekannt.

Ende der 1960er Jahre wurde in chemischen Laborexperimenten gezeigt, wie aus
den chemischen Hauptbestandteilen der Atmosphäre der Urerde, nämlich Wasser,
Methan und Ammoniak (welche ihrerseits schon in stellarem Planetenstaub zu finden sind), durch Blitze bzw. Funkentladungen die chemischen Grundbausteine des
Lebens entstehen können, z. B. Aminosäuren, Nukleinsäuren und andere organische
Verbindungen (die sogenannte Ursuppe; Miller 1953; Maynard Smith und Szathmáry 1996, 27–30). Aus diesen Grundbausteinen konnten sich auch kürzere RNS-
Ketten bilden, wobei man zur Erklärung der Ribose-Nukleotid-Bindungen die kata-
lytischen Wirkungen von Kristallen oder Felsoberflächen vorgeschlagen hat (ebd.
31, 73). Die präbiotische Evolution vollzog sich daher höchstwahrscheinlich über
RNS-Ketten, die um im Wasser umherschwimmende Nukleotide als ihre „Nah-
rungsbestandteile" konkurrierten, mithilfe derer sie sich replizieren können. Jene
RNS-Ketten, die sich am schnellsten replizierten, verdrängten die anderen. Die Ausbildung und Replikation von unterschiedlichen RNS-Ketten aus Nukleotiden
konnten im Reagenzglas simuliert werden (Spiegelmann 1970; www.mpibpc.mpg.
de/groups/biebricher/ evolution_in_vitro. html).

Die Sache hat jedoch einen Haken: Wie Eigen (1971) durch Experimente und
Berechnungen zeigte, können sich aufgrund der gegebenen (empirisch ermittelten)
Kopierfehlerrate RNS-Ketten nur bis zu einer Länge von etwa 100 Basen replizieren.
Darüber hinaus setzt Randomisierung ein, d. h., Mutanten werden annähernd gleich
häufig wie die Hauptsequenz, und nachhaltige Reproduktion von Ketten wird
unmöglich (vgl. auch ▶ Abschnitt 9.6.3). Damit sich längere RNS-Ketten replizie-
ren können, benötigen sie geeignete Proteine als Enzyme (bzw. „Hilfsmaschinen").
Andererseits aber werden Proteine ihrerseits erst durch längere RNS-Ketten synthetisiert. Das sogenannte *Eigen'sche Paradox* (ebd., 48) besteht knapp formuliert also in
Folgendem: ohne enzymatische Proteine keine langen RNS-Ketten, ohne lange
RNS-Ketten keine Proteine. Wie konnten dann aber längere RNS-Ketten zusammen mit ihren Replikationsenzymen überhaupt entstehen?

Der erste Schritt zur Lösung des Rätsels ergab sich, als man herausfand, dass
gewisse RNS-Ketten auch selbst enzymatische Funktion besitzen, also anderen
RNS-Ketten dabei helfen können, sich zu replizieren. Man vermutete daher, dass das
Anfangsstadium der präbiotischen Evolution eine reine RNS-Welt ganz ohne Proteine war. Erst später wurde die enzymatische Funktion von RNS-Ketten durch Proteine übernommen, wobei an Nukleotide geheftete Aminosäuren vermutlich
zunächst die Rolle von Koenzymen gespielt haben (ebd., 51, 60 ff, 89). Damit nahm
das Studium der RNS-basierten präbiotischen Evolution eine interessante Wendung, da sich dabei ein Problem ergab, welches man in ähnlicher Form in einem
ganz anderen Bereich, nämlich der Evolution menschlichen Sozialverhaltens, vorfin-

det – das Problem der Evolution von *Altruismus* und *Kooperation*. Eine RNS-Kette, die anderen dabei hilft, sich zu replizieren, agiert altruistisch, denn sie kann sich während ihrer enzymatischen Tätigkeit nicht selbst replizieren. Ihre enzymatische Hilfstätigkeit für andere RNS-Ketten geht auf Kosten ihrer eigenen Fortpflanzungsrate. Egoistische RNS-Ketten, die nur sich selbst replizieren und keine enzymatische Hilfsfunktion übernehmen, replizieren sich schneller als altruistische. Doch wenn das so ist, sind dann nicht die Altruisten evolutionär dazu verurteilt auszusterben? Dies ist das fundamentale Problem der Evolution von Altruismus (▶ Abschnitt 8.4, Kap. 16).

Ein naheliegender Lösungsversuch dieses Problems scheint Kooperation zu sein, die auf *reziprokem* Altruismus beruht: Ich helfe dir, und du hilfst mir. In der Tat beruhte der erste Vorschlag zur Lösung des Eigen'schen Paradoxes, der sogenannte *Hyperzyklus*, auf reziproker Kooperation (Eigen 1971; Eigen und Schuster 1977). Dabei wird angenommen, dass sich die sich zyklisch reproduzierenden RNS-Ketten ihrerseits in einem Hyperzyklus anordnen. In einem solchen Hyperzyklus hilft jede RNS-Kette jeweils der nächsten, sich zu replizieren – ähnlich wie in einem Zyklus von Personen, die ganz ohne Stühle jeweils auf den Knien ihres Hintermannes sitzen (das funktioniert, man probiere es aus). In der Folge repliziert sich jede RNS-Kette gleich schnell, und kein Glied des Hyperzyklus stirbt aus. In der Mitte von ▶ Abb. 4.4 ist ein Hyperzyklus abgebildet.

Das Problem solcher zyklisch-reziproker Kooperationsstrukturen ist ihre Instabilität gegenüber dem Eindringen von *Parasiten* bzw. „Trittbrettfahrern", wie man sie in der Diskussion menschlichen Kooperationsverhaltens nennt. Darunter versteht

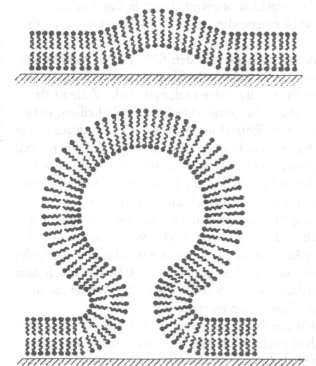

Abb. 4.4 Entstehung einer Protozelle. Ablösung einer membranbildenden Lipiddoppelschicht, die einen RNS-Hyperzyklus einschließt, von vulkanischem Gestein (verändert nach Maynard Smith und Szathmáry 1996, 50 f, 101).

man egoistische Individuen (hier: RNS-Ketten), die in Kooperationssysteme eindringen und sich helfen lassen, ohne selbst zu helfen. Durch ihre schnellere Vermehrung verdrängen solche Parasiten, wenn einmal eingedrungen, die kooperierenden Individuen und führen so zum Zusammenbruch des Kooperationssystems – ähnlich wie im obigen Beispiel der Sitzkreis zusammenstürzt, wenn auch nur eine Person ihren Vordermann von ihren Knien schiebt (zum Ausprobieren nur auf weichen Böden geeignet).

Die nächstbessere von Eigen et al. (1981) vorgeschlagene Lösung besteht darin, einen Hyperzyklus zu *kompartimentieren*, d. h. durch eine *Membran* einzuschließen, um so das Eindringen von Parasiten zu verhindern (Maynard Smith und Szathmáry 1996, 53 ff). Damit sind wir beim entscheidenden Schritt zur Entstehung einer *Protozelle*, der Vorform erster Zellen. Doch wie konnte wiederum dies ohne eine „planende Hand" geschehen? Auch hierfür gibt es ein plausibles Modell. Als intermediäre Kompartimentierung könnte der Einschluss eines RNS-Hyperzyklus in kleine Räume auf Felsenoberflächen vulkanischen Gesteins gedient haben. Mineralische (speziell pyrithaltige) Felsoberflächen fixieren mit ihren positiv geladenen Ionen organische Makromoleküle und katalysieren chemische Reaktionen, z. B. die Bildung von RNS-Ketten (ebd., 98 ff; Wachterhäuser 1988). Zugleich lagern sich daran auch gelegentlich membranbildende Lipidschichten an. Lipidmoleküle bestehen aus einem hydrophilen („wasserzugeneigten") „Kopf" und einem hydrophoben („wasserabgeneigten") Schwanz. Membranen sind Lipiddoppelschichten, welche die hydrophoben Schwänze zueinander nach innen gekehrt und die hydrophilen Enden zum Gestein sowie zum Wasser gekehrt haben. Bei der Ablösung einer Lipiddoppelschicht vom Felsen nimmt die Membran die energetisch begünstigte Kugelform an, bei der keine hydrophoben Enden nach außen gekehrt sind. Befindet sich nun unterhalb der Lipidschicht ein Hyperzyklus, so wird dieser in das Vesikel eingeschlossen, und eine erste Protozelle ist entstanden. ▶ Abb. 4.4 illustriert diesen Prozess.

Die Lipidmembran schirmt die darin kooperierenden RNS-Ketten von parasitären RNS-Ketten ab, lässt aber kleinere Moleküle (Nukleotidbausteine) durch und ermöglicht so weiteres Wachstum. Eine vollwertige prokaryontische Zelle ist damit noch nicht gegeben; insbesondere muss die (ungeschlechtliche) Zellteilung entwickelt werden. Aber selbst dafür gibt es ein Entstehungsmodell, das diesmal auf einem grundlegenden mathematischen Sachverhalt beruht. Wenn nämlich Zellinneres und Zellmembran gleich schnell wachsen, kommt es zu einer überproportionalen Vergrößerung der Membranoberfläche im Verhältnis zum Zellinneren. Denn das Volumen ist proportional zur dritten Potenz, die Oberfläche jedoch nur zur zweiten Potenz des Durchmessers – verdoppelt sich der Durchmesser, so verachtfacht sich das Volumen, während sich die Oberfläche nur vervierfacht. Vesikelwachstum führt auf diese Weise nach und nach zur Ausbeulung der Membran und Einschnürung des Vesikels in der Mitte, bis sich daraus zwei Vesikel bilden (ebd., 103). Wenn sich dazu noch ein Mechanismus der Aufteilung der RNS auf beide Tochtervesikel hinzugesellt, sind damit selbstreplizierende Protozellen entstanden.

Auch damit sind aber noch nicht alle Probleme gelöst. Parasiten-RNS kann nicht nur von außen eindringen, sondern auch durch Mutation im Inneren entstehen – analog wie in menschlichen Gesellschaften spontan immer wieder neue Trittbrettfahrer auftauchen. Bei einer hinreichend hohen Parasitenmutationsrate lässt sich zeigen, dass alsbald sämtliche kooperierende RNS-Ketten von egoistischen verdrängt wären. Dieses wohl schwierigste Problem der Evolution von Kooperation stellt sich ebenso im Bereich menschlichen Sozialverhaltens, und die in der Literatur hierzu vorgeschlagenen Lösungsansätze liefern bestenfalls Teillösungen (Näheres in ▶ Kap. 16). Zwei dieser Lösungsansätze seien hier knapp angeführt.

Erstens kann man, gemäß dem Modell der Gruppenselektion, die Evolution von Kompartimenten betrachten, die unterschiedlich aus Egoisten und Altruisten zusammengesetzt sind.[32] In der sich daraus ergebenden Evolutionsdynamik vermehren sich zwar jene Gruppen besser, die eine höhere Häufigkeit an Altruisten besitzen. Doch zugleich nimmt innerhalb jeder Gruppe der Anteil an Egoisten langsam zu, was langfristig bedeuten würde, dass alle Altruisten aussterben. Der erste Lösungsvorschlag besteht nun darin, die Gruppen nach einigen Vermehrungszyklen neu zu mischen und die Individuen auf die Kompartimente neu aufzuteilen – dadurch kann die Häufigkeit von Altruisten konstant hochgehalten und deren Aussterben verhindert werden. Diese Lösung bedeutet jedoch, dass sich der RNS-Inhalt von Protozellen bei ihrer Teilung auf andere Membranvesikel neu verteilt, was als Vorstadium eine Rolle gespielt haben kann, jedoch keiner Replikation einer ganzen Protozelle entspricht.

Eine zweite Lösungsmöglichkeit besteht darin, dass die Zelle Mechanismen entwickelt, um die Replikation von parasitären RNS-Mutationen zu verhindern. In der DNS heutiger Lebewesen wird dies durch zahlreiche DNS-Reparaturenzyme bewerkstelligt, die mutierte DNS-Abschnitte entweder wiederherstellen oder aber deaktivieren (die sogenannten Junk-DNS-Abschnitte, die während der Translation herausgespleißt werden, könnten Spuren einstmaliger parasitärer DNS sein). Wenn die Replikationsrate parasitärer Mutanten nahe bei Null gehalten wird, kann sich eine nachhaltig stabile Replikation der Protozelle bei gleichbleibend gering gehaltener Mutantenrate herausbilden. Übertragen auf menschliche Gesellschaften entspricht diese zweite Lösungsmöglichkeit der Einführung von Sanktionsmechanismen gegen Trittbrettfahrer, die bewirken, dass sich Trittbrettfahren nicht mehr lohnt (nähere Details und Kritik zu beiden Lösungsvorschlägen finden sich in ▶ Kap. 16).

4.4 Wunder des Lebens und Wunder der Zeit: Quasigöttliche Unvorstellbarkeiten

Auch wenn die Evolutionstheorie noch so beeindruckende Erklärungsversuche vorbringen kann, widerstrebt es dennoch der Intuition und Vorstellungskraft vieler Menschen, dass das Wunder des Lebens tatsächlich auf „banal" materialistische Weise ohne göttlichen Schöpfungsplan zustande gekommen sein soll. So wollen wir in diesem Abschnitt über die Gefühle der Ehrfurcht und des grenzenlosen Staunens sprechen, die viele Menschen angesichts der Wunderbarkeit der Natur und des Lebens um uns herum verspüren. Der Versuch, sich anschaulich vorzustellen, wie

---

[32] Vgl. Wilson (1975, 109 ff), Wilson (1980); Sober und Wilson (1998, 24 f) sowie Maynard Smith und Szathmáry (1996, 55–57).

diese unbegreiflich großartigen Systeme des Lebens durch Iteration von Mutation, Reproduktion und Selektion entstanden sein sollen, wird bei den meisten Menschen wohl zum Scheitern verurteilt sein. Der Verstand mag zu Recht einwenden, dass es eben viele Dinge gibt, die man sich nicht mehr intuitiv vorstellen, sondern nur theoretisch-gedanklich erklären kann – allein dies bewirkt im Regelfall noch keine Änderung des unbefriedigenden Gefühlszustands. Wenn es Ihnen so geht, liebe Leserin und lieber Leser, dann könnte ein einfaches Gedanken- oder besser Gefühlsexperiment Ihre Sichtweise verändern – jedenfalls hat es das bei mir getan. Die subjektive Unvorstellbarkeit der evolutionären Entstehung des Lebens wird nämlich *kompensiert* durch eine parallele Unvorstellbarkeit: nämlich die schiere Unendlichkeit des Zeitraumes von 3 Mrd. Jahren Evolution. Wir können uns, wenn wir älter geworden sind, lebhaft vorstellen, was sich alles in 100 Jahren abgespielt und verändert hat, und wir haben gerade noch eine Vorstellung davon, was sich in einem Riesenzeitraum von 1 000 und vielleicht sogar einigen Tausend Jahren getan hat, von Julius Cäsar bis Barack Obama. Aber schon wenn wir versuchen, uns den Riesenzeitraum von einigen Hunderttausend Jahren vorzustellen und uns auszumalen versuchen, wie Abertausende von Generationen kommen und gehen, geraten wir an die Grenze der anschaulichen Vorstellungskraft, geschweige denn bei Hunderten von Millionen Jahren. Wir können uns vorstellen, wie in Zehntausenden von Jahren die Behaarung des Menschen abnahm; wie jedoch in Millionen von Jahren aus Huftieren Wale wurden, übersteigt unsere Vorstellungskraft, ganz abgesehen davon, wie in Milliarden von Jahren aus RNS-Ketten Menschen wurden, obwohl es nach demselben Prinzip funktioniert.

Wenn wir also im Wunder des Lebens etwas Höheres, Unvorstellbares und quasi Göttliches sehen, sollten wir dies auch im Wunder des schier unendlichen Zeitraumes sehen, in dem die Evolution schon gewirkt hat und auf dessen Rücken wir erst seit evolutionären Sekundenbruchteilen aufgesprungen sind, um die gegenwärtigen sichtbaren Ausläufer jener evolutionären Produkte zu bewundern und leider auch zu vernichten, deren aufgespeicherte Intelligenz das Resultat dieses unvorstellbar langen Evolutionszeitraumes ist. In jedem noch so alltäglichen und für uns Menschen selbstverständlichen Lebewesen, sei es ein Baum oder eine Vogelspezies, steckt die aufgespeicherte Intelligenz dieses schier unendlich langen Evolutionsprozesses. In dieser Sicht der Dinge benötige ich keinen göttlichen Kreator, an den ich meine Gefühle des grenzenlosen Staunens und der Ehrfurcht richten kann, sondern kann diese Gefühle unmittelbar der Evolution selbst gegenüber empfinden.

5.
Das anthropische Prinzip: Auferstehung des Kreationismus in der Kosmologie?

Die Evolutionstheorie hat plausible Evolutionsszenarien von der „Ursuppe" zu Beginn der Erdgeschichte bis zum gegenwärtigen Leben entwickelt. In jüngerer Zeit hat man jedoch herausgefunden, dass die Entstehung des Lebens auf der Erde auf einer Reihe von fein tarierten Bedingungen beruht, die sehr unwahrscheinlichen Konstellationen unseres Planeten, unseres Sonnensystems und vermutlich auch des Universums zu verdanken sind. Angesichts der Frage, warum diese unwahrscheinlichen Konstellationen so sind, wie sie sind, haben in der Kosmologie und Physik unter der Bezeichnung „anthropisches Prinzip" kreationistische Fragestellungen neuen Auftrieb erhalten. Dem soll in diesem Kapitel nachgegangen werden.

5.1 Astrobiologie: Wie (un)wahrscheinlich ist die Entstehung von Leben im Universum?

Seit einigen Jahrzehnten gibt es das neue Wissensgebiet der Astrobiologie, d. h. der Erforschung möglichen extraterrestrischen Lebens in unserer Galaxie.[33] Noch in den 1970er Jahren war die diesbezügliche Meinung sehr optimistisch; Frank Drake und Carl Sagan schätzten die Anzahl extraterrestrischer Zivilisationen auf bis zu 1 Mio. Diese Ansicht ist überholt. Heutzutage ist man diesbezüglich viel skeptischer: Der Geologe Peter Ward und der Astronom Donald Brownlee sprechen in ihrem Buch *Rare Earth* (2000, xv) von einer „astrobiologischen Revolution", die in den 1990er Jahren eingesetzt hat. Möglicherweise ist unser Planet sogar der einzige in unserer Galaxie, auf dem es höhere Lebensformen gibt. Man vermutet dies nicht nur deshalb, weil die unzähligen Versuche seit den 1960er Jahren, intelligente elektromagnetische Signale fremder Intelligenzen zu empfangen oder eindeutige Hinweise auf dieselben zu finden, ergebnislos blieben, sondern insbesondere, weil die Evolution auf unserem Planeten auf einer Reihe von unwahrscheinlichen Besonderheiten beruht, die wir uns nun ansehen.

Nach dem Urknall kühlte die Temperatur des Universums so weit ab, dass aufgrund der durch die Gravitationskraft bewirkten allmählichen lokalen Verdichtung der frühesten Materie, die vorwiegend aus Protonen (Wasserstoffkernen) bestand, die Frühstadien von Sternen entstanden (Weinberg 1977). Im Inneren solcher Sterne werden bei extrem hohen Druck- und Temperaturverhältnissen durch Kern-

---

[33] Die verfügbaren Daten von anderen Sternen und ihrer eventuellen Planeten beschränken sich auf unsere Galaxie.

verschmelzung chemische Elemente ausgebrütet. Frühe Sterne haben die Form rotierender Scheiben, aus deren explosivem Inneren die gebildete Materie gelegentlich vertikal zur Drehachse herausgeschleudert wird und die bereits vorhandenen um den Stern rotierenden Materienebel weiter verdichtet, aus denen schließlich auch Planetensysteme entstehen können (▶ Abschnitt 6.5; Ward und Brownlee 2000, 41–44).

Die grundlegendsten Voraussetzungen für die Bildung komplexerer Materie sind also erstens die Bildung von Sternen und zweitens die Bildung von Planeten. Beide müssen aber ganz besondere Eigenschaften besitzen, um erdähnliche lebensfreundliche Bedingungen zu ergeben.

1.) **Geeigneter Ort des Sterns in der Galaxie:** Der Durchmesser unserer (ebenfalls scheibenartig rotierenden) Milchstraße beträgt ca. 85 000 Lichtjahre; in ihrem Inneren befindet sich vermutlich ein Schwarzes Loch. Um Leben zu ermöglichen, darf der fragliche Stern weder zu weit innen sein, denn dort sind die Energien zu hoch, um Leben zu erlauben, noch zu weit außen, denn dort gibt es zu wenig höhere Elemente (wie z. B. Metalle) (Ward und Brownlee 2000, 27 ff).

2.) **Ausbildung eines Planetensystems:** Planeten anderer Sterne sind mit gewöhnlichen Teleskopen unsichtbar, weil sie, verglichen mit ihrem Zentralstern, eine viel geringere Leuchtkraft besitzen. Erst vor Kurzem wurden eine Reihe von indirekten Detektionsmethoden für Planeten entwickelt, die z. B. auf Infrarotstrahlung, auf Lichtschwächung des Sterns beim Vorüberziehen des Planeten beruhen oder auf der Oszillation der Sternrotationsachse aufgrund der Planetenumkreisung.[34] Bisher wurden vergleichsweise wenige Planeten in unserer Galaxie gefunden. Die meisten davon sind untauglich für die Entstehung von Leben, z. B. weil es sich um Gasgiganten wie unseren Planet Jupiter handelt, weil die Planeten instabile und hochelliptische Bahnen haben oder weil ihre Temperaturen entweder viel zu gering oder viel zu hoch sind. Erst kürzlich wurden ein paar feste kleinere Planeten gefunden, auf denen erdähnliche Temperaturen vorherrschen, wie z. B. ein Planet des 20 Lichtjahre entfernten Sterns Gliese 581 im Sternbild Waage mit geschätzten Oberflächentemperaturen von ca. 0–40 °C und einer 13-tägigen Umlaufzeit (de.wikipedia.org/wiki/Extrasolarer_Planet). Spuren des Lebens sind mit bisherigen Methoden nicht entdeckbar.[35]

3.) **Geeignete Sonne und geeigneter Abstand des Planeten zur Sonne:** Flüssiges Wasser ist höchstwahrscheinlich eine Voraussetzung von (extraterrestrischem) Leben. Jeder Stern hat um sich herum eine *bewohnbare Zone* (*habitable zone*,

---

[34] Vgl. Ward und Brownlee (2000, 203) sowie de.wikipedia.org/wiki/Extrasolarer_Planet.

[35] Um Spuren biologischen Lebens auf entfernten Planeten zu entdecken, müsste die Zusammensetzung ihrer Atmosphäre spektroskopisch auf Wasserdampf und insbesondere Ozon untersucht werden. Die Anwesenheit von Ozon würde auf sauerstofferzeugende (photosyntheseartige) Stoffwechselprozesse hindeuten, da sich Ozon ohne fortwährende Nachbildung schnell wieder abbaut (Ward und Brownlee 2000, 247 ff). Für Riesenplaneten aus Gas konnte die Zusammensetzung ihrer Atmosphäre tatsächlich indirekt (durch Filterung des Sternenlichts) ermittelt werden (www.astronomie.de/news/0000399. htm), aber für die viel kleineren erdähnlichen Planeten sind solche Messungen bislang nicht möglich.

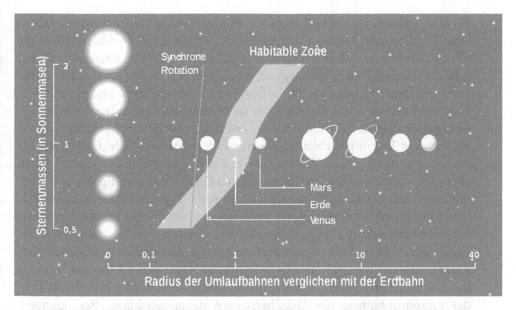

Abb. 5.1 Bewohnbare Planetenzone (HZ) eines Sterns in Abhängigkeit von der Sternmasse. Sternmasse (1 = gegenwärtige Sonnenmasse) und Umlaufradius (1 = gegenwärtiger Umlaufradius der Erde) in logarithmischer Skala (nach © FrancescoA (Habitable zone according to the size of the star); de.wikipedia. org/wiki/Habitable_Zone).

HZ), in der die Planeten kreisen müssen, damit die Temperatur in dem engen Bereich von etwa 0–50 °C mit ±50 °C Schwankungsbreite liegt, der flüssiges Wasser ermöglicht und weder zur Totalverdunstung noch zur Totalvereisung von Ozeanen führt (Hart 1978). Da sich Sterne im Verlaufe ihrer Entwicklung ausdehnen und an Leuchtkraft zunehmen (auch unsere Sonne hatte zu Beginn der Evolution 30 % weniger Leuchtkraft), wandert die HZ im Zeitraum von Jahrmilliarden nach außen, was die nachhaltige HZ, betrachtet über einen so langen Zeitraum, noch schmäler macht. Sie beträgt nur etwa 5 % des Radius, auf dem sämtliche unsere Planeten liegen (vgl. Ward und Brownlee 2000, 15–20). ▶ Abb. 5.1 zeigt die HZ eines Sterns (für einen umkreisenden Planeten) in Abhängigkeit von der Masse des Sterns (in Sonnenmassen; Sternmasse und Umlaufbahn in logarithmischer Skala).

Wäre unsere Sonne wesentlich kleiner, als sie ist, was auf etwa 95 % aller Sterne unseres Universums zutrifft, wäre die HZ weiter innen und die Gefahr, dass ein in ihr befindlicher Planet eine Drehsperre erfährt oder gegen die Sonne driftet (um in ihr zu verglühen), wäre sehr hoch. Eine Drehsperre ist die gravitationsbedingte Koppelung der Eigenrotation des Planeten mit seiner Umlaufzeit in der Weise, dass der Planet der Sonne immer dieselbe Halbseite (dasselbe „Gesicht") zuwendet, sodass sich die eine Planetenhälfte aufheizt und die andere abkühlt. Beispielsweise hat der innerste Planet Merkur eine Drehsperre zur Sonne und unser Mond eine Drehsperre zur Erde. Wäre andererseits unsere Sonne etwa 50 % schwerer, so würde sie schon nach 2 Mrd. Jahren zum Roten Riesen werden und ausbrennen, und diese Zeitspanne wäre vermutlich zu kurz für Evolution (ebd., 23). Während die HZ durch die Möglichkeit flüssigen

Wassers definiert ist, schränken die in ▶ Abschnitt 4.1 erläuterten Gefahren einer Totalvergletscherung (Schneeballerde) sowie eines Treibhauseffekts die effektiv bewohnbare Zone noch weiter als in ▶ Abb. 5-1 eingezeichnet ein (ebd. 19). Gemäß der Schätzung von Kasting (1993) würde ein nur 15 % größerer Erdabstand zur Sonne die Gefahr einer Schneeballerde und ein nur 5 % kleinerer Erdabstand die Gefahr eines Treibhauseffekts heraufbeschwören.

4.) **Geeigneter Planet:** Für die Evolution sind auch eine Reihe physikalischer und geologischer Eigentümlichkeiten unserer Erde verantwortlich. Es beginnt bei der Zusammensetzung: Die Erde besitzt einen schweren Eisen-Nickel-Kern, aber zugleich hinreichend viel leichte Elemente bzw. Verbindungen wie Wasser, Stickstoff und Kohlenstoff (bzw. Kohlendioxid). Typischerweise besitzen Planeten in der bewohnbaren Zone zwar Eisen, aber wenige leichte Elemente, während Umlaufkörper weiter draußen viel von letzteren besitzen. Wäre die Erde wie die bis zu 20 % Wasser enthaltenden Asteroiden zwischen Mars und Jupiter zusammengesetzt, so wäre sie zur Gänze von tiefen Ozeanen bedeckt, mit Treibhausatmosphäre und Temperaturen über 100 °C (ebd., 44–47). In der Entstehungsphase der Erde herrschten daher glückliche Bedingungen: Vermutlich hat die zunächst metallreiche Erde durch spätere Kollisionen mit Asteroiden viel Wasser, Kohlenstoff und Stickstoff eingefangen, welche die chemischen Grundbestandteile des Lebens bilden.

Weniger offensichtlich ist die Bedeutung des Eisenkerns (ebd., 191–213). Im Erdkern wird durch Kernspaltungsreaktionen Hitze erzeugt, welche die zähflüssige eisenreiche Magma zu kreisenden Konvektionsströmen antreibt. Durch diese Konvektionsströme der Magma werden gleich mehrere lebenswichtige Effekte bewirkt. Erstens wird das Magnetfeld der Erde induziert. Zweitens wird durch fortwährendes Aufsteigen der Magma die Plattentektonik erzeugt (Landplatten generiert), und drittens werden durch Gebirgsaufstülpungen und Vulkanausbrüche festes Material und Kohlendioxid an die Erdoberfläche nachgeliefert. Das Magnetfeld der Erde schirmt die Erde vor der lebensfeindlichen (energiereichen) kosmischen Strahlung ab. Gäbe es keine fortlaufenden Gebirgsneuformationen, würden langfristig sämtliche Böden zu Staub erodieren, von Flüssen ins Meer gespült werden, und der steigende Meeresspiegel würde alles überfluten. Würde nicht Kohlenstoff nachgeliefert werden, so gäbe es nicht den temperaturregulierenden Kohlendioxidzyklus (▶ Abschnitt 4.1). Kein anderer Planet unseres Sonnensystems besitzt Gebirgsketten, nicht einmal Mars, der erdähnlichste – nur Vulkankegel, Kratereinschläge oder tote Flussbetten –, weil die Plattentektonik fehlt.

5.) **Geeignete Planetenumgebung**

5.1) **Stabiles Planetensystem:** Dass die Planeten der Sonne (inkl. Monde und Asteroiden) über Milliarden Jahre einigermaßen stabil sind, ist ebenfalls eine galaktische Seltenheit – würde nur ein größerer Planet zu trudeln beginnen, wären vermutlich evolutionsvernichtende Katastrophen die Folge (ebd. 21 f).

5.2) **Mond und stabile Erde:** Sowohl Umlaufbahn wie Rotationsfrequenz der Erde sind nicht konstant; vor 400 Mio. Jahren, als die Amphibien das Land eroberten, hatte das Jahr 400 Tage und der Tag 18 Stunden. Glücklicherweise sind diese Veränderungen gering, und der Grund dafür ist der Mond, der vermutlich durch Einschlag eines marsgroßen Kometen auf die frühe Erde entstand (ebd., 223–231). Der Mond stabilisiert durch seine Drehsperre die Rotationsachse der Erde, und die stabile Erdrotation stabilisiert die Erdumlaufbahn der Erde. Beides ist wesentlich, um extreme Temperatur- und Klimaschwankungen auf der Erde zu verhindern. Würde die Rotationsachse um 45° schwanken (so wie dies beim Mars vermutlich der Fall war), würde Europa zum Nordpol werden. Die Schräge der Erdrotationsachse ist darüber hinaus für den stabilen Zyklus von Jahreszeiten verantwortlich.

5.3) **Schutz vor Kometen durch Nachbarplaneten:** Jupiter ist ein riesiger Gasplanet, der durch seine Gravitationskraft nahe kommende Asteroiden und Kometen anzieht und dadurch Planeten innerhalb seiner Umlaufbahn, insbesondere die Erde, vor Kometen schützt, d. h. deren Einschlagrate stark reduziert. Gäbe es keinen Jupiter, würden Asteroiden von einer Größe wie jener, der vor 65 Mio. Jahren die Saurier aussterben ließ, die Erde nicht durchschnittlich alle paar hundert Millionen Jahre, sondern alle paar 10 000 Jahre treffen, und das Leben auf der Erde hätte nicht überlebt (ebd., 238; vgl. auch ▶ Abschnitt 6.5).

Ward und Brownlee fassen ihre Ausführungen schlussendlich in einer Schätzung der Häufigkeit des Vorkommens von Leben in unserer Galaxie zusammen. Die seinerzeitige Schätzung von Drake und später Sagan in den 1970er Jahren belief sich auf 10^6 Zivilisationen. Ward und Brownlee zufolge war diese Schätzung viel zu optimistisch. Sie entwickelten eine modifizierte „Drake-Gleichung", deren erster Teil die Häufigkeit primitiven prokaryontischen Lebens in unserer Galaxie wie folgt schätzt (ebd., 271–275):

Häufigkeit primitiven Lebens in unserer Galaxie = 2×10^8 Sterne in Milchstraße × Anteil sonnenähnlicher Sterne × Anteil Sterne mit Planeten × Anteil Planeten in bewohnbarer Zone × Anteil Planeten mit organisch-chemischen Grundstoffen.

Der zweite, dritte und vierte Faktor in der Aufzählung (Anteil sonnenähnlicher Sterne, mit Planeten, in bewohnbare Zone) liegen einigermaßen verlässlich zwischen 10^{-1} und 10^{-2} (ebd., 267–269). Der letzte Faktor ist unbekannt. Schätzen wir diesen mit 10^{-2}, so erhalten wir einen Schätzwert von $10^8 \cdot 10^{-2(1)} \cdot 10^{-2(1)} \cdot 10^{-2(1)} \cdot 10^{-2}$, also eine geschätzte Häufigkeit des Vorkommens von primitivstem Leben in unserer Galaxie zwischen 1000 und 1.

Für komplexere Formen des Lebens ab den Eukaryonten und Mehrzellern sind dagegen weitere Bedingungen nötig, die Ward und Brownlee in folgender „erweiterter Drake-Gleichung" festhalten (ebd., 275):

Häufigkeit komplexen Lebens in unserer Galaxie = [… Faktoren wie oben plus folgende:] × Anteil metallreicher Planeten × Anteil Planeten mit Mond × Anteil Planeten mit Schutzplaneten × Anteil Planeten mit hinreichend wenigen Massenauslöschungen von Spezies.[36]

---

[36] Den Ward-Brownlee-Faktor „Anzahl der Planeten, auf denen Metazoen entstehen" lasse ich der Kohärenz halber weg, da diese Häufigkeit ja erst geschätzt werden soll.

Ward und Brownlee geben keine Schätzungen ab. Wenn wir die zusätzlichen Faktoren jeweils mit 10^{-2} schätzen und die Häufigkeit für primitives Leben mit 100 ansetzen (was optimistisch hoch ist), erhalten wir dennoch die extrem geringe Wahrscheinlichkeit von 10^{-7}, also *eins zu zehn Millionen*, dass in unserer Galaxie komplexes Leben entsteht. Die Wahrscheinlichkeit, einer fremden intelligenten Spezies auch noch zu begegnen, verringert sich wegen der Unwahrscheinlichkeit, dass deren Existenzzeit sich mit der unseren überlappt, nochmals um einen Faktor von 10^{-2} oder mehr.

Abgesehen von den ersten vier Faktoren waren unsere Faktorenschätzungen freilich spekulativer Natur. Daher sind unsere „Zahlenspiele" sehr unsicher. Jedenfalls stimmen sie mit den qualitativen Schlussfolgerungen überein, die Ward und Brownlee (2000, xx) ziehen, nämlich dass es wohl gut möglich ist, dass es in unserer Galaxie extraterrestrisches Leben auf der Ebene von RNS-Ketten, Protozellen oder Prokaryonten gibt, dass aber im Gegensatz dazu die Entstehung komplexeren oder gar menschenähnlich intelligenten Lebens sehr unwahrscheinlich ist. Es ist durchaus möglich, dass unsere Erde der *einzige Planet* in unserer Galaxie oder gar im ganzen Universum ist, der komplexe intelligente Lebensformen beherbergt.

Wenn dies wahr ist, so ergeben sich daraus zwei philosophisch tiefliegende Konsequenzen. Die erste betrifft die *Ethik*, denn es scheint daraus ein hohes Maß an *ökologischer Verantwortung* des Menschen zu erwachsen. Wird uns bewusst, dass die in Jahrmillionen entstandenen Lebensformen auf unserem Planeten womöglich in unserem Universum einzigartig sind, dann verstärkt dies unsere moralische Pflicht, der Natur ein Recht auf Fortexistenz zuzubilligen, anstatt, wie es derzeit geschieht, ein Naturreservoir nach dem anderen zu vernichten und eine Spezies nach der anderen auszurotten. Die Tragweite dieser Forderung im Einzelnen auszuführen, würde allerdings den Rahmen dieses Buches sprengen.

Die zweite Konsequenz, die uns im Folgenden besonders interessiert, ist *erkenntnistheoretischer Natur*. Als warum-fragende Wesen begnügen sich Menschen nicht mit dem Hinweis, dass sich das Leben auf unserer Erde extremen Zufällen verdankt – sie suchen nach einem Erklärungsgrund: Wer oder was hat das alles so lebensfreundlich eingerichtet? Lebt an dieser Stelle der Kreationismus wieder auf?

Mit dieser Frage werden wir uns im nächsten Abschnitt beschäftigen. Die Frage wird umso brennender, als Physiker ähnliche Unwahrscheinlichkeitsüberlegungen auch in Bezug auf das ganze Universum als solches angestellt haben. Die fundamentalen Naturgesetze der modernen Physik beantworten längst nicht alle Fragen. Sie lassen eine Vielzahl von möglichen Universen zu und legen insbesondere die Werte der *Naturkonstanten* nicht zwingend fest. Gemäß gängiger physikalischer Theorie wären Universen mit anderen Naturkonstanten möglich, und es könnten kontingente Vorgänge nach dem Urknall gewesen sein, welche gerade zu unseren und nicht anderen Werten der Naturkonstanten geführt haben. Überlegt man sich aber, welche Konstellationen von Naturkonstanten stabile komplexe Materie und somit auch Leben ermöglichen, erhält man einen extrem engen Spielraum (Smolin 1997, 39–45). Wäre die Gravitationskonstante nur etwas größer, als sie ist, könnten nur kleine Sterne entstehen, die schnell ausbrennen würden, und es würde nicht zur Bildung von Kohlenstoff oder zu stabilen Planetenbahnen kommen. Wäre die Elektronenmasse nicht ungefähr gleich der Differenz von Neutronen- und Protonenmasse, gäbe es keine stabilen Atomkerne. Wäre die kosmologische Konstante, welche die Energiedichte des Universums misst und 10^{-48} beträgt, größer als 10^{-40}, würde das Universum in ein Schwarzes Loch kollabieren. Wäre die starke Kernkraft, welche die Abstoßung zwischen den Protonen eines Atomkerns kompensiert, etwas stärker, als sie ist, gäbe es keine Kernreaktionen und es käme nicht zur Produktion der chemischen Elemente. Wäre sie um 50 % oder mehr schwächer, wären die Atomkerne instabil. Würden zusammengefasst die Werte der Naturkonstanten durch Zufall gewählt werden, würde die Wahrscheinlichkeit eines Universums, in dem Sterne entstehen können, nach Smolins Abschätzung nur etwa 10^{-229} betragen, eine astronomisch kleine Zahl mit 229 Nullen hinter dem Komma vor der ersten eins (ebd., 45). Somit fragt sich auch in Bezug auf die feinsttarierten Naturkonstanten unseres Universums: Was oder wer hat das so eingerichtet?

5.2 Das anthropische Prinzip: Begründung vs. Erklärung

Die Fragen des vorhergehenden Abschnitts führen uns zu einem Prinzip, das von zeitgenössischen Kosmologen und theoretischen Physikern aufgestellt wurde: zum anthropischen Prinzip (AP). Die bedeutendste Version dieses Prinzips geht auf Barrow und Tipler (1988) zurück[37] und lässt sich folgendermaßen explizieren:

> **(AP) Anthropisches Prinzip:** Die Parameter unseres Universums, Sonnensystems und Planeten sind gerade so justiert wie sie es sind, *weil* darin komplexes und intelligentes Leben existiert, nämlich wir Menschen.

Für die kritische Diskussion des anthropischen Prinzips müssen wir fragen, was „weil" darin denn genau bedeutet. Die Wissenschaftstheorie hat aufgezeigt, dass es zwei grundlegend verschiedene Bedeutungen von „weil" gibt: eine begründende und eine erklärende Bedeutung. Eine *Begründung* liefert einen Beweis- oder Glaubensgrund, also einen Grund, an die Wahrheit des fraglichen Sachverhalts zu glauben. Eine *Erklärung* dagegen liefert einen *Realgrund*, also eine Ursache, die tatsächlich zu dem bestehenden Sachverhalt geführt hat (Stegmüller 1983, 976; Schurz 1990; 2006, 225 f). Glaubensgründe und Realgründe bzw. Begründungen und Erklärungen sind keineswegs disjunkt, sondern fallen sehr häufig zusammen – aber eben nicht immer. Beispielsweise ist die Tatsache, dass die Sonne untergeht, nicht nur eine Begründung, sondern auch die Erklärung dafür, dass es dunkel wird. Andererseits ist die Rotverschiebung im Spektrum entfernter Sterne zwar ein Beweisgrund dafür, dass das Universum expandiert, aber nicht die Ursache – vielmehr ist umgekehrt die Expansion des Universums die Ursache der Rotverschiebung.

Wenden wir diese Überlegung auf das anthropische Prinzip (AP) an, so sehen wir, dass es eine *schwache* und eine *starke* Lesart besitzt. In der schwachen Form des AP meint das „weil" einen bloßen *Glaubensgrund*: Die Tatsache, dass die Parameter

---

[37] Eine andere noch kontroversere Version geht auf J. A. Wheeler zurück und besagt, die quantenmechanische Realität setze die Existenz eines Beobachters voraus, weshalb unser Universum so beschaffen sein muss, dass in ihm intelligentes Leben existiert (de.wikipedia.org/wiki/Anthropisches_Prinzip).

unserer „Welt" (d. h. unseres Universums, Sonnensystems und Planeten) gerade die und die Werte haben, wird damit begründet, dass es uns Menschen gibt, denn wäre Ersteres nicht der Fall, dann könnte auch Letzteres nicht der Fall sein. Diese Begründungsrelation ist harmlos und steht nicht infrage; sie sagt uns aber nichts, was wir nicht ohnedies schon wissen – sie *erklärt* uns nicht, was oder wer dafür kausal verantwortlich ist, dass die Parametereinstellung unserer Welt die und die Werte besitzt. Eben dieser *Erklärungsbedarf* ist es aber, der unsere Überlegungen zum anthropischen Prinzip überhaupt erst antreibt.

Die starke Form des AP liegt genau dann vor, wenn man das „weil" des AP im Erklärungssinn auffasst: Die Tatsache, dass wir Menschen existieren, ist der Realgrund dafür, dass das Universum so ist, wie es ist. Aber um welchen Sinn von „Erklärung" kann es sich dabei handeln? Um eine Kausalerklärung im wissenschaftlichen Sinn offenbar nicht, denn Kausalprozesse sind immer zeitlich vorwärtsgerichtet, weshalb das Explanandum (das Erklärte) zeitlich *nach* dem Explanans (dem Erklärenden) liegen muss (▶ Box 5.1). Im starken AP liegt jedoch das Explanandum (dass unser Universum so und so beschaffen ist) zeitlich *vor* dem Explanans (dass wir Menschen existieren). Bei dem „weil" des starken AP handelt es sich vielmehr um eine *Zweckerklärung* (bzw. „finalistische Erklärung"): Das Universum ist so und so beschaffen, *damit* wir Menschen existieren können. Wie in ▶ Abschnitt 1.1 ausgeführt, kann eine solche Zweckerklärung entweder im Sinne des Kreationismus gedeutet werden, dem zufolge ein Schöpfergott das Universum mit dem Ziel eingerichtet hat, dass wir Menschen existieren, oder im Sinne einer (aristotelischen) Teleologie, der zufolge der Natur ein zielorientiertes Streben auf die Existenz des Menschen hin immanent ist – was, wenn man zeitlich rückwärtsgerichtete Kausalität ausschließt, auf eine pantheistische Gottesvorstellung hinausläuft (▶ Abschnitt 1.3). Wir fassen dies wie folgt zusammen:

Schwache Form des AP: Das „weil" wird im Begründungssinn aufgefasst.
Starke Form des AP: Das „weil" wird als „damit" im Sinn einer Zweckerklärung verstanden.

Box 5.1   Wissenschaftliche Erklärung

Unter einer *wissenschaftlichen Erklärung* versteht man in der modernen Wissenschaftstheorie ein Argument, welches aufzeigt, dass der zu erklärende Tatbestand, das *Explanandum*, durch die vorliegenden *Antecedens*bedingungen (Anfangs- und Randbedingungen) aufgrund allgemeiner Naturgesetze *verursacht* wurde und eben deshalb *zu erwarten* war (Hempel 1965, 337). Ist das Argument deduktiver Natur, d. h. musste das Explanandum aufgrund der Explanans-Prämissen eintreten, dann handelt es sich um eine *deduktiv-nomologische* Erklärung im Sinne von Hempel (1965, Kap. 10). Wird das Explanandum aufgrund der Explanans-Prämissen lediglich hochwahrscheinlich gemacht, dann liegt eine *induktiv-statistische Erklärung* im Sinne von Hempel (1965, Kap. 12) vor. Wird die Wahrscheinlichkeit des Explanandums lediglich erhöht, handelt es sich um eine probabilistische Erklärung im Sinne von van Fraassen (1990). Die bloße Anführung der auslösenden Ursache eines unwahrscheinliches *Zufallsereignisses*, ohne dass diese dessen Wahrscheinlichkeit erhöht (Beispiel: „Die Münze fiel auf Kopf, *weil* sie geworfen wurde"), stellt nach Mehrheit der Erklärungstheoretiker keine echte Erklärung dar. Eine Ausnahme ist Salmon (1984, 109), der selbst wahrscheinlichkeitssenkende Kausalinformationen als Erklärung ansieht (Näheres vgl. Schurz 1990; 2006, Kap. 6).

Von einer echten Erklärung kann nur gesprochen werden, wenn das Explanans Ursachen des Explanandums anführt (Salmon 1984): Andernfalls handelt es sich um eine bloße Begründung. *Zweckerklärungen* der Form „E, damit P" können nur in zwei Weisen in wissenschaftliche Ursachenerklärungen umgeformt werden: Entweder man transformiert sie in eine *intentionale Handlungserklärung* der Form „Ein gegebenes Subjekt hat E herbeigeführt, weil es damit den Zweck P verfolgte", oder aber man transformiert sie in einer evolutionäre Erklärung der Form „Unter den evolutionären Vorfahren des gegebenen evolutionären Systems (Organismus) wurde das Merkmal E deshalb selektiert, weil es die vorteilhafte Eigenschaft P bewirkte" (▶ Abschnitt 7.4; Wright 1976).

Die Überlegungen zum AP haben auf diese Weise eine neue Kontroverse über Gott und den Kreationismus aufkommen lassen. Einige namhafte Physiker (z. B. Davies 1995) haben das starke AP im Sinne einer plausiblen Hypothese vertreten und sich damit einer modern-liberalen Version des Kreationismus zumindest angenähert. Davies und andere Physiker verstehen das AP oftmals auch im Sinne einer *disjunktiven* Hypothese, der zufolge es entweder einen Kreator gegeben hat *oder* aber die Wahl der Parameter unseres Universums einem *Zufallsprozess* zu verdanken war. In diesem Zufallsprozess seien Myriaden von Paralleluniversen mit zufällig variierenden Parametern entstanden, unter anderem auch unser Universum, das zufälligerweise genau jene Parameter besaß, welche höheres Leben ermöglichen (Smolin 1997, 202 ff; de.wikipedia.org/wiki/Anthropisches_Prinzip). Das zweite Disjunktionsglied, die Hypothese des Zufallsprozesses, liefert eine naturalistische Alternative zur Kreationshypothese und sollte daher nicht mehr unter die Rubrik des AP subsumiert werden, um den Begriff des AP nicht gänzlich zu vernebeln. Die Erklärungsleistung unterschiedlicher Zugänge behandeln wir in den nächsten beiden Abschnitten.

5.3 Alternative Erklärungen des Unwahrscheinlichen: Vier Zugänge zur Letztfrage

Die vier wichtigsten Arten von Antworten auf die Frage, warum die Parameter unserer „Welt" so sind, wie sie sind, lassen sich so zusammenfassen:

1.) **Hypotheses non fingo:** Die Frage ist weder aufgrund unseres gegenwärtigen noch in absehbarer Zukunft erreichbaren Wissensstandes beantwortbar. Teilantworten sind zwar möglich, aber eine vollständige Antwort, insbesondere auf die Frage der Wahrscheinlichkeit der Parameterkonstellationen, würde es erfordern, Wissen über andere Universen zu erlangen, was nach derzeitigem Wissensstand unmöglich ist. Die angemessenste Einstellung des Wissenschaftlers in Bezug auf diese „letzte" Warum-Frage ist dieser Position zufolge die epistemische Enthaltung: *hypotheses non fingo*, d. h., ohne empirische Anhaltspunkte stelle ich keine wissenschaftlichen Hypothesen auf.[38]

Die *hypotheses-non-fingo*-Position ist zwar elegant und kohärent, doch für den Erkenntnissuchenden kommt sie einer Selbstaufgabe gleich, da Erkenntnistätigkeit eben nun einmal im „Rätsellösen", in der Suche nach Erklärungen für prima facie unwahrscheinliche Sachverhalte besteht.

2.) **Kreationismus:** Die extreme Unwahrscheinlichkeit kann nur durch die Annahme eines intelligenten Schöpfers bzw. Schöpfungswesens erklärt werden. Solange über dieses Schöpfungswesen nichts Weiteres behauptet wird, nenne ich diese Position den *minimalen* Kreationismus. Dabei handelt es sich um eine maximal liberale Position, die dem Schöpfungswesen keine bestimmten oder gar aus menschlicher Perspektive guten Eigenschaften unterstellt. Das macht diese Position für Religionen wenig attraktiv[39] und hat außerdem zur Folge, dass der minimale Kreationismus *empirisch gehaltlos* wird. Man kann den minimalen Kreationismus auf zweierlei Weisen verstärken. In den meisten Religionen hat man den Kreationismus durch spezielle Hypothesen über Gott und die Schöpfungsgeschichte so angereichert, dass die resultierenden religiösen Glaubenssysteme empirisch überprüfbare Konsequenzen implizierten, an denen man sie widerlegen oder zumindest kritisieren kann (▶ Kap. 3 und 4). Andererseits besteht die Möglichkeit, dem Gott des minimalen Kreationismus ex post, d. h. im Nachhinein, nur solche empirischen Konsequenzen zuzuschreiben, die einen Konflikt mit dem Erfahrungswissen tunlichst vermeiden. Diese Möglichkeit, von der intellektuelle Kreationismusvertreter häufig Gebrauch zu machen pflegen, ist der methodologisch schwierigste Fall, der in ▶ Abschnitt 5.7 behandelt wird.

3.) **Suche nach wahrscheinlichkeitserhöhenden Erklärungen:** Wissenschaftliche Erklärungen (im Sinne von ▶ Box 5.1) müssten Ursachen anführen, die zeigen, dass die Parameterkonstellationen unserer Welt gar nicht so unwahrscheinlich sind, wie sie scheinen. Solche Erklärungsversuche müssten allerdings auf Theorien über alternative physikalische Universen basieren. Ein herausragendes Beispiel ist Lee Smolins Theorie der Evolution von Universen, die in ▶ Abschnitt 5.9 vorgestellt wird. Das Problem solcher Theorien ist im Gegenteil zum minimalen Kreationismus nicht ihre empirische Gehaltlosigkeit, sondern ihre *kontingente Unüberprüfbarkeit*. Es hat nicht logisch-semantische, sondern kontingente, nämlich physikalische Gründe, dass wir keinen Zugang zu Tatsachen aus anderen Universen besitzen und vermutlich auch nie besitzen werden (aber wer weiß das schon?). Insofern sind auch diese Erklärungsversuche, zumindest bis auf Weiteres, dazu verurteilt, Spekulationen zu bleiben.

---

[38] Dies war Isaac Newtons berühmte Reaktion auf die Frage nach der Natur der Gravitationskraft. Diese zur Zeit Newtons unbeantwortbare Frage ist übrigens noch heute großteils unbeantwortet.

[39] Die Position des „kosmologischen Gottesbeweises", der zufolge Gott die erste Ursache des Universums ist (was immer diese Ursache sei), ist noch schwächer als der minimale Kreationismus. Denn der letztere impliziert zumindest, dass die erste Ursache eine intentionale und intelligente Ursache war.

4.) Zufalls„erklärungen": Diese Position nimmt an, die „Unwahrscheinlichkeit" sei irreduzibel, d. h., die Existenz von verborgenen Prozessen, die das scheinbar Unwahrscheinliche unseres Universums (im Sinne von Punkt 3) wahrscheinlich machen, wird ausgeschlossen. Damit die Unwahrscheinlichkeit als objektive Wahrscheinlichkeit (im Sinne von ▶ Abschnitt 5.4) gelten kann, muss dabei die Existenz vieler (z. B. durch Urknalle entstandene) Universen angenommen werden, unter denen solche wie unseres nur eine extrem geringe Häufigkeit besitzen. All das impliziert noch nicht, dass ein Argument der Form „Es war ein Riesenzufall" bzw. „Wir hatten Riesenglück" tatsächlich als wissenschaftliche Erklärung zu bezeichnen ist. Gemäß den Ausführungen in ▶ Box 5.1 ist dies eher zu verneinen. Das heißt nicht, dass das Zufallsargument nicht zutreffen kann. Aber wenn die Weltentstehung nichts als ein Riesenzufall war, sollte man besser sagen, dass es eben *keine weitere Erklärung* gibt, anstatt das Zufallsargument auch noch als Erklärung zu bezeichnen. Dennoch ist die Zufallsposition stärker als die *hypotheses-non-fingo*-Position, denn erstere nimmt die Existenz eines Universen produzierenden Zufallsprozesses an, während letztere sich dazu enthält.

5.4 In welchem Sinn unwahrscheinlich?
Objektive und subjektive Wahrscheinlichkeit

Was *bedeutet* es eigentlich, „unwahrscheinlich" bzw. „so und so wahrscheinlich" zu sein? Auch Kreationismusvertreter stützen sich gerne auf das Argument, dass nur die Existenz eines wohlwollenden Schöpfers die andernfalls so unwahrscheinliche Harmonie unserer Welt erklärt. Um wissenschaftliche von spekulativen Erklärungsversuchen zu unterscheiden, genügt es nicht, sich auf ein naives Wahrscheinlichkeitskonzept zu stützen. Wir müssen zuallererst fragen, was Wahrscheinlichkeit denn genau bedeutet.

Es gibt zwei Arten von Wahrscheinlichkeit (Schurz 2006, Abschnitt 3.9). Unter der *objektiv-statistischen* Wahrscheinlichkeit eines Ereignistyps versteht man seine relative *Häufigkeit* oder den *Grenzwert* seiner relativen Häufigkeit auf lange Sicht (z. B. von Mises 1964). Unter der *subjektiv-epistemischen* Wahrscheinlichkeit eines Ereignisses versteht man dagegen seinen rationalen *Glaubensgrad* (z. B. Howson und Urbach 1996). Die Berechtigung subjektiver Wahrscheinlichkeiten in der Wissenschaft ist wissenschaftstheoretisch *kontrovers*: Die traditionelle *Statistik* weist sie zurück (Fisher 1956), während sie der *Bayesianismus* empfiehlt. Dass subjektive Glaubensgrade in der Tat nicht ausreichen, um wissenschaftliche Hypothesen von Spekulationen abzugrenzen, wird sich in ▶ Abschnitt 5.8 herausstellen.

Man kann subjektive Glaubensgrade objektiv stützen, indem man sie mit Schätzungen statistischer Wahrscheinlichkeiten identifiziert. Dies ist allerdings nicht ganz einfach. Denn statistische Wahrscheinlichkeiten lassen sich nur für Ereignistypen bzw. wiederholbare Ereignisse angeben (die Häufigkeit auf lange Sicht, mit der ein Würfelwurf 6 ergibt), während sich subjektive Wahrscheinlichkeiten auf Einzelereignisse beziehen (die Wahrscheinlichkeit, dass ich im nächsten Wurf eine 6 würfle).

Gemäß dem statistischen *principal principle* (Schurz 2006, 115) identifiziert man die subjektive Wahrscheinlichkeit eines Einzelereignisses mit dem Häufigkeitsgrenzwert des entsprechenden Ereignistyps in der jeweils „engsten Referenzklasse", d. h. gegeben alle Besonderheiten, die auf den Einzelfall zutreffen. Beispielsweise identifiziert man in Wetterprognosen die Glaubenswahrscheinlichkeit, dass es morgen regnet, mit der (induktiv geschätzten) Häufigkeit, dass es an Tagen regnet, denen eine ähnliche Wetterentwicklung vorausging wie dem morgigen Tag.

Eine Zurückführung von subjektiven Einzelfallwahrscheinlichkeiten auf empirisch gegebene Häufigkeiten ist jedoch in zwei Fällen unmöglich. Erstens dann, wenn es sich um die sogenannten subjektiven *Ausgangswahrscheinlichkeiten* von Hypothesen handelt, worunter man deren Glaubenswahrscheinlichkeit versteht, die sie schon „vor aller Erfahrung" besitzen. Subjektive Ausgangswahrscheinlichkeiten sind der Hauptkritikpunkt des Bayesianismus (▶ Abschnitt 5.8). Zweitens aber lassen sich selbst erfahrungsbedingte subjektive Wahrscheinlichkeiten dann nicht durch Häufigkeiten schätzen, wenn die zugrunde liegenden Ereignisse nicht *wiederholbar* sind oder zumindest kein erkenntnismäßiger Zugang zu Stichproben besteht, in denen der fragliche Ereignistyp wiederholt wurde, sodass man seine Häufigkeit schätzen könnte. Nun sind zwar für einige Parameter unseres Sonnensystems und unseres Planeten Häufigkeitsschätzungen innerhalb unserer Galaxie möglich, aber erfahrungsgestützte Häufigkeitsschätzungen über mögliche Universen sind unmöglich, denn zwischen unterschiedlichen Universen bestehen keine kausalen oder informationellen Verbindungen.

Die „Unwahrscheinlichkeit" der Parameterjustierungen unserer „Welt" ist daher, sofern es dabei um Naturkonstanten geht, nicht objektiver, sondern subjektiver Natur. In der Tat beruhen Smolins Berechnungen der „Wahrscheinlichkeit" der Naturkonstanten unseres Universums auf dem *subjektiven* (oder „Laplace'schen") Prinzip der Gleichverteilung, dem zufolge man „vor aller Erfahrung" alle Möglichkeiten als gleichwahrscheinlich ansehen soll. Doch dieses subjektive Gleichverteilungsprinzip ist selbst innerhalb des modernen Bayesianismus starker Kritik ausgesetzt, unter anderem deshalb, weil es *sprachabhängig* ist, d. h. weil die Frage, ob eine Wahrscheinlichkeitsverteilung eine Gleichverteilung ist, davon abhängt, wie die entsprechenden Möglichkeiten sprachlich formuliert werden (Howson und Urbach 1996, 60; Schurz 2006, 162). Man könnte auch versuchen, das Gleichverteilungsprinzip durch die Annahme zu motivieren, dass unsere gegenwärtigen physikalischen Theorien bereits *vollständig* sind, sodass alles, was durch diese Theorien allein nicht erklärbar ist, objektiven Zufallsprozessen zu verdanken sein muss. Doch diese Annahme wäre methodologisch wenig sinnvoll (und davon abgesehen anmaßend). Wir müssen vielmehr immer offen sein für die Möglichkeit *neuer* physikalischer Erkenntnisse, die das, was gegenwärtig unerklärlich erscheint, zu erklären vermögen.

Zusammengefasst ist die Unwahrscheinlichkeit der Parameter unserer „Welt" nur teilweise eine objektive Unwahrscheinlichkeit, nämlich nur für Häufigkeitsschätzungen innerhalb unserer Galaxie, während es sich bei der Unwahrscheinlichkeit der Parameter unseres Universums um eine subjektive Unwahrscheinlichkeit handelt — um unsere schlichte *Unkenntnis* darüber, wie und warum es zu gerade den Parametern unseres Universums und unseren Planeten gekommen ist. Diese Einsicht zeigt, dass die Zufallsposition (Punkt 4 des letzten Abschnitts) wesentlich spekulativer ist, als sie zunächst scheint. Doch bedeutet diese Einsicht keineswegs, auf weitere Warum-Fragen (gemäß der *non-fingo*-Position) besser zu verzichten. Auch subjektive Unwahrscheinlichkeit ist ein Grund dafür, weitere Erklärungen zu suchen, solange diese Suche aussichtsreich erscheint.

5.5 Ist der Erklärungsdurst stillbar? Zur Illusion von Letzterklärungen

Die Parameterjustierungen unseres Universums sind kontingente *Letzttatsachen* – sie sind einerseits kausal nicht weiter erklärbar und besitzen andererseits im physikalischen Theoriegebäude auch nicht den Status physikalischer Notwendigkeiten. Ist es nicht von besonderer wissenschaftlicher Bedeutung, gerade diese kontingenten Letzttatsachen zu erklären? Braucht die Wissenschaft nicht gerade solche Letzterklärungen? Viele Menschen werden dies so sehen, doch ein wenig wissenschaftstheoretische Reflexion kann hier ernüchternd wirken und unnötigen Frustrationen vorbeugen. In der Wissenschaft gibt es nämlich *keine Letzterklärungen*. Jede wissenschaftliche Erklärung benötigt gewisse erklärende Prämissen, das Explanans, mithilfe derer sie das Explanandum logisch impliziert oder zumindest wahrscheinlich macht (▶ Box 5.1). Die Prämissen einer Erklärung können ihrerseits durch weitere Erklärungen erklärt werden, aber jede noch so lange Aneinanderreihung von Erklärungen muss irgendeinen Anfang haben, an dem gewisse nicht weiter erklärte Prämissen angenommen werden. Diese unerklärten Prämissen fungieren aus der Perspektive des Erklärungssuchenden als „Letzttatsachen" bzw. aus der kausalen Entwicklungsperspektive als „Erstursachen". Selbst wenn jemand eine interessante Erklärung für die Unwahrscheinlichkeiten unserer Welt vorbringt, wie etwa höhere physikalische Symmetriegesetze, die Annahme extrem vieler Paralleluniversen oder auch einen intelligenten Schöpfungsmechanismus, stellt sich in Bezug auf diese Annahmen ja *wieder* die Frage nach dem Warum. Die Letzttatsachen wurden dadurch nicht zum Verschwinden gebracht, sondern lediglich durch andere Letzttatsachen ersetzt.

Die Uneliminierbarkeit von kognitiv unerklärten Anfangsursachen gilt selbstverständlich nicht nur für wissenschaftliche, sondern auch für religiöse Erklärungen. Denn sofern es der Religion nicht gelingt, das Denken einzuschläfern, entsteht ein offensichtlicher Erklärungsbedarf dafür, warum es denn einen Schöpfergott gibt und wer denn diesen geschaffen hat. *Selbsterklärungen* wie beispielsweise „Gott trägt die Ursache seiner selbst in sich", wie sie in Theologie und Metaphysik erfunden wurden, dienen dazu, dieses Problem zu verschleiern. Sie sind keine Erklärungen, sondern *Pseudo*erklärungen (vgl. auch Schurz 2007a, §2) – denn eine solche Selbsterklärung kann offenbar auf jede Erklärungshypothese noch draufgesetzt werden (z. B. „Der Urknall ist Ursache seiner selbst", „Das Böse ist causa sui").

Die potenziell unendlich lang fortsetzbare Reihe von Erklärungsantworten und neuen Warum-Fragen nennt man auch das Problem des *Erklärungsregresses*. Unsere Überlegung zeigt auf, dass sich das Problem des Erklärungsregresses gleichermaßen für religiöse wie für wissenschaftliche Erklärungen stellt, sodass das Regressproblem keine Abgrenzung wissenschaftlicher Erklärungen von religiösen Quasierklärungen hergibt. Dies war Dawkins in seinem (zu agitatorisch geratenen) Werk *Der Gottes-wahn* (2007, 166) offenbar unklar, denn er wirft der Religion vor, den Erklärungsre-gress nicht beenden zu können. Prompt wurde er deshalb Opfer der Gegenkritik von McGrath (2007, 31 f), der zu Recht kontert, dass ebenso wie die Religion auch die Physik unerklärte Annahmen machen muss.

Fassen wir zusammen: Indem wissenschaftliche Erklärungen Warum-Fragen beantworten, werfen sie zugleich neue Warum-Fragen auf. Diese Einsicht bringt *Gelassenheit* in die Suche nach Erklärungen für Letzttatsachen, denn wir verbinden diese Suche nicht mehr mit der Illusion, irgendwann auf Letzterklärungen zu sto-ßen. Andererseits sollte diese Tatsache den Erkenntnishungrigen nicht demotivieren. Auch wenn Erklärungen immer gewisse Letzttatsachen unerklärt lassen, wird durch den Erklärungsfortschritt Bedeutendes geleistet. Erstens wird das Verhältnis der unbeantworteten zu den beantworteten Warum-Fragen mit dem Fortschritt der Wissenschaft immer kleiner. Man nennt dies auch die *Vereinheitlichungsleistung* der Wissenschaft (vgl. Schurz 1999b). Zweitens wachsen mit den beantworteten Fragen auch die praktischen und technischen Anwendungsmöglichkeiten der Wissenschaft. Drittens schließlich bringt die Tatsache, dass sich niemals alle stellbaren Warum-Fra-gen beantworten lassen, ein enorm *kreatives* Moment in die Wissenschaft und den menschlichen Geist, als grundsätzlich offenes und immer wieder Neues hervorbrin-gendes Erkenntnisunternehmen (▶ Abschnitt 9.2.2).

5.6 Kreationismus von vornherein unwissenschaftlich? Empirisch kritisierbare vs. unkritisierbare Kreationismusformen

Nicht wenige Wissenschaftler und Philosophen sehen den Kreationismus als von vornherein irrational oder unwissenschaftlich an. Wenn dies zutrifft, hätten wir uns der Mühe, den Kreationismus in ▶ Kap. 3 und 4 empirisch zu kritisieren, gar nicht unterziehen müssen. Doch was spricht von vornherein gegen die Existenz eines Schöpfers? Wäre diese Position nicht ebenso dogmatisch, wie einen Schöpfer von vornherein anzunehmen? Naturalistische Metaphysiker führen an dieser Stelle gerne das Argument der „kausalen Geschlossenheit" an: Materielle Phänomene könnten nur materielle Ursachen haben; ein Gott qua „Geistwesen" komme daher nicht als Ursache infrage. Doch dieses Argument ist zirkulär, denn es gilt nur unter der Annahme des Materialismus. Im religiösen Weltbild steht Gott auf ganz natürliche Weise in kausaler Verbindung zu der von ihm geschaffenen Materie.[40]

So einfach kann der Kreationismus nicht zurückgewiesen werden. Zu Recht haben wir uns in ▶ Kap. 4 der Mühe einer empirischen Kritik des Designarguments unterzogen. Empirisch kritisierbar sind freilich nur jene Kreationismusformen, die überhaupt irgendwelche empirisch testbaren Konsequenzen besitzen. Dazu zählen, wie erläutert, sowohl strikte Genesiskreationismen wie die liberaleren Designkreatio-nismen. Neben solchen empirisch kritisierbaren Kreationismen gibt es aber auch

---

[40] Das Geschlossenheitsprinzip wird vor alledem als Argument für den Materialismus in der *Philosophie des Geistes* benutzt (Beckermann 2001, 116). Auch in dieser Anwendung ist das Argument zirkulär.

empirisch unkritisierbare Formen des Kreationismus. Im Gegensatz zu ersteren stellen letztere die Wissenschaftstheorie vor eine schwierige Herausforderung, die wir nun besprechen.

Empirisch unkritisierbar ist zunächst einmal der in ▶ Abschnitt 5.3 angeführte minimale Kreationismus, den wir durch folgende These wiedergeben:

> **(MinK) Minimaler Kreationismus:** Wie immer unsere Welt faktisch beschaffen ist, hat sie einen Schöpfer, über den sonst nichts empirisch Gehaltvolles gesagt wird.

Die MinK-Position ist schon aus *logisch-semantischen* Gründen empirisch unkritisierbar, denn sie besitzt keinerlei empirische Konsequenzen. Daher ist der minimale Kreationismus bereits aus *methodologischen* Gründen zu verwerfen, da wissenschaftliche Hypothesen empirische Konsequenzen besitzen müssen, an denen sie überprüfbar sind. Genügt das Kriterium der empirischen Konsequenzlosigkeit, um kritikimmune Spielarten des Kreationismus aus rationalen Gründen zurückzuweisen? Dies ist *nicht* der Fall. Es gibt zahlreiche Möglichkeiten, den Kreationismus zu „rationalisieren", die von rationalisierenden Theologen auch tatsächlich praktiziert werden. Wenn wir beispielsweise das Wirken des Kreators beim MinK in Bezug auf bekannte Tatsachen unserer Welt anreichern, erhalten wir daraus eine rationalisierte Version, die empirischen Gehalt besitzt, beispielsweise:

> **(RatK) Rationalisierter Kreationismus:** Unsere Welt hat einen Schöpfer, der bewirkt hat, dass sie wie folgt beschaffen ist: … (hier folgt eine Aufzählung aller bis dato bekannten empirischen Tatsachen, z. B. eine Aufzählung aller bekannten Lebewesen).

Im Gegensatz zum MinK hat der RatK zutreffende empirische Konsequenzen (ebenso Sober 1993, 45–49). Argumentationen, die auf der Linie des RatK liegen, trifft man in der gegenwärtigen angelsächsischen Intelligent-Design-Bewegung, deren Vertreter behaupten, die prima facie unwahrscheinlichen Beschaffenheiten unserer Welt, welche die Naturwissenschaften herausgefunden haben, würden am besten durch einen Schöpfer erklärt, ohne damit Behauptungen über die Kreationsgeschichte oder über den Perfektionsgrad der Biosphäre zu implizieren (z. B. Behe 1996; Dembski 1998; zur Kritik vgl. Sober 2002, 72). Bedeutet dies tatsächlich, dass die rationalisierte Kreationismushypothese nun eine wissenschaftlichen Hypothese geworden ist, welche dieselben empirischen Fakten erklären kann wie die Wissenschaft? Intuitiv scheint dies nicht der Fall zu sein – aber *warum*?

5.7 Rationalisierter Kreationismus und Voraussagekriterium: Das Abgrenzungsproblem

Das Problem, auf das wir hier gestoßen sind, nennt man auch das *Abgrenzungsproblem*: Aufgrund welcher Kriterien lassen sich wissenschaftlich rationale Hypothesen von nicht wissenschaftlichen Spekulationen abgrenzen? Wie das Erklärungsmuster RatK zeigt, ist diese Abgrenzung schwierig. In der gegenwärtigen Wissenschaftstheorie besteht Konsens darüber, dass frühere Vorschläge zum Abgrenzungsproblem zu einfach waren. Hier seien nur die zwei wichtigsten herausgegriffen.

Der erste Vorschlag ist das Kriterium der *empirischen Definierbarkeit*.[41] Ihm zufolge sind nur jene Hypothesen wissenschaftlicher Natur, die (abgesehen von logischen Begriffen) nur solche Begriffe enthalten, die durch Beobachtungsbegriffe definierbar sind. Dieses von klassischen Empiristen und Positivisten vertretene Kriterium ist aber *zu eng*, denn wissenschaftliche Theorien enthalten empirisch undefinierbare, sogenannte *theoretische Begriffe* (z. B. „magnetische Kraft", „Quantenzustand"), welche *unbeobachtbare* und somit empirisch undefinierbare Merkmale bezeichnen (Carnap 1956; Schurz 2006, Kap. 5).

Der zweite Vorschlag, der von Karl Popper und im späteren Wiener Kreis vertreten wurde, verlangt von wissenschaftlichen Hypothesen lediglich, dass sie zumindest im Verbund mit anderen Hypothesen *empirische Konsequenzen* besitzen. Dieses Kriterium ist aber *zu weit*, da, wie wir sahen, auch rein spekulative Hypothesen in trivialer Weise zu empirisch gehaltvollen Hypothesen erweiterbar sind. Beispielsweise ist der Satz „Gott existiert" eine empirisch gehaltlose Hypothese. Doch wir müssen dem Satz nur per Konjunktionsglied eine Implikation auf beliebige empirische Tatsachen hinzufügen, um daraus einen empirisch gehaltvollen Satz zu bilden, z. B. „Gott existiert, und wenn Gott existiert, dann ist Gras grün" (vgl. auch Stegmüller 1970, Kap. V). Dasselbe Verfahren wurde offenbar auch oben im Erklärungsmuster RatK angewandt. Trotzdem scheint an RatK etwas grundlegend faul zu sein – aber was?

Der entscheidende Defekt des rationalisierten Kreationismus ist offenbar folgender: Eine solche Erklärung kann jederzeit gegeben werden, *wie auch immer* der empirische Faktenstand aussieht. Denn die kreationistische Erklärung ist völlig ex post, also im Nachhinein, zurechtkonstruiert. Das Abgrenzungskriterium sollte diesen Defekt von RatK ins Zentrum rücken. Der Ex-post-Charakter einer Hypothese äußert sich im Fehlen ihrer Fähigkeit, neue Voraussagen zu machen. Der rationalisierte Kreationismus kann nichts voraussagen, weil die kreationistische Erklärungshypothese nichts über die Natur des Schöpfers aussagt, was darüber hinausgeht, dass er die zu erklärenden Fakten bewirkte. Die kreationistische Hypothese „Gott bewirkte, dass E" lässt sich immer nur im Nachhinein postulieren, wenn E schon bekannt ist.

Ich nenne dieses Abgrenzungskriterium das *Voraussagekriterium*. Die Grundidee des Voraussagekriteriums ist auch von vielen anderen Wissenschaftlern und Wissenschaftstheoretikern vorgeschlagen worden (z. B. Lakatos 1977; Worrall 2002; Lady-

---

41 Noch enger ist das Kriterium der empirischen *Verifizierbarkeit*, das im frühen Wiener Kreis vertreten wurde.

man und Ross 2007, §2.1.3). Am Voraussagekriterium wurde kritisiert, dass es zu eng sei, weil eine Reihe von Disziplinen, einschließlich der Evolutionstheorie, nur wenige Voraussagen machen. Doch hier liegt ein Missverständnis vor. Man versteht den Begriff der Voraussage in diesem Kriterium nicht im zeitlichen, sondern im epistemischen Sinn eines Ex-ante-Arguments (vgl. auch Stegmüller 1983, 976). Bei einer Voraussage qua Ex-ante-Argument wird nicht verlangt, dass sich die Konklusion auf die Zukunft bezieht, sondern lediglich, dass die Prämissen schon *vor* der Konklusion *bekannt* waren und die Konklusion erst danach daraus erschlossen wurde. Im Gegensatz dazu ist bei einem Ex-post-Argument die Konklusion zuerst bekannt, und die Prämissen werden nachträglich gefunden bzw. postuliert. Dies eröffnet die Möglichkeit, dass geeignete Prämissen auf die gegebene Konklusion nachträglich *zurechtgeschneidert* werden – und genau das passiert beim rationalisierten Kreationismus. Ein solches Zurechtschneidern oder Fitten auf die Konklusion ist im Falle eines Ex-ante-Arguments, also einer epistemischen Voraussage, dagegen unmöglich.

Je nachdem, ob sich die Konklusion auf die Zukunft oder Vergangenheit bezieht, liegt bei einer epistemischen Voraussage eine zeitliche Voraussage oder eine zeitliche Retrodiktion vor. Die Evolutionstheorie macht zwar wenig überprüfbare zeitliche Voraussagen, aber jede Menge Retrodiktionen, die durch gegenwärtige Spuren (geologische Spuren, Fossilien, archäologische Funde etc.) unabhängig empirisch testbar sind. Diese Bedingung der *unabhängigen Testbarkeit* ist das entscheidende Merkmal von Voraussagen – die Testbarkeit der Hypothese unabhängig von jenen Tatsachen, um deren Erklärung willen die Hypothese konstruiert wurde. Ob die Voraussagen dagegen bereits geprüft wurden oder nicht, ist ohne Belang. Es genügt also zu fordern, dass die fragliche Hypothese *potenzielle Voraussagen* impliziert, worunter wir empirische Konsequenzen verstehen, die bei der Konstruktion der Theorie nicht benutzt wurden (man nennt dies auch *use novelty*; Worrall 2002).

In einer Hinsicht muss das Voraussagekriterium noch verbessert werden. Die infrage stehenden Erklärungen, um die es uns geht, führen nämlich theoretische, unbeobachtbare Ursachen ein, die über die Ebene des Beobachtbaren hinausgehen (z. B. „Urknall" in der Kosmologie oder „Schöpfergott" im Kreationismus). Die Einführung unbeobachtbarer Ursachen zu Erklärungszwecken ist wissenschaftstheoretisch nur dann legitim, wenn eine gleichermaßen gute Erklärung nicht auch *ohne* solche Annahmen, durch simple induktive Verallgemeinerung von Beobachtungen gegeben werden könnte (wie etwa die Voraussage, dass auch morgen die Sonne aufgeht). Eine Voraussage, die über simple induktive Extrapolation von Beobachtungen hinausgeht, nennt man in der Wissenschaftstheorie auch eine *neue* Voraussage (*novel prediction*; Worrall 1989, 113; Psillos 1999, 106). Damit gelangen wir zu folgendem *Voraussagekriterium*: Eine Erklärungshypothese, die unbeobachtbare Entitäten einführt, ist nur dann wissenschaftlich legitim bzw. rational bestätigungsfähig, wenn sie neue potenzielle (nicht zur Konstruktion der Hypothese verwendete) Voraussagen impliziert.[42]

---

[42] Um auszuschließen, dass eine wissenschaftliche Hypothese auch kein überflüssiges spekulatives Konjunktionsglied besitzt (z. B. die Konjunktion aus der gängigen Kosmologie und RatK), sind verfeinerte Relevanzkriterien nötig, die das Voraussagekriterium auf alle elementaren Konjunktionsglieder der Hypothese beziehen (Schurz 1991). Die Bezugnahme auf bloß „potenzielle" neue Voraussagen löst das sogenannte *old evidence problem* (Howson und Urbach 1992, 403 ff).

Gemäß dem Voraussagekriterium sind die Ex-post-Erklärungen des rationalisierten Kreationismus klar inakzeptabel: Sie implizieren keinerlei unabhängig testbaren empirischen Konsequenzen und sind daher gar nicht erst rational bestätigungs*fähig*. Von solchen Hypothesen können wir uns, anders gesprochen, keinen Erkenntnisfortschritt erwarten.

Trotz der Erfolge des Voraussagekriteriums ist die Möglichkeit einer klaren Abgrenzung zwischen wissenschaftlichen und spekulativen Erklärungshypothesen in der gegenwärtigen Wissenschaftstheorie kontrovers (Stegmüller 1970, 361; Hempel 1972; Sober 1993, §2.7; en.wikipedia.org/wiki/Demarcation_problem). Eine Alternativposition ist der Bayesianismus (▶ Abschnitt 5.4), dessen Unzulänglichkeit in Bezug auf die Abgrenzungsfrage im nächsten Abschnitt herausgearbeitet wird.

5.8 Bayesianische Bestätigung des Kreationismus?

Dem Bayesianismus zufolge ist die Bestätigung einer Hypothese allein eine Sache ihrer Glaubenswahrscheinlichkeit aufgrund gegebener empirischer Evidenzen; darüber hinausgehende Anforderungen an rationale Hypothesen werden nicht gestellt. Die bedingte Wahrscheinlichkeit $P(E|H)$ einer (empirischen) Evidenz E gegeben eine Hypothese H nennt man auch das *Likelihood*. Dieses Likelihood kann auf statistische Wahrscheinlichkeiten zurückgeführt werden, sofern es sich bei E (gegeben H) um ein wiederholbares Ereignis handelt. Was man wissen will, ist natürlich $P(H|E)$, die Wahrscheinlichkeit der Hypothese H gegeben E. Gemäß der berühmten bayesianischen Formel berechnet sich diese aus dem Likelihood und den sogenannten Ausgangswahrscheinlichkeiten wie folgt:

Bayes-Formel: $P(H|E) = P(E|H) \cdot P(H)/P(E)$.

Dabei ist $P(H)$ die Ausgangswahrscheinlichkeit von H, die das Kernproblem des Bayesianismus ausmacht, denn Glaubensgrade „vor aller Erfahrung" sind subjektiv und spiegeln meistens nur die eigenen Vorurteile wider. $P(E)$ ist die Ausgangswahrscheinlichkeit von E, die man über die Gleichung

$$P(E) = P(E|H_1) \cdot P(H_1) + \ldots + P(E|H_n) \cdot P(H_n)$$

berechnet, mit $H_1, \ldots, H_n$ als einer gegebenen Menge von möglichen und sich wechselseitig ausschließenden Hypothesen, die zusammengenommen erschöpfend sind und die fragliche Hypothese H enthalten.

Um dem Problem der Abhängigkeit vom subjektiven Wert der Ausgangswahrscheinlichkeit $P(H)$ zu entgehen, wird im (qualitativen) bayesianischen Bestätigungsbegriff lediglich die Wahrscheinlichkeitserhöhung von H durch E, $P(H|E) > P(H)$, als Kriterium für die Bestätigung von H durch E angesehen (wobei E als konsistent und H als nicht tautologisch angenommen werden):

Bayesianischer Bestätigungsbegriff: Ein (konsistentes) E bestätigt ein (nicht tautologisches) H genau dann, wenn P(H|E) größer ist als P(H).

Unter Voraussetzung des Normalfalles 0 < P(E) < 1 ist leicht beweisbar, dass P(H|E) > P(H) genau dann gilt, wenn P(E|H) > P(E) gilt. Letzteres gilt jedoch immer, sofern H irgendeine Hypothese ist, die E logisch impliziert, denn dann hat P(E|H) den Wert 1. Somit ergibt sich folgende Konsequenz:

Konsequenz des bayesianischen Bestätigungsbegriffs: Jede (nicht tautologische) Hypothese H, die eine empirische Evidenz E mit 0 < P(E) < 1 logisch impliziert, wird durch E bestätigt.

Und das ist die Konsequenz, die Anhänger von rationalisierten Spekulationen beliebig ausschlachten können. Denn gemäß dieser Konsequenz können offenbar gänzlich abstruse Hypothesen bestätigt werden, sofern sie E nur logisch implizieren (vgl. auch Schurz 2008a, §7.1). Zum Beispiel bestätigt die Tatsache, dass Gras grün ist, die Hypothese, dass Gott existiert und veranlasst hat, dass Gras grün ist. Dieselbe Tatsache bestätigt aber auch die Hypothese, dass ein Spaghetti-Monster existiert, das veranlasst hat, dass Gras grün ist (zur Spaghetti-Monster-Bewegung vgl. ▶ Abschnitt 1.1) oder dass zwei Spaghetti-Monster gemeinsam dies veranlasst haben, oder ein Gott und ein Spaghetti-Monster, ein Gott und ein Teufel (usw.), bis hin zur wissenschaftlichen Erklärung der grünen Farbe von Gras. Alle diese Erklärungshypothesen H_i werden gleichermaßen komparativ bestätigt. Wenn sie eine unterschiedliche bedingte Glaubenswahrscheinlichkeit $P(H_i|E)$ besitzen, kann dies gemäß der Bayes-Formel nur an ihrer unterschiedlichen Ausgangswahrscheinlichkeit $P(H_i)$ liegen, denn $P(E|H_i)$ ist bei allen Hypothesen 1 und P(E) ist ein hypothesenunabhängiger Wert.

Bayesianische Wissenschaftstheoretiker sind sich dieser Tatsache bewusst (Howson und Urbach 1996, 141 f). Sie argumentieren, dass wissenschaftliche Hypothesen eben eine wesentlich höhere Ausgangswahrscheinlichkeit besitzen als religiöse Hypothesen (vgl. Sober 1993, 31 f). Aber Ausgangswahrscheinlichkeiten sind subjektiver Natur, und es ist unangemessen, den Unterschied zwischen wissenschaftlichen und spekulativen Hypothesen auf subjektive Vormeinungen zu stützen. Aus religiöser Sicht wird umgekehrt die Kreationismushypothese die höhere Ausgangswahrscheinlichkeit besitzen. Auf diese Weise könnte man mit dem bayesianischen Bestätigungsbegriff ebenso gut die Kreationismushypothese „bestätigen".

In der Tat wurde die bayesianische Bestätigungstheorie gerade von Vertretern des Kreationismus benutzt, um damit die Bestätigtheit der Schöpferhypothese aufzuzeigen, und zwar genau auf die oben beschriebene Weise. Ein frühes Beispiel hierfür ist Swinburne (1979, Kap. 6). In jüngster Zeit ging Unwin (2005) so weit, mithilfe der Bayes-Formel die Wahrscheinlichkeit, dass Gott existiert, auf 67 % zu schätzen. Unwin nahm dabei die Ausgangswahrscheinlichkeit der Existenz Gottes mit 1 : 1 an – sein Vorstellungsvermögen bezüglich Alternativhypothesen wie etwa die eines Spaghetti-Monsters war offenbar begrenzt. Im Gegenzug hat der Herausgeber der Zeitschrift *Skeptic*, Michael Shermer, eine Gegenrechnung aufgestellt und kam damit zu einem Ergebnis von 2 %. Tatsächlich sind alle diese Berechnungen gleichermaßen unbegründet, da sie auf willkürlichen Annahmen über subjektive Ausgangswahrscheinlichkeiten sowie über statistisch unbegründbare Likelihoods von unwiederholbaren Ereignissen basieren.

Zusammenfassend ist das bayesianische Bestätigungskonzept zu schwach und inhaltsleer, um genuine Bestätigung zu erfassen und genuin bestätigte Hypothesen von bloßer Spekulation abzugrenzen. Zwar ist die Bayes-Formel mathematisch korrekt, und die Bedingung einer positiven Likelihood-Ratio ist zwar eine notwendige Bedingung für Bestätigung, die aber weder hinreichend ist, noch den entscheidenden Unterschied zwischen genuin bestätigungsfähigen Hypothesen und bloßen Spekulationen trifft. Diesen wesentlichen Unterschied haben wir im vorhergehenden Abschnitt in Form des Voraussagekriteriums herausgearbeitet.

Dass der bayesianische Bestätigungsbegriff inadäquat ist, heißt keineswegs, dass der probabilistische Ansatz insgesamt verfehlt ist. Im Gegenteil, das Voraussagekriterium lässt sich auch mithilfe eines verbesserten probabilistischen Bestätigungsbegriffs begründen. Dass eine Hypothese H E logisch impliziert, bedeutet, dass der Gehalt von H einerseits E enthält und andererseits einen über E *hinausgehenden* Gehaltsanteil besitzt. Ist H z. B. die Hypothese „E geschah, weil ein göttlicher Kreator das so gewollt hat", ist dieser über E hinausgehende Gehaltsanteil die Hypothese „Es gibt einen göttlichen Kreator", den wir mit H* bezeichnen. H ist also logisch äquivalent mit der Konjunktion H* & E.[43] Der Ex-post-Charakter spekulativer Erklärungshypothesen bedeutet nun, dass der über E hinausgehende Gehaltsanteil H* mit E in keinem relevanten Bestätigungszusammenhang steht. Die Wahrscheinlichkeitserhöhung von H durch E beruht also nur darauf, dass H die Wahrscheinlichkeit von E auf 1 setzt, während die Wahrscheinlichkeit von H* durch E nicht erhöht wird. Genau das ist der Grund dafür, dass H* so *beliebig* ist, weil es für die Bestätigung von H durch E gar nicht auf H* ankommt, sondern nur darauf, dass H E logisch impliziert. Man nennt eine solche Pseudobestätigung auch *content-cutting*, im Gegensatz zu einer *genuinen* Bestätigung von H durch E, von der zu verlangen ist, dass E auch den über E hinausgehenden Gehaltsanteil H* bestätigt, dass also auch $P(H^*|E) > P(H^*)$ gilt (vgl. Earman 1992, 98). Die Erfüllung dieser Forderung setzt aber voraus, dass E eine potenzielle Voraussage ist, also nicht schon zur Konstruktion von H benutzt wurde, denn wenn H ex post auf E gefittet wurde, besteht zwischen H* und E kein relevanter probabilistischer Zusammenhang.

5.9 Wissenschaftliche Erklärungsversuche: Schwarze Löcher und Urknalle – Evolution des Kosmos?

Kann es für die unwahrscheinlichen Parameter unserer Welt auch eine wissenschaftliche Erklärung geben, und, wenn ja, wie könnte sie aussehen? Sie müsste einerseits (a) die Wahrscheinlichkeit des Explanandums, also der Parameter unserer Welt,

---

[43] Die Aufspaltung von H in eine solche Konjunktion ist zwar nicht immer möglich; wohl aber enthält H immer gewisse E-unabhängige relevante Konsequenzen, sofern H stärker ist als E (Schurz 1991).

erhöhen und andererseits (b) neue unabhängig testbare Konsequenzen besitzen. Die Bedingung (b) wird, wie wir gesehen haben, von kreationistischen Erklärungen nicht erfüllt. Die in ▶ Abschnitt 5.3 angeführten Zufallsargumente erfüllen andererseits nicht Bedingung (a) – sie besagen, dass alles ein Riesenzufall war, und erhöhen nicht die Wahrscheinlichkeit, dass unsere Welt gerade die und die Parameter besitzt.

Eine wissenschaftliche Erklärung der Parameter unserer Welt müsste einen kosmologischen Prozess annehmen, welcher das prima facie unwahrscheinliche Explanandum wahrscheinlich machte. Die plausibelste Art von Prozess, der dies leisten könnte, wäre ein evolutionärer Prozess, der in vielen Selektionsschritten die prima facie unwahrscheinlichen Parameter unserer Welt hervorbrachte. Aber wie könnte ein solcher Prozess aussehen, der nicht die Beschaffenheit unserer Galaxie, sondern die unseres ganzen Universums erklären könnte? Smolin (1997) hat eine evolutionäre Erklärung der Parameter unseres Universums entwickelt, die wir uns nun ansehen.

Sehr große Sterne, mit über 2,5 Sonnenmassen, kommen sehr selten vor. In ihrem Endstadium erleiden sie einen Gravitationskollaps und kollabieren in ein Schwarzes Loch, das die in der Nähe befindliche Materie verschluckt und daher nach und nach anwächst. Ein Schwarzes Loch ist die dichtestmögliche Form von Materie, mit Dichten größer als 10^{20}kg/m^3; unsere Erde würde dabei auf eine Kugel von ca. 20 m Durchmesser zusammenschrumpfen. Weil nun während des Urknalls und in einem Schwarzen Loch ähnlich extreme Dichten vorherrschen, spekuliert Smolin (1997, 88), dass beide Prozesse zusammenhängen könnten. Seine Haupthypothese besagt, dass sich aus jedem Kollaps eines Schwarzen Loches durch einen Urknall ein neues Universum in eine neue Raumzeit herausstülpt. Somit können sich jene Universen gut vermehren, die viele Schwarze Löcher produzieren; dafür sind jedoch Parameterkonstellationen nötig, welche die Produktion von Kohlenstoff begünstigen. Darauf aufbauend entwickelt Smolin das folgende *verallgemeinert-darwinistische* Modell der Evolution von Universen, dessen drei Grundbestandteile (Reproduktion, Variation und Selektion) so zusammengefasst werden können:

1.) **Reproduktion:** Jede Implosion eines Schwarzen Loches erzeugt den neuen Urknall eines Tochteruniversums in eine neue (physikalisch getrennte) Raumzeit.
2.) **Variation:** In jedem Urknall werden die Parameter des Tochteruniversums neu justiert; aber sie sind denen des Mutteruniversums ähnlich.
3.) **Selektion:** Viele Universen haben kurze Lebensdauer (kollabieren gleich wieder) oder produzieren keine stabile Materie. Jene Universen sind stabil und produzieren viele Töchteruniversen, in denen es viele Schwarze Löcher und somit viele massive Sterne gibt (ebd., 96–99). Da letztere aus gigantischen Molekülwolken mit viel Kohlenstoff entstehen (denn die Produktion weiterer Elemente läuft über Kohlenstoff), sind dies zugleich jene Universen, welche die Entstehung des organischen (kohlenstoffbasierten) Lebens begünstigen (ebd., 109 ff, 321).

Daraus ergibt sich folgende Erklärung der scheinbaren „Unwahrscheinlichkeit" unseres Universums: Jene Universen, deren Parameter die Entstehung von Leben begünstigen, sind zugleich jene, die sich am besten reproduzieren und daher am häufigsten auftreten. Die Wahrscheinlichkeit, dass nach einem hinreichend langen Evolutionsprozess solche Universen auftreten, die dem unseren gleichen, ist damit gar nicht mehr unwahrscheinlich.

Smolins Erklärungshypothese ist faszinierend. Aber sie ist auch mehreren Kritikpunkten ausgesetzt, die wir kurz zusammenfassen:

1.) Smolins Theorie ist spekulativer Natur, da es gemäß derzeitigem Wissensstand keine naturgesetzliche Möglichkeit gibt, empirische Kenntnisse über andere Universen zu erwerben. Der spekulative Charakter von Hypothesen über andere Universen ist allerdings *kontingenter* Natur und damit harmloser als der spekulative Charakter von kreationistischen Erklärungshypothesen, die aufgrund ihres Ex-post-Charakters schon aus logisch-begrifflichen Gründen spekulativ sind und somit notwendigerweise spekulativ bleiben, wie auch immer sich unser Wissen ändert. Während notwendig-spekulative Hypothesen wissenschaftlich inakzeptabel sind, sind kontingent-spekulative Hypothesen bis zu einem gewissen Grad tolerabel und sogar wissenschaftlich fruchtbar – zumindest solange nicht ausgeschlossen werden kann, dass in der Zukunft unabhängige (wenn auch nur indirekte) Überprüfungsmöglichkeiten gefunden werden können. Es sei allerdings zugestanden, dass die Abgrenzung zwischen begrifflicher und kontingenter Spekulativität nicht scharf, sondern eher graduell verläuft. Denn so wie der Vertreter der Evolution von Universen könnte ja auch der Kreationist behaupten, es sei lediglich aus kontingenten Gründen bisher nicht möglich gewesen, nachweisbaren Kontakt mit dem Jenseits aufzunehmen, doch vielleicht sei dies eines Tages möglich. Freilich können zugunsten Smolins These zahlreiche weitere Vorzüge im Vergleich zum Kreationismus genannt werden, z. B. dass sie im Gegensatz zum Kreationismus im Einklang mit dem akzeptierten kosmologischen Hintergrundwissen steht. Doch dies ändert nichts Grundsätzliches an der Gradualität der Unterscheidung zwischen begrifflichen und kontingenten Spekulationen.

2.) Wir werden also kaum jemals wissen, ob Smolins Hypothese zutrifft. Aber selbst wenn seine Hypothese zuträfe, wären die Erklärungsprobleme nicht gelöst. Denn es stellt sich die Frage, wie es denn zum *ersten* Universum kam. Die Antwort auf diese Frage fällt schwer, weil Smolin zufolge das erste Universum „reproduktionsfähig" gewesen sein und damit bereits selbst sehr „unwahrscheinliche" Parameterkonstellationen besessen haben muss. Dass ein Erklärungsproblem bestehen bleibt, sollte uns allerdings angesichts unserer Überlegungen zur Illusion von Letzterklärungen in ▶ Abschnitt 5.5 nicht verwundern. Auch Smolins Erklärungshypothese kann das Problem der „letzten Warum-Frage" nicht lösen, sondern nur wieder ein Stück weiter nach hinten verschieben. Am Ende aller wissenschaftlichen Erklärungsketten verbleibt ein letztes Rätsel, eine letzte unbeantwortete Warum-Frage, die nicht aufhört, uns zu Spekulationen anzutreiben, die, auch ohne wissenschaftlich bestätigungsfähig zu sein, ihre geistige Berechtigung besitzen.

Teil II:

Evolution überall?
Verallgemeinerung
der Evolutionstheorie

Kann man die Prinzipien der Darwin'schen Evolutionstheorie von ihren biologisch-genetischen Grundlagen ablösen und auch auf andere Bereiche anwenden, so wie dies in verschiedenen Fachgebieten versucht wurde? Kann man von der Evolution der Kultur, der Evolution eines Einzelindividuums oder auch von der eines Planetensystems sprechen? Oder läuft der Evolutionsbegriff dabei Gefahr, überdehnt zu werden? In Teil II beginnen wir, diesen Fragen systematisch nachzugehen. Dabei werden wir auf grundlegende wissenschaftstheoretische Fragen stoßen, z. B. die Analyse des Begriffs der evolutionären Funktion und der scheinbaren Zielgerichtetheit evolutionärer Prozesse, oder die Frage nach der Reduzierbarkeit oder Nichtreduzierbarkeit der Wissenschaften evolutionärer Systeme auf Physik. Wir wenden uns aber auch den ethischen Konsequenzen zu, die von der verallgemeinerten Evolutionstheorie nahegelegt werden. Beruht Evolution tatsächlich auf dem egoistischen Prinzip der Selektion des Stärksten, so wie dies der Sozialdarwinismus vor eineinhalb Jahrhunderten verkündete? Wir werden sehen, dass es sich bei Letzterem um eine gravierende Fehlinterpretation des Darwinismus handelte. Wie sieht die Beziehung zwischen evolutionärer Ethik und humanistischer Morallehre wirklich aus? Dieser Frage wird im Schluss von Teil II nachgegangen.

6.
Prinzipien moderner Evolutionstheorie und ihre Verallgemeinerung

In diesem Kapitel halten wir in der Präsentation von Stoffmaterial inne und arbeiten die grundlegenden Merkmale von evolutionären Prozessen heraus. Damit legen wir die Basis für die *Verallgemeinerung* der Evolutionstheorie, welche in diesem Kapitel nur in ihren Grundzügen vorgestellt und in den weiteren Teilen dieses Buches im stofflichen Detail ausgeführt wird.

6.1 Die drei Darwin'schen Module: Evolution als rekursiver Algorithmus

Rückblickend können wir festhalten, dass Evolutionsprozesse aus drei grundlegenden Komponenten oder Modulen bestehen, die ich die *drei Darwin'schen Module* nenne:

1.) **Reproduktion:** Es gibt Entitäten, evolutionäre Systeme bzw. Organismen, die sich hinsichtlich gewisser bedeutsamer Merkmale immer wieder reproduzieren; diese Merkmale nennt man reproduzierte oder vererbte Merkmale, und jeder solche Reproduktionsvorgang erzeugt eine neue Generation.

2.) **Variation:** Die Reproduktion bringt Variationen mit sich, die mitreproduziert bzw. vererbt werden.

3.) **Selektion:** Es gibt Selektion, weil gewisse Varianten unter gegebenen Umgebungsbedingungen fitter sind, d. h. sich schneller reproduzieren als andere, und dadurch die anderen Varianten langfristig verdrängen. Die *selektierenden* Parameter der Umgebung heißen auch *Selektionsparameter*.

Sober (1993, 9) fasst die drei Module als „vererbbare Variation der Fitness" zusammen. Dabei wird unter „Fitness" die *effektive* Reproduktionsrate verstanden, d. h. die durchschnittliche Anzahl von sich ihrerseits reproduzierenden Nachkommen. Wie Sober (1984) herausarbeitet, verhalten sich unter Voraussetzung von Reproduktion die Module der Variation und Selektion komplementär: Während Selektion *eliminativ* arbeitet, d. h. gewisse Varianten gegenüber anderen in ihren Häufigkeiten benachteiligt und schließlich eliminiert, werden sämtliche *Novitäten* der Evolution durch Variation erzeugt. Dies ist eine wichtige Einsicht, da die Annahme, Selektion erzeuge direkt gewisse Variationen, einem Lamarckismus gleichkäme. Zu beachten ist jedoch, dass die Wahrscheinlichkeit von Variationen aufgrund von *Rekombinationen* durch das Wirken von Selektion stark beeinflusst wird. Sind beispielsweise neben den alten Allelen a und b die neuen Allele A und B durch unabhängige Mutationen entstanden, so ist die Wahrscheinlichkeit der zufälligen Rekombination von A und B in einem Nachkommen zu AB wesentlich größer, wenn viele der alten und konkurrierenden a- bzw. b-Allele bereits ausgestorben sind.

Unterschiedliche Reproduktionsraten allein führen zunächst nur zu *schwacher* Selektion im Sinne einer kontinuierlichen Abnahme der relativen Häufigkeiten der weniger fitteren Varianten. Das heißt noch nicht, dass diese Varianten aussterben müssen. Schwache Selektion ohne Elimination ist allerdings nur möglich, wenn die Gesamtpopulation kontinuierlich wächst. In allen realistischen Beispielen sind jedoch der Populationsgröße durch Ressourcenbegrenzung der Umgebung obere Grenzen gesetzt. Dadurch kommt es zu *starker* Selektion, d. h., die Häufigkeit der weniger fitten Varianten nimmt nicht nur ab; sondern irgendwann sterben diese Varianten schließlich aus.

Eine weitere Unterscheidung ist die zwischen *aufbauender* und *bewahrender Selektion* (Millikan 1993, 46 f). Aufbauende Selektion treibt die Häufigkeit einer neuen Variante nach ihrer ersten Entstehung hinauf. Man benötigt aber auch Selektion, um danach die Häufigkeit der Variante hochzuhalten, denn die Wahrscheinlichkeit von dysfunktionalen Variationen ist immer größer als die Wahrscheinlichkeit von verbessernden Mutationen, sodass ohne bewahrende Selektion sich mit der Zeit immer mehr dysfunktionale Varianten ausbreiten würden. So haben beispielsweise auf Inseln, in denen dort eingewanderte Vögel keine natürlichen Feinde hatten, die Vögel nach und nach ihre Flugfähigkeit verloren, unter Tage lebende Säugetiere wurden blind, und der zelluloseverdauende Darm der Affen verkümmerte beim Menschen. Nur wenn der Selektionsdruck, der eine Variante ursprünglich aufgebaut hat, zumindest partiell anhält, bleibt die Häufigkeit der Variante hoch. Weitere Unterscheidungen von Arten der Variation (z. B. zufällig vs. gerichtet), der Reproduktion (z. B. syntaktisch vs. semantisch) und der Fitness (z. B. Fertilitäts- vs. Vitalitätsfitness) werden wir in ▶ Kap. 9 kennenlernen.

Dennett (1997, 64 f) hat hervorgehoben, dass die drei Darwin'schen Module einen *algorithmischen* Prozess bewirken, wobei er folgende grundlegende Eigenschaften dieses algorithmischen Prozesses hervorhebt:

1.) Der Prozess ist abstrakt und gegenstandsneutral darstellbar, weshalb er zumindest im Prinzip auf unterschiedlichste Gegenstandsbereiche angewendet werden kann. Diese *Gegenstandsneutralität* der Darwin'schen Module ist eine fundamentale Voraussetzung für die *Verallgemeinerung* der Evolutionstheorie, der wir in ▶ Abschnitt 6.3 sowie in ▶ Teil III und IV nachgehen werden.[44]

2.) Der algorithmische Prozess besteht aus grundlegend einfachen Schritten: a) die Reproduktion der Gene bzw. verallgemeinert gesprochen der „Repronen" des Systems, b) ihre Variation, c) die kausale Erzeugung von Organismen mit ihren phenetischen Merkmalen sowie schließlich d) die Selektion aufgrund unterschiedlicher Reproduktionsraten.

---

[44] Mit Gegenstandsneutralität ist nicht gemeint, dass es sich um ein gänzlich formales bzw. uninterpretiertes Modell im mathematischen Sinne handelt, sondern nur, dass die inhaltlich interpretierten Begriffe des Evolutionsmodells (z. B. Raum, Zeit, System, Umgebung, Reproduktion, Selektionskraft) von höchst allgemeiner Natur sind und keine bestimmten Gegenstandsarten voraussetzen.

Dennetts dritte Bedingung, der zufolge ein Algorithmus immer ein „garantiertes Ergebnis" produziert, kann zwar definitorisch gefordert werden, ist aber für reale evolutionäre Systeme nicht zwingend. Andererseits fehlt bei Dennett die vermutlich wichtigste Eigenschaft algorithmischer Prozesse, nämlich ihre Rekursivität (vgl. auch Boyd und Richerson 1985, 20 f):

3.) Algorithmische Prozesse sind *rekursiv* (bzw. iterativ), d. h. *dieselbe* Sequenz von einfachen Schritten (vgl. a bis d oben) wird immer wieder auf das zwischenzeitlich produzierte Ergebnis angewandt. Aus sehr vielen hintereinander gereihten *lokalen* Schritten dieser Art entsteht so nach und nach ein *globales* Entwicklungsergebnis, das keineswegs schon aus der „inneren Natur" der lokalen Schritte ablesbar und oft genug auch nicht mathematisch vorausberechenbar ist, sondern nur evolutionär verstanden und erklärt werden kann. Diese Rekursivität ist in der Tat das Geheimnis aller evolutionären Prozesse. Sie führt dazu, dass aus der Iteration von erstaunlich *simplen* Grundelementen hochgradig komplexe Strukturen entstehen, die dann so aussehen, als hätte sie ein „überlegener Designer" entworfen. Rekursive Prozeduren sind auch die wichtigste Grundlage von formalen Logiken und Computerprogrammen.

6.2 Grundlektionen evolutionären Denkens

Seit Darwin war die Evolutionstheorie Missverständnissen ausgesetzt, denen wir in diesem Abschnitt und in ▶ Kap. 8 nachgehen.

6.2.1 Was wird selektiert?

Eine krasse Fehlinterpretation der Darwin'schen Evolutionstheorie war die These, in der biologischen Evolution ginge es um die Erhaltung der Rasse (▶ Abschnitt 8.2.3). Aber auch die Auffassung, es gehe um die Erhaltung der Art, ist unhaltbar – denn biologische Evolution besteht wesentlich aus Artaufspaltung und dem Aussterben von Arten. Wenn noch in den 1960er Jahren biologische Verhaltensforscher wie z. B. Lorenz (1963) und andere vom Prinzip der *Arterhaltung* sprachen, so waren damit aus heutiger Sicht unterschiedliche Dinge gemeint, die man nicht vermengen sollte (vgl. auch Sober 1993, 93). Zum einen war die oben angesprochene bewahrende Selektion gemeint. Zum anderen – z. B. dort, wo Lorenz über den Tötungsvermeidungsinstinkt bei männlichen Rivalenkämpfen sprach – ging es um Mechanismen der Kooperation und Gruppenselektion (▶ Abschnitt 8.4).

Dawkins (1998, Orig. 1976) hat überzeugend argumentiert, dass es in der biologischen Evolution in erster Linie um das Überleben der Gene geht, denn diese sind es, die direkt repliziert und vererbt werden. Dawkins (1998, 52) spitzte dies auf die Formel zu, wir seien lediglich die Überlebensmaschinen unserer Gene. Auch diese Auffassung ist eine Übertreibung. Zwar sind die Gene das, was direkt reproduziert wird, doch andererseits sind die dispositionellen Merkmale eines Organismus (in gegebener Umgebung) die unmittelbare Ursache seiner Reproduktionsrate, sodass so gesehen auch das Individuum und seine Merkmale als Gegenstand der Selektion angesehen werden können (vgl. auch Mayr 1963, 184; Sober 1993, 104). Was schließlich die umstrittene Gruppenselektion betrifft, besteht zumindest Konsens darüber, dass von der sozialen Gruppe als weiterer Ebene der Selektion genau dann sinnvoll gesprochen werden kann, wenn es einen Selektionsvorteil für Kooperation und Altruismus geben kann (▶ Abschnitt 8.4 und Kap. 16). Die Frage jedoch, ob diese Ebenen der Selektion zumindest partiell voneinander unabhängig sind oder ob eine wenn auch komplizierte Reduktion höherer Selektionsebenen auf die unterste Selektionsebene der Gene möglich ist, ist nach wie vor kontrovers.

6.2.2 Subversion von Ziel, Fortschritt und Essenz

Eine insbesondere im Sozialdarwinismus (▶ Abschnitt 8.2.1) verbreitete Fehlauffassung war die Vorstellung eines evolutionären Gesetzes zur Höherentwicklung. Doch die Evolutionstheorie macht keine implizit teleologischen Annahmen, wonach Variation und Selektion gemäß einem „geheimen Plan" zusammmenarbeiten. Dass sich die Bewegungsapparatur von Tieren den veränderten Umweltbedingungen anpasst, sodass sich die Gliedmaßen schwimmender Säuger in Flossen umformen oder den vor Carnivoren fliehenden Herbivoren der Steppe Hufe wachsen, ist kein Automatismus, sondern entwickelt sich nur, wenn das Trial-and-Error-Spiel der Variationen hinreichend Zeit besitzt, und auch dann nur mit Wahrscheinlichkeit. Evolution bewirkt auch nicht, dass Organismen optimal oder perfekt angepasst sind, sondern nur, dass die derzeit lebenden Speziesvertreter *besser* angepasst sind als ihre Speziesvorgänger, und selbst das nur mit Wahrscheinlichkeit. Dies belegt das Auftreten von nicht funktionalen oder gar dysfunktionalen Homologien überall in der Evolution, wie in ▶ Abschnitt 4.1 herausgearbeitet wurde. Wie Maynard Smith und Szathmáry (1996, 3) hervorheben, gibt es nicht einmal ein evolutionäres Gesetz der Evolution zum Komplexeren. Viele Arten haben sich im Verlauf der Evolution gar nicht verändert. Nur unter „günstigen" Bedingungen führt Evolution zu komplexeren Lebensformen. Die Spezies *Homo sapiens* ist zwar derzeit die fitteste oder zumindest mächtigste unter den Arten, aber es gibt sie erst ein paar Hunderttausend Jahre lang, was weniger als ein Hundertstel der mittleren Lebenszeit von Spezies beträgt. Wären wir unsterblich wie Götter, könnten wir gelassen sagen: Warten wir doch erst einmal ab, wer sich am Ende als langfristig am überlebenstüchtigsten erweist: die Menschen, höheren Wirbeltiere, Insekten oder Prokaryonten?

Obwohl Evolution kein bestimmtes *Ziel* der Entwicklung impliziert, ist sie in ihrem Verlauf nicht tautologisch-beliebig. Was die drei Module implizieren, ist dies: Evolutionäre Prozesse besitzen eine *Richtung*. Diese Richtung der Entwicklung hin zu Anpassungsleistungen eines bestimmten Typs ist das Resultat des nachhaltigen Wirkens stabiler Selektionsparameter der Umgebung. Diese Gerichtetheit impliziert natürlich nicht, dass Evolution linear ist; die Richtungen der Evolution äußern sich vielmehr als bevorzugte Äste des großen Verzweigungsbaumes von Abstammungslinien. Nicht alle Spezies konkurrieren ja miteinander, sondern sie sind auf *ökologische Nischen* mit unterschiedlichen Selektionsparametern verteilt. Zum Beispiel fand unter den Vertebraten eine Entwicklung auf immer komplexere Nervensysteme hin statt, was nicht heißt, dass deswegen die Insekten ausstarben.

Eine weitere Tendenz des Common Sense, die durch evolutionäres Denken unterhöhlt wird, sind Erklärungen von historischen Prozessen durch *Wesenseigenschaften* (bzw. Essenzen), die sich bei evolutionärer Betrachtung oft schnell als Fiktion erweisen. Beispielsweise wird immer wieder gefragt, was denn den Menschen von höheren Primaten oder anderen höheren Säugern so drastisch unterscheidet, dass nur der Mensch die höheren Eigenschaften von Kultur und Zivilisation entwickelte. Man versucht, diesen Unterschied auf ein Wesensmerkmal des Menschen zurückzuführen. Wie man aber heute weiß, besitzen höhere Primaten in rudimentärer Weise sowohl Sprache, Vernunft und sogar die Fähigkeit zu kultureller Evolution. Warum hat dann kulturelle Evolution nur beim Menschen stattgefunden? Eine typische evolutionäre Antwort darauf wäre die folgende: Der „Quantensprung", die „kritische Masse", setzte beim Menschen *als Erstes* ein. In, sagen wir, weiteren 5 Mio. Jahren nach *Homo erectus* hätte eine solche Entwicklung durchaus auch in anderen Spezies stattfinden können, aber der Mensch hat ja schon alles ausgerottet oder auf nicht evolutionsfähige Reservate reduziert. Ähnlich werden wir in ▶ Abschnitt 10.2 argumentieren, dass die Frage, aufgrund welcher Wesensmerkmale der „weißen Rasse" die industrielle Revolution zuerst von den Europäern erfunden wurde, aus evolutionärer Sicht falsch gestellt ist. Nicht die Wesensmerkmale, sondern das *Tempo* war entscheidend. Vermutlich hätte sich die industrielle Revolution auch woanders entwickelt, nur viel später – doch bevor dies geschehen konnte, wurde diese mögliche Entwicklung durch wirtschaftliche Kolonialisierung durch den Westen verhindert.[45]

6.2.3 Gerichtete Evolution und Stabilität der Selektionskräfte

Evolutionäre Prozesse sind quasiteleologisch: Aus ihrer selektiven Gerichtetheit *scheint* sich ein Ziel zu ergeben, das angestrebt wird. Wie wir sagten, verdankt sich die Gerichtetheit einer Abstammungslinie aber nur der *Stabilität* von Selektionskräften über viele Generationen hinweg. Wenn sich die Selektionskräfte bzw. Selektionskriterien stark ändern, ändert sich in der Folge auch die Richtung der Evolution. Aufgrund solcher Richtungswechsel kann man die Evolution in Phasen einteilen, z. B. anaerobe vs. aerobe Einzeller. Nicht mehr von gerichteter Evolution kann man dagegen dann sprechen, wenn sich die Selektionsparameter in schneller und unregelmäßiger Weise verändern, mit Änderungsraten von gleicher Größenordnung wie die Generationsraten. Dies kann zu starken Fluktuationen oder gar zu chaotischen Entwicklungen führen. Es ist fraglich, ob in diesem Fall überhaupt noch von Evolution gesprochen werden kann – jedenfalls nicht mehr von gerichteter Evolution. Als Voraussetzung gerichteter Evolution muss (über die drei Module von ▶ Abschnitt 6.1 hinaus) vielmehr folgende *vierte* Bedingung angenommen werden:

---

[45] Dasselbe Denkschema kann man auf den Niedergang sozialistischer Planwirtschaften anwenden, deren Fortschrittstempo mit dem des kapitalistischen Westens nicht mithalten konnte und die daher, unter anderem durch Auswanderungen, nach und nach „ausdörrten".

> **Stabilität der Selektionskräfte:** Die Änderungsrate der Selektionskräfte ist im Vergleich zur Generationenrate entweder gering, oder aber die Änderungen sind regelmäßig bzw. voraussagbar.

Die Oder-Formulierung ist nötig, weil sich Organismen durchaus an sich verändernde Umgebungen anpassen können, sofern die Veränderungen regelmäßig sind. Dementsprechend unterscheidet man Spezies in *Spezialisten* und *Generalisten;* letztere passen sich an wechselnde Bedingungen an (Sober 1993, 21). Ein einfaches Beispiel ist die Anpassung an die Tages- und Jahreszeiten. Es gibt auch komplexere Beispiele, z. B. das amphibische Pfeilkraut, dessen Blätter unter Wasser seegrasähnliche, auf dem Wasser seerosenblattähnliche und auf dem Land pfeilförmige Form annehmen (Wilson 1998, 185 f). Das generalistischste Lebewesen ist zweifellos der Mensch.

6.2.4 Elimination und Produktion von Vielfalt

Unter dem Druck stabiler Selektionsparameter wird in der Evolution die kurzfristige Vielfalt, die durch Variationen erzeugt wird, alsbald eliminiert. Stattdessen entwickelt sich ein Restbestand von im gegebenen Umweltmilieu suboptimalen bzw. „abnormalen" Varianten, die durch Mutationen nachproduziert und durch bewahrende Selektion auf geringem Level gehalten werden (▶ Abschnitt 6.1). Dieser Bestand von „abnormalen" Varianten ist für die Evolution sehr bedeutsam, denn damit wird tendenziell verhindert, dass eine Spezies bei Änderung der Umweltbedingungen nicht rasch genug reagieren kann und ausstirbt. Wenn beispielsweise aufgrund eines Klimawechsels die langbeinigen Antilopen in gebirgiges Gelände auswandern müssen, wird dort der minimale Bestand an Antilopen mit kurzen und stämmigen Beinen die Spezies vor dem Aussterben retten und nach hinreichend vielen Generationen die Langbeiner verdrängt haben.

 Wie entsteht in der Evolution aber dann nachhaltige Vielfalt? In erster Linie dadurch, dass sich Populationen auf unterschiedliche ökologische Nischen mit unterschiedlichen Selektionsanforderungen aufteilen und sich damit *separieren*. Auf ein Schlagwort gebracht hieße dies: keine Vielfalt ohne partielle Separation. Es gibt Katzen und Mäuse, Kühe und Pferde, aber keine kontinuierliche Reihe von Zwischenwesen. Abweichungen von dieser Regel gibt es nur aufgrund besonderer Umstände. In der Biologie spricht man hier von *balanciertem Polymorphismus*. Die zwei wichtigsten Beispiele hierfür sind der Migrationspolymorphismus, bei dem zwischen zwei Umgebungen mit unterschiedlichen Selektionsanforderungen eine anhaltende Migration stattfindet, welche die Separierung verhindert, sowie der *heterozygote Polymorphismus*, worin die heterozygote Kombination (aA) fitter ist als beide Homozygoten (aa und AA), was das nachhaltige Überleben beider Allele (a und A) sichert (▶ Abschnitt 13.3).

 Heißt dies, dass nachhaltige *Vielfalt ohne Separation* evolutionär gar nicht entstehen kann? *Nein*, dies ist nicht der Fall – doch es sind *andere* Mechanismen, die dies bewirken. In der biologischen Evolution sind dies insbesondere die Mechanismen der Zufallsdrifte und selektiv neutralen Variationen (▶ Abschnitt 2.3 und 6.2.6), die zu keiner signifikanten Änderung der Fitness führen und daher nicht der eliminierenden Kraft der Selektion ausgesetzt sind. Neutrale Variationen vermögen eine enorme Vielfalt zu erzeugen. Oft nehmen solche Variationen sekundär die Funktion von Wiedererkennungsmustern an – Beispiele sind die Gesänge von Singvögeln oder die vielfältigen Farben und Formen von Blüten (wobei hier eine Koevolution von Blumen und bestäubenden Insekten stattfindet). Weitere Mechanismen der Erzeugung nachhaltiger Vielfalt haben mit häufigkeitsabhängiger Selektion zu tun und spielen in der kulturellen Evolution eine besondere Rolle (▶ Abschnitt 9.8.3).

6.2.5 Evolution der Evolutionsfähigkeit

Evolutionäres Denken zeichnet sich auch durch seine Anwendbarkeit auf *Metaebenen* aus. Ein erstes Anwendungsbeispiel war das Problem der Klassifikation in ▶ Abschnitt 2.5: Hier führten wir die Tatsache, dass es nicht immer eine eindeutige „Lösung" des Klassifikationsproblems gibt, darauf zurück, dass biologische Spezies ein Produkt der Evolution sind. Ein zweites Anwendungsbeispiel sind die in ▶ Abschnitt 7.2 behandelten normischen Gesetzmäßigkeiten evolutionärer Systeme. In diesem Abschnitt behandeln wir ein weiteres Beispiel, nämlich die *Evolution der Evolutionsfähigkeit* (Dawkins 1989; Wagner und Altenberg 1996).

Dieses Prinzip besteht darin, dass in biologischen Organismen typischerweise gewisse Merkmale sehr leicht mutieren bzw. evolvieren, im Gegensatz zu anderen, die eher stabil bleiben – und zwar derart, dass die schneller mutierenden Merkmale solche sind, bei denen schnelle Evolvierbarkeit Vorteile bringt. Beispielsweise variieren grundlegende Baupläne langsam, Extremitäten oder Gebissformen dagegen schnell. Wir hatten dieses Prinzip bereits in ▶ Abschnitt 2.2 als Weismann-Effekt kennengelernt, und ein ähnlich gelagertes Beispiel sind die in ▶ Abschnitt 2.1 erwähnten Sollbruchstellen an Chromosomen. Auch unterschiedliche Evolutionsfähigkeit kann als Resultat der Selektion erklärt werden. In dieser Erklärung geht man davon aus, dass die Mutationsrate gewisser genetischer Loci bei unterschiedlichen Individuen unterschiedlich ist. Dann werden solche Individuen Selektionsvorteile besitzen, in deren Erbgut jene genetischen Loci häufiger mutieren, bei denen sich Mutationen häufiger positiv auswirken als bei jenen Loci, die seltener mutieren.

Die Evolution der Evolutionsfähigkeit kann einige erstaunliche *Analogieserien* erklären. Wie in ▶ Abschnitt 3.4 angeschnitten, haben sich zahlreiche Analogien zwischen Beutelsäugetieren und plazentalen Säugetieren entwickelt, obwohl sich die beiden Säugetierunterklassen schon viel früher getrennt hatten. So gibt es den (ausgestorbenen) Beutelsäbelzahntiger, den (ausgestorbenen) Tasmanischen Beutelwolf, Beutelratten, Oppossummäuse, Flugbeutler und Beutelmarder (Ridley 1993, 453 ff). Wie ist es möglich, dass gleichartige ökologische Nischen *derart* ähnliche Formen ergeben? Angesichts der vielen Zufallsdrifte in der Evolution erscheint dies prima facie erstaunlich, und man könnte geneigt sein, hier eine Anpassungsteleologie hineinzulesen. Plausibel ist jedoch die Erklärung durch gleichartige Evolutionsfähigkeit: Im Bauplan der gemeinsamen Vorfahren von Beutelsäugern und plazentalen Säugern waren gewisse Merkmalsarten und die ihnen zugehörigen DNS-Abschnitte darauf programmiert, besonders leicht zu mutieren, z. B. Körpergröße, Beinlänge, Zahngröße, Gebiss- oder Krallenform, sodass in gleichartigen Umgebungen die Merkmalsselektion in beiden Unterreichen in dieselbe Richtung lief.

6.2.6 Alternativen zum Darwinismus oder Varianten eines vereinheitlichenden Paradigmas?

In den Kulturwissenschaften wird häufig über Alternativen zur darwinistischen Evolutionstheorie gesprochen. Lassen sich solche in den gegenwärtigen Naturwissenschaften finden? Levit, Meister und Hoßfeld (2005) führen folgende Strömungen als „alternative Evolutionstheorien" an: 1) Mutationismus (z. B. de Vries), 2) Biosphärentheorie (z. B. Süß, Teilhard de Chardin), 3) „wissenschaftlicher" Kreationismus, 4) Altdarwinismus (z. B. Ernst Haeckel), 5) Neolamarckismus, 6) idealistische Morphologie, 7) Saltationismus und 8) Orthogenese. Viele dieser Strömungen waren zwar zu Beginn des 20. Jahrhunderts aktuell, finden aber gegenwärtig kaum wissenschaftliche Beachtung – so z. B. Mutationismus und Saltationismus, die übrigens fast deckungsgleich sind, sowie Altdarwinismus und Orthogenese (vgl. Beginn von ▶ Kap. 2). Die Zusammenstellung von Levit, Meister und Hoßfeld (2005) mischt aber nicht nur Vergangenes mit Gegenwärtigem, sondern auch naturwissenschaftliche mit nicht naturwissenschaftlichen Auffassungen. In letztere Kategorie gehört nicht nur der sich wissenschaftlich gebende Kreationismus, sondern auch Biosphärentheorie, Orthogenese und idealistische Morphologie, da allen drei Strömungen eine teleologische Auffassung zugrunde liegt, angereichert durch spekulative Komponenten. Man kann wissenschaftlich akzeptable Aspekte aus diesen Auffassungen herauslösen, so wie dies von Levit, Meister und Hoßfeld (2005) getan wird, aber dann hat man keine „Alternativtheorien" mehr.

Wenn man die von Levit et al. angeführten Strömungen gemäß ihren Inhalten adäquat zusammenfasst, erhält man neben den altbekannten Auffassungen des Kreationismus und der Teleologie die folgenden *Positionsspektren*:

1.) die Kontroverse zwischen universalem Adaptionismus (Altdarwinismus) vs. schwachem Adaptionismus, der die Rolle von Zufallsdriften anerkennt;
2.) die Kontroverse zwischen Kontinuierlichkeit vs. Diskontinuierlichkeit der Evolution;
3.) die Kontroverse um den Neolamarckismus.

Es scheint mir, dass keine der drei Kontroversen ein neues Evolutionsparadigma begründet. Vielmehr handelt es sich hier um verschiedene Richtungen innerhalb der darwinistischen Evolutionstheorie, über deren Adäquatheit letztlich auch empirische Evidenzen zu entscheiden haben.

In den 1960er Jahren hatte der Evolutionsbiologe und marxistische Humanist Stephen Jay Gould eine bekannte Kontroverse innerhalb der biologischen Evolutionstheorie ausgelöst. Wie Dennett (1997) ausführt, haben viele Geisteswissenschaftler Gould als Quelle benutzt, um den Darwinismus pauschal zu kritisieren, während Gould im Grunde nur Schwerpunktverlagerungen in den ersten beiden oben angeführten Kontroversen vorschlug (ebd., 366, 369, 429).

In Bezug auf die erste Kontroverse haben Gould und Lewontin (1979) den über-
triebenen Adaptionismus zu Recht kritisiert. Sie haben die Rolle von nicht funktionalen Bauplan-Constraints (▶ Abschnitt 4.1) sowie die Bedeutung von Zufallsdriften in der Evolution hervorgehoben. Zu den *Zufallsdriften* in der Evolution zählen
neben den neutralen Mutationen auf molekularer Ebene (▶ Abschnitt 2.3 und
3.3.3) auch Schwankungen der Allelhäufigkeiten, die in kleinen Populationen zum
Aussterben von Allelen führen können (solche Schwankungen können durch Zufall,
Katastrophen oder Auswanderungen bewirkt werden; vgl. Ridley 1993, Kap. 6). Die
Einsicht, dass evolutionäre Entwicklungen nicht nur auf Anpassungsprozessen, sondern auch auf nicht adaptionistischen Zufallsprozessen beruhen, hat das moderne
Bild von Evolution, verglichen zum älteren „Pan-Adaptionismus", verändert und
realitätsgerechter gemacht. Dennoch wäre es unangebracht, hier von zwei unterschiedlichen „Paradigmen", dem älteren „Selektionismus" vs. dem modernen „Neu-
tralismus", zu sprechen. Wie auch Dennett (1997, 366) betont, wandten sich Gould
und Lewontin in ihrer Kritik des Pan-Adaptionismus keinesfalls gegen die Existenz
adaptionistischer Prozesse überhaupt, was einige Evolutionskritiker fälschlicherweise
herausgelesen haben. Niemand in der gegenwärtigen Kontroverse bezweifelt, dass
beide Prozesse evolutionär bedeutsam sind – es geht nur um die Frage des relativen
Gewichts.

Auch für die zweite oben genannte Kontroverse haben Elredge und Gould (1972)
die Rolle einer Initialzündung gespielt, als sie betont haben, dass Evolution nicht
graduell, sondern diskontinuierlich verläuft, also lange Phasen der Stagnation von
schnellen revolutionären Veränderungen unterbrochen werden (sogenannte
punctuated equilibria). Doch wie wir in ▶ Abschnitt 2.4 zeigten, reiht sich diese
These zwanglos in die moderne Evolutionstheorie ein, der zufolge Evolution und
Revolution nicht länger ein Gegensatzpaar sind (ebenso Mayr 1982, 614–617; Ridley 1993, 512).

Was schließlich die dritte Kontroverse um den Neolamarckismus betrifft, so ist es
zunächst wichtig, zwischen Quasi-Lamarckismus und echtem Lamarckismus zu
unterscheiden. Mit Quasi-Lamarckismus sind Effekte gemeint, die nur den
Anschein erwecken, als würden hier erworbene Fähigkeiten in das Erbgut eingehen,
z. B. der in ▶ Abschnitt 11.4.1 besprochene *Baldwin-Effekt*. Ein echter, wenn auch
sehr schwacher Lamarckismus wäre dagegen die in ▶ Abschnitt 2.3 erläuterte mögliche Vererbbarkeit epigenetischer Aktivierungsmuster. Wenn dies wahr wäre, so
würden sich damit die Mechanismen genetischer Variation erweitern: Insofern
erlernte Eigenschaften das Erbgut beeinflussen könnten, wären genetische Variationen nicht mehr „blind", sondern könnten in ähnlicher Weise gerichtet sein wie kulturelle Variationen (▶ Abschnitt 9.6.1). Dies würde zweifellos eine kleine Revolution in der genetischen Evolutionstheorie bewirken. Doch die drei Darwin'schen
Module und damit die Grundstruktur der allgemeinen Evolutionstheorie blieben
davon unberührt, sodass auch in diesem Fall von keinem neuen Evolutionsparadigma gesprochen werden könnte.

6.3 Verallgemeinerung der Evolutionstheorie

Rekapitulieren wir die Darwin'schen Module von ▶ Abschnitt 6.1: Reproduktion, Variation und Selektion. Die evolutionären Systeme der *biologischen* Evolution sind die Organismen bzw. ihre Gene; Reproduktion findet durch Replikation der Chromosomen in der geschlechtlichen Zellteilung und Variation durch Mutation und Rekombination von Chromosomen statt. Doch bereits in der Formulierung der Darwin'schen Module haben wir darauf geachtet, dass sie nur das enthalten, was an der (Darwin'schen) Evolutionstheorie *verallgemeinerungsfähig* ist. Wir haben die Evolutionstheorie aus ihrer genetischen Verankerung sozusagen *herausabstrahiert.* Die evolutionären Systeme müssen nicht biologische Organismen und ihr reproduziertes Erbgut müssen nicht DNS-basierte Gene sein. An zwei Stellen dieses Buches haben wir bereits mögliche Verallgemeinerungen der Darwin'schen Module kennengelernt: einmal am Beispiel der präbiotischen Evolution der RNS-Moleküle, die sich ohne Zelle replizieren, und das zweite Mal anhand von Smolins Spekulation über die Evolution von Universen, in der sich die Darwin'schen Module gänzlich von der biologischen Ebene ablösten, aber dennoch strukturell erhalten blieben.

In den nächsten Abschnitten stellen wir weitere Verallgemeinerungen der Darwin'schen Evolutionstheorie vor. Die bedeutendste Verallgemeinerung ist die Theorie der *kulturellen Evolution*, die hier nur kurz angeschnitten und in Teil III dieses Buches behandelt wird. Auch einige Aspekte der Individualentwicklung lassen sich als Darwin'sche Evolution auffassen. Abschließend besprechen wir Vorformen Darwin'scher Evolution im Bereich physikalischer und chemischer Strukturen.

6.3.1 Kulturelle Evolution

Beginnen wir zunächst mit der negativen Abgrenzung der kulturellen Evolutionstheorie von der Soziobiologie. Die Soziobiologie (ähnlich wie die evolutionäre Psychologie) begreift die Kulturentwicklung des Menschen als letztlich durch dessen Gene bestimmt. Im Gegensatz dazu wird kulturelle Evolution in der verallgemeinerten Evolutionstheorie gerade *nicht* auf die genetisch-biologische Ebene reduziert und von daher zu erklären versucht. Es wird vielmehr eine *eigene Ebene* der kulturellen (sozialen, technischen) Evolution angenommen: Kulturelle Evolution beruht der kulturellen Evolutionstheorie zufolge auf der Evolution von *Memen.* Der Membegriff wurde 1976 von Dawkins (1998, Kap. 11) als „kulturelles Gegenstück" der Gene eingeführt.[46] Unter Memen sind menschliche Ideenkomplexe und Fertigkeiten zu verstehen, die durch den Mechanismus der *kulturellen Tradition* reproduziert werden. Dabei sei betont, dass hier „Kultur" immer *im weiten Sinne* verstanden wird, als alles Menschengeschaffene, das nicht auf die menschlichen Gene zurückführbar ist – kulturelle Evolution umfasst daher nicht nur Kulturgeschichte im engen Sinn von Moral und Religion, Kunst und Literatur, sondern auch Sozialgeschichte, politische und Rechtsgeschichte und insbesondere die Evolution von Wissenschaft und Technik.

---

[46] Zur Memtheorie vgl. z. B. auch Blackmore (2000), Aunger (2000) und Becker et al. (2003).

Für die Evolution von Memen spielt keine Rolle, welche Position man in der Körper-Geist-Kontroverse einnimmt – ob man Meme eher als neuronale Gehirnstrukturen oder als mentale Gedankenstrukturen ansieht. Wesentlich ist nur das Vorhandensein der drei Darwin'schen Module. Um diese Module hinreichend allgemein beschreiben zu können, wollen wir zunächst einige weitere gegenstandsneutrale Begriffe der verallgemeinerten Evolutionstheorie (VE) einführen, die in ▶ Tab. 6.1 zusammengefasst sind. Jede Art von Evolution besteht zuallererst aus ihren spezifischen *evolutionären Systemen* – das sind jene Systeme, die in direkter Interaktion mit der Umgebung stehen. In der biologischen Evolution (BE) sind dies die Organismen, in der kulturellen Evolution (KE) die vom Menschen geschaffenen kulturellen Systeme. Evolutionäre Systeme besitzen immer gewisse Teilsysteme, welche mehr oder weniger *direkt* voneinander repliziert oder reproduziert werden: Diese Teilsysteme nennen wir verallgemeinert die *Repronen* oder Repronenkomplexe. Die Repronen der BE sind die Gene, Genkomplexe und Genotypen; die Repronen der KE sind die Meme bzw. Memkomplexe, also gespeicherte Informationen im menschlichen Gehirn bzw. Geist. Die BE ist durch die Zusatzbedingung der geschlechtlichen Reproduktion und genetischen Diploidie charakterisiert, die man durch Genotypen (AA, Aa usw.) bezeichnet – diese Besonderheit tritt in der KE nicht auf, weshalb es hier keine Memotypen gibt.

Jene Merkmale und Fähigkeiten eines evolutionären Systems, welche im Verlauf seiner Individualentwicklung durch die Repronen hervorgebracht werden, nennen wir die *phenetischen* Merkmale des evolutionären Systems. In der BE sind dies die organismischen Merkmale, in der KE die kulturellen oder technischen Produkte bzw. Institutionen, die aus den Memen der Menschen hervorgegangen sind. *Selektion* kommt schließlich auf allen Ebenen dadurch zustande, dass sich gewisse Arten evolutionärer Systeme und die zugrunde liegenden Repronen in den gegebenen Umgebungsbedingungen *schneller* reproduzieren als andere. Neben diesen grundlegenden Gemeinsamkeiten von BE und KE gibt es freilich auch eine Reihe wichtiger Unterschiede, z. B. Autoselektion und gerichtete Variation in der KE, auf die in Teil III ausführlich eingegangen wird.

6.3.2 Individuelle Evolution

Neben den Ebenen der BE und der KE gibt es noch die Ebene der individuellen Evolution (IE). In ▶ Abschnitt 11.1 werden wir auf unterschiedliche Arten von Individualentwicklung und individuellem Lernen näher eingehen. Es wird sich herausstellen, dass es sich bei etlichen Arten des individuellen Lernens *nicht* um Darwin'sche Prozesse handelt. Es gibt jedoch einen genuin Darwin'schen Lernprozess in der Individualentwicklung, nämlich das Lernen durch *operante Konditionierung* bzw. *Versuch und Irrtum* (*trial and error*). Dabei werden spontane Variationen von eigenen Verhaltensweisen, Verhaltensplänen oder inneren Modellen erprobt und durch positives oder negatives Feedback der Umgebung selektiert, d. h. entweder durch „Belohnung" in der Häufigkeit ihres Auftretens verstärkt oder durch „Bestrafung" geschwächt. Operante Konditionierung folgt somit den Modulen der Darwin'schen Evolutionstheorie, wobei die Reproduktion der Verhaltensweisen und Ideen im

Tab. 6.1 Grundbegriffe der verallgemeinerten Evolutionstheorie und ihre biologischen, kulturellen und individuellen Korrelate

Verallgemeinerte Evolution (VE)	Biologische Evolution (BE)	Kulturelle Evolution (KE)	Individuelle Evolution (IE)
Evolutionäre Systeme	Organismen	menschliche Gemeinschaften	einzelne Menschen
Repronen	Gene im Zellkern	Meme bzw. erworbene Inform.	erlernte Information
phenetische Merkmale	Organe, Fähigkeiten	—— Fertigkeiten, Handlungsweisen —— —— Sprache, Ideen und Denkmuster ——	
Reproduktion	Replikation DNS-Kopie	Weitergabe an nächste Generation durch Imitation/ Lernen	Beibehaltung des Gelernten im Gedächtnis
Variationen	Mutation und Rekombination	Interpretation und Variation von tradierten Memen	Variation von eigenen Einfällen
Selektion	—— höhere Reproduktionsraten aufgrund höherer ——		
	Fortpflanzungsrate	kultureller Attraktivität	individueller Zielerreichung

Wesentlichen durch Speicherung im *Gedächtnis* und Reaktivierung in weiteren Anwendungen besteht. ▶ Tab. 6.1 stellt die Grundbegriffe der VE und ihre Korrelation auf den Ebenen der BE, KE und IE übersichtlich zusammen.

6.3.3 Verallgemeinerte Evolutionstheorie: Theorie oder Metapher?

Gegner der verallgemeinerten Evolutionstheorie haben derselben oft vorgeworfen, die Übertragung der biologischen Evolutionstheorie auf die KE oder andere Evolutionsebenen sei bloße Metapher. Doch so wie wir die VE hier entwickelt haben, handelt es sich auf jeder Evolutionsebene um Entitäten, die sich keinesfalls bloß metaphorisch, sondern *buchstäblich* reproduzieren und dabei Variations- und Selektionsprozessen unterliegen. In Teil III wird dies für die kulturelle Evolution im Einzelnen nachgewiesen. Beispielsweise wird dort herausgearbeitet, dass die Träger der technischen Evolution eben nicht die technischen Geräte bzw. Artefakte sind – in dieser traditionellen Sichtweise wäre Evolution tatsächlich nur Metapher, denn technische Geräte reproduzieren sich nicht, sondern nur die kulturell reproduzierten Kenntnisse sowie Produktions- und Nutzungsweisen technischer Geräte. In Teil IV wird gezeigt, dass sich die Darwin'schen Module zu einer vereinheitlichten mathematischen Theorie der *Dynamik evolutionärer Systeme* ausbauen lassen, welche die biologische Populationsgenetik und die evolutionäre Spieltheorie gleichermaßen unter sich subsumiert. Sowohl kulturelle als auch verallgemeinerte Evolutionstheorie besitzen zahlreiche Anwendungen, deren Ausführung den weiteren Teilen dieses Buches überlassen bleibt.

6.3.4 Weitere Ebenen der Evolution

In (mindestens) drei weiteren Bereichen wurden Darwin'sche Prozesse vorgeschlagen:

1.) **Intuitiv-kreatives Denken:** Campbell (1960) hat vorgeschlagen, den Prozess des kreativen Denkens als Darwin'schen Prozess zu modellieren (Cziko 2001, 25 ff). Dabei bezieht er sich auf den Prozess des „Aha-Erlebnisses". Wenn man beim Versuch, ein Problem zu lösen, lange in sich versunken dasitzt, ohne zu wissen, was mental eigentlich genau vor sich geht, und einem dann schlagartig die zündende Idee kommt, werden dabei gemäß Campbells These im *kognitiven Unbewussten* in rasender Geschwindigkeit zahllose kognitive Möglichkeiten bzw. Variationen erprobt und wieder verworfen. Erst wenn eine kognitive Kombination genau die gewünschten Eigenschaften für die Lösung zu besitzen scheint, passiert sie die Schwelle zum Bewusstsein (positive Selektion und Beibehaltung), was uns dann so vorkommt, als sei uns die zündende Idee „plötzlich eingefallen".

2.) **Immunologie:** Ein weiteres Feld, in dem die Darwin'schen Module angewandt wurden, ist die Immunologie (Cziko 2001, 19). Gemäß der klonalen Selektionstheorie werden zunächst zufällig gewisse Antikörper produziert. Jene Antikörper, die sich mit feindlichen Krankheitserregern, den Antigenen, chemisch verbinden und diese damit unschädlich machen, werden mithilfe von Gedächtniszellen konserviert und daraufhin gezielt in größeren Mengen produziert, also positiv selektiert.

3.) **Neuronenwachstum:** Edelman (1987) hat vorgeschlagen, die Darwin'schen Module auf die neuronale Entwicklung des Gehirns zu übertragen, und prägte den Begriff „Neural Darwinism". Die Neuronenentwicklung erfolgt nämlich in zahlreichen Fällen gemäß einem Prozess des unspezifischen Wachstums neuronaler Verbindungen, gefolgt von selektiver Elimination jener neuronalen Verbindungen, die nicht benötigt (bzw. „durchgeschaltet") wurden. Es gibt aber Fälle, in denen der umgekehrte Prozess beobachtet wurde (Cziko 2001, 21 f), und insgesamt sind die Details noch zu wenig bekannt, um den Neural Darwinism als bestätigte Hypothese ansehen zu können.

6.4 Protoevolution physikochemischer Strukturen auf der Basis von begrenzter Variation und Retention

Schon Dawkins bezeichnete das „Überleben des Bestangepassten als Sonderfall vom *Fortbestand des Stabilen"* und erwähnte Kristalle als einfache Replikationsstrukturen (1998, 40, 45). Vor ihm hatte bereits Campbell (1974, 55) den Prozess des *Kristallwachstums* als Instanz seines Variations-Selektions-Retentions-Modells von Evolution beschrieben. Beim Kristallwachstum, also dem Auskristallisieren eines Salzes in einer flüssigen und sich langsam abkühlenden wässrigen Lösung, geht nämlich folgender chemischer Prozess vor sich: Die (elektropositiv geladenen) Kationen und (negativ geladenen) Anionen des Salzes ordnen sich spontan in Nachbarschaftsbeziehungen an (Variationen). Einige davon sind energetisch günstiger als andere, weil dabei der Pluspol möglichst nahe beim Minuspol und entfernt von anderen Pluspolen zu liegen kommt (Fitness). Eine Nachbarschaftsbeziehung, die der Geometrie des gebildeten Kristalls entspricht, ist energetisch besonders ausgezeichnet, also viel günstiger als alle anderen Anordnungen. Während die ungünstigeren Anordnungen sofort wieder verlassen werden (Elimination), können günstigere aber dennoch suboptimale Lösungen eine kurze Zeit beibehalten werden – aber dadurch, dass die Lösung eine gewisse Wärme und daher ihre Moleküle eine gewisse energetische Anregung besitzen, werden solche nicht optimalen Nachbarschaftsanordnungen, sogenannte „Kristallfehler", bald wieder aufgelöst, und zum Schluss bleibt nur die eine energetisch ausgezeichnete Anordnung bestehen, die makroskopisch die formschöne Kristallsymmetrie ergibt (Retention).

Man bezeichnet einen solchen Prozess auch als *Boltzmann-Prozess* (Rojas 1996, 320 ff). Durch das *thermische Rauschen* hat jedes Molekül genügend Zeit, seine optimale Position zu finden. Ein analoger Prozess findet etwa beim Abkühlen eines Metalls statt oder auch, wenn Eisenfeilspäne auf einer Platte über einem Magnetfeld so lange leicht angestoßen werden, bis sie sich letztlich alle in Richtung des Magnetfeldes orientiert haben. Dieselbe Art von Prozess geht auch bei allen chemischen Reaktionen vor sich, in denen neue chemische Bindungszustände gebildet werden, weshalb Campbell die Bildung von chemischen Molekülen ganz generell als Instanz von Evolution durch Variation, Selektion und Retention ansah.

Die längerfristige Beibehaltung einer energetisch besonders begünstigten (also „tiefliegenden") physikalischen oder chemischen Konfiguration bezeichnet Campbell als *Retention*. Im Gegensatz zu Campbell sei hier jedoch betont, dass Retention zwar als Vorstufe von Reproduktion angesehen werden kann, jedoch etwas anderes ist als Reproduktion. Reproduktion ist die regelmäßige Neuproduktion von Nachfolgegenerationen desselben evolutionären Systemtyps, was ständig Ordnung aufbaut und einen fortlaufenden Energiezustrom von außen erfordert (▶ Abschnitt 7.7). Retention ist dagegen der Endzustand eines in Variationsbereite und Dauer begrenzten Evolutionsprozesses eines Systemtyps, wobei dieser Endzustand dann statisch und ohne Energiezufuhr beibehalten wird, solange er nicht durch massive Einwirkung von außen zerstört wird. Der Variations- und Retentionsprozess des Kristallwachstums unterscheidet sich von genuiner Evolution also erstens dadurch, dass der Möglichkeitsraum der Variationen bzw. Zustandskonfigurationen von vornherein *begrenzt* ist, und zweitens darin, dass statische Beibehaltung statt echter Reproduktion stattfindet, weshalb der Prozess, nachdem alle Systemteile ihre energetisch optimale Gleichgewichtskonfiguration gefunden haben, zum *Erliegen* kommt. Ich schlage vor, diesen in Physik und Chemie höchst bedeutenden Typus einer Entwicklung zu einem stabilen Endzustand bzw. energetischen Gleichgewichtszustand nicht als Evolution, sondern als *Protoevolution* zu bezeichnen.

Protoevolutionäre Prozesse spielen – lange vor dem Auftreten biologischer Systeme – bereits in der Evolution des Kosmos eine bedeutende Rolle; nicht nur bei der Bildung von höheren Atomen und einfachen Molekülen, sondern auch bei der Ausbildung von Planetensystemen, der wir uns im nächsten Abschnitt zuwenden.

6.5 Die Protoevolution von Planetensystemen

Wie schon in ▶ Abschnitt 5.1 angeschnitten, beginnt die Protoevolution eines Planetensystems mit Materiewolken von extrem geringer Dichte, die um Sterne rotieren. Sämtliche chemischen Elemente, also die Bausteine jeglicher Materie, werden ja im Inneren der Sterne ausgebrütet; aus dem Wasserstoff entsteht zunächst Helium, dann die höheren Elemente, insbesondere Kohlenstoff, Stickstoff und Sauerstoff, bis hin zu Aluminium, Schwefel oder Eisen usw. in unterschiedlichen, aber stark abnehmenden Häufigkeiten (Ward und Brownlee 2000, 41, Abb. 3.1). Die um Sterne kreisenden Materiewolken bestehen aus einfachen Atomen oder Molekülen, die entweder schon zuvor vorhanden waren und vom Stern angezogen wurden oder die im Inneren des Sternes selbst ausgebrütet und durch gelegentliche Explosionen in Fontänen vertikal zur Drehachse ausgeschleudert wurden. In den rotierenden Materiewolken bilden sich zunächst winzige Staubkörnchen von weniger als einem Mikrometer, die durch chemische Adhäsion zusammenhaltend zugleich eine zunächst nur winzig kleine wechselseitige gravitationelle Anziehungskraft entfalten. So entwickeln die Staubkörnchen die zunehmende Tendenz zusammenzuwachsen, wo immer sie zufällig aufeinandertreffen. Nach vielen Millionen von Jahren entstehen so in der rotierenden Wolke einige größere Klumpen bis zu einigen Metern oder gar Kilometern, die sogenannten Asteroiden, deren bereits beträchtliche Gravitationskraft weitere Klumpen anzieht – je größer ein Klumpen, desto größer die Wahrscheinlichkeit, dass er sich vergrößert.

In der *Fütterungszone* (*feeding zone*) eines jeden Planeten, also in der Nachbarschaft seiner Umlaufbahn, kämpften dereinst viele kleine Körper darum, zu wachsen und durch Gravitation weitere Teilchen anzuziehen – schließlich überlebt nur ein Riesenklumpen, eben der heutige Planet, und in seiner Fütterungszone ist fast alles von Materieklumpen leer geräumt (ebd., 43–46). Riesenplaneten wie beispielsweise Jupiter haben eine so große Fütterungszone, dass in ihrer Nähe nur schwer ein weiterer Planet zu entstehen vermag – auf diese Weise erklärt man die Tatsache, dass sich innerhalb der Umlaufbahn des Jupiters heute immer noch ein Asteroidengürtel befindet, der, wie in ▶ Abschnitt 5.1 ausgeführt, unsere Erde vor Asteroideneinschlägen schützt (▶ Abb. 6.1). Die Planetenbildung ist ein Musterbeispiel eines protoevolutionären Prozesses, dessen Komponenten sich wie in ▶ Tab. 6.2 dargestellt den Komponenten eines evolutionären Prozesse zuordnen lassen.[47]

---

[47] Da die Fitness bzw. Vergrößerungstendenz eines Materieklumpen umso höher ist, je größer er bereits ist, liegt bei der Protoevolution von Planetensystemen zugleich eine positive Rückkopplung in Analogie zur positive Häufigkeitsabhängigkeit vor, die in ▶ Abschnitt 14.1.2 behandelt wird.

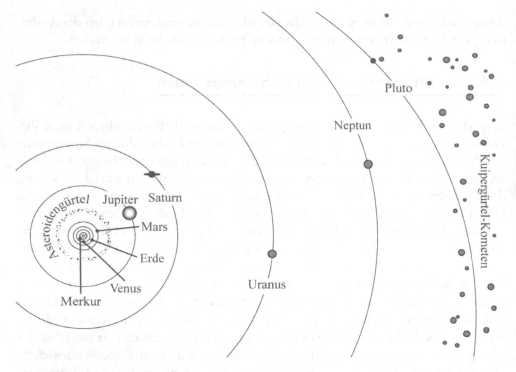

Abb. 6.1   Planeten unseres Sonnensystems (maßstabsgerechte Abstände) (verändert nach Ward und Brownlee 2000, 46, Abb. 3.2).

Tab. 6.2   Komponenten der Protoevolution von Planetensystemen und ihre Zuordnung zu Komponenten von Evolution

Evolution	Protoevolution am Beispiel Planetensystem
Organismus	Materieklumpen
ökologische Nische	Fütterungszone (Zone signifikanter Gravitation)
phenetische Merkmale	Umlaufbahn und Größe
Variation der Merkmale	Variation von Umlaufbahn und Größe
Häufigkeit (Selektionserfolg)	Größe der Materieklumpen
Reproduktion	Retention der Umlaufbahn, Größe kann wachsen
Fitness/Reproduktionsrate	Retentionswahrscheinlichkeit
Elimination (Aussterben)	Klumpen wird von größerem verschluckt

6.6 Die Verschachtelungshierarchie evolutionärer Systeme: Größenordnungen und Zeitfenster

Nach einem Vorschlag von Campbell (1974) ordnen sich evolutionäre Systeme und ihre Ebenen in der Form einer Verschachtelungshierarchie an. In ▶ Abb. 6.2 haben wir versucht, diese Verschachtelungshierarchie mit ihren spezifischen räumlichen Größenordnungen und „Zeitfenstern" bzw. zeitlichen Größenordnungen näherungsweise darzustellen.

Die chemische und biologische Evolution auf der Erde fand *nach* der (Prä-) Evolution unseres Planetensystems statt; die anderen (proto-)evolutionären Prozesse sind jedoch genuin ineinander verschachtelt. Gleichzeitig ablaufende und ineinanderverschachtelte Evolutionen sind ersichtlicherweise dimensionsmäßig voneinander separiert – sie müssen sich in ihren räumlichen oder in ihren zeitlichen Größenordnungen um mehrere *Zehnerpotenzen* unterscheiden, um *eigenständige Dynamiken* zu entwickeln.

	Jahre	km
Kosmos (inkl. Evolution der Sonne und Elemente)	$10^6 - 10^{10}$	$\leq 10^{23}$
Planetensystem (inkl. chemische Mikroevolution)	$2 \cdot 10^9$	$\leq 10^9$
Chem. Makroevol. und biolog. Evol. auf der Erde	$3 \cdot 10^9$	$10^4 - 10^5$
Kult. Evolution von Gesellschaften	$10^2 - 10^5$	$10^1 - 10^3$
Individuelle Evol. und Lernen	$10^0 - 10^2$	10^{-1}
Einzelner Denkakt als Evolution	10^{-5}	10^{-5}

Abb. 6.2 Verschachtelungshierarchie (proto-)evolutionärer Prozesse und ihre räumlichen und zeitlichen Größenordnungen.

7.
Wissenschaftstheoretische Grundlagen der Evolutionstheorie

7.1 Systemtheoretische Grundlagen: Geschlossene vs. offene Systeme

Wesentliche Grundbegriffe der verallgemeinerten Evolutionstheorie finden sich in einer noch allgemeineren Rahmendisziplin, nämlich der *Systemtheorie*, so wie sie etwa von Bertalanffy (1979) und Rapoport (1986) entwickelt wurde.[48] Dass sich die reale Welt überhaupt als Menge von *Systemen* beschreiben lässt, liegt daran, dass sie zwei grundlegende ontologische Eigenschaften besitzt: Erstens besteht sie nicht nur aus isolierten Individuen mit intrinsischen Eigenschaften, sondern zwischen den Individuen bestehen zahlreiche *kausale Zusammenhänge*. Anderseits hängt *nicht alles mit allem* signifikant zusammen – glücklicherweise, denn andernfalls wäre jeder Beschreibungsversuch der Welt hoffnungslos. Vielmehr gruppieren sich die vernetzten Dinge der Welt in gewisse Cluster bzw. Systeme, die in sich stark zusammenhängende Teile enthalten, jedoch zu ihrer Umgebung in vergleichsweise geringerer Abhängigkeit stehen. Systeme sind von ihrer Umgebung also bis zu einem gewissen Grad *kausal abgeschirmt*. Aufgrund dieser Tatsache besitzen Systeme eine gewisse (hinreichend enge) *Identität in der Zeit*, durch die sie von ihrer Umgebung abgrenzbar sind.

Jene Bedingungen, die den *Typ* eines Systems bestimmen, nennen wir die *Systembedingungen*. Sie zerfallen in die *inneren* Systembedingungen und die *Umgebungsbedingungen* – für den Systemzustand sind beide gleichermaßen verantwortlich. Die Gesetze, die Systeme (eines gewissen Typs) beschreiben, nennen wir auch seine *Systemgesetze*. Sie gelten nur aufgrund der gegebenen Systembedingungen (im Unterschied zu *Naturgesetzen*, die überall im Universum gelten). Unter einem *dynamischen System* versteht man die Entwicklung eines Systems in der Zeit, in Abhängigkeit von Anfangsbedingungen und Systembedingungen (z. B. Mesarovic und Takahara 1989). Die theoretischen Systemgesetze, die dynamische Systeme beschreiben, haben im Regelfall die Form von *Differenz-* oder *Differenzialgleichungen*. Sie bilden die Grundlage der mathematischen Ausarbeitung der verallgemeinerten Evolutionstheorie, die in ▶ Kap. 12 durchgeführt wird.

Eine grundlegende systemtheoretische Unterscheidung ist die zwischen *geschlossenen* (oder isolierten) und *offenen* Systemen. In der naturwissenschaftlichen Systemtheorie wird dieser Unterschied zumeist *ontisch* (d. h. gegenstandsbezogen) beschrie-

---

[48] Zur sozialwissenschaftlichen Systemtheorie vgl. Willke (1987), zur allgemeinen Systemtheorie Müller (1996) sowie Mesarovic und Takahara (1989).

ben: Geschlossene Systeme haben weder Materie- noch Wärmeaustausch mit der Umgebung (sogenannte isolierte Systeme haben lediglich Wärmeaustausch); in offenen Systemen findet dagegen sowohl ein Materie- als auch ein Energiefluss zwischen System und Umgebung statt (vgl. Bertalanffy 1979; Rapoport 1986). Die wissenschaftstheoretische Bedeutung dieser Unterscheidung liegt weniger in der ontischen als in der *epistemischen* Dimension, die allerdings mit der ontischen Dimension zusammenhängt. Unter einem epistemisch geschlossenen System verstehen wir ein System, das hinreichend einfach und abgeschirmt ist, um mit dem idealisierten Anspruch auf *Vollständigkeit* beschrieben werden zu können (man spricht auch von der *Closed World Assumption*; Brewka 1991, 9).

Epistemisch geschlossene Systeme findet man typischerweise in der (theoretischen) Physik und Chemie – hier wird angenommen, alle kausal relevanten Kräfte (bzw. Parameter) erfasst und in die maßgeblichen Systemgesetze eingebaut zu haben. Offene Systeme findet man dagegen typischerweise in allen „höheren" Wissenschaften, von der Biologie „aufwärts" bis hin zu den Sozial- und Geisteswissenschaften. Die von diesen Disziplinen beschriebenen Systeme lassen aufgrund ihrer Komplexität eine idealisiert-vollständige und damit physikalisch-reduktionistische Beschreibung nicht zu – stattdessen wird das System aufgrund von Regelmäßigkeiten beschrieben, die auf höherer Systemebene auftreten und – wie gleich ausgeführt wird – selbstregulativer Natur sind.

Ein Beispiel eines (epistemisch) geschlossenen Systems ist das physikalische Pendel. Die Systembedingungen des Pendels verlangen, dass das Pendel an einem starren Punkt aufgehängt ist, frei schwingen kann und auf den Pendelkörper außer der Gravitationskraft keine weiteren nicht vernachlässigbaren Kräfte wirken. Ein anderes Beispiel eines als approximativ geschlossen beschreibbaren Systems ist das Sonne-Planet-Zweikörpersystem – jedenfalls wenn es darum geht, die Planetenumlaufbahnen vorauszusagen. Die geschlossene Beschreibung eines physikalischen Systems ist genau genommen immer eine *Idealisierung* – kein physikalisches System (abgesehen vom gesamten Universum) ist gänzlich geschlossen, doch sofern die restlichen wirksamen Kräfte hinreichend klein sind, wird die idealisierende Systembeschreibung der Physik durch das reale System hinreichend genau *approximiert*.

Aufgrund der geschlossenen Systembeschreibung sind die Systemgesetze, welche (epistemisch) geschlossene Systeme der Physik und Chemie beschreiben, im Regelfall *strikter* Natur, versehen mit exklusiven Ceteris-paribus-Klauseln, die verlangen, dass außer den explizit aufgeführten Kräften keine weiteren nicht vernachlässigbaren Kräfte anwesend sind (vgl. Schurz 2002). Selbst wenn ein System *ontisch* nicht geschlossen, sondern offen ist – sofern genau spezifiziert werden kann, welche Energie- oder Materieströme in das System hinein- bzw. herausfließen, kann man das System epistemisch geschlossen beschreiben, indem man zu einem umfassenderen ontisch geschlossenen System übergeht, in dessen Systembeschreibung die „Quellen" bzw. „Senken" dieser Ströme aufgenommen wurden.

Vergleichen wir dies mit dem biologischen Beispiel *Taubenpopulation* als Exempel eines (sowohl ontisch wie epistemisch) offenen Systems. Die Systembedingungen können hier aufgrund der Komplexität lebender Systeme nicht mehr vollständig aufgelistet werden, auch nicht annähernd im Sinne einer Idealisierung, denn in jedem biologischen System wirken ja permanent Tausende von sich selbst regulierenden

Kräften. Vielmehr werden diese Systembedingungen *funktional* beschrieben, in dem Sinn, dass die Tauben alle für das normale Funktionieren und insbesondere für die iterative Reproduktion dieser Spezies erforderlichen evolutionären Eigenschaften aufweisen, welche auch immer dies im biologischen Einzelfall sein mögen, sowie dass die Selektionsparameter stabil sind und nicht durch eine plötzliche Katastrophe gestört werden.

Wie ausgeführt sind Systeme generell dadurch gekennzeichnet, dass sie eine hinreichend strikte *Identität in der Zeit* bewahren, wodurch sie sich von ihrer Umgebung abgrenzen. Bei geschlossenen Systemen ist dies einfach eine Frage des Ausbleibens äußerer Einwirkungen aufgrund kontingenter Fakten. Dass ein Pendel nicht durch äußere Einwirkungen aus seiner Eigenschwingung herausgebracht wird, ist durch Laborbedingungen approximativ realisierbar, und dass unser Planetensystem approximativ stabil ist, ist ein kontingentes Faktum der kosmologischen Protoevolution. Sollte unser Planetensystem einmal durch einen Riesenmeteor zerstört werden, so bleibt es zerstört und regeneriert sich nicht. Wie ist aber die zeitliche Identität von offenen Systemen zu erklären, die permanent potenziell bedrohlichen Einflüssen der Umgebung ausgesetzt sind?

7.2 Selbstregulative Systeme, evolutionäre Systeme und ihre normischen Gesetzmäßigkeiten

Das Charakteristikum von zeitlich stabilen offenen Systemen ist ihre Fähigkeit zur *Selbstregulation*, die sie in die Lage versetzt, störende Einflüsse der Umgebung durch Gegenmaßnahmen zu kompensieren. Die zeitliche Identität selbstregulativer Systeme wird in der (auf Ashby 1974 zurückgehenden) *Kybernetik* durch einen gewissen Norm- bzw. Sollbereich ihrer Zustände definiert. Befinden sie sich zu lange außerhalb dieses Normbereichs, dann „sterben" sie, d. h. verlieren sie ihre Identität. Aufgrund ihrer Selbstregulations- und Selbstorganisationsfähigkeiten gelingt es solchen Systemen normalerweise, ihre Normzustände gegen den ständigen Druck von störenden Einflüssen aus der Umgebung aufrechtzuerhalten. Aus diesem Grund sind die empirisch-phänomenalen Systemgesetze selbstregulativer Systeme *normischer* Natur; d. h., es handelt sich bei ihnen um Normalfallhypothesen der Form „wenn A, dann normalerweise B". Wir fassen dies wie folgt zusammen:

> Offene Systeme, die eine nachhaltige zeitliche Stabilität besitzen, verdanken dies im Regelfall ihrer Fähigkeit zur *Selbstregulation*, durch die sie ihre Normzustände normalerweise aufrechterhalten. Die empirischen Systemgesetze selbstregulativer Systeme sind daher normische Gesetze.

Normische Gesetze lassen Ausnahmen zu, implizieren jedoch zumindest eine statistische Normalitäts- bzw. Majoritätsbehauptung (s. u.) – und müssen dies auch, um empirisch gehaltvolle Gesetzeshypothesen zu sein.

Die „höheren" Wissenschaften, von der Biologie aufwärts bis zu den Human-, Sozial- und Geisteswissenschaften, befassen sich mit *lebenden* Systemen, ihren Produkten und Kollektiven. Lebende Systeme sind im ontischen Sinn immer *offen* und besitzen die Fähigkeit zur Selbstregulation in hohem Maße. (Maturana und Varela (1984) sprechen von „Selbstorganisation" als höhere Form der Selbstregulation.) Fragen wir nun aber: *Wie* haben die von den „höheren Wissenschaften" beschriebenen offenen bzw. lebenden Systeme ihre Selbstregulationsmechanismen entwickelt, und *weshalb* funktionieren diese zumindest meistens so, wie sie sollen? Die Antwort darauf liegt auf der Hand: Fast alle selbstregulativen Systeme, die unsere Welt bevölkern, sind *evolutionäre Systeme* in dem in ▶ Kap. 6 beschriebenen Sinn – entweder solche der biologischen Evolution oder solche der kulturellen und technischen Evolution.

Evolutionäre Systeme verdanken die Perfektion ihrer Regulationsmechanismen einer kontinuierlichen Selektionsgeschichte. Wie in Schurz (2001b) ausgearbeitet wird, liefert diese Tatsache auch den Grund für den Zusammenhang von *evolutionstheoretischer* und *statistischer* Normalität. Der für ein evolutionäres System überlebenswichtige Normalzustand muss auf lange Sicht auch der statistische Normalfall sein, denn andernfalls wäre das System bereits ausgestorben. Möwen beispielsweise können normalerweise fliegen. Es könnte freilich sein, dass durch eine Umweltkatastrophe die meisten Möwen plötzlich nicht mehr fliegen können, aber dann sind sie nach kurzer Zeit ausgestorben. Aus demselben Grund handeln Menschen normalerweise zweckrational-interessegeleitet, versuchen Regierungen normalerweise, die Wirtschaft ihres Landes intakt zu halten, oder funktionieren technische Geräte normalerweise. Wir fassen diesen Zusammenhang (der in ▶ Abschnitt 7.4 gegen einige bekannte Einwände verteidigt wird) so zusammen:

> Fast alle selbstregulativen Systeme sind evolutionäre Systeme. Ihr überlebenswichtiger Normzustand ist aufgrund des evolutionstheoretischen Selektionsgesetzes „normalerweise" auch ihr statistischer Normalzustand.

Sämtliche selbstregulativen Fähigkeiten evolutionärer Systeme, und damit auch die sie beschreibenden normischen Systemgesetze, wurden von der Evolution hervorgebracht. Die selbstregulativen Fähigkeiten lebender Systeme wurden auch von Boyd hervorgehoben; er spricht von „homeostatic property clusters" (Boyd 1991, 141). Doch im Gegensatz zu Boyds Auffassung sind lebende Systeme gerade keine *natürliche* Arten (so wie chemische Elemente), sondern wie wir in ▶ Abschnitt 2.5 gesehen haben, *evolutionär wandelbare* Arten.

Selbstregulative evolutionäre Systeme werden, wie erläutert, als offene Systeme beschrieben. Um beispielsweise zu prognostizieren, dass ein Vogel normalerweise wegfliegt, wenn sich ihm eine Katze nähert, nimmt der Zoologe nicht an, dass außer dem Vogel und der Katze keine sonstigen relevanten Faktoren anwesend sind. Im Gegenteil müssen alle für das *normale* biologische Funktionieren von Vogel und Katze nötigen Faktoren anwesend sein, aber statt auch nur versuchsweise aufgelistet zu werden, werden sie in die *Normalbedingungen* gesteckt. Statt der Methode der Idealisierung wird also die Methode der Normalitätsannahmen angewandt (vgl.

Wachbroit 1994, 587–589; Schurz 2001b, 2002). Man könnte einwenden, dass zumindest die populationsdynamischen Differenzialgleichungen der mathematischen Evolutionstheorie ähnliche Idealisierungen vornehmen wie die theoretischen Systemgesetze der Physik, doch – um es nochmals zu betonen – der entscheidende Unterschied liegt darin, dass diese „verallgemeinerten Kräfte" (Reproduktionsraten etc.) der Populationsdynamik durch ihre evolutionär normale Funktion charakterisiert sind und eine nomologische *Reduktion* auf eine Liste physikalischer Kausalprozesse im Regelfall unmöglich ist.

Der Unterschied zwischen der Beschreibung eines Systems als geschlossenes physikalisches System vs. als offenes evolutionäres System kann am Beispiel technischer Geräte trefflich illustriert werden. Wir können eine Geschirrspülmaschine zusammen mit ihrem Stromkreis als idealisiert geschlossenes physikalisches System ansehen. In dieser Perspektive gibt es viele Tausende mögliche Störfaktoren, die das Funktionieren unseres Geschirrspülers unterbinden könnten, von unterbrochenen Stromleitungen, verklemmten Schrauben bis zu verstopften Wasserschläuchen, und wir können uns verwundert fragen, wie es möglich ist, dass solche technischen Geräte zumindest normalerweise so gut funktionieren und dennoch so billig sind. Alternativ können wir den Geschirrspüler auch als Teil eines evolutionären Systems ansehen, nämlich des technisch-ökonomischen Systems, das solche Geräte im Verlauf der technologischen Evolution hervorbringt. Diese Perspektive gibt uns zwar kein detailliertes Wissen über den physikalischen Aufbau der Geschirrspülmaschine, aber sie liefert eine evolutionäre Erklärung dafür, dass Geschirrspülmaschinen normalerweise gut funktionieren und preislich erschwinglich sind – denn sonst hätten sie sich gegenüber den früheren Methoden des händischen Geschirrspülens nicht durchgesetzt.

Unsere Überlegungen liefern zugleich eine Erklärung dafür, warum wir Normalfallgesetze, die wir in den Wissenschaften lebender Systeme vorfinden, keine bloß *akzidentellen* statistischen Regelmäßigkeiten wiedergeben, sondern durchaus als *gesetzesartig* bezeichnet werden können: weil sie das Resultat lang anhaltender evolutionärer Adaptionsprozesse sind. Dass dieser Vogel *wegfliegen würde*, wenn sich ihm ein Räuber nähern würde, ist keine akzidentelle Regelmäßigkeit (wie „Alle Äpfel in diesem Korb sind rot"), sondern eine normische Gesetzmäßigkeit der Evolution. Natürlich liefert die Evolutionstheorie nur ein allgemeines *Erklärungsschema* für das Zustandekommen normischer Systemgesetze: Sie erklärt nicht, warum *diese* Systeme genau diese Organe bzw. Subsysteme mit diesen Funktionen haben – dies hängt von größtenteils unbekannten *kontingenten* Bedingungen der Evolutionsgeschichte ab. Mit anderen Worten, bei evolutionstheoretischen Erklärungen handelt es sich oft nur um *Wie-möglich-Erklärungen* (Schurz 1999b, 110 f). Es gibt bekanntlich *funktionale Äquivalente*: Dieselben Funktionen (z. B. Schutz vor dem Feind) können durch verschiedene Regulationsmechanismen bewirkt werden (z. B. Zur-Wehr-Setzen, Fliehen, Verstecken). Aber *irgendwelche* Organe mit *irgendwelchen* Funktionen, welche die Regulation zur Einhaltung der Sollzustände bewerkstelligen, müssen alle durch Evolution hervorgebrachte Systeme besitzen – das *erklären* die Darwin'schen Module der verallgemeinerten Evolutionstheorie, und dies genügt für die Begründung des Zusammenhangs von evolutionärer und statistischer Normalität.

7.3 Stufen der evolutionären Selbstregulation und Selbstorganisation

Eine Systemgrenze kann auch als eine *kausale Schwelle* verstanden werden, durch welche die Kausalwechselwirkungen zwischen System und Umgebung geschwächt oder gezielt reguliert werden. Die einfachste Schwellenbildung ist 1) die *Abschirmung* bzw. *Panzerung*: Materiellen oder energetischen Einströmungen von außen wird hier einfach ein Widerstand, ein reflektierender Panzer entgegengesetzt (▶ Abb. 7.1 links). Im perfekten Fall führt dies zu einem nahezu geschlossenen System – solche Systeme können aber nicht lebensfähig sein, denn zum Leben gehört Reproduktion, und Reproduktion erfordert Materiezufluss in Form von Replikatorbausteinen und energieliefernden Molekülen. Die Zellmembran der Prokaryonten hatte vorwiegend eine Abschirmungsfunktion (▶ Abschnitt 2.4): Ihre mureinhaltige Zellmembran lässt nur kleine Moleküle durch und schirmt sie vor allen größeren Eindringlingen ab; viele Prokaryonten können sich dadurch über längere Zeit hindurch völlig abkapseln und bei Temperaturen unter 0 °C oder über 100 °C überleben (vgl. Ward und Brownlee 2000, 2).

Der evolutionäre Übergang zu den Eukaryonten war dadurch gekennzeichnet, dass diese „starre Grenzsicherung" aufgegeben wurde zugunsten durchlässigerer Zellmembranen. Insbesondere bei den tierischen Eukaryonten und Mehrzellern erfolgte der Übergang zu zwei fundamental wichtigen überlegenen Methoden der Selbstregulation und Identitätsbewahrung, die *gemeinsam* auftreten: 2) die *Perzeption*, d. h. die vorwegnehmende informationelle Erkennung von sich nähernden, potenziell destruktiven oder vorteilhaften Einflüssen, welche den Organismus in die Lage versetzt, darauf zu reagieren, sowie 3) die perzeptionsgesteuerte *Lokomotion*, also Fortbewegung – dieser Mechanismus ermöglicht dem Organismus, gezielt einer Gefahr auszuweichen oder sich einer potenziellen Belohnung, z. B. Nahrung) zu nähern (▶ Abb. 7.1 rechts).

Die Amöbe bewegt sich beispielsweise entlang des chemischen ph-Gradienten, sodass sie sich immer im optimalen pH-Milieu befindet. Pflanzen sind dagegen sta-

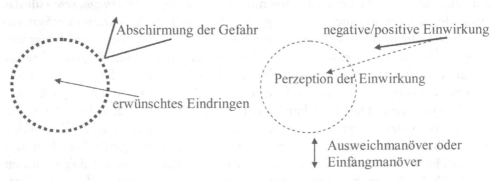

Nahezu geschlossenes System – fast starre Systemgrenze

Offenes System mit Perzeption und Lokomotion – permeable Systemgrenze

Abb. 7.1   Kausale Schwelle durch Abschirmung (links) vs. perzeptionsgesteuerte Lokomotion (rechts).

tische Kreaturen; sie sind nur in der Lage, Formveränderungen vorzunehmen – z. B. öffnen sie ihre Knospen bei Wärme und drehen ihre Äste oder Blüten zum Licht –, aber sie können sich nicht fortbewegen und haben weder eigene Sinnesorgane noch ein Nervensystem, also keinen ausspezialisierten Informationsverarbeitungsapparat.

Philosophisch gesehen kommt es durch offene Systeme mit Perzeption und Lokomotion zur Trennung von *Information* und *Kausalität*. Ein schwacher Kausaleinfluss, der mit einem herannahenden starken Kausaleinfluss (bzw. Gegenstand) strikt korreliert ist, aber wesentlich früher eintritt (z. B. vom Gegenstand ausgehende „riechbare" Moleküle, „hörbare" Schallwellen oder „sehbares" Licht), wird als Information über den herannahenden starken Kausaleinfluss benutzt, um dem starken Kausaleinfluss zu entgehen, ihn unschädlich zu machen oder gezielt zu nutzen.

Während bei primitiven Organismen die Steuerung von Lokomotion bzw. Handlung durch Perzeption weitgehend angeboren bzw. instinktgesteuert ist, erfolgt sie bei höheren Organismen durch 4) *Konditionierungslernen* (▶ Abschnitt 6.3.2). Diese höhere Stufe der Aufrechterhaltung von Systemidentität findet sich bei den meisten mehrzelligen (auch wirbellosen) Tieren. Im Gegensatz dazu haben Pflanzen kein echtes Lernvermögen – sie sind nicht konditionierbar. Eine noch fortgeschrittenere Selbstregulationsstufe ist 5) Kognition aufgrund *Gedächtnis* und innerer Modelle, z. B. *räumlicher Modelle* (*mental maps*). Diese Art der kognitiven Orientierung tritt bei einigen, jedoch nicht allen höheren Wirbeltieren auf. Ihre Überlegenheit gegenüber purem Konditionierungslernen lässt sich anhand der kognitiven Repräsentation von räumlichen Pfaden demonstrieren. So kann sich beispielsweise die Wasserspitzmaus komplexe Pfade nur durch Punkt-für-Punkt-Konditionierung merken, die über diverse Zwischenstationen gehen können, ohne dass sie sich dabei ein räumliches Bild des Weges aufbaut, anhand dessen sie erkennen könnte, dass ihr Punkt-zu-Punkt-Pfad einen enormen Umweg darstellt (▶ Abb. 7.2). Ratten können dagegen solche Umwege erkennen und gezielte Abkürzungen einschlagen (Lorenz 1941/42, 116).

Zusammenfassend haben wir folgende Stufen der Selbstregulation unterschieden: 1) starre Schwelle, 2) Perzeption, 3) perzeptionsgesteuerte Lokomotion, 4) Konditionierungslernen und 5) Gedächtnis und innere kognitive Modelle. Wir haben uns dabei an Campbells Stufen der Selbstregulativität orientiert, der folgende Unterscheidungen trifft (1974, 58–60): i) blinde Lokomotion und Nahrungsaufnahme ohne Perzeption und Gedächtnis (entspricht unserer Stufe 1), ii) stellvertretendes

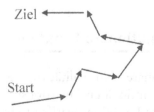

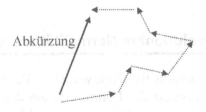

Lokal konditionierter Pfad; jede Pfadänderung wurde durch Konditionierung erlernt   Globales räumliches Pfadmodell; erkennt Abkürzungen durch inneres Modell

Abb. 7.2   Lokales vs. globales räumliches Pfadmodell.

lokomotorisches Problemlösen mittels Sinnesrezeptoren (entspricht unseren Stufen 2 und 3), iii) Instinkt (nichts Neues gegenüber unserer Stufe 3), iv) Gewohnheit (entspricht unserer Stufe 4), v) visuelles und vi) gedächtnismäßig unterstütztes konkret-räumliches Denken (entspricht unserer Stufe 5). Als kognitiv noch höhere Stufen führt Campbell vii) soziale Evolution und Nachahmung, viii) Sprache, ix) kulturelle Evolution und x) Wissenschaft an.

Maturana und Varela (1984) haben herausgearbeitet, dass die für ein biologisches System *relevanten* Umgebungsparameter immer *relativ* sind zur jeweiligen ökologischen Nische, an die sich der Organismus angepasst hat, sodass die von den Perzeptoren eines Organismus wahrgenommene „Welt" immer eine Selektion der „objektiven" Welt aus der subjektiven Perspektive des Organismus und seiner spezifischen ökologischen Nische darstellt. Diese erkenntnistheoretisch bedeutende Einsicht impliziert allerdings keineswegs den radikalen bzw. ontologischen Konstruktivismus und Relativismus, den viele Interpreten aus Maturana und Varela herausgelesen haben, dem zufolge auch die „Welt selbst" das Resultat einer subjektiven Konstruktion ist (▶ Box 7.1). Denn was für unterschiedliche Organismen in ihren ökologischen Nischen jeweils überlebensrelevant ist, ist ja *objektiv* gegeben, und der Organismus kann nur erfolgreich sein, wenn er diese objektiv gegebenen überlebensrelevanten Bedingungen adäquat erfasst. Höhlenbewohner, die unter Tage wohnen, können es sich beispielsweise leisten, ihren Sehsinn zu verlieren, nicht aber ihre anderen vier Sinne; und der Raubvogel muss, um zu überleben, nicht die verschiedenen Farben von Blüten, wohl aber sich schnell bewegende Objekte aus der Luft erkennen können, usw.

Box 7.1   Epistemischer und ontologischer Konstruktivismus

Unter dem epistemischen („erkenntnismäßigen") Konstruktivismus versteht man die These, dass unsere Wahrnehmung und Vorstellung von der Wirklichkeit nicht etwas „Gegebenes" sind, sondern das Ergebnis einer aktiven kognitiven Konstruktion. Der radikale bzw. ontologische Konstruktivismus behauptet darüber hinaus, dass auch die Wirklichkeit selbst nicht „an sich" gegeben, sondern durch Subjektive konstruiert ist. Der Fehlschluss des „radikalen" Konstruktivismus besteht darin, aus dem (zutreffenden) epistemischen Konstruktivismus auf einen (kaum haltbaren) ontologischen Konstruktivismus zu schließen.

7.4 Evolutionäre Normalität und genuine evolutionäre Funktion

In der Wissenschaftstheorie wurde der Begriff der evolutionären Normalität vorwiegend im Kontext der Kontroverse um den biologisch-evolutionären Funktionsbegriff diskutiert (vgl. Allen, Bekoff und Lauder 1998). Der Funktionsbegriff ist ein philosophisches Problem von langer Tradition, dessen Diskussion mit der Auseinandersetzung zwischen Evolutionstheorie vs. Kreationismus bzw. Teleologie direkt verknüpft ist. Betrachten wir die Grundform einer funktionalen Aussage:

> **Grundform einer Funktionsaussage:** Systeme des Typs (bzw. der Spezies) S besitzen ein Merkmal (bzw. ein Organ) M, *damit* dieses die Funktion F ausführen kann.

Beispielsweise besitzt das Herz von Wirbeltieren die Funktion, das Blut im Körper zu zirkulieren und damit den Körper mit Sauerstoff zu versorgen.

Funktionen sind gewisse *kausale Effekte* der zugrunde liegenden Organe bzw. Merkmale von evolutionären Systemen. Cummins (1975) schlug vor, Funktionen als gewöhnliche Effekte komplexer Systemen zu analysieren. Diese Analyse vermag aber nicht klarzumachen, was Effekte, die biologische Zwecke erfüllen (wie der Herzschlag), von nicht funktionalen Effekten unterscheidet (wie das Fallen eines Steines, wenn ich ihn loslasse). Die zentrale Aufgabe besteht also darin, den Unterschied zwischen nicht funktionalen und funktionalen kausalen Effekten herauszuarbeiten. Hierzu scheint es grundsätzlich nur die bereits in ▶ Abschnitt 1.1 erläuterten Strategien zu geben (vgl. auch ▶ Box 5.1):

1.) Das „damit" kann man im Sinne des *intentionalen* Funktionsbegriffs als die Absicht eines Kreators auffassen, der System S mit Merkmal M absichtlich so konstruiert, damit es die *Wirkung* F besitzt. Dieser intentionale Funktionsbegriff führt angewandt auf die Makroperspektive der Evolution geradewegs zum Kreationismus, den wir bereits hinlänglich kritisiert haben.

2.) Das „damit" kann man als ontologisch eigenständige Beziehung auffassen, die in keiner Weise auf naturwissenschaftliche Kausalität reduzierbar ist. Damit landen wir bei der aristotelischen Konzeption von *Teleologie* (▶ Abschnitt 1.3), die ebenfalls hinlänglich kritisiert wurde.

3.) Bleibt somit nur die evolutionstheoretische Analyse von Funktionen, der es in der Tat zu gelingen scheint, den Begriff der Funktion einer kausal-naturalistischen Analyse zuzuführen, die weder göttliche Kreatoren oder teleologische Kräfte benötigt, noch aber die Quasizweckgerichtetheit von Funktion preisgibt. In diesem Sinne haben Millikan (1984, 28; 1989, 13), Neander (1991, 174), Sober (1993, 84), Schurz (2001b, §4) und andere Autoren in unterschiedlichen Varianten folgende evolutionäre Analyse des Funktionsbegriff vorgeschlagen:

> **(EF) Evolutionäre Funktion:** Ein kausaler Effekt E eines Organs oder Subsystems einer Spezies bzw. evolutionären Systems S ist eine *evolutionäre Funktion* genau dann, wenn (g. d. w.) 1) E ein reproduziertes („erbliches") Merkmal ist und die E zugrunde liegenden Gene bzw. Repronen selektiert wurden, und zwar 2) deshalb, *weil* sie durch den Effekt E in der Geschichte der Spezies S überwiegend zur evolutionären Fitness von S beigetragen haben.[49]
> *Zusatz* (s. u.): Ist Bedingung 1) (aber nicht unbedingt 2) erfüllt, so heißt E ein evolutionär *typisches* Merkmal von S.

---

[49] Die Explikation entspricht Neanders Kurzversion, angereichert durch die in Schurz (2001b) vorgeschlagenen Zusätze, dass M ein erbliches Merkmal sein muss und der Genotyp/Reprotyp überwiegend zur evolutionären Fitness beigetragen haben muss. Die Zusätze sollen die unten erläuterten Probleme lösen.

Unser Begriff der evolutionären Funktion entspricht Millikans Begriff der *proper function*. Letzterer Begriff wird in Becker et al. (2003, 90) mit „Eigenfunktion" übersetzt, was ich für unglücklich halte, weil es dieser Begriff nahelegt, es handle sich bei „Eigenfunktionen" um *intrinsische* Merkmale, wogegen evolutionäre Funktionen gerade keine intrinsischen, sondern evolutionär wandelbare bzw. *historische* Merkmale bezeichnen. „Genuine Funktion" wäre die genauere, aber wenig griffige Übersetzung von *proper function* – ich bevorzuge daher die Übersetzung „evolutionäre Funktion" (Ridley (1993, 331) spricht von „natürlicher Funktion").

Der evolutionäre Funktionsbegriff ist ein Spezialfall des sogenannten *etiologischen* Funktionsansatzes (Wright 1976), wonach ein System S ein Merkmal M mit Funktion F genau dann besitzt, wenn S mithilfe von M F bewirkt und F für S in gewisser Weise *wertvoll* ist. Die prima facie normative Bedingung des Wertvollseins lässt sich dabei unterschiedlich charakterisieren (Bedau 1998); beim evolutionären Funktionsbegriff bedeutet sie so viel wie *Selektionsvorteil* und ist daher auf eine rein deskriptive Bedingung reduzierbar (Schurz 2004b, §5; Wachbroit 1994, 580).

Charakteristisch für den evolutionären Funktionsbegriff ist seine gerade angesprochene *historische Natur*. Funktionen werden konstituiert durch die relevante Selektionsgeschichte des fraglichen Merkmals M der Spezies S. Bigelow und Pargetter (1987) haben dagegen einen gegenwartsbezogenen Funktionsbegriff vorgeschlagen, der die Funktion eines Organs mit der gegenwärtigen Disposition des Organs identifiziert, zur Fitness beizutragen. Millikan (1984, 29) wendet dagegen zu Recht ein, dass dieser Analysevorschlag nicht mehr zwischen evolutionär normalen Funktionen und Fehlfunktionen unterscheiden kann. So ist es immer noch die evolutionär normale Funktion eines geschädigten Pankreas, Insulin zu produzieren, und nur deshalb können wir sagen, dass der Pankreas eines zuckerkranken Menschen, der nicht mehr genügend Insulin produziert, seine evolutionäre Funktion nicht mehr ausüben kann, also biologisch *fehlerhaft* ist. Bigelow und Pargetter müssten dagegen sagen, dass der Pankreas seine biologische Funktion verloren hat. Kurz, ein Organ kann auch eine evolutionäre Funktion besitzen, ohne sie tatsächlich auszuüben oder gar ausüben zu können (ebenso Laurier 1996, 27 f).

Es ist auch zu beachten, dass nicht jedes evolutionär herausselektierte Merkmal direkt eine evolutionär adaptive Funktion besitzen muss – viele solche Merkmale sind bloße Seiteneffekte solcher Funktionen. In Schurz (2001b) werden die herausselektierten Merkmale evolutionärer Systeme auch „prototypische" oder kurz *typische* Merkmale genannt und so wie im Zusatz zu obiger Explikation (EF) definiert. Daraus ergibt sich, dass ein typisches Merkmal (bzw. Effekt) genau dann eine evolutionäre *Funktion* ausübt, wenn der Selektionsbeitrag des zugrunde liegenden Reprons R_M wesentlich durch M selbst zustande kam; andernfalls ist M bloß ein (typischer) *Seiteneffekt* von anderen durch R_M bewirkten Funktionen. Die Unterscheidung zwischen funktional-adaptiven Merkmalen und bloßen Seiteneffekten beugt einer übertrieben adaptionistischen Perspektive vor, der zufolge alle typischen Merkmale von Organismen auch adaptiv sein müssten. Beispielsweise ist es die evolutionäre Funktion des Herzens, das Blut zu pumpen, wogegen das Herzschlaggeräusch nur ein Nebeneffekt dieser Funktion ist, der selbst keine biologische Funktion besitzt (Cummins 1975; Bigelow und Pargetter 1987).

Erläutern wir diese Begriffe anhand einiger weiterer Beispiele. Im Rahmen der kulturellen Evolution (KE) ist es eine evolutionäre Funktion von Streichhölzern, sich zu entzünden, wenn sie an der Zündfläche gerieben werden, denn für diesen Zweck wurden sie in der KE selektiert. Dass man sich gelegentlich beim Reiben des Streichholzes die Finger verbrennt, ist ein typischer Seiteneffekt davon, wogegen es sich bei der Farbe von Streichhölzern um gar kein typisches Merkmal handelt (weder als Funktion noch als Seiteneffekt). Analog ist es im Rahmen der biologischen Evolution (BE) eine evolutionäre Funktion von Nasen, riechen zu können und aus dem Gesicht hervorzuragen, und es ist ein typischer Seiteneffekt davon, dass Nasen im Winter vergleichsweise schnell abkühlen, wogegen es – im Gegensatz zur Behauptung von Voltaires *Dr. Pangloss* (Gould und Lewontin 1979, 583) – kein biologisch-evolutionäres Merkmal von Nasen ist, Brillen tragen zu können. Wohl aber ist es umgekehrt ein kulturell-evolutionäres Merkmal von Brillen, auf Nasen sitzen zu können.

Im Common Sense bezeichnet man auch jene Merkmale der Umgebung des evolutionären Systems, auf welche sich das System hin adaptiert hat, als „funktionale Merkmale" der Umgebung. So sagt man, es sei die Funktion von Regen und Sonnenschein, Pflanzen Wasser und Energie zuzuführen. Aber weder die Sonne noch der Wasserkreislauf der Erde sind ein evolutionäres System – bestenfalls ein protoevolutionäres System im Sinne von ▶ Abschnitt 6.4. Vielmehr ist umgekehrt die Pflanze das evolutionäre System, deren Funktionalität diese Umgebungsmerkmale systematisch nutzt. Dennoch können wir die Sprechweise des Common Sense als *abgeleitete* funktionale Sprechweise akzeptieren und ihr durch folgende Zusatzkonvention Rechnung tragen: Ein Umgebungsmerkmal U ist in einem *abgeleiteten Sinn* evolutionär-funktional, g. d. w. es evolutionäre Systeme S mit evolutionären Funktionen F gibt, die sich auf U hin adaptiert haben. Das heißt, der durch F bewirkte Selektionsvorteil wäre nicht zustande gekommen, wenn das Merkmal U in der Geschichte der Umgebung von S überwiegend gefehlt hätte. Mit dem so erweiterten Begriff der abgeleitet-funktionalen Umgebungsmerkmale können wir die gesamte Breite der Fakten, auf die sich das kreationistische Designargument stützt, evolutionstheoretisch erfassen, ohne die naturalistische Perspektive zu verlassen.

In ▶ Abschnitt 7.2 haben wir ausgeführt, dass zwischen evolutionärer und statistischer Normalität ein Zusammenhang besteht. Eine Reihe von Philosophen der Biologie (z. B. Millikan 1984; Neander 1991; Wachbroit 1994; Laurier 1996) haben dagegen argumentiert, evolutionäre Normalität sei unabhängig von statistischer Normalität. In Schurz (2001b) wird dagegen mithilfe eines logisch ausgearbeiteten Arguments zu zeigen versucht, dass evolutionäre Normalität zwar nicht mit bloßer statistischer Normalität identisch ist, aber diese impliziert – jedenfalls, wenn man evolutionäre Normalität im Sinne der oben definierten evolutionär typischen Merkmale versteht. Denn grob gesprochen gibt es nur drei mögliche Gründe, warum ein selektiv vorteilhaftes Merkmal nicht auch statistisch dominant wird:

1.) Das Merkmal ist nicht vorwiegend ein erbliches bzw. reproduziertes Merkmal, sondern sein Auftreten ist stark von den Umgebungsbedingungen abhängig. Aus diesem Grund haben wir (anders als Millikan 1984, 20, 29) unsere Explikation (EF) auf reproduzierte Merkmale beschränkt.

2.) In der Selektionsgeschichte des Merkmals hat es neben Phasen positiver Selektion auch lange Phasen negativer Selektion gegeben. In diesen Fällen kommt es nicht zur Ausbildung eines normischen und statistisch dominanten Merkmals, sondern zu den schon in ▶ Abschnitt 6.2.4 erläuterten Merkmalspolymorphismen, worin sich mehrere Merkmalsvarianten innerhalb einer Spezies die Waage halten. Um selektionsambivalente Fälle auszuschließen, haben wir in Explikation (EF) verlangt, dass dem Merkmal M zugrunde liegende Reprons in der Geschichte von S *überwiegend* zur evolutionären Fitness von S positiv beigetragen haben.

3.) Es kann sein, dass ein Merkmal M in der Geschichte von S zwar überwiegend positiv selektiert wurde, aber die Evolutionsgeschichte von S durch eine extern ausgelöste *Katastrophe* unterbrochen wurde und daher zu kurz dafür war, dass M statistisch dominant werden konnte. Katastrophen gibt es zwar immer wieder in der Evolution, doch damit Evolution überhaupt stattfinden kann, müssen sie *hinreichend selten* sein. Aus diesem Grund beschränken wir den behaupteten Zusammenhang von evolutionärer und statistischer Normalität auf die „meiste Zeit" der Evolution und lassen durch Katastrophen bewirkte Ausnahmen zu.

Mithilfe dieser Analyse werden in Schurz (2001b, §4) drei zentrale Einwände gegen den Zusammenhang von evolutionärer und statistischer Normalität bereinigt:

1.) Millikan (1984, 4 f, 34; 1989, 62 ff) und Laurier (1996, 29–31) haben argumentiert, dass zahlreiche evolutionäre Funktionen von Organen nur selten ausgeübt werden. Beispielsweise ist die geschlechtliche Fortpflanzung wohl die evolutionär wichtigste Funktion, wird aber bei vielen Spezies nur von wenigen Individuen ausgeübt – nämlich nur von jenen der zahlreichen Nachkommen, die bis zur Reproduktionsreife überleben. Das dabei genetisch reproduzierte Merkmal ist aber nicht die aktuale Ausübung der Funktion, sondern die *Disposition* zur Ausübung der Funktion unter dafür passenden Umständen, und diese Disposition ist bei fast allen Mitgliedern der Spezies vorhanden. Generell sind normisch-evolutionäre Merkmale im Regelfall keine aktualen Merkmale, sondern Dispositionsmerkmale.

2.) Wenn durch eine Umweltkatastrophe, etwa durch Gifte in der Nahrung, (fast) alle Vögel einer Vogelspezies ihre Flugfähigkeit verlieren würden, dann könnten diese Vögel die Flugfunktion ihrer Flügel nicht mehr ausüben, und für einen kurzen Zeitraum wäre in der Tat der Zusammenhang zwischen evolutionärer und statistischer Normalität durchbrochen.[50] Doch eine solche „Katastrophenphase" kann in der Geschichte dieser Spezies nur eine Ausnahmephase sein. Denn entweder a) stirbt die Spezies dann aus, oder b) sie erlangt ihre Flugfähigkeit aufgrund einiger neu adaptierter Exemplare wieder, oder aber c) eine Subpopulation davon wechselt in eine andere ökologische Nische, in der die Flugfähigkeit nicht benötigt wird, und entwickelt sich dort zu einer neuen Spezies. In allen drei Fällen war die Unterbrechung von evolutionärer und statistischer Normalität nur eine Ausnahmephase in der Geschichte der ursprünglichen Vogelspezies.

---

[50]   Vgl. Neander (1991, 182), Wachbroit (1994, 580), Millikan (1984, 29), Laurier (1996, 47, Fußnote 4) sowie Cummins (1975, 755 f).

3.) Unsere Explikation löst schließlich einen Konflikt zwischen gegenwartsbezogenen und historischen Funktionsbegriffen. Wie erläutert ist die Mitberücksichtigung der Selektionsgeschichte notwendig, um zwischen evolutionären Funktionen und Fehlfunktionen bzw. zwischen evolutionärer „Gesundheit" und „Krankheit" zu unterscheiden, wobei im Auge zu behalten ist, dass diese Unterscheidung historisch relativ bzw. wandelbar ist. Doch ein übertrieben historischer Ansatz, der sämtliche Vorfahren von S mit einbezieht, würde die unplausible Konsequenz haben, dass man es immer noch als Funktion des menschlichen Blinddarms bezeichnen müsste, Zellulose zu verdauen, weil der Blinddarm die Verkümmerung jenes Darmteiles ist, der im Vorfahren der Menschenspezies Zellulose verdaute (Laurier 1996, 33). Daher haben wir, anders als Kitcher (1993, 486–489), in unserer Explikation (EF) die Forderung des überwiegend positiven Selektionsbeitrags auf die Geschichte der Spezies S beschränkt, ohne auch noch die Vorfahren von S mitzuberücksichtigen.

7.5 Survival of the Fittest – Eine Tautologie?
Gehalt und Überprüfbarkeit der Evolutionstheorie

Popper (1973, 83 f) und andere Autoren haben der Evolutionstheorie vorgehalten, ihr scheinbar zentrales „Gesetz" vom Überleben der fitteren Varianten sei eine bloß Tautologie, denn die Fitteren seien doch per definitionem die Varianten mit höherer Reproduktionsrate (vgl. Sober 1993, 69 ff). Diesen Tautologievorwurf haben einige Autoren als bedrohlich angesehen und durch Versuche, den Begriff der Fitness unabhängig von der Reproduktionsrate zu definieren, abzuwehren versucht (so z. B. Vollmer 1988, 260). Doch eine reproduktionsunabhängige und gleichzeitig allgemeine Fitnessdefinition kann es nicht geben, da die Fitness gegebener Merkmale immer *relativ* ist zu den Selektionsbedingungen der jeweiligen Umgebung – was in einer Umgebung fitter ist, ist in einer anderen weniger fit (zum selben Resultat gelangt Weber 1998, 202). Eine allgemeine Definition von Fitness kann daher nur durch ihre Identifikation mit der Reproduktionsrate erfolgen – wodurch das Gesetz des „Überlebens des Fitteren" in der Tat zur Tautologie wird. Auch Sober (1993, 71) macht deutlich, dass das populationsdynamische Selektionsgesetz, wenn man es ausformuliert, eine mathematisch-analytische (also faktenunabhängige) Wahrheit folgender Form ergibt:

> **(SG) Allgemeine Form des Selektionsgesetzes:** Wenn die Systembedingungen (z. B. Selektionskoeffizienten und Mutationsraten) einer Population von konkurrierenden Varianten eines evolutionären Systemtyps *so und so* justiert sind und stabil bleiben, dann resultieren in Abhängigkeit von den Anfangsbedingungen *die und die* langfristigen Veränderungen der Populationshäufigkeiten.

Implikationsgesetze der Form (SG) sind mathematisch-analytisch wahr, im Gegensatz etwa zur physikalischen Hypothese der elliptischen Planetenbahnen, die synthetisch (d. h. faktenabhängig) wahr ist. Durch das Wenn-Glied von (SG) wird die den Systemtyp beschreibende Differenz- oder Differenzialgleichung festgelegt, und das Dann-Glied drückt Eigenschaften der Lösung dieser Gleichung aus. Ein Beispiel einer mathematischen Wahrheit der Form (SG) haben wir bereits in ▶ Abschnitt 2.2.2 kennengelernt, und weitere Beispiele werden in ▶ Kapitel 12 bis 15 vorgestellt.

Das Problem der Analytizität von (SG) wird von Sober (ebd.) zwar diagnostiziert, aber nicht befriedigend aufgelöst. Auf dasselbe Problem stößt Weber (1998, 180), wenn er feststellt, dass es in der Evolutionstheorie kein allgemeines synthetisches Selektionsgesetz gibt. Auch Webers Angebot zur Problembehandlung ist m. E. unbefriedigend: Er schlägt vor, von der „klassischen" zur „semantisch-modelltheoretischen" Theorienauffassung überzugehen, d. h. den Gehalt der Evolutionstheorie als Menge von formalen Modellen zu verstehen (ebd., 182 f). Doch werden auch in der semantischen Theorienauffassung Modelle durch Gesetzeshypothesen („Axiome") beschrieben, und auch die semantische Theorienauffassung benötigt eine Methode, mit der den formalen Modellen faktische Gehalte – sogenannte „intendierte Anwendungen" – zugeordnet werden.[51] Wie die Zuordnung von formalen Modellen zu Realanwendungen genau aussieht, dazu sagt uns die semantische Theorienauffassung jedoch leider nur wenig. Anders als Weber (1998, 184) denke ich daher, dass nicht die Rede davon sein kann, aufgrund des bloßen Wechsels der sprachlichen Repräsentation der Evolutionstheorie würde das aufgezeigte Problem nicht mehr bestehen, den synthetischen und gesetzesartig-prognostischen Gehalt der Evolutionstheorie aufzuzeigen.

Wie wir nun herausarbeiten wollen, zeigt das Problem der Analytizität des allgemeinen Selektionsgesetzes nicht, dass die Evolutionstheorie gehaltlos ist, sondern lediglich, dass die Auffassung, in diesem Gesetz stecke der Kerngehalt der Evolutionstheorie, auf einem Missverständnis beruht. Versuchen wir zunächst, den Unterschied zwischen mathematischen Evolutionsgesetzen der Form SG und physikalischen Differenzialgleichungen, etwa über Massen in Gravitationsfeldern, genau zu beschreiben. Das Wesentliche von (SG) ist, dass sämtliche wirkende Systembedingungen bzw. Kräfte im *Antezedens* bzw. Wenn-Glied der Implikation *explizit* angeführt sind. Es ist durchaus möglich, auch das physikalische Systemgesetz von gravitationell wechselwirkenden Korpuskeln in eine zu (SG) analoge Form zu bringen, welche dieses Gesetz zu einer mathematischen Wahrheit macht, nämlich:

(APG) Form von analytisch wahren physikalischen Kraftgesetzen: Wenn in einem aus *so und so* vielen Korpuskeln mit *den und den* Massen bestehenden geschlossenen physikalischen System zeitlich stabile intrakorpuskulare Kräfte wirken, die *so und so* justiert sind, dann resultieren in Abhängigkeit von den Anfangsbedingungen *die und die* zeitabhängigen Korpuskelbahnen.

---

[51] Vgl. Schurz (1983, Kap. V.3.1). Zur strukturalistischen Wissenschaftstheorie vgl. Balzer, Moulines und Sneed (1987).

Im Fall eines physikalischen Systemgesetzes ist es jedoch möglich, die „so und so justierten" Kräfte aus Systembedingungen und Naturgesetzen *explizit abzuleiten*, also darauf zu reduzieren. Die intrakorpuskularen Kräfte sind hier fundamentale Kräfte und werden direkt durch Naturgesetze spezifiziert – im Fall von (APG) als Gravitationskräfte, deren Betrag proportional ist zum Produkt der Massen dividiert durch deren Abstandsquadrat und die eine instantane Beschleunigung bewirken, deren Betrag (gemäß dem zweiten Newton'schen Axiom) proportional ist zum Quotient aus Kraft und Masse des Korpuskels. Aus diesen Naturgesetzen zusammen mit den Systembedingungen folgt das spezielle und *synthetische* Systemgesetz für gravitationell interagierende Korpuskeln:

> **(SPG) Form eines synthetisch wahren physikalischen Kraftgesetzes:** In einem aus *so und so* vielen Korpuskeln mit *den und den* Massen bestehenden geschlossenen physikalischen System, in dem nur Gravitationskräfte wirken, resultieren in Abhängigkeit von den Anfangsbedingungen *die und die* zeitabhängigen Korpuskelbahnen.

Die theoretischen Systemgesetze (SPG) der klassischen Gravitationsmechanik können als generelle synthetische Gesetze formuliert werden, weil es möglich ist, die Kraftwirkungen in speziellen Systemtypen (freier Fall, Pendel, Planetensystem usw.) auf Naturgesetze und (kontingente) Systembedingungen zu reduzieren. Eine solche Reduktion ist im Fall von theoretischen Systemgesetzen der Evolutionsdynamik jedoch ausgeschlossen (▶ Abschnitt 7.1 und 7.7). Vielmehr müssen die spezifischen „evolutionären Kräfte", die in einem populationsdynamischen Modell wirken, jeweils als *zusätzliche Annahmen* über dieses Modell postuliert und in das Antezedens (bzw. Wenn-Glied) des allgemeinen populationsdynamischen Gesetzes der Form (SG) mit hineingenommen werden, wodurch dieses Gesetz zur mathematischen Wahrheit wird.

Was folgt nun daraus für die Frage des Gehalts der Evolutionstheorie? Die Prämissen populationsdynamischer Erklärungen werden dadurch nicht gehaltlos. Vielmehr verschiebt sich ihr gesamter synthetischer und empirischer Gehalt auf die Behauptung, dass die komplexe Antezedensbedingung der mathematischen Gesetzesaussage (SG) im betrachteten Realsystem für den betrachteten Zeitraum tatsächlich *approximativ realisiert* ist. Solche approximativen Realisierungsbehauptungen sind enorm gehaltvolle Behauptungen, die nicht nur singuläre Aussagen über die raumzeitlich lokalisierte Existenz von realen Populationen machen, sondern über diese Populationen für den betrachteten Zeitraum auch stabile Regelmäßigkeiten in Form der drei Darwin'schen Module – Reproduktion mit Variation und Selektion – behaupten, ohne diese im Einzelnen auf zugrunde liegende physikalische Mikroprozesse reduzieren zu können.

Die Gehaltsstärke der Darwin'schen Module wird ersichtlich, wenn man fragt, was denn eigentlich passiert, wenn in einem geschlossenen System wie z. B. unserem Universum einige davon wegfallen. Wenn es *erstens* keine Reproduktion und nicht einmal Retention durch Langlebigkeit gibt, nähert sich der Zustand unseres Universums schnell dem Zustand maximaler Unordnung bzw. Entropie. Wenn es *zweitens*

Variation und Selektion durch Langlebigkeit, aber keine Reproduktion gibt, kommt es zu der in ▶ Abschnitt 6.4 beschriebenen Protoevolution mit begrenztem Möglichkeitsraum und mit Resultaten, die langfristig nur begrenzt stabil sind. Wenn es *drittens* Reproduktion, aber keine selektiv relevante Variation gibt, wird sich evolutionär langfristig nichts ändern, und es kommt zur ewigen Wiederkehr des Gleichen. Gäbe es viertens zwar Variation und Reproduktion, aber keine Selektion, würden sich alle Varianten gleich häufig reproduzieren, und das Universum würde sich ebenfalls schnell einem Zustand maximaler Entropie nähern.

Aus der Gehaltsstärke der Evolutionstheorie folgt auch ihre empirische Überprüfbarkeit, die wir bereits in ▶ Kap. 3 aufgezeigt haben. Es wurde auch kritisiert, mit der Evolutionstheorie könne man nur ex-post-facto erklären, aber nicht voraussagen – was für den Bestätigungsgrad der Evolutionstheorie sehr bedenklich sei, da genuine wissenschaftliche Bestätigung auf potenziellen Voraussagen beruhe. Doch dies beruht auf einem Missverständnis, das wir in ▶ Abschnitt 5.7 aufklärten – das Voraussagekriterium der Bestätigung verlangt nicht zeitliche, sondern lediglich epistemische Voraussagen, welche die Evolutionstheorie in großer Zahl macht, z. B. Voraussagen über geologische, paläontologische und archäologische Spuren. Es gibt auch keinen prinzipiellen Grund, warum die populationsdynamischen Modelle der Evolutionstheorie nicht auch für zeitliche Voraussagen verwendbar sein sollten. Im Fall der biologischen Evolutionstheorie liegt das Problem hier an den enorm großen Zeiträumen, auf die sich solche Voraussagen beziehen müssten. Um ein Beispiel anzuführen, könnte man für die BE des Menschen voraussagen, dass bei allgemeiner Verfügbarmachung von künstlicher Vermehrung die sexuelle Sterilität aufgrund des Wegfalls von bewahrender Selektion zunehmen wird.

Um Voraussagen innerhalb der kulturellen Evolution (KE) zu treffen, lautet die Faustregel etwa so: Suche im Gewirr der vielfältigen Wandlungen und Moden *solche* Selektionsparameter, die durch diese hindurch *stabil* bleiben – was diese bevorzugen, wird sich auf lange Sicht vermutlich evolutionär durchsetzen. In diesem Sinn ist es wohl nicht zu gewagt vorauszusagen, dass bei gleichbleibenden Bedingungen des global-kapitalistischen Marktwettbewerbs die Umweltzerstörung weiter voranschreiten, fossile Energie immer teurer und die Nachfrage nach Energiesparmaßnahmen und nachhaltiger Energie immer bedeutender werden wird. Außerdem, dass im kapitalistischen Wettbewerbsmarkt weiterhin alle technologischen Innovationen (z. B. künstliche Intelligenz, Nanotechnologie, gezielte Genmanipulation) tatsächlich auch umgesetzt werden – gemäß Anders' (1994/95, §2) „zynischem Imperativ" „Können impliziert Sollen". Ferner, dass im medialen Kulturleben die Rolle des Internets weiterhin zunehmen und die televisionelle Bilderbeglückung den Genuss von Literatur weiter verdrängen wird und dass Migrationsströme in die hochentwickelten Länder weiterhin anhalten werden. Dies sind freilich nur grobe Beispiele, deren genaue Untersuchung den Rahmen dieses Werkes sprengen würde.

7.6 Naturgesetze vs. Systemgesetze – Verallgemeinerte Evolutionstheorie als übergreifendes Paradigma „höherer" Wissenschaften

Die Unterscheidung von Naturgesetzen und Systemgesetzen, auf welche wir mehrmals zurückgegriffen haben, ist für das Verständnis der Unterschiede zwischen den Wissenschaften physikalischer und denen evolutionärer Systeme von grundlegender Bedeutung.[52] Naturgesetze nehmen nicht auf spezifische physikalische Systeme Bezug, sondern drücken das aus, was für *beliebige* Systeme in allen physikalisch möglichen Universen gilt. Beispielsweise ist das Newton'sche Axiom „Gesamtkraft = Masse mal Beschleunigung" ein solches Naturgesetz, in Form einer Differenzialgleichung, die über die *variable* „Summe aller Kräfte" spricht, ohne anzugeben, welche Kräfte dies sind. Auch das Gravitationsgesetz ist ein Naturgesetz, das die Form der Gravitationskraft spezifiziert, ohne auszuschließen, dass auch noch andere (z. B. elektromagnetische) Kräfte anwesend sind. Erst wenn die variable Gesamtkraft durch konkrete *Systembedingungen* bestimmt wird, welche die anwesenden Kräfte explizit auflisten, erhält man eine konkrete lösbare Differenzialgleichung für einen bestimmen Systemtyp (und Analoges gilt für die quantenmechanische Schrödinger-Gleichung mit ihrem variablen Energieoperator). Solch speziellen Differenzialgleichungen mit konkreten Kraftfunktionen bilden die schon mehrfach erwähnten *theoretischen* Systemgesetze, und ihre Lösungsfunktionen sind die *empirischen* Systemgesetze.

Wie erläutert ist es nur für einfache geschlossene Systeme möglich, Systemgesetze auf dem Wege strikter mathematischer Deduktion aus Naturgesetzen plus Systembedingungen zu gewinnen. Für mittelkomplexe Systeme geht dies nicht mehr (oder nur in vager Näherung), und bei lebenden Systemen werden die empirischen Systemgesetze meist auf induktivem Wege gewonnen, ohne theoretisch ableitbar zu sein. Daher fällt die Unterscheidung zwischen Naturgesetzen und Systemgesetzen nicht mit der Unterscheidung zwischen *fundamentalen* und *abgeleiteten* Gesetzen zusammen: Auch Systemgesetze können im logischen Sinn fundamental (= nicht abgeleitet) sein. Die Unterscheidung fällt auch nicht mit der Unterscheidung zwischen universellen und raumzeitlich beschränkten Gesetzen zusammen, denn es gibt auch universelle Systemgesetze wie z. B. „Das Universum besteht aus Materie, nicht aus Antimaterie". Der Unterschied zwischen Naturgesetzen und Systemgesetzen ist *substanzieller Natur.* Er liegt darin, dass Systemgesetze explizit oder implizit auf spezifische Systemtypen Bezug nehmen, während Naturgesetze dies nicht tun. Es gibt nur wenige Naturgesetze im charakterisierten Sinn, und man findet sie nur in der Physik. Alle Disziplinen haben dagegen ihre spezifischen Systemgesetze. Fast alle Gesetze in physikalischen oder chemischen Lehrbüchern sind Systemgesetze – Keplers Planetengesetze, die Pendelgesetze, die Gesetze der viskosen Flüssigkeit usw.

Die Unterscheidung Naturgesetze vs. Systemgesetze hilft, mehrere wissenschaftstheoretische Kontroversen zu klären:

---

[52] Die Unterscheidung wurde, aufbauend auf Josef Schurz (1990), in Schurz (2002, §6.1), eingeführt (vgl. auch Schurz 2005a, §2; 2006, Abschnitt. 6.5.1.1).

1.) Wie im vorhergehenden Abschnitt abgehandelt, waren Wissenschaftstheoretiker der Biologie mit dem Problem konfrontiert, dass in den Wissenschaften lebender Systeme „genuine" Naturgesetze, welche Naturnotwendigkeiten ausdrücken, zu fehlen scheinen. Dass beispielsweise alle Raben schwarz sind oder die Reproduktion allen Lebens auf den vier DNS-Basen (ACTG) basiert, sind keine Naturnotwendigkeiten. Es handelt sich dabei um Regelmäßigkeiten, die sowohl von Naturgesetzen als auch von *kontingenten* Fakten der Evolution abhängen – in einer hochkomplexen und nicht deterministischen Weise, die keine strenge Mikroreduktion gestattet. Während Weber (1998) daraus folgerte, evolutionäre Modelle hätten prima facie keinen Gehalt, meinten Schiffer (1991) und Earman, Roberts und Smith (2002), echte Gesetze fände man nur in den physikalischen Wissenschaften. Beide Schlussfolgerungen halte ich für überzogen. Die Probleme klären sich, wenn man zwischen Naturgesetzen und Systemgesetzen unterscheidet. Die genannten Autoren haben darin Recht, dass man in den Wissenschaften lebender Systeme keine genuinen Naturgesetze findet. Wohl aber findet man darin genuine *Systemgesetze* – in Bezug auf Systemgesetze haben die Autoren also Unrecht.

2.) Unsere Ausführungen zu geschlossenen vs. offenen Systemen haben uns einen zweiten wichtigen Unterschied zwischen den physikalischen Wissenschaften und den Wissenschaften lebender Systeme deutlich gemacht: Während (nicht zu komplexe) physikalische Systeme als epistemisch geschlossen beschreibbar sind, können evolutionäre Systeme nur als epistemisch offen beschrieben werden. Dies bringt neues Licht in die Kontroverse um sogenannte Ceteris-paribus-Bedingungen (Schurz 2002). Die Gesetze geschlossener Systeme werden üblicherweise mithilfe von exklusiven Ceteris-paribus-Klauseln formuliert, die weitere „Störfaktoren" (außer den im Gesetz genannten) ausschließen. Die Gesetze lebender Systeme beruhen dagegen nicht auf exklusiven Ceteris-paribus-Klauseln, sondern auf *Normalitäts*klauseln.

3.) Die Unterscheidung von Naturgesetzen vs. Systemgesetzen hilft auch, eine aktuelle Kontroverse in der *theoretischen Physik* besser zu verstehen, nämlich die Kontroverse darüber, ob die theoretische Physik *vollständig* sei oder sein könnte (Barrow 1994, Kap. 1–2; Carrier 1994). Diese Debatte macht natürlich nur Sinn, wenn sie sich auf Vollständigkeit bezüglich der Naturgesetze bezieht, denn es gibt (immer) Myriaden unentdeckter Systemgesetze.

Zusammenfassend können wir aus unseren Überlegungen den Schluss ziehen, dass sich die verallgemeinerte Evolutionstheorie als *übergreifendes Paradigma* für alle „höheren Wissenschaften" eignet. Denn alle dieses Wissenschaften (Biologie, Psychologie, Sozialwissenschaften, Geistes- und Kulturwissenschaften) haben mit evolutionären Systemen und ihren Produkten zu tun. Und für evolutionäre Systeme gelten die grundlegenden Prinzipien der verallgemeinerten Evolutionstheorie, die Darwin'schen Module und alles, was sich daraus ergibt. Darüber hinaus besitzen die Wissenschaften evolutionärer Systeme grundlegende *ontologische* und *methodologische Gemeinsamkeiten*, die sie von den physikalischen Wissenschaften unterscheiden. Evolutionäre Systeme können, wie wir ausführten, nur als offene Systeme beschrieben werden. Die Gesetzmäßigkeiten, denen sie gehorchen, sind normischer Natur, und sie weisen quasizweckgerichtete Merkmale in Form von evolutionären Funktionen auf.

Es wäre ungerechtfertigt, in unserem Vorschlag, die verallgemeinerte Evolutionstheorie bilde ein übergreifendes Paradigma für alle „höheren Wissenschaften, den „imperialistischen" Versuch einer Naturalisierung der Geisteswissenschaften zu sehen. Denn wie in ▶ Abschnitt 6.3 ausgeführt, ist die verallgemeinerte Evolutionstheorie *gegenstandsneutral*: Für ihre Anwendbarkeit macht es keinen Unterschied, ob die zugrunde liegenden Entitäten physikalischer oder kultureller, materieller oder geistiger Natur sind. Dennoch ist unser Vorschlag zunächst vielleicht eine unvorsichtig starke Behauptung, der erst durch Teil III und IV dieses Werkes hinreichend Plausibilität verliehen wird. Abgesehen von den zahlreichen Anwendungen der verallgemeinerten Evolutionstheorie auf die Kultur- und Sozialwissenschaften sowie die Psychologie werden wir dort herausarbeiten, dass zentralen Paradigmen der traditionellen Sozial- und Kulturwissenschaften, z. B. der Handlungstheorie oder der funktionalen Systemtheorie, im übergreifenden Paradigma der verallgemeinerten Evolutionstheorie ein natürlicher Ort zugewiesen werden kann.

7.7 Supervenienz ohne Reduzierbarkeit: Zum Verhältnis von Biologie (bzw. „höheren" Wissenschaften) und Physik

Die bisher erkannten Eigentümlichkeiten evolutionärer Systeme werfen auch neues Licht auf die alte Frage der Zurückführbarkeit der Wissenschaften des Lebens auf die physikalischen Wissenschaften. Während viele Wissenschaftstheoretiker der 1960er Jahre glaubten, dass eine vollständige Reduktion der Biologie auf die Physik einmal möglich sein werde (vgl. Causey 1977), sind heutige Wissenschaftstheoretiker diesbezüglich skeptischer und formulieren den Standpunkt des Naturalismus mit schwächeren Begriffen wie z. B. dem der Supervenienz. Eine indirekte Dokumentation dieser Entwicklung findet sich auch bei Weber (1998, 166 f, 242 f, 277 f), der sich zunächst in Anknüpfung an Weinberg (1992) für die Anwendung des physikalischen Reduktionismus auf die Biologie stark macht, am Ende aber die nicht reduktionistischen Supervenienzansätze von Rosenberg (1985) und Sober (1984) zu bevorzugen scheint.

Weinberg skizziert das Beispiel einer mikrophysikalischen Erklärung, warum Kreide weiß ist, durch Rückführung auf die quantenmechanischen Eigenschaften der Kreidemoleküle und den daraus resultierenden Lichtabsorptionseigenschaften. Weber argumentiert, eine solche Reduktion sei auch im Falle biologischer Organismen möglich. Doch genau dies ist, wie wir oben ausführten, nicht der Fall. Schon für mittelkomplexe Moleküle ist es unmöglich, die vollständige Schrödinger-Gleichung, die sie beschreibt, auch nur approximativ zu lösen; dies gelingt nur unter Vereinfachungsannahmen (vgl. Cartwright 1983, 104 f, 113 f). Erst recht ist es unmöglich, die quantenmechanische Differenzialgleichung für ein aus Myriaden von interagierenden Molekülen bestehendes organisches System, und sei es nur eine winzige Blaualge, aufzustellen, geschweige denn irgendwie zu lösen.

Es ist freilich wahr, wie Weber anführt (ebd., 169), dass die Biochemie eine Vielzahl von molekularen Mechanismen für organismische Prozesse herausgefunden hat

(Kap. 2). Beispielsweise ist (zumindest teilweise) bekannt, wie das menschliche Chromosom sich entspiralisiert und die DNS repliziert wird. Doch dieser Mechanismus ist eben nicht – so wie im Fall der Planetenbahnen oder in Weinbergs Kreidebeispiel – vollständig mathematisch zurückführbar auf Naturgesetze und Systembedingungen. Dies scheint aus Komplexitätsgründen auch in ferner Zukunft unmöglich zu sein – die Einsichten reiften in den Disziplinen der Komplexitätstheorie und der Chaostheorie in den 1980er Jahren und sind jüngeren Datums als die Blütezeit des physikalischen Reduktionismus. Was die molekularen Biowissenschaften dagegen leisten, sind *partielle* mikrophysikalische Reduktionen bzw. Erklärungen. Solche partiellen Reduktionen sind ähnlich Hempels „genetischen Erklärungen" (1965, 447): Ketten von nomologischen Erklärungsargumenten, in deren Glieder jedoch durchlaufend kontingente und ihrerseits unerklärte Hypothesen nachgeschoben werden. So könnten die Erklärungsprämissen zur Kernteilung während der Mitose etwa Folgendes enthalten: „Nach Einleitung der Mitose entspiralisiert sich das Chromosom, weshalb die Andockung von Basentripletts stattfinden kann, die zur Ausbildung eines komplementären DNS-Stranges führt." Warum dies aber fast immer funktioniert und nicht meistens schiefgeht, dafür gibt es keine mikrophysikalische Reduktion, sondern nur ein evolutionäres Normalfallgesetz.

Folgt aus der Undurchführbarkeit des physikalistischen Reduktionsprogramms, dass es emergente nicht physikalische Entitäten gibt, z. B. vitalistische Lebenskräfte, teleologische Naturzwecke oder irreduzible Geisteskräfte? Keineswegs – die materialistisch-naturalistische Ontologie lässt sich auch ohne Reduktionsannahme fassen, und zwar in Form des sogenannten *Supervenienzprinzips*. Diesem zufolge basieren alle Entitäten (Dinge oder Eigenschaften) letztlich auf materiell-physikalischen Entitäten, sind aus diesen zusammengesetzt und letztlich durch diese *bestimmt*, aber *ohne* dass sich dieser Bestimmungszusammenhang in die Form einer Ableitung aus Naturgesetzen und Systembedingungen fassen ließe, denn dazu ist dieser Zusammenhang viel zu komplex. Ohne auf die verschiedenen Explikationsvorschläge von „Supervenienz" in der Literatur eingehen können (vgl. Fußnote 53), lautet die einfachste Explikation von Supervenienz wie folgt:

(S) Supervenienz: Ein Bereich E von Eigenschaften eines Systemtyps S superveniert auf den physikalischen Eigenschaften g.d.w. (notwendigerweise) für alle zwei Systeme x und y vom Typ S gilt: Wenn sich x und y in allen physikalischen Eigenschaften gleichen, dann stimmen sie auch in allen Eigenschaften des Bereichs E überein.[53]

---

[53] Rosenberg (1985) verwendet eine etwas stärkere Explikation von Supervenienz, die auf Jaegwon Kim zurückgeht und zusätzlich zur obigen Bedingungen für jede superveniente Eigenschaft ψ des Bereichs E die Existenz einer physikalische Eigenschaft P verlangt, sodass P ψ strikt-nomologisch impliziert, ohne dass diese Eigenschaft begrifflich fassbar sein müsste (vgl. auch Weber 1998, 242). Abstrakt gesehen existiert eine solche Eigenschaft aber immer – man nehme einfach die Klasse aller physikalisch möglichen Individuen (in beliebigen physikalischen Zuständen), welche die Eigenschaft ψ besitzen, und definiere diese als die Extension der physikalischen Eigenschaft P.

Dabei mag es sich bei E z. B. um biologische oder geistige Eigenschaften und bei den Systemtypen um Lebewesen bzw. Menschen handeln. In diesem Sinn nennt Sober (1984) biologische Gesetze über die Fitness von Organismen „superveniente Quellengesetze", denn diese Systemgesetze supervenieren auf Naturgesetzen und biologischen Randbedingungen, ohne dass die zugrunde liegenden mikrophysikalischen Bestimmungszusammenhänge im Detail explizierbar wären. Die biologische bzw. verallgemeinerte Supervenienzthese, der zufolge alle biologischen bzw. verallgemeinert alle Realeigenschaften auf physikalischen Eigenschaften supervenieren, schließt aus, dass es nicht physikalische Substanzen oder Eigenschaften gibt, die von einem Individuum unabhängig von seiner physikalischen Beschaffenheit besessen oder nicht besessen werden können. Die Supervenienzthese bringt somit eine naturalistische Ontologie zum Ausdruck, *ohne* die unhaltbar starke Reduktionsthese zu implizieren, der zufolge sämtliche physikalischen Determinationsbeziehungen in Form von begrifflich-nomologischen Reduktionsbeziehungen explizierbar sein müssten.

Lässt man die in (S) in Klammern hinzugefügte Notwendigkeitsbedingung weg, so spricht man auch von *schwacher* Supervenienz, während die Explikation mit der Notwendigkeitsbedingung auch *starke* Supervenienz genannt wird. Schwache Supervenienz verlangt lediglich, dass es in der wirklichen Welt keine zwei physikalisch gleichartigen Individuen gibt, welche sich in Eigenschaften des Bereichs E unterscheiden. Dies könnte sich jedoch auch bloß auf den Zufall gründen, dass einige physikalisch mögliche Eigenschaftskombinationen, die der Supervenienzthese widersprechen könnten, in unserer faktischen Welt nicht vorkommen (Beckermann 2001, 207). Fordert man starke Supervenienz, dann ist dieses Problem bereinigt.

Angenommen die Supervenienzthese trifft zu, stellt sich die Frage nach der Natur der Determinationsbeziehung zwischen physikalischen und „höheren" Eigenschaften. Insofern mit Supervenienz die *instantane* Bestimmung des Makrozustands eines Realsystems zu einem Zeitpunkt durch seinen physikalischen Mikrozustand zu demselben Zeitpunkt gemeint ist, kann diese Beziehung – im Gegensatz zur Behauptung einiger Autoren – nicht von im engeren Sinn kausaler Natur sein, denn kausale Beziehungen sind nicht instantane, sondern zeitlich vorwärtsgerichtete temporale Beziehungen. Am plausibelsten halte ich die Auffassung der Supervenienzbeziehung als Teil-Ganzes-Beziehung (vgl. auch Hüttemann 2004).

Die Supervenienzthese ist ontologisch grundsätzlicher Natur, und man fragt sich, ob damit überhaupt irgendwelche Konsequenzen für die Praxis der wissenschaftlichen Theoriebildung verbunden sind. Dies ist in der Tat der Fall, denn aus der Supervenienzthese folgt, dass kein Realsystem irgendein (physikalisches) Naturgesetz verletzen darf. Beispielsweise kann kein Realsystem existieren, das eine Verletzung des Energieerhaltungssatzes, die Existenz von augenblicklicher Gedankenfernübertragung oder von Zeitreisen mit Überlichtgeschwindigkeit involviert. Viele esoterisch-spiritualistische Überzeugungssysteme sind davon betroffen, denn sie befinden sich unter Voraussetzung der Supervenienzthese im Konflikt mit akzeptierten Naturgesetzen, was sie fragwürdig macht, zumindest solange man die bislang akzeptierten Naturgesetze für zutreffend hält.

Ein naturgesetzliches Constraint ist für die Evolutionstheorie besonders grundlegend, nämlich der zweite Hauptsatz der Thermodynamik, der besagt, dass der Ordnungsgrad eines geschlossenen Systems nur abnehmen (bzw. seine Entropie nur zunehmen) kann, bis die maximale Unordnung bzw. der „Wärmetod" erreicht ist. Nun beruht die Evolution aber darauf, dass laufend Systeme von hohem Ordnungsgrad erzeugt bzw. reproduziert werden, und dies ist nur möglich, wenn dem Evolutionsprozess von anderswoher kontinuierlich Energie zugeführt wird. In der Tat beruht die gesamte Evolution der Lebewesen auf unserem Planeten darauf, dass die Sonne uns riesige Energiemengen zuführt, und wenn sie einst erloschen sein wird, kann auch die Evolution nicht mehr weitergehen, es sei denn, die Menschheit, sofern sie dann noch existiert, hat in Raumschiffen unser Sonnensystem bereits verlassen.

Auf sich allein gestellt liefert die Supervenienzthese nur naturgesetzliche Constraints für die höheren Wissenschaften des Lebens. Oben haben wir aber gesehen, dass noch mehr möglich ist, nämlich *partielle Erklärungen* von organismischen Makroprozesssen auf biomolekularer Grundlage. Wenngleich solche partiellen Erklärungen kein physikalistisches Reduktionsprogramm begründen, so liefern sie doch eine robuste Grundlage für das, was in der Wissenschaftstheorie die *Einheit* der Wissenschaften genannt wird (Schurz 2004b).

8.
Konflikte zwischen Evolutionstheorie und humanistischem Weltbild: Die ethische Dimension

8.1 Psychologische und gesellschaftliche Widerstände gegen darwinistische Weltbildumwälzungen

Wie wir in ▶ Abschnitt 1.1 ausführten, kommt die darwinistische Revolution mit Common-Sense-Intuitionen und traditionellen Weltanschauungen an vielen Stellen in Konflikt. Mayr (1982, 501) fasst die Umwälzungen unseres traditionellen Weltbildes, die durch die Darwin'sche Revolution bewirkt wurden oder zumindest der Tendenz nach impliziert werden, wie folgt zusammen (Ergänzungen in eckigen Klammern wurden vom Autor hinzugefügt):

1.) Die statische Welt wird durch eine evolvierende ersetzt.
2.) Der Kreationismus wird unglaubwürdig [und der Materie-Geist-Dualismus weicht dem Materialismus].
3.) Die kosmische Teleologie wird zurückgewiesen.
4.) Der Anthropozentrismus wird unhaltbar.
5.) Scheinbare Zweckmäßigkeit wurde durch materialistische Prozesse der natürlichen Selektion erklärbar [ohne Teleologie und ohne intentionale Agenten].
6.) Der Essenzialismus wird durch [Systemdenken und] Populationsdenken ersetzt.

Punkt 1 und 2 waren natürlich ein Affront gegen alle religiösen Weltbilder. Mit dem Autoritätsverlust der Religionen im Zuge der Aufklärung gewann der weltanschauliche Materialismus an Einfluss, der den Materie-Geist-Dualismus ablehnte und den Geist naturalistisch erklärte.

Punkt 3 ist ein Affront gegen eine noch umfassendere Klasse von Weltanschauungen, da damit nicht mehr angenommen wird, dass es eine der Natur immanente Zielorientierung und Orientierung zur Höherentwicklung gibt. Durch diesen Punkt werden auch sämtliche moderne implizit teleologischen Entwicklungslehren angegriffen, von Spencers Sozialdarwinismus bis zu dem Fichte-Hegel'schen dialektischen Idealismus und dem Marx-Engels'schen dialektischen Materialismus. Es scheint damit auch die letzte Möglichkeit gefallen zu sein, aus wissenschaftlichen Tatsachenerkenntnissen eine sinnstiftende Weltanschauung herauszulesen. Sinnstiftung wird nicht mehr von der Natur, sondern muss vom Menschen geleistet werden.

Durch Punkt 3 wird der Mensch groß gemacht, da es danach in seiner Hand liegt, Ziel und Sinn festzulegen. Dies steht im Gegensatz zu Punkt 4, dem zufolge der Mensch nichts anderes ist als eine dritte Schimpansenart, die trotz hoher Vermehrungsrate ihre Fähigkeit zu nachhaltigem evolutionären Dasein noch unter Beweis stellen muss. Durch diesen Aspekt der Evolutionstheorie wird sowohl der traditionelle als auch der moderne *Anthropozentrismus* angegriffen, der da meint, der Mensch als Gipfel der Evolution könne beliebig über die Natur regieren oder sich völlig von Naturzwängen befreien, wie das z. B. der Marxismus verkündete.

Punkt 4 und 5 stehen in Gegensatz zu einem zentralen Paradigma der Geistes- und Sozialwissenschaften, nämlich dem *handlungstheoretischen* Erklärungsmodell, welches historische Entwicklungen lediglich aus der verkürzten Perspektive individueller Handlungsabsichten begreift. In großen Teilen der Aufklärungsphilosophie, im Marxismus und in der politischen Linken insgesamt, wird kulturelle Evolution als die Geschichte von machtvollen Herrschern oder Gruppen erklärt. Es entsteht ein idealistisch verklärtes Machbarkeitsdenken, dem zufolge alle Übel dieser Welt irgendwelche Übeltäter oder Ausbeuter als „Ursachen" haben müssen, die man nur politisch beseitigen müsste, um die Probleme zu lösen. Dieses im Grunde magisch-intentionalistische Denken, dem zufolge es für alle einen oder mehrere Schuldige geben müsse, hatten ja schon die hungernde Bevölkerung auf den polynesischen Inseln oder die Maja angewandt, als sie ihre gottgleichen Könige dafür verantwortlich machten, dass der Boden erodiert und der Wald zerstört war, dass nichts mehr wuchs, und sie ihre Könige deshalb stürzten, was den Kollaps auch nicht aufhalten konnte (Diamond 2006, Kap. 2, 3 und 5). Wie wir in ▶ Abschnitt 9.2 ausführen, gehorcht kulturelle Evolution, obwohl sie sich aus vielen intentionalen Einzelhandlungen zusammensetzt, eben keinem *globalen* Plan. Von vielen evolutionären Trends der Weltgeschichte, seien es Kriege oder Umweltkatastrophen, kann man kaum sagen, jemand hätte sie explizit *gewollt*, und die herkömmlichen Geschichtsbücher, welche Geschichte als Sequenz von politischen Entscheidungen darstellen, tragen *wenig* zur Erklärung solcher evolutionären Trends bei.

Davon abgesehen hat das handlungszentrierte Machbarkeitsparadigma die Eigenart, die älteren Generationen regelmäßig ziemlich dumm aussehen zu lassen, weshalb sich dieses Paradigma in der jungen Generation besonderer Beliebtheit erfreut. Denn waren es doch die vergangenen Generationen, die jahrhundertelang das nicht geschafft haben, was diesem Paradigma doch eigentlich ein Leichtes sein müsste, wenn nur genügend Menschen ihr Handeln von der richtigen *Gesinnung* leiten ließen – sei es nun ökologisch zu wirtschaften, Brot für alle zu schaffen oder den Unterschied von Arm und Reich abzuschaffen. Leider lassen sich evolutionäre Prozesse nicht durch bloßen Gesinnungswandel ändern, und selbst wenn sie es tun, dann meist nicht so, wie man dies beabsichtigte – was revolutionär-idealistische Bewegungen immer wieder erfahren mussten, von den Wirren der Französischen Revolution bis hin zur Studentenbewegung der 1960er Jahre. Und doch gibt es etwas, was die Illusionen des Machbarkeitsparadigmas an Borniertheit durchaus aufwiegt und an geistiger Bequemlichkeit sogar bei weitem übertrifft, und das ist die Borniertheit der Traditionalisten, die so tut, als gäbe es in der Evolution keine Veränderungen, geschweige denn Revolutionen, weshalb nur das als richtig befunden wird, was immer schon so getan wurde.

Schließlich stehen Punkt 5 und 6 im Konflikt mit tiefsitzenden kognitiven Denkmustern der Menschen. Für Punkt 5 haben wir dies in ▶ Abschnitt 1.1 und 1.2 bereits ausgeführt: Wenn Prozesse gerichtet sind und sich auf einen Endzustand hinzubewegen scheinen, so deutet dies die natürliche Kognition des Menschen als genuin zielgerichteten Entwicklungsprozess, hinter dem ein zielorientiertes Wesen steht, während in der evolutionstheoretischen Erklärung die Gerichtetheit nur den Status einer abgeleiteten Eigenschaft besitzt, die auf nicht zielgerichteten Kausalprozessen superveniert. Punkt 6 konfligiert mit dem Essenzialismus als einer noch allgemeineren Tendenz des Common-Sense-Denkens. Der Essenzialismus führt die charakteristischen Eigenschaften von Systemen und Prozessen auf „innere Wesensmerkmale" zurück (bei gerichteten Prozessen sind es die Intentionen von Agenten), statt sie als *Systemeigenschaften* zu begreifen, bei denen es mehr auf das strukturierte Zusammenwirken der Einzelteile als auf das „Wesen" der Einzelteile selbst ankommt (▶ Abschnitt 6.1 und 7.1). Wenn Mayr von Essenzialismus spricht, meint er die Anwendung des allgemeinen Essenzialismus auf die Wesensmerkmale biologischer *Arten*. In evolutionärer Betrachtung supervenieren Arten auf evolvierenden *Populationen*, und ihre charakteristischen Merkmale kommen durch populationsdynamische Prozesse der Variation und Selektion zustande, weshalb Mayr in Bezug auf biologische Arten von der Ablösung des Essenzialismus durch das Populationsdenken spricht. Die Tatsache, dass Variation und Selektion grundsätzlich nur in *statistischer* Weise als Wahrscheinlichkeiten funktionieren, konstituiert eine weitere Denkschwierigkeit. Denn das statistische Denken ist dem Common Sense des Menschen in vielen Hinsichten fremd; populäre Interpreten haben immer wieder versucht, in evolutionäre Prinzipien einen *Determinismus* hineinzulesen, statt sie nur statistisch aufzufassen, was immer wieder zu Fehllehren geführt hat, wie die Lehre von der automatischen Höherentwicklung bei Spencer, vom organismischen Aufblühen und Untergehen von Kulturen bei Spengler oder vom Fortschritt durch dialektische Gegensätze bei Hegel und Marx.

Ein Herausforderung der Evolutionstheorie für unser Weltbild scheint in Mayrs Auflistung aber übersehen worden zu sein, und dabei handelt es sich vielleicht um den schwierigsten Konflikt der Evolutionstheorie mit unserem aktuellen Weltbild – denn dieser Konflikt tritt auch auf, wenn man ein *aufgeklärtes* statt religiös-fundiertes Weltbild vertritt. Dies ist der zumindest anscheinende Konflikt des darwinistischen Weltbildes mit der *Moral* und speziell der *humanistischen* Moral. Der alte Sedgwick beispielsweise, Entdecker der Fossilschichten von Wales 1823, lehnte den Darwinismus nicht deshalb ab, weil Paleys Designargument bedroht war, sondern weil der Darwinismus den Menschen unmoralisch mache – ihm jede Moral nehme, und dies sei eine große Gefahr (Mayr 1982, 515). Diesem Thema wenden wir uns nun zu.

8.2 Konflikte zwischen Evolutionstheorie und humanistischer Moral?

Seit den frühesten kulturellen Überlieferungen dienen menschliche Moralkodizes der Legitimation sozialer Regeln, welche den Egoismus der Individuen eindämmen zugunsten sozialer Kooperation und Unterordnung unter das soziale Ganze. Durch den historischen Autoritätsverlust religiöser Weltbilder wurde auch die Absicherung moralischer Regeln infrage gestellt. Wenn diese nicht durch Gott oder durch eine kosmische Teleologie niedergelegt wurden, wodurch dann? Die Antwort der Aufklärung lautete: durch den Menschen selbst, als vernünftiges soziales Wesen. Dem entsprechend ist die bedeutendste Basis der gegenwärtigen aufgeklärten Moral der moderne *Humanismus*, exemplarisch verkörpert in den Normen der Freiheit, Gleichheit und Brüderlichkeit, welche seit der Französischen Revolution die säkularisierten Gesellschaften anleiteten. Der Gleichheitsgrundsatz des Humanismus lehrt, dass alle Menschen von Geburt an gleichwertig und soziale Ungleichheiten Ungerechtigkeiten sind, deren Abschaffung das oberste Ziel menschlicher Moral sein muss. Der Grundsatz der Brüderlichkeit wurde nicht erst in der Aufklärung niedergelegt, sondern findet sich bereits im Prinzip der christlichen Nächstenliebe. Steht all dies nicht im krassen Gegensatz zur Evolutionstheorie – speziell dann, wenn man diese auf die kulturelle Evolution überträgt? Beruht, im Gegensatz zum Gleichheitsgrundsatz, kulturelle Evolution nicht unweigerlich auf der Ungleichheit der Menschen und der daraus hervorgehenden Selektion der Erfolgreicheren? Handelt es sich nicht auch in der kulturellen Evolution letztlich, wie überall sonst im Tierreich, um einen Kampf ums Dasein, in dem der Schwächere leidensvoll untergeht und der Stärkere triumphierend statt mitleidsvoll gewinnt? Ist dies nicht ein brutaler Schlag ins mitfühlende Antlitz der universalen Nächstenliebe?

Viele Autoren, vornehmlich Populärautoren, haben in diese Richtung gehende Konsequenzen gezogen. Dies hat der darwinistischen Evolutionstheorie, speziell im geisteswissenschaftlichen Lager, einen schlechten Ruf eingebracht. Dies spiegelt sich etwa in der Tatsache wider, dass der Begriff „Sozialdarwinismus" noch heute vorwiegend pejorativ (d. h. als Vorwurf bzw. Abwertung) verwendet wird. Sehen wir uns zunächst einige Argumentationen der Sozialdarwinisten sowie ihrer Kritiker etwas näher an.

8.2.1 Spencers Sozialdarwinismus

Herbert Spencer gilt als philosophischer Hauptbegründer des Sozialdarwinismus. 1851 veröffentlichte er sein erstes Hauptwerk *Social Statics* – noch bevor er Kenntnis von Darwin hatte. Spencers Sozialphilosophie ist keinesfalls durchgehend „antihumanistisch", sondern „durchwachsen". Kritisierenswert ist vor allem die mangelnde logische Kohärenz – der Autodidakt Spencer war ein „weicher Denker", wie es Ruse (1993, 154) formulierte. Während Spencer von Sozialisten als Propagandist des rücksichtslosen Laisser-faire-Kapitalismus verurteilt wurde, hat der Anarchist Peter Kropotkin in Spencer einen altruistischen Evolutionisten gesehen. In der Tat hebt Spencer in späteren Schriften die Rolle des Altruismus in der menschlichen Ethik hervor.[54] Doch in *Social Statics* vertrat Spencer teilweise ganz anders klingende, antihumanistische Thesen. Er ging von einer Zwei-Phasen-Lehre der menschlichen Evolution aus: Dem idealen Endzustand der Menschheit im ewigen Frieden geht eine nicht ideale Übergangszeit voraus, in der die natürliche Selektion das Minderwertige und Schlechte eliminieren müsse. Dass in dieser Übergangszeit nur die

---

[54] Vgl. Engels (1993, 262) sowie Spencers Verteidigung gegen T. H. Huxleys „Anti-Spencer-These" (abgedruckt in Bayertz 1993, 75–83).

Tüchtigsten Arbeit finden, während die weniger Tüchtigen ein Kümmerdasein fristen und ihre Kinder sterben, sei letztlich gut, denn es diene der Erreichung des guten Endzwecks. Spencer sprach sich an dieser Stelle gegen die Verfechter der Armengesetze aus, die forderten, die Reichen sollten ihren Reichtum mit den Armen teilen, und verglich sie mit Ärzten, die sich weigerten, am Patienten nötige Operation durchzuführen, weil der operative Schnitt ihm Schmerzen zufügen würde (Engels 1993, 271 f).

In *Social Statics* gibt es aber auch zahlreiche humanistische Passagen. Wenn es einen sich durchhaltenden Hauptfehler gibt, dann den, dass Spencers Evolutionsauffassung *normativ-teleologische* Züge trug. Anpassung und Höherentwicklung waren für ihn ein in kosmologischen Grundgesetzen angelegter Automatismus (Engels 1993, 261, 279; Briefabdruck in Bayertz 1993, 76 f). Zu Spencers Entlastung ist allerdings anzumerken, dass die Auffassung von Evolution als Höherentwicklung auch bei vielen seiner Zeitgenossen verbreitet war und sich letztlich bis in die 1960er Jahre hielt: Noch Lorenz (1963) glaubte, die Evolution würde letztlich nur Gutes hervorbringen (Wuketits 1993, 230), und Ruse (1993, 156) meint, Ähnliches gelte auch für E. O. Wilson.

Der Glaube an einen idealen Endzustand, der nach einer nicht idealen Übergangszeit mit gesetzesmäßiger Sicherheit erreicht wird und den Spencers Sozialdarwinismus übrigens mit den fundamentalistischen Religionen und kommunistischen Geschichtslehren teilt, war historisch betrachtet immer schon geneigt, auf die moralisch schiefe Bahn eines *Der-Zweck-heiligt-die-Mittel*-Denkens zu geraten, das einzelne Menschenleben gering schätzt und deren Vernichtung in Kauf nimmt. In der Tat haben sich bald andere Autoren auf Spencer berufen und deutlich antihumanistischere Thesen propagiert. Bei Alexander Tille wird das „Überleben des Tüchtigsten" und die „Austilgung des Schwachen, Unglücklichen und Überflüssigen" explizit zur moralischen Norm erhoben, und Ludwig Woltmann entwickelte aufbauend auf Spencer eine rassistische und eine rassenhygienische „politische Anthropologie" (Engels 1993, 244, 255). Im Gegensatz dazu hatten Darwin und sein Protégé T. H. Huxley die Bedeutung von Altruismus und Moral in der Evolution erkannt (Richards 1993, 172 ff). Doch kann man Darwin und seinen engeren Kollegenkreis von sozialdarwinistischen Motiven nicht ganz ausnehmen: Immerhin trägt Darwins Hauptwerk von 1859, *The Origin of Species*, den Untertitel *The Preservation of Favoured Races in the Struggle for Life*, worin gleich zwei für politische Fehlinterpretationen hauptverantwortliche Metaphern auftauchen: der Begriff der „Rasse" und der des Überlebens„kampfes".

Der Einfluss des Sozialdarwinismus nahm Mitte des 19. Jahrhunderts kontinuierlich zu, vertreten durch prominente Wissenschaftler wie den Evolutionsphilosophen und Rassentheoretiker Ernst Haeckel oder den Rassenhygieniker und Begründer der Eugenik Francis Galton. Hauptinhalt der Rassenlehre war die Lehre der über- und unterlegenen Menschenrassen und der Schädlichkeit der Rassenvermischung für die überlegenen Rassen. Eugenik war die Lehre von der genetischen Gesunderhaltung und Verbesserung der „menschlichen Rasse", meist verbunden mit den Forderungen der Zwangssterilisation von erbkranken oder behinderten Menschen. Seit einem von der Firma Krupp finanzierten Preisausschreiben von 1900, mit Haeckel als Vorsitzendem, wurde Eugenik in Deutschland öffentlich diskutiert und als Wissenschaft etabliert.[55] 1905 gründeten die Herausgeber des Archivs für Rassen- und Gesellschaftsbiologie die Gesellschaft für Rassenhygiene, deren Mitglieder der „nordischen weißen Rasse" anzugehören hatten. Viele Wissenschaftler und Philosophen griffen damals in aus heutiger Sicht naiver Weise und meist in durchaus humanistischer Absicht rassenhygienische Ideen auf. Auch in vielen anderen Ländern, insbesondere den USA, waren Eugenik und Rassenhygiene damals einflussreiche Strömungen. Erst die grausamen Folgen des Rassenwahnsinns des Nationalsozialismus führten zu einer weltweiten Zurückweisung dieses Gedankenguts.

8.2.2 Drei Thesen

Was steckt nun wirklich hinter dem scheinbaren Konflikt von Sozialdarwinismus und humanistischer Moral? Während moderne Naturalisten sich bei dieser heiklen Frage gerne auf die Feststellung zurückziehen, dass die Thesen der alten Sozialdarwinisten sämtlich Missverständnisse und Fehlinterpretationen waren, sehen moderne Kulturwissenschaftler auch im modernen Darwinismus die verborgen antihumanistischen Züge. Obwohl dem Naturalismus zugetan, möchte ich mir es im Folgenden nicht ganz so einfach machen. Ich werde für folgende drei Thesen argumentieren:

These 1: Selbst *wenn* Konflikte zwischen Evolutionstheorie und humanistischer Ethik vorhanden wären, würde rein logisch daraus nichts folgen, was gegen die humanistische Ethik oder gegen die Evolutionstheorie sprechen würde. Denn man kann logisch weder vom Sein auf das Sollen noch vom Sollen auf das Sein schließen.

These 2: Dennoch benötigt jede praktisch relevante Ethik sogenannte *Sein-Sollen-Brückenprinzipien*, um überhaupt Normen sinnvoll begründen zu können. Diese Brückenprinzipien sind nicht analytisch sakrosankt, sondern selbst Bestandteile der jeweils vertretenen ethischen Theorie. Ein bedeutsames Brückenprinzip ist das *Sollen-Können-Prinzip*, dem zufolge Normen nichts einfordern sollten, was empirischen Gesetzen zuwiderläuft. Gemäß diesem Brückenprinzip können Konflikte zwischen Evolutionstheorie und humanistischer Ethik darin bestehen, dass letztere ein Verhalten moralisch einfordert, das aufgrund der ersteren nicht (oder nur sehr selten) realisiert werden kann.

These 3: Die meisten der angeblichen Konflikte zwischen Evolutionstheorie und humanistischer Ethik beruhen auf Fehlinterpretationen, die übersehen, dass moralisches Verhalten selbst ein Produkt der Evolution ist. Auch nach Berücksichtigung dieser Tatsache verbleibt jedoch ein Restkonflikt der Evolutionstheorie mit gewissen extremen Spielarten der humanistischen Ethik.

Ich beginne zunächst mit den Fehldeutungen der Evolutionstheorie und wende mich erst danach dem verbleibenden „Restkonflikt" zu.

---

[55] Vgl. de.wikipedia.org/wiki/Eugenik, en.wikipedia.org/wiki/Eugenics sowie Lenzen (2003, 138).

8.2.3 Rassismus

Die sozialdarwinistischen Rassenlehren gehören wohl zu den gröbsten Fehldeutungen der Evolutionstheorie. Das Missverständnis beginnt schon damit, dass in der Evolutionsbiologie mit „Rasse" beliebige innerartliche genetische Varianten (Allele) gemeint sind und nicht nur jene Merkmale der Hautfarbe und äußeren Körperform, an die der Common Sense denkt, wenn er von menschlicher Rasse spricht. Die letzteren menschlichen Rassen im engeren Sinn, wie ich sie nenne, sind durch Wanderungswellen von Menschengruppen seit der Auswanderung von *Homo sapiens* aus Afrika entstanden (▶ Abschnitt 2.4). Unterschiedliche Körperformen und Hautfarben lassen sich durch Anpassung an die Umgebungsbedingungen heute gut erklären. So ist der Hautpolymorphismus durch zwei gegenläufige Selektionskräfte bestimmt: In heißen UV-Licht-reichen Regionen schützt schwarze Haut vor zu viel UV-Licht, während in UV-Licht-armen Regionen die weiße Haut UV-Licht begrenzt durchlässt, weil UV-Licht die Bildung von Vitamin D begünstigt (Cavalli-Sforza 2001, 10 f). Krauses Haar hält den kühlenden Schweiß länger; Schlitzaugen und kurze Nasen schützen vor Kälte usw.

Hautfarben und Körperformen sind für den Common Sense auffallend. Wie durch humangenetische Vergleiche aber nachgewiesen werden kann, ist der genetische Unterschied zwischen Rassen im engeren Sinn wesentlich geringer als jener, der ohnedies zwischen beliebigen Individuen besteht. So beträgt die genetische Varianz in einer durchschnittlichen Dorfgemeinschaft bereits 85 % der weltweiten genetischen Gesamtvarianz (Cavalli-Sforza 2001, 29). Selbst wenn es beispielsweise wahr wäre, dass einige Rassen in ihrem Durchschnitts-IQ voneinander geringfügig abweichen, so wäre dieser Unterschied kaum von Relevanz, verglichen mit den durchschnittlichen IQ-Unterschieden insgesamt. Schon deshalb ist die Hochstilisierung der Bedeutung von Menschenrassen aus genetischer Sicht ein Mythos. Davon abgesehen ist die Rekombination unterschiedlicher genetischer Varianten, also die Durchmischung der „Rassen", evolutionär nicht schädlich, sondern förderlich. Und sie findet – schon immer, aber umso mehr in unserer Zeit der Globalisierung – ständig statt. Alle derzeit lebenden Menschen stammen von einer vergleichsweise kleinen *Homo-sapiens*-Gründerpopulation vor ca. 150 000 Jahren ab, und verglichen mit den uns am nächsten stehenden ausgestorbenen Hominidenarten, dem Neandertaler oder dem Java-Menschen, sind wir alle nahe Verwandte.

8.2.4 Eugenik

Die Diskussion von Fragen der Eugenik steht heute vor einer ähnlichen Problematik wie die der Euthanasie oder Sterbehilfe: Seit dem Nationalsozialismus sind diese Fragen, insbesondere in Deutschland, politisch tabuisiert worden (Mayr 1982, 623). Die Gründe hierfür sind verständlich, doch beide Thematiken enthalten einige wichtige Fragen, die der freien Diskussion bedürfen und deren politische Tabuisierung sehr kontraproduktiv wäre. Neuere analytische Ethiker, die sich dieser Thematik zugewandt haben, wurden oft ungerechtfertigt und vorschnell verurteilt, obwohl sie den Unterschied zwischen *unfreiwilliger, freiwilliger* und *nicht freiwilliger*[56] Euthanasie eingeführt haben und klarmachten, dass unfreiwillige Sterbehilfe zutiefst unmenschlich ist und abzulehnen sei (Hegselmann und Merkel 1991). Dieselben Unterscheidungen gelten für die Eugenik, und unfreiwillige Eugenik, z. B. in Form von Zwangssterilisation, ist selbstverständlich ebenso abzulehnen.

Worum es in einer Diskussion der Eugenik aus moderner Sicht nur gehen kann, ist die Frage, ob freiwillige Maßnahmen der Eugenik unter gewissen Umständen moralisch legitim sind. Die Behandlung dieser Frage würde hier zu weit führen; zur geistigen Anregung begnüge ich mich mit zwei Beispielen. Gentechnische Verbesserungen menschlicher Erbanlagen, die zur Elimination von Erbkrankheiten führen, sind zweifellos nicht inhuman und zumindest diskussionswürdig. Diese Frage hatte vor einigen Jahren in Deutschland eine Debatte zwischen Sloterdijk, Habermas und anderen in der *Zeit* ausgelöst (*Die Zeit* 37/1999, 39/1999, 40/1999; Habermas 2001).

Es gibt aber auch heiklere Aspekte der Eugenik, die einer politischen Diskussion bedürften. Ein Beispiel ist die in ▶ Abschnitt 6.1 erwähnte bewahrende genetische Selektion, welche dysfunktionalen Mutanten, also körperlichen und geistigen Behinderungen, geringen Reproduktionserfolg beschert und dadurch deren Häufigkeit gering hält. In der zivilisierten menschlichen Gesellschaft fällt dieser Selektionsdruck durch die Fortschritte der Medizin partiell weg. Die Folge davon sind unter anderem zunehmende Zivilisationskrankheiten, wie häufigeres Auftreten von Sehschwächen oder schlechten Zähnen. Da solche genetische Schwächen durch medizinische Techniken kompensiert werden können, bedeutet das Wegfallen der natürlichen Selektion hier keinen Nachteil. Etwas anders liegt die Sachlage im Falle genetisch bedingter und insbesondere geistiger Schwerbehinderung. Das humanistische Prinzip, dem zufolge auch angeboren geistig Schwerbehinderten dieselben Grundrechte und derselbe moralische Respekt gebühren wie anderen Menschen, ist keinesfalls infrage zu stellen. Doch sollte man genetisch Schwerbehinderten, die einer permanenten Betreuung bedürfen, auch die Möglichkeit geben, schwerbehinderte Kinder in die Welt zu setzen? Die daraus resultierende Zunahme von genetisch Schwerbehinderten in der Gesellschaft wäre kaum allgemein erwünscht. Dadurch ergibt sich die Frage der *Abwägung* zwischen den Selbstbestimmungsrechten und den gesellschaftlichen Folgekosten der Betreuung von Schwerbehinderten, so wie sie sich auch im derzeitigen Behinderten- und Betreuungsrecht widerspiegelt, das Zwangssterilisation verbietet, aber Sterilisation aufgrund des Urteils des Vormundes bzw. rechtlichen Betreuers gestattet.

---

[56] Von „nicht freiwilliger" Euthanasie spricht man bei Patienten, die zu einer Willensäußerung nicht fähig sind, z. B. bei Komapatienten.

8.3 Brückenprinzipien für eine evolutionäre Ethik

Wir nähern uns nun der sozialdarwinistischen Hauptthese, der Lehre vom Überlebenskampf und der Ersetzung des moralischen Gleichheitsgrundsatzes durch das Recht des Stärkeren. Haben die Marxisten Recht, die der darwinistischen Evolutionstheorie vorwerfen, sie würde die Ethik des Laisser-faire-Kapitalismus von der Gesellschaft auf die ganze Natur ausdehnen (vgl. Mayr 1982, 492)? Auch davon kann nicht die Rede sein. Der Irrtum in der Ideologie des Überlebenskampfes folgt aus der bereits von Darwin gemachten Beobachtung, dass die Evolution nicht nur egoistisches, sondern auch kooperatives und moralanaloges Verhalten hervorbrachte. Allerdings dauert die soziobiologische Kontroverse, ob es sich dabei um *echten* Altruismus oder bloß um reziproken Egoismus unter genetisch Verwandten handelt, bis heute an. Wer hat Recht?

8.3.1 Sein und Sollen

Wir sollten an dieser Stelle zunächst kurz innehalten und uns die logische Situation unserer Fragestellung etwas klarer machen. Selbst *wenn* evolutionäre Selektion de facto egoistisch wäre und dem Stärkeren anstatt dem moralisch Besseren die Bahn freimachte, so würde daraus für unser *moralisches Streben* logisch nichts folgen. Denn wie erstmals David Hume aufzeigte, kann man logisch nicht vom Sein auf das Sollen bzw. von Tatsachen auf moralische Gebote oder ethische Werte schließen. Obwohl diese These im 20. Jahrhundert mehrfach angefochten wurde, konnte sie in logischen Untersuchungen letztlich erhärtet werden (▶ Box 8.1).

Box 8.1   Das Sein-Sollen-Problem

Das Sein-Sollen-Problem (SSP) ist das Problem, ob und gegebenenfalls wie man von deskriptiven Prämissen (Tatsachenbehauptungen) mit Mitteln der Logik auf normative Konklusionen (moralische Normen oder Werturteile) schließen kann. Das SSP wurde erstmals von David Hume (1711–1776) aufgeworfen und negativ beantwortet (1739/40, Buch III/1/1). Eine weitergehende Deutung des SSP hat Georg E. Moore (1873–1958) vorgeschlagen. Moore bezieht neben logischen Schlüssen auch Schlüsse aufgrund von extralogisch-analytischen Prinzipien (z. B. Definitionen wie „Gut = Glücklichmachend") mit ein und betrachtet jeglichen solchen Schluss von deskriptiven auf ethische Sätze als einen *naturalistischen Fehlschluss*, wobei seine Kritik insbesondere auf Spencers Sozialdarwinismus abzielte.

Humes und Moores Sein-Sollen-These wurde von Moralphilosophen kontrovers diskutiert (Hudson, 1969; Pigden, 2010). Ein besonderes Problem war die Paradoxie von Prior (1960), der zufolge bei Mitberücksichtigung gemischter Konklusionen (die sowohl deskriptive als auch normative Komponenten besitzen) Sein-Sollen-Schlüsse scheinbar aus trivialen Gründen möglich sind. Eine

Lösung dieses Problems mithilfe eines Relevanzkriteriums wurde in Schurz (1997, Abschnitt 3.4) entwickelt: Dort wurde gezeigt, dass vereinfachend formuliert in allen Logiken, deren Axiome keine Sein-Sollen-Brückenprinzipien enthalten, aus deskriptiven Prämissen keine Konklusionen hergeleitet werden können, die relevante normative Komponenten enthalten. Da Sein-Sollen-Brückenprinzipien außerlogisch ethische Prinzipien darstellen (▶ Abschnitt 8.3.3), wird durch dieses Resultat die Hume'sche These im Wesentlichen bestätigt. Darüber wird dort folgende Symmetriethese bewiesen: Ebenso wenig wie vom Sein auf das Sollen, kann vom Sollen auf das Sein geschlossen werden.

Die faktische Natur der Evolution zwingt uns also nicht, diese auch moralisch gutzuheißen. Selbst wenn in der Evolution der Egoismus dominiert, können wir uns moralisch für den Altruismus entscheiden. Aus analogen Gründen kann man logisch auch nicht vom Sollen auf das Sein schließen (▶ Box 8.1). Der Bestätigungsgrad von Tatsachenaussagen ist unabhängig davon, ob sie ethischen Wunschvorstellungen entsprechen.

Die logische Unabhängigkeit von Faktenerkenntnis und Normen bzw. Werten hat auch eine wichtige Konsequenz für die *spieltheoretische Ökonomie* und *soziologische Werteforschung*. In diesen Disziplinen wird gelegentlich der Eindruck erweckt, dass Ergebnisse der empirischen Erforschung von Werten und Normen bereits Ethik seien. Dies ist natürlich nicht der Fall: Vielmehr ist die Behauptung, dass in gewissen Gesellschaften gemäß gewissen Normen gehandelt wird, eine Tatsachenbehauptung und streng zu trennen von der ethischen Frage, ob die vorgefundenen Handlungsnormen auch gut bzw. richtig sind oder aber durch Reformen besser verändert werden sollten. Eine weitere wichtige Anwendung dieser Einsicht behandeln wir im nächsten Abschnitt.

8.3.2 Gene vs. Umwelt: Hat die Soziobiologie ideologische Funktion?

Der Soziobiologie wurde oft vorgeworfen, sie hätte eine ideologische Funktion, weil sie es ermöglicht, inhumane Verhaltensweisen zu rechtfertigen, insofern sie Folgen genetischer Anlagen sind (vgl. Sober 1993, 194). Gemäß unseren Ausführungen im vorhergehenden Abschnitt ist ein solches soziobiologisches Rechtfertigungsargument ungültig, denn es handelt sich um einen Schluss vom Sein auf das Sollen. Gleichermaßen ungültig ist aber auch der bei Soziobiologiekritikern anzutreffende umgekehrte Schluss vom Sollen auf das Sein, dem zufolge eine Tatsachenbehauptung, weil sie mit moralischen Prinzipien konfligiert, nicht wahr sein könne bzw. nicht behauptet werden dürfe. Für die Fragestellung „Gene oder Umwelt?" ist es zuerst einmal wesentlich, unabhängig von der Moralfrage herauszufinden, wie es um die Faktenlage wirklich bestellt ist, und schon deshalb muss es akademische Diskussionsfreiheit auch zu moralisch sensiblen Fragen geben.

Es gibt aus empirischer Sicht keinen Zweifel daran, dass viele Verhaltensweisen im Menschen auch (aber nicht nur) angeborene Grundlagen haben und dass angeborene Unterschiede bestehen. Weltbilder, die angeborene Begabungen abstreiten und verkünden, dass jeder ein Mozart oder Einstein werden könnte, wenn man ihn nur richtig sozialisiert, sind ebenso irrig wie die biologistische These, alles wäre genetisch vorprogrammiert. Dennoch bleibt es wichtig, mögliche Einfallstüren für ideologische Funktionen der Soziobiologie aufzuspüren. Eine solche Einfallstür besteht darin zu missachten, dass angeborene Verhaltensdispositionen im Menschen im Regelfall nicht deterministischer Natur sind, sondern bis zu einem gewissen Grad willentlich *reguliert* werden können. Viele soziale Verhaltenstendenzen des Menschen sind überdies polar angelegt, d. h., zu jeder angeborenen Tendenz gibt es auch eine angeborene Gegentendenz, z. B. zum Egoismus den Altruismus bzw. das Gewissen. Die Abstimmung bzw. das Mischungsverhältnis angeborener Tendenzen wird durch die kulturelle Evolution und insbesondere durch die erzieherischen Einflüsse von Familie und Gesellschaft beeinflusst. Aus dem Nachweis angeborener Dispositionen folgt also noch keineswegs die kulturelle Nichtregulierbarkeit dieser Dispositionen, und dieser Sachverhalt wird von beiden Seiten der politischen Kontroverse zumeist ignoriert. Die kulturelle Evolution bremst bestimmte genetische Anlagen zu Recht ein, wobei sich die Frage stellt, bis zu welchem Grad sich kulturelle Evolution der biologischen Evolution entgegenstellen kann und soll (▶ Abschnitt 11.4.2).

8.3.3 Brückenprinzipien zwischen Sein und Sollen

Die Hume'sche Sein-Sollen-These besagt lediglich, dass man mit *logischen* Mitteln nicht vom Sein auf das Sollen schließen kann. Man kann dies jedoch, wenn man *außerlogische* ethische Prinzipien zuhilfe nimmt – und man muss dies auch, will man gehaltvolle ethische Thesen begründen. Die wichtigste Art solcher Prinzipien sind *Sein-Sollen-Brückenprinzipien* (BPs), die einen relevanten Zusammenhang zwischen Tatsachen und Normen bzw. Werten postulieren. Es gibt zwei Arten von BPs: *funktionale* und *substanzielle*. Zwei funktionale BPs werden in fast allen ethischen Theorien akzeptiert, nämlich:

> **(SK) Sollen-Können-Prinzip:** Was geboten ist, muss auch faktisch realisierbar sein.
>
> **(ZM) Zweck-Mittel-Prinzip:** Ist A geboten (qua Fundamentalnorm) und ist B ein *faktisch notwendiges* Mittel für die Realisierung von A, dann ist auch B geboten (qua abgeleitete Norm).

Wie in Schurz (1997, Kap. 6) gezeigt wird, lassen sich mit diesen funktionalen BPs keine fundamentalen moralischen Normen begründen. Wohl aber kann man mittels (SK) unrealisierbare Normen ausschließen und mithilfe (ZM) aus gegebenen fundamentalen Normen und deskriptivem Gesetzeswissen abgeleitete Normen begründen.

Das SK-Prinzip ist für die praktische Anwendung von Erkenntnissen der Evolutionstheorie von großer Bedeutung. Vertreter der *evolutionären Ethik* haben ihren ethischen Ansatz auf das SK-Prinzip gestützt und betont, ethische Normen dürften mit evolutionären Gesetzmäßigkeiten nicht in Konflikt geraten (vgl. Wuketits 1993, 214). Keine Ethik sollte beispielsweise den unbegrenzten materiellen Fortschritt oder die unbegrenzte Vermehrung des Menschen gutheißen oder auch nur zulassen, da dies mit den ökologischen Gesetzen des Gleichgewichts unweigerlich in Konflikt gerät. Auch sollte keine Ethik vom Menschen nur Gutes erwarten, da der Mensch neben angeborenen Moralpotenzialen auch angeborene Egoismus- und Aggressions-potenziale besitzt, usw.

Die Bedeutung des ZM-Prinzips für die evolutionäre Ethik liegt darin, aus mini-malen Grundnormen vielfältige Handlungsnormen ableiten zu können (Schurz 2004a). Betrachten wir hierzu die folgende evolutionäre Grundnorm:

> **(EG) Evolutionäre Grundnorm:** Die Fortdauer der Evolution des Lebens und insbesondere der höheren Lebensformen auf der Erde für eine möglichst lange Zeit stellt einen obersten Wert dar.

Die evolutionäre Grundnorm scheint selbstverständlich zu sein, und fast jeder Mensch würde ihr verbal wohl zustimmen. Doch aus dieser Grundnorm allein lassen sich mithilfe des Zweck-Mittel-Prinzips eine Vielfalt von abgeleiteten Nor-men in Bezug auf nachhaltig ökologisches Wirtschaften gewinnen, gegen die unsere Zivilisation bislang massiv verstößt. Eine konsequente Befolgung der Grundnorm (EG) ist unvereinbar mit dem gegenwärtigen Raubbau an natürlichen Ressour-cen, und obwohl wir über die gegenwärtige Wirtschaftskrise jammern, werden zukünftige Generationen vielleicht urteilen, dass die damit verbundenen Einspa-rungen noch das vergleichsweise Beste waren, was wir gegenwärtig für sie getan haben.

Die Evolutionstheorie kann auch Wesentliches zur Begründung *substanzieller* Sein-Sollen-Brückenprinzipien beisteuern. Zwar ist es schwierig, kulturunabhängige Brückenprinzipien aufzufinden, weil Kulturen sehr unterschiedliche Normensys-teme entwickelt haben – einige Kulturen waren egalitär, andere streng hierarchisch geordnet –, aber dennoch lässt sich empirisch-induktiv zeigen, dass alle Moralsys-teme letztlich dem Zustandekommen und der Erhaltung von *sozialer Kooperation* dienten. Dieser Tatbestand soll im nächsten Abschnitt genauer begründet werden. Er bedeutet freilich *nicht*, wie z. B. die Soziobiologen argumentiert haben, „dass Ethik eine Illusion sei, die unsere Gene uns angetan haben, um uns zur Kooperation zu veranlassen" (Ruse und Wilson 1985, 51), weil es nämlich „überhaupt keine Begründung der Ethik gibt" (Ruse 1993, 163). Ruse geht offenbar von der philoso-phisch naiven Auffassung aus, eine rationale Begründung der Ethik müsse analog vor sich gehen wie eine empirisch-wissenschaftliche Begründung, was (aufgrund des Sein-Sollen-Problems) natürlich nicht funktionieren kann, und gelangt so zu seiner Auffassung, Ethik sei eine Illusion. Angesichts dieser Naivität sollte dem Ratschlag Wilsons (1975, 562), dem zufolge es an der Zeit sei, dass Biologen den Philosophen die Ethik aus der Hand nehmen, vielleicht besser doch nicht gefolgt werden. Denn im Gegenteil deutet doch der besagte evolutionäre Tatbestand auf eine kulturell invariante *Funktion* der Ethik für den Menschen qua soziales Wesen hin und liefert genau dadurch eine kulturinvariante Grundlage für die Akzeptanz des folgenden fundamentalen Brückenprinzips der evolutionären Ethik:

> **(SKO) Soziale Kooperation:** Ethische Regelsysteme haben (ceteris paribus) der Förderung sozialer Kooperation zu dienen.

Im „ceteris paribus" wird der Tatsache Rechnung getragen, dass ethische Regelsysteme auch andere Funktionen zu erfüllen haben.

Statt zu desillusionieren, liefert die evolutionäre Analyse der Funktion von Moral der Ethik neue Begründungsmöglichkeiten in Form des Brückenprinzips (SKO). Zusammengefasst haben wir damit *zwei Stützpfeiler* für eine evolutionäre Ethik gewonnen: erstens das Brückenprinzip (SKO) und zweitens die evolutionäre Grundnorm (EG). Darauf eine evolutionäre Ethik im Detail aufzubauen, würde freilich den Rahmen dieses Buches sprengen. Stattdessen wenden wir uns nun dem evolutionären Zusammenhang von Moral und sozialer Kooperation zu.

8.4 Moral aus evolutionärer Sicht: Die Evolution sozialer Kooperation

Das evolutionsbiologische Studium moralanalogen Verhaltens war in den 1960er Jahren ein Verdienst von evolutionären Verhaltensforschern wie z. B. Lorenz (1963). Etwas später schrieb Wickler (1975) seine *Biologie der 10 Gebote*. Auch Darwin selbst hatte in seinem Werk *The Descent of Man* darauf hingewiesen, dass altruistisches Verhalten einer Gruppe Selektionsvorteile bringt. Doch er sah das Problem, dass innerhalb dieser Gruppe der Altruist einen Selektionsnachteil besitzt gegenüber dem egoistischen Schmarotzer (Darwin 1871, 163, 166; Sober 1993, 91). In der Soziobiologie, die von ihrem Begründer Wilson als neue Synthese bezeichnet wurde („Sociobiology: the new synthesis"), hatte man die Bedeutung der Evolution von kooperativem Sozialverhalten erkannt, aber dessen genuin *altruistische* Natur bezweifelt. Von Anbeginn war in dieser Richtung klar, dass evolutionäre Selektion am Individuum bzw. seinen Genen angreift, jedoch nicht der Arterhaltung dient: Die These von Konrad Lorenz, dass innerartlicher Mord oder Kannibalismus bei Tieren aus Arterhaltungsgründen nicht vorkommt, wurde von Wilson empirisch widerlegt (1975, 84, 247).

Die Möglichkeit oder zumindest Wahrscheinlichkeit der Evolution von altruistischem Sozialverhalten haben Soziobiologen aus folgendem einleuchtenden Grund bezweifelt: Da altruistisches Verhalten per definitionem den Selektionsvorteil des altruistischen Individuums bzw. altruistischen Gens senkt und stattdessen den Genen eines *anderen* Individuums Vorteile bringt, müssen altruistische Individuen bzw. deren Gene langfristig aussterben – es sei denn, es ist durch gewisse Mechanismen gesichert, dass der Altruismus *reziprok* zustande kommt. Freilich ist der reziproke Altruismus kein genuiner Altruismus mehr, sondern könnte ebenso gut reziproker Egoismus genannt werden. Aber dass Kooperation auch aus egoistischer Perspektive langfristig Vorteile bringt, ist kein ernsthaftes Problem. Das schwerwiegende Problem ist vielmehr, dass es im Regelfall *keine Reziprozitätsgarantie* gibt, sodass aus egoistischer Perspektive das sogenannte *Trittbrettfahrerverhalten* immer ein Anreiz bleibt, welches darin besteht, soziale Hilfeleistung in Anspruch zu nehmen, ohne eine Gegenleistung zu bieten. Es genügt oft schon, dass Individuen sich mehrheitlich weigern, Kooperationsleistungen *als Erster* zu geben, um damit die Entstehung von Kooperation in breitem Maßstab zu verhindern. Ein Beispiel wäre eine aus mehreren Familien bestehende Jäger- und Sammlergemeinschaft. Das Jäger- und Sammlerglück begünstigt einmal den einen, dann den anderen. Wenn eine Familie anderen Familien dann Nahrung abgibt, wenn sie Vorräte hat und die anderen Hunger leiden, kommt dies langfristig allen zugute. Sobald aber mit Egoisten gerechnet werden muss, die von ihren Vorräten grundsätzlich nichts abgeben, kann diese für alle wohltuende Kooperationsregel schnell zusammenbrechen.

Ein bekannter „genreduktionistischer" Ausweg aus dem Dilemma wurde zuerst von Haldane (1932; Mayr 1982, 598) und ausführlicher von Hamilton (1964) entwickelt. Er besagt, dass scheinbarer Altruismus, also Bereitschaft zu nicht reziproker Kooperation, auf *Verwandtschaftsselektion* beruht, bei der ein Individuum unter Zurückstellung der eigenen Fortpflanzung seinen engsten Verwandten bei der Fortpflanzung behilflich ist, weil es dadurch auch dazu beiträgt, seine eigenen Gene in die nächste Generation zu befördern. Wenn beispielsweise ältere Geschwister, statt eigene Nachkommen zu zeugen, den Eltern helfen, ihre jüngeren Geschwister zu versorgen, dann geben sie damit ihren Genen dieselbe Chance weiterzuexistieren, wie wenn sie selbst Nachkommen zeugen – nämlich die Chance 1/2 (Ridley 1993, 308). Verwandtschaftliches Kooperationsverhalten konnte bei vielen Tierspezies beobachtet werden. Beispielsweise wird bei Floridas Buschhähern ein brütendes Paar von bereits aufgezogenen Nachkommen unterstützt (vgl. auch Wilson 1975, 122 ff). Allgemein gilt aufgrund der geschlechtlichen Reproduktion, dass Eltern ihren Kindern (im Schnitt) 50 % ihrer *speziesvariablen* Gene weitergeben; Geschwister teilen sich ebenfalls die Hälfte ihrer (variablen) Gene; und für jede Generation multipliziert sich der Prozentsatz weitergegebener Gene erneut mit 1/2; also 1/4 für die Großeltern und Onkel, 1/8 für Urgroßeltern und Cousinen usw.

Hamiltons Argument wurde von zahlreichen Soziobiologen übernommen, z. B. von Williams (1966), Wilson (1975, 117; 1993) oder Dawkins (1998). Das Verwandtschaftsargument vermag in der Tat die engen Solidaritätsbande zu erklären, welche Verwandtschaft auch unter Menschen knüpft. Es zeigt noch nicht, dass altruistisch-kooperatives Verhalten Verwandtschaftsbande nicht auch überspringen und sich auf größere Gruppen ausdehnen kann.

Wir haben in ▶ Abschnitt 4.3 anhand der RNS-Kooperation zwei viel diskutierte Lösungsansätze zur Evolution von Kooperation angesprochen, die auch unter Nichtverwandten funktionieren. Zum einen kann sich Altruismus in *Gruppenevolutionen* ausbreiten, bei denen die Gruppen nach einigen Vermehrungszyklen neu gemischt werden (E. O. Wilson 1975, 109 ff; D. Wilson 1980). Andererseits führen *Sanktionsmechanismen* dazu, dass egoistische Betrugsstrategien ihren Vorteil verlieren, erfordern allerdings neue soziale Kosten und provozieren Betrugsstrategien höherer Ordnung. Wir werden diesen Problemen in ▶ Kap. 16 genauer nachgehen und weitere Mechanismen kennenlernen, welche die Kooperation unter Nichtverwandten fördern. Insgesamt ist heute unbezweifelt, dass durch die evolutionären Module der

Variation, Reproduktion und Selektion auch soziale Kooperation unter Nichtverwandten entstehen kann, sich jedoch immer in Konkurrenz zur Koevolution von egoistischen bzw. nicht kooperativen Verhaltensstrategien entwickelt – und dies entspricht ja letztlich auch der sozialen Alltagserfahrung des Menschen.

Mit der Evolution von Kooperation ist der Konflikt des Sozialdarwinismus mit der humanistischen Moral jedoch noch nicht ganz gelöst, sondern nur eine Ebene nach hinten verschoben. Denn die Evolution von Gruppen mit unterschiedlichen Kooperationsformen involviert wiederum eine Konkurrenz *zwischen* den Gruppen. Es fragt sich, ob und wie auch zwischen Gruppen Normen der Kooperation oder zumindest der Fairness evolvieren können. In der Tat war die Geschichte der Menschheit zu einem großen Teil eine Geschichte von sich bekriegenden Stämmen und Völkern. Es war üblich, fremde Völker als „Untermenschen" anzusehen – bei den alten Griechen hießen sie „Barbaren", denn sie waren so „dumm", statt der (eigenen) Sprache ein unverständliches Kauderwelsch zu sprechen. Fast alle Moralkodizes galten nur für den eigenen Stamm (Wuketits 1993, 225). Das nationalistische bzw. rassistische Gedankengut, das die eigene Gruppe in ihrem moralischen Status über fremde Gruppen stellt, war längst vor dem Sozialdarwinismus da. Und genau darin liegt auch die evolutionäre Erklärung der rassistischen Tendenzen, Menschen anderer Hautfarbe oder anderer Volksgruppen als „Fremde" anzusehen – es ist ein Niederschlag der Tatsache, dass die Evolution von *Homo sapiens* wesentlich auf der Konkurrenz unterschiedlicher Gruppen beruhte (auch Cavalli-Sforza 2001, 5 ff). So wie der Mensch ein angeborenes Potenzial zum Altruismus, zur Aufopferung für die eigene Gruppe besitzt, scheint er eben auch ein angeborenes Potenzial zu implizit sozialdarwinistischem Denken, zum Glauben an die Überlegenheit der eigenen Gruppe, des eigenen Stammes oder der eigenen Nation, zu besitzen.

8.5 Sozialdarwinismus vs. soziale Evolutionstheorie

Die evolutionären Grundlagen der Moral sind letztlich doch ein zweischneidiges Schwert, welche der Korrektur durch die Vernunft bedürfen. Konkurrenz, ob zwischen Individuen oder zwischen Gruppen, ist aus der Evolution nicht wegzudenken. Doch sollte diese Konkurrenz eben nicht mit kriegerischen, sondern mit friedlichen Mitteln ausgetragen werden. Es gibt ja auch innerhalb von Gruppen immer beides, Kooperation und Konkurrenz, und es gibt Normen, die das Miteinander von Konkurrenz und Kooperation regeln, wie insbesondere die Normen der Fairness. Die Normen der Kooperation und der fairen Konkurrenz müssen im gegenwärtigen Zeitalter auch im globalen Maßstab implementiert werden, zumal im Zeitalter der Globalisierung die Menschen auf Erden dabei sind, zu einer großen weltweit vernetzten Gruppe zusammenzuwachsen.

Wir wollen die bisherigen Ausführungen in folgender Unterscheidung zwischen Sozialdarwinismus und sozialer Evolutionstheorie zusammenfassen.

Sozialdarwinismus (im engen Sinn) ist die Auffassung der Sozialdarwinisten um die Jahrhundertwende, der zufolge evolutionäre Selektion im Bereich des Sozialen in einem egoistischen Kampf ums Dasein besteht, in dem der Stärkere überlebt und dieser Überlebenskampf mit einem Automatismus zur Höherentwicklung verbunden ist.

Soziale Evolutionstheorie begreift dagegen evolutionäre Selektion im Bereich des Sozialen lediglich als „Überleben der Bestangepassten" unter den gegebenen Umgebungsbedingungen, ohne damit einen Automatismus zur Höherentwicklung zu verbinden, wobei es sich nicht um einen egoistischen Überlebenskampf handeln muss, sondern auch Kooperation und Altruismus das Rennen gewinnen können. Doch auch für die soziale Evolutionstheorie ist das Bestehen von Konkurrenz und *Erfolgsunterschieden* zwischen Menschen und sozialen Gruppen eine wesentliche Grundlage für Evolution. Ein durchgängiges egalitäres Gleichheitsprinzip wäre nicht sinnvoll, sondern letztlich kontraproduktiv.

Sozialdarwinismus ist aus evolutionstheoretischer Sicht abzulehnen; sozialer Evolutionstheorie ist dagegen zuzustimmen. Man könnte die soziale Evolutionstheorie, insofern es sich dabei um eine Anwendung der Darwin'schen Module auf den Bereich des Sozialen handelt, freilich auch „Sozialdarwinismus im weiten Sinne" nennen. Doch da das Wort „Sozialdarwinismus" eine unausweichlich negative und inhaltlich verfälschende Bedeutungsassoziation besitzt, verwenden wir diesen Terminus nicht, sondern sprechen stattdessen von sozialer Evolutionstheorie. Allerdings sollten wir so ehrlich sein und erkennen, dass sich damit nicht alle Konflikte in Luft auflösen. Das Vorhandensein von Ungleichheit und Konkurrenz verschwindet in der sozialen Evolutionstheorie nicht endgültig – seine Kompatibilität mit humanistischer Moral wird jedoch entscheidend erhöht. Ein *Restkonflikt* mit einem extremen Gleichheitsprinzip bzw. Verteilungsegalitarismus verbleibt jedoch. Denn wenn sämtliche Unterschiede in den Erfolgsbilanzen durch Gleichverteilung novelliert werden, hört Selektion auf zu wirken. Wenn aber die Selektion nicht mehr wirkt, nicht einmal mehr die bewahrende Selektion, kommt es (wie in ▶ Abschnitt 7.1 ausgeführt) aufgrund des ungehinderten Ausbreitens von dysfunktionalen Varianten zu einem *Verlust* von heraus selektierten Fähigkeiten. Der Motivations- und Leistungsverlust beim Wegfall selektierender Anreize ist auch aus der Psychologie wohlbekannt.

Zusammengefasst muss aus der Perspektive einer evolutionären Ethik immer eine Balance bestehen zwischen zwei tendenziell gegenläufigen Gerechtigkeitsprinzipien: der ausgleichenden *Verteilungsgerechtigkeit* (helfe dem Erfolgloseren) und der motivierenden *Leistungsgerechtigkeit* (belohne den Erfolgreicheren). Beide Gerechtigkeitsprinzipien sind nicht nur in der Ethik fundamental (Rawls 1971 vs. Nozick 1974), sondern auch im Common Sense intuitiv etwa gleich stark verankert, und politische Parteien unterscheiden sich wesentlich dadurch, mehr das eine oder das andere der beiden Prinzipien zu betonen. Die Beziehungen zwischen evolutionärer Ethik und Humanismus sind abschließend in ▶ Tab. 8.1 zusammengefasst.

Freiheit und Toleranz (das erste Prinzip humanistischer Ethik) ist kein Problem für die Evolution, sondern wird vom Modul der Variation geradezu verlangt. Aus denselben Gründen sind Antidiskriminierungsnormen und die Zulassung von Unterschieden mit evolutionärer Ethik kompatibel, sofern sie nicht die Abschaffung der Selektionssysteme fordern. Menschenrechte und Menschenwürde dienen der sozialen Kooperation, denn sie schaffen individuelle Sicherheit und soziales Vertrauen, und dasselbe gilt für partiell ausgleichende Gerechtigkeit. Belohnung des

Tab. 8.1 Vereinbarkeit von Humanismus und evolutionärer Ethik

Prinzipien des Humanismus	Mit evolutionärer Ethik vereinbar
Freiheit und Toleranz	++
Menschenrechte und Menschenwürde	+
Gegen Diskriminierung: Zulassung von Unterschieden	+
Partiell ausgleichende Verteilungsgerechtigkeit	+
Belohnung des Guten statt Bestrafung des Schlechten	?+
Alle Menschen von Natur aus gleich	?–
Keine Selektion der Erfolgreicheren	–
Abschaffung aller Unterschiede	– –

+ = vereinbar, ++ = von Evolutionstheorie gefordert, ? = fraglich, – = unvereinbar, – – = von Evolutionstheorie explizit negiert

Guten ist sinnvoll, kann aber in seinem evolutionären Erfolg die Bestrafung des Schlechten nicht ersetzen (▶ Abschnitt 16.6). Dass alle Menschen von Natur aus gleich sind, ist als Behauptung über gleiche Grundrechte zwar richtig, als faktische Behauptung jedoch falsch. Aus demselben Grund ist die Forderung einer ausgleichenden Gerechtigkeit, die selektive Belohnungsanreize für Erfolge gänzlich abschaffen möchte, und erst recht die Abschaffung aller Unterschiede, mit evolutionärer Ethik unvereinbar.

Teil III:

Menschlich –
Allzu menschlich:
Evolution der Kultur

Vor einigen Jahrzehnten entwickelte Dawkins den Begriff des „Mems" als kulturellem Gegenstück des Gens. Dabei handelt es sich um erworbene menschliche Ideen und Fertigkeiten, die durch den Mechanismus der kulturellen Tradition reproduziert werden. Kann auf dieser schmalen Grundlage tatsächlich die Evolution menschlicher Kultur im weiten Sinn dieses Begriffs erklärt werden? Gebührt der „Memetik" als Lehre von den Memen gar der Status einer neuen Wissenschaft? Oder handelt es sich lediglich um eine neue Terminologie, wie die Kritiker behaupten? Welche Gemeinsamkeiten gibt es zwischen der Evolution von Genen und Memen und welche Unterschiede? Dies sind die zentralen Fragen, denen wir in Teil III nachgehen werden. Wir werden uns aber auch die Frage nach der Leistungskraft der Theorie kultureller Evolution stellen und einige ihrer Anwendungen exemplarisch illustrieren, um damit jenen Kritikern zu antworten, welche die praktische Fruchtbarkeit dieser Theorie bezweifelt haben. Wir kommen in diesem Zusammenhang nicht umhin, auch ideologisch heikle Gegenläufigkeiten von biologischer und kultureller Evolution am Beispiel invers-korrelierter Reproduktion aufzugreifen.

Teil III:

Menschlich – Allzu menschlich: Evolution der Kultur

9.
Kulturelle Evolution

In ▶ Kap. 6 und 7 haben wir die Evolutionstheorie von ihren genetischen Grundlagen abgelöst und die folgenden drei verallgemeinerten Darwin'schen Module herausabstrahiert:

1.) **Reproduktion:** Es gibt evolutionäre Systeme bzw. Organismen, die sich hinsichtlich gewisser bedeutsamer Merkmale immer wieder reproduzieren. Diese Merkmale nennt man reproduzierte oder vererbte Merkmale, und jeder solche Reproduktionsvorgang erzeugt eine neue „Generation" dieses evolutionären Systemtyps.

2.) **Variation:** Die Reproduktion bringt Variationen mit sich, die mitreproduziert bzw. vererbt werden.

3.) **Selektion:** Es gibt Selektion, weil gewisse Varianten unter gegebenen Umgebungsbedingungen fitter sind, d. h. sich schneller reproduzieren als andere und dadurch die anderen Varianten langfristig verdrängen. Die *selektierenden* Parameter der Umgebung heißen auch *Selektionsparameter*.

Unter der „Fitness" eines evolutionären Systems versteht man seine *effektive* Reproduktionsrate, d. h. die durchschnittliche Anzahl von sich ihrerseits reproduzierenden Nachkommen. Unterschiedliche Reproduktionsraten allein führen zunächst nur zu *schwacher* Selektion im Sinne einer kontinuierlichen Abnahme der relativen Häufigkeiten der weniger fitten Varianten. In allen realistischen Anwendungen sind jedoch der Populationsgröße durch Ressourcenbegrenzung der Umgebung obere Grenzen gesetzt. Dadurch kommt es zu *starker* Selektion; d. h., die Häufigkeit der weniger fitten Varianten nimmt nicht nur ab, sondern irgendwann sterben diese Varianten schließlich aus.

Für *gerichtete* Evolution ist darüber hinaus die *vierte* Bedingung der Stabilität der Selektionskräfte erforderlich, der zufolge die Änderungsrate der Selektionskräfte im Vergleich zur Generationenrate gering oder aber zumindest regelmäßig und voraussagbar ist. Aufgrund ihrer Gerichtetheit scheinen evolutionäre Prozesse zielorientiert zu sein, ohne dass in der Evolutionstheorie übernatürliche, teleologische oder normative Kräfte angenommen werden. Es gibt auch kein evolutionäres Gesetz zur Höherentwicklung. Evolution bewirkt lediglich, dass die derzeit lebenden Speziesvertreter *besser angepasst* sind als ihre Vorgänger, und auch das nur mit Wahrscheinlichkeit – was durch das Auftreten von dysfunktionalen Homologien überall in der Evolution belegt wird (▶ Abschnitt 4.1 und 6.2.2). Die Spezies *Homo sapiens* ist zwar derzeit die fitteste unter den Arten, aber es gibt sie erst ein paar Hunderttausend

Jahre, und wer kann schon wissen, wer sich am Ende als langfristig am überlebenstüchtigsten erweist – die Menschen, höheren Wirbeltiere, Insekten oder Prokaryonten?

Wie wir in ▶ Kap. 6 herausarbeiteten, beschreiben die drei Darwin'schen Module allgemeine und iterativ wirksame Mechanismen, die auf unterschiedlichste Gegenstandsbereiche angewendet werden können. Die wohl bedeutendste Übertragung der verallgemeinerten Evolutionstheorie ist ihre Anwendung auf die *kulturelle Evolution*, der wir in diesem Teil nachspüren werden. Lässt sich jener Mechanismus, der, wie wir sahen, die wesentliche Triebkraft von natürlichen Entwicklungsprozessen ausmacht, tatsächlich ebenso fruchtbringend auf das Gebiet der Kultur übertragen?

9.1 Meme: Entstehung und Grundprinzipien der kulturellen Evolutionstheorie

Schon zur Zeit Darwins und verstärkt Ende des 19. Jahrhunderts wurde die Evolutionstheorie in Gestalt des Sozialdarwinismus verallgemeinert. Dieser Sozialdarwinismus beruhte jedoch auf den folgenden gravierenden Fehlinterpretationen der Darwin'schen Evolutionstheorie (▶ Kap. 8): Erstens gibt es in der Evolutionsdynamik keinen Automatismus zur Höherentwicklung. Zweitens unterliegt Evolution auch keinem Gesetz der Selektion des Stärksten, sondern nur des Bestangepassten; diese kann auch die Evolution kooperativer Systeme fördern (▶ Kap. 16). Und drittens schließlich dient biologische Evolution nicht der Art- oder Rassenerhaltung, sondern der Reproduktion der Gene bzw. sich reproduzierenden Individuen. Aufgrund solcher ideologischer Missdeutungen wurde es um die Evolutionstheorie Mitte des 20. Jahrhunderts eher ruhig; sie war im geisteswissenschaftlichen Lager verpönt und ist es teilweise auch heute. Zur selben Zeit wurde die Evolutionstheorie jedoch still und leise zu einer mathematisch präzisen Theorie weiterentwickelt. Als dann die bahnbrechende Entdeckung des genetischen Codes hinzukam, war ihr Erfolg zumindest in den Naturwissenschaften perfekt. Im Überschwang entstand in den 1960er Jahren die Disziplin der Soziobiologie (Wilson 1975), welche die Evolution der menschlichen Kultur biologisch-genetisch zu erklären und in den zivilisierten Verhaltensmustern des Menschen die Überreste instinktgesteuerten Verhaltens aufzuspüren suchte.

Im geisteswissenschaftlichen Lager stießen solche biologistischen Reduktionsversuche der kulturellen Evolution auf heftigen Widerstand. Im Gegensatz zur Soziobiologie wird in der kulturell verallgemeinerten Evolutionstheorie, um die es in diesem Kapitel geht, Evolution nicht auf die genetisch-biologische Ebene reduziert bzw. von daher zu erklären versucht. Es wird vielmehr eine eigene Ebene der kulturellen (sozialen, technischen) Evolution postuliert. Die entscheidenden wissenschaftlichen Anstöße zur kulturellen Evolutionstheorie erfolgten in den 1970er Jahren. In der ersten Auflage seines Buches *Das egoistische Gen* von 1976 (2. dt. Aufl. 1998) führte Richard Dawkins den Begriff des *Mems* ein (ebd., Kap. 11: „Meme, die neuen Replikatoren"). Kulturelle Evolution beruht auf der Evolution von Memen – dem kulturellen Gegenstück von Genen –, worunter menschliche Ideen und Fertigkeiten zu verstehen sind, die durch den Mechanismus der kulturellen Tradition reproduziert werden. Für Dawkins ist die kulturelle Reproduktion (bzw. „Replikation") ein Prozess der *Imitation*, allerdings im weitesten Wortsinn, der alle Formen des kulturellen Lernens einschließt (ebd., 311). Ein „Mem" (entstanden als Wortverkürzung von „Mimem") ist gedacht als eine „Einheit der Imitation". Beispiele für Meme nach Dawkins sind „Melodien, Gedanken, Schlagworte, Kleidermoden, die Art Töpfe oder Bögen zu bauen" (ebd., 309). Wann immer eine solche Idee, Kenntnis oder Fertigkeit von einem Menschen zum anderen durch Imitation bzw. Lernen übertragen wird, findet kulturelle Reproduktion statt.

Zunächst sei betont, dass der Begriff der „Kultur" von der kulturellen Evolutionstheorie immer im weiten Sinne verstanden wird. Kultur in diesem *weiten Sinne* umfasst alle nicht schon genetisch angeborenen, sondern vom Menschen erworbenen und von Generation zu Generation weitertradierten Fähigkeiten und Fertigkeiten – Wissensbestände, Erzeugnisse und Institutionen. Kultur fungiert hier auch als Gegenbegriff zu *Natur*: Würde man einen Säugling von einer Kultur in eine gänzlich andere Kultur versetzen, z. B. aus einem Eingeborenenstamm Neuguineas nach Los Angeles, dann würde er zwar seine sämtlichen genetischen Eigenschaften, aber keinerlei Eigenschaften seiner alten Kultur mitnehmen und problemlos die englische Sprache, moderne Schulbildung und Kultur erlernen.

Zur Kultur im weiten Sinn zählen nicht nur Religion und Glaubenssysteme, Moral und soziale Konventionen, Kunst und Ästhetik, Recht, Gesetz und politische Institutionen, sondern insbesondere auch Sprache, Wissen und Technologie (Plotkin 2000, 74). In Abgrenzung dazu gibt es eine Reihe von engeren Kulturbegriffen. So haben *Soziologen* Kultur charakterisiert als all das, was jemand wissen oder können muss, um sich in einer in der Gesellschaft akzeptablen Weise zu verhalten (Goodenough 1957). Noch enger ist der Common-Sense-Begriff von Kultur als Inbegriff aller geistig-sinnlichen Betätigungsformen des Menschen, die über den „nüchternen Verstand" hinausgehend das Seelisch-Gefühlsmäßige mit einbeziehen – dazu zählen Religion, Moral und Kunst einschließlich Musik und Literatur. Im Gegensatz dazu werden wir im Folgenden „Kultur" immer in dem erläuterten weiten Sinn verstehen.

Entscheidend für das richtige Verständnis der kulturellen Evolutionstheorie ist ihre Abgrenzung von Soziobiologie und evolutionärer Psychologie. Die Soziobiologie versteht die Kultur des Menschen als *letztlich* durch seine Gene determiniert. Wilson (1998, 171, 211) zufolge geben die genetischen Anlagen dem Menschen einen begrenzten Raum von kulturellen Innovationsmöglichkeiten vor, in dem sich jede mögliche Kulturentwicklung bewegt. Auf eine kurze soziobiologische Formel gebracht, führen die Gene die Kultur „an der Leine" (Blackmore 2003, 52 f; Salwiczek 2001, 143 f). Auch die jüngere *evolutionäre Psychologie* sieht die Evolution der psychologischen Mechanismen, die menschlichen Verhaltens- und Denkweisen zugrunde liegen, als weitgehend durch unsere *Gene* bestimmt an (Buss 2003, 169 ff). Dass manche Phänomene sozial oder kulturell konstruiert sind, bedeutet für die evolutionären Psychologen Tooby und Cosmides (1992, 89 f) lediglich, dass unterschiedliche Umwelten denselben genetischen Denk- und Verhaltensmechanismen andere Inputs liefern.

Im Gegensatz dazu ist es für die kulturelle Evolutionstheorie wesentlich, dass durch die Kombination von individuellem Lernen und kultureller Tradition über viele Generationen hinweg Ideen und Fertigkeiten geschaffen werden, die weit über das genetisch Bedingte hinausgehen, sodass man wohl kaum davon sprechen kann, diese Ideen und Fertigkeiten wären schon in unseren Genen angelegt gewesen, weder im Sinne eines genetisch vorgegebenen Möglichkeitsraumes von Innovationen noch im Sinne eines genetisch programmierten differenziellen Reaktionsmusters auf unterschiedliche Umgebungen. Doch bedarf diese Fragestellung einer eingehenden theoretischen Erörterung, die in ▶ Abschnitt 9.2.1 nachgeliefert wird.

Auch wäre es ungerechtfertigt, wenn man der kulturellen Evolutionstheorie einen ontologischen Naturalismus unterstellen würde. Wie auch Reuter (2003, 31) betont, ist die kulturelle Evolutionstheorie in Bezug auf den Status von Memen *ontologisch neutral.* Das heißt, es spielt für die Evolution von Memen keine Rolle, welche Position man in der Körper-Geist-Kontroverse einnimmt, ob man also Meme eher als neuronale Gehirnstrukturen oder als mentale Gedankenstrukturen ansieht (wobei damit nicht alle Optionen erschöpft sind; ▶ Abschnitt 9.4). Wesentlich für die Evolution von Memen ist lediglich das Vorhandensein der drei Darwin'schen Module (vgl. Beginn von ▶ Kap. 9). Um diese Module in der nötigen Allgemeinheit zu formulieren, die sie auch auf nicht biologische und im Prinzip auf beliebige Bereiche anwendbar macht, haben wir in ▶ Abschnitt 6.3 eine allgemeine Terminologe entwickelt, die hier kurz rekapituliert sei.

Jede Art von Evolution besteht zuallererst aus ihren spezifischen *evolutionären Systemen* – das sind jene Systeme, die in direkter Interaktion mit der Umgebung stehen. In der biologischen Evolution (BE) sind dies die Organismen, in der kulturellen Evolution (KE) die vom Menschen geschaffenen kulturellen Systeme – sozialer, technischer oder ideeller Art. Evolutionäre Systeme sind systemtheoretisch betrachtet offene selbstregulative und selbstreproduzierende Systeme, die innerhalb adaptiv normaler Umgebungsbedingungen ihre Identität in der Zeit aufrechterhalten (▶ Abschnitt 7.1 bis 7.3). Sie reproduzieren sich in Form von aufeinanderfolgenden „Generationen"; dabei wird der Begriff der „Generation" in der KE nicht auf biologische Generationen reduziert, sondern im abstrakten Sinn von *Reproduktionszyklen* kultureller Systeme verstanden. Evolutionäre Systeme besitzen gewisse Teilsysteme, die mehr oder weniger *direkt* voneinander repliziert oder reproduziert werden – diese Teilsysteme nennen wir verallgemeinert die *Repronen* oder Repronenkomplexe.[57] Die Repronen der BE sind die Gene, Genotypen und Genkomplexe; die Repronen der KE sind die erläuterten Meme bzw. Memkomplexe. Die BE ist durch die Zusatzbedingung der geschlechtlichen Reproduktion und genetischen Diploidie charakterisiert, die man durch Genotypen wie AA, Aa usw. bezeichnet – dabei steht ein Buchstabe für das väterliche Allel und der zweite für das mütterliche. Diese Besonderheit tritt in der KE nicht auf, weshalb es hier keine Memotypen (nur Meme und Memkomplexe) gibt – stattdessen gibt es Mischvererbung (▶ Abschnitt 9.5.4).

Jene Merkmale und Fähigkeiten eines evolutionären Systems, die im Verlauf seiner (normalen) Individualentwicklung durch die Repronen hervorgebracht werden, nennen wir die *phenetischen* Merkmale des evolutionären Systems.[58] Die pheneti-

---

57   Klassen von Repronen entsprechen Millikans (1984, 24 f) reproduktiv etablierten Familien erster Stufe.

58   Phenetisch charakterisierte Klassen evolutionärer Systeme entsprechen Millikans (1984, 24 f) reproduktiv etablierten Familien höherer Stufe.

Tab. 9.1 Begriffliche Korrelationen zwischen biologischer und kultureller Evolution

Verallgemeinerte Evolution (VA)	Biologische Evolution (BE)	Kulturelle Evolution (KE)
Evolutionäre Systeme	Organismen	menschliche Gemeinschaften
Repronen	Gene im Zellkern	Meme bzw. erworbene Informationen
phenetische Merkmale	Organe, Fähigkeiten	Fertigkeiten, Handlungsweisen Sprache, Ideen und Denkmuster
Reproduktion	Replikation	DNS-Kopie an nächste Generation durch Imitation und Lernen
Variationen	Mutation und DNS-Kopie	Interpretation und Variation von tradierten Memen
Selektion	– höhere Reproduktionsraten aufgrund höherer – Fortpflanzungsrate	kultureller Attraktivität
Vererbung	geschlechtlich (diploid)	ungeschlechtlich (Mischvererbung)

schen Merkmale der BE sind die Bestandteile und Merkmale des biologischen Organismus, die der KE sind die kulturellen oder technischen Produkte, Verhaltensweisen bzw. Institutionen, die aus den Memen der Menschen hervorgegangen sind. *Variationen*, die in der BE in der Form von genetischer Mutation und Rekombination auftreten, geschehen in der KE insbesondere durch unterschiedliche Interpretation und individuelle Weiterentwicklung von erworbenen Ideen und Fertigkeiten. *Selektion* kommt schließlich auf allen Ebenen dadurch zustande, dass sich gewisse Arten evolutionärer Systeme und die zugrunde liegenden Reprotypen in den gegebenen Umgebungsbedingungen *schneller* reproduzieren bzw. vermehren als andere. ▶ Tab. 9.1 stellt die Grundbegriffe der verallgemeinerten Evolutionstheorie (VE) und ihre jeweiligen Korrelate auf den Ebenen der BE und KE übersichtlich zusammen (vgl. auch ▶ Tab. 6.1). Die in ▶ Tab. 9.1 zum Ausdruck kommenden Gemeinsamkeiten zwischen BE und KE sollen aber nicht über die Unterschiede hinwegtäuschen, die in den folgenden Abschnitten ebenfalls herausgearbeitet werden.

Die Wirksamkeit der drei Darwin'schen Module im Gebiet der kulturellen Evolution illustriert Blackmore (2003, 73 ff) am Beispiel des *Körbeflechtens* in Sammlergesellschaften. Irgendwann entwickelte ein besonders begabter Hominide durch Versuch und Irrtum (*trial and error*) eine neue überlegene Technik des Flechtens von großen Körben, etwa aus Blättern oder Lianen, in denen wesentlich größere Mengen von pflanzlicher Nahrung gesammelt werden konnten. Damit waren jene Stammesmitglieder, welche diese Körbe besaßen, in großem Vorteil – sie konnten in kürzerer Zeit mehr von den spärlichen Nahrungsressourcen einsammeln, diese schneller nach Hause tragen, dadurch früher und mehr Vorräte anlegen, diese Vorräte besser durch die kalte oder trockene Jahreszeit bringen, in der Folge mehr Kinder großziehen, durch Verschenken oder Verleihen ihrer Nahrungsvorräte größere soziale Macht erwerben usw. Um mithalten zu können, musste jedes Stammesmitglied versuchen, in den Besitz von großen Körben zu gelangen. In der Folge setzt eine nachhaltige kulturelle Ausbreitung und Tradierung des Mems des Körbeflechtens ein, und bald wird das Körbeflechten schon von Kindesbeinen an gelernt – zumindest von weiblichen Stammesmitgliedern, während sich die Männer auf die Jagd spezialisieren, wo analoge technische Evolutionsprozesse ähnliche Selektionsdrucke erzeugten.

Zum Abschluss dieses Abschnitts sei hervorgehoben, dass die kulturelle Evolutionstheorie im engeren Sinne neben Dawkins eine Reihe von ebenso bedeutenden Mitbegründern besitzt. Dass Dawkins im Bekanntheitsgrad unter diesen so hervorsticht, liegt wohl auch daran, dass der gegenwärtige Wissenschaftsjournalismus Naturwissenschaftlern die höchste Autorität zubilligt, zumal wenn es sich wie bei Dawkins um Nobelpreisträger handelt. Die Idee, die Darwin'schen Module auf die Evolution von Erkenntnis zu übertragen, hatten neben Vorläufern wie William James oder Charles S. Peirce auch Konrad Lorenz (1943) und Karl Popper (1973). Für Campbell (1974, 77) ist James Baldwin (1909) – auf den wir wegen des „Baldwin-Effekts" in ▶ Abschnitt 11.4.1 zurückkommen – der erste evolutionäre Erkenntnistheoretiker. Plotkin (2000, 70) meint, der erste kulturelle Evolutionstheoretiker im engeren Sinne sei G. P. Murdock (1956). Der erste explizite Vertreter einer verallgemeinerten Evolutionstheorie in unserem Sinne ist meines Wissens jedoch der Psychologe Donald T. Campbell, der sein Modell von Variation, Selektion und Retention auf viele unterschiedliche Ebenen der Evolution anwandte (1972; vgl. auch 1960).

In den Naturwissenschaften beginnt die Geschichte der kulturellen Evolutionstheorie (im engeren Sinne) mit Cavalli-Sforza und Feldman (1973), also drei Jahre vor Dawkins (1976). Cavalli-Sforza und Feldman stellten sich die Frage, wie es möglich ist, dass in hochzivilisierten Ländern ab einem gewissen Wohlstandsniveau die Geburtenrate zurückgeht – man nennt dieses Niveau auch die *demografische Schwelle*. Ein solches kulturelles Merkmal kann unmöglich genetisch verursacht sein, denn es führt ja dazu, dass sich seine Vertreter *seltener* fortpflanzen und daher zum Aussterben verurteilt wären, wäre diese Verhaltensweise genetisch angelegt (vgl. Sober 1993, 211 ff). Cavalli-Sforza und Feldman schließen daraus, dass es eine unabhängige Ebene kultureller Vererbung geben muss, wobei aus ihrer Überlegung aber zugleich folgt, dass sich kulturelle Verhaltensmuster *nicht nur* über die biologische Eltern-Kind-Beziehung ausbreiten – denn wäre das so, so würde sich dieses Merkmal (wenige-Kinder-zeugen) ebenfalls kulturell langsamer ausbreiten als das gegenteilige Merkmal (mehr-Kinder-zeugen) und wäre somit ebenfalls der negativen Selektion unterworfen. Um das Phänomen der demografischen Schwelle erklären zu können, muss vielmehr angenommen werden, dass sich kulturelle Merkmale unabhängig von den biologischen Eltern-Kind-Relationen ausbreiten, und zwar grundsätzlich in alle soziale Richtungen. Dabei ist die Ausbreitungsrichtung von der älteren zur jüngeren Generation für die KE freilich am wichtigsten. Doch vollzieht sich diese Ausbreitung eben nicht nur entlang biologischer Eltern-Kind-Beziehungen; vielmehr gibt es einen informationellen Ideenwettbewerb, in dem gewisse kulturelle *Vorbilder* viele jüngere Menschen und evtl. eine ganze Generation beeinflussen und in ihrem Verhalten verändern (Cavalli-Sforza und Feldman 1981).

Eine Reihe jüngerer Autoren haben seit den 1980er Jahren die Theorie der Meme aufgegriffen. Schon 1981 haben Lumsden und Wilson (was Wilson-Kritikern meist unbekannt ist) eine Theorie der kulturellen Evolution entworfen, welche sich von Wilsons Soziobiologie explizit abgrenzt (1981, 2) und deren Begriff des „Kulturgens" dem Dawkin'schen Membegriff ähnelt (wie Salwiczek 2001, 143, Fußnote 21, berichtet, hat sich Wilson später von diesem Begriff wieder distanziert). Boyd und Richerson (1985) haben ein informationsstatistisches Modell der kulturellen Vererbung entwickelt, auf das wir noch zurückkommen werden. Durham (1990; 1991) studiert wie schon Lumsden und Wilson (1981) die Koevolution von Genen und Memen. Millikan (1984) entwickelte ein verallgemeinert-evolutionäres Modell der evolutionären Funktion (*proper function*; ▶ Abschnitt 7.4) und darauf aufbauend eine biosemantische Theorie der Sprache (ebd., 2003, 108). Auch Dennett (1990; 1997, Kap. III) hat die Theorie der Meme weiterentwickelt. Andere prominente Autoren wie z. B. Diamond (1998; 2006), haben die Perspektive der kulturellen Evolutionstheorie in ihren Schriften deutlich einfließen lassen, ohne explizit die Terminologie der Memetik zu übernehmen (▶ Abschnitt 10.2). In Schurz (2001b) wird die verallgemeinerte Evolutionstheorie zur Erklärung der Omnipräsenz normischer Gesetzmäßigkeiten in den Wissenschaften des Lebens herangezogen (▶ Abschnitt 7.4). Schließlich hat Blackmore (1999) die Memtheorie zu einer gleichermaßen radikalen wie kontroversen Konzeption von *Memetik* als einer eigenen „Wissenschaft von den Memen" ausgebaut – als Gegenstück zur „Genetik" als Wissenschaft von den Genen. Während in Mesoudi, Whiten und Laland (2006) eine beeindruckende Übersicht über die Erfolge der jüngeren KE gegeben wird, sind andere Autoren nach wie vor eher skeptisch gegenüber der Möglichkeit, dass die KE es in Zukunft zu ähnlichen wissenschaftlichen Erfolgen bringen könnte wie die BE (▶ Kap. 9 bis 11; Aunger 2000).

9.2 Evidenzen für kulturelle Evolution

Die Frage der Evidenzen stellt sich für die KE ganz anders als für die BE. Bei den Evidenzen für die biologische Evolutionstheorie, die wir in ▶ Kap. 3 und 4 behandelten, ging es wesentlich auch um den Aufweis des *Faktums* der BE, d. h. dem Nachweis, dass es entgegen den Lehren traditioneller Religionen und Weltanschauungen tatsächlich seit Milliarden von Jahren auf unserem Planeten eine biologische Evolution von Lebewesen gegeben hat, von der selbst der Mensch als Affenart abstammt. Während viele Menschen dies teils heute noch bezweifeln, steht das Faktum der KE, also dass es tatsächlich kulturelle Evolution gegeben hat, zumindest für die letzten 10 000–20 000 Jahre wohl kaum infrage. Seit den Schriftkulturen gibt es dazu sogar direkte Aufzeichnungen, während für die früheren Menschepochen der Faktennachweis von den in ▶ Abschnitt 3.3 bis 3.5 erläuterten Altersbestimmungsmethoden Gebrauch macht. Bezüglich der Evidenzen für die KE ist vielmehr die Frage wesentlich, weshalb zur Erklärung von menschlicher Kulturentwicklung gerade die verallgemeinerte Darwin'sche Evolutionstheorie zu bevorzugen ist, und nicht andere und damit konkurrierende Theorien der Kulturentwicklung. Dieser Frage wollen wir nun nachgehen.

9.2.1 Nichtreduzierbarkeit der KE
auf biologisch-genetische Evolution

Soziobiologen und evolutionäre Psychologen versuchen, die kulturelle Evolution des Menschen auf seine genetische Ausstattung zurückzuführen und damit die KE mehr oder weniger vollständig auf die Ebene der BE zu reduzieren. Gegen die Möglichkeit einer solchen Reduzierbarkeit sprechen eine Reihe von Argumenten.

1.) **Das biologisch-neurogenetische Argument:** Dieses unter anderem von Lumsden und Wilson (1981, 335) und von Aunger (2000, 13) vorgebrachte Argument weist darauf hin, dass die Menschen viel zu wenige Gene haben, um ihre neuronale „Software", also die Zustände und Vernetzung ihrer Großhirnneuronen, zu bestimmen. Daher, so folgert das Argument, könnten Meme nicht auf die Gene reduzierbar sein. In der Tat gibt es ca. 10^{11} Neuronen (Kandel, Schwart und Jessell 1996, 22). Man vermutet zwar, dass nur ein kleiner Teil davon benötigt wird. Aber selbst wenn nur jedes zehntausendste Neuron genutzt werden würde, gäbe es 10^7 (10 000 000) genutzte Neuronen und damit 10^{14} (= 10^7 zum Quadrat) mögliche Zweierverbindungen von Neuronen. Dies übersteigt die Anzahl der knapp 10^{11} Basenpaare im menschlichen Erbgut bereits um den Faktor 10^3, ganz abgesehen von den unterschiedlichen (aktivatorischen vs. inhibitorischen) Arten synaptischer Verbindungen und anderen neuronalen Details. Also kann die neuronale Gehirnstruktur des Menschen nicht allein durch seine Gene bestimmt sein.

Diese groben Schätzungen zeigen zwar deutlich, dass die menschliche Software nicht im Erbgut einprogrammiert sein kann. Sie widerlegen jedoch noch *nicht* die weiterführende These von evolutionären Psychologen und Soziobiologen, der zufolge die individuell unterschiedliche Software von Menschen durch unterschiedliche Umwelteinflüsse zu erklären ist, die auf dieselbe genetische Ausstattung einwirken. Aufgrund angeborener Lernprogramme führen diese unterschiedlichen Umwelteinflüsse zu unterschiedlichen Gehirnzuständen und in weiterer Folge zu unterschiedlichen Kulturformen, die aufgrund des *neuronal vorprogrammierten* Zusammenhangs von Umwelteinflüssen und Gehirnzuständen jedoch nur als begrenzte und deterministisch-voraussagbare Variationen in einem genetisch vorgegebenen kulturellen Möglichkeitsraum aufzufassen sind. Während das neurogenetische Argument also nur den direkten genetischen Reduktionismus, aber nicht den „indirekten" genetischen Reduktionismus zurückweist, der mit umweltabhängigen genetischen Programmen argumentiert, kann das letztere für die folgenden Argumente durchaus behauptet werden.

2.) **Die Schnelligkeit der kulturellen Evolution:** In ihrer Kritik der These, dass menschliche Kulturleistungen durch angeborene Merkmale erklärbar seien, haben Boyd und Richerson (2000) unter anderem auf die ungleich höhere Schnelligkeit der KE im Vergleich zur BE hingewiesen. Kultur evolviert so schnell, wie Gene dies niemals könnten. Noch pointierter wurde dieses Argument von Tomasello (1999, 2) vorgebracht: Menschen und Schimpansen teilen sich ca. 98–99 % ihrer Gene und sind sich damit genetisch einander etwa so ähnlich wie Ratten und Mäuse, Pferde und Zebras oder Löwen und Tiger. Wie konnten sich dann die Menschen in ihren Fähigkeiten und ihrer Lebensweise von den Schimpansen in nur 2 Mio. Jahren und von den Hominiden vor *Homo sapiens* in nur 200 000 Jahren so weit fortentwickeln, wie dies zwischen genetisch derart stark verwandten Gattungen sonst nirgendwo in der Evolution auch nur annähernd vorkommt? Nur die Annahme einer kumulativen KE, deren Geschwindigkeit die der BE um mehrere Zehnerpotenzen (d. h. um das 1 000- oder 10 000-fache) übersteigt, kann dieses Rätsel erklären.

3.) **Die Nichtdeterminiertheit der KE:** Soziobiologen und evolutionäre Psychologen erklären die KE dadurch, dass unterschiedliche Umgebungsbedingungen denselben genetischen Anlagen verschiedene Inputs liefern. Wenn das wahr wäre, müssten dieselben Umgebungsbedingungen zu gleichen oder zumindest ähnlichen kulturellen Entwicklungen führen – zumindest bei genetisch gleichartigen Menschen (wie in ▶ Abschnitt 3.4 ausgeführt sind alle Menschen genetisch vergleichsweise eng verwandt). Eine Reihe von kulturvergleichenden Studien liefert dagegen Beispiele von sozialen Gruppen, die trotz gleicher genetischer Ausstattung und gleicher natürlicher Umgebungsbedingungen nachhaltig verschiedene kulturelle Lebensformen entwickelt haben. Salomon (1992) gibt das Beispiel von nicht weit voneinander entfernten bäuerlichen Dorfgemeinschaften in den USA, in denen seit über 100 Jahren zwei unterschiedliche Farmerkulturen vorherrschten. Im einen Typus wurde das Leben auf der Farm als ein von den Eltern auf die Kinder tradierter Lebensstil betrachtet, im anderen Typus als ein auf Profit ausgerichtetes und in schwierigeren Zeiten durchaus auswechselbares Geschäft. Für Boyd und Richerson (2001, 145 f) demonstrieren solche Beispiele ebenfalls die Nichtreduzierbarkeit der KE auf die BE, selbst wenn die BE im erweiterten Sinne der Soziobiologen und evolutionären Psychologen verstanden wird.

4.) **Die Diversität möglicher kultureller Pfade:** Der Wilson'schen Soziobiologie zufolge geben die genetischen Anlagen dem Menschen einen begrenzten kulturellen Möglichkeitsraum vor, logisch gesehen einen *Suchraum*, in dem es für gegebene Aufgabenstellungen gewisse optimale Lösungen gibt, die von unterschiedlichen Ethnien nach hinreichend langer Entwicklungszeit auf oftmals unterschiedlichen „kulturellen Pfaden" gefunden bzw. erreicht werden (Wilson 1998, 199 f). Doch diese Auffassung lässt sich bezweifeln, sowohl in *empirischer* wie in *theoretischer* Hinsicht.

Empirisch betrachtet müsste es, wenn die soziobiologische Auffassung zuträfe, zahlreiche Beispiele von bedeutenden kulturellen Errungenschaften geben, die von verschiedenen Ethnien *unabhängig* voneinander entwickelt wurden. Solche Beispiele gibt es zwar, aber es sind nur wenige. Neirynck (1998, 120) hat z. B. behauptet, dass die agrarische Lebensweise mehrmals unabhängig voneinander erfunden wurde, 9000 v. Chr. in Mesopotamien, 7000 v. Chr. in Ägypten, 6500 v. Chr. in Indien, 3500 v. Chr. in China, 2000 v. Chr. in Südamerika und 1500 v. Chr. in Mittelamerika (bei australischen Aborigines und nordamerikanischen Indianern gar nicht; vgl. Diamond 1998, 107). Doch Cavalli-Sforzas genvergleichende Untersuchungen (2001, 109) machen es wahrscheinlich, dass das technologische Wissen um den Ackerbau durch Auswanderungswellen aus dem mesopotamischen Fruchtbarkeitsdelta verbreitet wurde. Der Ackerbau wurde demnach evtl. überhaupt nur einmal erfunden, und die Agrartechnik hat sich vom Ort der ursprünglichen Innovation aus verbreitet, und zwar nicht nur durch bloßen Informationstransfer, sondern durch Vermehrung und Ausbreitung der agrarisch lebenden Völker.[59] Diese Befunde machen Neiryncks Hauptthese (1998), der zufolge die Erfindung des Ackerbaus eine Reaktion auf Überbevölkerungsdruck war, höchst unwahrscheinlich. Wahrscheinlich wird dann vielmehr die umgekehrte These, dass erst die agrarisch basierte Lebensweise die Ursache der steigenden Bevölkerungszahl war, weil diese Lebensweise im Gegensatz zu Kinderbeschränkungen bei Jäger- und Sammlergesellschaften die Aufzucht von sehr vielen Kindern auf engem Raum ermöglichte. Erst dadurch wurde der nötige Raum der Jäger- und Sammlergesellschaften so eingeengt, dass bald alle Bewohner der Region gezwungen waren, auf die neue Ernährungsweise umzusatteln (weitere Belege für diese Hypothese finden sich in ▶ Abschnitt 10.2). Als weiteres Beispiel führt Neirynck an, dass der „Staat" mindestens sechsmal unabhängig voneinander „erfunden" worden sei, 3000 v. Chr. in Mesopotamien, 2500 v. Chr. in Ägypten und in Indien, 1500 v. Chr. in China sowie um Christi Geburt durch die Inkas in Peru und die Azteken in Mexiko. Hohe Bevölkerungsdichten haben in der Tat in allen Kulturen komplexere soziale Organisationsformen in Form von „Staaten" erfordert, doch diese Frühstaaten konnten sehr unterschiedlich organisiert sein (▶ Abschnitt 10.2, 8.6 und 8.7). Unterschiedliche Kulturen haben auch verschiedene auf Bilderzeichen basierende Schriftsysteme entwickelt (wie ägyptische Hieroglyphen, sumerische Keilschrift, Maya-Glyphen, chinesische und japanische Bilderschrift). Diese entwickelten sich zwar alle zu Silbenschriften weiter, doch das Alphabet entstand höchstwahrscheinlich nur einmal in der Menschheitsgeschichte, ca. 2000 v. Chr. in Syrien, und alle heutigen Alphabete stammen auf unterschiedlichen Linien von diesem Ur-Alphabet ab (Diamond 1998, 217–227).

Dass sich menschliche Kulturen unabhängig voneinander langfristig in dieselbe Richtung bewegen, ist also empirisch wenig gestützt, wenn auch nicht klar widerlegt. Auch *theoretisch* betrachtet sprechen gewichtige Gründe gegen diese These. Erstens könnte es, selbst wenn der kulturelle Möglichkeitsraum endlichbegrenzt wäre, darin für gegebene Aufgabenstellungen mehrere unterschiedliche, aber dennoch ähnlich optimale Lösungen geben, und wäre dies der Fall, dann wäre auch langfristig ein gewisser Pluralismus an Kulturen zu erwarten (vgl. Schurz 2007c).

Ein zweiter und noch fundamentalerer Einwand gegen die soziobiologische Auffassung liegt in der unbegrenzten Kreativität des menschlichen Geistes, welche im nächsten Argument besprochen wird. Diese unbegrenzte Kreativität impliziert unter anderem, dass der kulturelle Möglichkeitsraum praktisch unbegrenzt ist, sodass die Reduktion dieses Möglichkeitsraumes auf das Verhalten unserer angeborenen genetischen Programme in möglichen Umgebungen als aussichtslos erscheint. Die unbegrenzte Kreativität impliziert aber auch, dass die KE nicht auf individuelle Einzelleistungen reduzierbar ist.

---

[59] Die Erfindung des Ackerbaus in Mittelamerika ist damit jedoch schwer zu erklären, da die Auswanderung nach Amerika über die damals bestehende Bering-Landbrücke um 10 000 v. Chr. abgeschlossen war und spätere prähistorische Auswanderungswellen über dem Seeweg zwar möglich, aber umstritten sind.

9.2.2 Unbegrenzte geistig-kulturelle Kreativität und Nichtreduzierbarkeit der KE auf individuelle Einzelleistungen

Nimmt man das Bild eines Suchraumes an kulturellen Möglichkeiten logisch ernst, dann ist dieser Möglichkeitsraum alles andere als endlich begrenzt und kognitiv überschaubar. Er ist vielmehr hyperkomplex; sein Inhalt wächst mit der Anzahl seiner variablen Parameter exponentiell oder gar superexponentiell an, sodass auch in riesenhaften Zeiträumen immer nur ein kleiner Teil dieses Suchraumes durchlaufen werden kann. Suchstrategien in diesem Möglichkeitsraum können lediglich *Heuristiken* sein, um lokale „Fitnessmaxima" zu finden (anschaulich: Berggipfel auf der Fitnesslandschaft; ▶ Abschnitt 4.2.3), ohne dass man jemals weiß, ob es anderswo nicht noch viel bessere bzw. höhere Fitnessmaxima gibt. Die positive Kehrseite dieser Situation ist die unbegrenzte *Kreativität* des menschlichen Geistes auf seinen Wanderungen durch diesen Suchraum sowie die grundsätzliche *Offenheit* aller kulturellen Entwicklungen für neue Möglichkeiten. Mit Kreativität ist dabei nicht nur Kreativität im intuitiven oder künstlerischen Sinn gemeint, sondern vor allem auch logische, wissenschaftliche und technische Kreativität. Logische Kreativität tritt insbesondere in folgenden vier Bereichen auf:

1.) **Syntaktische Kreativität:** Sie tritt bei Sprachen hinreichender Komplexität auf, da durch *rekursive* Formbildungsregeln aus einem endlichen Grundvokabular unendlich viele Sätze gebildet werden können.

2.) **Semantische Kreativität:** Sie tritt in der vollen Prädikatenlogik auf, da darin mithilfe eines endlichen Grundvokabulars, das Relationen und Quantoren enthält, nicht nur unendlich viele Sätze, sondern auch unendlich viele paarweise nicht äquivalente Propositionen bzw. unterschiedliche Sachverhalte ausgedrückt werden können.

3.) **Kreativität in Bezug auf beantwortbare Fragestellungen:** In Theorien (der vollen prädikatenlogischen Sprache erster oder höherer Stufe) tritt unbegrenzte Kreativität nicht nur in Bezug auf Sätze und Satzbedeutungen, sondern darüber hinausgehend auch in Bezug auf *Fragen* bzw. Problemstellungen auf (für das Folgende vgl. z. B. Hofstadter 1986; Hunter 1996). Der berühmte *Unvollständigkeitssatz* von Kurt Gödel besagt, dass keine die Arithmetik erster Stufe enthaltende Theorie alle in ihrem Standardmodell wahren Sätze beweisen kann. Ähnlich besagt der *Unentscheidbarkeitssatz* von Alonzo Church, dass es keinen Algorithmus gibt, der alle in einer prädikatenlogischen Sprache erster Stufe stellbaren Fragen nach logischer Wahrheit entscheiden kann. Allgemeiner formuliert besagen beide Theoreme, dass sich in jedem hinreichend komplexen kognitiven Rahmenwerk immer mehr Fragen stellen lassen, als in diesem Rahmenwerk beantwortbar sind. Die im gegebenen Rahmenwerk unbeantwortbaren Fragen können zwar in einem noch stärkeren Rahmenwerk beantwortet werden, in diesem lassen sich dann aber wiederum neue darin unentscheidbare Fragen stellen, usw. Der *Undefinierbarkeitssatz* von Alfred Tarski setzt diesen Befunden schließlich die Krone auf, denn ihm zufolge ist es nicht einmal möglich, den Begriff der Wahrheit für alle in einem Rahmenwerk formulierbaren Sätze auch nur zu definieren, ohne in *Selbstwidersprüche* zu geraten. Ein Beispiel ist die berüchtigte *Lügner-Antinomie*, welche in der Formulierbarkeit eines Satzes besteht, der von sich selbst aussagt, dass er falsch ist – dieser Satz ist selbstwidersprüchlich, denn er ist wahr, wenn er falsch ist, und falsch, wenn er wahr ist.

4.) **Kreativität in Bezug auf komplexe Systeme:** Eine noch weitergehende Form der Kreativität tritt schließlich in Theorien auf, welche die Form von *Differenzialgleichungen* besitzen, die hinreichend komplexe Systeme beschreiben. Solche Differenzialgleichungen können oft zwar in eine mathematische Form geschrieben werden, die „im Prinzip" alle systemrelevanten Kräfte enthält, und verhalten sich dennoch wie verschlossene Tresore, denn sie sind mathematisch weder exakt noch approximativ lösbar, sodass man nicht weiß, was aus ihnen in Bezug auf unterschiedliche Anfangs- und Randbedingungen folgt. Dies kann oft nur durch *Computersimulation* in Erfahrung gebracht werden, welche die zeitliche Entwicklung des beschriebenen Systemzustands Punkt für Punkt durchlaufen. Dabei ergeben sich in Abhängigkeit von oft nur winzigen Veränderungen der Anfangs- und Randbedingungen drastische und oft völlig überraschende Konsequenzen für das resultierende Systemverhalten (▶ Kap. 12).

Die These, dass sämtliche geistige Möglichkeiten des Menschen schon irgendwie in seinen Genen angelegt sind, wird durch diese grundsätzliche Kreativität des menschlichen Geistes widerlegt. Die Unbegrenzbarkeit des kulturellen Möglichkeitsraumes impliziert zugleich die Möglichkeit unbegrenzt anhaltender kumulativer kultureller Evolution – wobei die Evolutionstheoretiker mit „kumulativ" lediglich meinen, dass die KE nicht zum Stillstand kommt, sondern in „irgendeiner" Richtung voranschreitet, was weder Richtungswechsel noch revolutionäre Phasen ausschließt. Nichts illustriert die gewaltige und jegliche menschliche Einzelleistung millionenfach übersteigende Kraft der kulturellen Evolution wohl besser als die Evolution von Wissenschaft und Technik. Man stelle sich als ein Gedankenexperiment vor, von einer Generation zur anderen würden schlagartig alle bisher akkumulierten Informationen und technischen Geräte vernichtet werden: Die folgende Generation wäre wieder auf die Stufe des Steinzeitmenschen versetzt. Hunderttausende von Jahren würde es brauchen, diesen Rückstand wieder aufzuholen – und nur „Gott" kann wissen, ob eine solche „zweite" kulturelle Evolution in eine ähnliche Situation hinein evolvieren würde wie jene, in der sich die Menschen gegenwärtig befinden. Umgekehrt, katapultiert man ein Kleinkind der wenigen gegenwärtig noch auf steinzeitlicher Stufe lebenden Stämme z. B. in Afrika oder Polynesien in die westliche Zivilisation, wird es den „Zeitsprung" von Hunderttausenden von Jahren durch Erwerb der kulturellen Tradition ohne größere Mühe aufholen.

Durch ihre prinzipiell unbegrenzte Kumulativität gelingt es der KE, dasjenige, was ein einzelnes Individuum, und sei es ein Genie, leisten kann, um ein Vielfaches zu transzendieren. KE ist also nicht nur *nicht* auf die Ebene der Gene, sondern ebenfalls *nicht* auf die Ebene der Evolution von Einzelindividuen (der IE; ▶ Abschnitt 3.1) zu reduzieren. Welcher Erfinder eines neuen technologischen Gerätetyps hätte sich am Reißbrett auch nur grob vorstellen können, was Folgegenerationen von Technikern durch stetige Optimierung daraus machen würden? Der Erfinder des ersten PKW hätte nicht im Traum daran gedacht, wie ein heutiger Mercedes aussieht, und Ähnliches gilt für den Erfinder des ersten Kühlschrankes, Fernsehapparats usw. Freilich haben geniale Entdecker und Erfinder in der wissenschaftlich-technischen Evolution immer wieder eine wesentliche Rolle für die Produktion neuer Variationen gespielt. Es liegt etwas Wahres im Sinnspruch von Newton, dem zufolge wir alle, geistig betrachtet, auf den Schultern von Giganten sitzen. Die Kinder von heute lernen schon in der Volksschule Rechnungen wie etwa mehrstellige Multiplikationen ausführen, zu denen im alten Babylonien nur die besten Experten fähig waren (Ritter 1998), und im Gymnasium erlernen sie, was einst die theoretische Entdeckung des Genies Newton war. Und dennoch ist es Genies vom höchsten Range im Regelfall unmöglich, die geistige Entwicklung der nächsten, sagen wir, nur zwei Folgegenerationen von Wissenschaftlern vorwegzunehmen. Auch ein Newton hätte im Traum nicht an die Möglichkeit von Relativitätstheorie oder Quantenmechanik gedacht. Anders gesprochen, auf den Schultern der alten Giganten sitzen wiederum neue Giganten usw., und getragen wird das alles nicht von den untersten Giganten, sondern von der sozialen Organisation, dem kulturellen „Leviathan", welcher das Fortbestehen der kulturellen Reproduktion gewährleistet.

9.2.3 Die Nichtintentionalität der KE: Nichtreduzierbarkeit auf Handlungstheorie

In ▶ Abschnitt 6.2.2 hatten wir ausgeführt, dass biologische Evolution keiner der Natur inhärenten Teleologie, keinem intentionalen Plan folgt. Während diese These bei nicht religiösen Naturalisten kein größeres Aufsehen erregt, ist dieselbe These für die kulturelle Evolution durchaus aufsehenerregend und dürfte für nicht wenige traditionelle Geisteswissenschaftler nur schwer akzeptabel sein. Ist es doch das Modell der *intentionalen Handlungserklärung*, welches die geisteswissenschaftlichen Erklärungen historischer Prozesse dominiert (vgl. Schurz 2006, Abschnitt 6.4). Immer noch wird in der Mehrheit von Geschichtsbüchern Geschichte als Folge von absichtsvollen Handlungssequenzen bedeutender Menschen und Herrscherhäuser dargestellt, gelegentlich durchkreuzt von Zufallsereignissen. Diese Sichtweise mag für kurze Zeiträume auch durchaus zutreffen. Hitler wollte den Krieg und bekam ihn, Gorbatschow wollte die Öffnung des kommunistischen Blocks gegenüber dem Westen und bekam sie, usw. Doch meistens stellt sich heraus, dass das auf längere Sicht betrachtete Resultat letztlich in *niemandes* Intention gelegen war, und das handlungstheoretische Erklärungsmodell scheitert. Hitlers Intention war zweifellos nicht die totale Niederlage Deutschlands, Gorbatschows Intention war nicht der Zusammenbruch des sowjet-kommunistischen Blocks – ebenso wenig wie Marx den Stalinismus, Einstein die Atomenergie oder irgendjemand die Bevölkerungsexplosion, PKW-Flut oder fortschreitende Bodenerosion gewollt hat. Kulturelle Makroevolution folgt eben keinen globalen Plänen, so wie es alle normativ-teleologischen Geschichtstheorien annehmen.

In Basalla (1988) wird die Nichtintentionalität der KE anhand von Beispielen aus der technologischen Evolution verdeutlicht. Ein Beispiel ist die Entwicklung des Kraftwagens. Um die Jahrhundertwende war das Automobil vorwiegend ein Spielzeug für Wohlhabende, wenig verbreitet verglichen zur Dampflok, Kutsche oder zum Dampfschiff. 1900 wurden in den USA etwa 4 912 Autos produziert, davon 1 681 Dampfautos, 1 575 elektrische Autos und nur 936 Benzinautos. Warum haben sich gerade die luftverpestenden Bezinautos durchgesetzt, unter denen wir heute leiden? Zunächst hatten Benzinautos am Markt kaum einen Selektionsvorteil; sie waren teurer, mussten aber seltener aufgetankt werden und waren etwas schneller. Nach und nach stellten sich Gesellschaft und Wirtschaft immer mehr darauf ein. Das Auto wurde zum Fortbewegungsmittel für längere Entfernungen, der LKW wurde erfunden, ältere Fortbewegungsmittel verschwanden, und bald war es ein massiver Selektionsnachteil, kein Auto zu besitzen. Und so wurde aus dem Luxus eine Not: Um wirtschaftlich mitzuhalten, *musste* man ein Auto besitzen. Weitere Beispiele technischer Erfindungen, die ursprünglich zu einem ganz anderen Zweck gedacht waren als jenem, mittels dessen sie dann von der Gesellschaft Besitz ergriffen haben, werden in ▶ Abschnitt 10.3 erläutert, mit der zusammenfassenden Konklusion, dass die Evolution der Technik nicht durch das Motiv der Befriedigung menschlicher Grundbedürfnisse erklärbar ist – es handelt sich vielmehr um die simultane Produktion von neuer Technologie und *neuem Bedarf,* angetrieben vom Motor des ökonomischen Wettbewerbs. Zugespitzt formuliert, wandeln Technologien nicht einen Notzustand in einen Luxus, sondern umgekehrt den ehemaligen Luxus in eine Not um.

Die globale Nichtintentionalität der KE impliziert gravierende Grenzen für das Programm der Aufklärungsphilosophie. Charakteristisch für dieses Programm sind humanistische Machbarkeitsparadigmen unterschiedlicher Ausprägung, die aus heutiger Sicht als idealistisch und anthropozentrisch beurteilt werden müssen und in ihrem ursprünglichen Anspruch als mehr oder weniger gescheitert anzusehen sind. Ich nenne drei Beispiele:

1.) Das *wissenschaftlich-technische Machbarkeitsparadigma* Francis Bacon'scher Provenienz, also die planvolle Verfügbarmachung der Natur durch Wissenschaft und Technik. Kann aber eine technische Entwicklung rational genannt werden, die sukzessive unsere Umwelt zerstört? Sind technische Erfindungen wirklich zum Wohle der Menschheit produziert worden, oder sind es nicht vielmehr unkontrollierte technische Innovationen, durch anonyme Marktdynamik hervorgebracht, die fortwährend im Menschen neue Bedürfnisse und zugleich neue Gefahren erzeugen?

2.) Das *humanistische Aufklärungsparadigma* Kant'scher, Locke'scher oder Rousseau'scher Provenienz, also die Emanzipation der Vernunft von Religion und Absolutismus, sowie die vernunftbasierte Gestaltung einer guten und gerechten Gesellschaftsordnung. Kann aber eine Gesellschaft vernünftig genannt werden, in der Demokratie nur dort funktioniert, wo sie auf den Reichtum der Länder gegründet ist, während drei Viertel der Weltbevölkerung in Armut leben? Eine Gesellschaft, die nie ihr Bevölkerungswachstum in den Griff bekommt, ihre Ressourcen verprasst und somit auf Kosten aller zukünftigen Generationen lebt? Ist das heutige Massen-TV der Kulminationspunkt des kulturellen Bildungsauftrags?

3.) Das dritte Beispiel ist schließlich die *marxistische Geschichtsauffassung* und die damit verbundene Lehre vom kommunistischem „Endsieg", die sich wohl am offensichtlichsten selbst widerlegt hat.

9.2.4 Scheitern alternativer Theorien – Kritik soziologistischer Lerntheorien

Einerseits scheitern teleologische und intentionale Erklärungen der Kulturentwicklung. Andererseits gehorcht Kulturentwicklung auch keinen naturgesetzlichen Entwicklungsgesetzen. Die Auffassung, der zufolge es subjektunabhängig wirkende Gesetze gäbe, die Geschichte determinieren, wird auch *Historizismus* genannt und wurde insbesondere von Popper (1965) einer eingehenden Kritik unterzogen. Kulturentwicklung kann nicht allein naturgesetzlich bestimmt sein, denn erstens wird sie auch von Zufällen bestimmt, und zweitens ist sie auch Resultat des *subjektiven Faktors*, wie dies von Neomarxisten genannt wurde, also des Faktors von beabsichtigten Handlungseingriffen des Menschen, die sich jedoch wie erläutert meistens anders auswirken als in der vom subjektiven Faktor „intendierten" Weise. Wenn also sowohl Handlungstheorie als auch Naturgesetzlichkeit als Erklärungsansatz zu kurz greifen, scheint die kulturelle Evolutionstheorie die einzige brauchbare Erklärungsalternative zu sein. Sie weist einen Mittelweg zwischen Handlungstheorie und naturalistischer Erklärung, insofern sie im Modul der Variation durchaus das kurzfristige Wirken des subjektiven Handlungsfaktors integriert, andererseits im langfristigen Wirken von Selektionsparametern auch langfristige strukturelle Constraints wie z. B. ökologische Rahmenbedingungen oder soziale Organisationsformen erfasst. Zugleich ist die kulturelle Evolutionstheorie eine genuine Alternative zu beiden Paradigmen, denn in ihr wird Entwicklung weder durch globale Intentionen noch durch anonyme Naturgesetze bestimmt. Alles hängt vielmehr von langfristigen Selektionsparametern ab, und nur wenn sich diese ändern, ändert sich die Entwicklungsrichtung.

Ist mit der evolutionstheoretischen Perspektive der aufklärerische Traum einer Menschheit, die ihr eigenes Schicksal selbstbestimmt in die Hand nimmt, endgültig ausgeträumt? Nein, sondern er transformiert sich in dieser Perspektive in die Frage, in welchem Maße die Menschheit in der Lage ist, die Selektionsparameter ihrer eigenen Evolution planvoll zu steuern. In diesem Sinne nennt Klaus Eder (2004, 427 f)die verallgemeinerte Evolutionstheorie einen *radikalen* Ansatz, der unter die bisherigen implizit teleologischen Geschichtsmodelle einen Schlussstrich zieht, aber gleichzeitig keine anonymen Geschichtsdeterminismen annimmt. Eder hatte lange im Habermas'schen Programm der Rekonstruktion des historischen Materialismus gearbeitet (Habermas 1976), worin die Piaget-Kohlberg'sche Stufenlehre der moralischen Entwicklung von der ontogenetischen Ebene der Kindesentwicklung auf die phylogenetische Ebene der Menschheitsentwicklung übertragen wird. Doch dieses normative Entwicklungsmodell zu immer höheren Stufen der moralischen Rationalität kann der Kritik kaum standhalten, weder auf der ontogenetischen noch auf der phylogenetischen Ebene (Kohlberg 1977; Eder 2004, 422). Konsequent sieht Eder (ebd., 428) in der kulturellen Evolutionstheorie eine „Öffnung des kognitiven Feldes, in dem neue Möglichkeiten der Erklärung" bereitgestellt werden.

Teleologische Weltbilder, intentionale Handlungserklärungen und naturgesetzliche Determinismen erschöpfen noch nicht alle Alternativen zur kulturellen Evolutionstheorie. Ein weiteres – weder teleologisches, intentionalistisches noch naturalistisches – Alternativparadigma sind *soziologistische Lerntheorien* oder *Rollentheorien*. Mit „soziologistisch" ist dabei gemeint, dass diese Ansätze *ausschließlich* die Gesellschaft bzw. soziale Umwelt als Ursache von Kultur und Kulturentwicklung ansehen, also weder genetischen Anlagen noch individuellen Intentionen eine kausal primäre Rolle zuschreiben. Doch solche soziologistischen Lerntheorien sind, wie Buss (2003, 185 f) überzeugend ausgeführt hat, nicht wirklich erklärungskräftig (vgl. auch die Kritik in Tooby and Cosmides 1992). Sie erklären nicht, warum es in der KE gerade zu *diesen* und keinen anderen kulturellen Strukturen gekommen ist. Wenn sich die soziologische Erklärung darin erschöpft, dass einerseits der Mensch völlig durch seine kulturelle Umwelt bestimmt wird, wobei andererseits Menschen durch ihre Handlungen die kulturelle Umwelt erst erzeugen, dann liegt ein totaler *Erklärungszirkel* vor bzw., evolutionstheoretisch betrachtet, ein totaler *Kurzschluss* von Variation und Selektion. Es müsste dann letztlich *zufällig* sein, wie sich Kulturen entwickeln, weil es weder unabhängige Variationen noch unabhängige Selektionen gibt, sondern vielmehr das, was kulturelle Variationen zufällig produzieren, unmittelbar zum kulturell prägenden Umfeld wird. Alle Kulturformen, auch extrem bizarre, müssten dem soziologistischen Ansatz zufolge gleichermaßen möglich sein, also Populationen aus Einzelgängern wie sozial organisierte Populationen, gewaltbasierte wie solidarische, anarchistische wie extrem hierarchische, liebevolle wie sadistische Gesellschaftsformen usw.

Tatsächlich bringt die KE zwar eine Vielfalt möglicher kultureller Formen hervor, aber zweifellos nicht beliebige Kulturformen. So gut wie alle menschlichen Kulturen haben eine Reihe von Merkmalen gemeinsam, angefangen von Sprache und Kommunikation über gemeinsame Komponenten von Religionen und Weltdeutungen bis hin zu Strukturmerkmalen sozialer Organisationsformen (Brown 1991; ▶ Abschnitt 16.7 und 17.1). Dies muss erklärt werden, was soziologistische Lerntheorien jedoch nicht leisten können, weil sie keine kulturunabhängigen Parameter bzw. Constraints in Variations- und Selektionsprozessen zulassen. Im Gegensatz dazu lässt die kulturelle Evolutionstheorie unabhängige Parameter sehr wohl zu, z. B. angeborene psychologische Mechanismen, welche die Variationen begrenzen und der evolutionären Psychologie so wichtig sind, oder angeborene Dispositionen des Sozialverhaltens, welche die Soziobiologie ins Zentrum ihrer Betrachtung stellt, oder ökologische Beschränkungen, welche die ökologischen Verhaltenstheoretiker als vorrangig ansehen. Die kulturelle Evolutionstheorie lässt alle diese unabhängigen Parameter zu und vermag die damit verbundenen Erklärungsansätze zu integrieren, ohne einem Reduktionismus anheimzufallen. Sie erweist sich daher, wie wir schon in ▶ Abschnitt 7.6 argumentiert hatten, als idealer Kandidat für ein übergreifendes Paradigma der Lebens-, Human- und Sozialwissenschaften.

9.2.5 Parallelitäten zwischen BE und KE

Über die grundlegende Parallelen zwischen BE und KE hinausgehend, die sich aus deren Charakterisierung durch die gemeinsamen Darwin'schen Module ergeben, finden wir eine Reihe weiterer erstaunlicher Parallelitäten zwischen BE und KE, die die kulturelle Evolutionstheorie stützen und im Folgenden erläutert werden.

Ein erstes Beispiel einer solchen Parallele ist das Phänomen des *Aussterbens* kultureller „Spezies". Dies klingt traurig und entspricht sicher nicht dem idealistischen Bild der dialektischen Aufhebung von allem Vergangenem in der Zukunft. Nein, in der KE gehen leider, so wie in jeder Evolution, zahlreiche Ideen, Erfindungen und Techniken unwiederbringlich verloren, sei es das Mühlrad, eine Naturreligion oder nur der Krämerladen von nebenan. Was das Aussterben von Sprachen, Religionen oder Sozialsystemen betrifft, so gingen sie häufig Hand in Hand mit Kolonialisierung, also der Unterwerfung kleinerer Völker durch größere im Zuge zunehmenden Bevölkerungswachstums. Dennett (1997, 723) hält das Aussterben einer Sprache oder Kultur für ebenso bedenklich wie das Aussterben einer biologischen Spezies. Ich stimme dem Vergleich zu, halte beides im Einzelfall jedoch noch nicht für bedenklich, sondern eher für unvermeidlich. Bedenklich wird es jedoch, sowohl in der BE als auch in der KE, wenn es zum *Massensterben* von biologischen Spezies oder kulturellen Quasispezies kommt, was gegenwärtig leider der Fall ist (zu biologischen Spezies vgl. ▶ Abschnitt 4.1). Gemäß einer Schätzung von Wilson (1998, 325) gab es in der Geschichte der Menschheit etwa 100 000 verschiedene religiöse Glaubenssysteme, während es heute, abgesehen von einigen Tausend kleiner Stammesreligionen, die fünf „Weber'schen" Weltreligionen des Christentums, Konfuzianismus, Hinduismus, Buddhismus und Islams sowie einige verwandte Formen wie jüdische Religion, Taoismus und Bahai gibt. Pagel (2000, 395) schätzt, dass die Evolution von *Homo sapiens* etwa 500 000 verschiedene Sprachen hervorgebracht hat, welche gegenwärtig auf ca. 6 000 dezimiert worden sind. Die enorme Reduktion von Sprachen und Religionen erfolgte fast immer durch großräumige Kolonialisierungen; knapp 15 % aller heute noch lebenden Sprachen sind allein auf Neuguinea angesiedelt, wo es vergleichsweise noch am meisten nicht kolonialisierte Eingeborenenstämme gibt (Pagel 2000, 391 f; Diamond 1998, 296 ff). Ähnliches gilt für das massenweise Aussterben vergangener Geräte und Technologien, wofür in ▶ Abschnitt 10.3 Beispiele angeführt werden.

Die Parallelitäten zwischen BE und KE spiegeln sich auch in der Systematik ihrer Teildisziplinen wider. In Anlehnung an Mesoudi, Whiten und Laland (2006, 331) lassen sich die Teildisziplinen der BE und der KE, wie in ▶ Tab. 9.2 dargestellt,

Tab. 9.2 Parallelismen zwischen Teildisziplinen der BE und der KE

BE	KE
	Makroevolution
Systematik	Komparative Anthropologie und Ethnologie
Paläobiologie	Evolutionäre Archäologie
Biogeografie	Kulturelle Anthropologie und Humangeografie
	Mikroevolution
Populationsgenetik	Evolutionäre Spieltheorie
(experimentell: Biologie)	(experimentell: Psychologie, Ökonomie)
Evolutionäre Ökologie	Verhaltensökologie (ökologische Psychologie)
Molekulargenetik	Memetik und Neurowissenschaft

wechselseitig zuordnen.[60] In den so zugeordneten Teildisziplinen finden sich zahlreiche Beispiele paralleler Vorgehensweisen. So wurden abstammungsorientierte (bzw. kladistische) Klassifikationsmethoden auch erfolgreich zur Klassifikation von Kulturen und insbesondere Sprachen verwendet (Mesoudi, Whiten und Laland 2006, 333f).

Holden (2002) klassifizierte mithilfe kladistischer Methoden Sprachdaten von 75 Bantu-Sprachen südlich der Sahara, und Gray und Jordan (2002) konnten mithilfe solcher Methoden zeigen, dass die 777 austronesischen Sprachen vermutlich von einem einzigen Sprachvorfahren in Taiwan abstammen. Die schon von Sedgwick in Wales verwendete Methode der Anordnung von Fossilien in Form von Ähnlichkeitsreihen (▶ Abschnitt 1.5 und 3.3.1) wurde schon früh von Archäologen wie Evans (1850) auf Münzen oder von Petrie (1899) auf ägyptische Töpferei angewandt. Ähnlich wie in der essenzialistischen Biologie des 18. Jahrhunderts wurde Mitte des 20. Jahrhunderts der Essenzialismus in der Archäologie populär, der Kulturen zu überhistorischen Wesensmerkmalen „erhöhte", während ab den 1970er Jahren die historische Wandelbarkeit von Kulturen und die Rolle von Zufallsdriften für die KE erkannt wurden. O'Brien und Lyman (2003) führten die Methode der Ähnlichkeitsreihen (Seriation) in die Archäologie wieder ein, kombinierten sie aber zum Zwecke der Unterscheidung von Analogien und Homologien mit der Abstammungsmethode und erstellten damit einen Abstammungsbaum der frühen indianischen Pfeilspitzen der südöstlichen USA (Mesoudi, Whiten und Laland 2006, 334). Ein analoger Abstammungsbaum australischer Aborigineswaffen findet sich in ▶ Abb. 10.2.

Auch Methoden der Biogeografie wurden parallel in der KE angewandt. Ein Beispiel ist der ethnografische Atlas von Murdock (1967), der Sprachatlas von Grimes (2002) oder die 20-bändige Enzyklopädie von (überwiegend frühzeitlichen) Religionen von Eliade (1987). Weitere Parallelitäten zwischen Genetik und Memetik sowie zwischen Populationsgenetik und evolutionärer Spieltheorie werden in den folgenden Abschnitten behandelt.

9.3 Kritik an der Memetik als eigene Wissenschaft

Bald entwickelte sich auch eine intensive Kritik an der membasierten kulturellen Evolutionstheorie. Dawkins selbst zog sich angesichts dieser Kritik von seinem Vorschlag partiell zurück. Er schreibt (1987, 196), man könne die Mem-Gen-Analogie leicht zu weit treiben, wenn man unvorsichtig ist, und in der 2. Auflage seines Buches *Das egoistische Gen* (1994) bezeichnete er Meme nur mehr als anregende Analogie. Aunger bezeichnet in seinem Sammelband (2000, 2) Memetik als ein stagnierendes Forschungsprogramm; für Gardner (2000) ist Memetik gar „nicht mehr als eine problematische Terminologie". In den folgenden Abschnitten werden die wichtigsten dieser Einwände sorgfältig besprochen, um dadurch die Theorie der KE

---

[60] „Ethnologie" und „Humangeografie" wurden ergänzt, und die Zuordnungen im Bereich *population genetics* in Zeile 7 und 8 verbessert.

zu schärfen, von überzogenen Ansprüchen zu befreien und auf solide Grundlagen zu stellen.

Eine von vielen Autoren vorgetragene Kritik gilt nicht der kulturellen Evolutionstheorie im Allgemeinen, sondern der Konzeption von *Memetik* als *eigenständigem* Wissenschaftszweig. Dieser Kritik schließe ich mich an. Denn die Rede von einer „Memetik" hört sich tatsächlich so an, als ob diese Wissenschaft von Memen als einer bisher unbekannten Art von quasigeisterhaften Wesen handelt, die sich gemäß eigenen Gesetzen in den Köpfen der Menschen festsetzen und weitervererbt werden. Etliche Passagen von Blackmore (1999), aber eben auch leichtfertige Metaphern von Dawkins und Dennett suggerieren dieses Bild von Memen als *Viren des Geistes*. Dawkins (1987, 316–318) verglich das Mem *Gott* mit einem mentalen Parasiten, der sich Menschen ins Gehirn setzt. Und Dennett (1997, 473 f) beschreibt Meme als Viren des Geistes, die in Schimpansen eingedrungen seien, so als hätten sie schon vorher geisterhaft bzw. „platonisch" existiert. Auch wenn später klar wird, dass Dennett nicht wirklich an einen platonischen Ideenhimmel glaubt, der unabhängig von der physikalischen Welt existiert, so spielt er dennoch suggestiv mit dieser Vorstellung. Zum Beispiel führt er an, dass sich viele Gedanken geradezu *aufdrängen,* und zitiert an dieser Stelle (1997, 481 f) Mozart. Doch dieses Sichaufdrängen kann auch ohne ein platonisches Geisterreich durch die Existenz unbewusster kognitiver Vorgänge erklärt werden, die in gewissen Momenten Informationen ins Bewusstsein senden (▶ Abschnitt 6.3.4; vgl. Schurz 1999a). Insbesondere Blackmore spielt mit der Vorstellung von Memen als Viren des Geistes, und obwohl sie deren spiritualistische Existenz nirgendwo behauptet, grenzt sie sich auch nicht klar von dieser Vorstellung ab und verstärkt damit das mögliche Vorurteil, das aus ihrer früheren Beschäftigung mit parapsychologischen Phänomenen resultieren könnte.

In der Tat, gäbe es wirklich kollektive spirituelle Gedankenübertragungsphänomene (was Esoteriker wie z. B. Sheldrake 2008 behauptet haben), sodass jemanden Nazigedanken befallen, wenn er in eine Gruppe von Nazis geht, oder jemandes physikalische Fähigkeiten ansteigen, wenn er in einem Physikerviertel wohnt, dann wäre Memetik als eigenständige Wissenschaft berechtigt. Aber Meme übertragen sich eben nicht von selbst von Gehirn zu Gehirn, im Sinne eines Nürnberger Trichters, sondern nur über den mühsamen Umweg des Lernens, das auf Wahrnehmung und mündlicher oder schriftlicher Kommunikation basiert. Meme sind also keine speziellen, ontologisch irreduziblen Entitäten. Vielmehr handelt es sich bei ihnen um erlernbare Informationen, die *verschiedenste Formen* annehmen bzw., wie der Informationstheoretiker sagt, in verschiedenster Weise codiert sein können. Trotz seiner verfänglichen Virenmetaphern räumt auch Dennett an späterer Stelle ein (1997, 490 ff), dass Meme keine syntaktischen, sondern *semantische* Entitäten sind, die syntaktisch verschieden repräsentiert werden können, sei es durch Bilder, Laute, Schriftsprache oder neuronale Strukturen (Aunger 2000, 3).

Aus diesen Gründen kann es keine unabhängige Technik der Memanalyse geben; vielmehr fällt daher die Untersuchung von „Memen" in das Gebiet *vieler* traditioneller Wissenschaften, von der Neurologie und Psychologie über die Sozialwissenschaften bis zu Geschichte, Geisteswissenschaften und Kulturanthropologie. In dieser Linie kritisierte Bloch (2000), dass Kulturanthropologen, schon längst bevor das Wort „Mem" aufkam, KE studiert haben und die neueren „Memetiker" es versäumt haben, sich die bereits existierende reichhaltige Literatur hierzu anzusehen (was auf einige, aber nicht auf alle Memetiker zutrifft). Memanalyse wird immer ein interdisziplinäres Unterfangen bleiben – neu daran ist lediglich, dass die kulturelle Evolutionstheorie ein interdisziplinär übergreifendes Paradigma bereitstellt, um die KE zu erklären. Zusammengefasst spreche ich mich für folgenden Standpunkt aus: „Meme ja, Memetik nein."

Der zweite Pauschaleinwand gegen die Memetik besagt, dass es ihr an empirisch-praktischen Anwendungen fehlt. Diesem Einwand wenden wir uns erst in ▶ Kap. 10 zu, nachdem wir wichtige Detailprobleme der kulturellen Evolutionstheorie besprochen haben.

9.4 Das Problem der Lokalisation und Identität von Memen

Im Vergleich zum Gen ist das Konzept des Mems abstrakt und vage. In diesem Abschnitt behandeln wir die Frage, welche Art von Entitäten denn Meme sind, wo sie lokalisiert sind und was ihre Identität festlegt. Hierzu gibt es mehrere Auffassungen. Der Standardauffassung zufolge, der ich mich anschließe, sind Meme letztlich im *Gehirn* von Menschen lokalisiert, als deren erworbene und tradierte *Software*. Meme sind dieser Auffassung zufolge neuronale oder aber mentale Strukturen, je nachdem ob man Mentales auf Neuronales reduzieren möchte oder nicht. Obwohl die neuronale Interpretation von Memen m. E. plausibel ist, ist die Theorie der KE von dieser Entscheidung unabhängig. Die Auffassung von „Memen im Gehirn" wurde unter anderem von Dawkins (1982, 109), Gabora (1997) und Delius (1989) vertreten. Sie hat den Vorteil, eine klare Unterscheidung zwischen Memen qua Repronen und den durch sie bewirkten Phänen bzw. phenetischen Merkmalen zu ermöglichen. Die Meme-im-Kopf sind demnach also dasjenige, was direkt voneinander reproduziert wird, während Fertigkeiten, Verhaltensweisen, technische Artefakte, Schriften oder mündliche Äußerungen zu den phenetischen Merkmalen zählen, welche von menschlichen Gehirnen in Interaktion mit der natürlichen und sozialen Umgebung produziert bzw. kommuniziert werden (ein Vorläufer dieser Unterscheidung ist Cloak 1975).

Die Unterscheidung zwischen Memen-im-Kopf und kulturellen Phänen verläuft parallel zur biologischen Unterscheidung zwischen den Genen eines Organismus und seinen phänotypischen Merkmalen, und sie löst das von Hull (1982) aufgeworfene Problem, dass es im Bereich der KE keine klare Unterscheidung von Memen und Phänen gäbe. Da Gehirnstrukturen jedoch nicht direkt voneinander kopiert, sondern deren semantische Informationsgehalte indirekt von Mensch zu Mensch übertragen bzw. kommuniziert werden, ist die Gen-Mem-Parallelität nicht so eng, wie es zunächst scheint (▶ Abschnitt 9.5.3).

Der anderen Auffassung zufolge sind Meme erworbene Informationen, die auch *außerhalb* der Köpfe von Menschen abgespeichert sein können, z. B. in der Form von Bildern, Printmedien, filmischen oder elektronischen Medien. Dieser Auffassung zufolge unterscheiden sich Meme von Genen, die nur im menschlichen Organismus gespeichert sowie repliziert werden können – zumindest wenn man von künstlicher Vermehrung absieht. In dieser Linie hat Dennett (1997, 483) vorgeschlagen, unter

Memen beliebige Informationseinheiten zu verstehen, egal ob innerhalb oder außerhalb des Gehirns lokalisiert, und Durham (1991) vertrat dieselbe Auffassung. Blackmore (2003, 58 f) zufolge kann noch weitergehend alles, was der Imitation dienlich ist, ein Mem sein – am Beispiel eines Kochrezepts nicht nur eine schriftliche Aufzeichnung, sondern auch eine mündliche Instruktion bis hin zur Livedarstellung des Kochvorgangs. Blackmore ist sich bewusst, dass bei dieser liberalen Mem-Auffassung die Unterscheidung von Memen und Phänen zusammenbricht, aber sie nimmt dies in Kauf. Gatherer (1998) schlägt sogar vor, unter Memen nur Verhaltensweisen oder Artefakte zu verstehen, also den Membegriff behavioristisch zu charakterisieren, da behavioristische Definitionen seiner Ansicht nach Vorteile besitzen. Doch diese behavioristische Sichtweise ist wissenschaftstheoretisch als weitgehend überholt zu betrachten, da alle höherentwickelten Theorien, speziell solche der Naturwissenschaften, *theoretische* Begriffe enthalten, die zwar empirisch gehaltvoll, jedoch nicht operationalistisch definierbar sind (Schurz 2006, Abschnitt 5.1).

Ich werde im Folgenden Meme gemäß der ersten Auffassung als erworbene Informationen im Gehirn bzw. Geist verstehen, weil mir die Vorteile einer klaren Mem-Phän-Unterscheidung zu überwiegen scheinen. Darüber hinaus hat diese Auffassung den Vorteil, dass damit die Reproduktion von Memen nicht mehr nur eine beliebige Informationsübertragung ist, sondern auf Lernleistungen des Gehirns eingeschränkt wird und damit besser studiert werden kann. Schließlich nimmt die Meme-im-Gehirn-Auffassung keinen semantischen Platonismus an, dem zufolge Bedeutungen *unabhängig* von Menschen oder anderen intelligenten Wesen existieren können. Damit ein Schriftstück oder ein technisches Gerät als Mem funktioniert, braucht es Subjekte, die es verstehen und aus ihm heraus die Bedeutung rekonstruieren können. Schriftstücke oder Geräte auf einem toten Planeten würden niemals von selbst anfangen zu evolvieren.[61] Was in der kulturellen Evolution reproduziert und selektiert wird, ist niemals *nur* das Artefakt (Schriftstück, technisches Gerät, Kunstwerk etc.) allein, sondern das ganze System der menschlichen Produktions- und Nutzungsweise des Artefakts. Diese Einsicht war insbesondere für die Theorien der technischen Evolution bedeutend. In den traditionellen techniktheoretischen Ansätzen wurde nämlich das technische Artefakt selbst anstatt der menschlichen Nutzungsweise als Einheit der Evolution angesehen. In dieser Sicht konnte technische „Evolution" letztlich immer nur als *Metapher* erscheinen, da sich technische Produkte ja nicht von selbst reproduzieren (Basalla 1988, 25 f, 30). Erst durch die Auffassung von technischer Evolution als Evolution menschlicher Fähigkeiten zur Produktion und Nutzung technischer Artefakte werden die Darwin'schen Module wörtlich anwendbar.

Es hat allerdings eine überraschende Konsequenz, wenn man die Repronen der KE auf Gehirnstrukturen einengt. Die Möglichkeit, Memexpressionen (nicht die Meme selbst) auch *außerhalb* menschlicher Gehirne zu speichern, hat nämlich zur Folge, dass die Memreproduktion sozusagen viele Menschengenerationen *überspringen* kann – beispielsweise wenn eine für viele Jahrhunderte lang in Vergessenheit geratene Schrift oder Theorie wiederentdeckt wird, weil das Schriftstück überlebt

---

[61] Auch Popper (1973, 179) hat betont, dass die „dritte Welt" von Bedeutungen letztlich von menschlichen Subjekten geschaffen ist.

hat. Derartiges ist in der menschlichen Ideengeschichte schon mehrmals vorgekommen – viele heutige archäologischen Funde sind von dieser Art, alte Schrifttafeln oder Palimpseste (mehrfach überschriebene Pergamentrollen wie z. B. das verschollene Archimedes-Manuskript), auch wenn sie lediglich von historischem Interesse sind. Ein entsprechender Vorgang wäre in der biologischen Evolution gegeben, wenn Gensequenzen in einem Computer abgespeichert und nach vielen Jahrhunderten wieder chemisch synthetisiert und einem reproduktionsfähigen Zellkern eingeimpft werden könnten. Im Unterschied dazu entsprechen das bloße Einfrieren und spätere Wiederauftauen des Erbguts von Lebewesen auf der KE-Ebene dem Einfrieren und späteren Wiederauftauen eines Menschen oder menschlichen Gehirns.

Wie schon erwähnt gibt es zum biologischen Begriff des (diploiden) Genotyps qua Kombination väterlicher und mütterlicher Erbanlagen kein Gegenstück auf der Memebene, weil Meme ungeschlechtlich reproduziert werden. Selbst wenn ein „kultureller Nachkomme" memetische Einflüsse von unterschiedlichen kulturellen „Eltern" bzw. „Lehrern" übernommen hat, so werden doch immer nur einige (und nicht alle) Meme eines „Lehrers" übernommen, und sie werden im Kopf des „kulturellen Nachkommen" mit memetischen Einflüssen anderer Personen kombiniert und vermengt. M. a. W., auf der Memebene gibt es statt diploider oder polyploider Vererbung genau jene *Mischvererbung* bzw. *blending inheritance*, die zu Darwins Zeit fälschlicherweise auch für die BE vermutet wurde (▶ Abschnitt 1.5). Wohl aber gibt es die Unterscheidung zwischen einzelnen Memen und *Memkomplexen* (Blackmore 2003, 73, spricht von „Memplexen"). Dem Begriff des „Genoms" entspräche schließlich die gesamte Software eines menschlichen Gehirns.

Wie lassen sich Memkomplexe bzw. zusammengesetzte Meme auf natürliche Weise in klar abgegrenzte oder gar kleinste Einheiten zerlegen? Darin liegt eine große Schwierigkeit. Eine Reihe von Mem-Theoretikern, z. B. Dawkins (1998, 309), Dennett (1997, 478) und Wilkins (1998, 8), haben das „Mem" als „kleinste kulturelle Informationseinheit" postuliert, aber diese Charakterisierung bringt wenig, solange unklar ist, wie eine Zerlegung in Informationseinheiten vonstatten gehen kann. Zur Verteidigung von Memen haben Dennett (1997, 491), Hull (2000) sowie Mesoudi, Whiten und Laland (2006, 343) hervorgehoben, dass auch die Identität von Genen schwer zu charakterisieren sei. Das ist zwar wahr, doch die Charakterisierung der Identität von Memen ist weit schwieriger (vgl. auch Laland und Brown 2002). Es gibt, wie in ▶ Abschnitt 2.3 ausgeführt wurde, zwei Genbegriffe: den molekularen (ein Gen codiert ein Polypeptid) und den funktionalen (ein Gen produziert ein phenetisches Merkmal). Der molekulare Genbegriff ist klar bestimmt, und für ihn gibt es auch eine kleinste Einheit, nämlich das Basentriplett, das eine Aminosäure codiert. Doch auf der Memebene gibt es kein Gegenstück zum molekularen Genbegriff. Es wurde vorgeschlagen, das neuronale Gegenstück molekularer Gene seien kleinste neuronale *Netzwerkeinheiten* oder synaptische *Aktivierungsmuster* – Aunger (2002) sprach vom „electric meme" – und die Struktur solcher neuronalen Einheiten sei lediglich noch zu wenig bekannt. In Bezug auf Meme befänden wir uns heute noch dort, wo sich Darwin in Bezug auf Gene befand, weil die Gehirnforschung noch nicht so weit entwickelt sei, obwohl sie in jüngster Zeit große Fortschritte macht. In dieser Sichtweise liegt sicher etwas Wahres, und dennoch ist die Analogie nicht ganz überzeugend. Denn erstens ist unklar, wie man Netzwerkeinheiten oder

Aktivierungsmuster neuronal abgrenzen soll, und zweitens codieren neuronale Aktivierungsmuster nichts so direkt, wie DNS-Stränge Polypeptide codieren. Vielmehr sind die neuronalen Module der Großhirnrinde an perzeptuelle und motorische Neuronenareale und diese wiederum an Sinneszellen oder Muskelzellen gekoppelt usw.), und erst diese Verschaltungsstruktur macht aus dem intelligenten Organismus ein *semantisches System*, das Bedeutungen repräsentieren und kommunizieren kann.

Es scheint, dass es auf der Memebene nur ein Gegenstück zum funktionalen Genbegriff gibt. Ein *funktionales Mem* wäre eine Teilstruktur des Gehirns, welche im Menschen eine gewisse semantische Fähigkeit oder Verhaltensfähigkeit erzeugt. Doch die Identitätsbedingungen dieses funktionalen Membegriffs sind ähnlichen Schwierigkeiten ausgesetzt wie oben erläutert: Funktionale Meme sind *verteilte* Strukturen, da erst die gesamte Verschaltungsstruktur zwischen zentralen, peripheren und motorischen Neuronen sowie Sinnes- und Muskelzellen eine entsprechende Fähigkeit bewirkt. Dieses Problem des funktionalen Membegriffs ist allerdings nicht grundsätzlich anders als das des funktionalen Genbegriffs, denn auch viele funktionale Gene sind vermutlich verteilte Strukturen.

Einem anderen Vorschlag zufolge sollten die memetischen Einheiten nicht auf der neuronalen Ebene, sondern direkt auf der Ebene von Bedeutungen angesiedelt werden. Doch was sollten allgemeine „semantische Einheiten" denn sein? Zunächst einmal kann man nicht vom „Bit" als semantischer Informationseinheit sprechen, denn das Bit ist eine syntaktische und keine semantische Einheit. Im Bereich der Sprache wären die Memeinheiten etwa die kleinsten bedeutungstragenden Worteinheiten (Morpheme) des Lexikons. Aber wie steht es mit Hypothesen in der Wissenschaft oder technischen Fertigkeiten? Zwar lassen sich Theorien oder technische Instruktionen auf sinnvolle Weise in Bestandteile zerlegen, doch eine solche Zerlegung kann immer nur im disziplinspezifischen Kontext des jeweiligen Anwendungsbereichs erfolgen. Es kann wohl kaum eine allgemeine Theorie der Memetik geben, die für alle Bereiche sagt, wie ihre Informationen in memetische Einheiten zu zerlegen sind.

Die Schwierigkeiten der Identität von Memen sind allerdings kein Hinderungsgrund für die Theorie der KE. Man kann nämlich, auch ohne die physikalische Struktur des Gehirns zu kennen, Meme als *Dispositionen* des Gehirns verstehen, gewisse Informationen zu repräsentieren oder Verhaltensweisen zu produzieren. Meme, so schlage ich vor, sollten in diesem dispositionalen Sinn verstanden werden (zumindest solange wir über ihre neuronale Struktur wenig wissen). Meme qua Dispositionsmerkmale besitzen zwar keine klar abgrenzbaren kleinsten Einheiten, aber dies ist auch nicht nötig, um die drei Darwin'schen Module auf Meme anzuwenden. Darüber hinaus äußern sich memetische Dispositionen im Regelfall nicht in strikten, sondern nur in *statistischen* Regelmäßigkeiten des menschlichen Verhaltens (vgl. Schurz 2001b; 2006, Abschnitt 6.4). Darin liegt kein Problem, denn auch der Begriff der *Informationsübertragung* wird ja statistisch definiert. Dass jemand eine Sprache in einem bestimmten Maße beherrscht, bedeutet, dass er einen bestimmten Prozentsatz von Ausdrücken dieser Sprache richtig deuten kann – doch nicht notwendigerweise alle. Damit kann der Modul der Reproduktion auf Meme zwar nicht im Sinne einer syntaktisch-neuronalen Replikation, wohl aber im Sinne einer Informationsübertragung angewandt werden, was im nächsten Abschnitt näher ausgeführt wird.

9.5 Mechanismen der kulturellen Reproduktion

Reproduktion von Memen vollzieht sich durch deren Transmission bzw. Übertragung von einem Gehirn bzw. intelligenten Wesen zum anderen, wobei sich diese Transmission in alle soziale Richtungen der Gesellschaft ausbreiten kann, nicht nur entlang der biologischen Nachkommensrelation. Boyd and Richerson (1985, 7 f) sprechen von kulturellen Eltern-Kind-Beziehungen bzw. von Vorbild-Nachahmer- oder Lehrer-Schüler-Beziehungen. So weit, so gut – aber worin besteht der genaue *Mechanismus* der Übertragung von Memen? Dieser Frage wenden wir uns nun zu.

9.5.1 Imitation und Lernen

Einigkeit besteht dahingehend, dass es sich bei der Transmission von Memen nicht um *individuelles*, sondern immer um *soziales* Lernen handelt. Während bei sozialem Lernen etwas von einer *anderen* Person gelernt wird, erfolgt individuelles Lernen ohne Gegenwart einer anderen Person, lediglich durch Auseinandersetzung mit einem Problem, z. B. in Form des Trial-and-Error-Lernens (▶ Abschnitt 11.1.3; Blackmore 2003, 62). Der Vorteil sozialen Lernens im Vergleich zum bloß individuellen Lernen liegt natürlich darin, den Erfolg einer evtl. langen Lerngeschichte einer oder vieler anderer Personen übernehmen zu können, ohne die Kosten der Lerngeschichte in Form investierter Zeit und Anstrengungen zahlen zu müssen.

Darüber hinaus gibt es zur Frage der Transmission von Memen zwei Auffassungen. Eine Mehrheit der Autoren sieht dabei eine *Pluralität von Mechanismen* am Werk, die allesamt für die KE relevant sind. Nach Cavalli-Sforza und Feldman (1981) spielen bei der Transmission von Memen sowohl Prägung, Konditionierung, Beobachtung, Imitation als auch persönliche Unterrichtung eine Rolle. Durham (1991) und Runciman (1998) unterscheiden zwischen Imitation und Lernen als Mechanismen der Memtransmission. Für Laland und Odling-Smee (2000) umfasst Memtransmission alle Formen sozialen Lernens.

Blackmore (2003, 62 ff) hat dagegen eine wesentlich engere Auffassung von Memtransmission vertreten: Sie schränkt Memtransmission und damit Meme selbst auf den Mechanismus der *Imitation im engen Sinne* ein, als eines Stück-für-Stück-Kopiervorgangs bzw. Nachahmungsvorgangs, der dem genetischen Vorgang der *Replikation* so weit als möglich ähneln soll. Blackmore grenzt Imitation von folgenden drei anderen Formen des sozialen Lernens ab: der Zielsimulation, der Reizverstärkung und der lokalen Verstärkung. In diesen drei Fällen lernt ein Organismus von einem anderen Organismus, eine bereits vorhandene Fähigkeit auf ein neues Ziel auszurichten oder unter neuen Bedingungen auszuüben. Die Fähigkeit selbst aber hat er nicht durch Imitation des anderen Organismus erworben, sondern sie war bereits zuvor (entweder angeborenerweise oder durch individuelles Lernen) vorhanden. Pars pro toto erläutern wir hier die *Zielsimulation* (Tomasello 1996). Dabei beobachtet ein Tier, wie sich ein anderes Tier eine neue Futterquelle verschafft, indem es z. B. Bananen aus einer bestimmten Kiste nimmt, und versucht, dasselbe zu tun, ohne dabei die Tätigkeit des Banane-aus-einer-Kiste-Nehmens zu imitieren, denn diese Tätigkeit beherrscht es schon – was es sozial lernt, ist nur, dass in dieser Kiste Bananen zu holen sind.

In solchen Fällen findet Blackmore zufolge keine echte Replikation statt, da das jeweilige Verhalten schon vorhanden ist und lediglich an neue Ziele oder Bedingungen angepasst wird. Nun wird jedoch auch in der Ausrichtung eines Verhaltens auf neue Ziele bzw. Bedingungen zumindest *etwas* sozial gelernt. Deshalb ist Blackmores Schlussfolgerung, dass dabei keine echte Memtransmission stattfindet, nicht sonderlich überzeugend. Schon plausibler ist Blackmores zweites Argument, dem zufolge der Mechanismus der Zielsimulation zumindest keine *kumulative* Evolution ermöglicht, da es in gegebenen Umweltbedingungen nur eine begrenzte Menge von möglichen Zielen gibt. Hat der Affe einmal gelernt, in welchen Kisten Futter zu holen ist, ist der Lernprozess beendet. Anders gesprochen, der innere Möglichkeitsraum von Variationen ist bei dieser Art des sozialen Lernens sehr gering und bald erschöpft.

Nachhaltig kumulativ im Sinne von *potenziell* unbegrenzt fortsetzbar wird die Memevolution erst, wenn nicht nur das Ziel, sondern auch die Techniken der Zielerreichung Gegenstand der Memtransmission werden. Dies ist nach Blackmore nur bei echter Imitation der Fall (vgl. auch Whiten et al 1996). Menschen und insbesondere Kinder sind perfekte Imitierer und ahmen ganze Verhaltenssequenzen nach (Blackmore 2003, 65–68; Meltzoff 1996). Echte Imitation tritt nach Blackmore zwar auch bei sehr intelligenten Tieren wie Wellensittichen, Tauben, Ratten oder Schimpansen auf. Aber nur beim Menschen kann sich, so Blackmore, Imitation kumulativ entfalten, und zwar aus zwei Gründen. Erstens besitzen Menschen im Gegensatz zu den meisten Tieren die Fähigkeit, sich in die Sichtweisen und Absichten anderer Personen hineinzuversetzen, und dies ist für Imitation essenziell. Zweitens führte die menschliche Fähigkeit der Imitation von Lauten zur Evolution der mündlichen Sprache. Beides zusammen ermöglichte erst die Imitation komplexer Fertigkeiten, die nur dem Menschen gelingt. Blackmore vertritt damit im Gegensatz zu zahlreichen Evolutionsbiologen die These, dass sich genuine KE auf den *Menschen* beschränkt (Näheres im nächsten Abschnitt).

Eine Mehrzahl von Autoren hat Blackmores Position kritisiert, und zwar nicht, weil sie darin Unrecht hätte, dass bloße Ziel- oder Reizsimulation zu wenig ist für nachhaltige KE, sondern weil die Formen des sozialen Lernens, welche nachhaltige KE ermöglichen, nicht auf eine eindeutig abgrenzbare Art von „Imitation im engen Sinn" eingeschränkt werden können. Vielmehr scheinen bei dem, was wir Nachahmung *im weiten Sinn* nennen, meist mehrere unterschiedliche Lernmechanismen am Werk zu sein – von instinktiven bis zu bewusst ablaufenden Mechanismen (vgl. auch Heyes und Plotkin 1989, 145 f). Millikan (2003, 105) argumentiert, dass nur *wenige* Arten des sozialen Lernens Nachahmungen im engen Sinne Blackmores sind. Beispielsweise lernt niemand Fußballspielen durch bloßes Nachahmen eines Fußballkünstlers; mühseliges eigenes Training und sukzessive Trial-and-Error-Verbesserungen sind nötig, um ein guter Fußballer zu werden. Für das Nachahmen komplexer Operationen ist es insbesondere erforderlich zu *verstehen*, worauf es ankommt und was eine Vorbedingung für was ist. In den meisten sozialen Lernprozessen ist daher die Nachahmung anderer Personen mit weiteren Lernmechanismen wie Versuch und Irrtum, explizite Instruktion oder Einsicht zu einer unauflöslichen Kombination verquickt. Folgerichtig sollte die Memtransmission als ein Vorgang angesehen werden, der alle Formen des sozialen Lernens umfasst, und es ist wenig sinnvoll, hier eine Methode der Imitation im engen Sinn eines Kopiervorgangs herauszulösen. Daher schließen wir uns im Folgenden der pluralistischen Auffassung an, unter Memtransmission alle Formen des *sozialen Lernens im weiten Sinn* zu verstehen, also Nachahmung, Lernen durch Unterweisung, aber auch Konditionierungslernen und Lernen durch Einsicht, sofern dabei von anderen Personen gelernt wird (▶ Abschnitt 11.1).

9.5.2 Kulturelle Evolution bei Tieren

Kulturelle Evolution ist für Blackmore auf den Menschen beschränkt. Beispiele von kulturell evolvierenden Fähigkeiten im Tierreich, z. B. Affen, die Süßwasserkartoffeln waschen, erklärt Blackmore durch Ziel- bzw. Reizsimulation und stützt sich dabei auch auf Tomasello (1999, 26–29). Doch im Gegensatz zu Blackmores These gibt es auch eindrucksvolle Beispiele von kultureller Tradition im Tierreich, die über bloße Zielsimulation hinausgehen. Zwar trifft es zu, dass *kumulative* kulturelle Evolution, also die Anreicherung komplexer Traditionsbestände von Sprache, Wissen und Fähigkeiten (zumindest bislang) nur beim Menschen auftritt (dies betont auch Tomasello 1999; vgl. auch 2003, 118). Doch die Tradierung von erworbenen Fähigkeiten über mehrere Generationen hinweg konnte auch bei Schimpansengruppen durchgehend nachgewiesen werden (Sommer 2003, 124–128). Jede Schimpansengruppe verfügt über ein gruppenspezifisches Muster an Gewohnheiten. Beispielsweise zerschlagen westafrikanische Schimpansen hartschalige Nüsse mit Hämmern und Ambossen aus Stein, während die ostafrikanischen Schimpansen dies (trotz Anwesenheit von Nüssen und Steinen) nicht tun. In den Mahale-Bergen stecken die Mitglieder einiger Schimpansengruppen dünne biegsame Pflanzenteile in Termitenhügel, um sie abzulecken, was andere wiederum nicht tun. Die Schimpansen von Tai und Gombe betupfen als Einzige ihre Wunden mit Blättern, und auch die Rituale des Lausens sind überall etwas anders.

Das bekannteste Beispiel ist die Tradierung des Kartoffelwaschens im Flusswasser bei japanischen Makaken, welche 1953 von einem „genialen" Weibchen namens Imo eingeführt wurde. Später ging Imo sogar dazu über, Getreidekörner, die mit Sand vermischt waren, im Wasser zu waschen, wobei der Sand unterging und die Getreidekörner oben schwammen. Wie die Daten belegen, vergingen Monate bis Jahre, bis die Mitglieder von Imos Gruppe sich ihr Verhalten zu eigen machten; es war also nicht nur schnurgerade Imitation, sondern auch Reizverstärkung und Selbstlernen durch Versuch und Irrtum im Spiel. Unhaltbar ist jedoch Blackmores und Tomasellos These, dass im Wesentlichen nur die letzteren beiden Prozesse im Spiel gewesen seien, denn sonst müssten Waschtechniken auch bei anderen Makakengruppen, die sich oft in Flüssen aufhalten, zu finden sein (Sommer 2003, 129 f; Blackmore 2003, 63; Tomasello 1999, 27). Kulturelle Evolution ließ sich auch bei Brutparasitenvögeln beobachten. So legen Witwenvögel ihre Eier in Nester unterschiedlicher Prachtfinkenarten, wobei die Witwenvögeljungen exakt den Gesang ihrer Wirtseltern nachahmen und sich später solche Witwenvögel zur Paarung zusammenfinden, die den Gesang derselben Prachtfinkenart erwarben (Salwiczek 2001, 145 f).

Auf neuronaler Ebene wird spontane Imitation beim Menschen durch die sogenannten *Spiegelneuronen* bewerkstelligt. Diese transformieren die neuronalen Aktivitätsmuster im Sehzentrum, die durch die Wahrnehmung einer anderen Person bewirkt werden, in eine entsprechende Aktivierung der motorischen Neuronen im eigenen Gehirn – mit der Folge, dass man den wahrgenommenen Gesichtsausdruck nachempfindet oder die wahrgenommene Handlung zumindest innerlich nachvollzieht.[62] Spiegelneuronen lassen sich auch im prämotorischen Kortex der Affen finden (Gallese und Goldman 1998; Blackmore 2003, 72). Auch dies macht die Blackmore-Tomasello'sche These unwahrscheinlich, dass nur Menschen, nicht aber Menschenaffen der Imitation fähig sind. Kontrovers ist auch die These des früheren Tomasello (1999, 19–22), der zufolge sich Menschen von Schimpansen dahingehend unterscheiden, dass nur Menschen sich in die Intention anderer Personen hineinversetzen können. Tomasello begründete seine These unter anderem damit, dass Schimpansen die Blickrichtung anderer Personen (oder Schimpansen) nicht erkennen. Ein späteres Experiment zeigte jedoch, dass Schimpansen Personen mit offenen Augen öfter anbettelten als Personen, deren Augen mit einem Tuch verbunden waren.[63] Zusammenfassend lassen sich Imitation und kulturelle Evolution bei höheren Tieren also durchaus finden, aber eben nur in geringen Ausmaßen, die unterhalb jener „kritischen Masse" von Fähigkeiten (insbesondere Sprachvermögen und Sozialverhalten) liegen, die beim Menschen den „Quantensprung" zu nachhaltiger kumulativer Evolution ermöglichten.

9.5.3 Replikation, Reproduktion, Informationsübertragung und Retention

Blackmore legt deshalb so großen Wert auf Imitation als Transmissionsmechanismus, weil ihr zufolge Transmission einer Replikation qua Kopiervorgang ähnelt. Sind Nachahmungen wirklich Kopiervorgänge? Um die Frage beantworten zu können, wollen wir den Begriff des Kopiervorgangs zunächst allgemein definieren. Unzweifelhafte Beispiele für Kopiervorgänge sind etwa das Abpausen eines Bildes, das fotografische Abbilden eines Bildes (worin jeder Gegenstandspunkt auf einen Bildpunkt abgebildet wird), das Einscannen einer Schrift, das Abmodellieren einer Oberfläche mit Gips oder die Replikation der DNS. In all diesen Fällen besteht die zu kopierende Struktur aus einer Anordnung von vielen kleinsten Teilen, und der Kopiervorgang ist ein Algorithmus, der unter Bewahrung der Anordnung sämtliche Teile durchwandert und eindeutig dupliziert. Unter *Replikation* verstehen wir im Folgenden immer einen solchen *Teil-für-Teil-Kopiervorgang*. Es ist dabei unwesentlich, ob die Kopie sogleich als Positiv hergestellt wird oder zunächst als Negativ,

---

[62] Furore erregten Studien, wonach sich bei einigen pathologischen Gewaltverbrechern ein Mangel an Spiegelneuronenaktivität nachwiesen ließ; vgl. Rizzolatti und Sinigaglia (2008).

[63] Vgl. Sommer (2003, 132), Premack und Woodruff (1978) sowie Povinelli (2000). Tomasello selbst hat seine früheren Ansichten mehrfach modifiziert.

woraus in einem zweiten Kopiervorgang ein Positiv gemacht wird. Entscheidend ist, dass die Einzelteile nur einen geringen Variationsspielraum besitzen (zehn Graustufen, vier DNS-Basen, 26 Buchstaben des Alphabets), sodass die Duplikation der Einzelteile ein einfacher physikalischer Vorgang sein kann und die Schwierigkeit nur darin liegt, dass der Kopieralgorithmus sämtliche Einzelteile so durchläuft, dass zum Schluss die duplizierten Einzelteile in derselben Anordnung zueinander stehen wie die Einzelteile des Originals.

Ein Replikationsvorgang qua Teil-für-Teil-Kopiervorgang ist ein *physikalisch-syntaktischer* Vorgang; die Erkenntnis des „Ganzen" bzw. der Gesamtbedeutung (falls eine solche existiert) wird dabei nicht vorausgesetzt. Im Gegensatz dazu wäre ein *semantischer* Reproduktionsvorgang ein intelligenter Mechanismus, der zunächst ein kognitives Gesamtmodell der zu reproduzierenden Struktur entwirft und entsprechend diesem Gesamtmodell die zu reproduzierenden Struktur dann nachkonstruiert. Ein Beispiel wäre das Nachzeichnen eines bedeutungsvollen Bildes, etwa eines Sternes oder Tierkopfes, ohne das Bild dabei abzupausen. Unter Reproduktion verstehen wir im Folgenden, allgemeiner als Replikation, sowohl *syntaktische Replikation* als auch *semantische Reproduktion* im gerade erläuterten Sinn.

Millikan (2003, 104) weist darauf hin, dass es bei Memtransmission nichts gebe, was – so wie bei den Genen – einem direkten Kopiervorgang entspricht. Schließlich werden bei der Imitation oder während eines sozialen Lernprozesses keine Neuronenmuster abgelesen. Man könnte argumentieren, dass zumindest die Funktionsweise der oben erwähnten Spiegelneuronen einer Replikation nahekommt. Aber auch hier handelt es sich um keinen echten Kopiervorgang, sondern um eine unbewusst-neuronale Interpretation, da der Gehirnzustand der anderen Person nicht kopiert wird, sondern ein sichtbares Verhalten erzeugt, das der Nachahmer sieht, visuell interpretiert und durch Spiegelneuronen nachsimuliert. Blackmores These, dass es sich bei Memtransmissionen um Kopiervorgänge handelt, ist daher kaum haltbar; vielmehr handelt es sich dabei (zumindest überwiegend) um semantische Reproduktionsvorgänge.

Sperber (2000, 165–167) erläutert den Unterschied zwischen syntaktischer Replikation und semantischer Reproduktion anhand des folgenden Vergleichs, der von Dawkins stammt und von Sperber modifiziert wurde. Im ersten Fall wird ein bedeutungsloses Gekritzel (► Abb. 9.1a) von etwa zehn bis 20 Versuchspersonen hintereinander nachgezeichnet, wobei eine Person jeweils die Zeichnung der vorhergehenden Person betrachtet und dann aus dem Kurzzeitgedächtnis heraus nachzeichnet (die erste Person betrachtet die ursprüngliche Vorlage). Im zweiten Fall passiert derselbe Vorgang, nur wird diesmal kein bedeutungsloses, sondern ein bedeutungsvolles Gekritzel abgezeichnet, z. B. ein Stern (► Abb. 9.1b). Beide Gekritzel haben etwa dieselbe syntaktische Komplexität, gemessen an der Zahl der Eckpunkte, die durch Linien verbunden sind. Während beim bedeutungslosen Gekritzel sich ähnlich wie im Spiel der „Stillen Post" die Fehler des Nachzeichnens kumulieren und schon das Gekritzel der zehnten Person mit dem ursprünglichen Gekritzel kaum mehr Ähnlichkeit besitzt, wird im zweiten Fall die semantische Gestalt des Sternes erkannt, und es kommt zu keiner kumulativen, sondern nur zu einer einfachen Fehlerrate, denn jede Person malt einen (leicht variierten) Stern. Im ersten Fall liegt eine syntaktische Imitation aus dem Kurzzeitgedächtnis vor, im zwei-

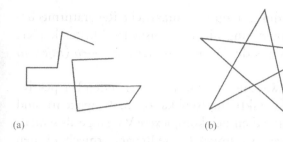

Abb. 9.1 (a) Bedeutungsloses und (b) bedeutungsvolles Gekritzel derselben syntaktischen Komplexität. Beim Nachzeichnen von (b) tritt semantische Fehlerkorrektur ein.

(a)   (b)

ten Fall eine semantische Reproduktion, welche die Zeichenfehler des Vorgängers überschreibt und damit die kumulative Fehlerrate der syntaktischen Replikation signifikant reduziert.

Dawkins (1999) hatte sein Beispiel ursprünglich zu einem anderen Zweck benutzt als Sperber. Er wollte damit illustrieren, dass bei einer Memreproduktion, die eine so hohe Fehlerrate besitzt wie das Nachzeichnen eines bedeutungslosen Gekritzels aus dem Gedächtnis, die Fehlerkumulation für das Zustandekommen nachhaltiger Evolution *zu hoch* ist. Evolution durch Replikation erfordert zwar keine 100%ige Kopiergenauigkeit, denn sonst gäbe es keine Mutationen, jedoch eine *sehr* hohe Kopiergenauigkeit, damit sich vorteilhafte Mutationen über viele Generationen hinweg erhalten und dadurch ihren Selektionsvorteil erst aufbauen können.

Allgemein betrachtet darf die Variationsrate kumulativer Evolution *weder zu hoch noch zu gering* sein. Beträgt sie z. B. eine Mutation pro 1 Mio. Reproduktionen, kommt Evolution fast zum Erliegen und die Adaption an veränderte Umweltbedingungen erfolgt zu langsam. Liegt sie dagegen bei z. B. einer Mutation pro fünf Reproduktionen (im Fall des Nachzeichnens eines bedeutungslosen Gekritzels passiert sogar bei jeder Reproduktion eine Mutation), dann wird sich jede vorteilhafte Variation schnell *randomisieren*, d. h. durch sukzessive Zufallsfehler statistisch verschwinden, bevor sie ihren Fitnessvorteil überhaupt entfalten kann, und es kommt zu keiner Selektion. Das Optimum der Mutationsrate ist umgebungsabhängig und liegt irgendwo dazwischen (z. B. bei Mäusen in der BE bei etwa 10^5 Mutationen pro Gen; ▶ Abschnitt 2.3). In ▶ Abschnitt 13.2 wird diese „Dialektik" der Variationsrate, die für kumulative Evolution sehr fein justiert sein muss, mathematisch präzise nachvollzogen.

Das Problem einer zu hohen Kopierfehlerrate tauchte schon bei der präbiotischen Evolution von RNA auf (▶ Abschnitt 4.3), und die Lösung des Problems bestand in der Reduktion der Fehlerrate durch RNS mit enzymatischer Funktion. Bei der DNS höherer Wirbeltiere gibt es verschiedene Reparaturenzyme, die erkennbare DNS-Fehler reparieren und die Fehlerrate herabsetzen. Dawkins meinte, auch bei der Reproduktion von Memen müsse es einen fehlerreduzierenden Mechanismus geben, denn sonst wäre die Kopiergenauigkeit für kumulative Evolution zu gering. Er argumentierte, dass die semantische Gestalterkennung im Beispiel von ▶ Abb. 9.1b eben diese Fehlerreduktion leiste. Sperber (2000, 171) widersprach dem nicht, wandte jedoch gegen Dawkins ein, dass semantische Gestalterkennung oder Verstehen von Instruktionen (Dawkins' ursprüngliches Beispiel) ein gänzlich anderer kognitiver

Prozess sei als Replikation mit Fehlerreduktion durch syntaktische Reparaturmechanismen, da in semantischer Gestalterkennung nicht ein visuelles Muster kopiert wird, sondern etwas Bedeutungsvolles aus der Wahrnehmung *erschlossen* (*inferred*) wird.

Semantische Reproduktionen sind zwar aus der reflexiv-verstehenden Perspektive ein „höherer" Intelligenzvorgang als syntaktische Replikationen. Umgekehrt sind aber syntaktische Replikationen oftmals wesentlich komplexere Vorgänge als semantische Reproduktionen und können, wenn sie ausgeklügelte Reparaturmechanismen besitzen, auch reliabler sein. Ein syntaktischer Kopiervorgang ist unabhängig von Fehlern der semantischen Modellbildung und damit originalgetreuer und vollständiger, sofern seine Einzelkopierschritte präzise und zuverlässig sind. Eine neuronale Kopiermöglichkeit der Gehirninhalte wissender Personen, im Sinne eines „Nürnberger Trichters", wäre insofern jeder herkömmlichen Möglichkeit des Lernens durch Lehrer überlegen. Aber eine exakte Replikation von komplexen Systemen ist physikalisch nur schwer zu realisieren, und wir müssen stattdessen auf semantische Reproduktion zurückgreifen.

Transmission von Memen beruht fast immer auf semantischer Reproduktion statt auf Replikation, und dies genügt für kumulative Evolution. Auch Boyd und Richerson haben argumentiert, dass Replikation für Evolution von Memen nicht nötig sei. Ihrer Auffassung nach genügt für kumulative Memevolution sogar ein hinreichend hohes Maß an *Informationsübertragung* im statistischen Sinn, kombiniert mit statistischer Variation und Selektion. Boyd und Richerson (2000) geben zwei Argumente für ihre Auffassung:

Argument 1 (ebd., 155 f): Dieselben Verhaltensfähigkeiten können durch viele unterschiedliche Regelsysteme oder neuronale Netzwerke generiert werden. Es ist keineswegs gesagt, dass zwei Personen, die dasselbe Lied auf dieselbe Weise singen können, dies durch Aktivierung derselben neuronalen Strukturen tun. Auch die Geometrie von Mund, Stimmband und Zungenbewegung bei der Phonemerzeugung variiert von Individuum zu Individuum. Wesentlich ist nicht exakte Replikation, sondern nur ein hinreichend hohes Maß an Ähnlichkeit in den relevanten Merkmalen.

Argument 2 (ebd., 159 f): Bei der Memtransmission dienen typischerweise *viele* Personen als Vorbild – beispielsweise hört das Kind viele andere Personen sprechen, wenn es sprechen lernt –, sodass im Regelfall keine bestimmte Person nachgeahmt wird. Das Resultat des sozialen Nachahmungsprozesses ist stattdessen ein gewisser *statistischer Durchschnitt*, und dieser statistische Mischungsprozess ist ebenfalls von ganz anderer Natur als Replikation.

Boyd und Richerson (1985, 94–98) haben ein *statistisches Modell* gerichteter kultureller Vererbung mithilfe kontinuierlicher Variablen (X, Y, …) entworfen, die reelle Zahlenwerte annehmen können. Ihr Modell ist in ▶ Box 9.1 erläutert. Ein Nachteil des Boyd-Richerson-Modells liegt darin, dass der Selektionsdruck des sozialen Lernzieles nicht (wie in den populationsdynamischen Modellen in ▶ Kap. 12 bis 14) durch die Reproduktionsraten nachgeahmter Meme generiert wird, sondern als generationsübergreifender Parameter L angenommen wird. Unrealistisch in dem Modell ist auch, dass Nachahmungsfehler als biasfrei (also mit Mittelwert 0) angenommen werden – tatsächlich finden dysfunktionale Fehler weit häufiger statt als funktionale, dann aber ergibt sich keine Konvergenz des Mittelwertes $\mu(X')$ zum globalen Lernziel, so wie dies im Modell von ▶ Box 9.1 der Fall ist.

Box 9.1 Statistisches Modell gerichteter kultureller Vererbung nach Boyd und Richerson (1985, 95–97)

Sei X eine (evtl. mehrdimensionale) Zustandsvariable, deren Wert den Memzustand eines beliebigen Individuums wiedergibt, das ausschließlich seine Eltern imitiert (ebd., 97), und sei S ein bestimmter Wert der Variable X, der dem „sozialen Lernziel" entspricht bzw. von den Erfolgreichsten der Gesellschaft propagiert wird. Weiterhin steht m(X) für den Mittelwert von X (in der gegebenen Population) und v(X) für die Varianz von X (das Quadrat der durchschnittlichen Abweichung vom Mittelwert). L ist ein für alle Individuen gleicher reellwertiger Parameter zwischen 0 und 1, der die Wichtigkeit des sozialen Lernens wiedergibt, und F ist die Fehlerabweichung beim sozialen Lernen mit Mittelwert m(F) = 0 und Varianz v(F). Dann lautet die Transformationsgleichung, die für jedes einzelne Eltern-Kind-Paar den Lernzustand X der Eltern in den Lernzustand X' der Kinder überführt, wie folgt:

$$X' = a \cdot X + (1{-}a) \cdot (S + F), \qquad \text{wobei } a = \frac{v(F)}{v(F) + L}.$$

Der Lernzustand der kulturellen Kinder ist demnach ein gewichtetes Mittel aus dem Lernzustand der Eltern X und dem sozialen Lernziel S, wobei das Gewicht $(1{-}a)$ für soziales Lernen umso größer ist, je kleiner a ist, d. h. je größer L und je kleiner v(F) ist. Wie Boyd und Richerson zeigen (ebd., 96), folgen daraus für die statistischen Mittelwerte der Elternmeme und Kindermeme der Gesellschaft die folgenden Transformationsgleichungen:

$$\mu(X') = a \cdot \mu(X) + (1{-}a) \cdot S \qquad \text{sowie } v(X') - a^2 \cdot v(X) + (1{-}a)^2 \cdot v(F).$$

Sofern L > 0 und a > 0, muss sich in diesem Modell der Memzustand langfristig bzw. für viele Generationen immer mehr dem sozialen Lernziel S annähern.

Der Vorschlag von Boyd und Richerson, kulturelle Reproduktion mit Informationsübertragung im statistischen Sinn zu identifizieren, liegt in der richtigen Richtung, ist jedoch zu schwach, wenn nicht zusätzlich gefordert wird, dass die bei der Reproduktion stattfindende Informationsübertragung hinreichend *hoch* bzw. genau sein muss, um kumulative Evolution zu ermöglichen. Lediglich „irgendein" positives Maß von Informationsübertragung ist wie oben ausgeführt zu wenig, um KE zu ermöglichen. Zusammenfassend spreche ich mich dafür aus, unter kultureller Reproduktion jeden Mechanismus der syntaktischen Replikation oder semantischen Reproduktion zu verstehen, der eine für kumulative Evolution hinreichend hohe Informationsübertragung gewährleistet.

Noch liberaler als der Begriff der Reproduktion und der Informationsübertragung ist der in ▶ Abschnitt 6.4 erläuterte Campbell'sche Begriff der *Retention* bzw. Beibehaltung von strukturellen Varianten (Campbell 1974, 55 f). Im Gegensatz zur Reproduktion erfordert Retention nicht, dass die selektierten Varianten sich generationenweise reproduzieren und damit erneuern (was ein Definitionsbestandteil evolutionärer Systeme ist), sondern nur, dass sie besonders *langlebig* bzw. zeitlich stabil sind. Aufgrund dieser Sichtweise sieht Campbell z. B. auch den Prozess des Kristallwachstums als Evolution an. Dagegen haben wir in ▶ Abschnitt 6.4 ausgeführt, dass physikalische oder chemische Prozesse, in denen keine Reproduktion, sondern lediglich Retention, also Selektion des energetisch Stabilen stattfindet, nicht als vollwertige Evolution, sondern lediglich als *Protoevolution* anzusehen sind, da es dabei zu keiner unbegrenzt-kumulativen Evolution kommen kann. Vielmehr kommt der protoevolutionäre Prozess zum Stillstand, wenn alle Bestandteile ihre energetisch günstigste bzw. langlebigste Konfiguration erreicht haben (also die auskristallisierten Moleküle ihre reguläre Kristallanordnung eingenommen haben).

9.5.4 Mischvererbung, Stammlinienvereinigung und kulturelle Quasispezies

Im Gegensatz zur BE beruht KE auf bloß partieller Vererbung und Mischvererbung von Memen. Aus diesem Grund kommt es in der KE nicht nur zu Aufzweigungen von kulturellen Stammlinien; es kann auch zur deren Wiedervereinigung kommen. Beispiele dafür finden sich reichlich, in Technik und Wissenschaft wie in Kunst und Religion. Die Verschmelzung mechanischer und pneumatischer Technologie führte zur Dampfmaschine (Basalla 1988, 92 f), und aus der Kombination von Verbrennungsmaschine und Pferdewagentechnik entwickelte sich das Automobil (ebd., 138). Karl Marx vereinigte die Hegel'sche Dialektik, die Smith-Ricardo'sche Ökonomie, den naturwissenschaftlichen Materialismus und die Lehren des Frühsozialismus zu einem philosophischen Gesamtsystem. Die Kombination verschiedener Stilelemente wird in der postmodernen Kunst sogar zum Prinzip erhoben. Es gibt in der KE zwar geografische, sprachliche oder politische Separation kultureller Stammlinien, und in dem Maß, in dem es solche Separation gab, haben sich kulturelle Traditionen verzweigt und spezialisiert. Ein Beispiel dafür ist die Auseinanderentwicklung von Sprachen aufgrund der Separierung von Sprachgemeinschaften. Aber sobald solche Sprachgemeinschaften wieder in anhaltenden Kontakt gelangen, findet sprachlicher Austausch statt. Worte der einen Sprache werden von der anderen übernommen, sodass es zu einer zumindest partiellen Wiedervereinigung von Stammlinien in der Evolution von Sprachen kommt. Ein Beispiel hierfür gibt ▶ Abb. 9.2.

Der Unterschied beruht letztlich darauf, dass es intrinsische kulturelle Fortpflanzungsbarrieren, analog zu den Fortpflanzungsbarrieren zwischen unterschiedlichen biologischen Arten, nicht gibt (vgl. auch Gould 1994, 72 f). Noch nie haben sich Menschengruppen so weit auseinanderentwickelt, dass sie, nachdem sie wieder in Kontakt kamen, sich überhaupt nicht mehr verstehen konnten – und wäre dies der Fall, so wäre dies wohl der Anfang einer biologischen Speziesaufspaltung innerhalb

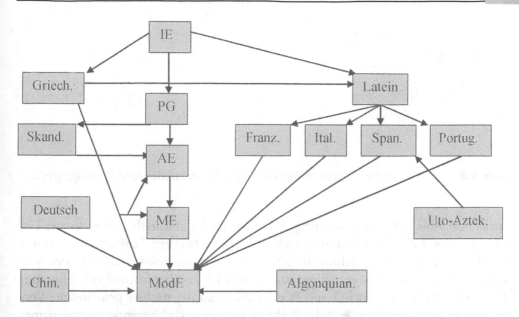

Abb. 9.2 Wiedervereinigung von Stammlinien in der Evolution des Englischen. IE = Indogermanisch, PG = Protogermanisch, AE = Altenglisch, ME = Mittelenglisch, ModE = modernes Englisch (verändert nach Fox 1995, 124).

des *Homo sapiens*. Doch gegenwärtig, im Zeitalter der Globalisierung, ist das Gegenteil der Fall; durch Migrationsströme und insbesondere durch die Technik der elektronischen Medien kommen alle bislang eher separierten Kulturen nachhaltig miteinander in Verbindung. Obwohl gegenwärtig das Motto der „kulturellen Vielfalt" in aller Munde ist und die Vermischung der Kulturen nicht wenige kulturelle Konflikte erzeugt (vgl. Huntington 1996; Schurz 2007c), könnte es doch sein, dass die Globalisierung innerhalb einiger Jahrhunderte die kulturellen Unterschiede unterschiedlicher Völker mehr oder weniger eingeebnet haben wird.

Als Nebenbemerkung sei erwähnt, dass es in seltenen Fällen auch in der BE zu einer Wiedervereinigung von Stammlinien kommen kann, z. B. bei der Hybridisierung von Blütenpflanzen. Aber während dies in der BE einen unbedeutenden Ausnahmefall darstellt, ist es für die KE ein Regelfall. Die Wiedervereinigung von Stammlinien in der KE hat logisch betrachtet zur Folge, dass der „Stammbaum" der KE gar kein Baum ist, sondern ein sogenannter azyklischer Graph. Dies ist in ▶ Abb. 9.3 dargestellt. Im kulturellen Abstammungsgraph von Abb. 9.3b vereinigt sich der (von 1* zu 2* führende) Seitenzweig von Stammlinie 1 wieder mit Stammlinie 2.

Der gesamte Anteil der Darwin'schen Abstammungstheorie, der auf evolutionären *Verzweigungen* beruht, ist damit nicht oder nur in abgewandelter Form auf die KE anwendbar. Beispielsweise kann nicht mehr von echten kulturellen Spezies, sondern nur mehr von kulturellen *Quasispezies* gesprochen werden, weil zwischen kulturellen Spezies nur extrinsische, aber keine intrinsische und irreversible Separation vorliegen. Durch Stammlinienvereinigung gerät insbesondere der Begriff des *nächsten gemeinsamen Vorfahren* ins Wanken, der die Grundlage kladistischer und evolutionärer Klassifikation in der Biologie bildet (man rekapituliere ▶ Abschnitt 2.5). So

Abb. 9.3   (a) Biologischer Abstammungsbaum und (b) kultureller Abstammungsgraph.

speist in ▶ Abb. 9.3b der Seitenzweig 1*–2* Meme der kulturellen Quasispezies 1 in Quasispezies 2 ein. Dabei kann es sich um eine vollwertige Teilpopulation von 1 handeln, die mit der diachronen 2-Spezies im intermediären 2*-Stadium verschmilzt, oder es liegt nur eine Einspeisung von Memen über fortlaufende Migrationen von 1-Individuen nach 2 vor. Was ist aber nun der nächste gemeinsame Vorgänger von 1 und 2 in ▶ Abb. 9.3b? 5 ist ein zurückliegender gemeinsamer Vorgänger, der nicht alle Gemeinsamkeiten von 1 und 2 erklärt. Sollte man daher Teilpopulation 1* als nächsten gemeinsamen Vorgänger ansehen? 1* ist bestenfalls ein *partieller* gemeinsamer Vorgänger von 1 und 2, da 1* die spezifischen 2-Merkmale fehlen. Wie Dennett bemerkt hat (1997, 496), wird es aus demselben Grund auch schwierig, Homologien und Analogien in der KE auseinanderzuhalten. Angenommen der Seitenzweig 1*–2* hat die neuen 1-Merkmale F* in 2 eingespeist – ist das gemeinsame Merkmal F* dann eine Homologie oder bloße Analogie zwischen den kulturellen Quasispezies 1 und 2? Wenn die Abstammung von nächsten gemeinsamen Vorgängern Voraussetzung ist, um von homologen Merkmalen zu sprechen, liegt hier lediglich eine partielle Homologie vor, da 1* nur ein partieller gemeinsamer Vorfahre ist.

Aber selbst wenn man partielle Vorfahren zulässt und als nächsten gemeinsamen Vorfahren den zeitlich jüngsten gemeinsamen partiellen Vorfahren definiert, brechen die logischen Gesetze kladistischer Klassifikation zusammen. Dies zeigt der Abstammungsgraph von ▶ Abb. 9.4. In diesem Graph ist nämlich die Operation des nächsten gemeinsamen Vorgängers, kurz NGV, nicht mehr assoziativ im folgenden Sinn (dabei steht „NGV(a,b)" für „der nächste gemeinsame Vorgänger von a und b"):

Assoziativität der NGV-Relation: NGV(NGV(a,b),c) = NGV(a,NGV(b,c)).

In ▶ Abb. 9.4 ist der NGV von 1 und 3 offenbar 5, und der NGV von 5 und 2 ist 7, somit gilt NGV(NGV(1,3),2) = NGV(5,2) = 7. Der NGV von 3 und 2 ist andererseits 4, und der NGV von 1 und 4 ist 6, also gilt NGV(1,NGV(3,2)) = NGV(1,4) = 6. Das heißt NGV(NGV(1,3),2) ≠ NGV(1,NGV(3,2)), und das Gesetz der Assoziativität ist zusammengebrochen. Dieses Gesetz ist aber die Voraussetzung dafür, dass eine Menge von mehr als zwei kulturellen Quasispezies einen eindeutigen NGV besitzt. Daraus folgt, dass die kladistische Methode, höhere kulturelle Kategorien bzw. Taxa durch nächste gemeinsame Vorfahren zu definieren (▶ Abschnitt 10.5), auf die KE gar nicht mehr anwendbar ist.

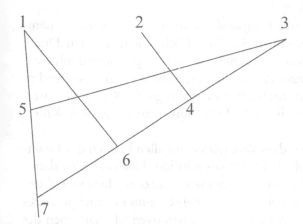

Abb. 9.4 Nicht assoziative Vorgängerrelation in kulturellem Abstammungsgraph.

9.6 Detailfragen der kulturellen Variation

Reproduktion und Variation vereinigen sich in der KE in einem einzigen Prozess, denn die junge Generation übernimmt Wissen und Leitbilder der älteren Generation selektiv und variiert sie zugleich, versucht sie zu verbessern und der neuen „Zeit" anzupassen (Boyd und Richerson 1985, 8 f, sprechen von „biased transmission"). Doch dies ist kein wirklicher Einwand, denn auch in der BE finden die meisten Variationen (Mutationen und Rekombinationen) während des Reproduktionsprozesses statt. Wir wenden uns nun substanzielleren Einwänden zu.

9.6.1 Gerichtete Variation

Ein häufig vorgebrachtes Argument gegen die Übertragung der Darwin'schen Module auf die KE weist darauf hin, dass kulturelle Variationen nicht wie biologische Mutationen „blind" erfolgen, sondern meist zielintendiert und rational geplant sind (vgl. Hull 1982, 307–314; Boyd und Richerson 1985, 9, sprechen von „guided variation"). Zweifellos liegt ein wesentlicher Unterschied zur BE darin, dass genuine Zielintendiertheit, im Gegensatz zur Quasizielgerichtetheit der BE, nur im Falle bewusster Handlungen gegeben ist. Doch konstituiert dieser Unterschied keinen echten Einwand gegen die Anwendbarkeit der Darwin'schen Module. Technische Erfindungen beispielsweise sind zwar keine blinden Mutationen, aber sie sind in vielfältiger Weise *fehlerhaft* und *imperfekt*. Daher sind sie einer systematisch optimierenden Selektion fähig, und das ist alles, was technische Evolution erfordert. Dasselbe Argument trifft auf die meisten Bereiche der KE zu: Überall sind es die Imperfektheit und Fehlerhaftigkeit gerichteter Variationen, die zu Darwin'scher Evolution auf kultureller Ebene führen (ebenso Bigelow und Pargetter 1987, 185).

Dass Variationen nicht völlig blind, sondern rational-zielgerichtet erfolgen, bedeutet im besten Fall lediglich, dass die Evolution schneller verläuft, weil weniger dysfunktionale Variationen durchlaufen werden müssen. Im schlechtesten Fall kann es aber auch bedeuten, dass gewisse Variationen, die sich gegen unser aller Dafürhalten als sehr erfolgreich erweisen würden, nie zum Zug kommen. So gesehen haben

Trial-and-Error-Variationen, trotz ihrer Langsamkeit, auch gewisse Vorteile, nämlich im Hinblick auf Unvoreingenommenheit. Tatsächlich scheint in dem Drang aller jungen Generationen, Neues um der bloßen Neuheit wegen auszuprobieren, der menschlichen Art auch eine gewisse Portion an ungerichteter Variationsfreudigkeit angeboren zu sein, die für die kulturelle Evolution von großer Wichtigkeit ist – bei aller Betonung von Tradition: Dies ist in der Evolutionstheorie eben *kein* Widerspruch.

Campbell sagte einmal (1974, 57), dass Variationen auf allen Ebenen der Evolution „letztlich blind" seien, und wurde dafür oftmals kritisiert. Doch er wollte damit nicht die Existenz nicht zufällig gerichteter Variationen bestreiten. Jede Gerichtetheit von Variationen ist nach Campbell eine *induktive Abkürzung* des Suchprozesses in einer vermuteten Richtung aufgrund von höheren kognitiven Mechanismen des induktiven (oder abduktiven) Schließens, die aber ihrerseits, zumindest auf irgendeiner noch fundamentaleren evolutionären Ebene, selbst wiederum Gegenstand einer letztlich blinden Variation und Selektion sind (ebd., 56 f). Diese Variabilität auf allen Ebenen ist wesentlich für die grundsätzliche *Offenheit* des Evolutionsprozesses.

9.6.2 Makromutationen

Ein wesentlicher Unterschied zwischen BE und KE ergibt sich aus gerichteter Variation im Hinblick auf die simultane Variation von größeren Repronenkomplexen in Form von Makromutationen. In der BE sind Makromutationen, also gleichzeitige Mutationen mehrerer Gene in dieselbe „erwünschte" Richtung, äußerst unwahrscheinlich, weil die einzelnen Mutationen keiner gerichteten Kraft unterliegen. Es gibt zwar auch auf der genetischen Ebene makromutationale Mechanismen, die aber nicht mit Gerichtetheit, sondern mit anderen Mechanismen zu tun haben und meist zu „makromutationalen Monstern" führen (▶ Abschnitt 2.2). In der KE kommt es jedoch häufig vor, dass ein menschliches Individuum mehrere zusammenhängende, aber unterschiedliche Ideen oder Fertigkeiten gezielt *zugleich* variiert; dann entsteht so etwas wie eine kulturelle „Makromutation". Beispielsweise wurden mit der Erfindung des Kochens am Feuer zugleich Herdeinfassungen, Kochbehälter usw. erfunden. Die Erfinder des Wagenrades erfanden zugleich Achsen, Wagengestelle und Straßen. Als Einstein die Lichtgeschwindigkeit als maximale Ausbreitungsgeschwindigkeit postulierte, ersetzte er gleichzeitig der Konsistenz halber die Galilei-Transformationen der Geschwindigkeit durch die Lorentz-Transformationen. Auf diese Weise kann es in der KE in der Tat oftmals zu spontan erfolgreichen memetischen Makromutationen, Paradigmenwechseln oder geistigen Umstürzen kommen, die in der BE sehr unwahrscheinlich sind.

9.6.3 Hohe Variationsrate

Variationen in der KE treten wesentlich häufiger auf als in der BE, jede neue Generation variiert die Tradition und schafft Neues. Zudem sind Variationen in der KE aufgrund ihrer Gerichtetheit wesentlich effektiver, zumindest statistisch betrachtet. So erklärt sich die wesentlich, um Zehnerpotenzen höhere Geschwindigkeit der KE im Vergleich zur BE (▶ Abschnitt 9.2.1). Damit ist allerdings auch die Gefahr einer *zu hohen* Variationsrate gegeben. Denn wie in ▶ Abschnitt 9.5.3 erläutert, ist eine hinreichend hohe Reproduktionsgenauigkeit Voraussetzung dafür, dass nachhaltige Evolution zustande kommen kann. Liegt hierin ein Grund, warum in gewissen Bereichen der KE kumulative Evolution nur schwer zustande kommt? Dieser Frage wenden wir uns im nächsten Abschnitt zu.

9.6.4 Variation als Interpretation: Interpretative Wissenschaften aus evolutionstheoretischer Perspektive

Die geisteswissenschaftliche Methode der *Interpretation* ist eine Kombination von kultureller Reproduktion und Variation par excellence. Warum ist es dann, wie immer wieder beklagt wird, im Bereich der interpretativen Geisteswissenschaften nicht zu jener kumulativen Evolution gekommen, die man in den Naturwissenschaften vorfindet? Liegt der Grund darin, dass geisteswissenschaftliche Interpretationsverfahren eine zu hohe Variationsrate erzeugen? Ich denke ja, aber nur teilweise – zum anderen hat der Unterschied auch mit unterschiedlichen Selektionskriterien zu tun. Doch hier muss differenziert werden.

Um zunächst einmal mit Vorurteilen gegen die Geisteswissenschaften aufzuräumen, machen die interpretativen Wissenschaften nur eine Teilgruppe der Geisteswissenschaften aus (es gibt auch systematische Geisteswissenschaften wie z. B. die Logik oder Linguistik). Aber auch in den interpretativen Wissenschaften gibt es (mindestens) zwei unterschiedliche Methodenparadigmen: das *analytisch-autorzentrierte* und das *spekulativ-autortranszendente* Methodenparadigma. In beiden Interpretationsparadigmen gibt es Hemmnisse für unbegrenzt-kumulative Evolution, aber aus unterschiedlichen Gründen.

Dem analytisch-autorzentrierten Paradigma zufolge gibt es so etwas wie eine *objektiv richtige Interpretation* – nämlich jene, die der Autor am ehesten im Sinn gehabt bzw. intendiert hat, was Widersprüchlichkeiten des Autors nicht ausschließt, denn solche aufzudecken, gehört auch zur Zielsetzung objektiver Interpretation (z. B. Tepe 2007, Bühler 2003). Hier gibt es objektive Interpretationskriterien und somit Selektionskriterien, welche die Bandbreite sinnvoller Variationen beschneiden. Autorzentrierte Interpretation ist ein berechtigtes Anliegen, doch ihr Evolutionsspielraum ist eingeschränkt, denn die Interpretation ist „meisterzentriert". Es findet zwar eine Evolution zu einer den Intentionen und dem geistigen Hintergrund des Meisters immer besser angepassten Interpretation statt, doch damit ist der evolutionäre Spielraum ausgeschöpft, weil über den Autor und sein Werk nicht hinaus gedacht wird. Hier ist es also die Einschränkung des Selektionskriteriums auf die Erfassung eines beschränkten Phänomens, welche das Zustandekommen kumulativer Evolution verhindert.

Anders im spekulativ-autortranszendenten Interpretationsparadigma, zu dem z. B. dekonstruktivistische und postmodernistische Strömungen zählen (pars pro toto sei Jacques Derrida genannt). Die bevorzugt interpretierten Texte (oder Kunstwerke) sind meist semantisch uneindeutig, und die Autorintention wird als unwesentlich angesehen. Stattdessen wird angenommen, dass – oder jedenfalls so getan, als ob – der Text „von selbst spricht" bzw. „zum Sprechen gebracht werden kann". Diese Auffassung führt zu einem „Kult der Interpretation", in dem Bedeutungen bis zum Zerreißen gedehnt und metaphorisch ausgeweitet werden. Es entsteht ein großer Möglichkeitsraum von potenziellen Interpretationen, ohne dass es scharfe Selektionskriterien gibt, welche Interpretation zu bevorzugen ist. Man denke etwa an die Flut von Hegel-Interpretationen, an die Rechts-, Links- und sonstigen Spezies von Hegelianer(n), denen es allen gelingt, das Ihre aus Hegel herauszulesen – ganz abgesehen von den möglichen Interpretationen eines Filmes wie z. B. David Lynchs *Mulholland Drive*. Darüber hinaus präsentieren die Vertreter dieses Paradigmas ihre Interpretationen, sozusagen in „affiner Liebe zum Interpretierten", meist selbst so spekulativ und vage, dass eine inhaltliche Reproduktion kaum möglich ist und die iterierte Variationsrate zu groß wird, um nachhaltige Selektion zu ermöglichen. Sowohl die Unschärfe der Variationen (was sagt die Interpretation aus?) als auch der Selektionskriterien (was ist das Ziel einer Interpretation?) verhindern in diesem Methodenparadigma also kumulative Evolution.

Anders in den empirischen Wissenschaften, beispielsweise der klassischen Physik. Es hat nie verschiedene „Newton-Schulen" gegeben: Newtons *Principia* sprechen eine klare mathematisch-empirische Sprache und benutzen keine interpretationsbedürftigen Metaphern. Eine exakte semantische Reproduktion (statt Interpretation) von Newtons *Principia* wäre durchaus möglich (nach Bereinigung von Zufallsfehlern) – doch sie ist gar nicht das Ziel der Naturwissenschaft. Die Selektionskriterien der Physik sind, anders als im analytischen Interpretationsparadigma, nicht autor- oder textzentriert, sondern *sachorientiert* – orientiert an den sachbezogenen Kriterien des Wissenschaftsfortschritts der empirischen Voraussage- und Erklärungskraft (Schurz 2006). Auch wenn Relativitätstheorie und die Quantenmechanik ihre Grenzen aufgezeigt haben, so hat die klassische Physik als Physik „mittlerer Dimensionen" seit Newton vielfältige Fortschritte gemacht und neue Anwendungen erfahren, während ihre Grundprinzipien vereinfacht und systematisiert wurden, sodass kein heutiges Lehrbuch der klassischen Physik Newtons *Principia* reproduzieren, sondern die klassische Physik so konzise als möglich darstellen und Newton lediglich in einem Absatz erwähnen würde.

Zudem liefern die empirischen Wissenschaftler zu ein und demselben Gegenstandsbereich laufend neue erklärungsbedürftige Daten, welche die kumulative Evolution in Gang halten – im Unterschied zum begrenztem Werkmaterial eines Autors in den interpretativen Wissenschaften. Zusammenfassend sind es drei Faktoren, welche die Unterschiede der empirischen zu den interpretativen Wissenschaften ausmachen, die das Auftreten kumulativer Evolution in den ersteren und ihr Ausbleiben in den letzteren erklären können, nämlich 1) die exakte sprachliche Reproduktion, 2) die nicht autor- oder textzentrierte, sondern sachorientierte Selektion und 3) der anhaltende Anpassungsdruck durch Zufluss neuer Daten. Um Einseitigkeiten zu vermeiden, sei abschließend hinzugefügt, dass es neben den beiden erläuterten dominanten Interpretationsparadigmen gegenwärtig auch einige neuere Ansätze gibt, die eine Konvergenz mit den empirischen Wissenschaften anstreben, so wie umgekehrt die Methoden der empirischen Wissenschaften heutzutage nicht mehr auf die traditionellen Naturwissenschaften beschränkt sind, sondern auch in Disziplinen wie der Sozialwissenschaft, Sprachwissenschaft oder Kulturwissenschaft angewandt werden.

9.7 Detailprobleme der kulturellen Selektion

Die Fitness eines Mems ist seine kulturelle Reproduktionsrate. Kulturelle Selektion äußert sich darin, dass einige Meme bzw. kulturelle Merkmale fitter sind als andere, also öfter imitiert, gelernt bzw. übernommen werden und sich daher stärker ausbreiten (vgl. Boyd und Richerson 1985, 9–11; Sober 1993, 214). Aunger (2000, 63) erblickt in der Tatsache, dass sich ähnlich denkende Menschen oft zu Interessengruppen zusammenschließen, um gemeinsam für die Verbreitung ihrer Meme zu sorgen, sogar ein kulturelles Analogon der biologischen Verwandtschaftsselektion (▶ Abschnitt 8.4). Die Frage, die dabei interessiert, ist jedoch: Nach welchen Kriterien werden die Meme der KE selektiert? Ist dies beliebig kontextabhängig, oder gibt es dafür auch einige allgemeine Kriterien?

9.7.1 Fertilitätsfitness und Vitalitätsfitness von Memen

In der Biologie unterscheidet man zwischen Fertilitätsfitness und Vitalitätsfitness (Sober 1993, 57). Die Fertilitätsrate ist die Anzahl von Nachkommen im „Babystadium", die Vitalitätsrate die Anzahl jener Nachkommen unter allen „Babynachkommen", die es bis zu ihrer Reproduktion „geschafft" haben (die *effektive* Reproduktionsrate ist das Produkt der beiden). Der Vorteil einer höheren Fertilitätsrate geht schnell gegen Null, insofern viele Neugeborene lediglich als Futter für in der Nahrungskette Höherstehende dienen (Insekten, Fische oder Schildkröten legen bekanntlich Tausende befruchteter Eier; Millikan 1989, 62 f). Entscheidender für den effektiven Reproduktionserfolg ist die Vitalitätsselektion.

Was bedeuten diese Begriffe in der KE? Hohe kulturelle Fertilität besitzt jemand, der seine eigenen Meme bzw. Überzeugung über geeignete Medien vielfältig verbreiten kann, sodass seine Meme von anderen Personen zumindest *kurzfristig* aufgenommen werden. Der Zusammenhang von Publikationsrate und Memfertilität hängt davon ab, ob man Meme innerhalb oder auch außerhalb von Gehirnen lokalisiert (▶ Abschnitt 9.4). Lokalisiert man sie, so wie wir, nur innerhalb, bedeutet eine hohe Publikationsrate noch keine hohe Fertilitätsrate – dann hat ein Wissenschaftler, dessen Publikationen trotz hoher Publikationsrate kaum gelesen werden, eine nur geringe Memfertilität, da seine Ideen nicht in die Gehirne anderer Personen gelangen. Lokalisiert man Meme dagegen auch außerhalb in Artefakten, fallen Memfertilität und Publikationsrate zusammen. Die Vitalitätsfitness eines Mems besteht dagegen sozusagen in seiner Überlebensdauer in menschlichen Gehirnen. Sie hängt davon ab, ob Personen, die das Mem semantisch aufnehmen, es auch attraktiv genug finden, um es langfristig beizubehalten.

Kulturelle Fertilitätsfitness hängt eng mit *Werbung* zusammen. Sie ist in jenen Kulturbereichen selektiv bedeutsam, die stark von Werbung bestimmt sind, also wo die Einnistungswahrscheinlichkeit eines Mems in ein Gehirn mehr von seiner sensorischen Aufdringlichkeit als von seiner Bewertung durch den Rezipienten abhängt. Es gibt in der KE zwar keine Memfresser – die Analogie zu biologischen Ei- oder Babyvertilgern wäre die direkte neuronale Softwareelimination durch Gehirnspülung. Es gibt jedoch kognitive *Memfilter* im Sinne einer Aufmerksamkeitsselektion, durch die Menschen gezielt nur gewisse Memarten aufnehmen, also z. B. nur gewisse Zeitschriften lesen (vgl. Dennett 1997, 487 f; Aunger 2000, 134). Festingers kognitive Dissonanztheorie (1957) besagt, dass Menschen (ceteris paribus) solche Information bevorzugt aufnehmen, welche kognitive Dissonanzen reduzieren und ihre bisherigen Entscheidungen bestätigen. Es bedarf eines Aufwands, um durch die Memfilter der Menschen durchzudringen. Den finanziellen Aufwand einer Memwerbung per Massenpostsendung oder Werbeeinschaltung im Fernsehen können sich nur die Mächtigsten oder Reichsten der Gesellschaft leisten. Insbesondere in der heutigen Informationsgesellschaft, im Zustand der tendenziellen Informations*überflutung*, konkurrieren viele Meme um nur wenige „Nistplätze" in Gehirnen, und es kommt zu einer kulturellen Koevolution von immer raffinierteren Reklamememen und immer wirksameren Memfiltern (Dennett 1997, 488).

Die allgemeine Charakterisierung von Vitalitätsfitness ist dagegen schwierig. In der Biologie können zumindest die *Ziele* der Vitalitätsselektion ohne direkte Bezugnahme auf den Reproduktionserfolg charakterisiert werden – es geht um das Überleben, also um Nahrungsbeschaffung, Schutz vor Feinden, Gelegenheit zur Fortpflanzung und Aufzucht der Nachkommen. Allerdings sind die optimalen *Mittel* hierzu in unterschiedlichen ökologischen Nischen verschieden, weshalb auch in der Biologie eine allgemeine Definition von Vitalitätsfitness ohne Bezug auf den Reproduktionserfolg unmöglich ist. In der KE können dagegen anscheinend nicht einmal die Ziele der Vitalitätsfitness von Memen ohne Bezugnahme auf den Reproduktionserfolg allgemein definiert werden: Was für die Beibehaltung eines Mems wichtig ist, hängt nämlich völlig vom kulturellen *Kontext* bzw. Bereich ab. Man kann nicht allgemein sagen, jene Meme setzen sich durch, die eher der Wahrheit dienen, oder aber eher der Illusion, der Macht oder der Schönheit, ohne den Kontext bzw. Bereich zu spezifizieren.

In der Technik ist es in der Erfindungsphase zunächst der Konstrukteur selbst, der selektiert, in der wirtschaftlichen Absatzphase jedoch der ökonomische Markt. Selektiert wird hier nach explizierbaren – obwohl historisch wandelbaren – Kosten-Nutzen-Kriterien, wobei der Nutzen bzw. der finanzielle Ertrag eines neuen Produkts vom gesellschaftlichen Bedarf bestimmt werden, welcher wiederum stark von Werbung und kulturellem Umfeld abhängt. Auch im Bereich der empirischen Wissenschaft gibt es wie erläutert einigermaßen klare Standards, aufgrund derer sich der Erfolg wissenschaftlicher Theorien bestimmt. Allerdings reichen diese Standards oft nicht wirklich aus, um zwischen unterschiedlichen, aber cum grano salis ähnlich leistungsstarken Ansätzen zu unterscheiden, weshalb auch hier zusätzliche externe Selektionskriterien wie z. B. Autorität, Budget oder Popularität mit im Spiel sind. Die Selektionskriterien in den interpretativen Geisteswissenschaften hatten wir in ▶ Abschnitt 9.6.4 erläutert und ausgeführt, dass sie eine den empirischen Wissenschaften vergleichbare kumulative Evolution behindern. In anderen Bereichen jedoch, wie jenen der Politik, Moral, Religion, der sozialen Konventionen, Kunststile und Schönheitsideale, sind die Selektionskriterien stark von gegebenen kulturellen Traditionen und Kontexten abhängig und lassen sich nicht so wie in Technik und Wissenschaft objektivieren. Sind die Selektionskriterien wirklich völlig kulturrelativ, oder gibt es übergeordnete Rationalitätsstandards? Dem gehen wir im nächsten Abschnitt nach.

9.7.2 Selektionskriterien und Rationalitätskriterien – Ein Zusammenhang?

Gibt es übergreifende Selektionskriterien, die überall in der KE wirksam sind? Die Schwierigkeiten, solche zu finden, ähneln der Schwierigkeit, übergreifend wirksame kulturelle Rationalitätskriterien zu finden. In der Wissenschaft werden logische Widerspruchsfreiheit und empirische Überprüfbarkeit geschätzt, was in Religion und Kunst keine Rolle spielt; dort wird umgekehrt emotive Ausdrucksstärke, seelische Erfüllung bzw. ästhetischer Tiefgang geschätzt, der in der Wissenschaft ohne Belang ist. Heißt dies, dass es in der KE keine übergreifenden Selektionskriterien bzw. Rationalitätsstandards für Meme gibt? Nicht ganz: Ein übergreifendes Selektionskriterium ist zumindest das Überleben im biologischen Sinne. Schließlich ist der biologische Organismus auch eine Conditio sine qua non der kulturellen Evolution des Menschen (▶ Kap. 11). Ein Mem, das seine Anhänger etwa zum kollektiven Suizid verführt oder zumindest schneller zum Aussterben bringt, als diese für die Ausbreitung ihres Mems sorgen können, könnte sich nicht kulturell reproduzieren. Es würde nach wenigen Generationen wieder ausgestorben sein. Das Rationalitätsconstraint des biologischen Überlebens ist allerdings sehr schwach: Es eliminiert lediglich gewisse in Bezug auf biologische Reproduktion destruktive Meme. Gibt es weitere allgemeine Rationalitätskriterien, denen Memselektion genügt?

Fragen wir ein wenig tiefer: Worin besteht eigentlich der Zusammenhang zwischen kultureller Selektion und Rationalität? Werden Selektionsprinzipien durch Rationalitätskriterien bestimmt, oder werden umgekehrt Rationalitätskriterien durch Selektion ausgewählt? Bei dieser Frage wird es unumgänglich, sich die in ▶ Abschnitt 8.3 eingeführte Unterscheidung zwischen dem Sein und dem Sollen bzw. der faktisch-deskriptiven und der normativen Ebene in Erinnerung zu rufen. Auf der Faktenebene lautet die Frage, in welchem Maß sich die Selektionskriterien eines kulturellen Bereichs an Rationalitätsstandards orientieren und, wenn ja, an welchen. Auf der normativen Ebene fragen wir dagegen, in welchem Maße die in der KE wirksamen Selektionskriterien sich an Rationalitätsstandards orientieren sollten. Was die Faktenfrage betrifft, so besteht grundsätzlich ein wechselseitiger Zusammenhang: Das Ausmaß, in dem kulturelle Selektion von gewissen Rationalitätsstandards bestimmt oder nicht bestimmt wird, ist das Ergebnis einer Selektionsgeschichte, die ihrerseits unter dem Einfluss historisch wechselnder Rationalitätsvorstellungen stand. Aber die Irrationalität oder Art von Rationalität, die in der KE faktisch wirksam ist, muss von aufgeklärten Menschen keineswegs für normativ richtig oder optimal befunden werden. Denn wie wir wissen, folgt aus dem Sein logisch-analytisch noch nichts über das Sollen (▶ Box 8.1). In dem Maße, in dem sich kulturelle Selektion als irrational erweist, muss es das Streben aufgeklärter Menschen sein, die wirksamen Selektionsparameter in Richtung besserer Rationalität zu verändern.

Wie ist es nun mit der *faktischen* Rationalität in der KE bestellt? Gibt es Rationalitätskriterien, die in allen Bereichen der KE wirksam sind und über das biologische Überlebensconstraint hinausgehen? Unsere Antwort auf diese Frage fällt aufgrund folgender zwei Überlegungen skeptisch aus:

1.) Es war die Grundidee der evolutionären Erkenntnistheorie, dass Memselektion zumindest langfristig eine Annäherung an die Wahrheit bewirken sollte. Demnach sollten jene Vorstellungen, welche die objektive Realität besser abbilden, höhere kulturelle Selektionschancen haben. Dieser Frage werden wir in ▶ Abschnitt 17.4 und 17.5 näher nachgehen. Dort wird sich zeigen, dass ein solcher Zusammenhang von kultureller Selektion und Wahrheitsnähe keineswegs generell besteht. Vielmehr gibt es neben den Wahrheitseffekten unserer Überzeugungssysteme auch die verallgemeinerten Placeboeffekte, die ihre Wirksamkeit unabhängig von ihrem Wahrheitswert entfalten und unter anderem die Selektionen von Religionen begünstigt haben.

2.) Gemäß der Grundidee von aufgeklärt-demokratischen Gesellschaften sollten sich Überzeugungssysteme nicht, so wie in fundamentalistischen Glaubenssystemen, auf unhinterfragte Autorität, Macht oder gar Gewalt stützen, sondern auf rationale Argumentation, Einsicht und kollektive demokratische Entscheidungsfindung. Führt kulturelle Selektion zumindest langfristig zur Elimination von fundamentalistischen Glaubenssystemen und zur Durchsetzung von aufgeklärter Rationalität? Auch dafür gibt es, wie wir in ▶ Abschnitt 17.6 ausführen werden, keine allgemeine Garantie, ebenso wenig wie die KE von sich aus dazu führen muss, dass jene Glaubenssysteme begünstigt werden, die das Zustandekommen von Kriegen unwahrscheinlich machen – weltweit gesehen scheint bisher eher das Gegenteil der Fall gewesen zu sein.

Diese skeptischen Überlegungen zeigen deutlich, warum es so wichtig ist, in der KE klar zwischen *deskriptivem* Selektionserfolg und *normativem* Erfolg im Sinne einer von uns erwünschten Entwicklung zu unterscheiden. Es ist die Aufgabe aufgeklärter Menschen, die KE in der von ihnen präferierten Richtung zu beeinflussen, z. B. hin zu weniger Krieg, zu geringerem Raubbau an ökologischen Ressourcen und letztlich auch in Richtung zu mehr Wahrheitsnähe, denn letzteres scheint die Voraussetzung des ersteren zu sein.

9.7.3 Fundamentalismus und Aufklärung: Weltanschauungen als Selektionsmechanismen

Die Meme aufgeklärt-rationaler Überzeugungssysteme unterscheiden sich von Memen fundamentalistisch-dogmatischer Überzeugungssysteme in einer grundlegenden Hinsicht. Eine subtile Strategie von fundamentalistischen Memen, ihre Ausbreitung zu erhöhen, besteht nämlich in *Immunisierungsmechanismen* gegenüber Kritik, was in der „Memsprache" bedeutet, dass das Eindringen rivalisierender

Meme in den Rezipienten verhindert wird. Als Beispiel führt Dennett (1997, 485) die Meme fundamentalistisch-religiösen Glaubens an, die unter anderem deshalb so erfolgreich sind, weil diese Religionen lehren, dass man Gott nicht prüfen soll; vielmehr kann nur der voller Überzeugung Glaubende Gott erfahren. Die für Aufklärung und Wissenschaft grundlegende Methode der kritischen Überprüfung wird damit ausgeschlossen (▶ Abschnitt 17.6). Da der Glaubende durch seinen fundamentalistischen Glauben veranlasst wird, sein Denken von allen Gedanken frei zu halten, die seinen Glauben in Zweifel ziehen könnten, büßt er seine Lernfähigkeit ein und bleibt an den fundamentalistischen Memen hängen wie die sprichwörtlichen Fliegen am Honig. Im Gegensatz dazu vertritt das aufgeklärt-rationale Weltbild die Selektionskriterien der *sachlichen Begründbarkeit*: Meme sollen durch Überzeugung, nicht durch Werbung oder Indoktrination, übermittelt werden, denn nur diese Methode ist mit dem Anspruch der Aufklärung auf Selbstbestimmung und Kritikfähigkeit vereinbar.

Da die Methode der Ausfilterung konkurrierender Meme für die Meme aufgeklärter Rationalität inakzeptabel ist, haben es diese Meme in der KE vergleichsweise schwerer. Andererseits dient diese Methode der Zulassung von Kritik langfristig einer ungleich effektiveren und umfassenderen Annäherung an die Wahrheit, und sie hilft auch in praktischer Hinsicht, kriegerische Auseinandersetzungen zwischen rivalisierenden Glaubenssystemen zu vermeiden (▶ Abschnitt 17.6). Die Zulassung von konkurrierenden Memen kann man in dieser Sichtweise als ein kooperatives *Fairplay-Prinzip* zwischen Memen auffassen, wogegen fundamentalistische Meme rein egoistisch orientiert sind. Noch allgemeiner kann gesagt werden, dass die Funktion einer *Weltanschauung* oder eines *Paradigmas* (im Sinne von Kuhn 1967) darin liegt, gewisse Selektionskriterien für Meme vorzugeben und andere auszuschalten. Eine Weltanschauung ist also nicht nur auf der „Objektebene" ein Memkomplex, sondern besitzt auch auf der „Metaebene" die Funktion, die Aufnahme von neuen Memen durch das Individuum zu steuern (vgl. Schurz 2009b).

9.7.4 Autoselektion: Kopplung von Variation und Selektion

Eine Reihe von Autoren haben auf eine weitere Besonderheit der KE hingewiesen und darin einen möglichen Einwand gesehen (Toulmin 1972; 337; Hull 1982, 311 f; Bryant 2004, 467). In der KE kommt es nicht selten vor, dass Variationen und Selektionsprozesse in dem Sinn *gekoppelt* sind, dass dieselben Personen, welche gerichtete Variationen produzieren, auch die Selektion der Varianten bewerkstelligen. Ich bezeichne dies als Autoselektion. Beispielsweise ist es in der Konstruktionsphase von technischen Produkten der Ingenieur bzw. technische Konstrukteur, der zugleich diverse Variationen ersinnt und davon nur die besten beibehält und weiter zu optimieren bzw. auf den Markt zu bringen versucht – wobei die schlussendliche Selektion am ökonomischen Markt dann freilich dem Ingenieur die Selektion aus der Hand nimmt. Wie Hull (1982, 318 f) betont, kann der technische Konstrukteur sogar *gute* Variationen zurückhalten, wenn er sich sicher ist, dass noch *bessere* Varianten nachkommen werden und nur diese die kostspielige Erprobungsphase am Markt durchlaufen sollten.

Auch Autoselektion ist kein grundsätzlicher Einwand gegen die Übertragbarkeit der Evolutionstheorie auf die KE. Zunächst einmal tritt Autoselektion, wenngleich selten, auch in der BE auf – ein Beispiel ist die soziale Selektion des Sozialverhaltens höherer Tiere. Allgemeiner betrachtet ist Autoselektion kein Hindernis für das Zustandekommen gerichteter Evolution, solange nur das in ▶ Abschnitt 6.2.3 erläuterte Constraint der *Stabilität der Selektionskräfte* gewährleistet ist (zusammen mit der hinreichenden Schärfe der Selektionskriterien). Wenn beispielsweise für lange Zeit Automobile im Hinblick auf sparsamen Energieverbrauch optimiert werden, so ist das Resultat einer solchen Evolution *unabhängig* davon, wodurch bzw. *von wem* diese Selektionskriterien vorgegeben werden – ob von den Ingenieuren selbst, von den Konsumenten am Markt oder von der Politik. Entscheidend ist lediglich, dass die Selektionskriterien hinreichend scharf sind und für längere Zeit stabil bleiben, um eine gerichtete Evolution zu sparsamerem Energieverbrauch zustande kommen zu lassen.

9.7.5 Kulturelle Nischenkonstruktion und Umweltinduktion

Autoselektion bewirkt einige weitere für die KE typische Phänomene. Viel stärker als in der BE ist es in der KE der Fall, dass es die sich reproduzierenden evolutionären Systeme selbst sind, welche ihre eigenen Umgebungen bzw. „ökologische Nischen" produzieren (Laland und Odling-Smee 2000, 122 ff). Freilich verändern auch tierische oder pflanzliche Organismen geringfügig ihre Umgebung; aber im Gegensatz dazu hat *Homo sapiens* seit Erfindung des Ackerbaus seine ehemalige Umgebung als Jäger und Sammler *massivst* verändert. Kulturelle Nischenkonstruktionen können alsbald eine Eigendynamik entfalten, die sich nicht mehr durch die ökologischen Besonderheiten der natürlichen Umgebung allein erklären lässt. So fanden Guglielmino et al. (1995), dass die Mehrzahl der kulturellen Variationen in 227 untersuchten afrikanischen Stämmen nicht mit ökologischen Umweltvariablen korrelierte. Die Entwicklung solcher kulturellen *Eigenarten* und Divergenzen lässt sich teilweise damit erklären, dass viele soziokulturelle Prozesse die logische Struktur von *Koordinationsspielen* besitzen, worin es um die Etablierung von sozialen Konventionen geht, die mehrere gleichermaßen optimale Gleichgewichte zulassen (▶ Abschnitt 15.2.3).

Die durch Autoselektion bewirkte Koppelung von Variation und Selektion kann auf zwei Mechanismen basieren. Erstens auf einer intentionalen Handlung der Personen, welche die Variationen erzeugen – indem diese Personen (z. B. technische Konstrukteure) vorauszusehen suchen, welche Selektionseffekte ihre Variationen bewirken, und nur die Variationen mit den besten vorausgesagten Effekten in die Tat umsetzen (vgl. Losee 1977, 350). Der dadurch entstehende Effekt ist nichts anderes als *gerichtete Variation* und wurde in ▶ Abschnitt 9.6.1 behandelt.

Zweitens kann die Koppelung auch auf einer intentionalen Handlung jener Personen bzw. Institutionen beruhen, welche die Selektion bewirken – indem diese Personen (z. B. Politiker) soziale Bedingungen schaffen, welche die Ausbildung der von ihnen bevorzugten Varianten begünstigen bzw. herbeiführen oder aber – etwa im Fall von Diktaturen – die unerwünschten Varianten gezielt „verbieten". Dieser zweite Effekt ist nichts anderes als die in ▶ Kap. 2 erwähnte *Umweltinduktion*, wonach die selektierende Umgebung selbst die Variationen bewirkt oder zu sich „heranzieht". Bis zu einem gewissen Grad mag das sinnvoll sein; aufgrund der Fehlbarkeit der Selekteure wirken sich jedoch übertriebene Versuche von „Umweltinduktion" durch zentralistische Selektionspolitik meistens als Behinderungen einer effizienten Evolution aus, was z. B. durch das Scheitern sozialistischer Planwirtschaften deutlich belegt wird.

In der BE gibt es weder gerichtete Variation noch Umweltinduktion. Erstere wäre in der BE gegeben, wenn die Pferdefüße die Steppe erkennen und sich so ändern, dass sie zu Hufen werden. Letztere wäre gegeben, wenn die Steppe die Pferdefüße dazu bewegt, sich in Hufe umzuwandeln. Beides würde eine für die BE unhaltbare Teleologie bedeuten. In der KE finden dagegen beide Prozesse ständig und auf ganz „natürliche Weise" statt. Zusammen mit der viel größeren Variationsrate sind gerichtete Variation und Umweltinduktion dafür verantwortlich, dass die KE viel schneller evolviert als die BE, aber auch dafür, dass es in der KE viel leichter zu explosionsartigen Veränderungen mit dem Risiko von chaotischen Verläufen und Zusammenbrüchen kommen kann. Dazu kommen wir im nächsten Abschnitt.

9.8 Häufigkeitsabhängige Selektion

Die Bedingung der Stabilität von Selektionskräften kann nicht nur durch extern ausgelöste „Katastrophen", also sich schnell und irregulär verändernde Umgebungskonstellationen, verletzt werden. Es gibt auch eine bedeutende intrinsische Ursache für die Instabilität von Selektionskräften, welche insbesondere in der KE häufig auftritt, nämlich die Situation einer *häufigkeitsabhängigen Selektion* (vgl. Sober 1993, 96 f). In diesem Fall hängt die Fitness bzw. der Reproduktionserfolg einer Variante von ihrer eigenen Häufigkeit oder von der Häufigkeit anderer konkurrierender Varianten ab, und zwar entweder in negativer oder in positiver Weise. Das heißt, eine Variante ändert die auf sie wirkenden Selektionskräfte allein dadurch, dass sich ihre Häufigkeit oder die ihrer nächsten Konkurrenten verändert. Man kann hierbei die in den folgenden Abschnitten genannten Fälle unterscheiden.

9.8.1 Reflexive Häufigkeitsabhängigkeit

In diesem Fall hängt die Fitness einer Variante von ihrer *eigenen* Häufigkeit ab. Hier gibt es wiederum zwei einfache Unterfälle. Einmal gibt es den Fall des positiven Feedbacks bzw. der *positiv-reflexiven* Häufigkeitsabhängigkeit, in dem die Fitness einer Variante ansteigt, wenn sie häufiger wird. Die Variante ändert die Selektionsbedingungen so, dass sich ihre Überlebenschancen verbessern. In der KE ist dieser Fall typischerweise in Situationen des *Gruppenkonformismus* anzutreffen, durch den die eigene Tendenz, ein Mem bzw. eine Gesinnung zu übernehmen, dadurch erhöht wird, dass *viele* Mitglieder der eigenen Gruppe dieses Mem schon akzeptiert haben. Konformistische Aufschaukelungseffekte sind auch in der *Psychologie der Massen* untersucht (Canetti 1960); im Extremfall kann es dabei zu Phänomenen der Massen*suggestion* oder des Massen*fanatismus* kommen.

Glücklicherweise gibt es immer auch Gegenkräfte zu einem übersteigerten Konformismus. Eine solche Art von Gegenkraft ist die *negativ-reflexive* Häufigkeitsabhängigkeit bzw. das negative Feedback. In diesem Fall nimmt die Fitness bzw. Attraktivität eines Mems dadurch ab, dass es sehr häufig wird. Das für die KE typische Beispiel hierfür sind *Modephänomene*, in denen eine neue Variante bzw. „Mode" nur so lange attraktiv ist, solange sie noch nicht „jeder" trägt – sobald dies einmal der Fall ist, wird die ehemals neue Mode zum „alten Hut" und niemand interessiert sich mehr für sie (vgl. auch Lumsden und Wilson 1981, 170 ff).

Während negativ-reflexive Häufigkeitsabhängigkeit die kulturelle Evolutionsdynamik zu periodischen Schwankungen veranlassen kann, vermag positiv-reflexive Häufigkeitsabhängigkeit zu einer Beschleunigung der Evolution und gelegentlich auch zu einem Überschießen über das optimale Gleichgewicht führen. Diese und andere Fälle werden wir in ▶ Abschnitt 14.1 bis 14.3 kennenlernen, in dem Dynamiken mit reflexiver Häufigkeitsabhängigkeit näher untersucht werden.

9.8.2 Negativ-reflexive Häufigkeitsabhängigkeit und nachhaltige kulturelle Vielfalt

Wie wir in ▶ Abschnitt 6.2.4 erläuterten, entsteht in der Evolution (abgesehen vom biologischen Heterozygotenpolymorphismus) Vielfalt ohne Aufteilung auf unterschiedliche Nischen nur dann, wenn die wirkenden Selektionskräfte und somit die Fitnessunterschiede nahezu null sind. Dies ist allerdings selten der Fall. Häufiger in der KE sind die in ▶ Abschnitt 9.6.4 erläuterten Szenarien, in denen bei hoher Variationsrate schwache Selektionskräfte vorherrschen. In dieser Situation ist negativ-reflexive Häufigkeitsabhängigkeit ein Mechanismus, der nachhaltige Vielfalt auch ohne kulturelle Separierung zu erzeugen vermag (▶ Abschnitt 14.1.1). Denn die Einführung eines geringen negativen Feedback-Effekts verleiht besonders *seltenen* Varianten einen zusätzlichen *Originalitätsbonus*, der ihre Lebensdauer stark erhöht und damit in vielen Bereichen der Kunst bzw. Kultur im engeren Sinne für ein nachhaltiges Klima der Produktion von Vielfalt sorgt.

9.8.3 Interaktive Häufigkeitsabhängigkeit und evolutionäre Spieltheorie

In diesem Fall hängt die Fitness einer Variante von der Häufigkeit anderer Varianten ab, mit denen sie in Interaktion treten kann. Die typische Situation sind soziale Interaktionen, und die klassische Theorie, welche solche Situationen untersucht, ist die sogenannte Spieltheorie. In der von Maynard Smith (1974; 1982) begründeten evolutionären Spieltheorie wird (über die klassische Spieltheorie hinausgehend) die Evolution iterierter Spiele betrachtet. Die Spielerfolge bzw. kumulativen Nutzenwerte der Spielteilnehmer bestimmen ihren Reproduktionserfolg. Der Nutzen von Handlungsvarianten hängt hierbei immer davon ab, wie die anderen Spielteilnehmer handeln. Beispielsweise nutzt es mir nur, meine Nahrungsvorräte mit anderen zu teilen, wenn ich in Zeiten der Knappheit dasselbe von den anderen erwarten kann. Dies ist anders als in simplen *Konkurrenzsituationen*, wo der Vergleich der individuellen Einzelleistung den Ausschlag gibt. So hängt der Nutzen eines Korbes zum Zwecke der Nahrungssammlung beispielsweise nicht davon ab, wie die anderen ihre Nahrung sammeln – es sei denn, der Korb ist so groß, dass ihn mehrere tragen müssen.

In der Evolution von sozialen Interaktionen mit häufigkeitsabhängiger Fitness kann es zu überraschenden Evolutionsdynamiken kommen. Beispielsweise können sich soziale Betrugsstrategien gut vermehren, solange noch viele leicht ausbeutbare Opfer in der Population vorhanden sind. Diese werden jedoch zunehmend zum Verschwinden gebracht, bis die Betrüger schlussendlich vorwiegend gegen sich selbst spielen müssen und dabei extrem schlecht abschneiden, sodass ihr Häufigkeitsvorsprung wieder zusammenschmilzt. Auf diese Weise kann es zu fortwährenden Fluktuationen der Häufigkeit von Betrügern kommen bis hin zu gänzlich irregulären und chaotischen Häufigkeitsentwicklungen. Dieses einfache Beispiel zeigt, wie leicht interaktive Häufigkeitsabhängigkeit zu nicht konvergenten kulturellen Evolutionen führen kann, und weitere Beispiele werden wir in ▶ Abschnitt 15.3 kennenlernen. Zwar gibt es auch soziale Evolutionen mit interaktiver Häufigkeit, die in ein stabiles Endgleichgewicht hineinkonvergieren, doch sind diese nicht unbedingt in der Überzahl. Davon abgesehen gibt es in solchen Fällen keine einfachen mathematischen Konvergenzbedingungen mehr, und die Existenz von Endgleichgewichten kann oft nur durch aufwendige Computersimulationen herausgefunden werden.

9.9 Zusammenfassung der Unterschiede der KE gegenüber der BE

Wir haben in diesem Kapitel eine ganze Reihe von Besonderheiten der KE gegenüber der BE herausgearbeitet, die trotz der Gemeinsamkeit der Darwin'schen Module der KE eine durchaus robuste Eigenständigkeit gegenüber der BE zusprechen. Diese Unterschiede seien in diesem Abschnitt nochmals übersichtlich zusammengestellt. Der verallgemeinerte Lamarckismus in Bezug auf die individuelle Evolution (IE) in Punkt 2.4 ist allerdings ein Vorgriff, der erst in ▶ Abschnitt 11.3.2 erklärt wird.

Unterschiede der KE im Vergleich zur BE:
1.) Hinsichtlich Memidentität und Reproduktion in der KE:
    1.1.) Memidentität schwer charakterisierbar; Meme lokalisiert im Gehirn bzw. Geist, die den Memen zugehörigen Phäne außerhalb davon.
    1.2.) Als Konsequenz von Punkt 1.1: Memreproduktion kann Generationen überspringen.
    1.3.) Keine Replikation, nur semantische Reproduktion bzw. Informationsübertragung.
    1.4.) Ungeschlechtlich-multiparentale Vererbung; Mischvererbung möglich.
    1.5.) Keine intrinsischen, nur extrinsische Separationen; daher nur „Quasispezies".

1.6.) Im Zusammenhang mit Punkt 1.4 bis 1.6: keine evolutionären Verzweigungsbäume, nur Verzweigungsgraphen (Wiedervereinigung von Stammlinien).

2.) Hinsichtlich Variation in der KE:

2.1.) Gerichtete Variation und echte Intentionalität.

2.2.) Im Zusammenhang mit Punkt 2.1: gezielte „Makromutationen".

2.3.) Hohe Variationsrate und Geschwindigkeit der KE (teils zu hohe Variationsrate für kumulative Evolution).

2.4.) Verallgemeinerter Lamarckismus in Bezug auf die IE.

3.) Hinsichtlich Selektion in der KE:

3.1.) Kontextabhängigkeit und Bereichsspezifität der kulturellen Vitalitätsselektion.

3.2.) Autoselektion.

3.3.) Aufgrund von Punkt 3.1: Umweltinduktion.

3.4.) Aufgrund von Punkt 3.1 sowie der Bedeutung von sozialen Interaktionen: Häufigkeitsabhängige Selektion tritt in der KE viel öfter auf als in der BE.

3.5.) Aufgrund von Punkt 2.1 bis 2.3 und Punkt 3.1 bis 3.3: höhere Wahrscheinlichkeit des zeitweisen Wegfalls des Constraints der Stabilität der Selektionskräfte, höhere Wahrscheinlichkeit „kultureller Explosionen" oder sonstiger nicht gerichteter, irregulärer oder gar chaotischer Entwicklungen.

10.
Leistungen und exemplarische Anwendungsbereiche der kulturellen Evolutionstheorie

In ▶ Kap. 9 haben wir nicht nur Grundbegriffe und grundlegende Anwendungen der kulturellen Evolutionstheorie entwickelt, sondern auch eine Reihe von sachlichen Kritiken zu Wort kommen lassen. Ihre Diskussion hat uns geholfen, ein differenzierteres Bild der kulturellen Evolutionstheorie zu entwickeln und über die Gemeinsamkeiten zwischen BE und KE hinaus die Besonderheiten der KE herauszuarbeiten. In diesem Kapitel wollen wir dagegen die KE gegenüber einer Reihe von überzogenen Kritiken verteidigen und ihre Leistungsstärke anhand einiger exemplarischer Anwendungen demonstrieren.

10.1 Beispiele für überzogene oder unfaire Kritiken an der KE-Theorie

Im Lager der Geistes- und Kulturwissenschaften gibt es seit geraumer Zeit (nicht nur, aber auch) massive Abgrenzungstendenzen gegenüber allen Ansätzen, die von den Naturwissenschaften her kommen, und daher auch gegenüber der verallgemeinerten Evolutionstheorie. Dieser Konflikt war bereits Gegenstand von Snows These über die zwei Kulturen (Kreuzer 1969) und wird noch drastischer durch die *science wars* zwischen Realisten und Postmodernisten belegt (Ashman und Barringer 2001). Barkow (2006, 349) dürfte wohl darin Recht haben, dass die Bemühungen von Mesoudi, Whiten und Laland (2006), die kulturelle Evolutionstheorie den Kulturanthropologen ans Herz zu legen, nicht sonderlich aussichtsreich sein dürften, da viele Kulturanthropologen aus den Naturwissenschaften stammende Ansätze gleich welchen Inhalts schon aus Prinzip ablehnen. Aus diesem Grunde gibt es auch – neben den vielen berechtigten Einwänden gegen die KE-Theorie, die wir in ▶ Kap. 9 besprochen haben – eine Reihe von überzogenen und teilweise auch unfairen Kritiken, die eher auf wissenschaftspolitischen denn auf sachlichen Gründen beruhen. In diesem Abschnitt sehen wir uns hierzu einige Beispiele näher an.

Für Bryant (2004) sind die Prinzipien der Evolutionstheorie unvereinbar mit der Tatsache, dass es *intelligente reflexive Subjekte* sind, die in der Kulturgeschichte sowohl die Variationen als auch die Selektionen herbeiführen. Bryants These wird von vielen Sozialwissenschaftlern vertreten. Doch was Bryant hier anspricht, sind lediglich die in ▶ Abschnitt 9.6.1 und 9.7.5 behandelten Phänomene der gerichteten Variation und der Autoselektion. Wir haben dort ausführlich erläutert, dass beide Phänomene zwar einen Unterschied zur BE darstellen, jedoch keinen Grund ergeben, warum die drei Darwin'schen Module auf die KE nicht anwendbar sein sollten. Bryants These ist also inkorrekt, und sie wird nicht dadurch besser, dass er sie ohne Begründung mehrfach wiederholt (ebd., 466 f, 474 f, 489 f), um sie schließlich in die Schlussbehauptung gipfeln zu lassen, dass die Entwicklung reflexiver Subjekte nur „historisch" verstanden werden könne und historische Sozialwissenschaft eine autonome Wissenschaft sei. Da Bryant nicht erklärt, warum eine „historische" Wissenschaft nicht zugleich auf der Evolutionstheorie aufbauen könne, läuft sein Autonomiestandpunkt im Wesentlichen auf ein Abgrenzungsmanöver hinaus, das es dem Sozialwissenschaftler nahelegt, Modelle aus den Naturwissenschaften am besten pauschal zu ignorieren. Abgrenzungsmanöver dieser Art trifft man in den Geistes- und Sozialwissenschaften leider nicht selten an, auch wenn sie sich im Regelfall immer als *Hindernis* für den wissenschaftlichen Fortschritt erwiesen haben.

Bryant versucht auch an zwei konkreten Fallbeispielen die Inadäquatheit der Theorie der KE aufzuzeigen. Sein erstes Beispiel ist Runcimans evolutionäre Erklärung des Verschwindens der Kriegerkultur der antiken Stadtstaaten (Runciman 1990); sein zweites Beispiel ist die evolutionäre Erklärung des Erfolgs der christlichen Religion durch Wilson (2002), die in ▶ Abschnitt 17.5.1 näher erläutert wird. Bryant kritisiert an beiden Beispielen erneut, dass evolutionäre Erklärungen nicht auf reflexive Subjekte anwendbar seien (ebd., 474 f, 482 f) – doch wie gerade aufgezeigt, ist dieser Einwand unbegründet. Des Weiteren versucht Bryant aber auch zu zeigen, dass evolutionäre Erklärungen den „gewöhnlichen" historischen Erklärungen nichts wesentlich Neues *hinzufügen*. Diese zweite Kritikschiene – der zufolge evolutionäre Erklärungen nicht „falsch", sondern lediglich „überflüssig" seien – hat Arnold (2008) stark zu machen versucht.

Arnolds Hauptkritik an der KE-Theorie besagt, dass es sich bei evolutionären Erklärungen von Kulturentwicklung um keine echten Verallgemeinerungen von herkömmlichen sozialwissenschaftlichen Erklärungsmustern handle, sondern um bloße Pseudoverallgemeinerungen in Form von „sprachlichen Neuverpackungen" (2008, 47 ff). Arnold ist darin Recht zu geben, dass die bloße Verwendung eines neuen „Jargons", wie dem der Memetik, noch nichts bringt. Dennoch ist Arnolds Kritik generell betrachtet unzutreffend. Schon weil evolutionäre Analysen im Gegensatz zu historischen Darstellungen nicht vorwiegend auf intentionalen Handlungserklärungen beruhen (▶ Abschnitt 9.2.3), können die ersteren keine bloßen sprachlichen Neuverpackungen der letzteren sein. Arnold schreibt, durch die bloße Übersetzung von „causes" als „conditions of selection" sei die Übersetzung einer historischen Darstellung in den Jargon der KE-Theorie schon geleistet (ebd., 53). Doch dies ist unzutreffend, denn Ursachen können einerseits den Variationen, zweitens den Reproduktionen oder drittens den Selektionen zugeordnet werden – und was im konkreten Fall jeweils zutrifft, kann nicht durch eine allgemeine „Übersetzungsregel", sondern nur durch die Analyse des konkreten Falles entschieden werden.

Davon abgesehen weist Arnold (ebd., 61) selbst darauf hin, dass evolutionäre Erklärungen erst dann wirklich greifen, wenn sie auf hinreichend lange Zeiträume von vielen Generationen angewandt werden, was auf Runcimans oben erwähnte Analyse von 1990 nicht zutrifft. Ein hervorragendes Beispiel einer auf Langzeiträume bezogenen kultur-evolutionären Analyse, die tiefe und über die üblichen historischen Darstellungen deutlich hinausgehende Einsichten bringt, ist Diamonds

(1998) evolutionäre Geschichte der Menschheit, die im nächsten Abschnitt vorgestellt wird. Arnold (2008, 61 ff) kommt auch auf dieses Werk zu sprechen und
bemerkt zu Recht, dass Diamond (1998) das evolutionstheoretische und memetische Vokabular in seinem Werk nicht explizit benutzt, also den „Jargon" der KE gar
nicht verwendet. Aber anstatt dass Arnold dies Diamond nun hoch anrechnen
würde, schließt er daraus überraschenderweise, dass Diamond gar keine evolutionären Erklärungen verwende (ebd., 63). Dass Diamond dies sehr wohl tut, ist ziemlich
offensichtlich und wird im nächsten Abschnitt im Detail aufgezeigt – und dass sich
Diamond auch dazu bekennt, geht aus seiner Bemerkung hervor, dass er die Theorie
der Menschheitsgeschichte nach dem Vorbild der Naturwissenschaften und insbesondere der Evolutionstheorie auffasst (1998, 421). Während Arnold also den Autoren, welche den KE-Jargon verwenden, denselben vorwirft, wirft er jenen, welche
dies nicht tun, vor, sie würden keine evolutionären Erklärungen verwenden – ein
zwar unfaires, aber in der Tat „todsicheres" Kritikkonzept.

Was ebenfalls häufig auf Ablehnung bei antinaturwissenschaftlich gesonnenen
Kulturwissenschaftlern stößt, sind die *mathematischen* Modelle der Evolutionstheorie. Häufig wird an ihnen kritisiert, dass ihre Idealisierungsannahmen zu stark vereinfachen und von der komplexen Realität zu stark abweichen würden (z. B. Arnold
2008, 196 ff). Wie in ▶ Abschnitt 2.2 ausgeführt, wurde in den 1950er Jahren eine
ähnliche Kritik gegen mathematische Modelle in der Biologie von experimentellen
Genetikern vorgetragen, die Haldane (1964) scharfsinnig zurückwies und zeigte,
dass es gerade die vereinfachenden Annahmen sind, welche diese mathematischen
Modelle so wertvoll machen (vgl. Mesoudi, Whiten und Laland 2006, 337, sowie
die Kritik von Zollman 2009 an Arnold 2008). Denn nur aufgrund solcher Idealisierung besitzen mathematische Modelle die Fähigkeit zur Generierung von neuen
Voraussagen auf quantitativem Präzisionsniveau. In der Biologie ist die Kritik an
mathematischen Modellen mittlerweile tendenziell verstummt. Nachdem die
Erfolge der mathematischen Modelle der evolutionären Spieltheorie sukzessive
zunehmen (▶ Kap. 14 bis 16), könnte eine ähnliche Tendenzverschiebung auch in
der verallgemeinerten Evolutionstheorie eintreten.

In der BE gibt es auch zahlreiche Beispiele von empirischen Bestätigungen mathematischer Modellrechnungen (schon bei Haldane 1964, Abschnitt 3.1 und 13.1).
Können solche Bestätigungen auch für die Theorie der KE geliefert werden? Auch
wenn sich diese, verglichen zur Theorie der BE, im Anfangsstadium befindet, gibt es
mittlerweile doch eine Reihe von Experimenten und empirischen Feldstudien zu
Modellen der KE (vgl. auch Mesoudi, Whiten und Laland 2006, 338 f). Einige
davon wurden schon weiter oben angeführt, und von einigen anderen sei nun
berichtet. Jacobs und Campbell (1961) haben die kulturelle Weitergabe von Normen in einem psychologischen Experiment untersucht. Darin wurde einer Gruppe
von „verbündeten Versuchspersonen" anfänglich eine Norm durch Instruktion „auf-
oktroyiert"; dann wurden nach und nach Gruppenmitglieder jeweils einzeln durch
neue Gruppenmitglieder ausgetauscht, bis alle Gruppenmitglieder ersetzt waren,
und es wurde geprüft, in welchem Maß sich die ursprüngliche Norm gehalten hatte.
Ähnliche Untersuchungen wurden von Baum et al. (2004) anhand eines Experiments zur Lösung von Anagrammen sowie von Mesoudi und Whiten (2004) in
einem Erzählkettenexperiment durchgeführt, in dem ein Ereignisbericht von Person

zu Person weitergegeben und dessen Stabilität bzw. Veränderung untersucht wurde. Unter den Feldstudien ist etwa die von Hewlett und Cavalli-Sforza (1986) hervorzuheben, in der Mitglieder des Aka-Pygmäen-Stammes von Zentralafrika interviewt wurden. Sie berichteten, 81 % ihrer praktischen Fertigkeiten von ihren Eltern, 6 % von anderen Familienmitgliedern und 13 % von nicht verwandten Stammesmitgliedern gelernt zu haben, was die Bedeutung der Familie für die kulturelle Informationsweitergabe bei diesen Eingeborenenstämmen aufzeigte. Rosnow (1980) und andere wiederum untersuchten in Feldstudien die Ausbreitung von künstlich gestreuten Gerüchten und deren Veränderung während der Ausbreitung.

Mesoudi, Whiten und Laland (2006, 340) weisen darauf hin, dass solche Studien, obwohl sehr aufschlussreich, das Wirken der kulturellen Selektion vernachlässigen – einerseits weil diese Studien hierfür viel zu kurzfristig angelegt sind und andererseits weil sie die Selektionsfaktoren nicht hinreichend analysieren und klassifizieren. Ein Musterbeispiel einer Studie, die langfristig angelegt ist und beides tut, ist Diamonds „Geschichte der Menschheit", die im Folgenden vorgestellt wird.

10.2 Diamonds Menschheitsgeschichte als Musterbeispiel implizit-evolutionärer Geschichtsschreibung

Yali, ein Eingeborener, lokaler Politiker und Touristenführer auf Neuguinea, fragte einst Jared Diamond, warum denn die Weißen so viel Reichtum und Erfindungen besäßen, während seine eigene Bevölkerung nach wie vor wie in der Steinzeit lebe. Diese Frage bildet den Ausgangspunkt von Diamonds Werk *Guns, Germs and Steel* (1998). Die Antwort auf diese Frage liegt in keinem *Wesensmerkmal* der Weißen, etwa in einer angeblichen höheren Intelligenz. Obwohl noch steinzeitlich lebend, sind die Eingeborenen auf Neuguinea durchschnittlich etwa gleich intelligent wie der gegenwärtige Durchschnittsbürger Europas oder der USA – Diamond (ebd., 20) vermutet sogar, noch ein wenig intelligenter. Die Ursache liegt vielmehr in den unterschiedlichen Selektionsbedingungen, welche die kulturelle Evolution in verschiedenen geografischen Regionen der Erde unterschiedlich und insbesondere unterschiedlich schnell vorantrieben. Die Antwort auf Yalis Frage kann daher nur die evolutionäre Analyse der Menschheitsentwicklung seit der Agrarrevolution geben – und dies ist die Perspektive, die Diamonds Menschheitsgeschichte zum Prototyp einer evolutionstheoretischen Geschichtsschreibung macht.

Anknüpfend an ▶ Abschnitt 2.4, in dem die Ausbreitung der aus Afrika auswandernden *Homo-sapiens*-Populationen nach Austronesien, Asien und vor ca. 12000 v. Chr. nach Amerika skizziert wurde, lässt Diamond seine Geschichte vor etwa 13000 Jahren, also ca. 11000 v. Chr. beginnen. Damals lebten die Menschen noch als Jäger und Sammler, und doch stand die agrarische Revolution, also die Erfindung und Einführung von Ackerbau und Viehzucht, kurz bevor, welche die Menschheit in einem in den Millionen Jahren zuvor nie da gewesenen Maße revolutionieren sollte. Diamonds Ausgangsthese besagt, dass Zeitpunkt und Ort dieser agrarischen Revolution den Ursprung der machtmäßigen Überlegenheit einiger Völker gegenüber anderen ausmachten.

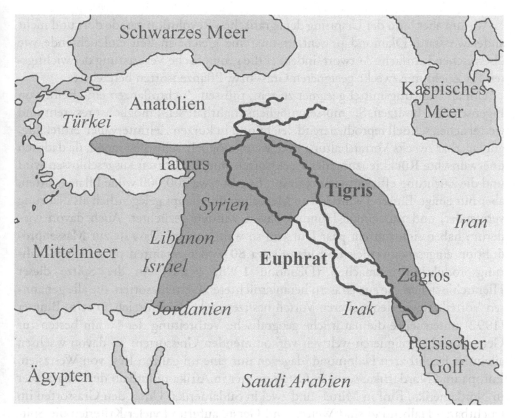

Abb. 10.1 Heutiges Gebiet des fruchtbaren Halbmondes (verändert nach www.oeko-system-erde.de/html/entstehungsgebiete).

Viele unabhängige Daten weisen darauf hin, dass der erste Übergang zu flächendeckend agrarischer Lebensweise um ca. 10000 v. Chr. in der Region des sogenannten „fruchtbaren Halbmondes" stattfand (▶ Abb. 10.1) – ein niederschlagsreiches Winterregengebiet im Norden der arabischen Halbinsel, in der Region des heutigen Syriens und Iraks (sowie Israels, Anatoliens und Teilen Saudi-Arabiens und des Iran). In diesem Gebiet, das sichelförmig das Zweistromland zwischen Euphrat und Tigris umschließt, entstand die erste Frühhochkultur Mesopotamiens. Sie brachte die erste (bekannte und großräumig verwendete) Schrift, die Keilschrift der Sumerer, sowie den ersten (bekannten und schriftlich niedergelegten) Rechtskodex, den Codex Hammurabi, hervor. Die von Cavalli-Sforza (2001, 109 f) durchgeführte faktoren-analytische Analyse genetischer Varianzen ergab, dass sich der Ackerbau vermutlich durch starke Bevölkerungsvermehrung und anschließende Auswanderungswellen nach Europa, Nordafrika und Asien ausbreitete. Aufgrund der tendenziellen Übereinstimmung der genetischen Rekonstruktion dieser Migrationswelle mit der aus archäologischen Befunden rekonstruierten Verbreitung von Getreide schließt Cavalli-Sforza weitergehend, dass die Verbreitung des Ackerbaus nicht durch technische Diffusion, also Neuerfindung oder Weitergabe der Erfindung an andere Völker, sondern durch demische Diffusion, d. h. Migration von Ackerbauern, erfolgte („Deme" meinen hier „Volksgruppen").

Warum aber fand der Ursprung der agrarischen Revolution gerade dort und nicht anderswo statt? Diamond präsentiert uns eine gleichermaßen einleuchtende wie überraschend einfache Antwort, indem er die geografische Verbreitung der wichtigsten für Züchtungszwecke geeigneten Gras- bzw. Pflanzensorten betrachtet.

Um als Nahrungsmittel geeignet zu sein, müssen Zuchtpflanzen eine Reihe von Eigenschaften besitzen. Sie müssen möglichst nahrhaft sein, möglichst resistent und wettersicher, schnell reproduzierend, leicht und in kurzen Zeitintervallen erntefähig, gut lagerbar zwecks Vorratshaltung und, wenn möglich, selbstbesamend, da dadurch unerwünschte Rückkreuzung der Zuchtsorten mit Wildsorten ausgeschlossen wird und die Züchtung effizient vorankommt. Es gibt etwa 200 000 wilde Pflanzenarten, aber nur einige Tausend wurden von Menschen überhaupt gelegentlich als Nahrung verwendet, und nur einige Hundert davon wurden gezüchtet. Auch davon wiederum haben sich nur ein paar Dutzend so weit bewährt, dass sie zur Massenproduktion eingesetzt werden und heute etwa 80 % der gesamten pflanzlichen Nahrungsproduktion ausmachen (Diamond 1998, 132 f). An der Spitze dieser Hierarchie stehen die aus Gräsern herangezüchteten Getreidesorten, die alle genannten Vorteile sowie den weiteren Vorteil besitzen, sehr proteinreich zu sein. Blumer (1992) untersuchte die natürliche geografische Verbreitung der 56 am besten zur Getreidezucht geeigneten weltweit vorkommenden Grassorten: 32 davon wachsen allein im fruchtbaren Halbmond, dagegen nur eine im ganzen Rest von Westasien, Europa und Nordafrika, sechs in Ostasien, vier in Afrika unterhalb der Sahara, vier in Nordamerika, fünf in Mittel- und zwei in Südamerika. Unter den Grassorten im fruchtbaren Halbmond sind Weizen und Gerste aufgrund vieler Kriterien die Spitzenreiter, was auch den neusteinzeitlichen Sammlern bzw. Bauern in diesem Gebiet bekannt gewesen sein muss, denn eben diese wählten sie zur großflächigen Zucht aus (Diamond 1998, 140, 145 f).

Es waren also die Selektionsbedingungen der Umgebung dafür verantwortlich, dass gerade im fruchtbaren Halbmond die agrarische Revolution zuerst einsetzte und sich von dort aus durch Migrationswellen ausbreitete. Die Flora dieser Regionen bot ungleich bessere Gelegenheiten für Züchtungsmöglichkeiten als die anderer Regionen. ▶ Tab. 10.1 gibt einen Überblick über Zeit und Ort der wichtigsten ursprünglichen, also nicht durch Migration verbreiteten, Pflanzen- und Tierzüchtungen. Angeführt sind auch wichtige Weiterzüchtungen nach Einfuhr von Züchtungsvorstadien:

In einigen Gebieten (z. B. Nordamerika, Australien, Indonesien) gab es so wenige züchtbare Pflanzen, dass neben agrarischer Nahrungsversorgung auch Viehzucht oder Jagd bedeutend blieben. Der in Neuguinea häufiger als anderswo auftretende Kannibalismus wird durch den häufigen Proteinmangel aufgrund des dort nur spärlich vorhandenen Nahrungsangebots erklärt (ebd., 148 f).

Eine von der Ursprünglichkeit der Züchtungen in ▶ Tab. 10.1 unabhängige Frage ist die, ob dabei nur Züchtungsprodukte oder aber die Technik des Anpflanzens und Züchtens selbst neu erfunden wurde. Das technische Wissen der Anpflanzbarkeit von Pflanzen und Züchtbarkeit von Tieren hat in den in Zeile 3–8 von ▶ Tab. 10.1 dargestellten Fällen die damalige Population vermutlich bereits besessen, während es sich im Fall von Südwestasien, China und Neuguinea auch um unabhängige Erfindungen gehandelt haben kann.

Tab. 10.1 Zeit und Ort ursprünglicher Züchtungen (nebst einiger importierter Züchtungen) (nach Diamond 1998, 100)

| Gebiet | Gezüchtete | | Frühester dokumentierter Zeitpunkt v. Chr. |
	Pflanzen	Tiere	
Ursprüngliche Züchtungen			
1. Südwestasien	Weizen, Erbsen, Oliven	Schaf, Ziege	8500
2. China	Reis, Hirse	Schwein, Seidenraupe	um 7500
3. Mittelamerika	Korn, Bohnen Kürbis	Truthahn	um 3500
4. Anden, Amazonas	Kartoffeln, Maniok	Lama, Meerschweinchen	um 3500
5. Östliche USA	Sonnenblumen, Gänsefuß	keine	2500
6. Sahelzone	Hirse, afrikanischer Reis	Perlhühner	um 5000
7. Tropisches Westafrika	afrikanische Südkartoffeln, Palmöl	keine	um 3000
8. Äthiopien	Kaffee, Teff (Hirseart)	keine	?
9. Neuguinea	Zuckerrohr, Bananen	keine	7000
Lokale Züchtungen nach Einfuhr aus anderen Gebieten			
10. Westeuropa	Mohn, Hafer	keine	6000–3500
11. Indus-Tal	Sesam, Aubergine	Buckelrind	7000
12. Ägypten	Platanenfeige, Erdmandel	Esel, Katze	6000

Die Frage, ob Ackerbau und Pflanzenzucht in der Menschheitsgeschichte mehrmals unabhängig voneinander wurden oder nicht, ist also kontrovers, obwohl die Mehrheit der Archäologen der ersteren These zuneigt (www.oekosystem-erde.de/html/erfindung_landwirtschaft.html). Diese Frage ist gemäß der evolutionären Perspektive aber auch nicht entscheidend: Die Selektionsbedingungen der Umgebung, und nicht der geniale Einfall, waren dafür verantwortlich, dass die agrarische Revolution zuerst im fruchtbaren Halbmond einsetzte und den dort befindlichen Völkern bzw. ihren auswandernden Nachfahren einen derartigen Entwicklungsvorsprung gab. Was die ursprüngliche Erfindung betrifft, so war, wie Diamond ausführt, die Entdeckung der Möglichkeit des Ackerbaus vermutlich ein Nebenprodukt des Sammelns. Jäger- und Sammlergesellschaften haben lange Zeit mit Bauern koexistiert, und in vielen primitiven Gesellschaften hatten Jäger und Sammler ein höheres Ansehen als Bauern (ebd., 106–108, 116). Ein plausibler Entdeckungsprozess ist die „ungewollte Züchtung" durch häufiges Ausscheiden der Samenkerne gesammelter Pflanzen im menschlichen Kot an kollektiven Mistplätzen. Als die ersehnten und bislang entlegen eingesammelten Pflanzen dort wundersamerweise plötzlich zu sprießen begannen, ging einigen klugen Köpfen vermutlich ein Licht auf. Die daraufhin erfolgende Ausbreitung von Agrikultur war ein *autokatalytischer* Prozess: Erst als sich Dorfgemeinschaften durch die neuen Methoden der Nahrungsgewinnung sprungartig vermehrten und dadurch die natürlichen Wanderungsräume der Jäger- und Sammlergesellschaften mehr und mehr einengten, waren nach und nach alle Menschen der Region gezwungen, sich auf die neue agrikulturelle Lebensweise umzustellen (ebd., 111).

Analogen Ursachen verdankt sich die Entstehungsgeschichte der wichtigsten ursprünglichen Säugetierzüchtungen, die in ▶ Tab. 10.2 zusammengefasst sind.

Abgesehen vom Hund als Jagdgenossen des Menschen wurden die meisten anderen Säugetierarten zur Nahrungsproduktion verwendet, manche darüber hinaus als Kleidungslieferant; Pferd, Kamel, Büffel, Esel und Lama dienten auch zu Transportzwecken. Von den 72 in Eurasien und Nordafrika vorkommenden Säugetierarten, die aufgrund von Größe und Gewicht zur Zucht infrage kamen, wurden immerhin 13 % bzw. 18 % erfolgreich gezüchtet; von den 51 in Afrika unterhalb der Sahara vorkommenden Säugetierarten dagegen gar keine. Von den 24 in Amerika vorkommenden Säugetierarten wurde nur das Lama gezüchtet, und die einzige in Australien infrage kommende Säugetierart, das Känguru, war ebenfalls unzüchtbar (Diamond 1998, 162 f). Die Menschen, denen Zuchterfolge versagt blieben, mangelte es hierzu nicht an der nötigen Intelligenz – sobald einige der Zuchttiere Eurasiens, insbesondere Schafe und Ziegen, in afrikanische Regionen unterhalb der Sahara transportiert worden waren, verbreiteten sich deren Haltung und Weiterzüchtung im gesamten Süden Afrikas und trugen wesentlich zur Ausbreitung des Stammes der Bantu bei. Die Ursache der regionalen Beschränkung der ursprünglichen Züch-

Tab. 10.2   Zeit und Ort ursprünglicher Säugetierzüchtungen (nach Diamond 1998, 167)

Säugetierart	Zeit v. Chr.	Erste attestierte Evidenz
Hund	10000	Südwestasien, China, Nordamerika
Schaf, Ziege	8000	Südwestasien (fruchtbarer Halbmond)
Schwein	8000	Südwestasien, China
Kuh	6000	Südwestasien, Indien, (?)Nordafrika
Pferd	4000	Ukraine
Esel	4000	Ägypten
Wasserbüffel	4000	(?)China
Lama	3500	Anden (Südamerika)
zweihöckriges Kamel	2500	Zentralasien
einhöckriges Kamel	2500	Arabien

tungserfolge lag wie bei den Zuchtpflanzen darin, dass nur ganz wenige Säugetierarten zur Zucht geeignet sind. Im Hinblick auf Nahrungsproduktion rentable Zuchttiere müssen sich 1) von billig produzierbaren Pflanzen ernähren, wodurch alle Raubtiere und etliche weitere Tiere ausscheiden; sie müssen 2) eine hohe Geburtenrate und nicht zu lange Tragezeit haben (weshalb z. B. Elefanten ausscheiden); sie müssen 3) im Zuchtgehege paarungsbereit sein (etliche Tiere paaren sich nicht in Gefangenschaft); sie dürfen 4) keine aggressiven Anlagen besitzen (weshalb z. B. Bären, afrikanische Büffel, Nilpferde oder Zebras ausscheiden); sie dürfen 5), wenn eingesperrt, keine Paniktendenz besitzen (wie z. B. etliche Gazellenarten), und sie sollten schließlich 6) strenge Dominanzhierarchien aufweisen, sodass sich Herden gut durch Leittiere lenken lassen (ebd., 167 ff). Im 19. und 20. Jahrhundert gab es mehrere Versuche, neue Säugetierarten (Antilopenarten, Elcharten, Zebras und Büffelarten) heranzuzüchten, doch keines dieser Tiere ließ sich erfolgreich domestizieren.

Auch hier waren es wieder die Selektionsbedingungen der Umgebung – die Tatsache, dass die Wildformen der wichtigsten Zuchttiere in gewissen Regionen (Südwestasien) gehäuft vorkamen –, die den Entwicklungsvorsprung einiger gegenüber anderen Regionen bewirkten und damit die Weichen für die weitere Entwicklung stellten. Eine besondere Rolle für die Kriegsführung hatte das Pferd, dessen Züchtung etwa 4000 v. Chr. durch Nomaden in den kaukasischen Steppen nördlich des Schwarzen Meeres begann – obwohl es häufig mit Amerika assoziiert wird, gelangte das Pferd erst durch die europäischen Eroberer im späten 17. Jahrhundert dorthin. Cavalli-Sforzas Faktorenanalyse der genetischen Varianzen ergibt eine um 3000 v. Chr. beginnende Auswanderungswelle aus dieser Region, deren Kultur (auch Kurgan-Kultur genannt) als nächster gemeinsamer Vorfahre der indoeuropäischen Kulturen und Sprachgruppen vermutet wird (ein noch früherer gemeinsamer Vorfahre findet sich etwa 8000 v. Chr. im fruchtbaren Halbmond; vgl. Cavalli-Sforza 2001, 117 f, 159 f). Der Besitz des berittenen Pferdes bedeutete einen enormen Vorteil in der Kriegsführung, der im 4. und 5. Jahrhundert n. Chr. die Hunnen befähigte, das Römische Reich zu bedrohen (de.wikipedia.org/wiki/Hunnen). Ein extremes Beispiel für die Überlegenheit von Pferd und Stahlrüstung gegenüber hölzernen Waffen ist die Schlacht des spanischen Eroberers Franzisko Pizzaro in der peruanischen Stadt Cajamarca im Jahr 1532, während der etwa 70 000 Inkas von nur 70 berittenen und ca. 100 unberittenen spanischen Soldaten in Stahlrüstung dahingemetzelt wurden (Diamond 1998, 68 ff). Nachdem es vier Jahrtausende das wichtigste Instrument der Kriegsführung war, wurde das Pferd erst im 20. Jahrhundert durch Lastwagen und Panzer ersetzt.

Ein weiterer Vorteil Eurasiens gegenüber Afrika und Amerika ist die West-Ost-Orientierung Eurasiens, durch welche die Ausbreitung von Zuchtpflanzen entlang ähnlicher Klimazonen erfolgte und dadurch viel schneller vorankam als in Afrika und Amerika. Letztere zwei Kontinente sind vorwiegend nordsüdlich orientiert, was die Ausbreitung von Zuchtpflanzen aufgrund unterschiedlicher klimatischer Bedingungen sehr erschwert (Diamond 1998, 176 ff). Afrika hatte darüber hinaus ab dem 4. Jahrtausend v. Chr. die Sahara als Ausbreitungsbarriere. Zwischen dem 9. und dem 4. Jahrtausend v. Chr. war die Sahara keine Wüste, sondern ein savannenartiges und agrarisch genutztes Gebiet mit Schaf- und Ziegenhütung, Hirseanbau und zahlreichen Seen (ebd., 387, 390 f). Die Sahara machte zwar lange zuvor schon periodische Wechsel von Trocken- und Feuchtphasen durch, aber man vermutet, dass die Bodenerosion, die zur heutigen Sahara führte, stark durch den Menschen mitverursacht wurde – so wie auch der einst so fruchtbare Halbmond heute 90 % seines fruchtbaren Bodens durch Erosion verloren hat (de.wikipedia.org/wiki/Fruchtbarer_Halbmond).

Wo sich Agrikulturen am besten entwickelten, im fruchtbaren Halbmond und danach in Teilen Südeuropas, entstanden auch die mächtigsten Hochkulturen. Nach gängiger Auffassung waren Jäger- und Sammlergesellschaften in ihrem Inneren egalitär strukturiert, obwohl zwischen unterschiedlichen Stämmen blutige Kriege ausbrechen konnten. Hochkulturen waren dagegen meist stark hierarchisch organisiert (▶ Abschnitt 16.6). Ein gängiges und wenig schmeichelhaftes Modell der Entstehung der ersten quasistaatlichen Herrschaftsformen ist das der „Mafia" bzw. „Kleptokratie" (Diamond 1998, 276 ff): Bewaffnete und kriegerisch überlegene Banden unterwarfen agrarisch basierte Regionen, entwaffneten deren Besiedler und kassierten einen Teil der landwirtschaftlichen Produkte ab, um damit einerseits ihre Soldaten und Bürokratie zu finanzieren und andererseits allgemeine Sozialleistungen zu erbringen, wie Sicherheit vor Angriffen, Vorratshaltung für Notzeiten, Streitschlichtung und gerechte Verteilung öffentlicher Güter.

Im Fall der Kolonialisierung Amerikas war es aber nicht nur die technische Überlegenheit, welche die Vernichtung der dort bestehenden Hochkulturen der Azteken und Inkas bewirkte, sondern ein in Geschichtsbüchern kaum genannter Faktor, nämlich *Krankheitskeime* (Bakterien und Viren). Schätzungsweise 95 % aller eingeborenen Indianer Amerikas wurden durch von Europäern eingeschleppte Krankheitskeime getötet, gegenüber denen die Europäer, aber nicht die Indianer immun waren (Diamond 1998, 78; McNeill 1977). Warum starben nicht auch umgekehrt Europäer an Krankheitskeimen der Indianer? Weil die Erreger aller „Hauptkiller" der Menschheit, wie Pocken, Grippe, Tuberkulose, Malaria, Pest, Masern und Cholera, von Zuchttieren abstammten, welche nur die Europäer besaßen (und dagegen immun geworden sind), während die Indianer keine eigenen Zuchttiere besaßen. Im Jahre 1519 hatten sich die Azteken gegen die Eroberungsversuche von Hernán Cortés heftig zur Wehr gesetzt, aber als die Pocken 1520 Mexiko erreichten, tötete die resultierende Epidemie die Hälfte aller Azteken, und von 1520 bis 1618 sank die mexikanische Population von ca. 20 Mio. auf etwa 1,6 Mio. (Diamond 1998, 196 ff, 210 f). Auch die Bevölkerung der nordamerikanischen Indianer sank zwischen 1492 und 1600 aufgrund von Massenepidemien von etwa 20 auf etwa 1 Mio. Es waren nur die von den Mikroben übrig gelassenen Restbestände von Indianern, denen dann später die weißen Siedler den Garaus machten, wovon die Wildwestlegenden berichten.

Weitere Kenntnisse zur KE verdanken sich Methoden der evolutionären Sprachforschung. Der vermutliche evolutionäre Stammbaum aller Menschheitssprachen ab 20000 v. Chr. findet sich in ▶ Abb. 17.1. Wörter, die in allen bekannten Sprachen gleiche oder ähnliche Wurzeln besitzen, bezeichnen Dinge, die es schon sehr früh gegeben haben muss, z. B. der in vielen indoeuropäischen Sprachen ähnliche Wortstamm für „Schaf", wogegen das Wort für „Gewehr" in diesen Sprachen ganz verschieden ist. Sprachevolutionäre Methoden zeigen auch, in welch hohem Ausmaß die Menschheitsgeschichte durch die Unterwerfung von schwächeren Völkern durch stärkere bestimmt wurde. Kolonialisierungen haben nicht erst im 18. und 19. Jahrhundert durch die Völker Europas stattgefunden. In China etwa eroberte die Zhou-Dynastie von 1100 v. Chr. bis 221 v. Chr. fast ganz China; als Folge davon wurden die meisten südchinesischen Eingeborenensprachen ausgelöscht, und heutzutage sprechen 80 % aller Chinesen Mandarin (ebd., 322 ff, 343). Unter den ca. 1 500 Sprachen Afrikas hat sich die Bantu-Sprache südlich der Sahara ausgebreitet, weil die Bantu-Stämme agrarisch wie kriegerisch überlegen waren und die zuvor weit verbreiteten Khosian und Pygmäen auf Restbestände zurückdrängten (ebd., 381 ff, 394 ff). Knapp 15 % aller heute noch lebenden Sprachen sind allein auf Neuguinea angesiedelt, wo es gegenwärtig die meisten nicht kolonialisierten Eingeborenenstämme gibt (Pagel 2000, 391 ff).

Die evolutionären Prinzipien von Diamonds Geschichtsschreibung lassen sich abschließend so zusammenfassen. 1) werden hinreichend lange Zeiträume und 2) langfristige Entwicklungstrends ins Auge gefasst, die sich nicht aus Besonderheiten der individuellen Variationen, also aus Handlungen großer Personen oder Schlüsselereignissen ergeben, sondern erst aufgrund des anhaltenden Wirkens gewisser Selektionsparameter. Die maßgeblichen Selektionsparameter finden sich 3) zunächst in stabilen natürlichen Umgebungsbedingungen, werden in der Folge jedoch 4) durch diverse soziokulturelle Effekte verstärkt. Daraus ergeben sich 5) langfristige und intentional nicht erklärbare (d. h. von keinem gewollte) Entwicklungen. Schließlich findet 6) die KE durchgängig in Form der Evolution von Stammes- oder Volksgruppen („Demen") statt, wobei sich einige dieser Gruppen (aus unterschiedlichen Gründen) schneller als andere vermehren, und wenn solche Gruppen an den regionalen Grenzen zusammenstießen, kam es im Regelfall zur kriegerischen oder friedlichen Unterwerfung und zur Kolonialisierung des schwächeren durch das stärkere Volk, wobei Kultur und Sprache des kolonialisierenden Volkes in sehr unterschiedlichem Maße übernommen wurden (Cavalli-Sforza 2001, 151).

10.3 Das Beispiel der technologischen Evolution

Der gegenwärtige Mensch befindet sich in der Zwickmühle von gleich zwei evolutionären Asynchronien. Zum einen ist seit der agrarischen Revolution die kulturelle Evolution der genetischen davongelaufen, denn die Gene des Menschen haben sich in den letzten 30 000 Jahren kaum verändert, d. h., auf genetischer Ebene sind wir im Wesentlichen immer noch Jäger und Sammler. Seit etwas über einem Jahrhundert ist darüber hinaus die technologische Evolution in beängstigendem Tempo der Evolution unserer Kultur im engeren Sinne davongelaufen. Angesichts der rasanten technologischen Entwicklung, die uns Möglichkeiten beschert wie künstliche Intelligenz, Cyberspace, Genveränderung und Klonen, ist unser Kulturbewusstsein ratlos, denn auf der Ebene der Kultur im engeren Sinne sind die Menschen nach wie vor von ihrem Bedürfnis nach höheren, quasireligiösen Wahrheiten bestimmt (▶ Abschnitt 17.5). In jedem Fall ist die Entwicklung von Technik und Wissenschaft ein *Paradestück* des Wirkens der kulturellen Evolution, da sich in diesem

Bereich die „Emanzipation" der kulturellen von der genetischen Evolution am weitesten durchgesetzt hat.

Die zwei klassischen Techniktheorien sind zum einen die *Genietheorie*, der zufolge technische Innovationen das Werk großer Erfindergenies sind, und zum anderen die *Bedarfstheorie*, der zufolge die technische Entwicklung erfolgt, um menschliche Bedürfnisse immer besser zu befriedigen. Beide klassischen Techniktheorien beruhen auf intentionalistischen Erklärungen, und sie erweisen sich aufgrund folgender zwei Einsichten als gleichermaßen inadäquat:

Erstens kann der riesenhafte technische Fortschritt unmöglich auf das Wirken einiger Erfindergenies zurückführbar sein, denn kein noch so genialer Erfinder wäre in der Lage gewesen vorauszusehen, was, sagen wir, nach 50–100 Jahren Optimierung und Marktanpassung aus seiner ursprünglichen Erfindung geworden ist (▶ Abschnitt 9.2.2).

Zweitens lassen sich langfristige technische Entwicklungen nur selten als Ausfluss gewisser Absichten oder als Mittel der Befriedigung von schon anfangs vorhandenen Bedürfnissen erklären. In ▶ Abschnitt 9.2.3 erwähnten wir in diesem Zusammenhang die Entwicklung des Automobils, das weder den Absichten seiner Erfinder noch den ursprünglichen Bedürfnissen seiner Benutzer, sondern den späteren Selektionskräften der Transportwirtschaft folgte.

In diesem Abschnitt sollen diese beiden Einsichten weiter vertieft werden, wobei wir uns insbesondere an Basallas richtungsweisende Arbeit von 1988 orientieren. Beispielsweise besagt der die klassische Bedarfstheorie weiterführende Ansatz von Neirynck (1998), dass technologische Innovationsschübe jedes Mal durch Überbevölkerungsdruck ausgelöst worden seien und ihre primäre Funktion in der Lösung eines Überbevölkerungsproblems bestanden habe. Diese These trifft jedoch in nur geringem Maße zu, wie wir bereits im vorhergehenden Abschnitt am Beispiel der Agrarrevolution gesehen haben. Das rapide Bevölkerungswachstum war nur in geringem Maße die Ursache, sondern in viel höherem Maße erst die kausale *Folge* der Einführung der agrarischen Lebensweise, die es ermöglichte, die traditionellen Kinderbeschränkungen von Jäger- und Sammlergesellschaften fallen zu lassen und viel mehr Kinder als je zuvor in die Welt zu setzen. Wie auch im Fall des Automobils (▶ Abschnitt 9.2.3) gilt für den Ackerbau das Diktum, dass die Technikevolution nicht aus der Not einen Luxus, sondern aus dem ehemaligen Luxus eine Not macht. Der Ackerbau entsprang nicht einer Not, sondern war zunächst ein Luxus, eine neuartige bequeme Form der Nahrungsbeschaffung neben dem Jagen und Sammeln, und erst die dadurch bewirkte Bevölkerungsvermehrung zwang nach nur wenigen Generationen die Menschen dazu, massenweise auf diese neue Ernährungsweise umzusteigen, die in der Folge die ökologischen Kreisläufe in einem nie zuvor da gewesenen Ausmaß veränderte und zerstörte.

Welche technischen Entwicklungen sich durchsetzen, hängt weniger von vorhandener Intelligenz, Fähigkeit oder Absichten, sondern von den natürlichen und kulturellen Selektionsbedingungen ab. Als die zwei bedeutendsten Erfindungen des Menschen werden üblicherweise das Feuer und das Rad genannt. Doch während die Erfindung des Feuers schon vor etwa 1 Mio. Jahren erfolgte und sich seit damals bei allen Hominidenstämmen ausbreitete, weil sein Besitz überall entscheidende Vorteile brachte, wurde das Rad erst vor etwas mehr als 5 000 Jahren in Mesopotamien erfunden und hat sich nicht in allen neusteinzeitlichen Kulturen durchgesetzt. In Mittelamerika beispielsweise war das Prinzip des Rades zwar bekannt, bezeugt durch beräderte Spielzeuge und Nippgegenstände, die zwischen dem 4. und dem 15. Jahrhundert von den Azteken hergestellt wurden, doch wurde das Rad dort vor dem Eintreffen der europäischen Inquisitoren nicht zum Transport verwendet, da der Boden dafür zu dicht bewachsen und zu uneben war. Die Töpfer in Mexiko und Peru stellten über viele Jahrhunderte immer dieselben einfachen traditionellen Töpferwaren her; erst als nach der Eroberung Amerikas westliches Geld Innovationsanreize schuf, begannen sie, ästhetisch extravagante Waren herzustellen (Basalla 1998, 7–11, 106).

Auch waren die Reaktionen von Eingeborenenstämmen auf die Ankunft moderner Zivilisation sehr unterschiedlich. Als die „zivilisierten" Weißen 1930 das bislang unberührte Neuguinea und später andere melanesische Inseln eroberten und Dutzende steinzeitlich lebender Pygmäenstämme entdeckten, verehrten einige Stämme die Weißen als mit den Göttern in Verbindung stehende Großzauberer oder gar Götter selbst, was zu den sogenannten Cargo-Kulturen oder zur John-Frum-Religion führte.[64] Aber nicht alle Stämme waren von der westlichen Technologie derart beeindruckt. Während sich z. B. die Chimbu auf Neuguinea sehr eifrig um die Übernahme der neuen Technologien bemühten, verhielten sich die Stämme im benachbarten Hochland der Daribi konservativ und zurückweisend. Als die Weißen mit Hubschraubern bei den Daari (einem Stamm der Daribi) landeten, liefen diese unbeeindruckt einfach davon, während die Chimbu diese Himmelsmaschinen unbedingt kaufen wollten (Diamond 1998, 252). Auch die Tikopa auf Polynesien verhielten sich eher desinteressiert gegenüber den technischen Erneuerungen und blieben weitgehend bei ihren traditionellen Praktiken (Basalla 1988, 65).

Warum fand die technische Revolution in Westeuropa und nicht in China statt, wo sich die agrarische Lebensweise ebenfalls früh – wenngleich nicht unter so günstigen Bedingungen wie im fruchtbaren Halbmond – durchsetzte? 1000 n. Chr. war China dem mittelalterlichen Westeuropa technisch voraus und verfügte bereits über Druckschrift, Schießpulver, primitive Kanonen und den magnetischen Kompass. 1400 waren Europa und China im Gleichstand, aber schon 1600 war Europa China technisch deutlich überlegen; die europäischen Kanonen waren weit besser als die chinesischen. Während das frühkapitalistische westliche Unternehmertum die technologische Evolution beschleunigte, herrschte in China von 3000 v. Chr. bis 2000 n. Chr. Monarchie. Chinesische Monarchen und Feudalherren behinderten das Aufkommen einer unabhängigen Klasse von Händlern und Unternehmern, was nicht heißt, dass es in China keinen Fortschritt gab, er wurde dadurch jedoch gegenüber dem Westen verlangsamt (vgl. Basalla 1988, 169–176; Neirynck 1998, 199). Das

---

[64] In den heute noch vorhandenen Cargo-Kulten ahmen melanesische Inselbewohner weiße Technologie nach, z. B. mit holzgeschnitzten Imitaten von Funkgeräten, um das Eintreffen von wertvoller Schiffsfracht (*cargo*) herbeizuführen, welche nach Eingeborenenglauben von den Göttern kommt. Gemäß der 1940 entstandenen und 1957 offiziell konstituierten John-Frum-Religion auf der Pazifikinsel Tanna kam der Sohn Gottes mit Namen John Frum aus Amerika und gab in den 1930er Jahren, ähnlich wie Christus, diverse Heilsverkündungen ab (de.wikipedia/wiki/Cargo-Kult sowie de.wikipedia/wiki/John-Frum-Bewegung).

heißt, die Frage, warum die industrielle Revolution von den Europäern und nicht den Chinesen „erfunden" wurde, ist falsch gestellt: Vermutlich hätte sie sich auch in China entwickelt, nur viel später – doch bevor sich eine eigenständige industrielle Revolution in China hätte entwickeln können, hat dies die wirtschaftliche Kolonialisierung durch den Westen verhindert.

Im frühkapitalistischen Westeuropa der Neuzeit wurde dagegen dem technischen Fortschritt so hohe Bedeutung zugesprochen wie wohl nirgendwo anders auf der Welt. Francis Bacons Philosophie versprach sich von der experimentalwissenschaftlichen Erforschung der Naturgesetze die vollkommene technische Beherrschbarkeit der Naturkräfte. Bücher, die technologische Träume und fantastische Maschinen bildlich illustrierten, hatten zwischen 1400 und 1600 Hochkonjunktur (ebd., 67 ff). Die partielle *Naivität* dieser Technikgläubigkeit äußerte sich darin, dass sich neben realistischen und später tatsächlich verwirklichten technischen Visionen auch gänzlich unrealistische Visionen finden, z. B. die Perpetuum-mobile-Maschine. Dieselbe partielle Naivität findet sich auch noch in unserer Gegenwartskultur. So sagten in den 1960er Jahren hochrangige Experten folgende aus heutiger Sicht eher utopische technische Erfindungen voraus: 1975 werde man Hurrikans verhindern können, ab 1982 gäbe es eine permanent bewohnte Mondbasis, 1986 gelänge die kontrollierte Kernfusion, 1990 die Klimagestaltung nach Wahl des Menschen und 1994 ein genereller Impfschutz gegen Bakterien und Viren (*Naturwissenschaftliche Rundschau*, Juli 1967; vgl. Ballhausen 2010, 15).

Im Zuge der Kolonialisierung führten westliche Industrienationen ihre neuen Technologien in vielen nicht westlichen Ländern ein und bauten zugleich ihre Vormachtstellung aus. Nicht überall wurde die durch den Westen eingeführte Technologie akzeptiert. Ein illustres Beispiel sind die 1543 von den Portugiesen in Japan eingeführten Gewehre (vgl. Basalla 1988, 188 f; Diamond 1998, 257). Die Japaner waren zunächst beeindruckt, ahmten die Herstellung nach und produzierten schon 1600 exzellente eigene Gewehre. Doch die gesamte Schwertkriegstradition der Samurai war durch Gewehre bedroht. Alsbald begann die Samurai-kontrollierte Regierung, die Gewehrproduktion zu lizenzieren und beschränkte sie auf wenige Städte und in der Folge nur mehr auf staatliche Unternehmen, sodass es in Japan bald fast keine Gewehre mehr gab. Erst in den 1850er Jahren erfolgte unter dem Druck westlicher Wirtschaftsmächte die Abwendung von dieser Politik.

Die Stärke der evolutionären Beschreibung von Technikentwicklung zeigt sich nicht nur im Wirken der Selektion, sondern auch an der Diversität und der Gradualität technologischer Variationen. Seit der Einführung des Patentsystems im Jahr 1790, welches zusätzliche technische Innovationsanreize schuf, gab es in den USA nicht weniger als 4,7 Mio. Patente. „Große Sprünge" sind in der technischen Evolution meist nur ein äußerer Schein, hinter dem bei genauerer Analyse ein kontinuierlicher Abstammungsbaum von kleinen graduellen Verbesserungen sichtbar wird. Ein schönes Beispiel hierfür ist der in ▶ Abb. 10.2 dargestellte Abstammungsbaum australischer Aborigineswaffen. Die Parallele zu den fein abgestuften Abstammungsbäumen biologischer Evolution wie den Skelettreihen in ▶ Abb. 3.3 ist bemerkenswert.

Wie wenig die Genietheorie der technischen Evolution gerecht wird, sei ebenfalls an einigen Beispielen verdeutlicht. Hatte beispielsweise James Watt 1775 wirklich die Dampfmaschine erfunden? Nein, Thomas Newcomens atmosphärische Dampf-

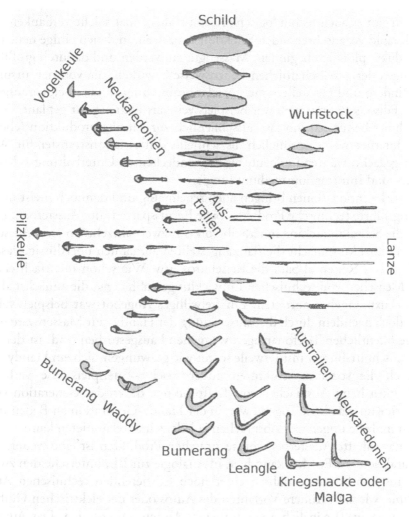

Abb. 10.2 Abstammungsbaum australischer Aborigineswaffen (verändert nach Basalla 1988, 19, Abb. 1.3, und Pitt-Rivers 1906).

maschine gab es schon 1712 – sie wurde als Saugpumpe eingesetzt, und Watt machte sich daran, Newcomens Dampfmaschine zu verbessern. Ebenso fiel Edisons Glühbirne nicht einfach aus Edisons Gehirn; sie hatte ihren Vorläufer in der elektrischen Bogenlampe, und Edison versuchte, darauf aufbauend eine elektrische Lampe herzustellen, die ein sanftes Licht ähnlich der damals weit verbreiteten Gaslampe hervorbringen sollte (vgl. Basalla 1988, 35 f, 47 f, 50). Der in den USA erfundene Stacheldrahtzaun hatte seinen Vorläufer wiederum in den Dornenhecken, die als natürlicher Abwehrzaun bei großen Grundstücken zu kostspielig wurden. Schließlich besteht zwischen Technik und Naturwissenschaft eine kontinuierliche Wechselwirkung: Weder geht die Technik immer der Wissenschaft noch die Wissenschaft immer der Technik voraus; vielmehr haben technische Innovationen ebenso oft neue Theorieentwicklungen bewirkt, wie neue Theorieentwicklungen neue technische Entwicklungen ausgelöst haben (ebd., 91 ff).

Freilich gibt es auch technologische Revolutionen, aber solche verdanken sich im Regelfall rapid voranschreitenden Selektionsprozessen, in denen einige neue technische Produkte plötzlich beginnen, Massengut zu werden und dadurch großflächige Änderungen der gesellschaftlichen Lebensweise bewirken, die von den ursprünglichen Erfindern und Herstellern meist weder beabsichtigt waren noch vorausgesehen wurden. Edisons Phonograph war beispielsweise als Diktiergerät geplant, doch die Unternehmer benutzten ihn fast ausschließlich zur Musikreproduktion (ebd., 139 f). Das Internet war ursprünglich als schneller Informationstransfer für Wissenschaftler gedacht, während es heute als flächendeckendes Unterhaltungs-, Kommunikations- und Informationsmedium fungiert.

Technische Innovationen bringen auch regelmäßig und dennoch meist unerwartet alteingeführte technische Produkte sowie Berufssparten zum Aussterben. Der PC brachte die Schreibmaschine innerhalb von nur zwei Jahrzehnten zum Aussterben. Das Internetbanking macht die Bankangestellten allmählich überflüssig, das Internetbuchen von Reisen alsbald die Reisebüros usw. Wie schon mehrfach erwähnt, werden Menschen von technischen Entwicklungen abhängig, die zunächst als „freiwilliges" Luxusangebot auftreten. Ein freiwilliges Angebot war beispielsweise das Handy; doch nachdem durch die Entwicklung der Handys zur Massenware mittlerweile die öffentlichen Telefonanlagen weitgehend ausgestorben sind, ist der westliche Durchschnittsbürger mittlerweile so gut wie gezwungen, sich ein Handy zuzulegen. Auch die sozialen Strukturen ändern sich – beispielsweise verliert die Verlässlichkeit beim Ausmachen von Treffpunkten, die in der Generation vor den Handys eine unerlässliche Tugend war, in der Handy-Generation an Bedeutung, da man sich im Falle ungenauer Absprachen ja jederzeit antelefonieren kann.

Das massenhafte Aussterben von technischen Produkten ist eine weitere auffallende Parallele zur BE. Man kann hier, in Analogie zur BE, unterscheiden zwischen 1) den ausgestorbenen Vorfahren einer noch existierenden technischen Abstammungslinie, wie z. B. frühere Vorfahren des Autos oder der elektrischen Glühbirne, im Gegensatz zu 2) gänzlich ausgestorbenen Abstammungslinien. Das Aussterben ganzer Stammlinien wird nostalgisch oft als Verlust empfunden, illustriert etwa durch das Aussterben von Ritterrüstungen, Wasserkrafträdern bzw. Mühlrädern, Dampfmaschinen, landwirtschaftlichen Geräten wie Egge, Pflug und Heugabel, Kerzenlicht- und Gaslichtutensilien, befeuerten Herden bis hin zu Pumpbrunnen, Waschtrögen und Zinkbadewannen.

Man könnte meinen, ein Unterschied zwischen der BE und der technischen Evolution sollte zumindest darin bestehen, dass extreme Dysfunktionalitäten wie der in ▶ Abschnitt 4.1 beschriebene Umweg des Kehlkopfnervs der Giraffe in der technischen Evolution nicht auftreten, sondern rational bereinigt werden. Doch auch solche Dysfunktionalitäten finden sich in der technischen Evolution. Ein Beispiel ist die heute noch übliche QWERTZ-Tastatur mit den eher ungünstig gelegenen Buchstaben (Diamond 1998, 248): Diese Tastatur wurde ursprünglich eingeführt, um die Tippgeschwindigkeit herabzusetzen, weil die damals mechanischen Schreibmaschinen mit der Tippgeschwindigkeit professioneller Benutzer sonst nicht mitgekommen wären und sich verhakt hätten; bei elektrischen Tastaturen wäre das umständliche QWERTZ-System nicht mehr nötig gewesen, wurde aber dennoch beibehalten.

10.4 Weitere Anwendungen der KE-Theorie im Überblick

Über die in ▶ Abschnitt 10.2 und 10.3 abgehandelten Themen hinaus besitzt die Theorie der KE eine Vielzahl weiterer Anwendungen, die verstreut über die einzelnen Kapitel dieses Buches behandelt werden. Um die wichtigsten davon übersichtlich zusammenzustellen, handelt es sich dabei beispielsweise um

1.) Parallelen zwischen BE und KE wie dem Aussterben kultureller Quasispezies oder der Übertragung von Methoden der BE zur Generierung von Abstammungsbäumen auf Sprachen, technische Geräte und Kulturgegenstände (▶ Abschnitt 9.2.5 und 17.1),

2.) die Untersuchung von Interaktionen zwischen BE und KE wie Wilson-und Baldwin-Effekt, einschließlich der Analyse gegenläufiger Phänomene wie der demografischen Schwelle oder der invers-IQ-korrelierten Reproduktion (▶ Abschnitt 11.4 und 11.5),

3.) die Analyse der Entstehungsbedingungen für kulturellen Polymorphismus im Kontext von Nachbarschaftsstrukturen, Migration und Globalisierung (▶ Abschnitt 13.1, 13.2 und 16.7.3),

4.) die Analyse von Modezyklen zwischen Originalität und Konformismus (▶ Abschnitt 14.1),

5.) die Untersuchung der evolutionären Erfolgschancen unterschiedlicher Handlungsstrategien im Spannungsfeld von Egoismus und Altruismus unter unterschiedlichsten Bedingungen (▶ Abschnitt 15.2 und 15.3 und Kap. 16),

6.) die evolutionäre Analyse menschlicher Kognitionsmechanismen zwischen Modularität und Universalität (▶ Abschnitt 17.2 und 17.3) und schließlich

7.) die Untersuchung der Selektionsgründe für Religionen im Kontext des verallgemeinerten Placeboeffekts (▶ Abschnitt 17.4 bis 17.6).

10.4 Weitere Anwendungen der KE-Theorie im Überblick

11.
Interaktionen zwischen der kulturellen, biologischen und individuellen Evolution

Neben der BE und der KE haben wir in ▶ Abschnitt 6.3.2 auch die individuelle Evolution (IE) eingeführt. Zwischen den drei Ebenen der BE, KE und IE bestehen eine Reihe von Beziehungen. Zunächst einmal gibt es einige offensichtliche *ontologische* Abhängigkeiten: Weder die IE noch die KE könnten stattfinden, wenn es die BE nicht gäbe, denn die BE sorgt für die Existenz der evolutionären Systeme, sprich Organismen, und ihrer Reproduktion in Form von Generationenfolgen. Die KE könnte zudem auch nicht ohne die IE existieren, denn erst die Lernmechanismen der IE sorgen auch dafür, dass kulturell erworbene Meme in der KE von der Folgegeneration erlernt werden können. Was uns in den folgenden Abschnitten interessiert, sind spezifische Beziehungen und Interaktionen zwischen BE, KE und IE.

11.1 Individuelle Evolution und Arten des individuellen Lernens

Die IE ist zwei Beschränkungen ausgesetzt. Erstens kann die IE aufgrund der zeitlich begrenzten Lebensdauer eines Individuums, im Gegensatz zur BE und KE, nicht unbegrenzt kumulativ sein – sie kann dies nur indirekt, indem nämlich die Resultate einer IE durch Tradition in der KE weitergeführt werden. Zweitens handelt es sich bei jenen Entwicklungsprozessen, in denen sich die genetischen Anlagen des Individuums in biologisch normaler Weise entfalten, nicht um Evolutionsprozesse, sondern um Reifungsprozesse. Wenn, dann kommen nur die Prozesse des individuellen Lernens für genuin evolutionäre Prozesse infrage, da nur hier genuin Neues hervorgebracht wird. In ▶ Abschnitt 6.3.2 hatten wir individuelles Trial-and-Error-Lernen als verallgemeinerten Evolutionsprozess erkannt (eine Idee, die auf T. Huxley zurückgeht; Plotkin 2000, 69). Doch nicht alle Arten des individuellen Lernens folgen den drei Darwin'schen Modulen. In diesem Abschnitt sehen wir uns die unterschiedlichen Arten individuellen Lernens näher an. In der Lernpsychologie (z. B. Lefrancois und Lissek 2006) wird zwischen (mindestens) den in ▶ Abschnitt 11.1.1 bis 11.1.4 erwähnten Arten des individuellen Lernens unterschieden.

11.1.1 Prägung

Hierbei wird ein angeborenes Programm auf einen gewissen Umweltstimulus hin ausgerichtet – z. B. die Prägung eines Gänsekükens auf seine „Mutter" als jenes

Wesen, das es zuerst im Nest erblickt und ihm Futter bringt. Es handelt sich hier weder um IE gemäß der Darwin'schen Module noch um Lernen im engeren Sinn, das eine Kumulation von Erlerntem zuließe, sondern lediglich um einen einmaligen Lernakt.

11.1.2 Klassische Konditionierung als Umweltinduktion

In der klassischen Konditionierung wird ein angeborenes Verhalten, das durch einen angeborenen (unkonditionierten) Stimulus U ausgelöst wird, auf einen konditionierten Stimulus S dadurch übertragen, dass S mit U regelmäßig gemeinsam auftritt. Paradebeispiel ist der Pawlow'sche Hund, der aufgrund wiederholten Läutens der Glocke kurz vor der Futtergabe (U) alsbald allein durch das Hören des Glockentons (S) die Nahrung erwartet und Speichelsekret ausschüttet. Klassische Konditionierung ist somit ein unbewusster Vorgang des *induktiven Assoziationslernens* – was induktiv gelernt wird, ist die regelmäßige Verknüpfung zwischen U und S, wodurch nach dem Lernprozess S dasselbe Verhalten auslöst, das U auslöst.

Klassische Konditionierung ist ein in der BE weit verbreiteter Lernmechanismus, der fast überall im Tierreich nachgewiesen wurde und überall gleichartig funktioniert – nicht nur bei allen Wirbeltieren, sondern auch bei Wirbellosen wie z. B. Bienen oder Würmern.[65] Klassisches Konditionieren besitzt auch eine bekannte neurologische Grundlage – die sogenannte *Hebb-Regel*, der zufolge die Erregungsleitung zwischen zwei Neuronen oder Neuronenclustern, deren Aktivität gewisse Merkmale wie z. B. U und S repräsentiert, zunächst einen hohen Widerstand besitzt, der umso geringer wird, je öfter die beiden Neuronen gemeinsam extern stimuliert werden (Hebb 1949; Rojas 1996, 21, 258 f).[66] Allerdings folgt klassische Konditionierung nicht genau den Darwin'schen Modulen, sondern es findet dasjenige statt, was wir *Umweltinduktion* genannt haben. Denn es werden ja nicht irgendwelche Assoziationshypothesen per Versuch und Irrtum ausprobiert und damit Voraussagen erstellt, um danach jene Hypothesen, deren Voraussageerfolg am größten war, zu selektieren. Vielmehr ist es hier die wahrgenommene Umwelt, die dem Individuum von vornherein die wahrscheinlichsten Hypothesen per induktivem Assoziationslernen aufprägt. Das auf den klassischen Empiristen John Locke zurückgehende Modell des lernenden Geistes als einer tabula rasa, in der sich das Bild der Welt mittels der Sinneseindrücke einprägt, hat hier, beim induktiven Assoziationslernen, wohl seine größte Berechtigung.

Um Missverständnissen vorzubeugen: Auch beim Lernen durch Versuch und Irrtum gibt es eine nachträgliche induktive Komponente: die bislang erfolgreichsten Varianten werden beibehalten (vgl. Schurz 1998). Der Unterschied liegt darin, dass

---

[65]   Vgl. Bitterman (2000), Delius et al. (2000), Shanks, Douglas und Holyoak (1996), Wasserman et al. (1996).

[66]   Hierfür ist sogar ein molekularer Mechanismus bekannt: Der Einstrom von Natriumionen in die Zellwandkanäle des postsynaptischen Neurons, durch den die Erregungsweiterleitung erfolgt, wird zunächst durch Magnesiumionen blockiert, die aber bei starker ankommender Erregung herausspringen und den Kanal freigeben (Antonov et al. 2003).

beim Lernen durch Versuch und Irrtum die Varianten bzw. „Hypothesen" unabhängig von den Selektionsbedingungen erzeugt werden, während sie beim induktiven Assoziationslernen durch die Beobachtung aufgezwungen werden. Um die Gegenüberstellung von Induktion vs. Versuch und Irrtum geht es auch in einer wissenschaftstheoretischen Debatte, nämlich der Debatte um die Frage, ob es eine systematische Methode der Generierung aussichtsreicher wissenschaftlicher Hypothesen gibt. Während Popper (1935) dies bekanntlich bestritten hat, ist induktives Lernen in der Tat eine systematische Methode der Hypothesengenerierung. Allerdings kann induktives Assoziationslernen keine neuen theoretischen Begriffe und somit auch keine Theorien generieren. Es ist daher auf den Bereich empirischer Hypothesen beschränkt (vgl. Schurz 2006, 52). Man kann zwar auch in die Induktion von strikten (ausnahmslosen) Allsätzen wie z. B. „Alle Schwäne sind weiß" einen Aspekt der nachträglichen Selektion hineinlesen, insofern viele Prima-facie-Generalisierungen durch spätere Falsifikation wieder ausgeschieden werden und nur wenige den „Überlebenskampf der Falsifikation" bestehen. Doch für statistische Zusammenhänge (z. B. „Die meisten Vögel können fliegen") lässt sich eine Separierung in eine Phase der „Variation durch Induktion" und eine der „Selektion durch Falsifikation" nicht mehr vornehmen. Vielmehr sind statistische Zusammenhänge umso wahrscheinlicher und werden umso stärker geglaubt, je mehr positive und je weniger negative Instanzen in der Beobachtung auftreten. Dieses Vorgehen führt nachweislich auf lange Sicht zu korrekten Ergebnissen und entspricht zugleich der Praxis des menschlichen Schließens (vgl. Rescorla und Wagner 1972; Wasserman et al. 1996).

Während in der klassischen Konditionierung nur neue induktive Zusammenhänge in den Beobachtungen, aber keine neuen Verhaltensweisen erlernt werden, findet das Letztere in der operanten Konditionierung statt, der wir uns nun zuwenden.

11.1.3 Operante Konditionierung als Evolutionsprozess

Hierbei werden variierende Verhaltensweisen durch Versuch und Irrtum spontan erprobt und durch positives oder negatives Feedback der Umgebung in der Häufigkeit ihres Auftretens verstärkt („belohnt") oder geschwächt („bestraft"). Wenn z. B. ein Schimpanse durch Versuch und Irrtum lernt, eine Tür zu öffnen, dann wird seine zunächst nur zufällig ausgeführte Handlung des Drückens der Klinke, weil sie zum Erfolg führte, von nun an beibehalten. Operante Konditionierung bildet die Grundlage der individuellen Evolution von neuen Verhaltensweisen und Fähigkeiten und folgt den Modulen der Darwin'schen Evolutionstheorie. Die Variationen des Verhaltens können zufällig oder gerichtet erfolgen; in jedem Fall aber liegt eine klare Separation der beiden Module der Variation und der Selektion (durch positive oder negative Feedbacks der Umgebung) vor. Die Reproduktion des konditionierten Verhaltens findet einfach durch seine Speicherung im *Gedächtnis* statt, in Form von kognitiven Kompetenzen bzw. neuronalen Strukturen. Da die Repronen der IE nicht aus dem Verhalten selbst, sondern aus den abgespeicherten Informationen bestehen, könnte man argumentieren, dass dabei keine volle Reproduktion, sondern lediglich eine einfache Beibehaltung bzw. Campbell'sche *Retention* vorliegt, die nur eine Vorstufe von Evolution bildet (▶ Abschnitt 9.5.3 und 6.4). Allerdings lässt jedes Gedächtnis mit der Zeit nach, und es ist regelmäßiges Training nötig, um das Gedächtnis aufrechtzuerhalten – und insofern hat die Rede von einer Reproduktion des Gedächtnisses doch eine gewisse Berechtigung.

Die universelle Verbreitung des (klassischen und operanten) Konditionierungslernens im Tierreich hat folgende biologisch-evolutionäre Erklärung. Im Unterschied zur ortskonstanten Lebensweise der Pflanzen bewegen sich Tiere fort und benötigen zur Erkennung und Reaktion auf variierende Umweltreize spezifische Organe (▶ Abschnitt 7.3). Dies erklärt, warum es nur bei Tieren zur Evolution von spezifisch auf Informationsverarbeitung hin adaptierten Zellen, den Sinnes- und Nervenzellen, gekommen ist. Nun sind die möglichen Umgebungen, die ein tierischer Organismus im Laufe seines individuellen Lebens potenziell durchwandern kann, viel zu komplex, um alle adäquaten Reaktionen auf mögliche Umgebungen in der Form von genetischen Programmen abspeichern zu können. Ein eigener Mechanismus wird nötig, um den Organismus im Laufe seines Lebens auf spezifische Umweltsituationen hin zu adaptieren, und eben dies leistet das Konditionierungslernen. Es ermöglicht damit, dem Individuum, seine Lebensweise auf ein wesentlich höheres Komplexitätsniveau einzustellen, als genetisch programmierbar wäre.

11.1.4 Einsicht und Konstruktion kognitiver Modelle

Höheres Lernen durch „Einsicht" beruht auf der Konstruktion geistiger Modelle. Mit dieser Fähigkeit ist die charakteristische kognitive Ebene des menschlichen Verstands erreicht. Man findet kognitives Modelllernen, abgesehen vom Menschen, aber auch bei hochintelligenten Säugetieren. Ein bekanntes Beispiel ist der Schimpanse, der nach einer „Überlegungsphase", während der er einige Minuten still sitzt, mehrere Kisten gezielt aufeinandertürmt, um dadurch an eine an der Decke hängende Banane zu gelangen. Die Konstruktion kognitiver Modelle erfolgt natürlich nicht blind, sondern gerichtet. Dennoch gehorcht auch kognitives Modelllernen den Darwin'schen Modulen, denn die kognitiven Modelle sind hochgradig fehlerhaft und werden durch Versuch und Irrtum sukzessive verbessert. So gelingt es dem Schimpansen erst nach mehreren Versuchen, die Kisten so aufeinander zu stellen, dass sie beim Draufklettern nicht umkippen. Der Vorteil des kognitiven Modelllernens liegt darin, dass dadurch komplexe Zusammenhänge erlernbar sind, die durch operante Konditionierung nur schwer oder gar nicht erlernbar wären.

Konditionierung und kognitive Modellkonstruktion sind sehr *allgemeine* Lernmechanismen. Die Lernpsychologie kennt darüber hinaus einige sehr *spezifische* Arten des Lernens, wie Spracherwerb, Raumorientierung oder das in ▶ Abschnitt 9.5.1 besprochene Lernen durch *Imitation* anderer Personen, die auf spezifischen *kognitiven Modulen* des Menschen beruhen. Auf solche Module und die damit verknüpfte Kontroverse um kognitive Modularität in der evolutionären Psychologie wird in ▶ Abschnitt 17.3 näher eingegangen.

11.2 Relative Vorteile von BE, KE und IE

Wir skizzieren zunächst eine allgemeine Überlegung von Boyd und Richerson zu den relativen Vorteilen von BE, KE und IE. Wie oben erläutert, bietet die IE, also die Fähigkeit zu individuellem Lernen, schon aus bloßen Komplexitätsgründen einen Zusatzvorteil zu einer rein genetischen Verhaltensdeterminierung, denn für die Verhaltensanforderungen von ortsveränderlichen Organismen in wechselnden Umgebungen sind nicht genügend Gene vorhanden, um sämtliche Eventualitäten abzuspeichern, und auch der embryonale Reifungsprozess würde zu lange dauern. Wie steht es aber mit den relativen Vorteilen der KE, in Bezug zur IE und zur BE? Boyd und Richerson (1985, 98 f) nehmen eine Art „Kulturgen" an, eine variable genetische Veranlagung zur Kultur, dessen Ausprägung die Tendenz eines Individuums bestimmt, KE eher zu praktizieren oder nicht zu praktizieren, also sich auf Traditionen der Vorgängergeneration zu stützen oder sich im Gegensatz dazu seine Kenntnisse durch Eigenerfahrung zu erwerben. Eine solche genetische Veranlagung zur Kultur impliziert nicht, dass auch der Inhalt von KE genetisch bedingt wäre, sondern nur, dass die Tendenz zu KE genetisch bestimmt ist.

Boyds und Richersons mathematische Modellrechnungen gelangen zusammengefasst zu folgenden Resultaten (ebd., 102 ff, 127). Ein Kulturgen wird sich dann bevorzugt ausbreiten, wenn die Fehlerrate individuellen Lernens deutlich größer ist als die Fehlerrate von Lernen durch Traditionsübernahme. Dies ist wiederum dann der Fall, wenn die Lebensbedingungen von einer Generation zur nächsten verhältnismäßig konstant sind. Würde jede Generation in eine komplett andere Welt hineingeboren werden, so hätte Traditionsübernahme gar keinen Sinn. Boyd und Richerson untersuchen auch die relative Vorteilhaftigkeit von kultureller im Vergleich zu genetisch verankerter Evolution, mit folgendem Ergebnis: Wenn die Lebensbedingungen zwischen den Generationen entweder extrem stark und unregelmäßig variieren, sodass nur ein langfristiges Mittelmaß eine selektive Rolle spielt, oder aber wenn sie sich so gut wie nie ändern, dann ist eine ausschließlich genetisch basierte Evolution vorteilhaft oder zumindest nicht nachteilig. In allen anderen Fällen ist dagegen zusätzliche KE von Vorteil.

11.3 Interaktionen zwischen KE und IE

IE und KE stehen in engem Zusammenhang. Einerseits fließen in jede IE die tradierten Inhalte der KE ein. Andererseits basiert kulturelle Tradition auf sozialem Lernen, also auf Lernen von anderen Personen, und benötigt hierfür die individuellen Lernmechanismen. Auf der Grundlage dieser Mechanismen lassen sich unterschiedliche Arten sozialen Lernens unterscheiden.

11.3.1 Arten sozialen Lernens

Soziales Lernen involviert immer auch *Imitation* in dem in ▶ Abschnitt 9.5.1 erläuterten weiten Sinne, der die Beteiligung weiterer Lernmechanismen wie Konditionierungslernen oder Lernen durch Einsicht nicht ausschließt, sondern im Gegenteil einschließt. Je nachdem, *von wem* gelernt wird, kann man jedoch verschiedene Arten des sozialen bzw. kulturellen Lernens unterscheiden. Die einfachste Methode, die das Kind anwendet und anwenden muss, ist das Lernen von der eigenen Primärgruppe, also den Familienmitgliedern. Später lernt es von seiner Sekundärgruppe, den Freunden, Lehrern und Bekannten. In beiden Fällen liegt eine lokale Imitationsmethode vor, die sich mit der Formel *Imitiere deine Nächsten* umschreiben lässt. Schon das Kind wendet jedoch auch eine zweite, *erfolgsgesteuerte* statt nachbarschaftsgesteuerte Methode an, die man mit der Formel *Imitiere die Besten* bezeichnet. So imitieren Kinder häufiger Vorbilder mit *hohem* Status als mit niedrigem (vgl. Bandura 1977; Blackmore 2003, 75 f). Erfolgsgesteuertes soziales Lernen wird in der Erkenntnistheorie auch als *Metainduktion* bezeichnet, also als Induktion über die Erfolgsraten unterschiedlicher Methoden (Schurz 2008b), und in der mathematischen Lerntheorie spricht man von Lernen unter Expertenberatung (Cesa-Bianchi und Lugosi 2006). Man kann verschiedene Arten von Metainduktion unterscheiden, z. B. „Imitiere den Besten" vs. „Kombiniere alle Besseren zu einem gewichteten Mittel", die in ▶ Abschnitt 17.3 näher erläutert werden. Dort werden wir zeigen, dass sich durch Anwendung metainduktiver Methoden der Prognose- bzw. Handlungserfolg optimieren lässt, was ein grundsätzliches Argument für den Vorteil von KE liefert.

11.3.2 Transfer von IE zu KE und verallgemeinerter Lamarckismus

Gelegentlich wird die KE als ein Beispiel für Lamarckismus genannt, weil dabei erworbenes Wissen vererbt wird. Doch hier liegt eine begriffliche Konfusion vor. Wie schon Hull (2000, 55) verdeutlichte, ist Memevolution zweifellos nicht lamarckistisch im *engen* biologischen Sinn, weil dabei kein erworbenes Wissen in die Gene eingeht. Aber vielleicht ist Memevolution lamarckistisch in einem *verallgemeinerten* Sinn? Um diese Frage zu beantworten, muss zunächst der Begriff des Lamarckismus von der BE auf beliebige Evolutionsebenen verallgemeinert werden. *Erworbene Merkmale im verallgemeinerten Sinn* sind solche Merkmale, welche nicht oder nicht primär durch die *Repronen* der jeweiligen Evolutionsebene verursacht und daher nicht reproduziert bzw. im verallgemeinerten Sinn vererbt werden. Lamarckismus im verallgemeinerten Sinn liegt daher dann vor, wenn erworbene und zunächst nicht reproduzierbare Merkmale Eingang in die Repronen finden und diese so verändern, dass daraus schließlich reproduzierbare Merkmale werden.

Nun ist zwar die BE nicht lamarckistisch in Bezug auf die IE (abgesehen von den in ▶ Abschnitt 2.3 erwähnten epigenetischen Effekten), doch die KE ist verallgemeinert-lamarckistisch in Bezug auf die IE. So wie nämlich die Repronen der KE, die kulturell tradierten Meme, biologisch nicht reproduzierte Merkmale sind, sind die Repronen der IE, also die Resultate individuellen Lernens, für die KE zunächst ebenfalls kulturell nicht reproduzierte Merkmale. Die spezifischen Lernleistungen und Schöpfungen eines Individuums werden zwar von ihren unmittelbaren Nachkommen in Ehren gehalten, fließen jedoch meistens nicht in die langfristige kulturelle Tradition ein. Doch in den wenigen Fällen, in denen ein Individuum eine so attraktive Idee oder bahnbrechende Erfindung hervorbringt, dass diese und mit ihm das Individuum in die Kulturgeschichte eingeht, wird tatsächlich aus einem Repron der IE ein Mem, also Repron der KE – und genau das ist ein verallgemeinert-lamarckistischer Prozess. Freilich ist in der KE ein neues Mem nur selten lediglich einem einzelnen genialen Erfinder zuzuschreiben; meistens findet eine Optimierung über viele kleine individuelle Lernschritte statt, was nicht mehr als verallgemeinerter Lamarckismus zu bezeichnen ist – letzterer tritt nur dort auf, wo die Lernresultate eines einzelnen Individuums zum nachhaltigen Kulturgut werden.

11.4 Interaktionen zwischen KE und BE

Die BE gibt ein umfassendes System von Constraints in Form von biologischen Mechanismen vor, auf denen alle Prozesse der KE wie auch der IE letztlich aufbauen müssen (was insbesondere von den Vertretern der evolutionären Psychologie betont wurde; Tooby und Cosmides 1992, 38 f). Im Folgenden interessieren wir uns für spezifische Interaktionseffekte, mittels derer die BE in die KE oder umgekehrt die KE in die BE einzugreifen vermag.

11.4.1 Wilson-Effekt und Baldwin-Effekt – Ein Quasi-Lamarckismus

Während der Soziobiologie zufolge die Gene die Kultur an der Leine führen, führt diesen Effekten zufolge die Kultur die Gene an der Leine. Kulturelle Errungenschaften können nämlich die Selektionsbedingungen für Gene so verändern, dass sich die Häufigkeiten von bereits vorhandenen Allelen verändern. Wenn beispielsweise durch Großgruppenbildung die Bedeutung der verbalen Kommunikation im Vergleich zu handwerklichen Fähigkeiten oder zum Jagen ansteigt, so werden jene genetischen Varianten häufiger werden, welche sprachliche Fähigkeiten begünstigen. Gemäß Lumsden und Wilson (1981, 20) treten solche Effekte – wir nennen sie „Wilson-Effekte" – schon innerhalb von 1 000 Jahren oder weniger auf. Neue Mutanten entstehen innerhalb so kurzer Zeitspannen zwar normalerweise nicht, aber auch die bloße Veränderung von Allelhäufigkeiten kann die Verteilung biologischer Merkmale deutlich ändern. Auch sexuelle Selektion spielt eine Rolle: Wenn durch kulturelle Tradition längerbeinige Frauen zur Reproduktion bevorzugt werden, so werden nach der Wilson'schen Zeitspanne Frauenbeine etwas länger geworden sein – vielleicht ein Grund, warum Frauen in den meisten Kulturen tatsächlich (relativ zur Körpergröße) längerbeiniger sind als Männer.

Wilson-Effekte beruhen darauf, dass veränderte kulturelle Merkmale zu veränderten Selektionsbedingungen für biologisch-genetische Merkmale und damit zu veränderten Allelhäufigkeiten führen. Dass beispielsweise, wenn Männer nur lange genug Frauen mit längeren Beinen zur Reproduktion bevorzugen, Frauen statistisch gesehen tatsächlich längere Beine bekommen, ist also kein echter Lamarckismus, sondern lediglich ein Quasi-Lamarckismus, der eine einfache genetische Selektionserklärung besitzt. Aber kann ein solcher quasi-lamarckistischer Effekt selbst dann eintreten, wenn die veränderten kulturellen Merkmale die Selektionsbedingungen für die biologisch-genetischen Merkmale gar nicht verändern? Dies scheint prima facie ausgeschlossen zu sein, und dennoch ist auch dies möglich. Der Grund ist ein erstmals von Mark Baldwin 1896 entdeckter Effekt, den man den Baldwin-Effekt nennt (Dennett 1997, 103 ff).

Ein Beispiel für den *Baldwin-Effekt* ist das Körbeflechten. Die Fähigkeit zum Körbeflechten bietet in Sammlerkulturen nicht nur deshalb Vorteile, weil sich die Kultur auf die Tradition des Körbeflechtens eingestellt hat – die Selektion für den komplexen Phänotyp „Körbeflechten" ist in allen Sammlerkulturen hoch, auch gerade dort, wo Körbeflechten noch nicht oder in nur geringem Maß beherrscht wird. Die Ursache des Baldwin-Effekts liegt vielmehr darin, dass es sich beim Körbeflechten um ein *zusammengesetztes Merkmal* handelt, also um eine konjunktive Merkmalskombination. Körbeflechten erfordert Fingerfertigkeit, räumliches Vorstellungsvermögen, Zweck-Mittel-Denken und Geduld – dies sind unterschiedliche Fähigkeiten, die durch unterschiedliche Allele begünstigt werden. Nehmen wir den einfachsten Fall an, dass zwei Allele A und B die Ausbildung von zwei Teilmerkmalen M_A und M_B bewirken (bzw. begünstigen), die das zusammengesetzte Merkmal M ergeben. Beispielsweise steht M_A für Fingerfertigkeit und M_B für räumliches Vorstellungsvermögen. Nur M, also die Kombination M_A und M_B, ergibt den Selektionsvorteil des Körbeflechtens, während M_A bzw. M_B nicht ausreichen und daher keinen Selektionsvorteil ergeben. Weil genetische Mutationen unabhängig voneinander stattfinden, ist die Wahrscheinlichkeit einer gleichzeitigen Entstehung der Allele A und B durch Mutation extrem gering (das Produkt der Einzelmutationswahrscheinlichkeiten, also z. B. $10^{-4} \cdot 10^{-4} = 10^{-8}$), während die Entstehung von nur einem der beiden Allele durch Mutation (mit Wahrscheinlichkeit 10^{-4}) keinen wesentlichen Selektionsvorteil bringt. Somit ist der durchschnittliche Fitnessvorteil des Allels A (bzw. des Allels B) in der Population nahezu null, da nahezu allen Individuen, die A besitzen, B fehlt.

In einer kulturellen Umwelt aber, in der Körbeflechten bis zu einem gewissen Grad bereits erlernt wurde, in der also die beiden Fähigkeiten M_A und M_B durch *Lernen* in gewissem Grade vorhanden sind, bringt bereits die Entstehung eines einzelnen Allels durch Mutation, sagen wir des Allels A, dem Individuum einen *weiteren* Selektionsvorteil, weil dadurch das komplexe Merkmal M, also das Körbeflechten, noch besser ausgebildet wird, denn das Teilmerkmal M_B ist ja zu einem gewissen Grad schon vorhanden – zwar nicht genetisch bedingt, aber bewirkt durch kulturelles Lernen. Genau dies ist der Baldwin-Effekt. Der Selektionsvorteil einer genetischen Verbesserung eines einzelnen Teilmerkmals des komplexen Merkmals wird durch diesen Effekt erhöht, obwohl der Selektionsvorteil des komplexen Merkmals unverändert bleibt. In der Konsequenz wird durch den Baldwin-Effekt die Fitnessverteilung über den zwei graduellen Teilmerkmalen abgeflacht – aus einem engen und spitzen Fitness-Peak, der nur über dem simultanen Optimum von M_A und M_B hoch ausgeprägt ist, wird ein weit gestreuter und allmählich ansteigender Fitnessanstieg (Dennett 199, 103–107). Dies ist in ▶ Abb. 11.1 dargestellt.

Der Baldwin-Effekt wurde von Hinton und Nowland (1987) wiederentdeckt. Er wird oft unzutreffenderweise als Lamarckismus bezeichnet. Aber auch bei ihm handelt es sich um einen bloßen Quasi-Lamarckismus, der allein durch genetische Selektionseffekte erklärbar ist, ohne dass dabei – wie beim echten Lamarckismus –

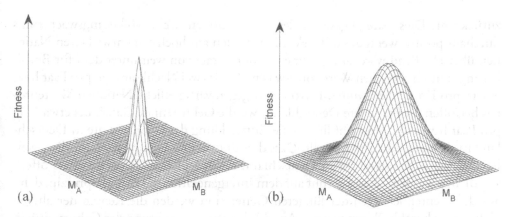

Abb. 11.1 Baldwin-Effekt. Fitnessverteilung über den Teilmerkmalen M_A und M_B eines zusammengesetzten Merkmals M. (a) Ohne Baldwin-Effekt und (b) mit Baldwin-Effekt. (a) bzw. (b) sind die Optima der jeweiligen Teilmerkmale.

die erlernten Fähigkeiten eines Individuums in dessen Gene eingehen. Insgesamt zeigen sowohl der Wilson-Effekt als auch der Baldwin-Effekt, dass biologische Organismen kraft ihrer erlernten Merkmale die biologischen Selektionsbedingungen und damit die Richtung der biologischen Evolution verändern und im Fall des Baldwin-Effekts insbesondere *beschleunigen* können.

11.4.2 Gene vs. Kultur: Gegenläufigkeiten zwischen KE und BE

Die Wilson-Regel und der Baldwin-Effekt beschreiben Gleichläufigkeiten von BE und KE, also koevolutionäre Entwicklungen der beiden, die in dieselbe Richtung gehen und sich gegenseitig bestärken. Wie Boyd und Richerson (1985, 286) betont haben, können sich die genetische und kulturelle Evolution in anderen Situationen jedoch auch gegenseitig hemmen bzw. unterlaufen. Könnte die kulturelle Evolution die genetische Evolution sogar völlig außer Kraft setzen? Evolutionsbiologen antworten auf diese Frage (gemäß meiner Erfahrung) zumeist mit einem entschiedenen „Nein, niemals". Und dennoch sind auch solche Szenarien zumindest rein theoretisch möglich. Angenommen, eine Gesellschaft entscheidet sich dafür, dass jede Person genau zwei Nachkommen zeugt (bei natürlicher Zeugungsunfähigkeit wird eine künstliche Zeugung vom Staat finanziert). Dann wäre genetische Evolution (per definitionem) so gut wie abgeschafft. Jede noch vorhandene oder ab diesem Zeitpunkt durch Mutation neu entstandene Variante würde sich dann mit gleicher Rate ausbreiten. Es gäbe weder ein Problem kinderloser Akademiker noch ein Problem eines zu hohen oder zu geringen Bevölkerungswachstums. Auch genetische Defekte, die bislang einen Selektionsnachteil hatten, würden bis zur Gleichverteilungshäufigkeit ansteigen (ausgenommen so schwerwiegende, die selbst künstliche Vermehrung verunmöglichen).

Dies war ein fiktiver Fall. Eine faktische Gegenläufigkeit zwischen BE und KE ist die in ▶ Abschnitt 9.1 erwähnte *demografische Schwelle*, der zufolge ab einem gewissen Wohlstandsniveau die durchschnittliche Geburtenrate einer Gesellschaft stark zurückgeht. Dies wäre angesichts des viel zu hohen Weltbevölkerungswachstums durchaus positiv, wenn dieser Effekt nicht in den am höchsten entwickelten Nationen überschießend wäre, also zu einer Geburtenrate von weit unter dem für Bevölkerungskonstanz nötigen Wert von etwas mehr als zwei Nachkommen pro Paar bzw. einem pro Kopf fallen würde. Davon sind gegenwärtig etliche Nationen Westeuropas betroffen, insbesondere Deutschland, wo die Geburtenrate derzeit bei etwa 1,35 pro Paar bzw. 0,67 pro Kopf liegt – die Entwicklung der Geburtenrate in Deutschland ist in ▶ Abb. 11.2 dargestellt. Dass dies drastische Konsequenzen für die jeweilige Nation haben kann, ist in Deutschland am Beispiel des Rentensystems offensichtlich geworden. Dieses beruht auf dem intergenerationellen Solidarprinzip, d. h., aus den Rentenbeiträgen der jüngeren Generation werden die Renten der älteren Generation bezahlt. Wenn nun die Anzahl der ersteren aufgrund des Geburtenrückgangs stark sinkt, kann dieses Rentensystem nicht mehr funktionieren. Ein Umstieg auf ein auf dem Individualprinzip beruhendes Rentensystem wird nötig, worin jeder für seine eigene zukünftige Rente Beiträge einzahlt, anstatt laufend neue Schulden zu machen. Was die langfristigen Folgen betrifft, so wird es gemäß den Prognosen des Statistischen Bundesamtes von 2007 bei einer angenommenen Immigrationsrate von 100 000 pro Jahr in Deutschland im Jahre 2030 ca. 15 % weniger Erwerbstätige als heute geben (aufgrund der weiter steigenden Lebenserwartungen wird der Gesamtbevölkerungsrückgang bis dahin auf nur 7–10 % geschätzt). Angesichts des bestehenden Einwanderungsdruckes ist aber ein weiteres Ansteigen der Immigrationsrate anzunehmen. Angenommen diese steigt so stark an, dass ihr Mittel bis zum Jahr 2030 300 000 pro Jahr beträgt, dann wäre der Bevölkerungsrückgang abgefangen und der Migrantenanteil um knapp 10 % gestiegen, und ginge dies so weiter, so läge der Migrantenanteil in 60 Jahren bei über 50 % der Gesamtbevölkerung.

Überlegungen zu solchen Gegenläufigkeiten zwischen BE und KE bringen uns schnell in „ideologisch heiße" Denkgewässer, und wir müssen aufpassen, uns nicht

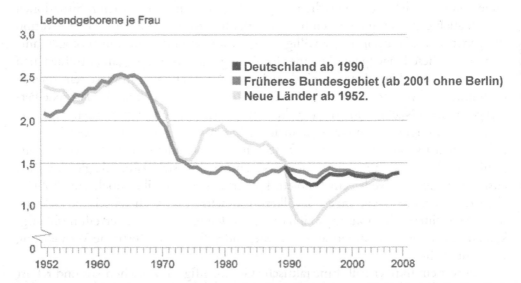

Abb. 11.2 Entwicklung der Geburtenrate in Deutschland (gemäß Statistischem Bundesamt, www.destatis.de/Bevoelkerung/AktuellGeburtenentwicklung).

zu verbrühen. Noch unredlicher wäre es allerdings, offenkundig zutreffende Konsequenzen zu verdrängen oder zu tabuisieren, nur weil sie ethisch unliebsam sind. Im nächsten Abschnitt wenden wir uns einem dieser „heißen Eisen" zu.

11.5 Ein „heißes Eisen": Invers-korrelierte Reproduktion am Beispiel des IQ

Ein realistisches Beispiel einer Gegenläufigkeit von KE und BE ist gegeben, wenn ein die Vitalitätsfitness erhöhendes genetisch oder kulturell erbliches Merkmal (aus welchen Gründen auch immer) die biologische Vermehrungsrate seiner Träger tendenziell senkt, also zu einer geringeren Fertilitätsfitness führt. Was passiert in einem solchen Fall – stirbt dieses vitalitätsmäßig vorteilhafte Merkmal dann aus? In diesem Abschnitt behandeln wir diesen Fall anhand des Merkmals der Intelligenz bzw. des *IQ*. In Deutschland sowie in vielen Ländern des „Westens" zeugen gegenwärtig die „höherstehenden" bzw. „gebildeteren" sozialen Schichten deutlich weniger biologische Nachfahren als die „tieferstehenden" bzw. „weniger gebildeten" (vgl. auch Boyd und Richerson 1985, 286). Falls dieser Trend anhält, ist die langfristige Folge eine *Verdummung* der Gesellschaft, wie es Kulturpessimisten oft beschwören und wie dies der Film *Idiocracy* (2006 von Regisseur Mike Judge uraufgeführt) in höchst ironischer Weise darstellt. Das hängt von Tatsachenzusammenhängen ab. Da „Intelligenz" jedoch ein politisch derart sensibles Thema ist, gehen wir mit den wichtigsten Tatsachenerkenntnissen auch die wichtigsten ethischen Bedenken der Reihe nach durch.

1.) **Zur Existenz, Problematik und Relevanz des IQ**: Intelligenz ist ein attraktives und für sozialen Erfolg bedeutsames Merkmal, weshalb die Behauptung, einige Menschen hätten einen deutlich niedrigeren IQ als andere, ein diskriminierendes Werturteil zu implizieren scheint. Dies ist für viele Menschen, deren politische Gesinnung stark von Gleichheitsidealen geprägt ist, ein Grund, am Begriff der „Intelligenz" überhaupt zu zweifeln und Aussagen über den IQ von Personen abzulehnen. Doch erinnern wir uns an die grundlegende Forderung von ▶ Abschnitt 8.3.1, der zufolge zwischen dem Sein und dem Sollen klar unterschieden werden muss. Dass ein Tatbestand den eigenen Wertvorstellungen zuwiderläuft, macht ihn noch lange nicht unwahr. Dass mit IQ-Tests reale kognitive Fähigkeiten gemessen werden, ist kaum bezweifelbar. Es gibt unterschiedliche Intelligenzkomponenten, z. B. sprachliche vs. mathematische Intelligenz, doch dies ändert nichts am grundlegenden Sachverhalt. Überdies korrelieren die verschiedenen IQ-Komponenten miteinander (jedenfalls bei niedrigen IQ-Levels), was eine wichtige Grundlage für die These des allgemeinen Intelligenzfaktors bzw. *g-factor* bildet (vgl. Jensen 1997, 80; Bouchard 1997, 126 ff). Dass es zwischen verschiedenen Menschen beträchtliche IQ-Unterschiede gibt, wird durch den Tatbestand belegt, dass die IQ-Standardabweichung 15 von im Mittelwert 100 IQ-Punkten beträgt und IQ-Unterschiede von zehn oder mehr Punkten erfahrungsgemäß bedeutsam sind – sie sind für die Aufstiegschancen in „intelligente Berufe" mitentscheidend, wie auch generell der mittlere IQ stark mit Bildungsschichten (und moderat mit Einkommensschichten) korreliert (en.wikipedia.org/wiki/Intelligence_quotient).

Die faktisch bestehenden IQ-Unterschiede sind aus der Perspektive einer humanistischen Gleichheitslehre sehr unerfreulich. Dies bedeutet zwar nicht, dass die Tatsache faktischer IQ-Unterschiede deshalb verdrängt bzw. aus dem wissenschaftlichen Diskurs verbannt werden sollte. Doch um diskriminierenden Missverständnissen vorzubeugen, wird es für den humanistisch gesonnenen und dennoch objektiven Wissenschaftler bzw. die Wissenschaftlerin unerlässlich, wiederholt darauf hinzuweisen, dass die faktische Anerkennung einer Ungleichverteilung von evolutionär bedeutsamen Merkmalen wie dem des IQ nicht im Widerspruch steht zum humanistischen Prinzip des gleichen Wertes und der gleichen grundlegenden Rechte aller Menschen, unabhängig von ihren besonderen faktischen Merkmalen und Fähigkeiten (die Anerkennung humanistischer Grundprinzipien war es auch in ▶ Abschnitt 8.5, welche die soziale Evolutionstheorie vom Sozialdarwinismus unterschied).

2.) **Zu den Konsequenzen von invers IQ-korrelierten Vermehrungsraten:** Kaum eine Frage wird so kontrovers diskutiert wie die, ob Intelligenz angeboren oder erworben ist. Interessanterweise aber ist diese Frage für den Sachverhalt von invers IQ-korrelierten Vermehrungsraten gar nicht relevant – die Frage wird erst relevant, wenn es um die Diskussion politischer Konsequenzen geht (s. u.). Wichtig für unseren Sachverhalt sind nur zwei Annahmen:
- *erstens*, dass eine *Korrelation* des IQ der Eltern und ihrer Kinder besteht, also dass die Eltern ihren IQ „irgendwie" auf die Kinder übertragen, ob nun genetisch oder durch Erziehung oder Finanzierung von Ausbildung;
- *zweitens*, dass sich höhere IQ-Schichten weniger stark vermehren als niedrige IQ-Schichten.

Beide Tatsachen sind empirisch gut gestützt. Gemäß der umfassenden Studie von Scarr und Weinberg (1978) beträgt die IQ-Korrelation zwischen Eltern und ihren leiblichen Kindern r = 0,76, was ein *sehr hoher* Wert ist (andere Studien berichten ähnliche oder geringfügig geringere Werte; Scarr 1997, 29 ff). Was die schichtenspezifische Reproduktionsrate betrifft, so ergab die Sondererhebung 2006 des Statistischen Bundesamtes die folgende Abhängigkeit der Kinderlosigkeit von Frauen zwischen 35 und 75 Jahren in den westdeutschen Bundesländern von ihrem Bildungsstand (www.destatis.de, erschienen am 18.12.2007):

Bildungsstand der Frau	% Kinderlosigkeit
hoch (akademischer Abschluss oder Fachabschluss)	29
mittel ((Fach-)Abitur oder berufsqualifizierender Abschluss)	20
niedrig (alle übrigen)	14

Daraus geht der Unterschied der Geburtenraten zwar noch nicht direkt hervor. Aber aufgrund der (in derselben Studie angegebenen) Prozentverteilung von ein, zwei oder mehr Kindern in unterschiedlichen Frauenjahrgängen kann geschätzt werden, dass die (mittlere) Geburtenrate der hohen Bildungsschicht um etwa 15 % unter und jene der niedrigen Bildungsschicht um etwa 15 % über der

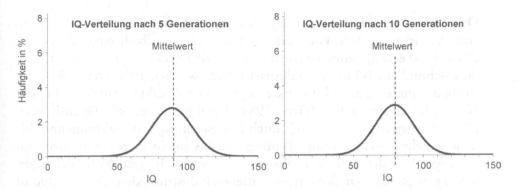

Abb. 11.3   Konsequenzen einer invers IQ-korrelierten Vermehrung (gemäß Annahmen in Fußnote 69). Ausgehend von einer Normalverteilung mit Mittelwert IQ = 100 (Streuung = 15) verschiebt sich der IQ-Mittelwert pro Generation um ca. zwei IQ-Punkte nach links. Programmiert mit *MatLab*.

durchschnittlichen Geburtenrate liegt. (Letztere liegt wie erläutert mit 1,35 pro Paar selbst sehr tief, was hier jedoch keine Rolle spielt, da es nur um die *relativen* Bevölkerungsanteile geht.) Eine vorsichtige[67] Abschätzung der mittleren relativen Vermehrungsraten (pro Kopf) im oberen, mittleren und unteren IQ-Verteilungsdrittel ergibt damit 0,85, 1,00 und 1,15 Anteile an der Gesamtvermehrungsrate. Ausgehend von einer Normalverteilung des IQ mit Mittelwert 100 und Streuung 15 in der Startgeneration ergibt eine einfache qualitative Modellrechnung mit obigen Annahmen, dass sich die IQ-Verteilung kontinuierlich nach links verschiebt (und dabei leicht linksschief wird): Pro Generation sinkt der Mittelwert um ca. 2 IQ-Punkte, nach 5 Generationen ist er um ca. 10 und nach 10 Generationen um ca. 20 IQ-Punkte gefallen.[68] ▶ Abb. 11.3 zeigt eine feiner abgestufte Rechnung auf Grundlage dieser Annahmen mithilfe einer Computersimulation[69], welche die qualitative Abschätzung bestätigt.

---

[67] Über noch alarmierendere Zahlen hatte *Welt* Online (WELT.de) am 24. Juni 2005 berichtet, wonach die Kinderlosigkeit bei Akademikerinnen westlicher Bundesländern gar bei 44,5 % läge, was jedoch am 24.05.2006 vom DWI-Berlin nach unten korrigiert wurde.

[68] In der IQ-Normalverteilung mit Mittelwert 100 reicht das erste (untere) IQ-Drittel von 0 bis 94, das zweite (mittlere) von 94 bis 106, und das dritte (obere) Drittel erstreckt sich von 106 aufwärts. Sind $p_n(i)$ die relativen Häufigkeiten des i.ten IQ-Drittels (für i = 1,2,3) in der nten Generation (anfänglich jeweils 1/3), dann berechnen sich die neuen Häufigkeiten rekursiv wie folgt: $u_{n+1}(1) = p_n(1) \cdot 1{,}15$, $u_{n+1}(2) = p_n(2) \cdot 1$, und $u_{n+1}(3) = p_n(3) \cdot 0{,}85$. Die u's sind „unnormierte" Häufigkeiten, die sich nicht zu 1 aufaddieren; damit sie dies tun, müssen sie durch die Summe der u's dividiert werden. Die neuen normierten Häufigkeiten ergeben sich somit zu: $p_{n+1}(i) = u_{n+1}(i)/[u_{n+1}(1)+u_{n+1}(2)+u_{n+1}(3)]$. Den mittleren IQ_n in Generation n errechnet man durch Verschiebung der Normalverteilung (mit IQ-Mittelwert 100) um den Linksverschiebungsbetrag $\Delta_n = IQ_n(1) - IQ_0(1)$. Dabei ist $IQ_n(1)$ der IQ-Wert, der in der unverschobenen Normalverteilung den Häufigkeitswert $p_n(1)$ des unteren Drittels nach n Generationen abschneidet.

[69] Gemäß der Formel $u_{n+1}(i) = p_n(i) \cdot [1+((100 - i)/100)]$. Dabei stehen $p_n(i)$ bzw. $u_n(i)$ für die normierte bzw. unnormierte Häufigkeit von Individuen mit IQ im Intervall [i,i+1]; die IQ-Variable i läuft von 40 bis 159. Die p's werden aus den u's wie in Fußnote 68 erläutert mittels Division durch die Summe aller u's berechnet. Der Median des ersten IQ-Drittels liegt bei i = 85, was als erhöhte Vermehrungsrate genau den Wert (1+((100−85)/100)) =1,15 ergibt, der in der einfachen Modellrechnung von Fußnote 68 für das ganze erste Drittel benutzt wurde.

Damit bestätigt sich die Vermutung, dass invers IQ-korrelierte Vermehrung zu einer langfristigen Absenkung des IQ führt. Dieser Überlegung scheint der *Flynn-Effekt* entgegenzustehen, dem zufolge (wie James R. Flynn entdeckte) der durchschnittliche IQ in den Industrieländern zwischen 1950 und 1990 stetig zunahm – um etwa zehn IQ-Punkte, wobei diese Zunahme vorwiegend in der Niedrig-IQ-Gruppe auftrat (Flynn 1984; de.wikipedia.org/wiki/Flynn-Effekt). Dieser Anstieg zeigt, dass der IQ durch Intensivierung von Erziehung und Bildung gesteigert werden kann, allerdings nur bis zu einem gewissen Grad und vorwiegend in der unteren Hälfte des Spektrums. Jüngere Untersuchungen haben gezeigt, dass es in den fortgeschrittenen Industrieländern ab etwa 1990 zu einer Stagnation und seit dem Ende der 1990er Jahre zu einem erneuten Absinken des durchschnittlichen IQ kam (Teasdale und Owen 2005; Sundet, Barlaug und Torjussen 2004). Vom selben Trend berichtete der deutsche Intelligenzforscher Siegfried Lehrl (*Mannheimer Morgen*, 22.03.2008).

Wie erläutert gelten analoge Überlegungen auch für andere genetisch oder kulturell erbliche und reproduktionskorrelierte Merkmale. Ein Beispiel ist das kulturell vererbte Merkmal der traditionellen Religiosität – invers reproduktionskorreliert ist hier das gegenteilige Merkmal der A-Religiosität bzw. Modernität. Gegenwärtig diagnostiziert man weltweit eine Häufigkeitszunahme von Religiosität und religiösem Fundamentalismus. Das heißt nicht, dass sich in westlichen Ländern Menschen wieder vermehrt den voraufgeklärten Religionsformen zuwenden. Vielmehr ist dieser Befund allein damit erklärbar, dass Ethnien mit starker Religiosität eine wesentlich höhere Geburtenrate aufweisen als solche mit geringer Religiosität.

Gegeben die Annahme, dass ein langfristiges Absinken des mittleren gesellschaftlichen IQ unerwünscht ist, so folgt daraus, dass die Attraktivität eines Lebens mit Kindern für die oberen Bildungsschichten stark erhöht werden sollte, was unter anderem bedeutet, dass die typischen Karriereleitern für Akademikerinnen mit der Erzeugung von eigenem Nachwuchs in wesentlich höherem Maße vereinbar gemacht werden sollten, als dies derzeit der Fall ist. Darüber hinausgehende politische Konsequenzen hängen jedoch stark von der Frage der genetischen vs. kulturell-erzieherischen Determination des IQ ab, der wir uns nun zuwenden.

3.) **Gene oder Umwelt?** Für die politische Bewertung sind die Ursachen von IQ-Unterschieden entscheidend. Liegen diese in der Gesellschaft, in einer unfairen Verteilung von Bildungschancen, dann erwächst daraus der Auftrag einer gesellschaftlichen Bildungsreform. Unangenehm für das Weltbild des Gleichheitsdenkens wäre es lediglich, wenn IQ-Unterschiede vorwiegend genetisch bedingt und damit kaum veränderbar wären. Leider deuten eine Reihe von empirischen Daten in diese Richtung. Scarr und Weinberg (1978) fanden in einer umfassenden Studie eine IQ-Korrelation zwischen Eltern und leiblichen Kindern von 0,76; die zwischen Eltern und Adoptivkindern betrug jedoch nur 0,13. Dieser Beleg für eine starke genetische Komponente des IQ ist kaum zu entkräften, da er leibliche Kinder mit Adoptivkindern in *denselben* Familien verglich. Auch die folgenden Ergebnisse zur IQ-Korrelation zwischen Kindern derselben Familie mit sukzessive abnehmendem genetischem Ähnlichkeitsgrad bestätigen die starke genetische Komponente des IQ (vgl. Scarr 1997, 28 f). Dem zufolge beträgt die IQ-Korrelation zwischen identischen Personen, zweimal getestet, 0,9; eineiigen Zwillingen, in gleicher Familie aufgewachsen, 0,86; eineiigen Zwillingen aus anderer Familie 0,76; zweieiigen Zwillingen aus gleicher Familie 0,55; zweieiigen Zwillinge aus anderer Familie 0,35; biologischen Geschwistern aus gleicher Familie 0,47; biologischen Geschwistern aus anderer Familie 0,24; und Adoptivgeschwistern aus gleicher Familie nur 0,02.

Die Fakten sind nicht von der Hand zu weisen. Einige dem humanistischen Gleichheitsdenken verpflichtete Wissenschaftler haben mit ausgeklügelten Argumenten zu zeigen versucht, dass der Prozentanteil des genetischen Einflusses am IQ niedriger anzusetzen sei. So argumentierte Nisbett (2009), der genetische IQ-Anteil erweise sich beim Vergleich von leiblichen mit Adoptivkindern nur deshalb als so hoch, weil Adoptivfamilien eine überdurchschnittlich hohe IQ-Förderung aufweisen, sodass der umweltbedingte IQ-Varianzanteil bei diesem Vergleich eher gering und der genetische Varianzanteil eher hoch ausfällt. Das Argument hat etwas für sich und mag den genetischen IQ-Anteil um etwa 10 % bis 20 % drücken (geschätzt aufgrund des Flynn-Effekts) – doch es reicht wohl kaum aus, um die These zu rechtfertigen, dass der genetische IQ-Anteil in Wahrheit unter 50 % läge (was Nisbett am Schluss seines Buches behauptet).

Invers IQ-korrelierte Vermehrungsraten können in der Evolution von *Homo sapiens* gelegentlich vorgekommen sein (etwa wenn eine Epidemie bevorzugt IQ-höhere Schichten ausrottet). Aufgrund obiger Überlegung müsste jedes Mal ein starkes Absinken des mittleren IQ die Folge gewesen sein. Es gibt jedoch einen genetischen Effekt, der diesem Schwanken entgegenwirkt – der sogenannte Effekt der *Regression zur Mitte* (de.wikipedia.org/wiki/Intelligenz). Damit ist gemeint, dass bei kontinuierlichen und (partiell) vererbten Merkmalen der Ausprägungsgrad der Nachkommen tendenziell dem Mittelwert näher liegt als der durchschnittliche Ausprägungsgrad der Eltern. Bei sehr intelligenten Eltern ist es also eher wahrscheinlich, dass der IQ ihrer Nachkommen etwas geringer als ihr durchschnittlicher IQ ausfällt, und bei wenig intelligenten Eltern tritt der umgekehrte Fall ein. Die ursprünglich von Francis Galton gegebene rein statistische Begründung der Regression zur Mitte wurde von Karl Pearson zwar als fehlerhaft nachgewiesen (vgl. Weber 1998, 137), doch im Fall des IQ und anderen *multigenetisch* bedingten Merkmalen tritt dieser Effekt deshalb ein, weil neben der Tauglichkeit der einzelnen Allele auch der „Zufall" der günstigen Kombination von elterlichen Allelen eine Rolle spielt (gemäß den Mendel'schen Regeln; ► Abschnitt 2.1). Eltern mit hohem IQ haben demnach meistens eine überdurchschnittlich „glückliche" Allelkombination. Obwohl deren Nachkommen ihre Allele von beiden Eltern erben, haben sie wahrscheinlich eine weniger glückliche Allelkombination, was die Tendenz zu geringerem IQ erklärt. Analoges gilt umgekehrt für Eltern mit unterdurchschnittlichem IQ. Merkmale mit einer Regression zur Mitte sind in höherem Grad genetisch determiniert als vererbt; d. h., die IQ-Korrelation zwischen eineiigen Zwillingen, die exakt dieselbe Genstruktur besitzen, ist deutlich höher als die zwischen Kindern und dem elterlichen Durchschnitt. Die Regression zur Mitte vermag den genetischen (nicht aber den kulturellen) Anteil des Effekts der invers IQ-korrelierten Reproduktionsrate teilweise etwas abzufangen (in Computersimulationen verringerte sich die genetisch bedingte IQ-Absenkung abhängig von der Stärke des einge-bauten Regressionseffekts zwischen 0 und 50 %).

Zusammenfassend ergeben sich folgende Konsequenzen:

1.) Wäre der IQ vorwiegend umweltbedingt, so könnte das reproduktionsbedingte Absinken des IQ auch *ohne* Änderung der invers IQ-korrelierten Vermehrungs-raten durch eine allgemeine und für alle zugängliche Erhöhung des Schul- und Bildungsniveaus abgefangen werden. Zugleich wäre davon ein langfristiger Ab-bau schichtenspezifischer IQ-Unterschiede zu erwarten.

2.) Liegt dagegen der genetische IQ-Anteil bei, sagen wir 50 % oder mehr – wofür, wie erläutert, viele empirische Befunde sprechen –, können egalitäre Bildungs-reformen nur bis zu einem gewissen Grad sinnvoll sein und wären darüber hinaus illusorisch und kontraproduktiv. In diesem Fall wären für obere IQ-Schichten familienfreundlichere Karrierebedingungen sowie eine höhere Moti-vation zu eigenen Kindern wichtig. Die Schulangebote betreffend wären dann, trotz hoher Gebotenheit der schulischen Förderung für untere Intelligenz-schichten, auch spezifische Förderangebote für Kinder mit hohem IQ bedeut-sam – und beides wäre kein Widerspruch zueinander, sondern eine wechselsei-tige Ergänzung. Abschließend sei erneut betont, dass auch die in Punkt 2 („Zu den Konsequenzen von invers IQ-korrelierten Vermehrungsraten", S. 268) genannte Konsequenz nicht mit einem Bekenntnis zu humanistischen Werten konfligiert. Menschen spezialisieren sich entsprechend ihren Anlagen und Fähigkeiten in verschiedener Weise und bilden unterschiedliche berufliche und soziale Schichten. Eine Gesellschaft benötigt alle Schichten in ausgewogenem Verhältnis. Was unsere Befunde jedoch besagen, ist, dass es langfristig für eine Gesellschaft immer nachteilig ist, wenn sich eine Schicht viel stärker vermehrt als die andere und dadurch wichtige Merkmale selten werden, weil sie in Schich-ten mit geringeren Reproduktionsraten bevorzugt auftreten.

Teil IV:

Gedankliche Akrobatik: Mathematische Grundlagen und theoretische Modelle der verallgemeinerten Evolutionstheorie

Die verallgemeinerte Evolutionstheorie umfasst vielfältige Anwendungsbereiche, die in unterschiedliche Disziplinen hineinreichen. Was rechtfertigt es, hier überhaupt von einer einheitlichen Theorie zu sprechen? In der Tat wird die verallgemeinerte Evolutionstheorie durch all ihre Anwendungen hindurch von einem einheitlichen und mathematisch präzisierten Theoriekern zusammengehalten. Dieser Theoriekern wird nun in Teil IV herausgearbeitet. Wir werden aufzeigen, wie sich die Modelle der biologischen Populationsgenetik, der Memtheorie und der evolutionären Spieltheorie auf Variationen derselben mathematisch-populationsdynamischen Grundmodelle zurückführen lassen. Es wird aber auch gezeigt, inwiefern zahlreiche evolutionstheoretische Erkenntnisse erst durch die mathematischen bzw. computergestützten Modelle der Populationsdynamik ermöglicht werden und sich durch rein intuitive Überlegungen nicht eingestellt hätten. Der höhere Erkenntnisgewinn durch Verwendung mathematischer Methoden hat allerdings auch seinen Preis: Teil IV ist der einzige der fünf Teile, der dem Leser „gedankliche Akrobatik" vom Niveau gymnasialer Oberstufenmathematik zumutet. Der wesentliche Gehalt der benutzten Gleichungen kann aufgrund der grafischen Illustrationen jedoch auch von Leserinnen und Lesern nachvollzogen werden, die sich an Oberstufenmathematik nicht mehr oder nur ungern erinnern.

12.
Mathematische Grundlagen der verallgemeinerten Evolutionstheorie

12.1 Dynamische Systeme, Differenz- und Differenzialgleichungen

In ▶ Abschnitt 7.1 und 7.2 haben wir die allgemeinsten Grundlagen der Systemtheorie dargelegt. Ein System ist ein aus interagierenden Teilen bestehendes Ganzes, das eine (hinreichend enge) Identität in der Zeit besitzt. Während diese Identität für physikalische Systeme durch idealisierende Geschlossenheitsbedingungen gewährleistet wird, kommt sie in offenen evolutionären Systemen durch selbstregulative Fähigkeiten zustande. Betrachtet man die Entwicklung eines Systems in der Zeit in Abhängigkeit von seinen inneren und äußeren Bedingungen, so spricht man von einem *dynamischen System* (z. B. Mesarovic und Takahara 1989, Abschnitt 3.1; van Gelder 1998).

Die Grundbegriffe der Theorie dynamischer Systeme bilden auch den Rahmen der mathematisch ausgearbeiteten verallgemeinerten Evolutionstheorie und seien hier erläutert. Jene Größen bzw. Variablen, deren Werte den variablen Zustand des Systems zum gegebenen Zeitpunkt vollständig bestimmen, nennen wir die *Systemvariablen*. Sie zerfallen in die *intrinsischen* Systemvariablen und *Umgebungsvariablen*. Unter den *Systemparametern* versteht man gewisse im Regelfall *theoretische* (d. h. nicht direkt beobachtbare) Systemvariablen, die das langfristige Verhalten des Systems bestimmen. Gewisse Parametersetzungen (d. h. Setzungen der Systemparameter auf gewisse Werte oder Wertintervalle) bestimmen den *Typ* des Systems. Die Menge dieser typbestimmenden Parametersetzungen nennen wir die *Systembedingungen* (sie werden auch „Randbedingungen" genannt, aber die Verwendungsweise dieses Begriffs ist uneinheitlich). So wie die Systemvariablen zerfallen auch die Systembedingungen in intrinsische Systembedingungen und Umgebungsbedingungen, und für den Systemzustand sind beide gleichermaßen verantwortlich (▶ Abschnitt 7.1).

Im Regelfall setzt man die Systemparameter als zeitlich konstant an; in diesem Fall rechnet man sie nicht zu den Zustandsvariablen des Systems, sondern fasst sie als implizite Parameter auf. Die *Zustandsvariablen* des Systems sind dagegen jene Systemvariablen, deren zeitabhängige Veränderung in Abhängigkeit von den Parametersetzungen analysiert wird (dabei handelt es sich im Regelfall um empirisch leicht zugängliche Systemvariablen). Jene Zustandsvariablen, die zu einem gegebenen Anfangszeitpunkt frei wählbar sind, heißen auch *Anfangsbedingungen*. Die Zustandsentwicklung eines Systems in der Zeit (unter gegebenen Anfangsbedingungen) nennt man eine zeitabhängige *Trajektorie* des Systems (es gibt auch zeitunabhängige Trajektoriedarstellungen, die später erläutert werden). Die Menge aller möglichen Zustände des Systems (d. h. die möglichen Werte seiner Zustandsvariablen) bildet den *Zustandsraum ZR* des Systems (im Fall von n reellwertigen Zustandsvariablen wird ZR durch das n-dimensionale reellwertige Koordinatensystem R^n dargestellt). Die Menge aller naturgesetzlich möglichen zeitlichen Zustandsentwicklungen des Systems nennt man den *Trajektorienraum TR* des Systems. Er ist mathematisch gegeben als die Menge aller zeitabhängigen Zustandsfunktionen z, welche jedem Zeitpunkt t in der Menge aller Zeitpunkte T einen Zustand z(t) im Zustandsraum ZR des Systems zuordnen (mathematisch schreibt man dafür: TR = {z:T→ZR}). Dabei schreiben wir das Zeitargument t meist in den unteren Index $(z(t) = z_t)$ und die jeweiligen Systemvariante V als Klammerargument: $z_t(V)$ (= z(t,V)) ist also der Zustand von Systemvariante V zur Zeit t. Das Tripel (T, ZR, TR) ist die formale Darstellung eines *dynamischen Systems* (Weibull 1995, 239).[70]

Die *fundamentalen* theoretischen Systemgesetze, welche die Trajektorien eines dynamischen Systems beschreiben, sind im Fall einer kontinuierlichen, also durch reelle Zahlen beschriebenen Zeit t sogenannte *Differenzialgleichungen*. Im Fall einer diskreten, also durch natürliche Zahlen n beschriebenen Zeit, z. B. Generationenfolgen bzw. Reproduktionszyklen, handelt es sich dabei um *Differenzgleichungen*. Differenz(ial)gleichungen fassen die Zustandsfunktion des Systems als *Funktionsvariable* auf und geben für jeden beliebigen Zeitpunkt an, wie sich der Systemzustand in Abhängigkeit vom gegenwärtigen Zustand und von den Systemparametern *ändert*:

(12.1) Schematische Form einer Differenz(ial)gleichung:

Die Zustandsveränderung des Systems $\dfrac{dz_t}{dt}$ bzw. $z_{n+1}-z_n$ zu einem beliebigen Zeitpunkt t bzw. n ist eine Funktion φ des Systemzustands zu diesem Zeitpunkt und einer Menge von Parametern α.[71]

Differenzialgleichung: $\dfrac{dz_t}{dt}$ (auch geschrieben als z_t') = φ(z_t, α).
Differenzgleichung: $z_{n+1}-z_n$ = φ(z_n,α) oder z_{n+1} = φ(z_n,α) + z_n = φ'(z_n,α).

Differenz(ial)gleichungen sind die allgemeinste Form gesetzesmäßiger Systembeschreibungen mit der höchsten Vereinheitlichungskraft, weil sie viele qualitativ unterschiedliche Systemtypen in einer einzigen Gleichung vereinen (Schurz 2006, 181; Lauth und Sareiter 2002, 64). Zugleich sind Differen(zial)gleichungen die natürliche Beschreibungsform evolutionärer Systeme, denn sie beschreiben die Systementwicklung in *lokal-rekursiver* Weise – sie teilen uns also nicht schon den gesamten zukünftigen Entwicklungsverlauf mit, sondern lediglich die Entwicklung für den jeweils nächsten Zeitpunkt, das aber für beliebige Zeitpunkte. Unter dem *Lösen* einer Differenz(ial)gleichung versteht man die schwierige Aufgabe, aus dieser

---

[70] Meist wird TR durch eine einzige Zustandsfunktion z(t,α) definiert, die neben t von Parametersetzungen α abhängt, also TR = {z(t,α):T→ZR, α in PR} (PR ist der Parameterraum).

[71] Im gegebenen Beispiel liegen *gewöhnliche* Differenzialgleichungen erster Stufe vor – „gewöhnlich", weil der Zustand nur von einer Variable, der Zeitvariablen, abhängt, und „erste Stufe", weil nur die erste Ableitung betrachtet wird (die Newton'sche Differenzialgleichung ist dagegen zweite Stufe).

lokal-rekursiven Beschreibung die möglichen zeitlichen Gesamtentwicklungen zu extrahieren, und zwar in Form von zeitabhängigen Zustandsfunktionen $z_t(z^0)$ in Abhängigkeit von gegebenen Anfangsbedingungen z^0, welche die rekursive Differenzialgleichungsbedingung $dz_t/dt = \varphi(z_t(z^0))$ erfüllen.[72] Jede mögliche „Lösung" entspricht einer möglichen Trajektorie; die tatsächliche Trajektorie hängt von den tatsächlichen Anfangsbedingungen ab.

Wir erläutern diese Begriffe anhand der beiden Beispiele von Abschnitt 7.1. Im physikalischen Beispiel des idealisiert-reibungsfreien *Gravitationspendels* sind die Zustandsvariablen der Ort der Pendelspitze (sowie dessen Geschwindigkeit und Beschleunigung) in Abhängigkeit von der Zeit; Anfangsbedingungen sind Ort und Geschwindigkeit zum Anfangszeitpunkt; der innere Systemparameter ist die Pendellänge und der Umgebungsparameter die (nach unten konstant ausgeübte) Gravitationskraft. Die Systembedingungen verlangen, dass das Pendel an einem starren Punkt aufgehängt ist und frei schwingen kann, dass ferner die ausgeübte Gravitationskraft größer null ist, aber unter der Reißfestigkeit des idealisiert-masselosen Fadens liegt, an dem die idealisiert-punktförmige Masse aufgehängt ist, und dass ansonsten keine weitere Kraft einwirkt. Die (in jedem Physiklehrbuch nachlesbare) Differenzialgleichung, welche das so idealisierte Gravitationspendel beschreibt, hat die Form $d^2\varphi_t/dt^2 = -(l/g) \cdot \sin \varphi_t$. Dabei ist φ_t der Auslenkungswinkel des Pendels (von der Senkrechten) zur Zeit t, g die Gravitationskonstante und l die Pendellänge. Die möglichen Lösungen bzw. zeitabhängigen Trajektorien haben die mathematische Form $\varphi_t = \varphi^0 \cdot \sin(\sqrt{1/g} \cdot t)$, mit φ^0 als anfänglicher Auslenkung und Maximalamplitude.

Wie in ▶ Abschnitt 7.1 und 7.2 erläutert, wird das physikalische Pendel auf diese Weise als idealiter geschlossenes System beschrieben: Alle nicht vernachlässigbaren Kräfte wurden explizit aufgelistet, und die Differenzialgleichung des idealisierten Pendels kann durch Ableitung aus physikalischen Fundamentalgesetzen gewonnen werden. Im zweiten Beispiel von ▶ Abschnitt 7.1, der *Taubenpopulation*, liegt dagegen ein offenes populationsdynamisches System vor. Die Zustandsvariablen dieses Systems sind die relativen Häufigkeiten der vorhandenen Taubenvarianten; Anfangsbedingungen sind die Anfangshäufigkeiten, und die Systemparameter sind die Reproduktionsraten, Mutationsraten und Selektionskoeffizienten der Taubenvarianten. Charakteristisch für die offene Systembeschreibung (gemäß ▶ Abschnitt 7.2) ist es, dass die Systembedingungen nicht mehr physikalisch vollständig beschrieben werden können, auch nicht als Idealisierung. Stattdessen werden die Systembedingungen *funktional* beschrieben, d. h., es werden die für die iterative Reproduktion sowie für die Stabilität der Systemparameter erforderlichen Eigenschaften angenommen, welche immer diese im biologischen Einzelfall sein mögen. Im Fall einer Taubenpopulation mit zwei konkurrierenden Taubenvarianten (ohne Mutation und Migration) hat die Differenzgleichung die Form $p_{n+1} = p_n/(1 - s \cdot (1 - p_n)^2)$, mit p_n als der Häufigkeit der (als dominant angenommenen) fitteren Taubenvariante in Generation n und s dem Selektionsnachteil der weniger fitten Variante. Die daraus resul-

---

[72] Gewöhnliche Differenzialgleichungen erster Stufe besitzen eindeutige Lösungsfunktionen, wenn die Lipschitz-Bedingungen erfüllt sind (Weibull 1995, 233). Nicht alle komplizierten Differenzialgleichungen besitzen eindeutige Lösungen.

tierenden Lösungen sind nicht mehr durch eine einfache Formel ausdrückbar, wohl aber deren qualitativer Verlauf und Endgleichgewichte (▶ Abschnitt 12.5.1).

Von Bertalanffy (1979, 20, 56 ff) hat eine Klassifikation von Komplexitätsgraden von Systemen und den sie beschreibenden Differenzialgleichungen entwickelt. Während einfache Differenz(ial)gleichungen „analytisch", d. h. mathematisch exakt lösbar sind, lassen sich mittelkomplexe (z. B. nicht lineare) Differenz(ial)gleichungen nur mittels Approximationsverfahren lösen, und hochkomplexe (z. B. partielle) Differenz(ial)gleichungen sind oft gar nicht mehr mathematisch lösbar, sondern lassen sich nur durch eine *Simulation* des Systems (mithilfe von Computern) analysieren, also dadurch, dass man ausgehend vom Anfangszustand den jeweils nächsten Systemzustand berechnet und sich so Punkt für Punkt in der Zeit vorarbeitet.

12.2 Stabilität, Indifferenz und Instabilität von Trajektorien

Man nennt ein dynamisches Systeme *stabil*, wenn sich die Trajektorien des Systems, auch wenn sie von sehr unterschiedlichen Anfangsbedingungen aus starten, mit zunehmender Zeit aufeinander zu bewegen und schließlich in einen *Gleichgewichtszustand* bzw. *stationären* Zustand (z*) einmünden – also in einen Zustand, der unter der rekursiven Differenzialgleichungsfunktion φ unverändert bleibt (φ(z*,α) = z*). Umgekehrt sind dynamische Systeme *instabil*, wenn sich ihre Trajektorien mit zunehmender Zeit zunehmend voneinander entfernen. Stationäre Punktzustände, bei denen die geringste Abweichung genügt, um den Punkt zu verlassen, nennt man *instabile Gleichgewichtszustände*. Indifferente Systeme nehmen die Mittelposition dazwischen ein (vgl. Schurz 1996).

▶ Abb. 12.1 rechts zeigt ein einfaches Beispiel eines Systems mit stabilem Gleichgewichtszustand: Eine Kugel rollt – von einer beliebigen Seite her kommend – in eine Senke und bleibt dort stabil liegen. ▶ Abb. 12.1 links zeigt die zugehörigen zeitabhängigen Trajektorien: Gleich, wo diese starten, münden sie alle in denselben Endzustand. Man bezeichnet den Gleichgewichtspunkt auch als „Attraktor" und nennt die Trajektorien *konvergent* oder *asymptotisch stabil*[73] im Gegensatz zur indifferenten Stabilität, die wir weiter unten besprechen.

Für asymptotische Dynamiken kann der Endzustand des Systems vorausgesagt oder erklärt werden, ohne seinen Anfangszustand zu kennen, solange nur bekannt ist, dass der Anfangszustand in einer sehr großen Klasse von Anfangszuständen liegt – in unserem Beispiel alle Anfangszustände, in denen die Kugel *innerhalb* der Halbkugel losgelassen wird. Wissenschaftstheoretisch ist der Fall bedeutend, weil er qualitative Voraussagen oder Wie-möglich-Erklärungen gestattet, auch ohne Kenntnis der genauen *Kausalgeschichte*. Solche Wie-möglich-Erklärungen sind insbesondere

---

[73] Mathematisch bedeutet asymptotische Stabilität des Trajektorienraumes TR: $\forall \varepsilon > 0 \ \forall z_1, z_2 \in TR \ \exists t \geq 0$: $|z_1(t) - z_2(t)| \leq \varepsilon$. In Worten: Für jedes noch so kleine ε gibt es einen Zeitpunkt t, sodass sich zwei Systeme in beliebig weit voneinander entfernten Anfangszuständen zur Zeit t bis auf ε nahegekommen sind (vgl. Haken 1983, 132). In Weibull (1995, 243) wird die Definition auf einen Punkt $z^* \in IR^k$ und eine Umgebung B von z* bezogen, in der die variierenden Anfangsbedingungen liegen müssen. Man nennt dann B auch das Basin der Attraktion von z* (Weibull 1995, 245), weil alle Trajektorien, die in B starten, nach z* streben.

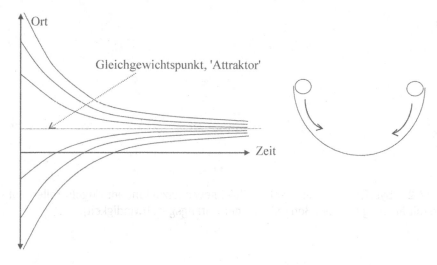

Abb. 12.1 System mit stabilem Endgleichgewicht: Kugeln rollen in eine Senke.

für die Evolution von Wichtigkeit, da über die jeweiligen längst vergangenen „Anfangszustände" von evolutionären Entwicklungen nur wenig bekannt ist.

▶ Abb. 12.2 zeigt ein Beispiel eines Systems im indifferenten Gleichgewichtszustand. Es handelt sich um Kugeln auf einer *waagerechten* Ebene mit Reibung, die mit gleicher Anfangsgeschwindigkeit angestoßen jeweils ein Stückchen rollen – wo sie stehen bleiben, hängt davon ab, wo sie sich anfangs befanden. Die Trajektorien dieses Systems sind indifferent *stabil* (oder „Lyapunov-stabil"), d. h., sie bewegen sich weder aufeinander zu noch voneinander weg, sondern bleiben in etwa gleichem Abstand voneinander.[74] Wissenschaftstheoretisch ist an diesem Fall hervorzuheben, dass hier, und nur hier, eine Symmetrie von effektiver Voraussagbarkeit und effektiver Erklärbarkeit vorliegt.

▶ Abb. 12.3 zeigt uns schließlich das einfachste Beispiel eines instabilen Gleichgewichts – eine perfekt gerundete Kugel steht auf der Spitze einer stabilen und vollkommen runden Halbkugel. Unmessbar kleine Fluktuationen der Kugel nach rechts oder nach links entscheiden darüber, ob und auf welcher Seite die Kugel herunterrollen wird. Für die zugehörigen Trajektorien in ▶ Abb. 12.3 links (auf eine Dimension reduziert) bedeutet dies Folgendes: In jedem noch so kleinen Ausgangsintervall (eingezeichnet als [) um den Anfangszustand herum gibt es Trajektorien, die beide in diesem Ausgangsintervall starten, jedoch nach hinreichend langer Zeit *extrem* voneinander abweichen. Man nennt solche Trajektorien *divergent* und spricht von

---

[74] Formal erfüllen solche Trajektorien die sogenannte *Lyapunov-Stabilität* (Suppes 1985, 192; Schurz 1996, 134), die mathematisch vom Trajektorienraum TR Folgendes verlangt: $\forall \varepsilon > 0 \ \exists \delta > 0 \ \forall z_1, z_2 \in TR$ $\forall t \geq 0$: $|z_1(0) - z_2(0)| < \delta \rightarrow |z_1(t) - z_2(t)| < \varepsilon$. In Worten: Für jedes noch so kleine ε gibt es ein hinreichend kleines δ, sodass sich zwei Systeme, deren Anfangszustände um nicht mehr als δ voneinander abweichen, für beliebige spätere Zeitpunkte nicht mehr als ε voneinander abweichen werden. Eine analoge Definition, aber bezogen auf einen Lyapunov-stabilen Punkt z^* in $\mathbb{R}^n$, findet sich in Weibull (1995, 243).

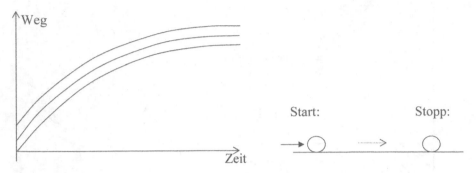

Abb. 12.2 System mit indifferenten Gleichgewichtszuständen: Kugeln rollen auf einer Ebene mit Reibung (angestoßen mit gleicher Anfangsgeschwindigkeit).

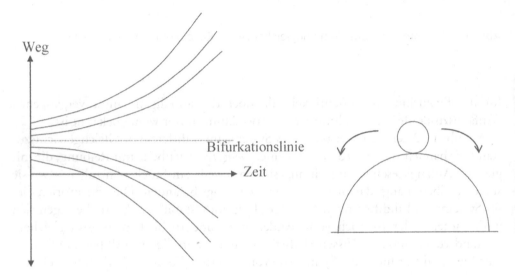

Abb. 12.3 System mit instabilem Gleichgewichtszustand: Eine ideale Kugel auf einer idealen Halbkugel.

Sensitivität gegenüber den Anfangsbedingungen.[75] Einen Punkt im Zustandsraum des Systems, um den herum eine solche Sensitivität auftritt, nennt man auch einen *Bifurkationspunkt.* Anschaulich spricht man vom „Schmetterlingseffekt": Der Flügelschlag eines Schmetterlings in einem Wetter-Bifurkationspunkt in Australien kann darüber entscheiden, ob es in New York regnet oder nicht.

Instabile Systeme besitzen einen oder wenige solcher instabilen Bifurkationspunkte. *Chaotische* Systeme, die in den letzten Jahrzehnten viel diskutiert wurden, zeichnen sich darüber hinaus dadurch aus, dass unter gewissen Bedingungen viele

---

[75] Mathematisch erfüllt ein Trajektorienraum TR mit divergenten Trajektorien folgende Bedingung: $\forall \varepsilon > 0 \ \forall \delta > 0 \ \exists z_1, z_2 \in TR \ \exists t \geq 0$: $|z_1(0) - z_2(0)| < \delta \wedge |z_1(t) - z_2(t)| \geq \varepsilon$ (Suppes 1985, 192). In Worten: Für jedes beliebig große ε und noch so kleine δ gibt es zwei anfänglich um weniger als δ voneinander abweichende Systemtrajektorien z_1 und z_2 und einen Endzeitpunkt t, sodass der Endzustand beider Systeme um ε voneinander abweicht. Eine stärkere Form von Divergenz ist die *exponentielle* Divergenz, worin die Trajektorienabweichung exponentiell mit der Zeit zunimmt (Schurz 1996, 135 f).

und immer wieder neue Bifurkationen auftreten (z. B. Peitgen, Jürgens und Saupe 1998; Weingartner und Schurz 1996). Chaotische Prozesse wurden mittlerweile in vielen Bereichen studiert,[76] und wir werden sie auch im Bereich der evolutionären Spieltheorie kennenlernen (▶ Abschnitt 15.3). Wissenschaftstheoretisch ergibt sich für instabile und chaotische Systeme, dass zwar keine effektive Voraussagbarkeit, jedoch eine Ex-post-Erklärbarkeit gegeben ist. Da die winzigen Fluktuationen, die über das Endergebnis entscheiden, grundsätzlich kleiner sind als die Messgenauigkeit, kann man das System nicht voraussagen. Wenn man jedoch den Endzustand des Systems kennt, so kann man aufgrund der Tatsache, dass die Trajektorien sich nicht kreuzen (also deterministisch sind), den Ausgangszustand *zurückberechnen* und den Endzustand aufgrund des so zurückberechneten Ausgangszustands ex post facto erklären (Schurz 2006, 229).

12.3 Populationsdynamische Beschreibung evolutionärer Systeme

Eine Menge von Varianten V_i eines evolutionären Systems in einer gemeinsamen Umgebung nennt man eine *Population*. Die absoluten Häufigkeiten (also Individuenanzahlen) dieser Varianten werden mit $H(V_i)$ und die relativen Häufigkeiten bzw. Häufigkeitsprozentsätze mit $p(V_i)$ bezeichnet (p for „probability"). Diese Häufigkeitsprozentsätze müssen sich immer zu 100 % aufaddieren, es gilt also $p(V_1) + \ldots + p(V_n) = 1$, und sie berechnen sich zu $p(V_i) = H(V_i)/H$, wobei $H = H(V_1) + \ldots + H(V_n)$ die absolute Gesamthäufigkeit ist. In der Populationsdynamik interessiert man sich meistens nur für die Dynamik der *relativen* Häufigkeiten (absolute Populationswachstumsprozesse werden in ▶ Abschnitt 14.2 betrachtet). Dabei nehmen wir eine diskrete Zeit bzw. Generationenfolge $n = 1, 2, \ldots$, an; $p_n(V_i)$ steht für die relative Häufigkeit der Variante V_i zum diskreten Zeitpunkt n und $p(V_i)$ für V_i's relative Häufigkeit zu einem beliebigen Zeitpunkt. In der Annahme beliebig kleiner relativer Häufigkeiten steckt eine Idealisierung, denn die absolute Gesamthäufigkeit H besitzt eine obere Schranke, die wir H_{max} nennen. Wenn nun die relative Häufigkeit einer Variante kleiner wird als $1/H_{max}$, beträgt die absolute Häufigkeit dieser Variante weniger als ein Individuum, d. h., die Variante ist ausgestorben. Im Regelfall wird davon ausgegangen, dass das ökologisch verträgliche Populationsmaximum H_{max} annähernd erreicht ist – in diesem Fall ergeben sich die absoluten Häufigkeiten aus den relativen zu $H_n(V_i) = H_{max} \cdot p_n(V_i)$.

Im Folgenden behandeln wir meistens die einfache Situation, in der nur zwei konkurrierende Varianten V_1 und V_2 vorliegen. Die Häufigkeiten werden dann abgekürzt zu $p_n(V_1) := p_n$ und $p_n(V_2) := q_n := (1-p_n)$ (:= steht für „per definitionem identisch"). Wenn wir von Häufigkeiten „ohne Zusatz" sprechen, meinen wir immer *relative* Häufigkeiten. In der *biologischen* Populationsdynamik (bzw. Populationsgenetik) stehen V_1 und V_2 für zwei konkurrierende Allele, und wir schreiben dafür meist A und a, wobei der Großbuchstabe anzeigt, dass A das dominante und a das rezessive Allel ist (▶ Abschnitt 2.1). Dabei tritt die zusätzliche Komplikation auf, dass die Selektion der Varianten unmittelbar nur für die diploiden Genotypen (AA,

---

[76] Vgl. z. B. Peitgen, Jürgens und Saupe (1998); zu chaotischen Populationsdynamiken vgl. May (1987).

Aa und aa) definiert ist und erst daraus die Selektionsdynamik der konkurrierenden Allele berechnet wird. In der *kulturellen* (ungeschlechtlichen) Populationsdynamik wird die Selektionsdynamik ohne diesen Umweg direkt für die konkurrierenden Meme (z. B. A und B) berechnet. Wir werden für alle Standardszenarien zuerst die *biologische* und dann die *kulturelle* Populationsdynamik behandeln und immer wieder sehen, dass *beide* durch dieselben Gleichungstypen beschrieben werden, abgesehen von der Komplikation diploider Genotypen im Fall der BE und dem damit zusammenhängenden Hardy-Weinberg-Gesetz.

Populationsdynamische Systeme können durch Differenzgleichungen (z. B. in Ridley 1993) oder durch Differenzialgleichungen (z. B. Weibull 1995) beschrieben werden. Differenzgleichungen sind einfacher darstellbar, aber oft schwieriger lösbar; Differenzialgleichungen sind schwieriger verstehbar, aber mathematisch einheitlicher behandelbar und oft einfacher lösbar. Differenzgleichungen sind jedoch *realistischer*, denn in der Realität hat man diskrete (obwohl überlappende) Generationen (▶ Abschnitt 12.6). Wir benutzen im Folgenden vorwiegend Differenzgleichungen und machen von Differenzialgleichungsdarstellungen dort Gebrauch, wo sie vorteilhaft sind.

Über mathematische Berechnung hinaus verwenden wir zur Behandlung komplexer Szenarien, die nicht mehr mathematisch-analytisch lösbar sind, *Computersimulationen*, in denen die diskret-zeitabhängige Trajektorie eines dynamischen Systems Punkt für Punkt programmiert wird: Durch iterative Anwendung der Differenzgleichung $z_{n+1} = z_n + \varphi(z_n, \alpha)$ auf eine gegebene Anfangsbedingung z_0 mit gegebenen Parametersetzungen α berechnet man also $z_1, z_2, z_3, \ldots$ usw. Da solche Simulationen immer nur für gewisse punktuelle Anfangsbedingungen und Parameterwerte und nur für endliche Zeithorizonte (z. B. $z_{10\,000}$) durchgeführt werden können, liefern sie nur unvollständige Informationen über den Trajektorienverlauf in Abhängigkeit von Anfangs- und Systembedingungen. Vollständige Information liefern nur hinreichend allgemeine mathematische Theoreme über Trajektorienverläufe oder zumindest deren Gleichgewichtslagen, weshalb Theoreme grundsätzlich vorzuziehen sind – sofern sie zur Verfügung stehen. Andernfalls werden oft sogenannte „massive" Simulationen durchgeführt, d. h. Simulationen für repräsentativ verteilte Variationen von Anfangs- und Systembedingungen, und die erhaltenen Ergebnisse werden dann induktiv auf den gesamten Trajektorienraum verallgemeinert (so z. B. in Alexander 2007 oder Arnold 2008). Doch induktive Verallgemeinerungsschlüsse sind immer unsicher, und in instabilen Evolutionsszenarien kann es passieren, dass eine Variante, die sich in allen bislang erprobten Anfangsbedingungen bis zur, sagen wir, 10 000. Generation als scheinbar optimal erwies, dennoch ab der 20 000. Generation oder für gewisse unerprobte Anfangsbedingungen ihre Optimalität verliert oder gar wieder ausstirbt. Dennoch sind Computersimulationen ein wichtiges Hilfsmittel, erstens weil sie ungeheuer illustrativ und zeitsparend sein können, zweitens weil sie der Auffindung von mathematisch exakten Lösungen behilflich sind (vgl. Schurz 2009a) und drittens weil sie in Fällen, wo keine mathematische Lösung greifbar ist, das beste sind, was man tun kann.

Während populationsdynamische Simulationen die zeitabhängigen Trajektorien für eine vorgegebene Menge von (miteinander konkurrierenden) Varianten berechnen, werden in sogenannten *genetischen Algorithmen* zusätzliche Rechenschritte eingebaut, die durch Mutations- und Rekombinationsoperationen aus vorhandenen Varianten neue Varianten erzeugen (vgl. Goldberg 1989; Mitchell 1996). Wenn die Mehrzahl aller Mutationen nutzlose Varianten produzieren, lohnen sich genetische Algorithmen kaum – dann ist es sinnvoller, sämtliche aufgrund des Hintergrundwissens als relevant erachtete Varianten vorzugeben und mit diesen eine Populationsdynamik durchzuführen. Es gibt jedoch Anwendungssituationen in der künstlichen Intelligenzforschung, in denen sich genetische Algorithmen als sehr nützlich erwiesen haben (Goldberg 1989, 17 ff). Wir machen in den folgenden Abschnitten jedoch nur von populationsdynamischen Simulationen Gebrauch.

12.4 Genotypengleichgewichte ohne Selektion – Das Hardy-Weinberg-Gesetz

Das Hardy-Weinberg-Gesetz behandelt Genotypenhäufigkeiten und betrifft damit nur die BE. Das Mendel'sche Gleichgewicht der aus den zwei Allelen A (dominant) und a (rezessiv) zufällig kombinierten Genotypen berechnet sich wie folgt (man erinnere sich: $p = p(A)$, $q = 1-p = p(a)$; ▶ Abschnitt 2.1):

(12.2) $p(AA) = p^2$, $p(Aa) = 2 \cdot p \cdot q$ und $p(aa) = q^2$.

Hardy und Weinberg hatten 1908 bewiesen, dass die (relativen) Häufigkeiten der Genotypen AA, Aa und aa – auch wenn sie durch externe Ereignisse wie das Wegsterben vieler aa-Genotypen aus dem Gleichgewicht geraten sind – sich in Abwesenheit selektiver Kräfte bereits nach *einer* Generation wieder auf das Mendel'sche Gleichgewicht p^2, $2 \cdot p \cdot q$ und q^2 einpendeln (vgl. Hardy 1908; Ridley 1993, 87 ff; Weber 1998, 144). Dieses *Hardy-Weinberg-Gesetz* wird oft als Fundamentalgesetz der biologischen Populationsdynamik bezeichnet. Ich sehe in diesem Gesetz eher eine *Vorstufe* zur Populationsdynamik, denn es beschreibt die biologischen Genotypenhäufigkeiten unter *Abwesenheit* evolutionärer Kräfte, während die eigentliche Populationsdynamik beschreibt, was passiert, wenn evolutionäre Kräfte anwesend sind. Das Hardy-Weinberg-Gesetz hat insofern dieselbe Funktion wie das erste Newton'sche Axiom in der klassischen Physik, welches besagt, dass ein kräftefreier Körper seinen gleichförmigen Bewegungszustand nicht verändert.

Der Beweis des Hardy-Weinberg-Gesetzes sei kurz skizziert (Ridley 1993, 87 f). Angenommen, in Generation n liegen x-beliebige Genotypenhäufigkeiten vor:

(12.3) $p_n(AA) = x$, $p_n(Aa) = y$ und $p_n(aa) = z := 1-x-y$.

Pro Genotyp gibt es zwei Allele; doch müssen wir wieder durch 2 dividieren, weil es insgesamt doppelt so viele Allele wie Genotypen gibt. Daher berechnen sich die (relativen) Allelhäufigkeiten aus den Genotypenhäufigkeiten wie folgt:

(12.4) $p_n = \dfrac{2 \cdot x + y}{2} = x + \dfrac{y}{2}$ und $q_n\ [= 1-p_n] = \dfrac{y}{2} + z.$

Wir zeigen nun, dass aus der Zufallspaarung der Genotypen in der nächsten Generation bei Abwesenheit von selektiven Kräften wieder die Mendel'schen Gleichgewichtshäufigkeiten in ▶ (12.2) entstehen. Die Paarungen von AA mit sich selbst finden mit Häufigkeit x^2 statt und führen immer zu AA-Nachkommen; die Paarungen von AA mit Aa bzw. von Aa mit AA finden mit Häufigkeit $2 \cdot x \cdot y$ statt und führen in der Hälfte der Fälle zu AA; die Paarungen von Aa mit Aa finden schließlich mit Häufigkeit y^2 statt und führen nur in 1/4 der Fälle zu AA. Die Häufigkeit von AA-Nachkommen in der nächsten Generation beträgt somit:

$$(12.5) \quad p_{n+1}(AA) = x^2 + \frac{2 \cdot x \cdot y}{2} + \frac{y^2}{4} = (x + \frac{y}{2})^2 = p_n^2.$$

Der resultierende Term für $p_{n+1}(AA)$ (links vom zweiten =) ist gemäß dem Binominalgesetz das Quadrat von $(x+y/2)$, was der Mendel'schen Häufigkeit p_n^2 genau entspricht.

Analog ergeben die Paarungen von AA mit Aa bzw. von Aa mit AA in der Hälfte der Fälle Aa-Nachkommen, und dasselbe gilt für die Paarungen von Aa mit sich selbst sowie die von Aa mit aa. Die Paarungen von AA mit aa bzw. aa mit AA finden schließlich mit Häufigkeit $2 \cdot x \cdot z$ statt und ergeben immer Aa. Die Häufigkeit von Aa-Nachkommen lautet damit wie folgt:

$$(12.6) \quad p_{n+1}(Aa) = \frac{2 \cdot x \cdot y}{2} + \frac{y^2}{2} + \frac{2 \cdot y \cdot z}{2} + 2 \cdot x \cdot z$$

$$= 2 \cdot (x + \frac{y}{2}) \cdot (z + \frac{y}{2}) = 2 \cdot p_n \cdot q_n.$$

Aus Normierungsgründen (Häufigkeitssumme der Genotypen = 1) folgt daraus

$$(12.7) \quad p_{n+1}(aa) = q_n^2.$$

Damit sind die Mendel'schen Gleichgewichtshäufigkeiten ▶ (12.2) vollständig wiederhergestellt. Für das Mendel'sche Multinominalgleichgewicht in n Allelen wird das Hardy-Weinberg-Gleichgewicht analog bewiesen.

12.5 Einfache Evolution unter den Kräften der Selektion

In den nächsten drei Abschnitten behandeln wir den einfachsten Fall einer evolutionären Selektion mit zwei konkurrierenden Varianten. Wir unterscheiden zwei biologische Fälle – einmal ist das vorteilhafte Allel dominant, dann rezessiv – und behandeln anschließend den kulturellen Fall ungeschlechtlicher Repronenselektion.

12.5.1 BE: Selektion eines dominanten Allels

Ein neues selektiv vorteilhaftes Allel A ist entstanden, das sich zum bisherigen Allel a dominant verhält. Das heißt, die Genotypen AA und Aa sind beide gleichermaßen vorteilhaft, und der Selektionsnachteil wirkt sich nur für den Homozygot aa aus. In der biologischen Populationsdynamik wird der *relative Fitnessnachteil* der nachteilhaften Variante aa meist durch einen Selektionskoeffizienten s wiedergegeben, der das Verhältnis des Fitnessnachteils zur Fitness der vorteilhaften Variante ausdrückt. Die relative Fitness der vorteilhaften Variante (hier AA und Aa) wird einfachheitshalber auf den Wert 1 gesetzt; die relative Fitness von aa erhält damit den Wert 1−s (Ridley 1993, 99). Damit ergibt sich:

(12.8)

Genotypen	AA	Aa	aa
Relative Fitness	1	1	1−s

Gemäß den ▶ Gleichungen (12.2) betragen die Häufigkeiten der Genotypen in Generation n $p_n(AA) = p_n^2$, $p_n(Aa) = 2 \cdot p_n \cdot q_n$ und $p_n(aa) = q_n^2$. Die unnormierten „Häufigkeiten" in der *nächsten* Generation erhält man daraus durch Multiplikation mit den relativen Fitnesskoeffizienten; sie betragen $p_{n+1}(AA) = p_n^2 \cdot 1$, $p_{n+1}(Aa) = 2 \cdot p_n \cdot q_n \cdot 1$ und $p_{n+1}(aa) = q_n^2 \cdot (1-s)$. Damit sich die Häufigkeiten in Generation n+1 wieder zu 1 aufaddieren, müssen sie normiert, d. h. durch die Summe der unnormierten Häufigkeiten dividiert werden, die sich wie folgt vereinfacht: $p_n^2 + 2 \cdot p_n \cdot q_n + q_n^2 \cdot (1-s) = p_n^2 + 2 \cdot p_n \cdot q_n + q_n^2 - s \cdot q_n^2 = 1 - s \cdot q_n^2$. Damit ergeben sich folgende (normierte) Häufigkeiten für die nächste Generation:

(12.9)

Genotypen	AA	Aa	aa
Relative Fitness	$\dfrac{q_n^2}{1 - s \cdot q_n^2}$	$2 \cdot \dfrac{p_n \cdot q_n}{1 - s \cdot q_n^2}$	$\dfrac{q_n^2 \cdot (1 - s)}{1 - s \cdot q_n^2}$

Aufgrund der Normierung kommt es nur auf die Verhältnisse der Fitnesswerte zueinander an: Wir hätten die Fitnesswerte mit einem konstanten Faktor f multiplizieren können, durch den in dem dann resultierenden Normierungsfaktor $f \cdot (1 - s \cdot q_n^2)$ wieder dividiert worden wäre. Verallgemeinert schreibt man die Fitnesswerte für n Varianten (V_i) auch als $f_i = f(V_i)$ und den Normierungsfaktor als $N = f_1 \cdot p(V_1) + \ldots + f_n \cdot p(V_n)$.

Die Allelhäufigkeiten p_{n+1} und q_{n+1} ergeben sich aus den Genotyphäufigkeiten in ▶ (12.9) gemäß den ▶ Gleichungen (12.4) wie folgt (rekapituliere $p := p(A)$; $q := 1-p := p(a)$):

(12.10)

$$p_{n+1} = p_{n+1}(AA) + \frac{p_{n+1}(Aa)}{2} = \frac{p_n^2 + p_n \cdot q_n}{1 - s \cdot q_n^2} = \frac{p_n \cdot (p_n + q_n)}{1 - s \cdot q_n^2} = \frac{p_n}{1 - s \cdot q_n^2}$$

$$[\text{sowie: } q_{n+1} := 1 - p_{n+1} = \frac{1 - s \cdot q_n^2 - p_n}{1 - s \cdot q_n^2} = q_n \cdot \frac{1 - s \cdot q_n}{1 - s \cdot q_n^2}].$$

▶ (12.10) ist die „Next-Form" der Differenzgleichung. Da sie für beliebige Werte p_n gilt, formulieren wir sie mithilfe des *Next-Operators*, der den Häufigkeitswert der jeweils nächsten Generation liefert:

(12.11)   Definition: Wenn $p = p_n$, dann $Next(p) = p_{n+1}$. Damit wird aus ▶ (12.10):

$$Next(p) = p \cdot \frac{1}{1 - s \cdot q^2} \quad [\text{sowie: } Next(q): = 1 - Next(p) = q \cdot \frac{1 - s \cdot q}{1 - s \cdot q^2}].$$

In jeder Generation steigt p um den Faktor $\dfrac{1}{1 - s \cdot q^2}$ an. Dieser Faktor ist für q > 0 größer 1 und strebt für $q_n \to 0$ gegen 1. Daher strebt p, sofern es eine positive Anfangshäufigkeit $p_0 > 0$ besitzt, für $n \to \infty$ gegen 1. Analog sinkt q jede Generation um den Faktor $\dfrac{1 - s \cdot q}{1 - s \cdot q^2}$ und strebt für $n \to \infty$ gegen 0. Wir bilden die „Differenzform" von ▶ Gl. (12.11) mithilfe des *Differenzoperators* Δ (Ridley 1993, 93 f):

(12.12)   Definition: $\Delta(p) := Next(p) - p$. Damit ergibt sich aus ▶ (12.11):

$$\Delta(p) = p \cdot \frac{1}{1 - s \cdot q^2} - p = [\ldots] = p \cdot \frac{s \cdot q^2}{1 - s \cdot q^2} \quad [\text{und } \Delta(q) = -\Delta p = -q \cdot \frac{s \cdot p \cdot q}{1 - s \cdot q^2}].$$

(Dabei steht [...] für „nach leichten Umformungen".)

Die ▶ Differenzgleichung (12.12) lässt sich wie folgt interpretieren. Die (relative bzw. unnormierte) *Durchschnittsfitness* $\overline{f}$ in der gegebenen Generation beträgt genau $p^2 \cdot 1 + 2 \cdot p \cdot q \cdot 1 + q^2 \cdot (1 - s) = 1 - s \cdot q^2$ (= der Normierungsfaktor N), und die Fitness der vorteilhaften Variante A beträgt 1. Die Differenz $\Delta f(A)$ der Fitness von A gegenüber der Durchschnittsfitness $\overline{f}$ beträgt daher $f(A) - \overline{f} = s \cdot q^2$. Division durch den Normierungsfaktor $(1 - s \cdot q_n^2)$ ergibt die normierte Fitnessdifferenz $\Delta f_{norm}(A)$:

(12.13) $\Delta f_{norm}(A) := \dfrac{s \cdot q^2}{1 - s \cdot q^2}.$

$\Delta f_{norm}(A)$ ist mit dem Multiplikationsfaktor der ▶ Differenzgleichung (12.12) identisch, und somit kann diese in folgender Form geschrieben werden:

(12.14) $\Delta(p) = \Delta f_{norm}(A) \cdot p$. In Worten: Veränderung der A-Häufigkeit = A-Häufigkeit mal normierter Fitnessdifferenz von A zur Durchschnittsfitness.

▶ (12.14) ist eine allgemeine Form der populationsdynamischen Differenzgleichung, die auf einfache Weise in die Darstellung durch eine Differenzialgleichung überführbar ist, nämlich indem man den Normierungsfaktor 1 werden lässt. In unserem Fall lautet die Differenzialgleichungsdarstellung:

(12.15) $\dfrac{dp}{dt} = \Delta f(A) \cdot p = p \cdot s \cdot q^2.$

In Anlehnung an Weibull (1998, 73, 123–125) kann man ▶ Gl. (12.15) so beweisen. Wir ersetzen die diskrete Zeit n durch die kontinuierliche t und betrachten die Differenz $\Delta_\tau(p)$ für nur einen Generationenbruchteil τ ($\tau < 1$). Sie ist durch Einsetzung des entsprechenden Bruchteils $\tau \cdot s$ statt s in ▶ (12.12) gegeben, also als $s \cdot \tau \cdot q^2 / (1 - s \cdot \tau \cdot q^2)$. Das Differenzial dp/dt ist nun definiert als der Grenzwert des Quotienten $\Delta_\tau(p)/\tau$, wenn τ gegen null geht ($\tau \to 0$). Damit beweist man ▶ Gl. (12.15) wie folgt:

(12.16) $\dfrac{dp}{dt} = \lim_{\tau \to 0} p \cdot (s \cdot \tau \cdot q^2 / \tau \cdot (1 - s \cdot \tau \cdot q^2)) = p \cdot s \cdot q^2 = \Delta f(A) \cdot p.$

Zurück zur ▶ Differenzgleichung (12.12). Sie (wie auch die zugehörige ▶ Differenzialgleichung 12.16) ist nicht linear in p, und ihre Lösungsfunktionen (also die zeitlichen Entwicklungskurven von p) sind gemäß dem Output des Programms *Mathematica* analytisch nicht auffindbar. Doch das qualitative Verhalten dieser Lösungsfunktionen kann durch mathematische Analyse vollständig bestimmt werden. Zunächst ermitteln wir die *Gleichgewichte* bzw. stationären Zustände p* der durch ▶ (12.11) beschriebenen Funktion durch folgende *Gleichgewichtsbedingung* (im Folgenden steht p* immer für „Gleichgewichtswert der Funktion p"):

(12.17)   Bedingung der Gleichgewichtshäufigkeit p*: Next(p*) = p* bzw. $\Delta(p^*) = 0$.

Daraus resultiert durch Einsetzung von ▶ Gl. (12.12) für das p* in ▶ Gl. (12.17) die folgende Gleichung mit zwei einfachen Lösungen:

(12.18)   Next(p*) = p*/(1 – s·q*²) =! p*   (=! für „identisch per Forderung") .
        1. (triviale) Lösung: p* = 0.
        2. Lösung: 1 – s·q*² = 1 [ergo: s·q*² = 0], somit: q* = 0 bzw. p* = 1.

Gemäß der 1. Lösung ist das System trivialerweise stabil, wenn es gar keine vorteilhafte Mutante A gibt (p = 0), sodass a's Häufigkeit q stabil bei 100 % verharrt. Sofern aber die vorteilhafte Mutante A mit irgendeiner positiven Anfangshäufigkeit ($p_0 > 0$) ins Rennen gegangen ist, wird das neue evolutionäre Gleichgewicht erst dann erreicht, wenn A's Häufigkeit 1 geworden ist und a völlig verdrängt hat, was der 2. Lösung entspricht.

Wir sahen, dass p im Falle p > 0 monoton wächst und für $n \to \infty$ den Grenzwert p = 1 erreicht. Aus den bisherigen Überlegungen geht aber noch nicht hervor, wie der qualitative Verlauf der Funktion p(n) aussieht, also wie sich ihre Wachstumsrate bzw. Steigung mit der Zeit ändert. Um dies herauszufinden, betrachten wir den Verlauf der Steigung in Abhängigkeit von p gemäß ▶ Gleichung (12.12) und prüfen mithilfe der mathematischen Methode der Differenzierung und Nullsetzung, ob dieser Verlauf einen Wendepunkt (also einen Maximalwert der Steigung) besitzt. Diese mathematische Methode ist jedoch problemlos nur mehr auf die ▶ Differen-

zialgleichung (12.15) anwendbar (wogegen die Anwendung auf die ▶ Differenzgleichung (12.12) zu einer zu schwierigen Gleichung führt), weshalb wir den Ausdruck
(dp/dt) von ▶ Gl. (12.15), der die Steigung ausdrückt, als Funktion von p auffassen,
differenzieren und null setzen. Die resultierende quadratische Gleichung lösen wir
im Standardverfahren:

(12.19) Wir setzen $\varphi(p) := \dfrac{dp}{dt}$ = (gemäß ▶ Gl. 12.15) $p \cdot s \cdot (1-p)^2 = s \cdot p - 2 \cdot p^2 + p^3$.

Differenzierung und Nullsetzung: $d\varphi/dp = s - 4 \cdot s \cdot p + 3 \cdot s \cdot p^2$ =! 0

→ ergibt die quadratische Gleichung $p^2 - (4/3) \cdot p + (1/3) = 0$.

Sie besitzt 2 Lösungen: $p_{1,2} = (2/3) \pm \sqrt{4/9 - (3/9)} = (2/3) \pm (1/3)$.

                    1. triviale Lösung: $p = 1$.

                    2. nichttriviale Lösung: $p = (1/3)$.

Einsetzen der Lösung (1/3) in die zweite Ableitung, $d^2\varphi/dp^2 = -4 \cdot s + 6 \cdot s \cdot p =$
$s \cdot (6 \cdot p - 4)$, ergibt einen negativen Wert; d. h. wenn die Funktion p_t den Wert $p =$
1/3 durchläuft, erreicht ihre Steigung ihr Maximum. Damit ergibt sich der qualitative (d. h. numerisch unspezifizierte) Verlauf der Funktionen p_t und $q_t = 1 - p_t$ wie in
▶ Abb. 12.4 dargestellt als *sigmoider* Verlauf: Die Funktion p_t steigt langsam und
zunehmend stärker an, hat bei $p_t = (1/3)$ ihre maximale Steigung erreicht, die daraufhin wieder abnimmt, während sich p_t für t→∞ dem Wert 1 annähert (sowie umgekehrt für q_t).

    ▶ Abb. 12.4 stellt ein System mit approximativ *stabilen* Trajektorien im Sinne
von ▶ Abschnitt 12.2 dar: Unabhängig von der Ausgangshäufigkeit von A, sofern
diese nur positiv ist, wird die Endhäufigkeit von A immer gegen 1 (und die von a
gegen 0) konvergieren. Es kommt daher (im Grenzwert) zu strikter *Fixierung* von A
und *totaler* Elimination von a. Da in Realanwendungen die (absolute) Populationsgröße H immer nur endlich ist, tritt das Aussterben des nachteiligen Allels a schon
nach endlicher Zeit ein. Beträgt die Populationsgröße $H = 10^k$, dann ist die kritische
Aussterbeschwelle für Allel a bei $q < 10^{-k}$ überschritten (z. B. stirbt a für k = 2 bzw. H
= 100 bei q < 0,01 aus).

    Wann p den Wert 1/3 und damit das Maximum seiner Steigung erreicht, hängt
vom konkreten Wert des Selektionskoeffizienten s und der Anfangshäufigkeit p_0 ab.
Wie die Computersimulation in ▶ Abb. 12.5 (▶ Abschnitt. 12.5.3) zeigt, ist für s =
0,2 und $p_0 = 1\,\%$ der Wert p = 1/3 schon nach 20 und der Wert p = 2/3 schon nach
33 Generationen erreicht, aber die Schwelle von p = 0,99 ist erst nach 555 Generationen und die von 0,999 gar erst nach 5064 Generationen überschritten. Das
Wachstumsverhalten eines dominanten vorteilhaften Allels zeichnet sich somit (im
Vergleich zum rezessiven Allel und zum kulturellen Repron; vgl. ▶ Abb. 12.5) dadurch aus, dass es relativ früh den Maximalwert seiner Steigung erreicht, aber sich
nur extrem langsam dem Häufigkeitsmaximalwert 1 nähert. Die Erklärung hierfür
liegt darin, dass jener Anteil des rezessiven Allels a, der im Heterozygot Aa (und nicht
im Homozygot aa) auftritt, sich genauso schnell vermehrt wie A selbst, und dieser
a-Anteil ist für kleines p(A) zwar klein, aber für p(A) nahe bei 1 sehr hoch. Das rezes-

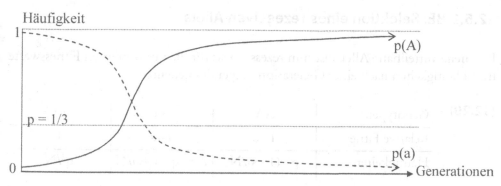

Abb. 12.4   BE zweier Allele (A und a): Vorteilhaftes Allel A ist dominant. Maximales p(A)-Wachstum beim p(A)-Wert (1/3).

sive Allel wird also vom dominanten Allel relativ schnell dezimiert; bleibt aber in Restbeständen sehr lange erhalten, weil es in diesen Restbeständen fast nur mehr gepaart mit A auftritt und somit keinen Selektionsnachteil bewirkt, sondern von A „mitgeschleppt" wird.

Wie schon in ▶ Abschnitt 3.1 angeschnitten, wurde die obige theoretische Modellrechnung von Ridley (1993, 97) exemplarisch auf den realen Falls des Melanismus (Dunkelflügeligkeit) des Mottenfalters im England des 19. Jahrhunderts angewandt. Die Häufigkeit des in klarer Luft nachteiligen, aber dominanten Melanismusallels A des Mottenfalters stieg von einer Anfangshäufigkeit von etwa 10^{-5} aufgrund der zunehmenden Luftverschmutzung innerhalb von 50 Generationen auf einen Wert von 85 %. Durch Computersimulation von ▶ Gl. (12.11) mit variierenden Selektionskoeffizienten ergibt sich ein theoretischer Selektionsnachteil von s = 0,33 für Hellhäutigkeit in verschmutzter Luft, der diesen empirisch beobachteten Häufigkeitsanstieg korrekt prognostiziert. Zugleich hatte Kettlewell (1973) den Selektionskoeffizient von Melanismus durch unabhängige Experimente zu bestimmen versucht, indem er hellflügelige und dunkelflügelige Motten in verschmutzter und unverschmutzter Luft ausließ und nach einer Zeitspanne, die etwa einem Reproduktionszyklus entspricht, wieder einfing, um ihre Überlebensraten zu beobachten (vgl. Ridley 1993, 98–100). Der Selektionskoeffizient für Hellflügeligkeit in verschmutzter Luft, den Kettlewell auf diese Weise (durch Division der Überlebensrate der nachteiligen Variante durch die der vorteiligen) ermittelte, betrug 0,5. Er lag damit etwas höher als der theoretisch prognostizierte Wert von 0,33 – was aber aufgrund der diversen Fehlerquellen nicht verwundert und insgesamt eine bemerkenswerte Bestätigung der populationsdynamischen Modellrechnungen darstellt. Ähnliche Bestätigungen des populationsdynamischen Modells wurden auch anhand anderer Realbeispiele wie z. B. der Resistenzbildung von Insekten gegenüber Pestiziden erbracht (ebd., 101–104).

12.5.2 BE: Selektion eines rezessiven Allels

Das neue vorteilhafte Allel a ist nun rezessiv, was für die unnormierten Fitnesswerte und Häufigkeiten nach einer Generation Folgendes bedeutet:

(12.20)

Genotypen	AA	Aa	aa
Relative Fitness	$1-s$	$1-s$	1
Häufigkeiten	$p^2 \cdot (1-s)/N$	$2 \cdot p \cdot q \cdot (1-s)/N$	q^2/N

$$\text{Normierungsfaktor} \quad N = q^2 + 2 \cdot p \cdot q + p^2 - 2 \cdot s \cdot p \cdot q - s \cdot p^2$$
$$= 1 - s \cdot p \cdot (q+1)$$

Für die Häufigkeit des Allels a folgt (analog wie für ▶ Gl. 12.10):

(12.21) $\quad \text{Next}(q) = (q^2 + p \cdot q \cdot (1-s)) / N = q \cdot \dfrac{(1-s \cdot p)}{1 - s \cdot p \cdot (q+1)}$

(Ridley 108, Tab. 5.8). Der Wachstumsfaktor des vorteilhaften rezessiven Gens

a, $\dfrac{(1-s \cdot p)}{1 - s \cdot p \cdot (q+1)}$, ist für $q > 0$ größer 1 und nähert sich für $q \to 1$ dem Wert 1. Ein

Häufigkeitsgleichgewicht (definiert durch $\text{Next}(q^*) = q^*$) liegt nur in den Fällen $q^* = 0$ und $q^* = 1$ vor. Wie im Dominanzfall ergibt sich also: Sofern a mit einer positiven Anfangshäufigkeit $q_0 > 0$ startet, wird es sich für $n \to \infty$ der Grenzhäufigkeit 1 nähern und das nachteilige Allel A zum Aussterben bringen. Um das Wachstumsverhalten des rezessiven Allels zu analysieren, betrachten wir die Differenzgleichung:

(12.22) $\quad \Delta(q) = q \cdot (\dfrac{(1-s \cdot p)}{1 - s \cdot p \cdot (q+1)} - 1) = q \cdot \dfrac{s \cdot p \cdot q}{1 - s \cdot p \cdot (q+1)}.$

Den Maximalwert der Wachstumsrate $\Delta(q)$ in Abhängigkeit von q ermitteln wir wieder durch Differenzieren und Nullsetzen der ▶ (12.22) zugehörigen Differenzialgleichung (die man erhält, indem man den Normierungsfaktor im Nenner 1 werden lässt):

(12.23) $\quad \varphi(q) := dq/dt \ = s \cdot q^2 \cdot p \ = s \cdot q^2 - s \cdot q^3.$

Somit: $d\varphi(q)/dq = 2 \cdot s \cdot q - 3 \cdot s \cdot q^2 =! \ 0$. Ergo: $2 \cdot q = 3 \cdot q^2$.

Nichttriviale Lösung: $q = (2/3) \to$ Steigung maximal.

Die qualitative Situation ist gleich wie im dominanten Fall die eines sigmoiden Wachstumsverlaufs. Vergleicht man die Wachstumsrate $\Delta(q)$ des rezessiv-vorteilhaften Allels (▶ Gl. 12.22) mit der Wachstumsrate $\Delta(p)$ des dominant-vorteilhaften Allels (▶ Gl. 12.12), erkennt man folgenden Unterschied: Für kleine q ist $\Delta(q)$ kleiner als $\Delta(p)$ für entsprechend kleine p, und für große q bzw. p verhält es sich umgekehrt. Die Häufigkeit des rezessiv-vorteilhaften Allels a wächst zuerst nur langsam und erreicht ihre maximale Wachstumsrate erst beim Wert $q = (2/3)$, im Gegensatz zum Wert p = 1/3 im dominanten Fall. Wie die vergleichende Computersimulation in ▶ Abb. 12.5 (▶ Abschnitt 12.5.3) für eine Anfangshäufigkeit von 1 % (und s = 0,02) zeigt, benötigt die a-Häufigkeit (verglichen zur A-Häufigkeit im dominanten Fall) extrem lange, um auf einen geringen Wert anzusteigen. Sobald sie aber in die Nähe des Wendepunktes (beim Wert 2/3) kommt, beginnt sie rapide zu wachsen und nähert sich nach ihrem Wendepunkt schnell dem Grenzwert 1, viel schneller als im dominanten Fall.

Die Erklärung für das extrem langsame Anwachsen bei niedrigen Startwerten liegt darin, dass das a-Allel nur im Homozygot aa vorteilhaft selektiert wird, dessen Anteil q^2 bei kleinen Startwerten q jedoch verschwindend gering ist, verglichen zum a-Anteil im Heterozygot Aa, nämlich $q \cdot (1 - q)$. Somit wirkt sich der Selektionsvorteil von a fast nicht aus, solange q^2 sehr klein ist, und er wirkt sich gar nicht aus, wenn q^2 kleiner ist als 1/h, d. h. weniger als ein Individuum beträgt. Vorteilhafte rezessive Allele können sich aus diesem Grund viele Tausend Jahre in Heterozygoten verstecken, ohne selektiert zu werden, solange sie noch nicht das Glück hatten, sich einmal homozygot zu paaren (▶ Abschnitt 2.2). Aus demselben Grund hat ein durch Mutation in nur einem Individuum entstandenes rezessiv-vorteilhaftes Allel nur in kleinen Populationen gute Wachstumschancen, da es nur dort schon nach wenigen Generationen seiner Verbreitung in heterozygoten Nachkommen eine gute Chance hat, in eine Inzestpaarung zu gelangen, die einen aa-Homozygoten ergibt, der dann vorteilhaft selektiert wird.

Die Tatsache, dass das rezessiv-vorteilhafte Allel, hat es einmal den Wachstumswendepunkt 2/3 erreicht, viel schneller gegen 1 konvergiert als ein dominant-vorteilhaftes Allel, erklärt sich dadurch, dass das dominant-nachteilige Allel A auch in seiner Heterozygotenform Aa nachteilig selektiert wird und der Heterozygotenanteil der A-Allele für große q's sehr hoch ist, sodass es viel rascher zur Elimination des benachteiligten A-Allels kommt – ganz anders als im Dominanzfall, wo das nachteilig-rezessive a-Allel in der Heterozygotenform Aa noch sehr lange überleben kann, ohne eliminiert zu werden.

12.5.3 KE: Selektion eines kulturellen (ungeschlechtlichen) Reprons

Die Besonderheit der genetischen Diploidie und des „Umwegs" über die Genotypenfitness tritt im kulturellen Fall nicht auf. Wir haben es hier nur mit zwei Varianten desselben Reproren- bzw. Memtyps zu tun, die miteinander um dieselbe „memetische Nische" konkurrieren – nennen wir diese Varianten neutral V und V*. Wir behandeln die Situation analog wie in der biologischen Populationsdynamik: V* sei das nachteilige Mem mit Selektionskoeffizient s. Mit „Generationen" sind nun nicht biologische Generationen, sondern memetische *Reproduktionszyklen* gemeint. Die Fitnesswerte und Häufigkeiten ergeben sich wie folgt:

(12.24)

Memvarianten	V	V*
Häufigkeiten in Generation n	p	q
Relative Fitnesswerte	1	1−s
Häufigkeiten in Generation n + 1	p/N	$q \cdot (1-s)/N$
Normierungsfaktor	$N = p + q \cdot (1-s) = 1 - s \cdot q$	

Damit resultieren folgende Differenzgleichungen (in Next-Form und in Δ-Form) sowie (durch 1-Setzen von N) folgende Differenzialgleichung:

(12.25) $\text{Next}(p) = p \cdot \dfrac{1}{1 - s \cdot p}; \; \Delta(p) = p \cdot (\dfrac{1}{1 - s \cdot q} - 1) = p \cdot \dfrac{s \cdot q}{1 - s \cdot q}; \; \dfrac{dp}{dt} = s \cdot p \cdot q.$

Differenz- und Differenzialgleichung sind einfacher als im biologischen Fall (nicht kubisch, sondern nur quadratisch), doch (gemäß dem Programm *Mathematica*) ebenfalls nicht analytisch lösbar. Die Funktion p_n wächst wieder für alle Startwerte größer null und nähert sich für n→ ∞ dem Maximalwert p = 1; d. h., es kommt zur Totalelimination des nachteiligen Mems. Durch Differenzieren und Nullsetzen des Differenzials gewinnen wir wieder den p-Wert der maximalen Steigung, der nun bei p = 1/2 liegt:

(12.26) $\varphi(p) := dp/dt = s \cdot p \cdot (1-p) = s \cdot p - s \cdot p^2.$

$d\varphi/dp = s - 2 \cdot s \cdot p \; =! \; 0.$ Ergo: $1 - 2 \cdot p = 0.$

→ nichttriviale Lösung: p = 1/2.

Der qualitative Funktionsverlauf ist wieder sigmoid mit dem Wendepunkt bei p = 1/2. Wie ► Abb. 12.5 zeigt, erfolgt das anfängliche Wachstum sogar noch etwas schneller als im biologisch-dominanten Fall. Die Erklärung dieses überraschenden Phänomens liegt drin, dass im biologisch-dominanten Fall das rezessiv-nachteilige Allel a im Heterozygot Aa genauso fit ist wie A und daher schon im Anfangsstadium partiell mitselektiert wird, was im ungeschlechtlichen Fall nicht passiert, weshalb hier die Elimination des nachteiligen Mems schon anfangs schneller erfolgt. Ebenso überraschend ist, dass auch nach Erreichung des Wendepunkts p schnell weiter wächst, noch schneller als im biologisch-rezessiven Fall. Die Erklärung hierfür liegt darin, dass im biologisch-rezessiven Fall das vorteilhaft-rezessive Allel a im Heterozygot Aa keinen Fitnessvorteil hat gegenüber A und sich somit auch bei großen q's nicht so schnell reproduziert wie das ungeschlechtlich-vorteilhafte Mem V bei hohem p. Insgesamt resultiert der Befund, dass die kulturell-ungeschlechtliche Evolution wesentlich schneller zur Totalelimination der nachteiligen Variante führt als die biologisch-geschlechtliche Evolution – was in ► Abb. 12.5 deutlich zum Ausdruck kommt.

Das überraschend unterschiedliche Häufigkeitswachstum von dominanten Allelen, rezessiven Allelen und Memen ist ein erstes Beispiel einer evolutionstheoretischen Erkenntnis, die sich erst durch die Anwendung mathematischer und compu-

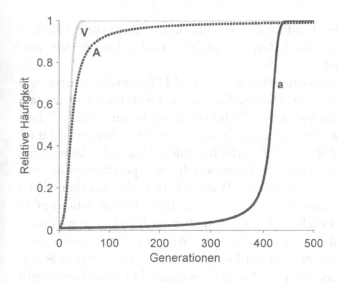

Abb. 12.5 Vergleichende Simulation des Häufigkeitswachstums eines vorteilhaft-dominanten Allels A, vorteilhaft-rezessiven Allels a und vorteilhaft-ungeschlechtlichen Reprons V. Selektionsnachteil jeweils s = 0,2 und Anfangshäufigkeit 1 %. Programmiert mit *MatLab*.

tergestützter Methoden ergab. Die Erklärungen, die wir zu diesen mathematisch gefundenen Ergebnissen nachträglich geliefert haben, hätten sich durch intuitive Überlegung allein keinesfalls eingestellt, sondern wurden erst durch die mathematischen Ergebnisse gefunden und zugleich als korrekt erwiesen. In ▶ Abschnitt 13.1.2 werden wir auf ein Beispiel eines intuitiv noch unerwarteteren mathematischen Resultats treffen: das Auftreten einer Bifurkation bei der Selektion rezessiver Allele mit Rückmutation.

12.5.4 Der allgemeine Fall: Differenz- vs. Differenzialgleichung

Im allgemeinen ungeschlechtlichen Fall schreiben sich die Gleichungen wie folgt (für $\Sigma_{1 \leq k}\, x_i$ lies „Summe alle x_i für i von 1 bis k"):

(12.27) Gegeben: *Varianten* $V_1, \ldots, V_k$ mit *Häufigkeiten* $p(1), \ldots, p(k)$ und (unnormierten) *Fitnesskoeffizienten* $f(1), \ldots, f(k)$.

Normierungsfaktor $N = \Sigma_{1 \leq i \leq k}\, p(i) \cdot f(i) = \overline{f} = $ *Durchschnittsfitness*.

$$\text{Next}(p(i)) = p(i) \cdot \frac{f(i)}{N}; \quad \Delta(p(i)) = p(i) \cdot \frac{f(i)}{N} - p(i) = p(i) \cdot (f(i) - \overline{f})/N;$$

$$\frac{dp}{dt} = p(i) \cdot (f(i) - \overline{f}).$$

Häufigkeiten und Normierungsfaktor (im häufigkeitsabhängigen Fall auch die Fitness) besitzen wieder den Zeitindex als Argument (also $p_n(i)$, N_n bzw. $f_n(i)$). Man beachte, dass der Normierungsfaktor mit der Durchschnittsfitness identisch ist. Somit ergibt sich die in ▶ Abschnitt 12.5.1 angesprochene allgemeine Differenz- bzw. Differenzialgleichungsform, wonach das p(i)-Wachstum als p(i) mal der Differenz von f(i) zur Durchschnittsfitness gegeben ist (wobei beim Differenzial der Normierungsfaktor entfällt). Letztere Darstellung entspricht der Analyse diskreter bzw.

kontinuierlicher Evolution im Kontext der evolutionären Spieltheorie (Weibull 1998, 73, 123), mit dem Unterschied, dass dort die Fitnesswerte interaktions- und damit häufigkeitsabhängig sind.[77]

Aufgrund der Diskretheit der Generationenfolge sind Differenzgleichungen realistischer als Differenzialgleichungen. Die Idealisierung der Kontinuität ist deshalb nicht immer harmlos, weil Gleichgewichte, die im kontinuierlichen Fall mit Sicherheit erreicht werden, zwischen zwei diskreten Generationenzeitpunkten n und n + 1 liegen können, sodass sie im diskreten Fall verfehlt werden. Drastische Auswirkung kann der Unterschied für Wachstumsverläufe von absoluten Populationsgrößen mit ressourcenbedingten Obergrenzen besitzen: Während hier die kontinuierliche Wachstumskurve einen ideal-sigmoiden Verlauf nimmt, kann die Populationsgröße im diskreten Fall von einer zur nächsten Generation über das Populationsmaximum hinausschießen und aufgrund des dann eintretenden Massensterbens wieder stark einbrechen, sodass es zu chaotischen Schwankungen kommen kann, wie in ▶ Abschnitt 14.2 gezeigt wird. Ein Beispiel aus der evolutionären Spieltheorie gibt Weibull (1998, 126 f): Während strikt unterlegene („dominierte") Spielstrategien in der kontinuierlichen Dynamik aussterben, ist dies in der diskreten Dynamik kein Muss, da der ideale Gleichgewichtszustand aufgrund ständigen „Vorbeischießens" evtl. nie erreicht wird.

Allerdings ist der Unterschied zwischen diskreter und kontinuierlicher Dynamik nicht so groß, wie er scheint. Auch die diskrete Generationenfolge ist eine Idealisierung, da sich die Generationen einer Population zeitverschoben *überlappen* – jedes Jahr werden Nachkommen gezeugt. Wie Weibull (1998, 124 f) zeigt, kann die Generationenüberlappung durch eine *effektive* Generationszeit $\tau < 1$ modelliert werden, in der sich nur ein τ-Bruchteil der Gesamtpopulation vermehrt. Man erhält damit eine Differenzgleichung für den Bruchteil τ einer Generation, und wie in ▶ Abschnitt 12.5.1 in ▶ Gl. (12.16) erläutert wurde, erhält man daraus die Differenzgleichung, indem man τ gegen null gehen lässt. Die diskret-überlappende Dynamik kann also mithilfe einer hinreichend kleinen effektiven Generationszeit τ beliebig nahe an die kontinuierliche Dynamik angenähert werden. Doch in Wirklichkeit ist τ eben nicht „beliebig klein", weshalb in der Realität Prozesse vorkommen, die nur durch eine diskrete Dynamik adäquat erfasst werden.

---

[77] Varianten sind hier Handlungsoptionen; die häufigkeitsabhängige Fitness f(i) ist als $\alpha + [\sum_{1 \leq j \leq k} p(j) \cdot u(i,j)]$ gegeben; dabei ist α eine Konstante und u(i,j) der Nutzen der Handlungsoption i, wenn der Spielpartner Handlungsoption j wählt. $\sum_{1 \leq j \leq k} p(j) \cdot u(i,j)$ ist somit der erwartete Nutzen von Handlungsoption i in einer Population mit Häufigkeitsverteilung p. Näheres in ▶ Kap. 15.

13.
Theoretische Modelle I: Gerichtete Evolution ohne Häufigkeitsabhängigkeit

13.1 Evolution unter den Kräften von Selektion und Mutation

13.1.1 BE: Selektion eines (rück)mutierenden dominanten Allels

Wir bauen nun Mutationen ein: Das dominante und vorteilhafte Allel A mutiert mit einer geringen Wahrscheinlichkeit m_1 wieder in das nachteiligen Allel a zurück; wir schreiben dafür m_1:A→a. Es gibt auch den umgekehrten Mutationsprozess m_2:a→A, in dem das nachteilige Allel zum vorteilhaften mutiert, aber dieser Prozess besitzt eine noch wesentlich geringere Wahrscheinlichkeit, weil dysfunktionale Mutationen (speziell bei hoch entwickelten evolutionären Systemen) wesentlich häufiger vorkommen als funktionale Mutationen. Wir definieren daher $m := m_1 - m_2$ als die „effektive Rückmutationsrate" von A nach a und schreiben m:A→a.

Die dominanten A-Allele wachsen ohne Mutationsabwanderung gemäß der ▶ Differenzgleichung (12.11): Next(p) = p/(1−s·q²). Nun geht zusätzlich in jeder Generation ein m-Anteil von A-Allelen durch Rückmutation verloren. Dadurch ergeben sich die folgenden modifizierten Differenzgleichungen:

$$(13.1) \quad \text{Next}(p) = p \cdot (1-m) \cdot \frac{1}{1-s \cdot q^2}; \quad \Delta(p) = p \cdot (1-m) \cdot \frac{1}{1-s \cdot q^2} - p = p \cdot \frac{s \cdot q^2 - m}{1-s \cdot q^2}.$$

Das Gleichgewicht ist charakterisiert durch die Bedingung $\Delta(p^*) = ! 0$ und berechnet sich – abgesehen von der trivialen Lösung $p^* = 0$ – durch Nullsetzen des Zählers:

$$(13.2) \quad \text{Nichttriviales Gleichgewicht: } s \cdot q^{*2} = m,$$

$$\text{ergo: } q^* = \sqrt{\frac{m}{s}}, \text{ d. h. } p^* = 1 - \sqrt{\frac{m}{s}}.$$

Da m im Regelfall wesentlich kleiner ist als s, ist $\sqrt{m/s}$ ein kleiner Wert – für s = 0,1 und m = 0,0001 beispielsweise 0,033. Ist die Anfangshäufigkeit p_0 größer null, dann wächst die A-Häufigkeit p so lange an, bis sie den Gleichgewichtswert von $1 - \sqrt{m/s}$ erreicht hat, bei dem sich Selektionsgewinn und Rückmutationsverlust genau die Waage halten (in unserem Beispiel bei 0,967). A wird in diesem Sze-

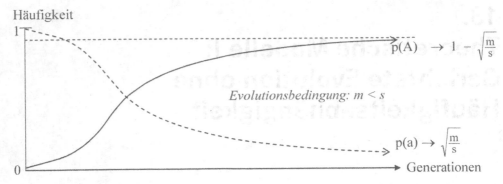

Abb. 13.1 BE zweier Allele mit Rückmutation: Vorteilhaftes Allel A ist dominant (m:A→a) = effektive Rückmutationsrate, s = Selektionsnachteil von Allel a.

nario also nur fast-universal: Da mit größer werdender A-Häufigkeit auch immer mehr a-Allele nachgebildet werden, bleibt ein Restbestand von nachteiligen a-Allelen im Ausmaß von $\sqrt{m/s}$ erhalten. Das Szenario ist in ▶ Abb. 13.1 anschaulich dargestellt. Es handelt sich um approximativ *stabile* Trajektorien, die sich für p dem Gleichgewicht $1 - \sqrt{m/s}$ und für q dem Gleichgewicht $\sqrt{m/s}$ nähern. Dies gilt selbst dann, wenn p_0 größer ist als $1 - \sqrt{m/s}$; dann sinkt p auf diesen Wert zurück. Notwendig dafür, dass A selektiert wird, ist allerdings die Bedingung m < s: Andernfalls gibt es nur die triviale Lösung $p^* = 0$, denn der Term $1 - \sqrt{m/s}$ wird dann negativ und beschreibt keine reale Lösung. Inhaltlich bedeutet dies, dass die Rückmutationsrate kleiner sein muss als der Selektionsvorteil, damit sich der Selektionsvorteil von A überhaupt entfalten kann; andernfalls mutiert A schneller nach a zurück, als es sich selektionsbedingt vermehren kann und stirbt daher bald aus, selbst wenn seine Anfangshäufigkeit hoch war.

Um den Steigungsverlauf der Funktion p(n) zu ermitteln, bildet man (wie in ▶ Abschnitt 12.5.1 und 12.5.2 erläutert) die zugehörige Differenzialgleichung $\varphi(p)$: $= dp/dt = p \cdot (s \cdot q^2 - m) = (s-m) \cdot p - 2 \cdot s \cdot p^2 + s \cdot p^3$, differenziert sie nach p und setzt sie null, $d\varphi/dp = (s-m) - 4 \cdot s \cdot p + 3 \cdot s \cdot p^2 =! 0$. Als Ergebnis erhält man die quadratische Gleichung $p^2 - (4/3) \cdot p + (1-m/2)/3 = 0$, welche nur eine reelle Lösung besitzt, nämlich $p = (2/3) - \dfrac{\sqrt{1+3 \cdot (m/s)}}{3}$. Für kleine m ist dieser Wert etwas kleiner als 1/3; d. h., der Wendepunkt der Steigung tritt etwas früher ein als im analogen Fall ohne Rückmutation (die zweite Lösung, $(2/3) + \dfrac{\sqrt{1+3 \cdot (m/s)}}{3}$, ist größer 1 und daher irreal).

13.1.2 BE: Selektion eines (rück)mutierenden rezessiven Allels – Eine Bifurkation

Das vorteilhafte Allel a (mit Häufigkeit q) ist nun rezessiv; die effektive Rückmutationsrate beträgt m:a→A. Analog wie in ▶ Abschnitt 13.1.1 erhält man die Differenzgleichung durch Abzug eines m-Anteils von Next(q) aus ▶ Gl. (12.21) ohne Rückmutation – also:

$$(13.3) \quad \text{Next}(q) = q \cdot (1-m) \cdot \frac{(1-s\cdot p)}{1-s\cdot p\cdot(q+1)},$$

$$\text{ergo: } \Delta(q) = [\ldots] = q \cdot \frac{s\cdot p\cdot(m+q)-m}{1-s\cdot p\cdot(q+1)}.$$

Die Gleichgewichtsbedingung für q lautet $\Delta(q^*) = 0$ und ist – abgesehen von der trivialen Lösung $q^* = 0$ – erfüllt, wenn gilt:

$$(13.4) \quad s\cdot p^*\cdot(m+q^*) - m = 0, \text{ bzw. umgeformt:}$$
$$q^*_2 - q^*\cdot(1-m) + (m/s) - m = 0.$$

Ridley (1993, 107 f) macht hier die Vereinfachungsannahme, $(m+q^*)$ in ▶ Gl. (13.4) gleich 1 zu setzen, woraus sich die vereinfachte Gleichung $s\cdot p^* - m \approx 0$ mit Lösung $q^* \approx 1 - (m/s)$ ergibt. Unter dieser Vereinfachungsannahme wären wie im dominanten Fall approximativ stabile Trajektorien mit einem etwas niedrigeren Gleichgewicht als im dominanten Fall gegeben (m/s statt $\sqrt{m/s}$). Ridleys Vereinfachungsannahme ist jedoch insofern ungerechtfertigt, als sie einen qualitativen Unterschied zum dominanten Fall unterschlägt: Ohne die Vereinfachungsannahme tritt nämlich ein zweites instabiles Gleichgewicht und damit eine Bifurkation auf. Um dieses intuitiv unerwartete Resultat zu gewinnen, betrachten wir zunächst die beiden Lösungen der unvereinfachten quadratischen Gleichung in ▶ (13.4), welche

(nach Umformung von $\sqrt{\frac{(1-m)^2}{4} + m - \frac{m}{s}}$ in $\sqrt{\frac{(1+m)^2}{4} - \frac{m}{s}}$) folgendermaßen lauten:

$$(13.5) \quad q^*_1 = \frac{1-m}{2} + \sqrt{\frac{(1+m)^2}{4} - \frac{m}{s}}; \quad q^*_2 = \frac{1-m}{2} - \sqrt{\frac{(1+m)^2}{4} - \frac{m}{s}}.$$

Nur wenn die Wurzel reellwertig ist, existiert eine reale Lösung bzw. ein Gleichgewicht. Dies ist der Fall, wenn $(1+m)^2/4 - (m/s) > 0$ bzw. $(m/s) < (1+m)^2/4$ gilt – was sicher dann (aber nicht nur dann) erfüllt ist, wenn $(m/s) < 1/4$ gilt. Wie im dominanten Fall muss also wieder die Rückmutationsrate im Verhältnis zum Selektionsnachteil hinreichend klein sein; wenn sie zu groß wird, kommt keine Selektion des vorteilhaften a-Allels zustande. Ist die Wurzel reellwertig, dann entsprechen beide Lösungen realen Gleichgewichten. Dabei stellt der höhere Wert q^*_1 ein (approximativ) *stabiles* Gleichgewicht dar, der niedrigere Wert q^*_2 bildet dagegen ein *instabiles* Gleichgewicht. Man erkennt dies, wenn man die Abhängigkeit der differenziellen

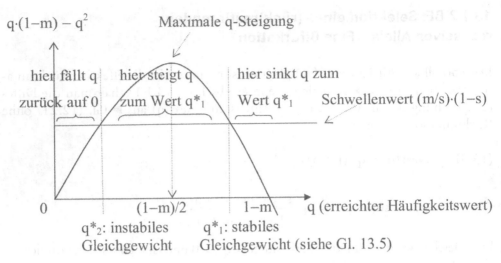

Abb. 13.2 Häufigkeitsveränderung eines vorteilhaft-rezessiven Allels in Abhängigkeit vom bereits erreichten Häufigkeitswert (Annahme: $(m/s) < (1+m)^2/4$).

Wachstumsrate von q betrachtet (durch Weglassung des Nenners in ▶ Gl. (13.3), $\Delta(q)$):

(13.6) $dq/dt = q \cdot (s \cdot p \cdot m + s \cdot p \cdot q - m)$.   Daraus folgt: Sofern q > 0, wächst q genau dann, wenn $s \cdot p \cdot m + s \cdot p \cdot q - m > 0$,
d. h. wenn $q \cdot (1-m) - q^2 > (m/s) \cdot (1-s)$ gilt.

Analog sinkt q (bzw. bleibt konstant), wenn $q \cdot (1-m) - q^2 <$ (bzw. =) $(m/s) \cdot (1-s)$ gilt. In ▶ Abb. 13.2 ist die Abhängigkeit des Ausdrucks $q \cdot (1-m) - q^2$ von q veranschaulicht. Der Ausdruck $q \cdot (1-m) - q^2$ erreicht sein Maximum bei $(1-m)/2$, was man durch Differenzieren und Nullsetzen zeigt: $d(q \cdot (1-m) - q^2)/dq = 1-m-2q \stackrel{!}{=} 0$, somit $q_{max} = (1-m)/2$. Bei allen jenen (bereits erreichten) q-Werten, für die der Ausdruck $q \cdot (1-m) - q^2$ größer ist als die horizontal eingezeichnete Schwellenlinie von $(m/s) \cdot (1-s)$, *steigt* der q-Wert weiter an; bei jenen q-Werten, für die dieser Ausdruck darunterliegt, sinkt dagegen der q-Wert.

Im Resultat hängt es nun (auch wenn die Bedingung $(m/s) < (1+m)^2/4$ erfüllt ist) vom *Startwert q_0* ab, ob das stabile Gleichgewicht erreicht wird oder nicht: Solange q_0 bei einem Startwert zwischen 0 und dem instabilen Gleichgewichtswert $q*_2$ startet, sinkt q wieder auf 0 zurück, und nachhaltige a-Selektion ist nicht möglich. Nur wenn q bei einem Wert > $q*_2$ startet, steigt q weiter bis zum stabilen Gleichgewichtswert $q*_1$. Sollte q_0 oberhalb von $q*_1$ liegen, dann sinkt q auf $q*_1$ zurück. Die zeitabhängigen Trajektorien sind in ihrer qualitativen Verlaufsform in ▶ Abb. 13.3 dargestellt. $q*_1$ ist umso näher bei 1 und $q*_2$ umso näher bei 0, je kleiner das Verhältnis von m zu s ist. $q*_1$ ist ein stabiles Gleichgewicht, in das alle Trajektorien mit Startwerten zwischen $q*_2$ und 1 einmünden. Bei $q*_2$ handelt es sich dagegen um ein instabiles Gleichgewicht, das realiter sofort in Richtung 0 oder Richtung $q*_1$ verlassen wird, sobald q nur geringfügig von $q*_2$ nach unten bzw. oben abweicht (nur im

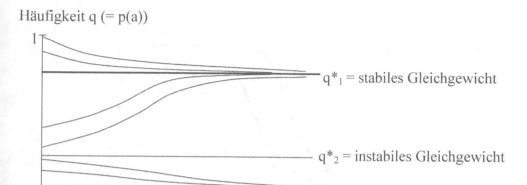

$$q^*_{1,2} = \frac{1-m}{2} \pm \sqrt{\frac{(1+m)^2}{4} - \frac{m}{s}}.$$ Beispiel für $m = 0{,}01$, $s = 0{,}1$: $q^*_2 \approx 0{,}11$, $q^*_1 \approx 0{,}88$.

Abb. 13.3 Zu ▶ Abb. 13.2 gehörige zeitabhängige Trajektorien ($q = p(a)$).

ungestörten Idealfall mit Startwert $q_0 = q^*_2$ wird dieses Gleichgewicht beibehalten). Man nennt das instabile Gleichgewicht q^*_2 auch eine *Bifurkation*, das stabile q^*_1 dagegen einen *Attraktor* (▶ Abschnitt 12.2).

Die Wendepunkte des q-Wachstums bestimmen wir wieder durch Differenzieren und Nullsetzen der Funktion $\varphi(q) := dq/dt = q \cdot (s \cdot p \cdot m + s \cdot p \cdot q - m)$. Ohne dies im Detail auszuführen, erhält man eine quadratische Gleichung mit den beiden Lösungen $q_{1,2} = \frac{1-m}{3} \pm \sqrt{\frac{(1+m)^2}{9} - \frac{m \cdot (1-s)}{3 \cdot s}}$ (überprüft mit dem Programm *Mathematica*). Lösung q_1 liegt bei einem kleinen Wert und beschreibt den q-Wert des Maximalgefälles jener Trajektorien in ▶ Abb. 13.3, die von einem Startwert $q_0 > q^*_2$ nach unten sinken, und Lösung q_2 liegt (m- und s-abhängig) zwischen 1/3 und 2/3 und beschreibt den q-Wert des Maximalwachstums jener Trajektorien, die von unten kommend das stabile Gleichgewicht q^*_1 erreichen.

▶ Abb. 13.4 zeigt abschließend eine Simulation der Trajektorien von ▶ Abb. 13.3 mit fixiertem Selektionsnachteil $s = 0{,}15$ und Rückmutation $m = 0{,}02$ bei variierenden Startwerten q_0. Gemäß ▶ Gl. (13.5) liegen im Szenario von ▶ Abb. 13.4 die Gleichgewichtswerte bei $q^*_{1,2} = (0{,}98/2) \pm \sqrt{(1{,}02^2/4) - (0{,}02/0{,}15}$ = [...] 0,845 (q^*_1) und 0,135 (q^*_2). Das heißt, Trajektorien mit Startwerten > 0,135 konvergieren zum Wert 0,845; solche mit Startwerten < 0,135 sterben aus, was mit dem Simulationsresultat genau übereinstimmt.

13.1.3 KE: Selektion eines (rück)mutierenden vorteilhaften Reprons

Im Fall der KE nehmen wir an, eine neu entstandene Memvariante V_2 hat bessere Reproduktionserfolge als die bisherige Variante V_1 mit Selektionsnachteil s, aber bei

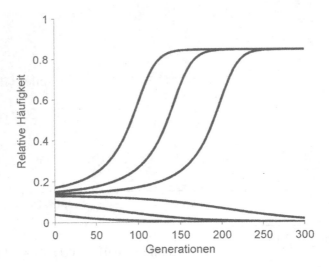

Abb. 13.4 Simulation der BE eines vorteilhaft rezessiven Allels mit Rückmutation bei effektiver Rückmutationsrate m = 0,02, Selektionsnachteil s = 0,15, Generationszahl 300 und variablen Startwerten von unten nach oben bei 4 %, 10 % und 13 % (Trajektorien fallen zurück auf null) sowie bei 14 %, 15 % und 17 % (Trajektorien konvergieren zum stabilen Gleichgewicht bei 0,845). Programmiert mit *MatLab*.

der Reproduktion des neuen Mems wird gelegentlich fehlerhafterweise das neue mit dem tradierten Mem verwechselt, was zu einer effektiven Rückmutation m:$V_2{\to}V_1$ führt. Vielen kulturellen Innovationen geht dies so. Ein Beispiel ist die Verbreitung der neuen Kleidungsformen der Hippiebewegung durch die Kleidungsindustrie, welche etwa ein Jahrzehnt später stattfand. Sie hatte die Hippiebewegung gänzlich fehlinterpretiert, da diese ursprünglich von der Idee ausging, man solle einen Menschen gerade *nicht* nach dem Äußeren beurteilen, und daher sehr einfache Kleidung bevorzugte, während die Kleidungsindustrie daraus eine neue und oft sündhaft teure Mode machte.

Die Berechnung des analogen Falles der KE ist wesentlich einfacher, weil Genotypen und Dominanzrelationen wegfallen. Wir setzen p = p(V_2) und q = (1−p) = p(V_1). Anknüpfend an die Next-Funktion in ▶ Gl. (12.25) multiplizieren wir das dortige Next(p) mit dem Rückmutationsverlust (1−m) und erhalten als neue Gleichungen:

(13.7) $\text{Next(p)} = p \cdot (1-m) \cdot \dfrac{1}{1-s\cdot q}; \quad \Delta(p) = p \cdot \dfrac{s\cdot q - m}{1-s\cdot q}; \quad \dfrac{dp}{dt} = p \cdot (s\cdot q - m).$

Positive V_2-Selektion findet statt, solange s·q > m gilt. Wie im dominanten BE-Fall gibt es nur eine stabile Gleichgewichtslösung, erhältlich durch Nullsetzen von Δ(p*), woraus abgesehen von der trivialen Gleichgewichtslösung p* = 0 resultiert:

(13.8)   Gleichgewicht: s · q* = m, ergo: p* = 1 − $\dfrac{m}{s}$.

p klettert also, von einem beliebigen Anfangswert $p_0 > 0$ her kommend, auf den Gleichgewichtswert $p^* = 1-(m/s)$ hinauf (bzw. fällt für $p_0 > 1-(m/s)$ auf ihn hinunter). Die Evolutionsdynamik kann aber nur zustande kommen, wenn $m < s$ gilt (ansonsten wird p^* negativ und beschreibt keine reale Lösung). Die Selektion des neuen Mems kommt also nur zustande, wenn die Rückmutationsrate kleiner ist als der Selektionsvorteil. Bei einer hohen Reproduktionsfehlerrate bzw. Variationsrate ist diese Bedingung verletzt, und das neue Mem A ist trotz seines Selektionsvorteils wieder zum Aussterben verurteilt. Dies bewahrheitet erneut die schon in ▶ Abschnitt 9.6.3 erwähnte Tatsache, dass eine zu hohe Variationsrate die nachhaltige Evolution vorteilhafter Varianten verhindert.

Der Wendepunkt bzw. Ort der höchsten Wachstumsrate ergibt sich durch Differenzierung und Nullsetzen der Funktion $p \cdot (s \cdot q - m)$ nach p zu $p = (1/2) - (m/(2 \cdot s))$; er ist also etwas geringer als der Wendepunkt der KE-Trajektorie ohne Rückmutation (▶ Gl. 12.24). Die grafische Darstellung sieht ähnlich aus wie ▶ Abb. 13.1, mit dem Unterschied, dass die Gleichgewichtslinie nun bei $1-(m/s)$ statt $1-\sqrt{m/s}$ liegt.

13.2 Arten von Polymorphismus

Von Polymorphismus spricht man in der BE, wenn mehrere konkurrierender Allele stabil koexistieren, anstatt dass es zur Selektion von nur einem Allel kommt. Wie wir sahen, führt eine Rückmutationsrate m zu einem stabilen Restbestand des selektiv benachteiligten Allels, der bei hinreichend hohem m durchaus schon als Polymorphismus bezeichnet werden kann. Deutlich ausgeprägtere Polymorphismen treten in besonderen Szenarien auf, die in den folgenden Abschnitten besprochen werden.

13.2.1 Heterozygotenpolymorphismus in der BE

Ein unmittelbar nur in der BE auftretender Fall ist der Heterozygotenpolymorphismus, empirisch bestens bekannt am Beispiel der Sichelzellenanämie (Ridley 1993, 110 f). Für den roten Blutfarbstoff Hämoglobin, der für den Sauerstofftransport verantwortlich ist, gibt es ein normales Allel A und ein abnormales Allel S. Die homozygote Kombination AA bewirkt normale Blutkörperchen, die Kombination SS dagegen sichelzellenförmige Blutkörperchen, die den Sauerstoff mangelhaft transportieren, Anämie hervorrufen und sich alsbald tödlich auswirken. Die heterozygote Kombination AS bewirkt nur leicht sichelförmige, aber bei normaler Sauerstoffkonzentration weitgehend normal funktionierende rote Blutkörperchen. Sie besitzt aber den zusätzlichen Vorteil, gegen Malaria resistent zu machen. Denn Malariaerreger verbreiten sich durch Befall roter Blutkörperchen; an AS-Blutkörperchen können sie jedoch aufgrund der Krümmung nicht erfolgreich andocken. Aufgrund des Heterozygotenvorteils stirbt das in Homozygotenform nachteilige Allel S nicht aus, sondern behält eine stabile Gleichgewichtshäufigkeit bei. Tatsächlich findet sich in jenen Regionen Afrikas, in denen Malariaerreger häufig auftreten, ein hoher Prozentsatz an AS-Heterozygoten, höher als 15 %, während er ansonsten weniger als 1 % beträgt – was erstmals Haldane zur Hypothese des Heterozygoten-vorteils veranlasste.

Die mathematische Behandlung des Heterozygotenpolymorphismus startet mit folgenden Genotypen-Fitnessgraden in Regionen mit Malariaerregern:

(13.9)	Genotypen	AA	AS	SS	
	Fitnesswerte	$1-s$	1	$1-t$	wobei $t > s$

AA hat gegenüber AS den zusätzlichen Selektionsnachteil s aufgrund der Malaria-resistenz von AS, wobei s allerdings wesentlich kleiner ist als t, also dem Selektions-nachteil von SS gegenüber AS, da SS letal ist. Die Differenzgleichung für die Allel-häufigkeit p = p(A) von A errechnet sich daraus wie folgt:

(13.10) $\text{Next}(p) = [p^2 \cdot (1-s) + p \cdot q]/N, \text{ mit } N = p^2 \cdot (1-s) + 2 \cdot p \cdot q + (1-t) \cdot q^2.$

Die Gleichgewichtshäufigkeit p* ermittelt man mithilfe der Bedingung Next(p*) = p*. Abgesehen von der trivialen Lösung $p^*_1 = 0$ (abgespalten durch beidseitiges Kür-zen durch p*) erhält man daraus nach einigen Umformungen folgende quadratische Gleichung mit folgenden Lösungen:

(13.11)   Gleichgewicht: $p^*{}_2 - p^* \cdot \dfrac{2 \cdot t + s}{t + s} + \dfrac{t}{t + s} = 0.$

$$\text{Wegen } \sqrt{\frac{4 \cdot t^2 + 4 \cdot t \cdot s + s^2}{4 \cdot (t+s)^2}} - \frac{t}{t+s} = \sqrt{\frac{s^2}{4 \cdot (t+s)^2}} = \frac{s}{s \cdot (t+s)}$$

lauten die Lösungen:

$$p^*{}_{2,3} = \frac{2 \cdot t + s}{2 \cdot (t+s)} \pm \frac{s}{2 \cdot (t+s)}, \text{ d. h. } p^*{}_2 = 1 \text{ und } p^*{}_3 := \frac{t}{(t+s)},$$

somit $q^*{}_3 = \dfrac{s}{(t+s)}.$

Nur die dritte Lösung p^*_3 (kurz: p*) liefert die nicht trivialen polymorphen Gleich-gewichtshäufigkeiten. Danach beträgt die Gleichgewichtshäufigkeit des normalen Hämoglobin-Allels (t/t+s) (wegen t > s ein hoher Wert) und des Sichelzellenhämo-globin-Allels (s/t+s) (ein entsprechend niedriger Wert).

Wenn man aus den beobachteten adulten Genotypenhäufigkeiten p(AA), p(AS) und p(SS) zuerst die Allelhäufigkeiten p(A) = p(AA) + (1/2) · p(AS) und p(S) = (1/2) · p(AS) + p(SS) berechnet (▶ Gl. 12.4) und daraus dann die ohne Selektion zu erwartenden Mendel'schen Genotypenhäufigkeiten (p_{exp}) ermittelt – also p_{exp}(AA) = $p(A)^2$, p_{exp}(AS) = 2 · p(A) · p(S) und p_{exp}(SS) = $p(S)^2$ –, so kann man aus dem Verhält-nis (r) zwischen den beobachteten und den Mendel'schen Genotypenhäufigkeiten die relativen Fitnessnachteile berechnen. Setzt man r(X) = p(X)/p_{exp}(X) (für X gleich

AA oder AS oder SS), dann gilt r(AS)/r(AA) = 1 − s und r(AS)/r(SS) = 1 − t. Auf diese Weise ermittelte man im Fall der Sichelzellenanämie s = 0,14 und t = 0,88 (Bodmer und Cavalli-Sforza 1976; Ridley 1993, 112). Gemäß ▶ Gl. (13.11) ergibt sich daraus die A-Gleichgewichtshäufigkeit von p* = t/(t + s) = 0,88/1,02 = 0,863. Die beobachtete A-Häufigkeit betrug 0,877, woraus man schließen konnte, dass sich die Population nahezu im Gleichgewicht befand.

In der KE gibt es zwar keine Genotypen, aber dennoch kann man hier zumindest ein Analogon des Heterozygotenpolymorphismus antreffen, nämlich wenn ein Memkomplex aus einer Kombination von zwei konkurrierenden Memen einen Vorteil besitzt gegenüber jedem der einzelnen Meme. Ein Beispiel aus der Ethik wären Tugenden, die dem aristotelischen Ethikideal der *rechten Mitte* genügen. Beispielsweise besitzt eine Gesellschaft mit der richtigen Balance zwischen den Leistungstugenden, die den Besseren belohnen und den sozialen Gleichheitstugenden, welche dem Schwächeren helfen, klare Vorteile gegenüber einer Gesellschaft, die rein auf eine (unbarmherzige) Leistungsethik oder rein auf eine (demotivierende) Gleichheitsethik gegründet ist. Die Frage, wo die optimale Kombination von Leistungs- und Gleichheitsethik liegt, hängt dabei von den konkreten Selektionsparametern ab (wirtschaftlicher Wohlstand, soziale Sicherheit usw.). Analoge Überlegungen können für andere Tugenden der „rechten Mitte" angestellt werden, z. B. die Tugend des Mutes als rechte Balance zwischen Feigheit und Leichtsinnigkeit.

13.2.2 Multiple Nischen, Speziesvielfalt und Polymorphismus

Evolutionäre Vielfalt in der BE gibt es einerseits als Polymorphismus, d. h. als Vielfalt von noch kreuzbaren Allelen innerhalb einer Spezies, und andererseits als Speziesvielfalt, d. h. Vielfalt von nicht mehr kreuzbaren Allelen. In der KE sind diese beiden Fälle aufgrund der Möglichkeit von Stammlinienvereinigung (▶ Abschnitt 9.5.4) nicht scharf trennbar. Von echten kulturellen Polymorphismen sollte man dennoch nur sprechen, wenn sich die Meme geografisch und kommunikativ echt durchmischen, während die Meme kultureller Quasispezies durch geografische oder andere Barrieren separiert sind.

Die wichtigste Ursache von beiden Arten evolutionärer Vielfalt sind *multiple Nischen* (biologisch-ökologischer oder kultureller Art). Wir fragen nun: Wann entstehen aus multiplen Nischen multiple biologische Spezies bzw. kulturelle Quasispezies, und wann entstehen echte Polymorphismen? Wir betrachten zunächst den *biologischen* Fall. Gegeben seien Nischen S und T, in denen zwei konkurrierende Allele A und a jeweils alternierend Vorteile resp. Nachteile besitzen:

(13.12)	Genotypen	AA	Aa	aa
	Fitness in S	1	1	1 − s
	Fitness in T	1 − t	1 − t	1

Das dominante Allel hat den Selektionsnachteil t in Nische T und das rezessive Allel den Selektionsnachteil s in Nische S.

13.2.3 Multiple Nischen ohne Segregation führen nicht zu Vielfalt

Wenn wir annehmen, dass die Organismen *durchmischt* sind, sich also in beiden Nischen aufhalten, und zwar mit den relativen Häufigkeiten h in S und $1-h$ in T, dann resultiert als Durchschnittsfitness der Genotypen:

(13.13)	Genotypen	AA	Aa	aa
	Durch-schnittsfitness	$h \cdot 1 +$ $(1-h) \cdot (1-t)$	$h \cdot 1 +$ $(1-h) \cdot (1-t)$	$h \cdot (1-s) +$ $(1-h) \cdot 1$

Die Differenzgleichung errechnet sich daraus gemäß ▶ Gl. (12.9) und (12.10) aufgrund von $\text{Next}(p) = p_{n+1}(A) = p_{n+1}(AA) + p_{n+1}(Aa)/2$ wie folgt:

(13.14) $\text{Next}(p) =$

$$\frac{p^2 \cdot (h + (1-h) \cdot (1-t)) + p \cdot q \cdot (h + (1-h) \cdot (1-t))}{p^2 \cdot (h + (1-h) \cdot (1-t)) + 2 \cdot p \cdot q \cdot (h + (1-h) \cdot (1-t)) + q^2 \cdot (h \cdot (1-s) + (1-h))} .$$

Die Lösung der Bedingung $\text{Next}(p^*) = p^*$ für Funktion p von ▶ Gl. (13.14) liefert uns die Gleichgewichtswerte. Ridley (1993, 117) schreibt zur daraus resultierenden Gleichung: „The equations are fairly ugly and we need only notice the possibility that a polymorphism can evolve." Doch Letzteres ist unrichtig, denn wie sich zeigt, kann sich im beschriebenen Durchmischungsszenario *kein* stabiler Polymorphismus ausbilden. Die Berechnung (mit dem Programm *Mathematica*) ergibt nach Kürzung durch die triviale Lösung $p^* = 0$ die quadratische Gleichung

(13.15) $Q - 2 \cdot Q \cdot p^* + Q \cdot p^*_2 = 0$,
          mit der Abkürzung $Q := 2 - h \cdot s - t + h \cdot t$,

und diese besitzt für nicht verschwindende Q's nur mehr die zweite triviale Lösung $p^* = 1$. Das Resultat ist auch anschaulich nachvollziehbar: *Zwei Nischen mit Durchmischung verhalten sich wie eine einzige Nische*, in der die resultierende Durchschnittsfitness der beiden konkurrierenden Allele A und a gemäß ▶ Gl. (13.13) gegeben ist. Sobald ein Allel eine größere Durchschnittsfitness als das andere besitzt, kommt es zur Elimination des weniger erfolgreichen Allels, so wie im einfachen Szenario von ▶ Abschnitt 12.5.1. Eine dritte und nicht triviale Gleichgewichtslösung ergibt sich nur für den speziellen und nicht stabilen Fall

(13.16) $Q = 0$, d. h. $t = (2 - h \cdot s)/(1-s)$,

in dem sich die Durchschnittsfitness von A und a gerade die Waage halten. In diesem Fall ist aber *jede* p-q-Verteilung *stabil* (▶ Gl. 13.15 für jedes p erfüllt), da beide Allele exakt dieselbe Reproduktionsrate besitzen. Systemtheoretisch liegt eine Instabilität höherer Stufe vor, nämlich eine bezüglich der Fitnessgrade, die bei geringfügigen Schwankungen der Selektionsbedingungen aufbricht und zum Aussterben eines Allels führt.

Solange sich also die nischenspezifisch erfolgreichen Varianten mit konstanten Häufigkeiten in beiden Nischen aufhalten, kann kein nachhaltiger Polymorphismus entstehen. Dies ist ein weiteres Beispiel für ein mathematisch gewonnenes Resultat, das durch rein intuitive Überlegungen nicht klar gewesen wäre. Das Resultat ergibt sich gleichermaßen für den kulturellen Fall, in dem sich die ▶ Gl. (13.12), (13.13) und (13.14) folgendermaßen vereinfachen:

(13.17)

Meme	A	B	$p := p(A)$
Fitness in Nische S	1	$1-s$	$h :=$ Aufenthalts- häufigkeit in S
Fitness in Nische T	$1-t$	1	
Durchschnitts- fitness	$h + (1-h) \cdot (1-t)$	$h \cdot (1-s) + (1-h)$	

$$\text{Next}(p) = \frac{p \cdot (h + (1-h) \cdot (1-t))}{p \cdot (h + (1-h) \cdot (1-t)) + (1-p) \cdot (h \cdot (1-s) + (1-h))}.$$

Kürzen der Gleichgewichtsbedingung $\text{Next}(p^*) = p^*$ durch die triviale Lösung $p^* = 0$ und Umformung ergibt die Bedingung

(13.18) $\quad (1-p^*) \cdot (h + (1-h) \cdot (1-t)) = (1-p^*) \cdot (h \cdot (1-s) + (1-h)),$

die nach Kürzung durch die zweite triviale Lösung $(1-p^*) = 0$ als dritte Lösung

(13.19) $\quad t = s \cdot h/(1-h)$

ergibt, die wieder die spezielle und parameter-instabile Situation beschreibt, in der sich die Durchschnittsfitness der Meme A und B genau die Waage halten und jede p-q-Verteilung möglich ist.

13.2.4 Freie Wahl der optimalen Nische führt zu Speziesvielfalt

Schon in ▶ Abschnitt 6.2.4 hatten wir bemerkt, dass für Nischenaufteilung ein Segregationsprozess nötig ist, und dies hat sich im vorhergehenden Abschnitt bestätigt. Bei tierischen Organismen findet der Segregationsprozess, bevor er genetisch fixiert wird, oft schon durch Konditionierungslernen statt: Die Organismen *suchen* sich die für sie optimale Nische. Unter dieser Annahme werden sich in dem durch ▶ Gl. (13.12) (▶ Abschnitt 13.2.2) beschriebenen biologischen Beispiel die AA- und Aa-Organismen alsbald nur mehr in Nische S aufhalten und die aa-Organismen nur mehr in Nische T. Im biologischen Fall werden daraus nach hinreichend vielen Generationen zwei echte (nicht mehr untereinander kreuzbare) Spezies und im kulturellen Fall zwei Quasispezies entstehen.

Ein aufschlussreiches biologisches Experiment, das diese Überlegungen bestätigt, ist die Studie von normalen rotäugigen und abnormalen weißäugigen Fruchtfliegen (*Drosophila*) von Jones und Probert (1980) (Ridley 1993, 116). Weißäugige Fruchtfliegen haben empfindlichere Augen und bevorzugen prima facie rötlicheres Licht. Sowohl im weißen als auch im roten Licht starben nach 30 Generationen die weißäugigen Fruchtfliegen aus; d. h., auch im roten Licht hatten die weißäugigen Fliegen immer noch einen Selektionsnachteil. Als aber zwei durchmischte Fliegengruppen in einen Zweikammerkäfig gesperrt wurden, die eine Kammer mit weißem und die andere mit rotem Licht, sowie mit durchlässiger Verbindung zwischen beiden, konnten sich die benachteiligten weißäugigen Fliegen bemerkenswerterweise halten. Dieser Effekt trat ein, weil sich die rotäugigen Fliegen ihre Nische in der weißlichtigen Kammer suchten, die weißäugigen dagegen in der roten Kammer, sodass die Variantenpopulationen nun effektiv getrennt waren und keine Elimination durch Selektion mehr zustande kam. Hier lernten also die Fliegen, sich jeweils ihre vorteilhafte Nische zu suchen. Durch eine solche Segregation kommt es zu einer stabilen, aber auf unterschiedliche Nischen verteilten Allelvielfalt.

13.2.5 Multiple Nischen mit Migration führen zu genuinem Polymorphismus

Wir nehmen wieder an, zwei Populationen von Allelen A und a seien auf zwei Nischen verteilt und werden darin unterschiedlich selektiert; in Nische S besitzt Allel A und in Nische T Allel a einen Selektionsvorteil. Diesmal wechseln nicht alle, sondern nur einige Individuen die Nische. Durch Migrationen zwischen den Nischen kann die ansonsten resultierende Allelseparation wieder kompensiert werden, und es entsteht ein genuiner, d. h. nischeninterner Polymorphismus. Wir betrachten den effektiven Migrationsfluss von S nach T, μ:S$\rightarrow$ T. Beispielsweise sei S das stark bevölkerte Festland und T eine neu bevölkerte (große) Insel. Falls eine kleine Rückwanderung von T nach S besteht, denken wir uns diese als in die effektive Migrationsrate μ schon eingebaut. Der Anteil p = p(A) des Allels A auf dem Festland S soll einen hohen (nicht unbedingt 100%igen) Anteil besitzen, der trotz Abwanderung *konstant* bleibt, weil wir annehmen, dass die S-Population gegenüber der T-Population sehr groß ist. In jeder Generation wandert der Anteil μ der S-Population durch Einwanderung auf die Insel T ab; zugleich wird auf der Insel T das Allel A nachteilig gegenüber a selektiert. Dies führt auf der Insel T zu einem stabilen Allelpolymorphismus, dessen Gleichgewichtshäufigkeit wir nun berechnen. Dabei nehmen wir (wie Ridley 1993, 121 f) der Abwechslung halber an, A und a seien *semidominant*, d. h. die Fitness des Heterozygoten liege in der Mitte zwischen der der beiden Homozygoten:

(13.20)

Genotypen	AA	Aa	aa	Annahmen: A nur
				semidominant
Fitness in T	$1-2\cdot s$	$1-s$	1	A-Häufigkeit p in S
				konstant: $= r$

In jeder Generation findet die A-Selektion für einen $(1-\mu)$-Anteil der T-Population statt, während ein μ-Anteil der T-Population aus dem Festland S mit konstanter A-Häufigkeit r stammt. Dies führt zu folgender Differenzgleichung:

(13.21)

$$\text{Next}(p) = (1-\mu)\cdot \frac{p^2\cdot(1-2\cdot s)+p\cdot(1-p)\cdot(1-s)}{p^2\cdot(1-2\cdot s)+2\cdot p\cdot(1-p)\cdot(1-s)+(1-p)^2}+\mu\cdot r = [\ldots]$$

$$= \frac{(1-\mu)\cdot p\cdot(1-s-s\cdot p)}{(1-2\cdot s\cdot p)}+\mu\cdot r.$$

Wir betrachten zunächst den Spezialfall s = 0, in dem lediglich Einwanderung ohne Selektion stattfindet. Hier ergibt sich:

(13.22) Spezialfall s = 0: $\text{Next}(p) = (1-\mu)\cdot p + \mu\cdot r.$

Gleichgewichtsbedingung: $\text{Next}(p^*) = p^*$ ist erfüllt g.d.w. $p^* = r$.

Wenn also die Fitness von A und a auf der Insel T gleich ist, dann wird die A-Häufigkeit in T sich mit der Zeit der konstanten A-Häufigkeit r auf dem Festland annähern. Empirisch untersucht wurde diese Situation am Beispiel der Migration des (selektiv neutralen) Blutgruppen-Allels M aus der weißhäutigen Bevölkerungsschicht in Claxton (Georgia) in die dort ansässige schwarzhäutige Bevölkerungsschicht. Wie vorausgesagt ergab sich in Claxton in der schwarzhäutigen Population ein Anstieg der Häufigkeit des M-Allels (die in der weißhäutigen Population höher lag als in der schwarzhäutigen), und aus der Häufigkeitsverschiebung seit etwa zehn Generationen berechnete man den Migrationskoeffizient zu $\mu = 3,5$ % (Ridley 1993, 120).

Was passiert nun im Fall s > 0, in dem das einwandernde Allel A in T einen Selektionsnachteil gegenüber a besitzt? Man berechnet dies durch Lösung der Bedingung $\text{Next}(p^*) = p^*$ für die Funktion p von ▶ Gl. (13.21). Ridley (1993, 122) schlägt hierbei als Vereinfachung vor, den Term $\dfrac{(1-\mu)}{(1-2\cdot s\cdot p)}$ in ▶ Gl. (13.21) näherungsweise gleich 1 zu setzen (was für kleine s und μ legitim ist). Man erhält damit die quadratische Gleichung $p^2\cdot s - p(\mu+s)+\mu\cdot r = 0$, welche die folgende einzige Lösung besitzt (berechnet mit dem Programm *Mathematica*; nur − vor der Wurzel ergibt eine reale Lösung):

(13.23) $p^* = \dfrac{(\mu+s)-\sqrt{(\mu+s)^2-4\cdot s\cdot \mu\cdot r}}{2\cdot s}$ Spezialfall: $s\approx\mu$: $p^*\approx 1-\sqrt{1-r}$.

Die Grenzhäufigkeit p* von A auf der Insel ist kleiner als r und liegt bei vergleichbaren Werten von s und r bei etwa $1 - \sqrt{1-r}$; also für r = 0,9 beispielsweise bei 0,67. Die resultierenden Trajektorien sind approximativ stabil und konvergieren unabhängig von der Startbedingungen p_0 zum Grenzwert p* – falls p_0 < p*, nähern sie sich von unten, und falls p_0 > p*, von oben diesem Wert p*. Der Trajektorienverlauf ist qualitativ gleichartig wie derjenige in ▶ Abb. 13.5 unten für den kulturellen Fall. Ohne die Ridley'sche Vereinfachung ergibt sich (gerechnet mit *Mathematica*) eine kompliziertere Lösung der Bedingung Next(p*) = p* für das p von ▶ Gl. (13.21), nämlich:

(13.24)

$$p^* = \frac{\mu \cdot (1-s) + s \cdot (1 + 2 \cdot \mu \cdot r) - \sqrt{(\mu \cdot (1-s) + s \cdot (1 + 2 \cdot \mu \cdot r))^2 - 4 \cdot s \cdot \mu \cdot r \cdot (1+\mu)}}{2 \cdot s \cdot (1+\mu)}.$$

Der qualitative Trajektorienverlauf der exakten Lösung ▶ (13.24) ist jedoch derselbe wie für die Näherungslösung ▶ (13.23).

Wir beschreiben abschließend den analogen Fall für die kulturelle Evolution. Die Fitnesswerte der Meme A und B und die Differenzgleichung lauten wie folgt:

(13.25)

Meme	A	B	A-Häufigkeit in S konstant: = r
Fitness in T	$1-s$	1	

$$\text{Next}(p) = \frac{(1-\mu) \cdot p \cdot (1-s)}{(1 - s \cdot p)} + \mu \cdot r, \quad \text{denn:}$$

Normierungsfaktor: $p \cdot (1-s) + (1-p) = 1 - s \cdot p$.

Als Lösung der Gleichgewichtsbedingung Next(p*) = p* für die Funktion p von ▶ Gl. (13.25) errechnet man mit *Mathematica* das folgende stabile Mischgleichgewicht (wieder existiert nur die negative Lösung):

(13.26) $$p^* = \frac{\mu \cdot (1-s) + s \cdot (1 + \mu \cdot r) - \sqrt{(\mu \cdot (1-s) + s \cdot (1 + \mu \cdot r))^2 - 4 \cdot s \cdot \mu \cdot r}}{2 \cdot s}.$$

Der qualitative Trajektorienverlauf ist mithilfe der Computersimulation in ▶ Abb. 13.5 dargestellt: Je geringer der Selektionsnachteil s des mit p_0 = 0,2 startenden A-Mems im Einwanderungsland T, desto mehr nähert sich das resultierende Mischgleichgewicht p* der A-Häufigkeit in T dem konstanten A-Häufigkeitswert r = 0,7 im Auswanderungsland S.

Die Konsequenzen dieses und des vorhergehenden Abschnitts, insbesondere für die KE, lassen sich wie folgt zusammenfassen: Ein Polymorphismus von unterschiedlichen kulturellen Regionen kann nur existieren, wenn dieselbigen weitgehend separiert sind. Migrationsströme gleichen unterschiedliche Kulturen tendenziell

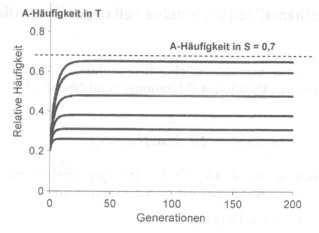

Abb. 13.5 Nischenspezifische kulturelle Selektion mit Migration. Migrationsrate vom Auswanderungsland S in das Einwanderungsland T, μ:T→S = 0,2. Konstante Häufigkeit der Variante A in S bei r = 0,7. Starthäufigkeit p_0 von A in T = 0,2. Variierender Selektionsnachteil s von A in T von unten nach oben entlang den Kurven: s = 0,5, 0,4, 0,3, 0,2, 0,1 und 0,05. Programmiert mit *MatLab*.

einander an, abhängig von der Intensität des Migrationsstromes, allerdings nur unter der Voraussetzung, dass die einwandernde Kultur sich den Selektionsbedingungen des Einwanderungslandes stellt. Es sind nämlich zwei Fälle zu unterscheiden:

1.) **Kulturelle Zweiklassengesellschaft:** Diese entsteht, wenn sich Einwanderungs- und Fremdkultur stark voneinander abschließen, die Fremdkultur in eigenen Vierteln wohnt, die Kinder in der eigenen Kultur aufzieht usw. In Kalifornien tendieren beispielsweise Mexikaner seit geraumer Zeit zur Bildung eigener Viertel; in Deutschland kann dies tendenziell bei Einwanderern aus dem islamischen Bereich konstatiert werden. In diesem Fall richten Einwanderer ihre Selektionsparameter durch Isolierung so ein, wie sie in ihrem Mutterland waren – der Fall gleicht daher der besprochenen Migration ohne Selektionsdruck, und es findet die iterierte Anhäufung von eingewanderter Kultur ohne Anpassung statt, die in ▶ Gl. (13.22) beschrieben wurde.

2.) **Kulturelle Angleichung:** Die eingewanderte Kultur schließt sich nicht ab und wird nicht ausgeschlossen. Dann werden viele kulturelle Praktiken der Einwanderer im neuen Lebensstil des Landes veränderten Selektionsbedingungen ausgesetzt sein. Im Einwanderungsland nachteilige Praktiken (z. B. die islamische Frauenrolle in westlichen Ländern) werden tendenziell verloren gehen. Ein Beispiel liefern gegenwärtige Indianerreservate in Kalifornien: Ein Großteil der jugendlichen indianischen Generation zieht es vor, wie typische US-Bürger zu leben, und weil keine neuen Indianer nachkommen, stirbt die Indianerkultur langsam aus. Solange jedoch die Ursprungskultur der Einwanderer durch anhaltenden Zuwanderungsfluss stetig nachgeliefert wird, bleibt sie in abgeschwächtem Ausmaß erhalten und es kommt zu dem in ▶ Gl. (13.26) beschriebenen Mischgleichgewicht.

13.2.6 Der mathematisch allgemeine Fall ungeschlechtlicher Evolution

Der allgemeine Fall bei ungeschlechtlicher Reproduktion mit beliebig vielen konkurrierenden Varianten, Variationen (Mutationen) und Nischen, lässt sich wie folgt beschreiben:

(13.27) Varianten: $V_1,\dots,V_n$.   Nischen: $N_1,\dots,N_m$.

Variationskoeffizienten: $m_{ij}: V_i \to V_j$ für $1 \le i,j \le n$ (per definitionem $m_{ii}:= 0$),
                    wobei $\Sigma_{1 \le j \le n}\, m_{ij}:=$ Variationsrate von $V_i = m_i < 1$.

Fitnesswerte: f_{ij} für $1 \le i \le n$, $1 \le j \le m$.

Migrationskoeffizienten: $\mu_{ij}: N_i \to N_j$ für $1 \le i, j \le m$ ($\mu_{ii}:= 0$),
                    wobei $\Sigma_{1 \le j \le m}\, \mu_{ij} = \mu_i =$ Abwanderungsrate aus Nische $i < 1$.

Häufigkeit von Variante i in Nische j ($1 \le i \le n$, $1 \le j \le m$) = p(i,j),
                    wobei $\Sigma_{1 \le j \le m}\, p(i,j) = p(V_i) =$ Gesamthäufigkeit von
                    Variante i.

$\Sigma_{1 \le i \le n}\, p(i,j) = p(N_j) =$ Gesamthäufigkeit in Nische j.

$\Sigma_{1 \le i \le n}\, p(V_i) = 1$ und $\Sigma_{1 \le j \le m}\, p(N_j) = 1$.

Wenn wir annehmen, dass sich die Variantenzuwanderungsanteile durch Variationen und Migrationen nicht überlappen (was bei kleinen Zuwanderungsraten legitim ist), ergibt sich folgendes *System von Differenzgleichungen*:

(13.28)   Für alle $1 \le i \le n$ und $1 \le j \le m$: Next(p(i,j)):= M_{ij}/N_j,

        mit $N_j = \Sigma_{1 \le i \le n} M_{ij}$, und

        $M_{ij}:= \underbrace{\Sigma_{1 \le k \le n} m_{ki} \cdot p(k,j) + \Sigma_{1 \le r \le m}\, \mu_{rj} \cdot p(i,r)}_{\text{Gesamtneuzufluss zu } V_i} + \underbrace{(1 - m_i - \mu_i) \cdot p(i,j) \cdot f_{ij}}_{\text{selektierter Altanteil von } V_i}.$

14.
Theoretische Modelle II: Evolution mit Häufigkeitsabhängigkeit

Die evolutionäre Dynamik wird wesentlich komplexer, wenn die Fitness der beteiligten Varianten häufigkeitsabhängig ist und damit natürlich auch zeitabhängig wird – eine Situation, die häufiger in der KE als in der BE auftritt. Wie in ▶ Abschnitt 9.8 erläutert, unterscheiden wir zwischen reflexiver Häufigkeitsabhängigkeit, bei der die Fitness einer Variante von ihrer eigenen Häufigkeit bestimmt wird, und interaktiver Häufigkeitsabhängigkeit, bei der die Fitness einer Variante durch Interaktion mit anderen Varianten beeinflusst wird und daher von deren Häufigkeiten abhängt. Im Folgenden behandeln wir zunächst reflexive Häufigkeitsabhängigkeit und danach interaktive Häufigkeitsabhängigkeit, wobei wir uns im vorliegenden Kapitel ausgesuchten populationsökologischen Szenarien und in ▶ Kap. 15 der evolutionären Spieltheorie zuwenden.

14.1 Reflexive Häufigkeitsabhängigkeit

14.1.1 Negative Häufigkeitsabhängigkeit – Wenn Evolution zyklisch wird

Der einfachste Fall von negativ-reflexiver Häufigkeitsabhängigkeit liegt in *Modephänomenen* der KE vor, speziell in jenen Bereichen, wo ein „Hunger" nach neuen Moden besteht. In diesem Fall ist die Attraktivität eines Mems – etwa einer Kleidungsart oder eines künstlerischen Stiles – umso höher, je seltener bzw. origineller es ist, und es verliert seine Attraktivität in dem Maße, in dem mehr und mehr Populationsmitglieder das Mem übernommen haben. Die kulturelle Attraktivität gehorcht hier also mehr dem Gesetz der *Originalität* als dem der *Konformität*. Wo dagegen Letzteres der Fall ist, liegt positiv-reflexive Häufigkeitsabhängigkeit vor, die im nächsten Abschnitt besprochen wird.

Für die evolutionäre Dynamik ist dabei entscheidend, ob die negative Häufigkeitsabhängigkeit *linear* oder nicht linear ist. Betrachten wir zuerst den linearen Fall am Beispiel zweier kultureller Varianten A und B, deren Fitness (abgesehen von einem Basisanteil von 2) einen linear-negativen Häufigkeitsanteil ($-p$ bzw. $-q$) enthält:

(14.1)   Linear negativ-häufigkeitsabhängige KE: $p := p(A)$, $q := p(B)$.

Varianten	A	B
Fitnesswerte	$2-p$	$2-q$

Normierungsfaktor: $N = (2-p)\cdot p + (2-q)\cdot q = \;[\ldots] = 1 + 2\cdot p\cdot q$

Differenzgleichung: $\text{Next}(p) = p\cdot(2-p)/(1+2\cdot p\cdot q)$

Gleichgewichtsbedingung: $p^*\cdot(2-p^*)/(1+2\cdot p^*\cdot q^*) = p^* \rightarrow$ ergibt die quadratische Gleichung $2\cdot p^{*2} - 3\cdot p^* + 1 = 0$ mit der nicht-
trivialen Lösung $p^* = (1/2)$

Eine lineare negative Häufigkeitsabhängigkeit führt nicht zu einem periodischen Schwanken, sondern zu einer stabilen Gleichgewichtshäufigkeit, die im Beispiel ▶ (14.1) bei $p^* = q^* = 0{,}5$ liegt – die Fitnesswerte von A und B halten sich hier genau die Waage. Dieser Fall führt also zu einem stabilen Polymorphismus, in dem die Häufigkeitstrajektorien unabhängig vom Startwert in das Endgleichgewicht konvergieren. Ein analoges Beispiel von linearer negativ-reflexiver Häufigkeitsabhängigkeit in der BE gibt Ridley (1993, 114).

Ein ganz anderes Bild liefert *nicht lineare* negative Häufigkeitsabhängigkeit: In diesem Fall resultieren *periodische Zyklen*, so wie sie für kulturelle Modephänomene typisch sind. Nehmen wir beispielsweise an, dass die Fitness der beiden Varianten proportional zum Quadrat der eigenen Seltenheit ist, also:

(14.2)   Nicht linear negativ-häufigkeitsabhängige KE: $p(A) := p$, $p(B) := q$.

Varianten	A	B
Fitnesswerte	$(1-p)^2$	$(1-q)^2 = p^2$

Eine solche Häufigkeitsabhängigkeit ist durchaus realistisch – die Originalität des Mems ist hier nur so lange wirksam, solange seine Häufigkeit wirklich klein ist, und nimmt schon bei mittlerer Verbreitung des Mems rasch ab. Die Differenzgleichung für Beispiel ▶ (14.2) führt zu folgendem Effekt:

(14.3) $\text{Next}(p) = \dfrac{p\cdot(1-p)^2}{p\cdot(1-p)^2 + (1-p)\cdot p^2} = \dfrac{1-p}{1-p+p} = 1-p.$

Ebenso: $\text{Next}(p) = 1-q.$

Das heißt, wenn die A-Häufigkeiten bei p_0 starten, springen sie generationenweise von p_0 auf $1-p_0$ und zurück, und analog springen die B-Häufigkeiten von q_0 auf $1-q_0$ und zurück. ▶ Abb. 14.1 zeigt eine Simulation dieses Verhaltens.

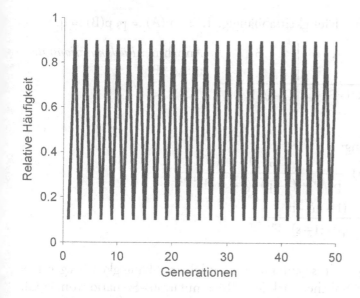

Abb. 14.1 Nicht lineare negative Häufigkeitsabhängigkeit (gemäß ▶ Gl. 14.2 und 14.3). Zyklische Modeschwankungen zwischen p = 0,1 und 0,9. Programmiert mit *MatLab*.

Ein indifferentes Gleichgewicht ergibt sich für die ▶ Differenzgleichung (14.3) nur beim Startwert $p_0 = 0,5 = p^*$, der im idealisiert-störungsfreien Fall nie mehr verlassen werden würde.

14.1.2 Positive Häufigkeitsabhängigkeit – Wenn Evolution zu Extremen tendiert

Eine positiv-reflexive Häufigkeitsabhängigkeit bringt im Fall von gerichteter Evolution mit Fastfixierung keine neuartige Dynamik, sondern bewirkt nur eine *Beschleunigung* der Elimination der unterlegenen und Durchsetzung der überlegenen Variante. Existiert dagegen im nicht häufigkeitsabhängigen Szenario ein stabiles polymorphes Gleichgewicht, z. B. aufgrund einer Balance von Selektion und Rückmutation bzw. Kopierfehlerrate, dann kann die Einbringung einer *nicht linearen*[78] positiven Häufigkeitsabhängigkeit tatsächlich eine qualitative Änderung der Dynamik bewirken: Sie kann dazu führen, dass das zuvor stabile Gleichgewicht *instabil* wird. Sobald nämlich die Anfangshäufigkeit einer Variante nur geringfügig über dem ursprünglich stabilen Gleichgewichtswert zu liegen kommt, beginnt sie sich aufgrund der Häufigkeitsabhängigkeit beschleunigt zu vermehren und verdrängt damit die konkurrierende Variante. Das verallgemeinerte Selektions-Rückmutations-Szenario von ▶ Gl. (14.4) beschreibt eine solche Situation. Die Fitnessgrade hängen dabei exponentiell von der A-Häufigkeit p ab. Der Basisfaktor F ist frei variierbar:

---

[78] Bei bloß linearer positiver Häufigkeitsabhängigkeit verschiebt sich das Gleichgewicht, bleibt aber stabil.

(14.4) Nicht linear positiv-häufigkeitsabhängige KE: $p(A) := p$, $p(B) := q$.

Varianten	A	B	Annahme: *Rückmutationsrate* $m:A \to B$
Fitnesswerte	$1 \cdot F^p$	$(1-s) \cdot F^{(1-p)}$	

Differenzgleichung:

$$\text{Next}(p) = (1-m) \cdot \frac{p \cdot F^p}{p \cdot F^p + (1-p) \cdot (1-s) \cdot F^{(1-p)}}$$

$$= \frac{(1-m) \cdot p}{p + (1-p) \cdot (1-s) \cdot F^{(1-2 \cdot p)}}.$$

Setzen wir den Basisfaktor $F = 1$, so entfällt die Häufigkeitsabhängigkeit (wegen $1^p = 1$) und es liegt das gewöhnliche Selektions-Rückmutations-Szenario von ▶ Gl. (13.7) vor, welches die stabile Gleichgewichtshäufigkeit von $p^* = 1 - (m/s)$ besitzt (wobei $m < s$ angenommen wird; rekapituliere ▶ Abschnitt 13.1.3). Betrachten wir exemplarisch den Fall $m = 0{,}1$ und $s = 0{,}2$. Mit diesen Werten ergibt sich im häufigkeitsunabhängigen Szenario das stabile Gleichgewicht $p^* = 0{,}5$. Dieses Gleichgewicht bleibt auch im häufigkeitsabhängigen Fall erhalten, denn $F^{(1-2 \cdot p)}$ ist in diesem Fall 1, sodass aus ▶ Gl. (14.4) wieder die ▶ Differenzgleichung (13.7) des nicht häu-

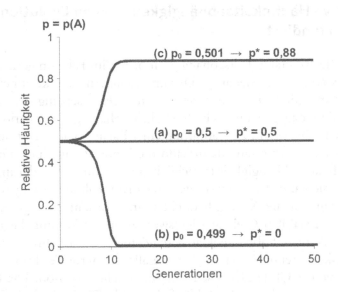

Abb. 14.2 Positiv-reflexive Häufigkeitsabhängigkeit gemäß ▶ Gl. (14.3) ($F = 10$, $m = 0{,}1$, $s = 0{,}2$, $p = p(A)$. (a) Der Startwert $p_0 = 0{,}5$ bildet ein instabiles Gleichgewicht. (b) Geringfügige Abweichung von p_0 nach unten führt zum Aussterben von A ($p^* = 0$). (c) Geringfügige Abweichung von p_0 nach oben führt zum Überhandnehmen von p ($p^* = 0{,}88$) und dem Zusammenbruch der B-Häufigkeit auf einen kleinen durch Rückmutation $m:A \to B$ nachgebildeten Wert ($q^* = 0{,}12$). Simulation in *MatLab*.

figkeitsabhängigen Falles entsteht. Aus dem ursprünglich stabilen Gleichgewicht ist nun jedoch ein *instabiles* Gleichgewicht bzw. eine Bifurkation geworden. Dies ist in ▶ Abb. 14.2 dargestellt, in der die ▶ Differenzgleichung (14.4) mit einem Basisfaktor von F = 10 simuliert wurde. Geringfügige Abweichungen der Starthäufigkeit vom instabilen Gleichgewicht p* = 0,5 nach unten führen dazu, dass A völlig ausstirbt, geringfügige Abweichungen der Starthäufigkeit nach oben führen dazu, dass B zwar nicht völlig ausstirbt, weil B durch Rückmutationen m:A→ B ständig nachgebildet wird, aber in seiner Häufigkeit auf einen kleinen Wert zusammenbricht.

Der typische Mechanismus, der für positive Häufigkeitsabhängigkeit in der KE sorgt, ist der *Konformismus*. Die Nichtlinearitätsannahme ist auch in diesem Fall durchaus realistisch, da der Konformitätsdruck erst greift, wenn bereits sehr viele Populationsmitglieder das jeweilige Mem übernommen haben. Konformismus tendiert dazu, einer zunächst nur leicht überlegenen Variante zu hoher Überlegenheit zu verhelfen. Millikan (2003, 109) hat argumentiert, dass ein gewisses Maß an sozialem Konformismus nötig ist, um die hohe Variabilität der menschlichen Ideen und Handlungen einander anzugleichen. Wenn der Konformismus aber zu hoch wird, besteht die Gefahr, dass sich eine Gesellschaft in extreme Situationen hineinbewegt – wie z. B. im Faschismus zu Totalitarismus und Fanatisierung der Massen. Glücklicherweise gibt es auch die Gegenkräfte der Suche nach individueller Originalität und Autonomie, welche den Ausgleich durch negative Häufigkeitsabhängigkeit einbringen.

14.1.3 Gemischte Häufigkeitsabhängigkeit und Modezyklen

In kulturellen *Modephänomenen* kombinieren sich, in unterschiedlicher Balance, positive und negative Häufigkeitsabhängigkeit. Mode lebt einerseits davon, dass die jeweilige Zielgruppe die vorherrschende Mode nachahmt, was ihre Häufigkeit anhebt, und andererseits davon, dass immer wieder neue, originelle (aber nicht zu originelle) Modeideen auftreten, welche die kulturellen Marktprozesse in Gang halten. Daraus resultieren Modezyklen mit unregelmäßigen Fluktuationsperioden und im Regelfall gemäßigten Häufigkeitsschwankungen. Lumsden und Wilson (1981, 170 f, Abb. 4.39) haben zyklische Modeschwankungen am Beispiel von *Kleidermoden* untersucht. Im Einklang mit unseren Ausführungen konstatieren sie eine Balance zweier gegenläufiger Kräfte: „Innovation" (negative Häufigkeitsabhängigkeit) und „Status" (positive Häufigkeitsabhängigkeit). Eine empirische Erhebung der Länge von Frauenkleidern in den Jahren 1788 bis 1936 zeigt nur vergleichsweise geringe Längenschwankungen, verglichen mit den Längenreduktionen während der „libertinären" Freiheitsbewegungen des Westens ab den 1960er Jahren, in welchen sich die modebestimmende Balance von Konformität in Richtung Originalität verschoben hat.

Wir haben in diesem Abschnitt erkannt, dass der Einbau von reflexiver Häufigkeitsabhängigkeit im Fall einer linearen Abhängigkeit harmlos ist, jedoch im nicht linearen Fall stabile Gleichgewichte in Instabilitäten verwandelt. Dies ist erneut ein mathematisch gefundenes Resultat, das intuitiv nicht klar gewesen wäre. In noch stärkerem Maß gilt dies für das logistische Wachstumsverhalten von Populationen, das im nun folgenden ▶ Abschnitt 14.2 mathematisch analysiert wird und für gewisse Parametersetzungen zu intuitiv unerwarteten chaotischen Verläufen führt. Ähnliche intuitiv nicht antizipierbare mathematische Resultate werden wir in ▶ Abschnitt 14.3, 15.2 und 15.3 antreffen.

14.2 Ökologische Populationsdynamik I: Logistisches Wachstum

Die *ökologische Populationsdynamik* untersucht nicht die Dynamik der relativen, sondern die der absoluten Häufigkeiten von Populationen im Gleichgewicht mit Nahrungsressourcen und konkurrierenden Populationen. Der charakteristische Wachstumsverlauf solcher Populationen ist das exponentielle Wachstum mit Dämpfung, das auch *logistisches* Wachstum genannt wird und ein wichtiges Beispiel für eine gemischt-reflexive Häufigkeitsabhängigkeit darstellt. Bisher haben wir vorausgesetzt, dass sich die absolute Populationszahl H im Gleichgewicht zwischen einer Pro-Kopf-Geburtenrate von g > 1 und einer durch Ressourcenbeschränkung bedingten Populationsobergrenze H_{max} befindet. Die Geburtenrate g > 1 bewirkt exponentielles Wachstum der Form $H_n = H_0 \cdot g^n$ (▶ Abb. 1.6) – dies ist die positive Häufigkeitsabhängigkeit. Die Populationsobergrenze beschert Populationen, deren Größe sich ihr nähert, ansteigende Todesraten – dies ist die negative Häufigkeitsabhängigkeit. Dass sich beide Häufigkeitsabhängigkeiten auf eine stabile Gleichgewichtspopulation einpendeln, ist nur garantiert, wenn man die Idealisierung einer *kontinuierlichen* Zeit und Populationsgröße unterstellt – in diesem Fall resultiert die bekannte „sigmoide" Wachstumskurve (z. B. die Kurve in ▶ Abb. 13.1). Im realistischen *diskreten* Szenario kommt es dagegen immer wieder zu einem *Überschießen* über die Obergrenze H_{max} hinaus. Nur wenn dieses Überschießen nicht zu stark ausfällt, schaukelt sich die Populationsgröße nach einigen Schwankungen auf H_{max} ein, während ein zu starkes Überschießen, wie wir nun zeigen, zu chaotischen Entwicklungen führen kann.

Die grundlegende Differenzgleichung, die diskretes exponentielles Wachstum mit Dämpfung beschreibt, ist die quadratische oder „logistische" Gleichung (vgl. Peitgen, Jürgens und Saupe 1992, 74). Sie wird mit der nischenrelativen Populationsgröße $x_n = H_n/H_{max}$ formuliert, die den Populationsanteil am Populationsmaximum angibt und im Fall des Überschießens größer 1 wird:

(14.5) $Next(x) = x + a \cdot x \cdot (1-x)$ bzw. $\Delta(x) = a \cdot x \cdot (1-x)$
        (mit $x := H/H_{max}$, a > 0).

Gleichgewichtsbedingung: $Next(x^*) = x^*$.
Zwei Lösungen: $x^* = 0$ oder $x^* = 1$.

Die Next-Funktion von ▶ Gl. (14.5) besitzt sowohl den positiv-häufigkeitsabhängigen (multiplikativen) Term x als auch den negativ-häufigkeitsabhängigen Term (1–x); dabei ist a > 0 der Wachstumsparameter. Abgesehen vom trivialen Gleichgewicht $x^* = 0$ liegt nur bei $x^* = 1$, also $N = N_{max}$, ein Gleichgewicht von Wachstum

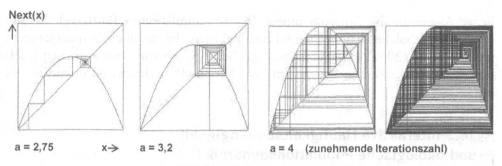

Next(x)

a = 2,75   x→   a = 3,2   a = 4   (zunehmende Iterationszahl)

Abb. 14.3 Diskret-logistische Wachstumskurve für verschiedene Werte des Wachstumsparameters a (nach Peitgen, Jürgens und Saupe 1992, 74). Die Berührungspunkte der rechteckig gezackten Linie mit der Parabel sind die aufeinanderfolgenden x_n-Werte.

und Dämpfung vor. Beim Überschießen über $x = 1$ hinaus wird der Ausdruck $a \cdot x \cdot (1-x)$ negativ und die Population schrumpft wieder.

Das Trajektorienverhalten von $x(n)$ hängt nun von der Justierung des Wachstumsparameters a ab. Bei Parametersetzungen von a zwischen 0 und 2 nähern sich die Trajektorien schnell dem Gleichgewicht und führen für a zwischen 2 und 3 nach geringfügigem Überschießen ebenfalls in das Gleichgewicht. Doch je mehr sich a dem Wert 4 nähert, umso stärker beginnt die Bevölkerungszahl hin und her zu pendeln, weit über H_{max} hinaus und dann wieder auf einen kleinen Wert zurück, und kommt für a = 4 gar nicht mehr zur Ruhe. Die zeitunabhängigen Trajektorien sind in ▶ Abb. 14.3 für drei Parametersetzungen dargestellt. Die Parabel stellt dabei den Verlauf der Funktion Next(x) in Abhängigkeit von x dar (die bei x = 0,5 ihr Maximum vom Betrag a/4 besitzt). Die rechteckig gezackte Linie ist so zu interpretieren: Beginnt die Funktion $x(n)$ bei irgendeinem x_0-Wert auf der waagerechten Achse, dann liefert die von dort nach oben führende Senkrechte im Schnittpunkt mit der Parabel den Wert x_1, allerdings aufgetragen auf der senkrechten Achse. Die von dort ausgehende Waagerechte überträgt im Schnittpunkt mit der Diagonalen den Wert x_1 wieder auf die waagerechte Achse, und das Verfahren kann iteriert werden und gibt sukzessive die Werte x_2, x_3, ... Der Schnittpunkt der Parabel mit der Diagonalen entspricht dem Gleichgewichtswert x^* (Next(x^*) = x^*). Nur wenn die gezackte Linie in diesem Punkt landet, erreicht die Bevölkerung ihr Populationsgleichgewicht. Im Fall a = 4 verfehlt sie es dagegen permanent und schrumpft in den daraufhin resultierenden Populationsfluktuationen wiederholt auf sehr kleine x-Werte, was realiter bedeutet, dass die Population mit hoher Wahrscheinlichkeit ausstirbt.

Realistische Beispiele im Tierreich sind hierfür gegeben, wenn durch eine zu hohe Populationsdichte die Böden so stark überweidet oder die Beutetiere so stark dezimiert werden, dass es in der nächsten Generation zu starker Ressourcenverknappung und zum Populationsrückgang kommt, woraufhin die Population entweder ausstirbt oder sich nach ein paar Generationen wieder erholt. Interessanterweise finden sich bei zahlreichen Säugetierarten Verhaltensweisen, die solchen Situationen entgegenwirken. Viele Säugetierarten reagieren auf Überbevölkerung mit Stress, der bei einigen Arten zum vorzeitigem Tod der Individuen, bei anderen Arten dagegen zum Ausfall der Reproduktion, zu gehäuftem Kindesmord oder zum Ansteigen innerartlicher Aggression bis hin zum innerartlichen Kannibalismus führt (vgl. Wilson 1975, 84 ff). Solche Phänomene sind auch bei Menschengesellschaften aufgetreten, wie Diamond (2006) in seiner archäologischen Analyse von ausgestorbenen Inselbevölkerungen (z. B. den Bewohnern der Osterinsel) eindrucksvoll dokumentiert hat.

14.3 Interaktive Häufigkeitsabhängigkeit und ökologische Populationsdynamik II

Die ökologische Populationsdynamik behandelt auch einen wichtigen Typ interaktiver Häufigkeitsabhängigkeit. Dabei geht es um die Entwicklung der absoluten Häufigkeiten von interagierenden Populationen unterschiedlicher Spezies. Die zwei wichtigsten Standardsituationen der interaktiv-ökologischen Populationsdynamik sind Interspezieskonkurrenz und Räuber-Beute-Beziehung.

14.3.1 Interspezieskonkurrenz

In diesem Fall konkurrieren zwei (oder mehrere) Populationen unterschiedlicher Spezies um dieselbe Nahrungsressource – etwa Hyänen und Löwen um Antilopen. Die absoluten Populationsgrößen der beiden Spezies werden durch die zeitabhängigen Funktionen $H_1(t)$ und $H_2(t)$ beschrieben. Da diesmal eine Differenzialgleichung mit kontinuierlicher Zeit t angenommen wird, kann es nicht zu Effekten des Überschießens kommen. Sowohl die Individuen innerhalb einer Spezies als auch die zwischen den Spezies konkurrieren um die Nahrung. Dies wird durch folgendes Paar von Differenzialgleichungen beschrieben (Rapaport 1986, 52 f; Haken 1983, 308–311):

(14.6) Differenzialgleichungen der Interspezieskonkurrenz: $(a_i, k_i > 0)$

$$dH_1/dt = r_1 \cdot H_1 - a_1 \cdot H_1^2 - k_1 \cdot H_1 \cdot H_2. \qquad dH_2/dt = r_2 \cdot H_2 - a_2 \cdot H_2^2 - k_2 \cdot H_1 \cdot H_2.$$

H_1, H_2 = Populationsgröße der Spezies 1 bzw. 2.
r_1, r_2 = hypothetische Wachstumsrate der Populationen bei unbegrenzter Nahrung.
a_1, a_2 = symmetrische Konkurrenzfaktoren innerhalb der Populationen.
k_1, k_2 = asymmetrische Konkurrenzfaktoren zwischen den Populationen.

Die Häufigkeit des Aufeinandertreffens von zwei Individuen derselben Population i ist proportional zu H_i^2. Multipliziert mit dem Faktor a_i ergibt dies den Wachstumsverlust aufgrund von Konkurrenz innerhalb der eigenen Spezies. Individuen unterschiedlicher Spezies treffen mit einer Häufigkeit proportional zu $H_1 \cdot H_2$ aufeinander. Multipliziert mit dem jeweiligen k-Faktor, beschreibt dieser Term die Wachstumsdezimierung aufgrund Interspezieskonkurrenz. Die Dezimierung hängt in diesem Fall davon ab, welche der beiden Spezies sich besser gegen die andere durchsetzen kann, weshalb wir nun zwei Faktoren haben: k_1 für Dezimierung von H_1 durch Konkurrenz mit Spezies 2 und k_2 für die Dezimierung von H_2 durch Konkurrenz mit Spezies 1.

Durch Nullsetzung der beiden Gleichungen erhält man zwei Geraden, die jene Punkte im H_1-H_2-Koordinatensystem beschreiben, in denen sich jeweils die eine oder andere Population im Gleichgewicht befinden *würde*, also in ihrer Häufigkeit konstant bliebe, *sofern* sich die Populationshäufigkeit der jeweils anderen Spezies nicht mehr ändern würde:

(14.7) H_1-Gleichgewichtsbedingung: $r_1 \cdot H_1 - a_1 \cdot H_1{}^2 - k_1 \cdot H_1 \cdot H_2 = 0$
(triviale Lösung $H_1 = 0$).

Nichttriviale H_1-Gleichgewichte auf der Geraden $H_2 = (r_1/k_1) - H_1 \cdot (a_1/k_1)$.

H_2-Gleichgewichtsbedingung: $r_2 \cdot H_2 - a_2 \cdot H_2{}^2 - k_2 \cdot H_1 \cdot H_2 = 0$
(triviale Lösung $H_2 = 0$).

Nichttriviale H_2-Gleichgewichte auf der Geraden $H_2 = (r_2/a_2) - H_1 \cdot (k_2/a_2)$.

Ein Gleichgewicht beider Populationen liegt nur im Schnittpunkt der beiden Geraden vor, in dem beide Gleichgewichtsbedingungen erfüllt sind. Die Lage der beiden Geraden ist in ▶ Abb. 14.4 dargestellt; sie hängt von den Parameterwerten a_1, a_2, k_1 und k_2 ab. Oberhalb der H_1-Gleichgewichtsgeraden sinkt H_1, und unterhalb dieser Geraden steigt H_1; Analoges gilt für die H_2-Gleichgewichtsgerade. Die zeitunabhängigen Trajektorien sind als punktierte Treppenpfeile eingezeichnet, die sich zwischen den beiden Gleichgewichtsgeraden aufhalten.

Im *Fall 1* gilt $a_1 \cdot a_2 > k_1 \cdot k_2$, d. h., die Intraspezieskonkurrenz ist größer als die Interspezieskonkurrenz (jeweils gemessen durch das Faktorenprodukt). Wenn der Systemzustand (H_1,H_2) links oben auf der H_1-Gleichgewichtsgeraden startet (H_1 klein, H_2 groß), dann sinkt er (in einer idealisierten Betrachtungsweise) zunächst senkrecht nach unten bis zum Schnittpunkt mit der H_2-Gleichgewichtsgeraden; dort befindet

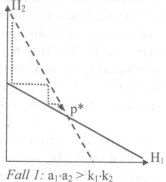

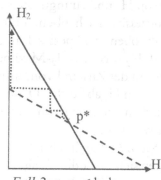

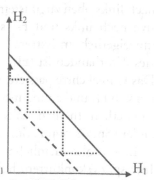

Fall 1: $a_1 \cdot a_2 > k_1 \cdot k_2$
p^* = stabiles Gleichgewicht
alle Trajektorien enden in
p^* = Geradenschnittpunkt

Fall 2: $a_1 \cdot a_2 < k_1 \cdot k_2$
p^* = instabiles Gleichge-
wicht; (fast) alle Trajektorien landen in einem Extrem

Spezialfall 3: $a_1 \cdot a_2 = k_1 \cdot k_2$
Annahme $r_1/k_1 > r_2/a_2$
Alle Trajektorien
landen im Extrem $H_2=1$

Abb. 14.4   Zeitunabhängige Trajektorien der Interspezieskonkurrenz (▶ Gl. 14.7). Trajektorien: punktierte Treppenpfeile, H_1-Gleichgewichtsgerade: gestrichelte Linie, H_2-Gleichgewichtsgerade: durchgezogene Linie.

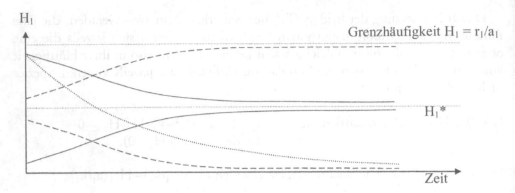

Abb. 14.5   Zu ▶ Abb. 14.4 gehörende zeitabhängige Trajektorien für H_1 (schematischer Verlauf). Fall 1: durchgezogene Linie, Fall 2: gestrichelte Linie, Fall 3: punktierte Linie.

sich nun H_2, aber nicht mehr H_1 im Gleichgewicht, weshalb der Systemzustand waagerecht nach rechts bis zum Schnittpunkt mit der H_1-Gleichgewichtsgeraden weiterwandert und so weiter iteriert. Die Trajektorie führt hierbei unweigerlich nach innen zum Schnittpunkt der Geraden, welcher das stabile Endgleichgewicht p* bildet (die Idealisierung besteht darin, dass sich in Wirklichkeit die beiden Größen H_1 und H_2 simultan verändern). Analoges gilt, wenn die Evolutionsdynamik von rechts unten startet; in diesem Fall wandern die Trajektorien nach links oben bis zum Schnittpunkt p* = (H_1^*, H_2^*). Im Fall 1 kommt es somit zu einer stabilen Balance und Koexistenz zwischen den beiden Speziespopulationen.

Im *Fall 2* gilt umgekehrt $a_1 \cdot a_2 < k_1 \cdot k_2$, d. h., die Interspezieskonkurrenz überwiegt die Intraspezieskonkurrenz. Die beiden Gleichgewichtsgeraden liegen nun vertauscht. Der Gleichgewichtswert p* wird nun instabil: Nur wenn beide Populationen exakt in p* starten, verharren sie dort, sofern sie nicht extern gestört werden. Sobald der Systemzustand vom instabilen Gleichgewicht p* abweicht, beispielsweise nach links oben zugunsten von H_2 und zuungunsten von H_1, dann sinkt H_1 sukzessive nach links und H_2 sukzessive nach oben, und die Systemtrajektorie landet unweigerlich im Extrem links oben, wo Spezies 1 ausgestorben und nur mehr Spezies 2 vorhanden ist (H_1 = 0; H_2 = r_2/a_2 = H_2-Maximalwert ohne H_1-Konkurrenz). Das Umgekehrte passiert, wenn der Zustand vom instabilen Gleichgewicht zugunsten von H_1 und zuungunsten von H_2 abweicht: Dann bringt Spezies 1 Spezies 2 zum Aussterben. In allen realistischen Szenarien von Fall 2 wird daher die eine oder die andere Speziespopulation aussterben.

Im unwahrscheinlichen *Spezialfall 3* gilt schließlich $a_1 \cdot a_2 = k_1 \cdot k_2$, d. h., Intra- und Interspezieskonkurrenz halten sich exakt die Waage, und die beiden Gleichgewichtsgeraden liegen parallel. In diesem Fall stirbt unabhängig davon, wo die Trajektorien starten, immer jene Population aus, deren Gleichgewichtsgerade oberhalb liegt (in unserem Beispiel liegt wegen $r_1/k_1 > r_2/a_2$ die H_2-Gleichgewichtsgerade oberhalb und H_1 stirbt aus).

Die zu ▶ Abb. 14.4 gehörenden zeitabhängigen H_1-Trajektorien zeigt ▶ Abb. 14.5.

14.3.2 Räuber-Beute-Dynamik

Die Räuber-Beute-Beziehung wurde in den 1920er Jahren von Lotka und Volterra beschrieben, eine der frühsten quantitativen Modellierungen der ökologischen Populationsdynamik (Haken 1983, 310; Rapaport 1986, 53 ff). Die ▶ Lotka-Volterra-Differenzialgleichungen (14.8) modellieren das als kontinuierlich angenommene Größenwachstum der Räuberpopulation (H_1) und der Beutepopulation (H_2) wie folgt:

(14.8) Lotka-Volterra-Gleichungen der Räuber-Beute-Beziehung:

$$dH_1/dt = a_1 \cdot H_1 \cdot H_2 - r_1 \cdot H_1, \qquad dH_2/dt = r_2 \cdot H_2 - a_2 \cdot H_1 \cdot H_2.$$

H_1 = Absoluthäufigkeit des Räubers, H_2 = Absoluthäufigkeit der Beute,
r_1 = Räuber-Todesrate ohne Beute, r_2 = Beute-Vermehrungsrate ohne Räuber,
a_1 = Räuber-Vermehrungsrate durch Treffen auf Beute, a_2 = Beute-Todesrate durch Treffen auf Räuber.

Gemäß ▶ Gl. (14.8) ist das Wachstum der Räuberpopulation positiv abhängig von der Wahrscheinlichkeit des Zusammentreffens von Räuber und Beute, die proportional ist zu $H_1 \cdot H_2$ ($a_1 \cdot H_1 \cdot H_2$), und die Größe der Beutepopulation ist negativ davon abhängig ($-a_2 \cdot H_1 \cdot H_2$). Hinzu kommt zum H_1-Wachstum die intrinsische Sterberate des Räubers ($-r_1 \cdot H_1$) und zum H_2-Wachstum die intrinsische Vermehrungsrate der Beute ($r_2 \cdot H_2$). Die Bedingungen für das H_1- und H_2-Gleichgewicht erhält man wieder durch Nullsetzen der beiden Gleichungen:

(14.9) H_1-Gleichgewichtsbedingung: $a_1 \cdot H_1 \cdot H_2 - r_1 \cdot H_1 = 0$ (triviale Lösung $H_1 = 0$).

Nichttriviales H_1-Gleichgewicht bei $H_2 = r_1/a_1$ (Horizontale in ▶ Abb. 14.6).

H_2-Gleichgewichtsbedingung: $r_2 \cdot H_2 - a_2 \cdot H_1 \cdot H_2 = 0$ (triviale Lösung $H_2 = 0$).

Nichttriviales H_2-Gleichgewicht bei $H_1 = r_2/a_2$ (Vertikale in ▶ Abb. 14.6).

Die zugehörigen zeitunabhängigen Trajektorien im H_1-H_2-Koordinatensystem zeigt ▶ Abb. 14.6. In Systemzuständen auf der H_1-Gleichgewichtsgeraden befindet sich die Räuberpopulation im Gleichgewicht; oberhalb dieser Gerade wächst sie und unterhalb sinkt sie. Analog befindet sich in Systemzuständen auf der H_2-Gleichgewichtsgeraden die Beutepopulation im Gleichgewicht; links davon wächst sie und rechts davon sinkt sie. Startet die Anfangsverteilung beispielsweise im linken oberen Quadranten, so bewegt sie sich zunächst zum rechten oberen Quadranten, von dort zum rechten unteren Quadranten, von diesem dann zum linken unteren Quadranten und wieder hinauf zum linken oberen Quadranten. Das Resultat sind zyklische Trajektorien bzw. zyklische Schwankungen der beiden Populationszahlen. Nur der Schnittpunkt $p^* = (H_1^*, H_2^*)$ der beiden Gleichgewichtsgeraden ist ein Gleichgewicht – diesmal ein *indifferentes* bzw. Lyapunov-Gleichgewicht, denn die zyklischen Trajektorien um ihn herum nähern sich weder diesem Gleichgewichtspunkt, noch entfernen sie sich von ihm. Geringfügige Ablenkungen von diesem Gleichgewichtspunkt führen also nur zu geringfügig bleibenden zyklischen Schwankungen. Die

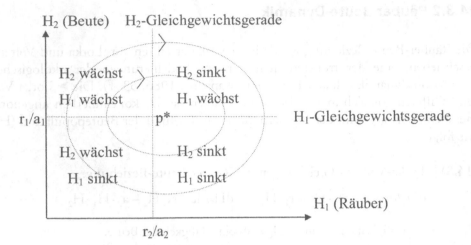

Abb. 14.6   Zeitunabhängige Trajektorien der Räuber-Beute-Beziehung (▶ Gl. 14.9). Trajektorien kreisen um den Gleichgewichtspunkt p*.

zugehörigen zeitabhängigen Trajektorien zeigt ▶ Abb. 14.7 (vgl. Haken 1983, 143). Pro Umdrehung der zeitunabhängigen Trajektorien kommt es zu einer periodischen Schwankung in der zeitabhängigen Darstellung, in der die Populationszahlen H_1 und H_2 phasenverschoben oszillieren.

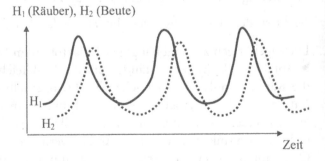

Abb. 14.7   Zeitabhängige Trajektorien des Räuber-Beute-Systems.

15.
Theoretische Modelle III:
Evolutionäre Spieltheorie

15.1 Grundbegriffe der evolutionären Spieltheorie

Die evolutionäre Spieltheorie baut auf der klassischen Spieltheorie auf (Neumann und Morgenstern 1944), welche Handlungsinteraktionen bzw. „Spiele" von Individuen beschreibt, in denen der Nutzen einer Handlung bzw. eines „Spielzuges" davon abhängt, wie die anderen Individuen bzw. „Spieler" handeln. (Mit der Bezeichnung „Spiel" wird nicht unterstellt, dass es sich um ein „bloßes" Spiel handelt; die involvierten Handlungen können „bitterernst" sein.) Dabei nimmt die klassische Spieltheorie eine (endliche) Menge möglicher alternativer Handlungen bzw. Optionen an, die durch eine (interaktive) *Nutzenfunktion* beschrieben werden, und betrachtet die Frage der *rationalen Handlungswahl* aus der subjektiven Nutzenperspektive eines gegebenen Individuums, das in seiner Handlungswahl als frei angenommen wird. Im Gegensatz zum klassischen Theorieansatz untersucht die auf Maynard Smith (1974, 1982) zurückgehende *evolutionäre* Spieltheorie die Entwicklungsdynamik von interaktiven Handlungsoptionen in *iterierten* Handlungsfolgen. Die möglichen Handlungen entsprechen hier den konkurrierenden Varianten, und der Reproduktionserfolg einer Handlung (in der KE) bzw. seines Trägers (in der BE) wird dabei als positiv abhängig vom Nutzwert der Handlung angenommen, ohne dass den handelnden Individuen dabei Wahlfreiheit oder Rationalität unterstellt werden muss. Da die Nutzwerte und die davon abhängenden Fitnesskoeffizienten interaktiv-häufigkeitsabhängig sind, kann die verallgemeinerte evolutionäre Spieltheorie auch einfach als die Theorie der *interaktiv-häufigkeitsabhängigen Populationsdynamik* betrachtet werden. Die evolutionäre Spieltheorie ist somit ein bedeutendes Teilgebiet der verallgemeinerten Evolutionstheorie.

15.1.1 Klassische Spieltheorie

Im allgemeinsten Fall der klassischen Spieltheorie haben wir r Spieler in unterschiedlichen Spielerrollen (i = 1, ..., r), und für jede Spielerrolle i eine Menge möglicher Handlungen $\Pi_i := \{H_i^1, ..., H_i^{j_i}\}$ (für das Folgende vgl. z. B. Weibull 1995, Kap. 1). Eine Kombination von r Handlungen $P_k := (H_{k_1}, ..., H_{k_r})$ mit $H_{k_i} \in \Pi_i$ beschreibt, wie jeder der r Spieler spielt, und heißt auch kollektive Handlungskombination bzw. Handlungsprofil. Wir begnügen uns im Folgenden mit der Beschreibung von *paarweisen* Interaktionen, also *Zwei-Personen-Spielen*, und verzichten auf die Einführung der komplizierten Terminologie für den im Prinzip analogen, aber unanschaulichen Fall von n-Personen-Spielen (ebd.). Zwei-Personen-Spiele sind wesentlich allgemeiner, als es scheinen mag, da sich Interaktionen zwischen vielen Individuen oft auf Kombinationen von paarweisen Interaktionen zurückführen lassen. Wir bezeichnen mit $H_1, \ldots, H_{n_1}$ die Handlungsoptionen von Spieler 1 und mit $H'_1, \ldots, H'_{n_2}$ die von Spieler 2. Die reellwertige Nutzenfunktion u (formal geschrieben als u: $\Pi_1 \cdot \Pi_2 \rightarrow R$, mit R = die Menge reeller Zahlen) ist so zu lesen: $u(H_i, H'_j)$ wird abgekürzt mit u_{ij} und ist der Nutzen für Spieler 1, wenn dieser Handlung H_i und Spieler 2 Handlung H'_j ausführt. Analog gibt $u'(H_j, H_i) = u'_{ji}$ den Nutzen für Spieler 2 an, wenn dieser H_j und Spieler 1 H_i ausführt. Wir illustrieren das Gesagte nun am einfachsten Fall eines Zwei-Personen-Spieles mit jeweils nur zwei Handlungsalternativen, einem sogenannten *Zweierspiel*, dessen *Nutzenmatrix* so dargestellt wird:

Spieler 2: Spieler 1:	Handlung H'_1	Handlung H'_2
Handlung H_1	$u_{11} \backslash u'_{11}$	$u_{12} \backslash u'_{12}$
Handlung H_2	$u_{21} \backslash u'_{21}$	$u_{22} \backslash u'_{22}$

Links vom Querstrich \ stehen die Nutzwerte (u_{ij}) der jeweiligen Handlungskombination für Spieler 1 (der *Zeilenspieler*), rechts davon die Nutzwerte (u'_{ij}) für Spieler 2 (der *Spaltenspieler*). So ist u_{12} der Nutzen für Spieler 1, wenn dieser H_1 und Spieler 2 H'_2 ausführt, und u'_{12} ist der Nutzen dieser Handlungskombination für Spieler 2.

In einem *asymmetrischen* Spiel gibt es verschiedene Spieler*rollen*; beispielsweise wäre Spieler 1 ein *Verkäufer* mit den Optionen, die Ware zu einem höheren oder niedrigeren Preis anzubieten, und Spieler 2 ein *Käufer* mit den Optionen, zu kaufen oder nicht zu kaufen. In diesem Fall sind gleich indizierte Handlungsoptionen und Nutzwerte in gleichen Matrixzellen unterschiedlich, also $H_i \neq H'_i$ und $u_{ij} \neq u'_{ij}$. Evolutionär betrachtet entsprechen asymmetrische Spiele der Evolution von *Multipopulationen*, in denen die Spieler der einen Population (in Spielerrolle 1) jeweils nur mit Spielern der anderen Population (in Spielerrolle 2) interagieren, aber nicht untereinander. Evolutionäre asymmetrische Multipopulationsspiele sind somit eine Erweiterung der ökologischen Populationsdynamik von ▶ Abschnitt 14.3 auf Situationen, worin in jeder Population zwei (oder mehrere) Varianten miteinander konkurrieren. Wir behandeln hier jedoch keine asymmetrischen Multipopulationsspiele (Weibull 1995, Kap. 5), sondern beschränken uns auf den wichtigeren Fall von symmetrischen Ein-Populationsspielen.

In einem *symmetrischen* Spiel befinden sich alle Spieler in derselben Rolle. Das heißt, erstens besitzen beide Spieler dieselben Handlungsoptionen, also $H_i = H'_i$ (sowie $n_1 = n_2$), und zweitens ist der Nutzen einer Handlung bei gegebener Handlung des anderen für beide Spieler derselbe, d. h. $u_{ij} = u'_{ji}$ (man beachte die Indexvertauschung). In symmetrischen Spielen muss unter anderem gewährleistet sein, dass beide Spieler denselben Informationsstand darüber haben, wie der andere Spieler spielt – im einfachsten Fall dadurch, dass beide ihren Spielzug zugleich wählen, wogegen eine sequenzielle Zugfolge wie im Verkäufer-Käufer-Beispiel bereits eine

Asymmetrie impliziert. Ein Beispiel eines symmetrischen Zweierspieles ist das folgende „Koordinationsspiel" mit zwei möglichen Handlungen H_1 und H_2 und folgenden typischen Nutzenwerten:

Nutzenmatrix des Koordinationsspieles:

	H_1	H_2
H_1	3 (/3)	0 (/−1)
H_2	−1 (/0)	4 (/4)

Offenbar ist beim symmetrischen Spiel die Angabe der Nutzwerte für den Spaltenspieler (in Klammern) überflüssig, da sich diese durch Indexvertauschung aus den Nutzenwerten für den Zeilenspieler ergeben ($u_{ij} = u'_{ji}$) – wir werden diese in Zukunft weglassen. Das heißt, von nun an sind die Matrixnutzenwerte immer die des *Zeilenspielers*. Die Pointe eines Koordinationsspieles besteht darin, dass beide Spieler nur dann einen hohen Nutzen erzielen, wenn sie sich auf dieselbe Handlung einigen. Als Beispiel nehme man an, man möchte sich an einem von zwei möglichen Orten treffen, was nur funktioniert, wenn sich beide für denselben Treffpunkt entscheiden. In obiger Spielmatrix wurde zusätzlich angenommen, dass der (H_2, H_2)-Treffpunkt Vorzüge besitzt gegenüber dem (H_1, H_2)-Treffpunkt (4 vs. 3 Punkte). Näheres zum Koordinationsspiel in ▶ Abschnitt 15.2.3; hier erläutern wir zunächst einige wichtige Grundbegriffe der klassischen Spieltheorie.

Bei einem *Nullsummenspiel* ist für jede mögliche Handlungskombination der beiden Spieler deren Nutzensumme gleich null – was Spieler 1 gewinnt, verliert Spieler 2, und umgekehrt. Interessante *kollektive* Effekte wie z. B. wechselseitige *Kooperation* oder *Destruktion*, die nicht bloß einseitige, sondern allseitige Vorteile oder Nachteile einbringen, treten nur bei *Nichtnullsummenspielen* auf. Das obige Koordinationsspiel ist offenbar ein Nichtnullsummenspiel, und auf solche Spiele werden wir uns hier konzentrieren.

Eine Handlung H heißt *beste* (bzw. strikt-beste) *Antwort auf* eine Handlung H* des Spielpartners, wenn sie nicht weniger (bzw. im strikten Fall echt mehr) Nutzen bringt als jede andere mögliche Handlung, *gegeben* der andere spielt Handlung H*. Die Unterscheidung trägt der Tatsache Rechnung, dass oft mehrere Handlungen denselben Maximalnutzen einbringen; sie sind dann beide „beste", aber nicht „strikt-beste" Antworten. Eine Handlung heißt *optimal*, wenn sie auf *jede* Handlung des Spielpartners eine beste Antwort ist – sie führt dann zu optimalem Nutzen, egal was der andere tut. Eine optimale Handlung nennt man schwach *dominant*, wenn sie auf zumindest einige Handlungen des Partners auch eine strikt-beste Antwort ist, und stark dominant, wenn sie auf jede Handlung des Partners eine strikt-beste Antwort ist. Im obigen Beispiel ist H_1 eine strikt-beste Antwort auf sich selbst, und dasselbe gilt für H_2; doch keine der beiden Handlungen ist optimal oder dominant, da die jeweils beste Handlung immer vom Zug des Gegners abhängt.

Eine Zwei-Personen-Handlungskombination bildet ein *Nash-Gleichgewicht*, wenn jede der beiden Handlungen eine beste Antwort auf die Handlung des anderen Spielers ist, also nicht verbessert werden kann, sofern der andere Spieler seine Handlung *beibehält*. Eine Handlungskombination heißt dagegen *pareto-optimal* (oder pareto-effizient), wenn es nicht möglich ist, dass ein Spieler oder beide Spieler gemeinsam ihre Handlungen so verändern, dass keiner schlechter und zumindest einige besser abschneiden. Eine pareto-optimale Handlungskombination heißt (schwach) *pareto-dominant*, wenn sie die einzige pareto-optimale Handlungskombination ist. Im obigen Koordinationsspiel sind offenbar die beiden „Einigungen" bzw. symmetrischen Handlungspaare (H_1,H_1) und (H_2,H_2) Nash-Gleichgewichte, denn wenn der andere seine Handlung vorgegeben hat, ist es für den anderen immer ertragreicher, dieselbe Handlung zu wählen. Doch nur die Kombination (H_2,H_2) ist pareto-optimal und zugleich auch pareto-dominant, denn sie bringt beiden Spielern 4 Nutzenpunkte, während (H_1,H_1) beiden nur 3 Punkte einbringt.

Eine pareto-dominante Handlungskombination dominiert jede andere in dem Sinne, dass sie einigen Spielern mehr und keinem Spieler weniger Nutzen einbringt als die andere Kombination. Sie maximiert daher den *Gesamtnutzen* aller Spieler. Für eine pareto-optimale Handlungskombination muss dies nicht zutreffen. Es kann mehrere pareto-optimale Handlungskombinationen mit unterschiedlichem Gesamtnutzen geben, die untereinander „unvergleichbar" sind in dem Sinn, dass hier diese und dort jene Individuen besser abschneiden. Dieser Fall tritt zwar nicht im Koordinationsspiel auf, wohl aber im sogenannten Defektion-Kooperations-Spiel, das in ▶ Abschnitt 15.2.1 erläutert wird.

Neben den *reinen* Handlungen bzw. Handlungskombinationen, von denen wir bisher sprachen, betrachtet die Spieltheorie auch *gemischte* Handlungen bzw. „Strategien", die wir durch (indizierte) Variablen G $(G_1, G_2, \ldots)$ bezeichnen. Darunter verstehen wir Spielstrategien, die unter den möglichen Handlungen $H_1, \ldots, H_n$ gemäß einer zugeordneten Wahrscheinlichkeitsverteilung p_G zufällig auswählen, also formal: $p_G: \{H_1, \ldots, H_n\} \rightarrow [0,1]$ (mit $\Sigma_{1 \leq j \leq n}\, p_G(H_i) = 1$). Eine gemischte Handlungskombination (eines Zwei-Personen-Spieles) ist ein Paar $\Pi = (G_1,G_2)$. Gemischte Spielstrategien sind in der klassischen Spieltheorie unter anderem bedeutsam, weil nicht alle Spiele reine Nash-Gleichgewichte besitzen; wohl aber besitzen sie immer gemischte Nash-Gleichgewichte (Weibull 1995, 15). Besonders bedeutsam für die evolutionäre Spieltheorie sind symmetrische gemischte Nash-Gleichgewichte, in denen jeder Spieler dieselbe und zugleich beste gemischte Strategie spielt – denn dies bedeutet in evolutionärer Übersetzung, wie wir sogleich erläutern werden, dass wir es mit einer Spielerpopulation mit Zufallspaarung zu tun haben, in der kein Spieler seinen Erwartungsnutzen weiter erhöhen kann. Symmetrische Spiele besitzen (nachweislich) immer auch symmetrische Nash-Gleichgewichte.

15.1.2 Evolutionäre Spieltheorie

Gehen wir von der klassischen zur evolutionären Spieltheorie über, dann entsprechen den möglichen Handlungen die miteinander konkurrierenden und interagierenden Verhaltens- bzw. Handlungsvarianten einer (biologischen oder kulturellen) Population von Agenten, und die Nutzenwerte stellen (mehr oder weniger direkt) die relativen Fitnesswerte bzw. Reproduktionsraten dieser Varianten dar. Die

Gesichtspunkte der individuellen Nutzenmaximierung und freien Handlungswahl verlieren ihre Bedeutung – egal ob eine Handlung instinktiv gesteuert oder frei und mehr oder weniger rational gewählt wurde, kommt es nun nur darauf an, wie gut sie sich reproduziert, um evolutionär erfolgreich zu sein.

Gemischte Strategien werden evolutionär wie folgt interpretiert: Gegen einen *gemischt* spielenden Spieler mit Wahrscheinlichkeitsverteilung p zu spielen, bringt denselben Erwartungsnutzen wie das fortgesetzte Spielen mit Zufallspaarung in einer Population von *rein* spielenden Spielern mit Häufigkeitsverteilung p über den Varianten H_1, ..., H_n – d. h., ein Anteil von jeweils $p(H_i)$-Individuen der Population spielt die reine Strategie H_i. Bildet ein gemischtes Handlungsprofil ein symmetrisches Nash-Gleichgewicht, so entspricht dies einer Population von reinen Spielern (mit Zufallspaarung) in einem evolutionär *stationärem* Zustand, in dem kein Spieler davon profitiert, wenn er seine gewählte Variante abändert, was impliziert, dass der Erwartungsnutzen bzw. die durchschnittliche Fitness aller Varianten gleich hoch ist.

Um die evolutionäre Spieltheorie nahtlos an die Populationsdynamik anzuknüpfen, schreiben wir die relativen Fitnesswerte f_i der (reinen) Verhaltensvarianten H_1, ..., H_n eines symmetrischen Spieles mit Häufigkeitsverteilung $p(H_i) := p_i$ wie in (15.1) an (Weibull 1998, 123). Dabei ist α eine für alle Varianten gleiche Hintergrundreproduktionsrate und u_{ij} der die Reproduktion mitbeeinflussende Nutzeffekt der Interaktion von Variante i mit Variante j für das Variante i spielende Individuum. Die relative Fitness von H_i ist also gegeben als α plus der durchschnittliche Nutzen von Handlungsvariante H_i in einer Population aus $p_1 \cdot 100\,\%$ H_1-Spielern, $p_2 \cdot 100\,\%$ H_2-Spielern usw., welcher $\Sigma_{1 \leq j \leq n}\, p_j \cdot u_{ij}$ beträgt:

(15.1) Varianten: $\quad H_i$
Fitnesswerte: $f_i := f(H_i) = \alpha + \Sigma_{1 \leq j \leq n}\, p_j \cdot u_{ij}\, [= \alpha + u(H_i, G_p)]$.

Die zweite Identität in der eckiger Klammer von ▶ (15.1) besagt, dass der Ausdruck $\Sigma_{1 \leq j \leq k}\, p_j \cdot u_{ij}$ identisch ist mit dem Erwartungsnutzen von H_i gegenüber einer mit Verteilung p spielenden gemischten Strategie G_p (d. h. $p = p_{G_p}$). Im Fall eines symmetrischen Spieles mit nur zwei Verhaltensvarianten können wir die Fitnesstabelle in die geläufige Form bringen:

(15.2) Fitnesstabelle eines symmetrischen Zweierspiels:
$p := p(H_1), \quad q := (1-p) = p(H_2).$

Varianten	H_1	H_2
Fitnesswerte	$f_1 := \alpha + p \cdot u_{11} + q \cdot u_{12}$	$f_2 := \alpha + p \cdot u_{21} + q \cdot u_{22}$

Normierungsfaktor: $N = \bar{f} = p \cdot f_1 + q \cdot f_2$
(gemäß Gl. 15.2 oben) $= \alpha + p^2 \cdot u_{11} + p \cdot q \cdot u_{12} + p \cdot q \cdot u_{21} + q^2 \cdot u_{22}$
[(gemäß Gl. 15.1 rechts) $= \alpha + p \cdot u(H_1, G_p) + q \cdot u(H_2, G_p)$
    $= \alpha + u(G_p, G_p)].$

Der Normierungsfaktor ist identisch mit der Durchschnittsfitness $\bar{f}$, die (wie die Umformung in der eckigen Klammer zeigt) ihrerseits identisch ist mit α plus dem

Erwartungsnutzen der gemischten Strategie G_p gegenüber sich selbst. Die zugehörigen Differenzgleichungen lauten allgemein angeschrieben wie folgt:

(15.3) $Next(p) = p \cdot f_1 / N$ [mit f_1, f_2 und N wie in ▶ Gl. 15.2].

$$\Delta(p) = p \cdot (f_1 - N)/N = [p \cdot (f_1 - p \cdot f_1 - (1-p) \cdot f_2)]/N$$
$$= [p \cdot (1-p) \cdot (f_1 - f_2)]/N.$$

$$dp/dt = p \cdot (f_1 - N) = p \cdot (1-p) \cdot (f_1 - f_2).$$

Der Ausdruck $f_1 - N$ entspricht der Differenz der H_1-Fitness gegenüber der Durchschnittsfitness. Somit ist die Δ-Form von ▶ Gl. (15.3) wieder eine Instanz der allgemeinen ▶ Differenzgleichung (12.14). Die Differenzialgleichungsform dp/dt ergibt sich durch Weglassen des Normierungsfaktors (wie anhand ▶ Gl. (12.15) erklärt). Die Gleichgewichtsbedingung erhält man wieder durch Nullsetzung von $\Delta(p)$:

(15.4) Gleichgewichtsbedingung $\Delta(p^*) = 0$ für ▶ Gl. (15.3) ergibt:

Zwei extreme (triviale) Lösungen: $p_1^* = 0$, $p_2^* = 1$.

Gemischte Lösung $p_3^* := p^*$ existiert, wenn $f_1 = f_2$,

d. h. (gemäß ▶ Gl. 15.2) wenn:

$$p^* \cdot u_{11} + (1-p^*) \cdot u_{12} = p^* \cdot u_{21} + (1-p^*) \cdot u_{22}, \quad ergo \ [...]:$$

$$p^* = \frac{u_{22} - u_{12}}{u_{11} - u_{21} + u_{22} - u_{12}} > 0.$$

Die gemischte Verteilung p^* existiert, solange der Ausdruck für p^* positiv ist. p^* stellt ein symmetrisches Nash-Gleichgewicht dar, denn die reinen Strategien H_1 und H_2 besitzen in p^* dieselbe Durchschnittsfitness, weshalb kein Spieler seine Fitness durch Wechsel seiner Strategie verbessern kann.[79] Dabei wird eine hinreichend große Population angenommen, sodass sich die Häufigkeitsverteilung durch den Strategiewechsel eines einzelnen Spielers nicht verändert. Was dagegen passiert, wenn die Häufigkeitsverteilung p vom gemischten Gleichgewicht p^* abgelenkt wird, erkennt man (wie immer), wenn man die Abhängigkeit der Wachstumsrate $\Delta(p)$ von p betrachtet:

(15.5) Falls $p^* > 0$ und $p \neq 0,1$, dann gilt (gemäß ▶ Gl. 15.3) $\Delta(p) > 0$ g.d.w.

$f_1 > f_2$ g.d.w.

$p \cdot u_{11} + (1-p) \cdot u_{12} > p \cdot u_{21} + (1-p) \cdot u_{22}$ g.d.w.

$p \cdot (u_{11} - u_{12} + u_{22} - u_{21}) > (u_{22} - u_{12})$.

Ergo: Wenn $(u_{11} - u_{21} + u_{22} - u_{12}) > 0$:

$$\Delta(p) > 0 \ g.d.w. \ p \ > \ p^* = \frac{u_{22} - u_{12}}{u_{11} - u_{21} + u_{22} - u_{12}} > 0.$$

Wenn $(u_{11} - u_{21} + u_{22} - u_{12}) < 0$: $\Delta(p) > 0$ g.d.w. $p < p^*$.

---

[79] Daraus folgt, dass im p^*-Gleichgewicht auch jede gemischte Strategie G_x mit H_1-Wahrscheinlichkeit $x \in [0,1]$ dieselbe Durchschnittsfitness besitzt.

Das heißt, ist der Ausdruck $(u_{11}-u_{21}+u_{22}-u_{12})$ positiv und wird p über p* hinaus ausgelenkt, dann wächst p weiter und entfernt sich von p* immer mehr in Richtung 1, das p*-Gleichgewicht ist also instabil. Ist der Ausdruck $(u_{11}-u_{21}+u_{22}-u_{12})$ dagegen negativ, sinkt p auf p* zurück, wenn es über p* hinaus ausgelenkt wird, d. h., das p*-Gleichgewicht ist stabil. (Falls p* nicht existiert, d. h. einen negativen Wert besitzt, wächst oder sinkt p ständig und landet entweder bei 0 oder bei 1.) Diese abstrakten Ergebnisse werden in ▶ Abschnitt 15.2 anschaulich illustriert werden.

Dass sich eine Spielerpopulation im symmetrischen Nash-Gleichgewicht befindet, impliziert also nur, dass sich ihre Trajektorien in einem Gleichgewichtszustand befinden, sagt aber noch nichts über Stabilität, Instabilität oder Indifferenz dieses Gleichgewichts aus. Aufgrund des ständigen Auftretens von kleinen Häufigkeitsfluktuationen in realen Evolutionen, sei es durch Variation oder Zufallsdrift, sind aber gerade die Stabilitätseigenschaften entscheidend. Daher rückt die auf Maynard Smith (1974) zurückgehende evolutionäre Spieltheorie die Stabilitätseigenschaften von Spielstrategien ins Zentrum ihrer Analyse. Eine gemischte Strategie G_1 bzw. die entsprechende Häufigkeitsverteilung p_{G_1} einer Population von reinen Spielern wird eine *evolutionär stabile Strategie* (kurz eine *ESS*) genannt, wenn es keiner *hinreichend kleinen* Gruppe von Spielern einer anderen (reinen oder gemischten) Strategie G_2 gelingen kann, in die Population einzudringen und sich darin besser oder zumindest gleich gut zu vermehren – vielmehr sollte jeder solche Eindringungsversuch abgewehrt werden. Mathematisch genau formuliert bedeutet dies Folgendes:

(15.6) Definition: G_1 ist eine ESS g.d.w. für jede andere (reine oder gemischte Strategie) G_2 gilt:

1.) $u(G_2,G_1) \le u(G_1,G_1)$, d. h. der Eindringling G_2 darf gegenüber G_1 nicht erfolgreicher sein als G_1 gegenüber sich selbst, *und*
2.) wenn $u(G_2,G_1) = u(G_1,G_1)$, dann $u(G_2,G_2) < u(G_1,G_2)$, d. h. sofern der Eindringling G_2 gegenüber G_1 ebenso erfolgreich ist wie G_1 gegenüber sich selbst, muss er zumindest gegenüber sich selbst weniger erfolgreich sein als G_1 gegenüber G_2.

Beide Bedingungen zusammen garantieren, dass eine hinreichend kleine G_2-Population nicht eindringen kann. Denn wenn $u(G_2,G_1) < u(G_1,G_1)$, dann scheitert der Eindringungsversuch, da G_2 anfänglich fast nur gegen G_1 spielt. Und wenn $u(G_2,G_1)$ = $u(G_1,G_1)$ gilt, dann scheitert der Eindringungsversuch, da G_2 gelegentlich gegen sich selbst spielen muss, sofern G_2 einen gewissen Populationsanteil erreichen will, dann aber durch die zweite Bedingung $u(G_2,G_2) < u(G_1,G_2)$ am weiteren Anwachsen gehindert wird. ▶ Definition (15.6) ist nachweislich äquivalent mit folgender Definition, der zufolge G_1 eine ESS ist, wenn es eine sogenannte *Invasionsbarriere* ε (mit $0 < \varepsilon < 1$) gibt, sodass G_2 gegenüber jeder Mischung von G_1- und G_2-Spielern, deren G_2-Anteil nicht mehr als ε beträgt, schlechter spielt als G_1 gegenüber dieser Mischung; bzw. formal: $(1-\varepsilon)\cdot u(G_2,G_1)+\varepsilon\cdot u(G_2,G_2)<(1-\varepsilon)\cdot u(G_1,G_1)+\varepsilon\cdot u(G_1,G_2)$ (Weibull 1995, 36 f, 42 f).

Im Beispiel unseres obigen Koordinationsspieles sind beide Einigungsgleichgewichte (H_1,H_1) und (H_2,H_2) evolutionär stabil. In einer aus 100 % H_1-Spielern bestehenden Population können H_2-Spieler nicht eindringen, da die Bedingung $u(H_2,H_1) = -1 < 3 = u(H_1,H_1)$ erfüllt ist; und dasselbe gilt für eine Population aus 100 % H_2-Spielern. Anders wird es freilich, wenn eine annähernd gleich starke Population von H_1-Spielern auf eine H_2-Spielerpopulation trifft; dann entscheidet die Zusammensetzung, ob die Population in Richtung H_1 oder H_2 driftet (▶ Abschnitt 15.2.3).

Man zeigt leicht, dass jede ESS ein Nash-Gleichgewicht bildet, d. h. optimal gegen sich selbst spielt. Umgekehrt ist nicht jedes Nash-Gleichgewicht evolutionär stabil (nur strikte Nash-Gleichgewichte sind evolutionär stabil; vgl. Weibull 1995, 36–38). Eine ESS muss auch nicht pareto-optimal sein: Von den beiden ESS des Koordinationsspieles ist, wie erläutert, nur (H_2,H_2) pareto-optimal. Die zeitabhängigen Trajektorien, die zu ESS hinführen, sind asymptotisch stabil und bilden daher Attraktoren (ebd., 100).

In symmetrischen Spielen mit mehr als zwei Handlungsmöglichkeiten kann es vorkommen, dass sie überhaupt keine ESS besitzen. Das bekannte Knobelspiel „Schere, Stein, Papier" ist ein Beispiel, und weitere Beispiele werden wir anhand des iterierten Gefangenendilemmas in ▶ Abschnitt 16.4 kennenlernen. Für die Nutzenmatrix des Knobelspieles gilt (ebd., 28, 40, 79 f):

1.) u(Stein, Schere) = u(Schere, Papier) = u(Papier, Stein) = 1 („Sieg");
2.) $u(H_2,H_1) = -u(H_1,H_2)$, z. B. u(Schere, Stein) = -1 („Niederlage");
3.) $u(H_i,H_i) = 0$ („Unentschieden") (für H_i = Stein, Schere oder Papier).

Keine reine Strategie bildet ein symmetrisches Nash-Gleichgewicht, da sie durch eine passende Gegenstrategie unterlaufen werden kann. Das einzige symmetrische Nash-Gleichgewicht ist die Gleichverteilungsstrategie G, mit p_G(Stein) = p_G(Schere) = p_G(Papier) = 1/3, deren Erwartungsnutzen in einer gleich verteilten Population null beträgt. Da aber auch der Erwartungsnutzen jeder reinen Strategie H_i gegenüber G sowie gegenüber sich selbst null beträgt (d. h. $u(G,G) = u(H_i,H_i) = u(H_i,G) = u(G,H_i)$), sind die Bedingungen für eine ESS verletzt, d. h., reine Strategien können in eine G-Population eindringen. Wenn Ihr Gegner im Knobelspiel also gleich häufig Stein, Schere und Papier spielt (ohne dass Sie dies voraussagen können), beträgt Ihr Durchschnittsgewinn ebenfalls null, egal mit welcher Häufigkeitsverteilung Sie spielen; andernfalls ist dies nicht egal. Die resultierenden Trajektorien des Knobelspieles beschreiben zyklische Bewegungen, ohne zu konvergieren, ähnlich wie die des Räuber-Beute-Szenarios in ▶ Abschnitt 14.2.3.

Eine schwächere Stabilitätseigenschaft als die ESS ist die sogenannte *neutral stabile Strategie* (kurz *NSS*), die Maynard Smith (1982) durch die folgenden zwei Bedingungen definiert hat:

(15.7) Definition: G_1 ist eine NSS g.d.w. für jede andere Strategie G_2 gilt:
1.) $u(G_2,G_1) \leq u(G_1,G_1)$ (wie für ESS oben).
2.) Wenn $u(G_2,G_1) = u(G_1,G_1)$, dann $u(G_2,G_2) \leq u(G_1,G_2)$ (verglichen zur ESS-Bedingung ist hier das < durch ≤ ausgetauscht).

Eine neutral stabile Strategie kann äquivalent definiert werden durch die Existenz einer Invasionsbarriere ε mit der Mischungsbedingung $(1-\varepsilon) \cdot u(G_2,G_1)$ +

$\varepsilon \cdot u(G_2, G_2) \leq (1 - \varepsilon) \cdot u(G_1, G_1) + \varepsilon \cdot u(G_1, G_2)$ (Weibull 1995, 46–48). Neutrale Stabilität garantiert nicht, dass potenzielle Eindringlinge, auch wenn ihr Prozentsatz klein ist, sich schlechter vermehren als die Populationsinsassen und daher sicher wieder hinausgedrängt werden, sondern nur, dass sie sich nicht besser vermehren und daher die alte Population nicht notwendigerweise verdrängen. Vielmehr entsteht eine neutrale Mischung, in der keine Strategie die andere verdrängt und deren Mischungsverhältnis von Zufallsprozessen bestimmt wird.[80]

Die zeitabhängigen Trajektorien, die zu NSS hinführen, sind indifferent stabil; sie bilden weder Attraktoren noch Bifurkationen. Nash-Gleichgewichte, die weder ein ESS noch ein NSS bilden, sind schließlich instabil. Im erläuterten Knobelspiel ist die gleichverteilt-gemischte Strategie G zwar keine ESS, aber eine NSS, da sich die reinen Strategien darin nicht schlechter, aber auch nicht besser vermehren als G. Das Knobelspiel kann übrigens so verallgemeinert werden, dass es nicht nur keine ESS, sondern nicht einmal eine NSS besitzt (ebd., 78, 104).

Abschließend sei bemerkt, dass die Übersetzung von Nutzenwerten in kulturelle Reproduktionsraten, die allen Anwendungen der evolutionären Spieltheorie auf die KE zugrunde liegt, noch nicht die *Art* des zugrunde liegenden Nachahmungs- bzw. Lernprozesses bestimmt. Beispielsweise kann die Nachahmung rational-erfolgsorientiert sein oder intuitiv-nachbarschaftsorientiert. Die einfachste rational-erfolgsorientierte Nachahmungsmethode wird auch „Take the Best" bzw. „simple Metainduktion" genannt. Würden alle Populationsmitglieder danach verfahren (vorausgesetzt, dass Erfolgsbilanzen öffentlich einsehbar sind), dann würde die Population nicht stetig, sondern in einem einzigen Schritt auf die *bislang* erfolgreichste Strategie hin konvergieren. Dies muss bei interaktiver Häufigkeitsabhängigkeit nicht immer günstig sein: Wenn beispielsweise eine Strategie nur dann gut ist, wenn sie nicht von vielen gespielt wird, dann würde „Take the Best" die Populationshäufigkeiten hin und her springen lassen (ähnlich wie in ▶ Abb. 14.1). Eine Nachahmungsmethode, welche diesen Fehler nicht begeht, ist die gewichtete Metainduktion (▶ Abschnitt 17.3). Weibull (1995, 157 f) zeigt, dass die Annahme eines positiv monotonen Zusammenhangs zwischen Imitationswahrscheinlichkeit und Nutzen zu einer positiv-monotonen Reskalierung der durch ▶ Gl. (15.3) gegebenen Evolutionsdynamik führt; ist der Zusammenhang linear, so erhält man sogar direkt die Dynamik von ▶ Gl. (15.3). Der in ▶ (15.1) angenommene Zusammenhang von Nutzen und kultureller Reproduktion ist also sehr allgemein.

---

[80] Noch schwächer als neutrale Stabilität ist *kollektive Stabilität* nach Axelrod (1984, 186), die nur Bedingung 1 von NSS verlangt. Im Gegensatz zu Axelrods Ansicht verhindert dies allein noch nicht potenzielles Eindringen, denn wenn der Eindringling G_2 sich in einer G_1-Population anfänglich ebenso gut vermehrt ($u(G_2, G_1) = u(G_1, G_1)$) und einen gewissen Prozentanteil erlangt, dann könnte G_2 aufgrund des Fehlens der Bedingung 2 von NSS G_1 verdrängen.

15.2 Grundtypen symmetrischer Zweierspiele

Durch Nash-invariante Transformation der Spielmatrizen auf Normalformen[81] lassen sich symmetrische Zweierspiele – also Zwei-Personen-Spiele mit zwei Handlungsmöglichkeiten – in die in den folgenden Abschnitten drei genannten Kategorien einteilen.

15.2.1 Defektion-Kooperation (Gefangenendilemma) und die Paradoxie individueller Nutzenmaximierung

Diese Spielsituation ist in allen Fällen gegeben, in denen sich die Möglichkeit von ein- oder wechselseitiger *Hilfeleistung* bietet (vgl. Skyrms 1996, Kap. 3). Beidseitige Defektion liegt vor, wenn jeder, statt dem anderen zu helfen, seine eigenen Wege geht, und Ausbeutung, wenn man sich helfen lässt, ohne selbst zu helfen. Beispiele für dieses Spiel sind gegenseitige Haar- oder Hautpflege (häufig bei Säugetieren), Abgeben von Nahrungsvorräten (wenn der andere weniger hat als man selbst), Gütertausch (gibst du mir dies, gebe ich dir das), wechselseitige Nachbarschaftshilfe und anderes mehr. In allen solchen Fällen verursacht die Hilfeleistung für den Helfenden gewisse Kosten (Zeit, Arbeitsaufwand) k, die aber wesentlich geringer sind als der Nutzen n, den der davonträgt, dem geholfen wurde; es gilt also n > k. Geht man davon aus, dass beidseitige Defektion einen gewissen Basisertrag b einbringt, dann lässt sich die allgemeine Spielmatrix des Defektion-Kooperations-Spieles (D-K-Spiels) wie in ▶ Tab. 15.1, linke Spalte, darstellen (vgl. Cosmides und Tooby 1992, 170–175). Rechts ist ein typisches Zahlenbeispiel angeführt.

Tab. 15.1   Nutzenmatrix des Defektion-Kooperations-Spieles

Allgemeine Nutzenmatrix

	K	D
K	b + (n – k)	b – k
D	b + n	b

Zahlenbeispiel (b = 1, n = 3, k = 1)

	K	D
K	3	0
D	4	1

D = Defektion, K = Kooperation, n = Nutzen, k = Kosten, b = Basisertrag; es gilt n > k

Die allgemeinste Bedingung eines Defektion-Kooperations-Spieles (noch allgemeiner als die Nutzenmatrix) lautet: (i) $u_{21} > u_{11} > u_{22} > u_{12}$, also $b + n > b + n - k > b >$

---

[81] Die Nash-Gleichgewichte von Spielen bleiben unter positiven linearen Transformationen der Matrixwerte sowie unter Addition einer Konstante zu allen Zellen einer Matrixzeile unverändert. Durch Transformation der Nichtdiagonalwerte auf null erhält man dadurch die drei Gruppen symmetrischer Zweierspiele (Weibull 1995, 17 f, 28 ff). Solche Transformationen erhalten jedoch weder die Stabilitätseigenschaften der Nash-Gleichgewichte noch die ESS oder NSS.

b−k sowie (ii) $2 \cdot u_{11} > (u_{21} + u_{12})/2$, also $2 \cdot b + 2 \cdot (n−k) > 2 \cdot b + (n−k)$ (vgl. Schüssler 1990, 22; Hegselmann und Flache 2000). Beide Bedingungen sind aufgrund von $n > k$ garantiert.

Betrachten wir das Zahlenbeispiel in ▶ Tab. 15.1, rechte Spalte: Während beidseitiges Defektieren den beiden Spielern nur jeweils einen Basisnutzenpunkt einbringt, bringt wechselseitige Hilfeleistung beiden Partnern drei Punkte. Am besten fährt aber der Ausbeuter („Trittbrettfahrer", „Schmarotzer"), der sich helfen lässt, ohne selbst zu helfen, und dafür vier Punkte abkassiert, während der Ausgebeutete am wenigsten profitiert und in unserem Zahlenbeispiel leer ausgeht. Die Crux des Defektion-Kooperations-Spieles liegt also darin, dass Defektieren nicht nur die beste Antwort auf sich selbst ist, sondern auch auf Kooperieren, denn auch wenn Spieler 2 kooperiert, kann Spieler 1 seinen Vorteil erhöhen, indem er Spieler 2 ausbeutet. Aus der Perspektive individueller Nutzenmaximierung ist Defektion daher die einzige (stark) dominante Handlung, und somit ist beiderseitiges Defektieren das einzige Nash-Gleichgewicht dieses Spieles. Die Perspektive individueller Nutzenmaximierung führt also unweigerlich dazu, dass beide Spieler defektieren. Genau darin liegt die *Paradoxie* der individuellen Nutzenmaximierung, die sich in diesem Spiel ergibt: Indem beide Spieler das tun, was scheinbar ihren individuellen Nutzen erhöht, gelangen sie zur Handlungskombination (D,D), die ihren beiderseitigen Nutzen von je einem Punkt *schlechter* stellt, als wenn beide kooperieren und jeweils drei Punkte erzielen würden.

Anders ausgedrückt, das einzige Nash-Gleichgewicht (D,D) des D-K-Spieles ist nicht *pareto-optimal*, da sich beide Spieler verbessern könnten, wenn sie zugleich von D nach K wechseln würden. Andererseits ist der pareto-optimale Zustand (K,K), obwohl er den Gesamtnutzen maximiert, kein Nash-Gleichgewicht, weil darin jeder Spieler seinen Nutzen ceteris paribus noch weiter erhöhen könnte, indem er defektiert. Genauer betrachtet besitzt das D-K-Spiel drei pareto-optimale Handlungskombinationen: (K,K), (D,K) und (K,D) und (K,K). Keine dieser Kombinationen ist ein Nash-Gleichgewicht (überall kann sich ein Spieler auf Kosten des anderen verbessern), keine ist pareto-dominant, und nur eine davon maximiert den Gesamtnutzen, nämlich (K,K). Diese Überlegung zeigt, dass Pareto-Optimalität eine schwächere Eigenschaft ist, als es scheinen mag: Pareto-Optimalität impliziert weder Maximierung des Gesamtnutzens noch Fairness im Sinne sozialer Gleichgestelltheit.

Freilich ist die Versuchung zur Ausbeutung des anderen nur dann individualistisch rational, wenn die Spielzüge *unabhängig* voneinander erfolgen. Um in sozialen Standardsituationen Kooperation zu erreichen, behilft man sich daher meistens mit wechselseitigen *Absprachen* bzw. Zusicherungen, die allerdings auch *gebrochen* werden können. Cosmides und Tooby (1992) haben dieses Spiel daher als impliziten Sozialvertrag analysiert und betrachten Mechanismen, welche Vertragsbrecher entlarven und dadurch Kooperation fördern. Doch solange solche Mechanismen nicht vorhanden sind, führt die Spielmatrix in evolutionären Standardszenarien der unkorrelierten Spielerpaarung unweigerlich zum Effekt, dass Defekteure erfolgreicher sind als Kooperateure und letztere daher zum *Aussterben* verurteilt sind. Dies zeigt auch die Analyse der zeitabhängigen Trajektorien dieses Spieles. Einsetzung in die nichttriviale Gleichgewichtsbedingung von ▶ Gl. (15.4) ergibt (mit H_1 = K; $p(K) = p$):

(15.8) „p*" $= \dfrac{b-(b-k)}{b+(n-k)-(b+n)+b-(b-k)} = \dfrac{-k}{0} = -\infty =$ nichtexistent,

d. h., es gibt kein gemischtes Gleichgewicht (weshalb p* in Anführungszeichen gesetzt wurde). Die einzigen beiden Gleichgewichte sind somit (i) $p^*(K) = 1$ und (ii) $p^*(K) = 0$. Die evolutionäre Gleichgewichtslösung (i) von 100 % Kooperateuren ist jedoch *instabil* (und auch kein Nash-Gleichgewicht), denn weil $u_{11}-u_{12}+u_{22}-u_{21} = (n-k)$ positiv ist, ergibt sich durch Einsetzung in ▶ Gl. (15.5):

(15.9) Sofern $p \neq 0,1$: $\Delta(p) > 0$ g. d. w. $p > $ „p*" $= -\infty$,
ergo: $\Delta p > 0$, solange $1 > p > 0$.

Das heißt, jeder noch so kleine Anteil von eingedrungenen Defekteuren lässt unweigerlich den K-Anteil so lange schrumpfen, bis alle Kooperateure ausgestorben und das Gleichgewicht (ii) von 100 % Defekteuren erreicht ist. Die qualitative Darstellung der zeitabhängigen Trajektorien in ▶ Abb. 15.1 illustriert diesen Sachverhalt.

Das D-K-Spiel heißt auch „Gefangenendilemma" (*prisoners dilemma*; vgl. Poundstone 1992), weil das Dilemmatische dieser Situation ursprünglich, in den 1950er Jahren, anhand des Beispiels von zwei Personen illustriert wurde, die einer gemeinsamen Straftat verdächtigt werden. Ihnen macht die Polizei, jeweils separat, folgendes Angebot: Wenn du deinen Kumpel beschuldigst (= D), kommst du frei, sofern er dich nicht beschuldigt; du bekommst jedoch drei Jahre, wenn er dich beschuldigt. Beschuldigst du deinen Kumpel nicht (= K), so bekommst du ein Jahr, wenn er dich nicht beschuldigt, und vier Jahre, wenn er dies tut. Individuelle Nutzenmaximierung ohne gegenseitige Absprachemöglichkeit führt hier dazu, dass beide ihren Kumpel beschuldigen und somit drei Jahre hinter Gitter müssen.

Die Trajektorien des Gefangenendilemmas haben eine interessante Konsequenz für Fishers berühmtes „fundamentales Theorem der natürlichen Selektion". Dieses Theorem besagt, dass anhaltende evolutionäre Selektion zu einem Ansteigen der Durchschnittsfitness führt. Für häufigkeitsunabhängige Selektion muss dieses Theorem gelten, da anhaltende Evolution die Häufigkeit der fitteren Varianten erhöht. Für interaktive Häufigkeitsabhängigkeit gilt dieses Theorem jedoch nicht immer. Die Trajektorien des Kooperationsspieles, die von nahezu 100 % Kooperation mit

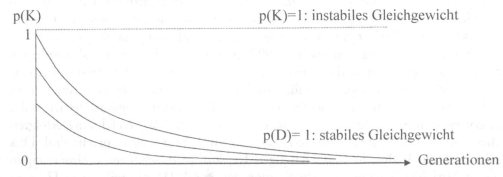

Abb. 15.1 Zeitabhängige Trajektorien des Defektion-Kooperations-Spieles.

Durchschnittsfitness von fast drei Punkten zu 100 % Defektion mit Durchschnittsfitness von einem Punkt führen, geben dafür ein Beispiel ab (vgl. Weibull 1995,
109).

Abschließend sei hervorgehoben, dass die Analyse von Spielen mithilfe der
Begriffe der Dominanz und des Nash-Gleichgewichts nur dann Sinn macht, wenn
angenommen werden kann, dass sich durch die eigene Entscheidung für einen Spielzug der Spielzug des Gegenübers nicht ändert – dass also mathematisch gesehen die
Wahrscheinlichkeit einer Handlungskombination $p(H_i,H_j)$ gleich ist dem Produkt
der beiden Handlungswahrscheinlichkeiten $p(H_i) \cdot p(H_j)$. In vielen Situationen kann
dies angenommen werden, z. B. wenn die Entscheidung des anderen unbekannt ist
oder gebrochene Versprechen an der Tagesordnung sind. In anderen Situationen ist
die Bedingung jedoch verletzt – man spricht dann auch von *korrelierter* Spielerpaarung. In letzterem Fall machen die angesprochenen Begriffe wenig Sinn, da sie ja den
Nutzen eigener Handlungsmöglichkeiten immer nur unter der Annahme vergleichen, dass der andere seine Handlung *beibehält* (vgl. auch Skyrms 1999). Doch bei
korrelierter Paarung ändert der andere seine Handlung, sobald ich sie ändere, sodass
man nur den Nutzen der eigenen Handlung H_i betrachten kann gegenüber der
dadurch bedingten gemischten Handlung des anderen, abgekürzt $(G_j|H_i)$. Wenn wir
z. B. eine perfekte Handlungskorrelation von D mit D und K mit K annehmen, also
$(G|D) = 100 \% \, D$ und $(G|K) = 100 \% \, K$, dann kommen wir damit direkt zum Vergleich von (D,D) mit (K,K), und K wäre auch unter der Perspektive individueller
Nutzenmaximierung ganz unproblematisch die vernünftigste Wahl. Aus diesem
Grund nennt man die Situation unkorrelierter Spielerpaarung auch „nicht kooperative Spieltheorie" (Weibull 1995, 8). Wir werden diese Terminologie jedoch nicht
übernehmen, da man in der evolutionären Spieltheorie vor allem an der Frage interessiert ist, wie Kooperation aus einem Anfangszustand heraus entstehen kann, in
dem keine wechselseitige Handlungsabstimmung vorherrscht, und wie Kooperation
gegenüber dem Eindringen von betrügerischen Mutanten stabilisiert werden kann.

15.2.2 Kampf–Kompromiss (Habicht–Taube) und das Gleichgewicht von Beharren und Nachgeben

Die typische Situation dieses Spieltyps liegt vor, wenn ein bestimmtes Gut (oder
Gebiet) von beiden Spielern beansprucht und nachgegeben oder aber der Kampf
angedroht werden kann. Wenn beide nachgeben, wird das Gut geteilt; wenn beide
den Kampf androhen, kommt es zum tatsächlichem Kampf, und wenn nur einer
nachgibt, kassiert der Kampfandroher das gesamte Gut. Die Strategie K (auch
„Taube" genannt) steht hier also im beidseitigen Fall für kooperativen Kompromiss
und im einseitigen Fall für Nachgeben, und die Strategie F (auch „Habicht"
genannt) steht nun für Kampfandrohung bzw. Beharren und im beidseitigen Fall für
Kampf (*fight*). Der entscheidende Unterschied zum Defektion-Kooperations-Spiel
ist, dass beidseitiger Kampf beiden mehr Schaden einbringt als einseitiges Nachgeben dem Nachgeber – d. h., wer den Kampf androht, geht das Risiko ein, falls der
andere nicht nachgibt, noch mehr zu verlieren, als wenn er selbst nachgegeben und
geteilt hätte. Bringt das gesamte Gut n Nutzenpunkte ein (die im Fall eines Kom-

Tab. 15.2   Nutzenmatrix des Kampf-Kompromiss-Spieles

Allgemeine Nutzenmatrix   Zahlenbeispiel (n = 6, k = 5)

	K	F
K	n/2	0
F	2	(n/2) – k

	K	F
K	3	0
F	6	-2

K = Kompromiss, F = Fight, n = Nutzen, k = Kosten, b = Basisertrag; es gilt k > (n/2)

promisses geteilt werden) und kostet der Kampf durchschnittlich k Kostenpunkte, so wird k > n/2 angenommen. Die Spielmatrix lautet wie in ▶ Tab. 15.2, linke Spalte, angegeben; in der rechten Spalte ist wieder ein typisches Zahlenbeispiel angeführt (vgl. auch Weibull 1995, 27).

Die allgemeinste Bedingung an die Matrix lautet $u_{12} > u_{11} > u_{21} > u_{22}$ (was durch k > n/2 garantiert wird). Im Vergleich zum Defektion-Kooperations-Spiel ist der Nutzwert der beidseitigen „Defektion" (F,F) nun auf das Minimum von −2 gesunken und liegt damit noch unter dem Nutzwert 0 des einseitigen Nachgebens. Als Konsequenz gibt es nun keine strikt dominante reine Strategie mehr. Vielmehr ist nun K die beste Antwort auf F und F die beste Antwort auf K. Mit anderen Worten, wenn ich sicher weiß, der andere wird nachgeben, dann werde ich besser beharren, und wenn ich sicher weiß, der andere beharrt und ist notfalls kampfbereit, dann gebe ich besser nach. Die reinen Nash-Gleichgewichte sind daher die Kombinationen (F,K) und (K,F) – doch da es sich dabei um asymmetrische Nash-Gleichgewichte handelt, kommen sie als Gleichgewichte einer Population mit Zufallspaarung nicht infrage, denn in einer Population mit F- und K-Spielern kommt es neben (F,K)- bzw. (K,F)-Paarungen eben auch zu (F,F)- bzw. (K,K)-Paarungen.

Wenn in einer Population die Nachgeber überwiegen, lohnt sich das Beharren, und wenn umgekehrt die Beharrer überwiegen, lohnt sich das Nachgeben. M.a.W., es liegt beidseitige negative Häufigkeitsabhängigkeit vor. Das einzige symmetrische Populationsgleichgewicht ist daher ein gemischtes und stabiles Nash-Gleichgewicht aus Nachgeben und Beharren. Mathematisch erhält man dieses wieder durch Einsetzen der Nutzenwerte in die Gleichgewichtsbedingung von ▶ Gl. (15.4):

$$(15.10) \quad p^*(K) = \frac{(n/2) - k - 0}{(n/2) - n + (n/2) - k - 0} = \frac{k - (n/2)}{k}$$

[im Zahlenbeispiel: = 2/6 = 1/3].

Wegen $u_{11} - u_{12} + u_{22} - u_{21} = -k$ = negativ folgt daraus gemäß ▶ (15.5) (mit p := p(K)):

$$(15.11) \quad \Delta(p) > 0 \text{ g. d. w. } p < p^*,$$

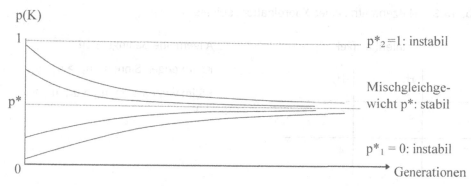

Abb. 15.2 Zeitabhängige Trajektorien des Kampf-Kompromiss-Spieles: stabiles gemischtes Gleichgewicht p*.

d. h., p wächst, solange p < p*, und sinkt, solange p > p*. Die zum Gleichwicht p* führenden Trajektorien sind somit asymptotisch stabil und das Gleichgewicht ist eine ESS. Die extremen Gleichgewichtszustände $p*_1$ = 100 % F und $p*_2$ = 100 % F sind dagegen instabil. ▶ Abb. 15.2 zeigt die zugehörigen zeitabhängigen Trajektorien.

Das gemischte Gleichgewicht eines Kampf-Kompromiss-Spieles beschreibt eine Balance von Ausfechten und Aufteilen, wie sie für viele gesellschaftliche Bereiche charakteristisch ist. Letztlich steht dahinter auch immer eine Balance von *Leistungsethik*, der zufolge der Bessere gewinnen und den Gewinn einstecken soll, und *Gleichheitsethik*, der zufolge alles brüderlich aufgeteilt werden soll, ungeachtet eines Vergleichs der Leistungsstärke. Jede Gesellschaft benötigt eine solche Balance, denn wird jeder Konflikt ausgefochten, werden die Kosten der Konfliktaustragung viel zu hoch; wenn jedoch jedem fremden Anspruch nachgegeben wird, kommt die Selbstentfaltung zu kurz. Die Feinabstimmung dieser Balance hängt freilich von kontextuellen Parametern ab und ist daher kulturell variabel.

15.2.3 Koordination und das Problem der Einigung

In diesem schon in ▶ Abschnitt 15.1 beschriebenen Spieltyp wird maximaler Nutzen erreicht, wenn sich beide Spieler auf dieselbe Handlung einigen, z. B. auf einen von mehreren möglichen Treffpunkten (vgl. Weibull 1995, 26). ▶ Tab. 15.3 gibt eine beispielhafte Nutzenmatrix des Koordinationsspieles sowie zwei allgemeine Bedingungen:

Ein Koordinationsspiel *im engen Sinn* liegt vor, wenn jeder Diagonalwert der Nutzenmatrix (deutlich) größer ist als jeder Nichtdiagonalwert, also $u_{ii} > u_{ij}$ für i j ($1 \leq i$, $j \leq 2$). Einigung ist dann in jedem Fall besser als Nichteinigung. Im Beispiel von ▶ Tab. 15.3 ist diese Bedingung erfüllt. Für ein Koordinationsspiel im *weiten* Sinn genügt es dagegen, dass nur die beiden Bedingungen $u_{11} > u_{21}$ und $u_{22} > u_{21}$ erfüllt sind, d. h. wenn der andere H_i spielt, ist es für mich besser, auch H_i zu spielen; dabei kann jedoch z. B. $u_{11} < u_{12}$ gelten (s. u.; ▶ Tab. 15.4). In jedem Fall stellen beide Einigungsmöglichkeiten eines Koordinationsspieles evolutionär *stabile* Nash-

Tab. 15.3   Nutzenmatrix eines Koordinationsspieles

Zahlenbeispiel   Allgemeine Bedingungen

KS im engen Sinn: $u_{11}, u_{22} > u_{12}, u_{21}$

KS im weiten Sinn: $u_{11} > u_{21}, u_{22} > u_{21}$

	H_1	H_2
H_1	3	0
H_2	-1	4

Gleichgewichte dar, die den extremen Gleichgewichten $p^*_1 = 0$ und $p^*_2 = 1$ entsprechen. Darüber hinaus gibt es ein Mischgleichgewicht $p^*_3 := p^*$, das sich durch Einsetzung der Nutzenwerte in ▶ Gl. (15.4) und (15.5) wie folgt ergibt:

(15.12)   Mischgleichgewicht eines KS i. w. S. (gemäß ▶ Gl. 15.4; $p = p(H_1)$):

$$p^* = \frac{u_{22} - u_{12}}{u_{11} - u_{21} + u_{22} - u_{12}} - \text{im Zahlenbeispiel (▶ Tab. 15.3): } p^* = 4 / (4 + 4) = 1/2.$$

Wegen ▶ Tab. 15.13 (rechte Spalte) gilt $u_{11} - u_{21} + u_{22} - u_{12} > 0$.
Daher (gemäß ▶ Gl. 15.5):

$\Delta(p) > 0$ g. d. w. $1 > p > p^*$. Ergo: p^* instabil, nur $p^*_1 = 0$ und $p^*_2 = 1$ stabil.

In unserem Zahlenbeispiel ist $p^* = 0{,}5$: In diesem Mischgleichgewicht wählen in unserem „Treffpunkt"-Beispiel also 50 % Treffpunkt H_1 und 50 % Treffpunkt H_2; eine aus kollektiver Perspektive wenig rationale Situation, deren Durchschnittsnutzen mit 1,5 Punkten bescheiden ausfällt. Glücklicherweise ist das Mischgleichgewicht *instabil*, wie die Wachstumsbedingung in ▶ (15.12) zeigt: Sobald p geringfügig über p^* zu liegen kommt, wächst p unweigerlich weiter bis zum Wert 1, und sobald p von p^* nach unten abweicht, sinkt es bis auf 0 ab. Aus demselben Grund sind die beiden Koordinationsgleichgewichte $p^*_1 = 0$ und $p^*_2 = 1$ stabil: Geringfü-

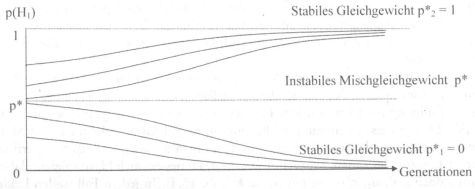

Abb. 15.3   Zeitabhängige Trajektorien eines Koordinationsspieles.

gige Abweichungen davon führen wieder zu ihnen zurück. Die zugehörigen zeitabhängigen Trajektorien zeigt ▶ Abb. 15.3.

In Koordinationsspielen mit mehreren Koordinationsgleichgewichten, deren Nutzen *etwa gleich hoch* ist, besteht das soziale Problem vor allem darin, sich überhaupt auf *irgendeine* koordinierte Verhaltensweise zu einigen. Jede Lösung dieses Problems, welche anschließend kulturell tradiert wird, kann auch als erfolgreiche *soziale Konvention* aufgefasst werden (Skyrms 1999, 75). Dabei mag es sich um einen *Treffpunkt* handeln (z. B. der Marktplatz als Handelstreffpunkt), um eine *Verkehrsregel* (z. B. Rechtsfahren) oder um die Einigung auf *semantische* Konventionen bzw. Wortbedeutungen.

Aus der Perspektive rationaler Subjekte scheint eine kollektive Einigung auf eine allgemein verbindliche Regel ein schwieriger Vorgang zu sein. Eine Reihe von Philosophen, z. B. Lewis (1969), Grice (1969) und im deutschen Sprachraum Habermas (1973), hatten Modelle der rationalen Kommunikation entwickelt, die auf *reflexiven Wir-Intentionen* beruhen. Diesen Modellen zufolge muss im Resultat eines rationalen Einigungsprozesses nicht nur jedermann die Einigung E angenommen haben, sondern auch (in erster Reflexionsstufe) glauben, dass jeder andere E angenommen hat (denn nur dann ist es rational, E zu folgen), sowie (in zweiter Reflexionsstufe) auch glauben, dass dies jedermann glaubt, usw. Die Annahme reflexiver Wir-Intentionen ist allerdings, so die gängige Kritik an diesen Ansätzen, eine unrealistische Idealisierung. Als Erklärung der Entstehung von Sprache wird diese Annahme vollends zirkulär, da rationale Einigungsprozesse Sprache ja schon voraussetzen und damit das voraussetzen, dessen Entstehung sie erklären sollen (vgl. Skyrms 1999, 84).

Umso bedeutender ist die Tatsache, dass die evolutionäre Dynamik des Koordinationsspieles zeigt, wie eine stabile Einigung auch ganz *ohne* rationalen Diskurs und sozial-reflexive Begründung zustande kommt. Denn minimale Zufallsschwankungen über oder unter das Mischgleichgewicht p* reichen aus, um die Evolution unweigerlich zu einer stabilen Eingung zu treiben, auch wenn dabei jeder nur seinen eigenen Nutzen maximiert. Wer induktiv gelernt hat, dass sich am möglichen Handelstreffpunkt 1 mittlerweile deutlich mehr Tauschpartner treffen als an konkurrierenden Handelstreffpunkten 2, 3, …, der wird bevorzugt Treffpunkt 1 aufsuchen, und so entsteht *spontan* die Institution von Treffpunkt 1 als gemeinschaftlich akzeptierter Marktplatz. Auf diese Weise erklärt sich die spontane Entstehung von Sprachkonventionen wie geografischen Ballungszentren, von Kleidervorschriften wie sozialen Grußkonventionen, ganz ohne vernünftige Begründungsversuche, die im Falle von Koordinationsproblemen nur die Funktion *nachträglicher* Rationalisierungen besitzen. Zu Recht hat die Aufklärungsbewegung viele meist religiöse Begründungen von sozialen Konventionen als rational unfundiert erkannt, da nichts dagegen spricht, die Konventionen auch anders zu setzen, als es die Tradition vorschreibt. Die *Dialektik* dieser Aufklärungsbewegung, aus der metaaufklärerischen Perspektive der Evolutionstheorie betrachtet, liegt freilich in Folgendem: Auch wenn die Erkenntnisse der Aufklärung richtig lagen, so brachten sie doch, oft unintendiert, mühsam erreichte Koordinationsgleichgewichte durcheinander und bewirkten Verunsicherungen, deren Konfliktpotenziale später nur durch komplizierte rechtsstaatliche Regelungen eindämmbar waren.

Tab. 15.4   Nutzenmatrix des Hirschjagdspiels (Beispiel) – ein Koordinationsspiel im weiten Sinn

	I	K
I	2	3
K	0	4

I = individuelle Hasenjagd, K = kollektive Hirschjagd

Wenn in Koordinationsspielen ein Koordinationsgleichgewicht einen deutlich höheren Nutzen ergibt als die anderen und damit pareto-dominant ist gegenüber den anderen Koordinationsgleichgewichten, liegt ein besonderer Fall vor. Ist nämlich eine Population einmal im ungünstigeren Koordinationsgleichgewicht gefangen, so wird es schwierig und bedarf meist gewisser (staatlicher oder natürlicher) Eingriffe, die Population auf die günstigere Koordinationsmöglichkeit hin umzupolen, weil hierbei ein *Fitnesstal* überwunden werden muss. Man könnte meinen, der Fall des Gefangenseins im ungünstigeren Koordinationsgleichgewicht würde selten auftreten, weil aus der Perspektive individueller Nutzenmaximierung das Einigungsgleichgewicht mit dem höheren Nutzwert normalerweise vorzuziehen sei. Leider ist auch dies nicht immer der Fall. Wir betrachten hierzu das *Hirschjagdspiel* (*stag hunt*), dessen Nutzenmatrix beispielhaft in ▶ Tab. 15.4 dargestellt ist. Dabei steht K für kollektives Jagen, z. B. eine Hirschjagd, die nur dann funktioniert und hohen Ertrag bringt, wenn alle Spielteilnehmer zusammenarbeiten. I steht dagegen für alleiniges Jagen, z. B. eine Hasenjagd, die auch ohne die Hilfe von anderen funktioniert, aber geringeren Ertrag bringt (vgl. Weibull 1995, 31; Skyrms 2004). Gemeinsames Hirschjagen bringt den höchsten Nutzwert, aber wenn ein Spielteilnehmer ausschert, kann der Hirsch entkommen und der Nutzen des einseitig Kooperierenden sinkt auf null. Im Unterschied zum D-K-Spiel senkt nun jedoch Defektion (I) auch den Ertrag des Defekteurs (von vier auf drei Punkte). Auch beim Hirschjagdspiel sind beide Koordinationsgleichgewichte evolutionär stabil, d. h. wenn die anderen Hasen resp. Hirsche jagen, ist es für mich ebenfalls das Beste, Hase resp. Hirsch zu jagen ($u_{11} > u_{21}$ bzw. $u_{22} > u_{12}$). Allerdings liegt nur mehr ein Koordinationsspiel im weiten Sinn vor, denn es gilt $u_{12} > u_{11}$, d. h., Hasenjagen ist erfolgreicher, wenn die anderen Hirsche jagen, als wenn sie ebenfalls Hasen jagen (weil es dann mehr Hasen gibt).

Von beiden Koordinationsgleichgewichten ist nur (K,K) pareto-optimal; und somit ist (K,K) pareto-dominant. Dennoch besitzt das Gleichgewicht (K,K) aus der individuellen Perspektive einen entscheidenden Nachteil, auf den zuerst Aumann (1987) hinwies (vgl. auch Harsanyi und Selten 1988): Das Verlustrisiko, falls einer der Partner defektiert, ist dabei sehr hoch, nämlich $u_{22} - u_{21} = 4$ Verlustpunkte, während der Hasenjäger überhaupt kein Risiko eingeht, sondern sogar noch besser fährt, wenn die anderen nicht Hasen jagen: $u_{11} - u_{12} = -1 = 1$ Gewinnpunkt. Man sagt auch, das Gleichgewicht (I,I) ist *risiko-dominant* gegenüber (K,K), d. h. enthält ein geringeres Risiko. Bei der Risikodominanz vergleicht man nicht die Spalten (was würde resultieren, wenn ich die Handlung ändere?), sondern die Zeilen (was würde resultieren, wenn der andere seine Handlung ändert?). Man definiert ein symmetrisches Koordinationsgleichgewicht (H_1, H_1) als risiko-dominant, wenn für alle $H_2 \neq H_1$ die maximale Differenz zwischen $u(H_2, H')$ und $u(H_2, H_2)$ für beliebiges $H' \neq H_2$ größer ist als die maximale Differenz zwischen $u(H_1, H')$ und $u(H_1, H_1)$ für beliebiges $H' \neq H_1$.

Eine Reihe von Spieltheoretikern (z. B. Young 2003, 393) haben argumentiert, dass risiko-dominante Gleichgewichte robuster sind als pareto-dominante Gleichgewichte. Somit stehen der evolutionären Durchsetzung von kooperativen Strategien nicht nur im Fall des Defektion-Kooperations-Spieles, sondern auch im Falle des Hirschjagdspieles entscheidende Schwierigkeiten entgegen. Diese Schwierigkeiten treten in jedem Koordinationsspiel auf, in dem die Kriterien der Pareto-Dominanz und der Risiko-Dominanz untereinander in Konflikt geraten. Ein solcher Konflikt kann in abgeschwächter Form übrigens auch bei Koordinationsspielen im engen Sinn auftreten: Letzterer Fall wäre z. B. gegeben, wenn man in der Spielmatrix des Hirschjagdspieles den Matrixwert u_{21} von 3 auf 1 abändert.

15.3 Spiele mit vielen Strategien: Sensitivität gegenüber Anfangs- und Randbedingungen und chaotische Evolutionsverläufe

Das evolutionäre Problem von Kooperation, das im D-K-Spiel und im Hirschjagdspiel auftritt, besteht darin, dass Kooperateure von Egoisten (bzw. Defekteuren) ausgebeutet werden können, welche sich dann besser vermehren als die Kooperateure. Ein Versuch, die evolutionären Chancen von Kooperation gegenüber Egoismus zu erhöhen, besteht in Mechanismen der *Reziprozität*, die in ▶ Abschnitt 16.4 näher besprochen und hier nur exemplarisch angeführt werden. Die einfachste Form einer revanchierenden Strategie ist die Strategie des *Tit for Tat* (*TFT*) bzw. „Wie du mir, so ich dir". Diese Spielstrategie, welche sich in ähnlicher Form in fast allen menschlichen Gesellschaften findet, belohnt Kooperation mit Kooperation und bestraft Defektion mit Defektion, was freilich voraussetzt, dass sich die Spielpartner *erinnern*, wie ihr Gegenüber das letzte Mal gespielt hat. Man spricht daher auch vom „iterierten Gefangenendilemma mit Gedächtnis". Wenn man sich auch nur eine geringe Anzahl von vorausliegenden Spielzügen merken kann, resultiert daraus eine riesige Anzahl möglicher iterierter Spielstrategien (bei n gemerkten Zügen $2^{(2^n)}$ an der Zahl; doch nicht alle sind sinnvoll). Bekannte iterierte Strategien sind die schon erwähnte Strategie TFT, welche mit K beginnt und dann immer so spielt, wie der Partner das letzte Mal gespielt hat, die naiv-gute *Always-K-Strategie*, die sich ideal ausbeuten lässt, die ausbeuterische *Always-D*-Strategie, die immer defektiert, oder die Strategie *Grim*, welche nicht verzeihen kann und nach nur einmaliger Defektion des Gegners fortlaufend defektiert.

Zunächst sei herausgearbeitet, dass auch das iterierte D-K-Spiel wie ein gewöhnliches symmetrisches Spiel betrachtet werden kann, lediglich mit komplexen Zügen: Jeder Paarung von iterierten Spielern, z. B. TFT gegen Always-D, besteht nun aus einer iterierten Zugsequenz beider Spieler von einer bestimmten Länge (z. B. zehn

Tab. 15.5   Durchschnittsnutzenmatrix des iterierten D-K-Spieles nach zehn Runden

	TFT	Always-D	Always-K
TFT	3	0,9*	3
Always-D	1,1*	1	4
Always K	3	0	3

* = aufgrund Anfangsverlust bzw. Anfangsgewinn von 1 Punkt

Runden), und der dabei erzielte *Durchschnittsnutzen* bestimmt die Nutzenmatrix des iterierten Spieles. Für die drei iterierten Strategien TFT, Always-D und Always-K ergibt sich die in ▶ Tab. 15.5 dargestellte Durchschnittsnutzenmatrix eines iterierten Spieles mit zehn Runden.

TFT spielt gegenüber Always-K ebenso gut wie Always-K gegenüber sich selbst, lässt sich aber im Gegensatz zu Always-K nicht von Always-D ausbeuten, sondern spielt auch gegenüber Always-D fast so gut wie Always-D gegenüber sich selbst (der Anfangsverlust von 1/10 ergibt sich, weil TFT im ersten Zug kooperativ spielt und dabei gegen Always-D einen Punkt verliert). Der Vorteil von TFT gegenüber Always-D liegt darin, dass es gegenüber sich selbst viel besser spielt als Always-D gegenüber sich selbst, während Always-D's Vorteil gegenüber TFT darin liegt, dass es aus Always-K durch Ausbeutung mehr herausholt als TFT.

Der Erfolg von diesen und ähnlichen iterierten Spielstrategien wurde in einer viel diskutierten Arbeit von Axelrod (1984) mithilfe von Computerturnieren untersucht. Während Axelrod zunächst die These vertreten hatte, dass sich die Strategie TFT unter fast allen Startbedingungen evolutionär durchsetzt, wurde Axelrods These daraufhin sukzessive eingeschränkt und letztlich widerlegt, worauf in ▶ Abschnitt 16.4 näher eingegangen wird. In diesem Abschnitt interessieren wir uns nur für die allgemeine Problematik, die hinter dieser Entwicklung steckt und die daran liegt, dass das Vorliegen vieler Strategien dazu führen kann, dass die evolutionäre Dynamik generell instabil wird – d. h., abhängig von Start- und Randbedingungen kann die Populationsdynamik in dieses oder jenes Endgleichgewicht einmünden, ohne dass dieses Endgleichgewicht evolutionär stabil wäre.

Eine Situation der allgemeinen Instabilität kann schon durch das Zusammenwirken von nur drei Strategien erzeugt werden: eine naiv-kooperierende Strategie, die wir N nennen (z. B. Always-K), eine ausbeutende Strategie A (z. B. Always-D) sowie eine revanchierende Strategie R (z. B. TFT). Die Ausbeuterstrategie A kann sich nur so lange besser vermehren als die revanchierende Strategie R, solange noch viele naiv-kooperierende N-Strategien vorhanden sind. Die N-Strategien sterben jedoch mit der Zeit aus, und danach werden sich die R-Strategien wieder besser vermehren als die A-Strategien (weil R gegenüber R viel besser abschneidet als A gegenüber A) – allerdings nur, sofern nach dem Aussterben von N überhaupt noch genügend

R-Strategien vorhanden sind, um sich wieder zu erholen, anstatt ebenfalls auszusterben. Daher hängt es von Anfangsbedingungen und geschwindigkeitsbestimmenden Selektionsparametern ab, ob sich letztlich die revanchierenden Strategien oder die Ausbeuterstrategien durchsetzen.

Um dies zu simulieren, nehmen wir folgende Fitnesstabelle der drei Strategien A, N und R an: Über die konstante Grundvermehrungsrate von 1 hinaus spielen A-Strategien gegen sich selbst mit Nullbilanz und gegenüber R mit Fast-Nullbilanz. Ihr Gewinn besteht darin, die N-Strategien proportional zu einem variablen Ausbeutungsgrad $a > 1$ auszubeuten. Sowohl die N- als auch die R-Strategien profitieren von Interaktionen mit N und R, doch während die N-Strategien eine vergleichsweise hohe p-proportionale Einbuße durch Ausbeutung seitens A-Strategien erleiden $(-1 \cdot p)$, erleiden die R-Strategien eine solche Einbuße in nur geringem Maße, nämlich aufgrund ihres geringen Anfangsverlustes $(-0,01 \cdot p)$. Damit erhalten wir die folgenden Selektionskoeffizienten:

(15.13) Fitnesstabelle des Ausbeuter-Naivkooperierer-Revanchierer-Spiels:

Strategien	A	N	R	
Häufigkeiten	p	q	r	$r := (1-p-q)$
Relative Fitness	$1 + a \cdot q + 0,01 \cdot r$	$1 + q + r - p$	$1 + q + r - 0,01 \cdot p$	

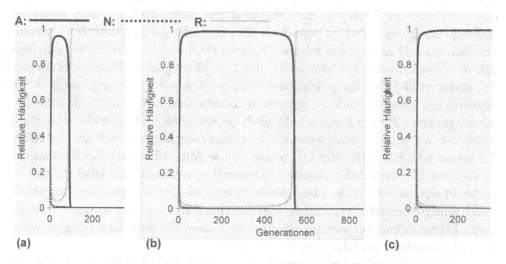

(a)   (b)   (c)

Abb. 15.4 Simulation der Evolution von Ausbeutern (A), naiven Kooperateuren (N) und Revanchierern (R) gemäß ▶ Fitnesstabelle (15.13) *bei variablem Ausbeutungsgrad a*. (a) a = 9: R erholt sich ab Generation 100 (nachdem N schnell und A in der Folge ausgestorben sind). (b) a = 10,1: R erholt sich erst extrem spät, ab Generation 540. (c) a = 10,2 – das Szenario ist gekippt: Ab diesem Ausbeutungsgrad erholt sich R nicht mehr, sondern es setzt sich A durch. Programmiert mit *MatLab*.

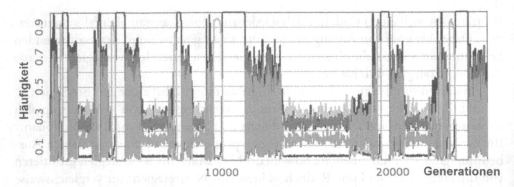

Abb. 15.5 Chaotische Evolutionsdynamik im iterierten Gefangenendilemma (Simulation in Python, aus der CD zu Arnold (2008); ähnliches Beispiel auf S. 98). Unterschiedliche Graustufen entsprechen den Häufigkeiten unterschiedlicher Strategien.

Die Simulation der aus ► Fitnesstabelle (15.13) resultierenden Differenzgleichungen bei variablen Ausbeutungsgraden ist in ► Abb. 15.4a–c dargestellt. Um reales Aussterben zu erhalten, wurden ausgehend von einer Populationsgröße von 10^3 die Häufigkeiten auf die dritte Stelle hinter dem Komma gerundet. Bei nicht zu hohem Ausbeutungsgrad erleben die A-Strategien ein zeitlich begrenztes Hoch und sterben nach dem raschen Aussterben der N-Strategien selbst aus, woraufhin sich die R-Strategien wieder erholen. Bei höherem Ausbeutungsgrad tritt diese Erholungsphase immer später ein, und ab einem Ausbeutungsgrad von a ≥ 10,2 stirbt nach N auch R aus, anstatt sich zu erholen, und A gewinnt die (destruktive) Oberhand.

Ähnlich komplexe Beispiele von Spielen mit nur drei möglichen Strategien finden sich in Weibull (1995, z. B. 90). Während im iterierten D-K-Spiel normalerweise eine oder mehrere Strategien die Oberhand gewinnen, kann es unter speziellen Anfangsbedingungen auch zu periodischen Zyklen oder gar zu *chaotischen* Dynamiken kommen. Dies zeigt das folgende Beispiel einer von Arnold (2008) durchgeführten Simulationsserie. Darin traten alle 2^5 = 32 mögliche Fünf-Bit-Strategien des iterierten D-K-Spieles gegeneinander an, die sich jeweils den eigenen und den gegnerischen vorausliegenden Zug merken können, und vermehrten sich erfolgsabhängig (das erste Bit legt fest, wie anfänglich gespielt wird, und die restlichen vier Bit legen fest, wie gespielt wird, wenn die vorausliegende Sequenz eine der vier Möglichkeiten KK, KD, DK oder DD annimmt). ► Abb. 15.5 zeigt das Resultat der Simulation. Wie typisch für chaotische Dynamiken wechseln sich dabei stark chaotische Phasen, in denen die Häufigkeiten unterschiedlicher Strategien (dargestellt durch unterschiedliche Graustufen) extrem schnell hin und her springen und die ganze Fläche füllen, mit weniger chaotischen Phasen ab, ohne dass es irgendwann zum Einpendeln in ein Gleichgewicht kommt.

Chaotische Evolutionsverläufe treten nicht nur in der kulturellen Evolution auf; sie wurden auch in der biologischen Evolution gefunden und von May (1987) anhand der Infektion einer Wirtspopulation durch einen Virus mathematisch nachsimuliert.

Teil V:

Gut und Böse, Wahr und Falsch: Die Evolution von Moral, Wissen und Glaube

Ist der Mensch als Geschöpf der natürlichen und kulturellen Evolution ein vorwiegend moralisches oder unmoralisches, vernünftiges oder unvernünftiges Wesen? Wie verhält sich die Evolutionstheorie überhaupt zu den Begriffen der Rationalität und Irrationalität? Diese Fragen werden im abschließenden Teil V behandelt. Die Antworten darauf machen zwei bedeutende Anwendungsbereiche der verallgemeinerten Evolutionstheorie aus, die sich mittlerweile zu eigenen Teilgebieten verselbstständigt haben: erstens die Evolution von sozialer Kooperation und Moral, und zweitens die Evolution von menschlicher Kognition und Weltanschauung. Die Möglichkeiten der Evolution von sozialer Kooperation werden in der evolutionären Spieltheorie untersucht. Dabei stellt sich folgende Hauptfrage: Wie kann vermieden werden, dass uneigennützige Kooperation und Altruismus von Egoisten ohne Gegenleistung ausgebeutet werden und dadurch nach kurzem Aufblühen wieder zum Aussterben verurteilt sind? Die Frage nach dem Verhältnis von Rationalität und Irrationalität wird besonders brisant in der Untersuchung der evolutionären Selektionsparameter, welche die Evolution menschlicher Kognition und Weltanschauung gesteuert haben. Insbesondere die evolutionäre Nachhaltigkeit von Religionen trotz ihres Spannungsverhältnisses zu Aufklärung und Wissenschaft ruft nach einer evolutionären Erklärung.

16.
Wie gut ist der Mensch?
Die Evolution der Kooperation

In einigen Weltbildern (wie dem von Jean-Jacques Rousseau) wird der Mensch als vornehmlich „gut", in anderen (wie dem von Thomas Hobbes) als vornehmlich „schlecht" dargestellt. Dabei wird in mehr oder minder allen Kulturen unter einem gutem Menschen jemand verstanden, dessen Denken, Fühlen und Handeln nicht egoistisch und asozial, sondern sozial und altruistisch orientiert sind. Die uralte Streitfrage, ob denn der Mensch „an sich" gut oder böse sei, werden wir schlussendlich so wie Gott in Franz Antels *Lumpazivagabundus*-Verfilmung beantworten: „… der Mensch ist nämlich gut *und* böse. Allein wofür er sich entscheidet …" Letzteres ist unseren Ergebnissen zufolge allerdings weniger eine Frage des freien Willens, sondern eine Frage der sozialen Evolution.

16.1 Kooperation, Egoismus und Altruismus

Wie wir in ▶ Abschnitt 15.2 sahen, liegt das Problem der Evolution von Kooperation darin, dass Kooperateure das Risiko eingehen, von Egoisten ausgebeutet zu werden. Um angesichts dieser Möglichkeit dennoch zu Kooperation motiviert zu sein, ist ein gewisses Maß an *Altruismus* nötig. Doch wie kann Altruismus sich evolutionär durchsetzen, wenn er darin besteht, anderen statt sich selbst zu helfen?

Wir wollen zunächst die Begriffe des Altruismus und Egoismus genau charakterisieren, wobei wir an Sober und Wilson (1998, 17 f) anknüpfen. *Evolutionärer Altruismus* ist eine Verhaltensweise, welche die Fitness (bzw. den Reproduktionserfolg) anderer Individuen erhöht, ohne gleichzeitig die eigene Fitness mitzuerhöhen, d. h., relativ betrachtet wird die eigene Fitness gesenkt. Umgekehrt erhöht *evolutionärer Egoismus* die eigene Fitness und senkt, relativ betrachtet, die Fitness anderer Individuen. Dabei ist für die evolutionäre Charakterisierung weder wichtig, ob die Verhaltensweise erzwungen oder freiwillig vollzogen wurde, noch, aus welchen psychologischen Motiven sie vollzogen wurde – wichtig ist der Effekt für die Fitness.

Allerdings kann von evolutionärem Altruismus nur gesprochen werden, wenn keine hohe Reziprozitätssicherheit vorliegt. Wenn mit hoher Sicherheit davon ausgegangen werden kann, dass Kooperation erwidert wird, dann ist Kooperation auch unter egoistischer Perspektive optimal. Vollständig reziproker „Altruismus" wäre kein genuiner Altruismus mehr, sondern ein reziproker Egoismus. Das allein wäre jedoch noch kein Problem. Das Problem der Evolution von Kooperation auf der Basis von reziprokem Egoismus liegt nicht darin, dass reziproker Egoismus nicht moralisch erstrebenswert wäre, sondern dass hohe Reziprozitätssicherheit schwer zustande kommt und schwer stabilisierbar ist.

Vom evolutionären Egoismus bzw. Altruismus zu unterscheiden ist der *psychologische* Egoismus bzw. Altruismus (Sober und Wilson 1998, 201). Eine Handlung ist psychologisch egoistisch, wenn sie vorwiegend bzw. letztlich getan wird, um sich selbst zu nutzen; sie ist altruistisch, wenn sie vorwiegend getan wird, um anderen zu nutzen. Es geht hierbei also um die *Gründe* bzw. die *Gesinnung* einer Handlung, während es auf die tatsächlichen Handlungsfolgen nicht ankommt.

Bekanntlich sind psychologisch altruistische Handlungsmotive oft nur vorgetäuscht, und dahinter stecken in Wahrheit egoistische Motive. Manchmal wird sogar argumentiert, dass es echt psychologisch-altruistische Handlungen gar nicht gebe, denn letztlich handelt jedermann, um sein eigenes Gewissen zu befriedigen. Doch dies ist mehr als fraglich. Wenn z. B. eine Person ihren eigenen Kindern in der Not selbstlos beisteht und man dieser Person alternativ eine perfekte Droge anbieten würde, die denselben Befriedigungseffekt für ihr Gewissen besitzt wie die tatsächliche Beistandshandlung, und das ganz ohne Anstrengung, so würde diese Person zweifellos dennoch entrüstet ablehnen – eben weil es ihr in erster Linie *nicht* um das eigene Gewissen, sondern um die eigenen Kinder geht; die Gewissensbefriedigung ist nur ein Nebeneffekt. Die Existenz von genuin psychologisch-altruistischen Handlungen ist also durchaus plausibel.

Zwischen evolutionärem und psychologischem Egoismus (EE, PE) bzw. Altruismus (EA, PA) bestehen keine strikten Implikationsbeziehungen. Alle vier Kombinationen sind möglich. Wilson und Sober geben folgende Beispiele (ebd., 204):

1.) EE und PE: für sich selbst möglichst viel Nahrung sammeln,
2.) EE und PA: seine eigenen Kinder lieben (genetischer Egoismus),
3.) EA und PE: helfen, ein Fort zu bauen, um selbst sicher zu sein,
4.) EA und PA: nicht verwandten Personen helfen.

Obwohl keine strikten Implikationsbeziehungen bestehen, gibt es doch Wahrscheinlichkeitsbeziehungen zwischen PA und EA bzw. EE. Auf diese Weise erklären Sober und Wilson (ebd., 297 ff) auch die Evolution von psychologischem Altruismus beim Menschen. Psychologischer Altruismus den eigenen Kindern gegenüber verstärkt den genetischen Egoismus und ist daher biologisch erfolgreich. Psychologischer Altruismus nicht verwandten Personen gegenüber verstärkt den evolutionären Altruismus und ist in dem Maße erfolgreich, in dem der evolutionäre Altruismus erfolgreich ist.

Während die evolutionäre Erklärung des psychologischen Altruismus als sekundärer Mechanismus der Kooperationsförderung keine zusätzlichen Probleme aufwirft, liegt das grundsätzliche Problem in der Erklärung des Zustandekommens von evolutionärem Altruismus. Diesem Problem wenden wir uns nun zu – und wenn wir im Folgenden von Altruismus sprechen, meinen wir immer den evolutionären Altruismus.

In den nächsten Abschnitten stellen wir fünf Lösungsansätze zur Evolution von Kooperation und Altruismus vor: 1) Gruppenselektion, 2) Reziprozität, 3) Korrelation, 4) Intraspeziessymbiose und 5) institutionalisierte Sanktion. Vier von diesen fünf Lösungsansätzen sieht Dugatkin (1998, 39 ff) zumindest ansatzweise auch bei höheren Tieren verwirklicht, nämlich Reziprozität im weiteren Sinn (die auch Korrelation mit umfasst), Gruppenselektion und Nebenproduktmutualismus (welcher der Intraspeziessymbiose entspricht). Institutionalisierung findet sich dagegen nur beim Menschen – obwohl es auch hier tierische Vorformen gibt, z. B. Alpha-Tiere, welche die Funktion eines Streitschlichters übernehmen (Wickler 1975, 137 f). Es wird sich herausstellen, dass keiner der Lösungsansätze das Problem der Ausbeutung vollständig löst, sondern letztlich nur auf eine höhere Ebene verschiebt.

16.2 Gruppenselektion bei ständiger Neuformierung

Die naheliegendste Strategie der Kooperationsförderung wäre jene, die wir bereits in ▶ Abschnitt 4.3 anhand der Entstehung von Protozellen besprochen haben: Sie besteht im Versuch, Defektoren aus der eigenen Gruppe auszuschließen bzw. nicht eindringen zu lassen. Die Grenzen dieser Strategie liegen darin, dass erstens keine Gruppe Einwanderungsprozesse völlig verhindern kann und auch nicht sollte, weil sonst lebenswichtige Tauschprozesse unterbunden würden, und dass zweitens auch im Inneren jeder Gruppe Variationsprozesse vor sich gehen und aus evolutionären Gründen auch vor sich gehen sollten, die gelegentlich aber neue Egoisten entstehen lassen. Es genügen schon minimale Einwanderungs- oder Mutationsraten, um kleine Prozentsätze von Defekteuren im Inneren von kooperativen Gruppen zu erzeugen, die sich dann besser reproduzieren als die Kooperateure und daher nach hinreichend vielen Generationen die Kooperateure der Gruppe völlig verdrängt haben. Wie kann sich eine Kooperatorengruppe trotz Einwanderung und Mutation davor schützen?

Ein überraschender Lösungsansatz zu diesem Problem ist der Mechanismus der Gruppenselektion bei fortlaufender Gruppenneuformierung, der aufbauend auf Williams und Williams (1957) sowie Maynard Smith (1964) insbesondere von D. Wilson (1980) und Sober und Wilson (1998) entwickelt wurde. Dieser Ansatz geht davon aus, dass sich die Individuen in Gruppen bzw. „Demen" in *korrelierter* Weise zusammenschließen, sodass sich in einigen Gruppen mehrheitlich Altruisten bzw. Kooperateure („altruistische Gruppen") und in anderen Gruppen mehrheitlich Egoisten bzw. Defekteure („egoistische Gruppen") finden. Nimmt man an, dass diese Gruppen ewig zusammenbleiben, so sterben in beiden Arten von Gruppen nach und nach die Altruisten aus (in altruistischen Gruppen später als in egoistischen, aber dennoch). Ein anderes Resultat ergibt sich jedoch, wenn man nach einer bestimmten Zeit, z.B. nach einer Periode von fünf Generationen, die Gruppen wieder zusammenführt und neu in Deme aufteilt, wobei sich die Gruppen erneut in korrelierter Weise bilden, sodass wieder altruistisch-dominierte und egoistisch-dominierte Gruppen entstehen. In diesem Fall kann die Gesamthäufigkeit der Altruisten einen wesentlich höheren Wert erreichen als die der Egoisten, obwohl sich immer noch in jeder einzelnen Gruppe die Altruisten langsamer vermehren als die Egoisten. Wie lässt sich dieser seltsame Effekt erklären?

Die Erklärung ist in ▶ Abb. 16.1 anschaulich dargestellt. Sie liegt darin, dass die Populationszahl der altruistisch-dominierten Gruppen insgesamt wesentlich schneller wächst als die der egoistisch-dominierten Gruppen. Zwar vermehren sich in den

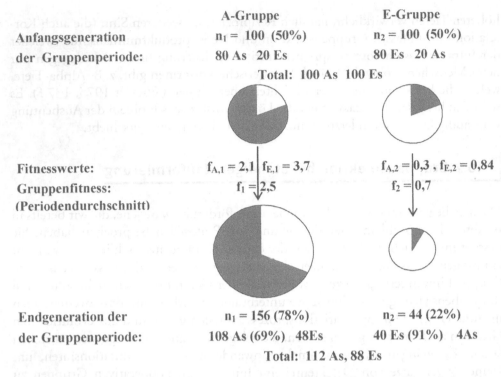

Abb. 16.1 Gruppenselektion von Altruisten (A) gegenüber Egoisten (E). n_1 (n_2) = Absoluthäufigkeit der Altruisten (Egoisten) (verändert nach Sober und Wilson 1998, 24).

altruistischen Gruppen die Egoisten noch etwas schneller als die Altruisten. Aber weil sie mit kleinen Prozentsätzen starteten und die Gruppen nach Ablauf der Gruppendauer von ca. 5–10 Generationen wieder neu verteilt werden, erreichen sie keinen so hohen Wert, der ihren Verlust durch das langsamere Wachstum der egoistischen Gruppen aufwiegen könnte.

Die Gruppenfitness (f_i) berechnet sich als gewichtetes Mittel der Fitnesswerte von Altruisten ($f_{A,i}$) und Egoisten ($f_{E,i}$) in der jeweiligen Gruppe (i = 1, 2). Die Fitnesswerte von Altruisten und Egoisten sind häufigkeitsabhängig und daher gruppenspezifisch unterschiedlich. Sie würden sich aus der Defektion-Kooperations-Matrix für die erste Generation so berechnen:

$$f_{A,1} = 0,8 \cdot 3 + 0,2 \cdot 0 = 2,4;\ f_{E,1} = 0,8 \cdot 4 + 0,2 \cdot 1 = 3,4;\ f_1 = f_{A,1} \cdot 0,8 + f_{E,1} \cdot 0,2 = 2,6;$$

$$f_{A,2} = 0,8 \cdot 0 + 0,2 \cdot 3 = 0,6;\ f_{E,2} = 0,8 \cdot 1 + 0,2 \cdot 4 = 0,88;$$
$$f_2 \ = 0,2 \cdot f_{A,2} + 0,8 \cdot f_{E,2} = 0,824.$$

Für mehrere Generationen wäre das zu iterieren. Wir nahmen im Beispiel von ▶ Abb. 16.1 einfachheitshalber mittlere Fitnesswerte $f_{A,i}$, $f_{E,i}$ und f_i für die gesamte Gruppenperiode an. Damit berechneten wir die neuen Gesamthäufigkeiten (z. B. 0,78 = 2,5/(2,5 + 0,7) sowie die neuen E/A-Häufigkeiten (z. B. 108/156 = 69 % = $0,8 \cdot 2,1/(0,8 \cdot 2,1 + 0,2 \cdot 3,7)$.

Der allgemeine Sachverhalt, auf dem das Phänomen der Gruppenselektion mit Neuformierung beruht, wird in ▶ Box 16.1 erklärt.

Box 16.1. Das Simpson-Paradox

Der Sachverhalt, der hinter ▶ Abb. 16.1 steckt, wird in der Wahrscheinlichkeitstheorie auch Simpson-Paradox genannt. Er besteht darin, dass in jeder Teilgruppe die relative Häufigkeit eines Merkmals, in unserem Falle A, gegenüber einem Ausgangswert gesunken sein kann und dennoch die Gesamthäufigkeit von A in der Gesamtpopulation gestiegen ist – nämlich dann, wenn der Häufigkeitsanteil jener Teilpopulationen mit hohem A-Anteil zugleich gestiegen ist. Die Möglichkeit dieser Situation zeigt sich in den folgenden zwei probabilistisch gültigen Gleichungen. Darin wird die Gesamthäufigkeit von A aus den A-Häufigkeiten innerhalb der beiden Gruppen G_1 und G_2 sowie den Gruppenanteilen an der Gesamthäufigkeit berechnet, und zwar einmal vor und das andere Mal nach der Gruppenperiode. In Gruppe G_1 herrscht ein A-Überschuss gegenüber G_2 vor ($p(A|G_1) > p(A|G_2)$), der wegen des stärkeren G_1-Gesamtwachstums ($p(G_1) > p_0(G_1)$) überproportional vergrößert wird und somit die A-Gesamthäufigkeit steigen lässt ($p(A) > p_0(A)$), obwohl die A-Häufigkeit in jeder Gruppe anteilsmäßig gesunken ist. Das Zahlenbeispiel von ▶ Abb. 16.1 (umgerechnet in Prozente) findet sich rechts (> für „größer als"):

Simpson-Paradox, allgemein: Zahlenbeispiel von ▶ Abb. 16.1:

$$p(A) = p(A|G_1) \cdot p(G_1) + p(A|G_2) \cdot p(G_2) \quad = 0{,}69 \cdot 0{,}78 + 0{,}09 \cdot 0{,}22 = 0{,}56.$$

$$p_0(A) = p_0(A|G_1) \cdot p_0(G_1) + p_0(A|G_2) \cdot p_0(G_2) \quad = 0{,}8 \cdot 0{,}5 + 0{,}2 \cdot 0{,}5 = 0{,}5.$$

Es fragt sich freilich, wo sich realistische Beispiele solcher Gruppenprozesse finden lassen. Ein solches Beispiel ist Maynard Smiths *Heuschober*-Modell (1964) der Gruppenselektion von Mäusefamilien. Das Modell nimmt an, dass sich jede Mäusefamilie in einen Heuschober einnistet und sich dort ein paar Generationen lang isoliert von den Mäuseclans vermehrt. Dabei werden sich Mäusegruppen mit altruistischeren Allelen schneller vermehren als solche mit egoistischeren Allelen und daher häufiger neue Heuschober besetzen. In diesem Beispiel wirkt zwar Verwandtschaftsselektion und Gruppenselektion zusammen, doch wenn die Gruppenperiode mehrere Generationen andauert, ergibt sich ein Surpluseffekt der Gruppenselektion gegenüber der reinen Verwandtschaftsselektion (Sober und Wilson 1998, 67–71).

Ein anderes Beispiel aus der Biologie ist die Koevolution von Viren im Wirt. Als der Virus *Myoxama* in australische Kaninchen eingeschleust wurde, als Mittel gegen die Kaninchenplage, war er zuerst sehr aggressiv, verlor aber dann an Wirkung. Gruppenselektion erklärt dies so: Hochvirulente („egoistische") Viren vermehren sich innerhalb eines Kaninchens zwar schneller, doch weil das Kaninchen dann schneller stirbt, hat die gesamte im Kaninchen befindliche Virengruppe dadurch schlechtere Vermehrungschancen. Gruppenselektion wird sogar industriell angewandt, nämlich in der künstlichen Hühnerzüchtung für Hühnerlegebatterien (Sober und Wilson 1998, 45 f, 121 f). Wenn man nämlich die im Eierlegen erfolgreichsten Hühner individuell selektiert, werden im Regelfall sehr egoistische Hühner selektiert, und wenn man nur mehr solche zusammenpfercht, wirkt sich dies auf den Legeerfolg schlecht aus. Bessere Erfolge erzielte man dagegen, wenn man statt der erfolgreichsten Hühner die erfolgreichsten Hühnergruppen selektiert.

Der geschilderte Mechanismus der Gruppenselektion setzt jedoch zwei einschneidende Bedingungen voraus: Erstens muss ständig eine Gruppen*neu*formierung stattfinden, und zweitens muss diese Neuformierung *korreliert* stattfinden, d. h., gleiche Varianten müssen sich häufiger in einer Gruppe wiederfinden als verschiedenartige. Das Funktionieren der Gruppenselektion in den obigen Beispielen hängt an diesen Bedingungen: Im Mäusebeispiel muss gewährleistet sein, dass Clanmitglieder auch nach der Neuaufteilung eher zusammenbleiben, als sich zufällig zu verteilen, und dasselbe muss im Virenbeispiel für die ein totes Kaninchen verlassenden Viren gelten. Im Legehennenbeispiel sorgt der Züchter für die Gewährleistung dieser Bedingungen.

In sozialen Gemeinschaften sind beide Bedingungen häufig verletzt. Wenn Gruppen lange voneinander isoliert sind, ist die erste Bedingung verletzt und die Gruppenselektion bricht zusammen. Wenn zwei unterschiedliche Gruppen aufeinandertreffen und sich vermengen, ist die zweite Bedingung verletzt und die Gruppenselektion bricht ebenfalls zusammen. Es ist daher zweifelhaft, ob das Modell der Gruppenselektion die Evolution von nachhaltig stabiler Kooperation erklären kann – denn ein bloß zeitweiser Ausfall von einer der beiden Bedingungen genügt schon, um die Gruppenselektion in diesem Modell zusammenbrechen zu lassen.

Davon abgesehen ist die Selektion von Altruismus nicht einmal dann garantiert, wenn die beiden Bedingungen gegeben sind. Sind nämlich die Parameterwerte ungünstig justiert oder sind in der Startmenge neben Altruisten und Egoisten weitere Strategien beteiligt, kann das Gruppenselektionsmodell auch abweichende Resultate liefern. So hat Arnold (2008, 131–137) das Sober-Wilson'sche Gruppenselektionsmodell mit einem hohen Nutzwert für Ausbeutung und mit den vier Ausgangsstrategien Always-K, TFT, Grim und „Signalling Cheater" durchgeführt („Signalling Cheater" benutzt eine Erkennungsprozedur, um nur mit sich selbst zu kooperieren). Arnold zeigt, dass sich unter diesen Parametersetzungen nicht TFT, sondern Signalling Cheater durchsetzt. Dies beweist, dass Gruppenselektion auch sehr egozentrische Gruppen fördern kann, welche Altruismus ausschließlich gegenüber ihresgleichen ausüben.

16.3 Korrelierte Paarung und Absprache: Die Evolution von Signalbedeutung

Im Gruppenselektionsmodell wurde korrelierte Gruppenbildung gefordert. Ein noch einfacherer Weg zur Begünstigung von Kooperation ist korrelierte Spielerpaarung – also Egoisten paaren sich bevorzugt mit Egoisten und Altruisten mit Altruisten. Prima facie wird damit die Standardannahme der Unabhängigkeit der Strategiewahl des Partners von der eigenen Strategie aufgegeben, und die Konzepte der dominanten Strategien und des Nash-Gleichgewichts sind nicht mehr anwendbar (▶ Abschnitt 15.1.1). Doch dies wäre noch kein Problem – das Problem liegt vielmehr in der Frage, wie sich im Voraus *erkennen* lässt, welche Strategie ein Partner benutzt bzw. wie der andere Partner handeln wird. Offenbar ist hierzu ein Informationsaustausch nötig, ein unbewusstes oder bewusstes Signal, das vor der Spielhandlung den möglichen Partnern vermittelt wird. Man spricht hier auch von Vorspielkommunikation (*preplay communication*) und, wenn solche Signale kostenfrei gegeben werden können, von kostenloser Kommunikation (*cheap talk*) (vgl. Weibull 1995, Abschnitt 2.6).

Erinnern wir uns an das Standardkoordinationsspiel (▶ Tab. 15.3) mit den Matrixelementen $u_{11} = 3$, $u_{22} = 4$ und $u_{12} = 0 = u_{21} = -1$. Die beiden Nash-Gleichgewichte (3,3) und (4,4) dieses Spieles sind evolutionär stabil; es ist daher nicht möglich, dass ein H_2-Eindringling eine Population im pareto-inferioren (3,3)-Gleichgewicht unterwandert. Dies ändert sich, wenn Kommunikation hinzukommt. Angenommen, die Mutanten bedienen sich eines Signals S_2, das nur von ihnen gesendet und erkannt wird – ein *secret handshake* im Sinne von Robson (1990). Sie spielen H_2, wenn sie vom Partner S_2 empfangen, und H_1, wenn sie vom Partner kein oder ein anderes Signal empfangen. Dann können die Mutanten problemlos eindringen und die Population übernehmen, sofern sie mit einer Anfangshäufigkeit $p_0 > 0$ starten, denn ihre Durchschnittsfitness ist mit $(1-p) \cdot 3 + p \cdot 4$ größer als 3, der Durchschnittsfitness der H_1-Spieler.

Allerdings treten mit jeder Absprache auch neue *Täuschungsmöglichkeiten* auf. So könnten die Mitglieder der alten Population den *secret handshake* der Mutanten durchschauen und das Signal S_2 selbst senden, aber dennoch H_1 spielen. Das Resultat wäre, dass die Mutanten zurückgetrieben würden, da dann ihr Durchschnittsnutzen mit $(1-p) \cdot 0 + p \cdot 4 = 4 \cdot p$ (für kleine p) unter dem Durchschnittsnutzen der Mutantentäuscher von $(1-p) \cdot 3$ liegen würde. Kommunikationsbasierte Spielerpaarung erhöht somit die Kooperationschancen nur dann, wenn die Information *verlässlich* ist. Bezieht man dagegen kommunikative Täuschung mit ein, dann fragt sich erneut, ob kostenfreie Kommunikation die Kooperationschancen wirklich erhöht.

Weibull (1995, 59–64) zeigt, wie jedes korrelierte Spiel Γ mit Signalmenge Σ in ein unkorreliertes *signalbasiertes Spiel* Γ_Σ mit komplexeren Handlungsmöglichkeiten transformiert werden kann. Sei Γ unser Koordinationsspiel mit der Handlungsmenge $\{H_1, H_2\}$ und sei Σ die Signalmenge $\{S_1, S_2\}$. Dann bestehen die möglichen (reinen) Strategien des signalbasierten Spieles Γ_Σ aus allen $2^3 = 8$ Instruktionen der folgenden Form:

(16.1)   Signalbasierte Strategien: 1) sende Signal S_x (x = 1, 2), 2) wenn der Partner S_1 sendet, führe H_y aus (y = 1, 2), und 3) wenn der Partner S_2 sendet, führe H_z aus (z = 1, 2).

Wenn wir annehmen, die Mitglieder der Ausgangspopulation senden immer S_1, dann transformiert sich die H_1-Strategie des einfachen Koordinationsspieles in „Sende S_1 und spiele H_1, was auch immer der andere sendet"; die Mutantenstrategie lautet „Sende S_2 und spiele H_1, wenn der Partner S_1 sendet, andernfalls spiele H_2"; und die Mutantentäuschungsstrategie lautet „Sende S_2 und spiele H_1, was auch

immer der Partner sendet". Analog gibt es fünf weitere reine signalbasierte Strategien.

Es fragt sich, welche signalbasierten Strategien in dem so erweiterten Spiel sich
evolutionär durchsetzen. Man beachte, dass im signalbasierten Spiel die *Bedeutungen*
der Signale keinesfalls von vornherein bzw. exogen fixiert sind, denn jede Strategie
reagiert anders auf das eigene und gegnerische Signalpaar. Wenn sich jedoch im Verlauf eines signalbasierten Spieles eine Strategie evolutionär durchsetzt, dann wird
damit zugleich auch die Ausbildung einer *intersubjektiv stabilen* Signalbedeutung
evolutionär erklärt (Skyrms 1999, Kap. 5; Huttegger 2007). Auf diese Weise liefert
die evolutionäre Theorie signalbasierter Spiele zugleich eine Theorie der *Evolution
von Signalbedeutung*.

Wie wir sahen, kann sich durch die signalbasierte Spielerweiterung das evolutionär stabile Gleichgewicht (H_1,H_1) eines Koordinationsspieles in ein instabiles
Gleichgewicht umwandeln. Umgekehrt kann man zeigen, dass das instabile Mischgleichgewicht des Koordinationsspieles, wenn gepaart mit geeigneten Signalen, stabil wird (Weibull 1995, 63; Skyrms 2004, 70). Welche Strategien sind es nun, die
sich im signalbasierten Koordinationsspiel durchsetzen? Da alle möglichen Signalbe-
deutungen zugelassen werden, gibt es auch hier keine einheitlichen Ergebnisse. So
findet Skyrms (2004, 70–76) im Hirschjagdspiel mit der Matrix von ▶ Tab. 15.4
heraus, dass die evolutionären Simulationen der signalfreien Strategien K (Hirschjagd) und I (Hasenjagd) überwiegend zum Hasenjagd-Gleichgewicht führen. Die
evolutionären Simulationen der acht signalbasierten Strategien führen dagegen in
60 % der Fälle in ein reines Hirschjagd-Gleichgewicht, in 30 % in ein reines Hasenjagd-Gleichgewicht und in 10 % in ein polymorphes Gleichgewicht.

Die evolutionären Chancen von Kooperation scheinen durch Einführung einer
Signalkomponente also gestiegen zu sein. Doch dies gilt nur für das Hirschjagdspiel
bzw. andere Koordinationsspiele im weiten Sinn. Für Defektion-Kooperations-
Spiele funktioniert die Strategie der Signalbasierung nicht. Betrachten wir hierzu die
acht möglichen reinen Strategien des signalbasierten D-K-Spieles mit Signalmenge
$\{S_1,S_2\}$ gemäß ▶ (16.1) oben. Seien D_1 und D_2 die beiden signalbasierten Defektionsstrategien, die jeweils S_1 bzw. S_2 senden und dann D spielen, unabhängig davon,
was der Partner sendet. Jede dieser beiden Strategien ist optimal, und gegenüber
jeder anderen signalbasierten (reinen) Strategie X ist mindestens eine von beiden
Strategien dominant. Denn X muss auf eines der beiden Signale, sagen wir auf S_2,
mit K reagieren (da X von D_1 und D_2 verschieden ist), damit wird aber X von D_2
dominiert. Daher muss eine 1:1-Mischung aus D_1 und D_2 (oder, alternativ, eine
gemischte D-Strategie, die zufällig S_1 oder S_2 sendet) jede andere Strategie dominie-
ren und kann somit in jede Population eindringen. Deshalb muss die Simulation des
signalbasierten Defektion-Kooperations-Spieles, sofern in der Startmenge *alle* Strategien vertreten sind, in einem Endgleichgewicht landen, das nur aus Defektionsstrategien (in irgendeiner Mischung aus D_1 und D_2) besteht.

16.4 Tit for Tat: Reziprozität und das iterierte D-K-Spiel mit Gedächtnis

Wenn die Strategie des Partners nicht erkennbar bzw. voraussagbar ist, weil mit Täuschungen oder Strategieänderungen gerechnet werden muss, dann funktioniert der Lösungsansatz der korrelierten Partnerwahl nicht mehr. Stattdessen bietet sich die schon in ▶ Abschnitt 15.3 erwähnte Strategie der Reziprozität an: „Wie du mir, so ich dir" bzw. TFT (Tit for Tat) an. Die Idee der Gründung von Kooperation auf reziprokem Egoismus ist nicht neu und wurde auch nicht von Soziobiologen erfunden (Trivers 1971). Schon der klassische Aufklärungsphilosoph Thomas Hobbes (1642) lehrte, dass gesellschaftliche Kooperation nicht auf Altruismus, sondern auf reziprokem Egoismus beruhe. Allerdings sah Hobbes für die Gewährleistung der nötigen Reziprozitätssicherheit einen überwachenden Staatsapparat als unerlässlich an. Für Axelrod (1984, 3) stand dagegen die Frage im Mittelpunkt, ob und wie Kooperation *spontan*, ohne staatliche Überwachung und noch allgemeiner ohne jegliche Art von vorausgesetzter kollektiver Rationalität entstehen kann. Wie erwähnt, vertrat Axelrod die These, dass eben dies durch die Strategie TFT geleistet werden würde.[82]

In Axelrods Computerturnieren haben Wissenschaftler eine Reihe alternativer Strategien für das iterierte D-K-Spiel mit Gedächtnis entwickelt, z. B. *TFT, Always-D, Always-K* oder *Grim*, welche in ▶ Abschnitt 15.3 erklärt wurden. Der Erfolg einer Spielstrategie wurde dabei natürlich nicht an der Anzahl der Turniersiege, sondern am erzielten Gesamtnutzen bzw. Punktegewinn gemessen (schließlich handelt es sich um Nichtnullsummenspiele). Always-D kann durch keine Strategie besiegt werden, erzielt aber gegenüber sich selbst und gegenüber revanchierenden Strategien einen viel geringeren Punktegewinn als revanchierende Strategien gegenüber sich selbst (rekapituliere ▶ Tab. 15.5). In Axelrods Turnieren stellte sich TFT zunächst als überlegene Strategie heraus, worauf Axelrod seine These stützte, dass TFT der „Königsweg" zur spontanen Evolution von Kooperation sei.

Die Tatsache, dass Axelrods These zunächst von vielen Autoren übernommen und wenig Kritik ausgesetzt wurde, liegt wohl auch daran, dass die Strategie des „Wie du mir, so ich dir" in der Evolution menschlicher Gesellschaften seit Urzeiten weit verbreitet ist. Die *Vergeltungsversion* dieser Regel, „Auge um Auge, Zahn um Zahn", findet sich bereits im babylonischen Codex Hammurabi, dem ersten schriftlich überlieferten Rechtskodex des 18. Jahrhunderts v. Chr. Die Vergeltungsversion ist zu unterscheiden von der vorausschauenden *Vorbildversion*, welche in der Ethik auch *goldene Regel* genannt wird und der zufolge ich den anderen so behandeln soll, wie ich von ihm behandelt werden *will*.

Die TFT-Reziprozitätsregel scheint im Menschen eine partiell angeborene Grundlage zu besitzen, da sie auch der sogenannten *konventionellen Moralstufe*

---

[82] Axelrod stützte sich in seinen Beispielen unter anderem auf Ashworths Berichte über Stellungskriege während des Ersten Weltkrieges, in denen ohne jede Absprache spontan die Kooperationsregel des „Leben-und-leben-Lassens" zwischen den gegenerischen Lagern entstand. Man hielt sich wechselseitig daran, die gegnerische Stellung entweder gar nicht oder nur scheinbar, mit absichtlich danebengehenden Schüssen, zu beschießen, um sich und dem Gegner ein angenehmes Leben zu gönnen (ebd., Kap. 4; Ashworth 1980).

zugrunde liegt, welche entwicklungspsychologischen Befunden zufolge Kinder etwa im sechsten Lebensjahr spontan ausbilden (Piaget 1973, Kohlberg 1977). Diese Entwicklungsstufe erfordert die Fähigkeit zur Übernahme der Perspektive des anderen und ermöglicht ein elementares Gerechtigkeitsdenken („Was andere tun dürfen, darf ich auch" usw.). Freilich gibt es auch andere angeborene Tendenzen im Menschen, die dem Reziprozitätsstreben zuwiderlaufen. Darüber hinaus ist die Piaget-Kohlberg'sche These eines „postkonventionellen" Moralstadiums zweifelhaft, da angehende Erwachsene, nachdem sie die Interessenabhängigkeit moralischer Normen durchschaut haben, in einen moralischen Relativismus und in der Folge in ein präkonventionelles Stadium zurückfallen können (Turiel 1977).

In beschränktem Maße scheint reziproke Kooperation bzw. TFT auch im Tierreich verbreitet zu sein. Als Beispiel führte Dugatkin (1998) die Befruchtungszeremonie hermaphroditischer Fische an, die sowohl in die Rolle des eierlegenden Weibchens als auch in die des besamenden Männchens schlüpfen können. Da die Produktion eines Eierpakets wesentlich aufwendiger ist als dessen Besamung, erwartet der eierlegende und damit zuerst kooperierende Partner vom besamenden Partner, dass dieser danach die Kooperation erwidert, also seinerseits Eier legt, die der erste Partner dann besamen darf. Insofern liegt hier ein sequenzielles Defektion-Kooperations-Spiel vor. Die TFT-Hypothese stützt sich auf die Beobachtung, dass eierlegende Hermaphroditenfische, sofern der Partner es versäumt hat, selbst Eier zu legen, mit dem erneuten Eierlegen wesentlich länger warteten, als wenn der Partner sogleich die Kooperation erwiderte (ebd., 45 f). Hammerstein (2003a, 85–90) schlug allerdings alternative Interpretationen dieser Beispiele vor und argumentiert gegen Dugatkin für die These, dass reziproke Kooperation im Tierreich sehr selten und stattdessen etwas typisch Menschliches sei.

Wie aus zahlreichen Simulationsresultaten hervorgeht, ist TFT eine sehr erfolgreiche Strategie. Doch Axelrods These, dass TFT in allen Standardsituationen überlegen ist, hat sich in zahlreichen Folgeuntersuchungen als kaum haltbar erwiesen. Hirshleifer und Martinez-Coll (1988) stellten fest, dass TFT seine Robustheit verliert, wenn eine Irrtumskomponente eingebaut wird. Schüssler (1990, 34 ff) fand heraus, dass der Erfolg von TFT sich empfindlich ändert, wenn man die Spieleinsätze variiert (vgl. auch Donninger 1986). Nowak und Sigmund (1993) zeigten, dass TFT der Strategie *Pawlov* unterlegen ist, die ihre Handlung K bzw. D beibehält, wenn damit mindestens drei Punkte erzielt wurden, und sonst nach D bzw. K abändert. Binmore (1998, 314) wiederum gelangte in einem Turnier aller Fünf-Bit-Strategien des iterierten D-K-Spieles (▶ Abschnitt 15.3) zum Ergebnis, dass TFT der Strategie Grim unterlegen sei. Bald war auch klar, dass die Axelrod'sche Eigenschaft der „kollektiven Stabilität" (Fußnote 80), die TFT besitzt, nicht vor dem Eindringen betrügerischer Mutanten schützt, weshalb es eine evolutionär stabile Strategie im iterierten Gefangenendilemma gar nicht gibt (vgl. Lorberbaum 1996; Binmore 1998, 321 f). Im n-Personen-Kooperationsspiel stellte sich schließlich heraus, dass steigende Gruppengröße die Ausbreitung von Kooperation hemmt (Boyd und Richerson 1988).

Dies sind nur einige von vielen Ergebnissen (eine gute, wenngleich unvollständige Übersicht findet sich bei Dugatkin 1998, 42–44). Die geschilderten Ergebnisse erhärteten sich in einer jüngst von Arnold (2008, Abschnitt 4.1) durchgeführten

Simulationsserie, die mithilfe der erwähnten Fünf-Bit-Strategien durchgeführt wurde, sowie mit parametrisierten TFT-Strategien, die zu einem kleinen Prozentsatz kooperieren statt defektieren (*good rate*) bzw. defektieren statt kooperieren (*evil rate*). Arnold (2008, 89 ff) gelangte zu folgenden Ergebnissen:

1.) **Variation der Matrixwerte:** Wenn man den Nutzwert u(D,K) auf 3,5 erniedrigte, setzte sich TFT unter allen parametrisierten TFTs durch; wenn man stattdessen den Nutzwert u(D,D) um einen Punkt erhöhte, setzte sich langfristig Always-D durch. Unter den parametrisierten TFTs stellte sich in 39 % der Simulationen TFT und in 28 % aller Simulationen Always-D als Gewinner heraus; unter den Fünf-Bit-Strategien war dagegen immer Always-D der Gewinner (ebd., 100).

2.) **Spielstörungen in Form von Handlungsfehlern** erwiesen sich als ein Hauptfaktor für den Erfolg von Always-D – ohne Spielstörungen war der Erfolg von TFT-ähnlichen Strategien wesentlich höher (ebd., 107 f). Eine einzige fehlerhafte (eigentlich kooperativ gemeinte) Defektion genügt nämlich für revanchierende Strategien, um im Gegenzug unangebracht zu defektieren, was die erstere Strategie erneut zur Defektion bewegt, usw. So kann ein einziger Defektionsfehler zu einer nicht abbrechenden *Kette* von Defektionen führen. Dies ist aus der Praxis kriegsführender Parteien in Form von *Gewaltspiralen* in trauriger Weise bekannt. Um dies zu vermeiden, benötigt man altruistische Strategien mit einer hohen *Verzeihungsrate* – doch die letztgenannten Strategien lassen sich viel leichter ausbeuten und können zwar Auswege aus Gewaltspiralen bieten, aber in Normalsituationen kaum überleben.

3.) **„Gutmenschen" im Kielwasser von Revanchierern:** Der gelegentlich hohe Erfolg von naiv-ausbeutbaren Kooperationsstrategien wie Always-K wird von Arnold damit erklärt, dass sich diese im „Kielwasser" von TFT-ähnlichen Strategien entfalten. Wenn die Revanchierer einmal die „Bad Guys" aus dem Weg geräumt haben, ist der Weg frei für die „Gutmenschen", solange bis weitere „Bad Guys" eindringen, welche die „Gutmenschen" so lange ausbeuten, bis wieder Revanchierer auf den Plan treten, usw. In demselben Sinn machte schon Binmore (1998, 321 f) darauf aufmerksam, dass sich in einer ursprünglichen Revanchiererpopulation dysfunktionale Always-K-Mutationen ungehindert ausbreiten können und eine derart Always-K-unterwanderte Population leicht zum „Massenopfer" von Always-D werden kann.

Zusammenfassend erweisen sich revanchierende Kooperationsstrategien wie TFT zwar als wesentlich erfolgreicher als naiv-altruistische Strategien, doch sind sie den egoistischen Defektionsstrategien keineswegs durchgängig überlegen. Vielmehr hat sich der Befund von ▶ Abschnitt 15.3 erhärtet, dem zufolge der Erfolg von TFT sehr empfindlich abhängt von 1) den im Spiel beteiligten Strategien, 2) der Feinjustierung der Nutzenmatrix und 3) dem Ausmaß von zufallsbedingten Irrtümern oder Mutationen. Der bereits in ▶ Abschnitt 1.3 und 6.2.2 kritisierte *Essenzialismus* wird damit im Bereich der Kulturwissenschaften vollends *obsolet*. Auch wenn eine Kultur über lange Strecken durchgängig friedlich und die andere kriegerisch lebt, wäre es inadäquat, dies auf einen grundlegenden Unterschied in der „inneren Natur" dieser Gesellschaften zurückzuführen. Nur geringfügige Unterschiede der Randbedingungen könnten es gewesen sein, die im einen Fall die Konvergenz in eine friedliche und im anderen Fall in eine kriegerische Kultur bewirkten – was auch impliziert, dass solche kulturelle Eigenarten nicht unveränderbar sind, sondern sich durch den Wechsel externer Bedingungen oft überraschend schnell verändern können, sei es zum Schlechteren oder zum Besseren.

16.5 Entstehung von Kooperation aus Intraspeziessymbiose

Beim Defektion-Kooperations-Spiel konnten die bislang besprochenen Mechanismen der Reziprozitätssicherung für keine verlässliche Evolution von Kooperation sorgen, weil jede neue Komplexitätsebene neue Betrugsstrategien ermöglicht. Die damit ermöglichte *Koevolution* von Kooperations- und Betrugsstrategien hat in der Sozialgeschichte der Menschen auch tatsächlich stattgefunden (vgl. Krebs 1998, 360). Gibt es nicht auch andere Situationen bzw. Spiele, mit anderer Spielmatrix, in denen Kooperation wesentlich leichter entstehen kann? In der Tat gibt es eine solche Situation, die von evolutionären Spieltheoretikern kaum diskutiert wird, dafür umso mehr von Soziobiologen – und zwar die *Intraspeziessymbiose*, d. h. die symbiotische Interaktion zwischen Mitgliedern derselben Spezies. Dugatkin (1998, 48 f) spricht von Mutualismus qua Nebenprodukt (*by-product mutualism*), weil es sich hierbei um eine Verhaltensweise handelt, die ein Individuum aus egoistischer Sicht ohnedies tun muss, von der jedoch andere Individuen mehr oder weniger gratis profitieren können, ohne dabei den Nutzen für das ausführende Individuum zu schmälern. Typische Beispiele hierfür sind *Feindinspektion* und *Territorialverteidigung*. Ein Familienoberhaupt muss dies ohnedies tun, um das Überleben seiner eigenen Nachkommen zu sichern. Wenn aber noch andere artgleiche Familien in der Nähe sind, dann können diese von der Feindinspektion oder Feindvertreibung des ersteren Familienoberhauptes mitprofitieren, ohne dessen Eigennutzen dadurch zu schmälern.

Vorausgesetzt wird dabei, dass im Territorium genügend Nahrung für alle vorhanden ist. Dies ist bei grasfressenden Säugetieren häufig der Fall, weshalb sich diese typischerweise in Herden zusammenschließen. Viele weitere Beispiele von Intraspeziessymbiose durch Schwarm- oder Herdenbildung werden von Wilson angeführt, der den symbiotischen Herdenmutualismus als die primäre Antriebskraft der sozialen Evolution im Tierreich betrachtet (1975, Kap. 3). Herden- oder Schwarmbildung macht die Aktivitäten der Feindinspektion effizienter, senkt die Wahrscheinlichkeit, von Räubern gefressen zu werden, macht es dem Räuber bei geeigneter Schwarmformation schwerer anzugreifen und hat noch weitere symbiotische Vorteile – beispielsweise rotten sich Herden eng zusammen, um besser Wärme zu speichern oder sich vor dem Wind zu schützen; Kolonienbildung bei Vögeln erleichtert die Partnersuche.

Die Matrix des Zweierspieles, die solch symbiotischem Verhalten zugrunde liegt, besteht aus zwei möglichen Verhaltensweisen: In beiden Fällen wird eine dem Selbstinteresse dienende Handlung durchgeführt, aber beim symbiotischen Verhalten, abgekürzt S, wird das kostenlose Mitprofitieren des anderen toleriert, während beim

Tab. 16.1 Zweiermatrix symbiotischen Verhaltens

	A	S
A	b	b + c
S	b	b + c

$\Rightarrow$

	A*	S
A*	b	b + c
S	b + $\varepsilon \cdot$ c	b + c

Symbiose ohne Reziprozität　　　　　　　　Symbiose mit kleiner Reziprozität ε

S [bzw. A] = Mitprofitieren des anderen wird toleriert [bzw. nicht toleriert], A* = wie A, doch zu einem ε-Anteil wird reziproziert, b = Basisnutzen, c = Nutzensurplus durch Mitprofitieren beim anderen, ε = Reziprozitätsrate

antisymbiotischen bzw. antisozialen Verhalten A das Mitprofitieren des anderen tendenziell verhindert wird. Daraus ergibt sich die Nutzenmatrix von ▶ Tab. 16.1 (linke Spalte).

Der Basisnutzen b von Spieler 1 bleibt durch das Mitprofitieren von Spieler 2 unbeeinflusst (linke Spalte: u(A,X) = u(S,X) für X = A oder S). Spieler 1 erfährt einen Zugewinn von c, wenn ihn Spieler 2 ebenfalls mitprofitieren lässt (rechte Spalte). Sober und Wilson (1998, 245) bezeichnen den symbiotischen S-Spieler von ▶ Tab. 16.1 als den „E-über-A-Pluralist" (E für Egoist, A für Altruist), der sich an die Pareto-Regel hält und daher die Besserstellung der anderen bevorzugt, sofern er selbst dadurch nicht schlechter gestellt wird – im Unterschied zum reinen Egoisten bzw. „Neidhammel" E, der dem anderen auch dann keinen Nutzen gönnt, wenn ihm dadurch kein Schaden erwächst.

Im reziprozitätsfrei-symbiotischen Spiel (linke Spalte) erzielen S und A denselben Durchschnittsnutzen – sie sind weder evolutionär noch neutral stabil, sondern nur indifferent stabil. Eine kleine Gruppe von S-Mutanten kann in eine A-Population eindringen, sich dort halten, durch Zufallsdrift sogar anwachsen oder auch wieder aussterben. Wesentlich ist nun Folgendes: Sobald das Mitprofitieren an den S-Eindringlingen auch nur von wenigen Mitgliedern der A-Population, sagen wir von einem ε-Anteil, erwidert wird, steigt der Durchschnittsnutzen der S-Variante gegenüber der A-Variante an. Dies ist in ▶ Tab. 16.1, rechte Spalte, dargestellt: Die ε-anteilige Reziprozität bringt den S-Spielern einen Zusatzgewinn von $\varepsilon \cdot$ c gegenüber A* ein, sodass nun eine Gruppe von S-Spielern in eine A*-Population eindringen und die Population übernehmen kann.

Eine kleine Reziprozitätsrate genügt, um S gegenüber A einen evolutionären Vorteil zu verschaffen, der A zum Aussterben bringt. Im Resultat präferieren die Familien einer S-Population das Zusammenleben in großen Gruppen mit wechselseitiger symbiotischer Kooperation. Die Intraspeziessymbiose liefert damit ein Modell, das die *Entstehung* von wechselseitiger Kooperation ausgezeichnet zu erklären vermag – denn sie verlangt nicht, dass Reziprozität ein durchgängig oder auch nur dominantes Verhalten ist, sondern lediglich, dass zumindest *gelegentlich* reziproziert wird. Und ist wechselseitig-symbiotische Kooperation in einer Population einmal dominant, so lässt sich auch erklären, warum dieses Verhalten auch auf Situationen angewandt wird, in denen die Zulassung des Mitprofitierens des anderen geringe Kosten k verursacht: Solange diese Kosten geringer sind als der Reziprozitätsgewinn $\varepsilon \cdot c$, rentiert sich S immer noch.

Leider ist die Entwicklung der linken zur rechten Spalte in ▶ Tab. 16.1 mit stetig wachsendem ε nicht unbegrenzt stabil. Erst dadurch, dass es zu Gruppenorganisation mit wechselseitig symbiotischem Verhalten kommt, können sich echte Ausbeutungs- bzw. Defektionsstrategien D entwickeln, welche die ehemals für das eigene Überleben nötige Handlung (z. B. Feindvertreibung, Nahrungsvorsorge) nun gar nicht mehr selbst ausführen, sondern *nur* mehr von anderen besorgen lassen. Reine D-Individuen wären zuvor ausgestorben, haben nun aber eine Chance. Auf diese Weise kommt es zur Koevolution jener Defektionsstrategien, welche der evolutionären Stabilität von Kooperation so große Hindernisse entgegenstellen.

Das Auftreten von Defekteuren in einer Gruppe von wechselseitig kooperierenden Individuen kann man als ein n-Personen-Spiel betrachten, in dem sich Defektion so lange lohnt, solange der Prozentsatz an Defekteuren nicht zu groß geworden ist. Steigt dieser Prozentsatz über eine *kritische Defektionsschwelle*, so gibt es zu wenige Individuen, welche die überlebensnotwendige Handlung für die ganze Gruppe besorgen, und es entsteht ein großer Schaden für alle Individuen der Gruppe. Spieltheoretiker haben n-Personen-Spiele dieser Art untersucht und herausgefunden, dass es hierbei regelmäßig zu Zusammenbrüchen der Kooperation kommt (vgl. Boyd und Richerson 1988; Schüssler 1990, 51).

Die von Schüssler (ebd., 46) beschriebenen Simulationen nehmen an, dass nach Überschreiten der kritischen Defektionsschwelle die Defekteure immer noch besser abschneiden als Kooperateure. Realistischer ist aber die Annahme, dass nach Überschreiten der kritischen Schwelle die Kooperateure wieder zu egoistischen Verhaltensweisen A (mit kleinem Anteil S) übergehen, also sich nicht mehr auf andere verlassen, sondern die überlebensnotwendige Handlung selbst besorgen. In dieser Situation beginnt der Erfolg von Defekteuren zu schwinden, und ihr Populationsanteil bricht zusammen. Es bildet sich wieder die Situation der Spielmatrix in der linken Spalte von ▶ Tab. 16.1 heraus, und es bedarf erneut des Zwischenschrittes zur rechten Spalte von ▶ Tab. 16.1, damit größere kooperative Gruppen entstehen können (eingehendere Untersuchungen dieses Phänomens stehen noch aus). Zusammengefasst vermag Intraspeziessymbiose mit Reziprozität zwar hervorragend die *Entstehung* von Kooperation in größeren Gruppen zu erklären, aber nicht deren nachhaltige *Stabilisierung* gegenüber der Koevolution von Defektionsstrategien.

16.6 Gemeinschaftliche Sanktion und Belohnung: Die evolutionäre Bedeutung von institutionalisierten Sanktionssystemen

Im vorhergehenden Abschnitt haben wir gesehen, dass die Entstehung von Kooperation durch veränderte Nutzenwerte der Spielmatrix entscheidend begünstigt werden kann. Nun haben aber Menschen seit Urzeiten einen Weg verfolgt, diese Nutzenwerte zu ändern: nämlich durch gemeinschaftliche *Sanktionssysteme* und *Belohnungssysteme*, die in fortgeschrittenen Gesellschaften institutionalisiert und

Tab. 16.2 Transformation der D-K-Matrix durch Bestrafung von Defekteuren

	D	K	Matrixtransformation:		D	K
D	1	4	zwei Strafpunkte $\Longrightarrow$	D	–1	2
K	0	3	für Defekteure	K	0	3

durch einen Rechtskodex abgesichert wurden. Offenbar waren gesellschaftliche Sanktions- und Belohnungssysteme in der Menschheitsgeschichte sehr effektiv, und mir ist keine Gesellschaft bekannt, die ohne sie ausgekommen wäre. In diesem Abschnitt fragen wir, welche Auswirkungen solche Systeme für die Evolution von Kooperation besitzen, die über die bisher diskutierten Effekte hinausgehen.

Die einfachste Art von Bestrafung bzw. Belohnung ist Reziprozität selbst. Wie Skyrms (2004, 4 f) ausführt, vermag die Antizipation eines gewissen Anteils zukünftiger Reziprozität die Nutzenwerte einer Gefangenendilemma-Matrix in die einer Hirschjagdmatrix zu verwandeln. Wie wir in ▶ Abschnitt 15.2.3 sahen, erleichtert dies die Evolution von Kooperation, stabilisiert sie aber noch nicht. Wenn die Defekteure jedoch durch einen Sanktionsmechanismus direkt bestraft werden, ergibt sich ein anderes Bild. Wenn der Defektionshandlung zwei zusätzliche Strafpunkte erteilt werden, so erhalten wir die in ▶ Tab. 16.2 dargestellte Transformation der Matrix des Gefangenendilemmas.

Das Verhältnis von D und K hat sich dadurch umgekehrt: In der resultierenden Matrix rechts ist nun K die dominante und evolutionär stabile Strategie, und sämtliche Trajektorien münden in ein stabiles 100%-K-Endgleichgewicht. Formal hätte man denselben Effekt auch erreicht, wenn Kooperation durch zwei Punkte belohnt worden wäre. In Szenarien, in denen sich Defekteure in der Minderheit befinden, ist Bestrafung allerdings realistischer, da man kaum alle Nichtdefekteure permanent belohnen kann (Näheres dazu s.u.).

Sind dadurch alle Probleme gelöst? Natürlich nicht, denn es fragt sich, wie ein solches Bestrafungs- oder Belohnungssystem entstehen kann. Die Bestrafung eines Defekteurs ist nicht immer einfach (z. B. wenn dieser flieht oder sich wehrt) und erfordert selbst soziale Kooperation. Wir scheinen damit in ein ähnliches Dilemma zu geraten wie bei der Erklärung der Evolution von Sprache, welche – wenn sie als rationaler Einigungsprozess gedacht wird – schon Sprache voraussetzt. Man sagt auch, ein wirksames Sanktionssystem verursacht *Kosten zweiter Stufe*, und um diese allseitig aufzubringen, ist *Kooperation zweiter Stufe* nötig (Ökonomen sprechen hier auch vom Problem der „gemeinschaftlichen Güter zweiter Stufe"; Sober und Wilson 1998, 144). Eine bestrafende und belohnende Kooperation zweiter Stufe kann zwar die Kooperation erster Stufe stabilisieren, doch wie entsteht sie selbst?

Jäger- und Sammlergesellschaften sind, wie man von den wenigen gegenwärtig noch lebenden Primitivkulturen weiß, besonders egalitär. Nahrungsvorräte und insbesondere Fleisch werden durchgängig geteilt. Es gibt keine Statushierarchie unter den Familienoberhäuptern; vielmehr muss ein besonders erfolgreicher Jäger, wenn er mehr Fleisch als die anderen für sich beansprucht, damit rechnen, dass sich die anderen gegen ihn verbünden.[83] Wie D. Wilson (2002, 21) hervorhebt, sind Jäger- und Sammlergesellschaften jedoch nicht deshalb egalitärer als Agrargesellschaften, weil sie weniger egoistisch oder gewaltbereit wären – was sich an ihrem meist grausamen Verhalten gegenüber konkurrierenden Stämmen zeigt. Ihre höhere Egalitarität verdankt sich vielmehr folgenden zwei Gründen: Erstens sind sie in hohem Maße auf Kooperation angewiesen, denn das Jäger- und Sammlerglück begünstigt einmal den einen und dann wieder den anderen, und nur wenn aufgeteilt wird, können solche Schwankungen ausgeglichen werden. Zweitens ist in Jäger- und Sammlergesellschaften aufgrund der kleinen Gruppengröße der Egoismus einzelner Individuen durch die Gruppe viel leichter kontrollierbar. In allen bekannten Jäger- und Sammlergesellschaften entwickelten sich soziale *Reputationsmechanismen,* die darauf beruhen, dass sich die Stammesmitglieder das Verhalten ihrer jeweiligen Interaktionspartner nicht nur merken (wie beim TFT), sondern dieses auch den anderen weitererzählen. Dadurch erwerben sich alle Stammesmitglieder aufgrund ihrer mehr oder weniger altruistischen Verhaltensweise eine öffentliche Beurteilung – einen „Ruf" bzw. eine *Reputation.*

Reputation geht über die auf simpler Revanche beruhende Belohnung bzw. Bestrafung in zweierlei Hinsicht hinaus. Erstens weil die Reputation qua „öffentliches Gedächtnis" auch über jene Partner informiert, die man noch gar nicht kennt, sodass Betrügern die Möglichkeit genommen wird, sich nach dem Modell „Heiratsschwindler" immer neue Opfer zu suchen. Zweitens wird die Bestrafung nicht unbedingt durch Revanche verübt, sondern häufig auch durch Gruppenausgrenzung oder andere Sanktionen. Deshalb ist es berechtigt, Reputationssysteme als Mechanismen aufzufassen, welche die Matrixwerte des Spieles *direkt* verändern, anstatt, wie bei der simplen Revanche, lediglich das zukünftige Spielverhalten zu verändern. So ist es in Jäger- und Sammlergesellschaften durch die Bank üblich, dass jungen Männern mit hoher Reputation die besten Frauen des Stammes zuteil werden, weshalb erfolgreiche Jäger nicht selten ihre Heiratschancen dadurch zu heben versuchen, indem sie besonders viel vom begehrten Fleisch an andere abgeben (Sober und Wilson 1998, 175–194; Boehm 1999).

Reputationsmechanismen finden sich schon im Tierreich. Von den Wirtsfischen des Putzerlippfisches ist beispielsweise bekannt, dass sie jene Putzerlippfische besonders gerne an sich naschen lassen, welche sie bei anderen Wirtsfischen beim „altruistischen" Entfernen von Hautparasiten beobachtet haben (statt beim „egoistischen" Mitschmarotzen an der Wirtsfischnahrung). In Reaktion darauf bauen sich Putzerlippfische eine Reputation auf, indem sie, wenn sie von Wirtsfischen wissentlich beobachtet werden, besonders augenfällig Hautparasiten entfernen (Bshary und Grutter 2006; Arnold 2008, 162 ff). Ähnliche Reputationsmechanismen wurden bei vielen Spezies beobachtet (vgl. Nowak und Sigmund 1998; Milinski, Semmann und Krambeck 2002; Russell, Call und Dunbar 2008).

Reputationsmechanismen setzen voraus, dass die Individuen einer Gruppe einander kennen. In den größeren Dorfgemeinschaften und Kleinstaaten, die sich nach der Agrarrevolution ausbildeten, konnten Reputationsmechanismen allein nicht

---

[83] Vgl. Wilson (2002), Knauft (1991), Boehm (1993) sowie Sober und Wilson (1998, 178).

mehr funktionieren. Ohne zentral organisierte Sanktionsmechanismen können sich hier Betrugsstrategien wesentlich erfolgreicher entfalten, weil Missetäter jederzeit in neue Gruppen entweichen können, um so der Revanche der von ihnen Geschädigten zu entgehen. In allen bekannten agrarischen Frühkulturen und Kleinstaaten haben sich daher militärisch gestützte Herrschaftsinstitutionen herausgebildet, die Gemeinschaftsaufgaben übernahmen, Regelbrecher ihren Sanktionen zuführten und dafür von ihren Untergebenen Abgaben, Ernteanteile oder Steuern einzogen. Ein plausibles Erklärungsmodell für die Entstehung solcher Herrschaftsstrukturen ist die in ▶ Abschnitt 10.2 erwähnte „Kleptokratie", also die Unterwerfung eines sesshaften Volkes durch einen zugewanderten militärisch überlegenen Stamm, der zum Herrscherclan avanciert, Abgaben verlangt und eine öffentliche Ordnung institutionalisiert. Solche Episoden haben nicht nur in der Geschichte der Hochkulturen Europas und Asiens wiederholt stattgefunden, sondern ereigneten sich auch unter den primitiv lebenden Volksstämmen Afrikas (Kelly 1985; Sober und Wilson 1998, 186–191).

Herrschercliquen, auch wenn durch Unterwerfung an die Macht gekommen, haben ein egoistisches Interesse an der Aufrechterhaltung der öffentlichen Ordnung und des dadurch gewährleisteten allgemeinen Kooperationsniveaus, da dies eine Voraussetzung für die wirtschaftliche Prosperität ihres Landes bildet. Freilich sind Herrschercliquen zugleich immer an ihrem eigenen Vorteil interessiert, doch Herrscher, deren Herrschaft zu sehr von Willkür und Ausbeutung geprägt war, konnten sich nie lange halten, sondern wurden von Aufständen niedergeworfen. Der Willkürherrschaft wurde daher schon früh in der Form von *Rechtssystemen* Grenzen gesetzt, beginnend mit dem Codex Hammurabi im 18. Jahrhundert v. Chr. Die Monarchien im konfuzianischen China oder im alten Rom waren ausgeklügelte Systeme wechselseitiger Kontrolle, die zwar nicht an die Kontrollmechanismen moderner Demokratien heranreichten, aber weit entfernt waren von primitiven Gewaltdiktaturen (vgl. Richerson, Boyd und Henrich 2003).

Staatliche Sanktionssysteme basieren auf gemeinschaftlichen Abgaben bzw. Steuern. Diese Kosten zweiter Stufe sind deutlich geringer als die Kosten erster Stufe, die beim Auftreten von Defekteuren erster Stufe (z. B. Dieben) entstehen. Darauf beruht die soziale Effizienz eines vergemeinschafteten Sanktionssystems. Freilich provozieren die Kosten zweiter Stufe die Möglichkeit von Betrügern zweiter Stufe, in Form von *Steuerschwindlern* – also Gesellschaftsmitgliedern, die in den Genuss der durch das Sanktionssystem bewirkten sozialen Sicherheit gelangen, ohne dafür einen Teil ihres Ertrags abzugeben. Doch das öffentliche Sanktionssystem wirkt auf allen Stufen und bestraft daher auch Steuersünder oder andere Betrüger höherer Stufe. Zwar gibt es eine Koevolution von immer neuen Betrugsformen und neuen Aufdeckungsmechanismen. Doch da Sanktionssysteme in elaborierten Staatssystemen *flexibel* anpassbar sind, können sie auf ein Zunehmen von Steuersündern oder anderen Defekteuren reagieren und diesbezügliche Sanktionen intensivieren. Daher besitzen Gemeinschaften mit öffentlichen Sanktionssystemen eine wesentlich höhere Stabilität gegenüber dem Zusammenbruch von Kooperation als Gesellschaften ohne solche (ebenso Boyd und Richerson 1992; Fehr und Gächter 2002). Unter der Einwirkung massiv schädigender Ereignisse wie z. B. einer Wirtschaftskrise mit Massenarbeitslosigkeit können freilich auch staatlich hochorganisierte Kooperationssysteme zusammenbrechen; sie fallen dann üblicherweise wieder auf die primitive Stufe von Militärdiktaturen zurück.

Wie hoch die Präferenz von menschlichen Gemeinschaften für öffentliche Sanktionssysteme ist, wurde in einem von Gürek, Irlenbuch und Rockenbach (2006) durchgeführten Experiment demonstriert. Versuchspersonen (Vpn) hatten wiederholt das in der Wirtschaftswissenschaft häufig untersuchte *Gemeinschaftsgut-Spiel* zu spielen. Dabei erhielt jede Vp eine anfängliche Kapitalausstattung von 20 Geldeinheiten (GE), von denen sie zwischen 0 und 20 GE dem Gemeinschaftsgut beisteuern konnte. Danach erhielten alle Vpn denselben Auszahlungsbetrag, der umso höher war, je mehr in das Gemeinschaftsgut insgesamt eingezahlt worden war. Sein Minimum lag bei 40 GE, wenn niemand etwas eingezahlt hatte, und sein Maximum bei 52 GE, wenn alle Vpn 20 GE eingezahlt hatten. Jede Runde bzw. Periode des Spieles bestand aus drei Stadien: 1) Jede Vp konnte ihre Zugehörigkeit zu einer von zwei Gruppen frei wählen: der *sanktionsfreien Gruppe* (*SFG*) oder der *sanktionierenden Gruppe* (*SG*). 2) Danach zahlte jede Vp einen Teil ihres Ausstattungsbetrags ein. Im Anschluss daran erhielt jede Vp einer Gruppe denselben (von der Höhe der gemeinschaftlichen Einzahlung abhängigen) Auszahlungsbetrag und wurde darüber informiert, wie viel jede andere Vp aus ihrer Gruppe zum Gemeinschaftsgut beigesteuert hatte. 3) Während die Periode der SFG damit zu Ende war, folgte in der SG ein weiteres Stadium, in dem jede Vp jede andere Vp ihrer Gruppe, die ihrer Meinung nach zu wenig ins öffentliche Gut eingezahlt und daher alle geschädigt hatte, dafür bestrafen konnte, wobei jede Bestrafung der strafenden Vp 1 GE und der bestraften Person 3 GE kostete.

Das Ergebnis des Experiments nach 30 Perioden war dramatisch und ist in ▶ Abb. 16.2 dargestellt. Anfänglich wählten etwa 2/3 der Vpn die sanktionsfreie Gruppe SFG und nur 1/3 die sanktionierende Gruppe SG. Das Kooperationsniveau, gemessen am Prozentsatz des Einzahlungsbetrags ins öffentliche Gut (▶ Abb. 16.2, rechte Ordinatenskala), war in der SFG zwar anfänglich mit knapp 40 % geringer als in der SG mit etwas über 60 %, aber immer noch recht hoch. Schon nach wenigen Spielperioden brach die Kooperation in der SFG zusammen und erreichte schließlich ein gegen Null tendierendes Niveau. Offenbar besaß jede Vp in der SFG eher die egoistische Tendenz, etwas weniger als der Durchschnitt ins öffentliche Gut einzuzahlen, da kein Sanktionsdruck vorhanden war. Umgekehrt besaßen die Vpn in der SG die Tendenz, etwas mehr als der Durchschnitt einzuzahlen, um drohenden Sanktionen zu entgehen, was das Kooperationsniveau der SG sukzessive bis zu 100 % hinauftrieb und im Effekt dazu führte, dass sehr bald die Mehrheit der Vpn von der SFG in die SG wechselten: Schon nach der zehnten Periode waren nur mehr 1/3 der Vpn in der SFG, und nach 30 Perioden verblieb nur mehr ein hartnäckiger Rest von etwa 5 % „egoistischen Individualisten" in der SFG.

Als besonders wichtig für das Zustandekommen des Kooperationseffekts stellten sich die *strong reciprocators* heraus, die schon anfänglich einen hohen Anteil ihres Privatvermögens in die Bestrafungen von Egoisten investierten und es dafür in Kauf nahmen, anfangs einen geringeren Ertrag zu erzielen als der Durchschnitt ihrer Gruppe (ebd., Abb. 2). Es wurden auch positive Belohnungen im dritten Stadium der SG zugelassen, bei denen eine Vp einer anderen eine GE „schenken" konnte, doch standen diese positiven Belohnungen in keiner signifikanten Korrelation mit

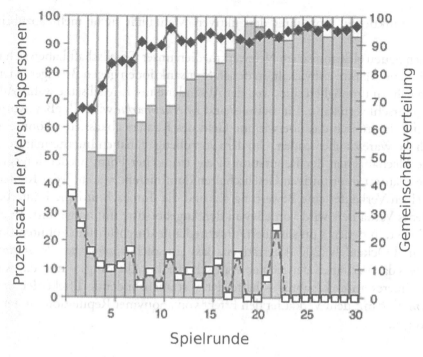

Abb. 16.2   30 Perioden des Gemeinschaftsgut-Spieles (verändert nach Gürek, Irlenbuch und Rockenbach 2006, Abb. 1). Weiße Balken = % Vpn in SFG, dunkle Balken = % Vpn in SG, durchgezogene Linie = durchschnittlicher Einzahlungsanteil in der SG, gestrichelte Linie = durchschnittlicher Einzahlungsanteil in der SFG.

der Höhe des Kooperationsniveaus (ebd., Tab. 1). In einem zweiten Experiment erhöhten Rockenbach und Milinski (2006) die Effizienz von Belohnungsakten, indem jede Vp drei GE Belohnungsausstattung erhielt, von der sie zwischen 0 und 3 GE dafür verwenden konnte, eine andere Vp zu belohnen, wobei das Dreifache des überwiesenen Belohnungsbetrags an die belohnte Vp ausgezahlt wurde. Das Resultat dieses zweiten Experiments war, dass der Einbau der Option effizienter Belohnungsakte zwar nichts an der hohen Präferenz der Vpn für sanktionierende Gruppen änderte, jedoch die Effizienz von Sanktionen noch weiter steigerten konnte. Ein kombiniertes System der Bestrafung von Egoisten mit gelegentlichen effizienten Belohnungen von Vorbildern erwies sich somit unter den untersuchten Varianten als optimal für das Erreichen eines hohen Kooperationsniveaus.

Die erläuterten Resultate haben durchaus brisante politische Konsequenzen, die freilich standpunktabhängig unterschiedlich zu bewerten sind, jedoch insgesamt zur Vorsicht gegenüber einer allzu starken Lockerung des Strafrechtes warnen, so wie dies seitens der antiautoritären Strömungen der 1970er Jahre propagiert und teilweise auch umgesetzt wurde. Wenngleich die autoritären Erziehungsmethoden der Zwischen- und Nachkriegszeit zu Recht kritisiert wurden, so sind begründete Sanktionen offenbar unerlässlich für das Zustandekommen von Kooperation. Besonders aktuell wird diese Einsicht für das gegenwärtige Problem gewalttätiger (meist männlicher) Jugendlicher, die durch vernünftiges Zureden allein, ohne die Möglichkeit strenger Sanktionen, von ihrer destruktiven Mentalität nicht mehr abzubringen sind.

In den neuen elektronischen Netzwerkmedien unser Gesellschaft haben sich mittlerweile neue Märkte entwickelt, in denen Strafsanktionen gegen Betrüger jedenfalls bislang nahezu unmöglich sind, weil der Absender einer E-Mail seine wahre Adresse beliebig verschleiern kann. Ein Beispiel sind *Internetmärkte* wie z. B. eBay, worin ein Verkäufer theoretisch das überwiesene Geld des Käufers abkassieren könnte, ohne danach die Ware zu übersenden. Um dem vorzubeugen, haben Internetmärkte spontan die Mechanismen der Reputation in elektronischer Form wieder aufgegriffen, die wie erläutert in primitiven Gesellschaften dominierend waren: Jeder Käufer gibt über seinen Verkäufer eine Bewertung ab, und die durchschnittliche Käuferbewertung jedes Verkäufers wird von eBay in der Angebotsliste mit aufgeführt. In einem Experiment, in denen Vpn simulierte Internetkäufe durchführten, konnten Bolton, Katok und Ockenfels (2004) bestätigen, dass ein solcher *anonymer Reputationsmechanismus* das Vertrauen der Käufer drastisch erhöht. Allerdings – und das war ein zweites interessantes Ergebnis – hatte der vertrauensbildende Effekt der *direkten Bekanntschaft* mit dem Verkäufer den Effekt von anonymer Reputation immer noch überwogen.

16.7 Spezifisch menschliche Mechanismen der Kooperationsförderung

Während der langen Phase der Evolution in auf Kooperation angewiesenen Jäger- und Sammlerverbänden hat der Mensch eine Reihe spezifischer kognitiver und affektiver Mechanismen entwickelt, die Kooperation begünstigen (vgl. Richerson, Boyd und Henrich 2003, 367 ff). Diese seien im Folgenden kurz dargestellt; weitergehende Betrachtungen erfolgen im abschließenden ▶ Kap. 17 über die Evolution der Kognition.

16.7.1 Intentionalverstehen, Mitgefühl und Fairness

Fortgeschrittene Formen reziproken Verhaltens erfordern höhere kognitive Fähigkeiten des Menschen (vgl. Sober und Wilson 1998, 148). An erster Stelle steht hier die menschliche Sprache und die damit einhergehende soziale Intelligenz des Menschen. Diese ermöglicht ihm, den Mitmenschen als intentionales Wesen zu begreifen, sich dadurch auf die Absichten des anderen einstellen zu können sowie die Absichten der Gruppenmitglieder auf ein gemeinsames Ziel zu richten, um so eine kollektive Handlung durchzuführen (▶ Abschnitt 17.2).

Im Zusammenhang mit den Spiegelneuronen, welche die hohe menschliche Fähigkeit zu Nachahmung erklären (▶ Abschnitt 9.5.3), entwickelte sich das spontane menschliche Mitgefühl, das den Altruismus innerhalb der Gruppe fördert. Zugleich entstand in *Homo sapiens* eine angeborene Disposition zu Schuld- und Schamgefühlen bei Regelverletzungen (Richerson, Boyd und Henrich 2003, 371), die gemeinhin als *Gewissen* bezeichnet wird. Diese ist freilich nur als eine unter gegenläufigen Dispositionen zu verstehen und kann unter ungünstigen Umständen völlig zum Erliegen kommen, – in welchem Fall man von einem „gewissenlosen Menschen" spricht.

In Experimenten mit dem Ultimatumspiel, bei dem es um die Aufteilung eines gemeinschaftlichen Gutes geht, stellte sich heraus, dass Vpn ihr Spielverhalten wesentlich stärker an der Norm der Fairness orientierten, als aus der Perspektive individueller Nutzenmaximierung zu erwarten wäre (vgl. Güth, Schmittberger und Schwarze 1988; Skyrms 1999, 26 f). Höhere Reziprozitätsformen der rationalen Absprache und Konsensfindung, so wie sie das Sozialvertragsmodell einfordert, erfordern darüber hinausgehend systematische Methoden der vernünftigen Kommunikation, wie sie insbesondere im alten Griechenland, der „Wiege der Vernunft", entwickelt wurden.

16.7.2 Betrugsaufdeckung und konditionales Schließen

Höhere Formen regelbasiert reziprozierender Kooperation erfordern insbesondere das Vermögen, soziale Regelverletzungen des Mitmenschen zu erkennen. Die diesbezüglich hochentwickelten Fähigkeiten des Menschen wurden in einem Gebiet entdeckt, das zunächst weit abgelegen erscheint, nämlich der Psychologie des logischen Schließens. In einem berühmten, auf Wason (1966) zurückgehenden Experiment wurde Vpn die in ▶ Abb.16.3 dargestellte Testaufgabe gestellt (Evans 1982, Kap. 9; Garnham und Oakhill 1994, Kap. 8).

Das verblüffende Ergebnis des Wason'schen Kartentests war, dass nur wenige Vpn erkannten, dass neben der ersten auch die vierte Karte umgedreht werden muss, um die Regel zu überprüfen. Das Drehen der ersten Karte entspricht dem logisch gültigen Schluss des *Modus ponens*, den jeder beherrscht: Aus „wenn A, dann B" und „A

Aufgabe: Gegeben eine Schachtel mit Karten. Auf der Vorderseite dieser Karten befindet sich ein Buchstabe. Auf der Rückseite eine Ziffer. Es soll die folgende Regel erfüllt sein:

Wenn auf der Vorderseite ein A steht, dann steht auf der Rückseite eine 1.

Es werden nun vier Karten aufgelegt – zwei mit der Vorderseite und zwei mit der Rückseite nach oben. Die Frage an Sie lautet:

Welche dieser vier Karten müssen Sie umdrehen, um zu prüfen, ob die Regel für diese Karten tatsächlich zutrifft?

| A | B | 1 | 2 |

Resultate: Prozentsatz der Vpn, welche die jeweilige Karte umdrehten:

| 100 % | 5 % | 10 % | 5 % |

Abb. 16.3   Kartentest nach Wason (1966).

folgt B". Das Drehen der vierten Karte entspricht dem ebenso gültigen Schluss des *Modus tollens*, den die meisten Versuchspersonen nicht beherrschen: Aus „wenn A, dann B" und „nicht-B" folgt „nicht-A" (d. h., A kann wegen nicht-B nicht wahr gewesen sein). Das Drehen der zweiten und dritten Karte entspricht dagegen jeweils zwei ungültigen Schlüssen (VA für „Verneinung des Antecedens" und BK für „Bejahung des Konsequens"), nach denen die Vpn ebenfalls und teilweise noch häufiger schließen als nach der gültigen Regel des Modus tollens.

Nachdem diese und ähnliche Experimente die optimistische Auffassung vieler kognitiver Psychologen über die Denkfähigkeiten des untrainierten menschlichen Verstands zu Boden sinken ließen, wurde in einer zweiten Version dieses Experiments, das zuerst von Griggs und Cox (1982) durchgeführt wurde, ein fast noch verblüffenderes Resultat zutage gefördert (▶ Abb. 16.4).

Obwohl sich die zweite Aufgabenstellung in ihrer logischen Struktur mit der Aufgabenstellung des Wason'schen Kartentests völlig deckt, beherrschen die Vpn diese zweite Denkaufgabe perfekt, d. h., alle überprüfen gemäß dem Schluss des Modus ponens und Modus tollens korrekt die erste und vierte Person, und niemand begeht den Fehlschluss, die zweite Person (gemäß dem Fehlschluss VA) oder die dritte Person (gemäß dem Fehlschluss BK) zu überprüfen.

Cosmides (z. B. Cosmides und Tooby 1992) schlug zur Erklärung dieses überraschenden Befunds folgende Erklärung vor: Menschen verfügen über einen *bereichsspezifischen* kognitiven Modul der Aufdeckung von sozialen Betrügern (*cheating detection*), der im Verlauf der sozialen Evolution des Menschen herausselektiert wurde, weil darin die Einhaltung von Kooperationsregeln und die Aufdeckung von Regelbrechern eine so wichtige Rolle gespielt haben. Die Menschen besitzen also eine hochspezialisierte Fähigkeit, durch Modus-tollens-Schlüsse die Einhaltung

---

Aufgabe: Gegeben ein Jugendlokal. Es gibt Bier und Cola. Es soll folgende Regel gelten:

Wer Alkohol trinkt, muss mindestens 16 Jahre alt sein.

An einem Tisch sitzen vier Jugendliche. Von zweien (Berta, Klaus) kennen Sie nur das Getränk, aber nicht das Alter, von den zwei anderen (Lisa, Martin) nur das Alter, aber nicht das Getränk. Die Frage an Sie lautet:

Wen müssen Sie überprüfen, um festzustellen, ob er/sie die Regel gebrochen hat?

Berta:	Klaus:	Lisa:	Martin:
Bier	Cola	18 Jahre	14 Jahre

Resultate: Prozentsatz der Vpn, welche die jeweiligen Jugendlichen überprüften:

100 %	0 %	0 %	100 %

Abb. 16.4   Betrugsaufdeckungstest (Griggs und Cox 1982).

sozialer Regeln zu überwachen, ohne die allgemeinen logischen Prinzipien, die dahinter liegen, zu durchschauen oder auf andere Bereiche anwenden zu können. Auf die Frage, warum Modus-tollens-Schlüsse in Bereichen wie dem Kartenaufdeckungsspiel nicht oder nur nach logischem Training angewandt werden, gehen wir in ▶ Abschnitt 17.3 weiter ein. Hier ging es uns darum zu zeigen, dass sich der hohe Selektionsdruck zur Aufdeckung von Regelbrechern sogar in den angeborenen menschlichen Fähigkeiten zu logischen Schlüssen niederschlägt.

16.7.3 Erfolgsabhängige Nachahmung und Nachbarschaftsstrukturen

Erfolgsabhängige Nachahmung ist ein typisch menschlicher Mechanismus, der rudimentär auch bei höheren Tieren auftritt. Wie am Ende von ▶ Abschnitt 14.1.2 ausgeführt wurde, kann kulturelle Reproduktion generell als erfolgsabhängige Nachahmung verstanden werden, weshalb daran zunächst nichts Besonderes zu erkennen ist. Interessanterweise ändert sich jedoch für die Evolution der Kooperation Entscheidendes, wenn die Nachahmung nicht auf die ganze Population bezogen, sondern auf die unmittelbare *Nachbarschaft* beschränkt wird – was eine durchaus realistische Annahme ist. Dies wurde, neben anderen Autoren, in besonders eleganter Weise von Nowak (2006, Kap. 9) gezeigt. Nowak geht von der vereinfachten Matrix des Defektion-Kooperations-Spieles in ▶ Abb. 16.5a aus, in der nur der Parameter $b := u(D,K) > 1$ variiert wird (der Verlust von $u(K,D)$ gegenüber $u(D,D)$ wird dabei auf 0 reduziert).

Das nachbarschaftliche D-K-Spiel findet in quadratischen Zellengittern statt, den sogenannten Moore-Nachbarschaften (▶ Abb. 16.5b). Jede Zelle ist von einem Spieler besetzt bzw. entspricht einem Spieler, der D oder K spielt, und zwar mit seinen acht Nachbarzellen. Nach jeder Runde spielt jeder Spieler jene Strategie weiter, die in der letzten Runde unter seinen acht Nachbarschaftszellen und seiner eigenen Zelle den höchsten Erfolg hatte. Abhängig vom Wert des Parameters b ergeben sich die folgenden überraschenden Resultate, die in ▶ Abb. 16.6 und 16.7 dargestellt sind. Dunkle Zellen entsprechen dabei Defektoren, helle Zellen Kooperatoren. Die durch die Nachbarn bestimmten Spielerfolge unterschiedlicher Zellen (Nutzensumme pro Runde) sind eingetragen und für die restlichen Zellen symmetrisch zu ergänzen.

▶ Abb. 16.6 zeigt, unter welchen Bedingungen Defektoren in Kooperatorengruppen eindringen können. Eine einzelne D-Zelle in ▶ Abb. 16.6 links hat 8b Erfolg und wächst wegen 8b > 8 im nächsten Schritt sofort zu einem Neunercluster, da alle seine K-Nachbarn weniger Erfolg hatten und sich in D-Zellen umwandeln.

		D	K
	D	0	b > 1
(a)	K	0	1

Abb. 16.5   (a) D-K-Matrix nach Nowak und (b) Moore-Nachbarschaftsstruktur.

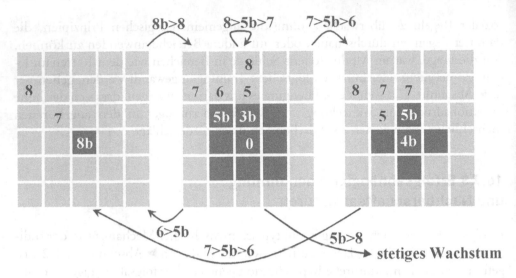

Abb. 16.6 Defektoren (dunkle Zellen) dringen in Kooperatorengruppen (helle Zellen) ein (verändert nach Nowak 2006, 152, Abb. 9.3.). Spielmatrix von ▶ Abb. 16.5a.

Im Cluster haben die Defektorzellen dann wieder weniger Erfolg, da sie nun auch Defektoren als Nachbarn haben. Die Pfeile zeigen, was weiter passiert. 1) Wenn 6 > 5b, zerfällt das Defektorencluster sofort wieder auf den Einzeldefektor zurück, weil dann jede äußere D-Zelle an eine K-Zelle mit höherem Erfolg grenzt und daher zur K-Zelle wird. 2) Wenn 7 > 5b > 6, zerfällt das Defektorencluster zunächst auf ein Kreuz zurück (für die 5b-D-Zelle ist die 7-K-Zelle der erfolgreichste Nachbar und für die 3b-D-Zelle die 5b-D-Zelle), um anschließend wieder auf einen Einzeldefektor zurückzufallen. Das Spiel beginnt dann von Neuem in Form eines rhythmischen Pulsierens. 3) Wenn 8 > 5b > 7, dann bleibt das Defektorencluster stabil, wächst nicht und schrumpft nicht (dann ist der erfolgreichste Nachbar jeder D-Zelle eine D-Zelle und jeder K-Zelle eine K-Zelle). 4) Wenn schließlich 5b > 8, also b > 8/5, dann wächst (aufgrund analoger Überlegungen) das Defektorencluster sukzessive an und Defektoren übernehmen die Population.

▶ Abb. 16.7 zeigt umgekehrt, unter welchen Bedingungen Kooperatoren in Defektorengruppen eindringen können. Eine einzelne Kooperatorzelle kann sich unmöglich vermehren, da sie nur Defektoren als Nachbarn besitzt. Wegen b > 1 kann auch keine einzelne Reihe von K-Zellen überleben. Ein Vierercluster von Kooperatoren (▶ Abb. 16.7 links) wächst zu einem Neunercluster an, wenn b < 3/2 (ansonsten zerfällt es wieder). Was mit einem Neunercluster weiter passiert, zeigen die Pfeile. 1) Wenn b > 8/3, fällt das Kooperationscluster auf eine K-Zelle zurück, um in der nächsten Runde zu verschwinden (dann ist der 3b-D-Nachbar der 5-K-Zelle erfolgreicher als der 8-K-Nachbar). 2) Wenn 5/3 < b < 8/3, bleibt das Kooperationscluster stabil, ohne zu wachsen oder zu schrumpfen (die 3b-D-Zelle ist dann erfolgreicher als die 5-K-Zelle). 3) Wenn 3/2 < b < 5/3, entwickelt sich das Kooperationscluster nur geradlinig, horizontal und vertikal, aber nicht diagonal weiter und wächst in Form eines immer größer werdenden Kreuzes an (die b-D-Zelle im Eck hat dann die 2b-D-Zellen als erfolgreichsten Nachbarn und bleibt bei D). 4) Wenn

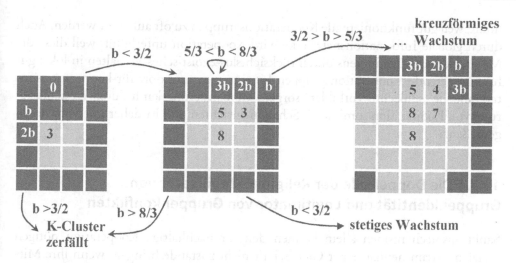

Abb. 16.7 Kooperatoren (helle Zellen) dringen in Defektorengruppen (dunkle Zellen) ein (Nowak 2006, 153, Abb. 9.4.). Spielmatrix von ▶ Abb. 16.5a.

schließlich b < 3/2, dann wird das Cluster stetig expandieren und Kooperatoren übernehmen die Population.

Die Chancen der Evolution von Kooperation werden durch Nachahmungslernen in engen Nachbarschaften also wesentlich erhöht. Ähnliche Resultate erzielten Skyrms (2004, 24 f, 34 f) und Alexander (2007, Abschnitt 4.2). Dieses Ergebnis hängt jedoch entscheidend davon ab, dass sowohl die Spielerinteraktion als auch die Nachahmung nur in lokaler Nachbarschaft stattfinden. Die *Lokalität der Spielinteraktion* bedeutet, dass die Spielerpaarung in hohem Maße korreliert stattfindet: Im Inneren von K- bzw. D-Clustern paaren sich Ks nur mit Ks und Ds nur mit Ds; K-D-Interaktionen finden nur an den *Grenzen* statt. Angenommen, es lägen stattdessen hohe Migrationsraten vor, sodass jeder Spieler nach jeder Runde zufällig in eine neue Zelle katapultiert wird. Kooperationscluster wie in ▶ Abb. 16.7 könnten dann nicht überleben, weil mit hoher Wahrscheinlichkeit jeder der neun Kooperatoren sich in der nächsten Runde weitgehend isoliert wiederfindet und von Defektoren umgeben ausstirbt.

Die *Lokalität der Nachahmung* verhindert wiederum, dass entfernte Defektoren lokal erfolgreichen Kooperateuren ein schlechtes Vorbild abgeben können. Würde man eine *globale* Nachahmung unter allen Populationsmitgliedern annehmen (z. B. vermittelt durch globale Medien), so würde dies paradoxerweise die evolutionäre Stabilität von Kooperation zunichte machen. Denn dann würden beispielsweise in ▶ Abb. 16.7 alle Mitglieder eines Kooperatorenclusters davon erfahren, dass die besten Spieler im Lande Defektoren mit 8b-Erfolgspunkten pro Runde waren (so wie diese in ▶ Abb. 16.6 eingezeichnet sind), was dazu führen würde, dass viele Kooperatoren diese entfernten Defektoren imitieren würden und dadurch ebenfalls vom Aussterben bedroht wären.

Insgesamt lässt sich daraus der bemerkenswerte Schluss ziehen, dass die spontane Evolution von Kooperation durch lokale Gruppenbildung stark begünstigt wird. Durch hohe Migrationsraten wird die Stabilität von Kooperation dagegen unterhöhlt, weil gut funktionierende Kooperationsgruppen zu oft aufgelöst werden. Auch durch globale Informationsnetzwerke wird Kooperation unterhöhlt, weil diese die Möglichkeit des Profitierens durch rücksichtslos-egoistisches Verhalten in lokal gut funktionierende Kooperationsgruppen hineintragen und dort für kooperationsuntergrabende „schlechte Vorbilder" sorgen. Globalisierung kann durch Destabilisierung von Kooperation somit auch Schäden anrichten und ist daher mit Vorsicht zu genießen.

16.7.4 Die Doppelrolle der Religion: Stabilisator von Gruppenidentität und Legitimator von Gruppenkonflikten

Sanktionsmechanismen allein können den für nachhaltige Kooperation nötigen sozialen Zusammenhalt einer Gesellschaft nicht zustande bringen, wenn ihre Mitglieder nicht schon ein hinreichendes Maß an gemeinsamer Werteorientierung besitzen. An dieser Stelle kommt die Kraft der Religion ins Spiel. Die Evolution von Religion hat viele Ursachen und Effekte, auf die wir in ▶ Abschnitt 17.5 näher eingehen. Hier geht es uns lediglich um den sozialen Effekt von Religion (vgl. D. Wilson 2002). Religiöser Glaube stabilisiert soziale Kooperation in zweierlei Weise: Erstens werden die gemeinsamen Werte und Regeln der eigenen Gruppe durch die höhere göttliche Macht *legitimiert* und abgesichert, und zweitens werden altruistische Handlungen im Dienste dieser Ordnung zusätzlich durch einen *jenseitsbezogenen reziproken Egoismus* motiviert, indem dem regelkonform Lebenden ewige Belohnung im Jenseits versprochen wird, während dem Regelbrecher ewige Verdammnis droht.

Religiöse Weltbilder haben *Homo sapiens* seit frühester Zeit begleitet. In allen bekannten Jäger- und Sammlergesellschaften finden sich mythisch-religiöse Glaubensvorstellungen, in denen unter anderem die Notwendigkeit kooperativen Verhaltens durch höhere göttliche Mächte abgesichert wird. Beispielsweise sagt der Aberglaube der Chewong auf Malaysia jeder Person drohendes Unheil voraus, die sich weigert, mit den anderen ihre Nahrung zu teilen (Wilson 2002, 22). Noch bedeutender werden Religionen in komplexeren Agrargesellschaften. Ein prototypisches Beispiel ist das Wasserkanalsystem im indonesischen Bali, welches den Reisanbau sämtlicher Inselbewohner speist. Es sieht für jeden Wasserverzweigungspunkt einen Tempel und einen zugehörigen überwachenden Gott vor; je mehr Felder der Verzweigungspunkt speist, umso höher stehend ist sein Gott und umso größer sein Tempel. Kooperationsmotivierende Werte und Mechanismen finden sich auch in allen bekannten Großreligionen. Was für die rasche Ausbreitung früher christlicher Kirchengemeinschaften sorgte, war neben den Mechanismen der Nächstenliebe und aufopfernden Hilfeleistung insbesondere die Offenheit gegenüber unterschiedlichen Ethnien (jeder konnte beitreten, nicht nur Juden oder Römer).

Doch der Altruismus, den eine Religion für die eigene Gruppe erzeugt, hat eine Kehrseite, in Form der Abwertung und Bekämpfung *anderer* Gruppen mit dem „falschen" Gott. So wie Religion den Zusammenhalt in der Gruppe verstärkt, verstärkt sie auch die Konkurrenz und nicht selten die Feindschaft zwischen den Gruppen. Wie in ▶ Abschnitt 10.2 ausgeführt wurde, war die Geschichte der Menschheit zu einem großen Teil eine Geschichte von Stämmen und Völkern, die sich im Namen ihrer Götter gegenseitig bekriegt haben. Diese Zweischneidigkeit von Religiosität und die damit verbundenen Gefahren des Fundamentalismus werden in ▶ Abschnitt 17.6 näher beleuchtet.

16.7.5 Gewaltenteilung und moderne Demokratien

Die meisten staatlichen Organisationen in der Entwicklung der zivilisierten Menschheit waren mehr oder weniger diktatorische Monarchien. Demokratische Organisationen beschränkten sich, so wie schon im antiken Athen, nur auf den oberen Stand der Aristokraten und Bürger. Staatlich garantierte Rechte und Sanktionen sorgten zwar für Gleichbehandlung und Kooperation innerhalb der unterschiedlichen *Stände*, sicherten jedoch zugleich die abgestuften Priviegien der höheren gegenüber den niederen Ständen. Schon im Codex Hammurabi, dem ersten schriftlich überlieferten Rechtskodex, erweist sich bei genauerer Lektüre, dass die Regel des „Wie du mir, so ich dir" *ständespezifisch* ausgelegt war – denn darin heißt es:

Wenn ein Bürger das Auge eines Bürgersohnes zerstört, so zerstört man sein Auge; wenn er den Knochen eines Bürgers bricht, so bricht man seinen Knochen; wenn er das Auge eines Untergebenen zerstört oder den Knochen eines Untergebenen bricht, so zahlt er 1 Mine Silber; wenn er das Auge des Knechts eines Bürgers zerstört oder den Knochen des Knechts eines Bürgers bricht, so zahlt er die Hälfte von dessen Kaufpreis (Bernal 1979, 103).

Das Problem staatlicher Institutionen mit Sanktionsgewalt bestand aus der Sicht der Kooperation immer darin, wie denn die „Kontrolleure kontrolliert" werden sollten. Auch die Konzeption des kooperationsstabilisierenden Staatsapparats von Thomas Hobbes – des „Leviathan", wie ihn Hobbes (1651) nannte – enthielt für dieses Problem keine Lösung, denn bei Hobbes unterstand der Staatsapparat nicht der Kontrolle des Volkes. Dies war für John Locke etwa 40 Jahre später Anlass, Hobbes' Theorie der kontrollierenden Staatsgewalt durch die Theorie der *Gewaltenteilung* zu ergänzen, wonach der staatliche Regierungsapparat durch gewählte Volksvertreter in Form eines Parlaments und einer unabhängigen Judikative kontrolliert werden sollte. Damit hatte Locke eine bahnbrechende Idee geboren, auf der letztlich alle modernen Demokratien westlichen Zuschnitts beruhen. Viele weitere Errungenschaften, wie die Trennung von Staat und Kirche oder der Schutz grundlegender Menschenrechte, gehören seitdem zum grundlegenden Wertbestand der modernen humanistischen Demokratien westlichen Zuschnitts. Gegenwärtig ist jedoch weltweit ein Wiedererstarken von Kulturen mit fundamentalistischen Einflüssen zu beobachten, allein schon bedingt durch das wesentlich höhere Bevölkerungswachstum in diesen Kulturen (▶ Abschnitt 17.5). Ob sich die Demokratien westlichen Zuschnitts auf lange Sicht als evolutionär stabil erweisen, kann nur die Zukunft zeigen.

17.
Wie vernünftig ist der Mensch?
Zur Evolution von Kognition
und Weltanschauung

Wie wir in diesem Kapitel herausarbeiten werden, beruht das menschliche Erkennen auf dem Zusammenwirken von *vielen* Fähigkeiten bzw. kognitiven Prozessen, von denen einige genetisch bedingt und andere kulturell erworben sind. Aufgrund dieser Vielfalt darf man sich einen angeborenen Kognitionsbestandteil nicht so vorstellen, als ob der menschliche Geist dadurch determiniert wäre. Genetisch gesteuerte kognitive Prozesse zwingen das Denken nicht in eine Richtung, sondern können durch andere genetisch bedingte Prozesse sowie insbesondere durch kulturell erworbene Fähigkeiten korrigiert werden. Beispielsweise konnte der Mensch seine angeborene visuelle Vorstellung, der zufolge der Raum notwendigerweise dreidimensional und euklidisch sein muss, durch kulturell erworbene Mathematik und Physik korrigieren.

Wir beginnen dieses Kapitel mit der Evolution von Sprache und fahren fort mit zentralen Fragen der evolutionären Kognitionswissenschaft bis hin zur Evolution von Religion im Kontext von Aufklärung und Metaaufklärung.

17.1 Sprachevolution und linguistische Abstammungsbäume

Da das gesprochene Wort per se keine bleibenden Spuren hinterlässt, gibt es zur Evolution der menschlichen Sprache kaum direkte Evidenzen, sondern vorwiegend theoretische Vermutungen. Das Lexikon von Sprachen entwickelt sich durch selektiv neutralen Drift, wie Laut- und semantische Verschiebungen, vergleichsweise schnell; heute lebende Deutsche verstehen kaum mehr das Althochdeutsch ihrer Vorfahren vor über 1 000 Jahren. Man sprach in diesem Zusammenhang auch von einer „linguistischen Uhr" (in Analogie zu Kimuras „molekularer Uhr"; ► Abschnitt 3.3). Pagel (2000, 395) nimmt an, dass die Sprachevolution vor etwa 200 000 Jahren begann, und schätzt mithilfe der Methode der linguistischen Uhr die Anzahl der von *Homo sapiens* hervorgebrachten Sprachen auf etwa 500 000. Doch ob die Hominiden tatsächlich schon vor 200 000 Jahren so etwas wie eine Sprache besaßen oder erst vor beispielsweise 70 000 Jahren, ist unbekannt.

Gegenwärtig existieren noch etwa 6 000 Sprachen, von denen ein Großteil von den vergleichsweise wenigen gegenwärtig noch existierenden primitiven Ethnien gesprochen werden; allein 16 % der gegenwärtigen Sprachvielfalt findet sich auf Neuguinea. Untereinander weisen diese Sprachen mehr oder weniger starke lexikalische Verwandtschaftsgrade in Form gemeinsamer Wortstämme auf (die allerdings von Lautverschiebungen überlagert sind). Wie im Fall der biologischen Spezies ist die beste Erklärung hierfür die Hypothese der Abstammung von gemeinsamen Sprachvorfahren, welche letztlich auf eine hypothetische Ursprache zurückgehen, die sich durch die weltweite Ausbreitung von *Homo-sapiens*-Populationen (▶ Abb. 2.10) nach und nach auseinanderentwickelten. Die Methode der Konstruktion minimaler Abstammungsbäume (▶ Abschnitt 3.4) lässt sich daher auch zur Erklärung der Verwandtschaftsrelationen gegenwärtiger Sprachen verwenden. Je mehr Wortstämme Sprachen miteinander teilen, desto später haben sich diese Sprachen evolutionär voneinander getrennt. Einige wenige und semantisch grundlegende Wortstämme finden sich sogar in allen noch lebenden Sprachen, z. B. „tik" für Finger bzw. die Zahl Eins (Cavalli-Sforza 2001, 142; vgl. die Beispiele am Ende von ▶ Abschnitt 10.3). Wie in ▶ Abschnitt 9.5.4 erläutert, gibt es im Bereich der Sprachevolution zwar auch partielle Wiedervereinigungen von Abstammungslinien in Form von Lehnwörtern usw., doch war die Separierung der Ethnien stark genug, um deren genetische Diversifizierung in gute Übereinstimmung mit ihrer sprachlichen Diversifizierung zu bringen. Diesen Sachverhalt machte sich Cavalli-Sforza (2001) zunutze, dem es gelang, die abstammungsmäßige Klassifikation gegenwärtiger Weltsprachen von Ruhlen (1987) nach einigen Modifikationen mit dem genetischen Stammbaum von Menschen (aus 38 unterschiedlichen Ethnien) annähernd zur Deckung zu bringen (Cavalli-Sforza 2001, 144, Abb. 12). Darauf aufbauend wurde von Ruhlen (1994) und Cavalli-Sforza (2001, 168f) ein vermutlicher zeitlicher Abstammungsbaum menschlicher Sprachen entwickelt, der in ▶ Abb. 17.1 dargestellt ist.

Ruhlens Abstammungshypothesen werden von gegenwärtigen Linguisten teilweise kritisch betrachtet. So wird argumentiert, dass ihnen die statistische Absicherung fehle (vgl. Boë, Bessière und Vallée 2003; Bolnick et al. 2004). Durch die Übereinstimmung mit den gut gesicherten genetischen Abstammungsbäumen wird dieser Einwand teilweise entkräftet. Dies vorweggeschickt wenden wir uns nun der Interpretation von ▶ Abb. 17.1 zu.

Die meisten Sprachfamilien sind vor 25 000 bis 4 000 Jahren entstanden, doch urafrikanische Sprachen wie das Khosianische, das als einzige Sprache Klickgeräusche besitzt, sowie die indopazifischen Sprachen Australiens und Neuguineas sind vermutlich älter als 40 000 Jahre. Gemäß dem Stammbaum von ▶ Abb. 17.1 spalteten sich aufgrund der Auswanderungswellen von *Homo sapiens* nach Asien zuerst die urafrikanischen Sprachen von allen anderen ab. Danach trennten sich die südostasiatischen Völker und Ursprachen, einschließlich Australien und Neuguinea, vom eurasischen Rest, deren Sprachen in der „nostratischen Sprachfamilie" zusammengefasst werden. Hiervon spalteten sich anschließend die dene-kaukasischen Sprachen ab, zu denen neben dem Sinotibetanischen auch Na-Dene, die Ursprache Nordamerikas gehört, sowie auch das Baskische, eine „Inselsprache", die vermutlich noch aus der altsteinzeitlichen Periode vor der letzten Eiszeit stammt (Cavalli-Sforza 2001, 141). Nach der Abspaltung der Amerind-Sprachen, welche alle anderen amerikanischen Ursprachen umfassen, der nordafrikanischen Sprachen (durch Rückeinwanderung nach Nordafrika) sowie des Dravidischen, der indischen Ursprache (die ca. 4000 v. Chr. von den eindringenden Indoeuropäern in den Süden abgedrängt wurde), verbleiben schließlich die euroasiatischen Ursprachen im engeren Sinn. Sie

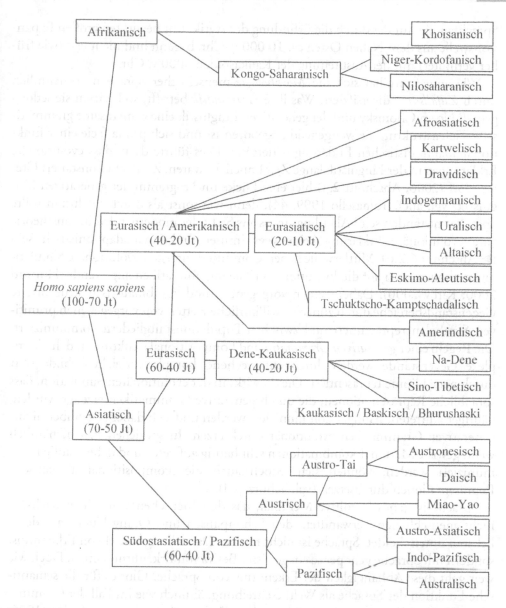

Abb. 17.1 Vermuteter zeitlicher Abstammungsbaum menschlicher Sprachen, entwickelt von Ruhlen (1994), Cavalli-Sforza et al. (1988) und Cavalli-Sforza (2001), basierend auf der Übereinstimmung von genetischem und linguistischem Abstammungsbaum (verändert nach Cavalli-Sforza 2001, 169, Abb. 14).

umfassen neben der größenmäßig dominanten indoeuropäischen Sprachfamilie noch die der altaischen Sprachen (vornehmlich im Gebiet der Türkei) sowie die nördlich angesiedelten Sprachfamilien der Eskimo-Aleut, der nordostsibirischen Chukchi-Kamchatkan und der uralischen Sprachen (vornehmlich in skandinavischem Gebiet). Die von Linguisten bestens erforschte indoeuropäische Sprachfamilie zerfällt ihrerseits in 63 gegenwärtige Sprachen (ebd. 164, Abb. 13; 159). Gegenwärtig vermutet man, dass der Ursprung der Ausbreitung der indoeuropäischen

Sprachfamilie mit der durch die Erfindung der Agrikultur bewirkten großen Expansionswelle aus dem Nahen Osten ca. 10 000 v. Chr. begann und nicht erst (wie früher vermutet) mit der Ausbreitung der Kaukasoiden 5000 v. Chr.

Wie ausgeführt hat sich die *Morphologie* menschlicher Sprachen vornehmlich durch *Zufallsdrift* diversifziert. Was ihre *Grammatik* betrifft, so besitzen sie jedoch gemäß Noam Chomsky und der generativen Linguistik eine gemeinsame grammatische Tiefenstruktur, die weitgehend angeboren ist und sich prima facie einer funktional-adaptionistischen Erklärung widersetzt. Dies führte dazu, dass evolutionäre Erklärungen in der Linguistik lange Zeit unbeliebt waren. Zu Recht konstatiert Grewendorf (2006, Abschnitt 2.4) hier eine Lücke im Programm der generativen Linguistik (vgl. auch Tomasello 1999, 44), denn wie sonst als durch Evolution sollte Sprache entstanden sein? Allerdings muss aus Sicht der modernen Evolutionstheorie eine evolutionäre Erklärung keineswegs immer funktional-adaptionistisch sein (▶ Abschnitt 6.2.6). Mittlerweile haben Computerlinguisten evolutionäre Simulationsmethoden auch auf die Evolution von Tiefengrammatiken angewandt (Hurford 2000; Kirby 2000). Dabei werden vorgegebene und kombinatorisch strukturierte Gegenstandsbereiche durch zunächst willkürliche Ketten von vorgegebenen primitiven Symbolen repräsentiert und zwischen Populationsmitgliedern kommuniziert. Die Regeln einer *generativen Grammatik* sind kompositional strukturiert, d. h., komplexe Gegenstände werden durch entsprechend komplexe Zeichengebilde statt durch neue Idiome repräsentiert. Dies bewirkt in der evolutionären Simulation, dass sprachliche Repräsentationen, die durch generative Grammatiken erzeugt wurden, häufiger auftreten, häufiger kommuniziert werden und sich daher gegenüber nichtgenerativen Grammatiken evolutionär durchsetzen. In speziellen Fällen, nämlich wenn gewisse Merkmalskombinationen sehr häufig auftreten und daher häufig kommuniziert werden, können sich jedoch auch nichtkompositional-idiomatische Repräsentationen durchsetzen (vgl. Schurz 2010).

Sprache ist jenes kognitive Merkmal, das den Menschen von seinen nächsten nicht menschlichen Verwandten, den Schimpansen und Orang-Utans, am deutlichsten unterscheidet. Sprache ist nicht nur ein Darstellungsmittel von Erkenntnis, sondern mit Sprache geht per se ein gewisser Besitz von Erkenntnis einher. Doch wie weit geht diese Abhängigkeit der Erkenntnis von Sprache? Gibt es für die semantische Funktion der Sprache als Weltbeschreibung, ähnlich wie im Fall der Grammatik, auch eine Art von *semantisch-kognitiver Tiefenstruktur*, so wie es Fodor (1976; 1998) behauptet hat? Sprachphilosophen wie Wilhelm von Humboldt und Sprachwissenschaftler wie Edward Sapir oder Benjamin Lee Whorf (1963) haben dies aufgrund der Unterschiede im Lexikon lebender Sprachen zunächst massiv bezweifelt. Beispielsweise verfügen viele Eingeborenenstämme über andere und weniger differenzierte Farbbegriffe als Angehörige der westlichen Zivilisation. Daraus haben einige Sprachethnologen geschlossen, dass diese Eingeborenen die Farben ihrer Umwelt tatsächlich anders wahrnehmen als wir. Whorf leitete aus solchen Befunden sein *linguistisches Relativitätsprinzip* her, dem zufolge wir nur das wahrnehmen können, was in unserer Sprache durch Begriffe vorgezeichnet ist (ebd., 15; Kutschera 1975, 300 ff). Besonders sensationell war Whorfs These, dass die Hopi-Indianer die *Zeit* völlig anders erfahren würden als die (von der Zeit gehetzte) westliche Zivilisation; beispielsweise würden die Hopis die Zeit nicht räumlich darstellen und nicht in Einheiten wie Tagen oder Jahren zählen (Brown 1991, 28). Die Welterfahrung der Hopis sei somit eine gänzlich andere als die der westlichen Zivilisation.

Die sprach- und kulturrelativistischen Thesen Sapirs und Whorfs wurden durch jüngere empirische Befunde massiv in Zweifel gezogen (Brown 1991). Generell kann aus der Tatsache, dass unterschiedliche Kulturen ihre Wahrnehmungen in unterschiedlichen Begriffen beschreiben, nicht gefolgert werden, dass ihre Sinneserfahrungen selbst sprachabhängig sind. Dies ließe sich nur *dann* folgern, wenn Angehörige dieser Kulturen auch nicht in der Lage wären, die jeweiligen Beobachtungsbegriffe anderer Kulturen durch *ostensives Training* zu erlernen, also durch Hinweise der Form „dies und dies ... ist orange" bzw. „... ist nicht orange". Diese Lernfähigkeit ist jedoch durchgängig vorhanden. Auch die Zuni-Indianer können den Farbbegriff „orange", über den sie nicht verfügen, nach kurzem ostensiven Training erlernen, und die Tiv und die Dani konnten auf diese Weise unzählige Farben erlernen, für die sie in ihrer Muttersprache über keine *primitiven* (d. h. semantisch unzusammengesetzten) Begriffe verfügen (Garnham und Oakhill 1994, 49–51; Berlin und Kay 1969/99, 24). Die Tatsache, dass Eingeborene auch ohne primitive Farbworte über die entsprechende Farbwahrnehmung verfügen, zeigt sich auch darin, dass sie entsprechende Farbumschreibungen besitzen – beispielsweise drücken die Tiv die Farbe Rot durch die Umschreibung „die Farbe des Blutes" aus usw.

Whorfs Hypothesen zur Hopi-Sprache beruhten vorwiegend auf mangelnden Daten oder empirisch inkorrekten Behauptungen (vgl. Brown 1991, 29–31). So fand Malotki (1983) im Gegensatz zu Whorfs Thesen nach vierjährigem Studium der Hopi-Sprache heraus, dass die Hopi die Zeit ebenso wie die Europäer in Einheiten zählen, welche Tagen, Wochen, Monaten, Jahreszeiten und Jahren entsprechen, und dass sie ebenfalls auch räumliche Metaphern zur Zeitdarstellung verwenden. Ähnliche Widerlegungen kulturrelativistischer Thesen illustriert Brown (1991) anhand anderer Fallbeispiele.

Insgesamt scheinen die Menschen in der Tat über gemeinsame kognitive Grundmuster zu verfügen, die das Erlernen der Sprachen anderer Völker und Kulturen ermöglicht. Dies erklärt auch den Befund von Berlin und Kay (1969/99), dem zufolge die bei unterschiedlichen Kulturen vorfindbare Ausdifferenzierung der primitiven Farbworte folgendem evolutiv gestuften Differenzierungsmuster folgt (1969/99, 2–5):

(17.1) Semantische Evolution von Farbbegriffen nach Berlin und Kay (1969/99):

Stadium 1: schwarz + weiß	Stadium 5: + blau
Stadium 2: + rot	Stadium 6: + braun
Stadium 3: + gelb oder + grün	Stadium 7: einige oder alle von Stadium 4
Stadium 4: + gelb und + grün + violett, + rosa, + orange, + grau	

Sprachen des Stadiums 1 fand man z. B. bei den Pyramid-Wodo im Zentrum Neuguineas, Stadium 2 bei Stämmen des afrikanischen Kongo, Stadium 3 bei einigen Stämmen Afrikas sowie auf den Philippinen und in Polynesien, Stadium 4 fand sich häufig bei Indianerstämmen, Stadien 5 und 6 bei einigen afrikanischen und wenigen chinesischen und südindischen Sprachen, bis hin zu dem bei den meisten europäischen und asiatischen Zivilisationen vorfindbaren Stadium 7. Berlin und Kay schlossen daraus, dass es eine kulturübergreifende semantische Evolution der Farbbegriffe gibt (ihr Modell wurde mittlerweile jedoch mehrfach revidiert; vgl. Kay und McDaniel 1978; Saunders 2000). Es gibt viele Hinweise auf ähnliche semantische Evolutionen, wie etwa die Konstruktion des Futurs „I will go" aus dem „Wollen" oder die des Perfekts „I have done it" aus dem „Haben" (Tomasello 1999, 45; Fromkin und Rodman 1998, 460 ff). Eine Theorie der semantischen Evolution von Sprache (im Gegensatz zur ihrer lexikalischen Evolution) steckt gegenwärtig jedoch noch in den Kinderschuhen.

17.2 Sprache und soziale Kognition, Intention und Kausalität: Zur kognitiven Differenz von Schimpanse und Mensch

Die auffälligste kognitive Differenz zwischen Schimpanse und Mensch ist das ungleich höhere Sprachvermögen des Menschen. Hat diese Differenz nur mit der höheren Allgemeinintelligenz des Menschen aufgrund seines weiterentwickelten Gehirns zu tun, oder hängt sie mehr mit spezifischen kognitiven Fähigkeiten des Menschen zusammen? Gemäß einer von mehreren Philosophen und Anthropologen behaupteten These[84] (▶ Abschnitt 9.2), die in der gegenwärtigen Kognitionsforschung besonders von Tomasello (1999) vertreten wird, haben sich die sprachlich-kognitiven Fähigkeiten des Menschen vor allem aus seiner *sozialen Kognition* entwickelt. Zwar besitzen Schimpansen erstaunlich viele kognitive Fähigkeiten, die von Gegenstandsklassifikation, Raumorientierung, räumlicher Bewegung und intelligentem Werkzeuggebrauch bis zum Aufbau sozialer Beziehungen und der Voraussage des Verhaltens von Artgenossen reichen (Tomasello 1999, 16 ff). Was gemäß Tomasello (1999, 19–27) jedoch die Primaten vom Menschen kognitiv unterscheidet, ist ihr Unvermögen, den Artgenossen als *intentionales* Wesen mit eigenen Meinungen und Absichten zu begreifen. Tomasello zufolge können Menschenaffen ihren Artgenossen nicht etwas *zeigen*, sie halten Objekte ihren Artgenossen nicht hin, um sie auf etwas aufmerksam zu machen (wie z. B. „Mit dem Stock kannst du die Banane erreichen"); sie versuchen nicht, anderen willentlich etwas beizubringen, und es fehlt ihnen die Fähigkeit zu systematischer Imitation.

Menschen besitzen dagegen hochspezialisierte und schon in frühester Kindheit auftretende Fähigkeiten der sozialen Kognition. Schon mit etwa neun Monaten erwerben Babys die Fähigkeit der *geteilten Aufmerksamkeit* (*joint attention*), d. h., sie erkennen die Blickrichtung des anderen und vermögen, den eigenen Blick auf das vom anderen erblickte Objekt zu richten. Tomasello (1999, 61–70) spricht hier von der *Neun-Monate-Revolution*. Nur ein paar Monate später beginnen Babys systematisch auf Objekte ihres Interesses zu *zeigen*, um so den Blick des anderen darauf zu lenken. In diesem Alter beginnt das Imitationslernen und kurz danach das Erlernen

[84] Vgl z. B. Gehlen (1977), Topitsch (1979), Wenegrat (1990) und Boyer (1994).

der Sprache. Dabei lernen die Kinder die Sprache nicht nur aus dem, was die Erwachsenen ihnen explizit mitteilen, sondern aus allen erdenklichen indirekten Bezügen. In einem Experiment spielte ein Erwachsener den Kindern vor, er würde etwas suchen gehen, das er „Toma" nannte, also mit einem unbekannten Wort belegte, und kam kurz danach schweigend, aber zufrieden mit einem Gegenstand in das Zimmer zurück, woraus Kleinkinder, ohne dass der Erwachsene etwas sagte, sofort schlossen, dass der Gegenstand in seiner Hand ein „Toma" sei (ebd., 114).

Im Alter von etwa vier Jahren erwerben Kinder die Fähigkeit, nicht nur die Intentionen, sondern auch die Meinungen bzw. den Wissenszustand des anderen zu erkennen und vom eigenen Wissenszustand systematisch zu unterscheiden. Man spricht hier auch von der Fähigkeit zu einer „Theorie des Geisteszustands" (*theory of mind*) von anderen Personen. Exemplarisch verdeutlicht wird diese Fähigkeit in einem erstmals von Wimmer und Perner (1983) durchgeführten Experiment zum sogenannten *false-belief-task*. Darin beobachten Kinder Folgendes: 1) Eine dritte Person sieht, wie z. B. eine rote Kugel in eine Schublade („Schublade A") gegeben wird. 2) Nachdem die dritte Person den Raum verlassen hat, wird die rote Kugel aus Schublade A in Schublade B verfrachtet. 3) Die dritte Person betritt daraufhin wieder das Zimmer (d. h., sie konnte den Schubladenwechsel nicht sehen) und man stellt den Kindern die Frage, wo nun die dritte Person nach dem roten Ball suchen wird, in Schublade A oder B? Während Kinder bis drei Jahre mit „B", also gemäß ihrem eigenen Wissensstand antworten, geben sie ab etwa vier bis fünf Jahren die richtige Antwort „A", können also die epistemische Perspektive des anderen einnehmen und ihren eigenen Wissensstand von dem des anderen unterscheiden (Leslie 1987; Perner 1991). Mit etwa sechs Jahren erwerben Kinder schließlich die schon erwähnte konventionelle Moralvorstellung (▶ Abschnitt 16.4) sowie die Fähigkeiten des Regelbefolgens und des Aufdeckens von Regelbrechern (▶ Abschnitt 16.7.2; vgl. Tomasello 1999, 191).

Tomasellos These, dass die soziale Kognition die kognitive Differenz von Schimpanse und Mensch ausmache, wurde als zu stark kritisiert. Elementare Intentionen ihrer Artgenossen wie „Futtersuchen" usw. erkennen schon höhere Säugetiere. Die kognitive Abgrenzung zwischen Schimpanse und Menschen scheint so einfach nicht möglich zu sein. In späteren Arbeiten hält Tomasello an seinen Thesen nur noch in abgeschwächter Form fest. Tomasellos Arbeitsgruppe verglich die kognitiven Fähigkeiten von zweieinhalbjährigen Kindern mit denen von ausgewachsenen Schimpansen und Orang-Utans mithilfe einer Batterie von kognitiven Tests (Herrmann et al. 2007). Dabei zeigte sich, dass bei räumlichen Aufgaben, bei einfachen kausalen Aufgaben und bei der Abschätzung von Quantitäten die Menschenaffen den Kleinkindern etwa gleichwertig waren (wobei die Schimpansen den Orang-Utans überall etwas voraus waren). Hinsichtlich sozialer Aufgabenstellungen wie Kommunikation, Folgen der Blickrichtung und Intentionserkennen waren die Kinder den Menschenaffen jedoch deutlich überlegen (mit Effektstärke von etwa 20–30%), und in Bezug auf die Nachahmung von Artgenossen betrug die Effektstärke ihrer Überlegenheit sogar 80–100 %.

Herrmann et al. (2007) schlossen daraus auf die „kulturelle Intelligenzhypothese", der zufolge die kognitive Überlegenheit des Menschen evolutionär aus der sozialen Kognition entstanden ist. Unbegründet erscheint jedoch die Schlussfolgerung des Autorenteams, dass die „Allgemeinintelligenzhypothese" deshalb inkorrekt sei. Zweifellos hat die kognitive Überlegenheit des Menschen *auch* mit seiner höheren Allgemeinintelligenz zu tun. Schließlich wurden in diesem Test ja nicht ausgewachsene Menschen, sondern zweieinhalbjährige Kinder mit ausgewachsenen Menschenaffen verglichen, und ausgewachsene Menschen sind im Bereich physikalischer Aufgaben zu wesentlich höheren Leistungen fähig als zweieinhalbjährige Kinder, die hier ihrerseits etwa so gut abschneiden wie Menschenaffen. Das Experiment von Herrmann et al. (2007) zeigt lediglich, dass nicht *nur* die höhere Allgemeinintelligenz, sondern *auch* spezifische Mechanismen der sozialen Kognition zentrale Ursachen für die kognitive Differenz zwischen Schimpanse und Mensch bilden.

Schon mit sechs Monaten unterscheiden Babys zwischen nicht lebenden und lebenden Gegenständen, auf die sie spontan unterschiedliche Kausalvorstellungen anwenden. Während nicht lebende Gegenstände nur durch physikalischen Kontakt bzw. durch Kraftübertragung in Bewegung gesetzt werden können, vermögen sich lebendige Gegenstände auch ohne äußeren Anstoß, nur aufgrund ihres inneren Handlungsentschlusses, in Bewegung zu setzen. Dies wurde mithilfe von Experimenten gezeigt, in denen Babys zwei Ereignissequenzen vorgeführt wurden (vgl. Leslie 1982; Spelke, Phillips und Woodward 1995). In der „normalen" Sequenz bewegt sich ein Gegenstand auf einen zweiten zu, trifft auf ihn und stößt ihn weg. In der „abnormalen" Sequenz bewegt sich der erste Gegenstand ebenfalls auf den zweiten zu, kommt aber bereits eine gewisse Distanz vor diesem zum Stehen, und der zweite Gegenstand bewegt sich ohne Berührung „wie von Zauberhand" weg. Während die Babys dem ersten Geschehen kaum Aufmerksamkeit schenkten, weilte ihre Aufmerksamkeit (gemessen an der Dauer des Hinsehens) sehr lange beim zweiten Geschehen. In einer zweiten Serie wurde dasselbe Experiment mit Personen statt mit Gegenständen durchgeführt: Ein Knabe geht auf ein Mädchen zu, im ersten Fall berührt er es und das Mädchen geht weg, im zweiten Fall bleibt er vor dem Mädchen stehen und das Mädchen geht daraufhin weg. In diesem Fall zeigte sich kein signifikanter Unterschied in den Verweilzeiten des Blickes der Babys bei den beiden Ereignissequenzen; beide Sequenzen waren für die Babys also gleichermaßen „normal".

Das Experiment bestätigt die Hypothese, dass bereits Babys spontan zwischen Kontaktkausalität für nicht lebende und intentionaler Kausalität für belebte Objekte unterscheiden. Tomasello (1999, 22 ff) schlug alternativ vor, dass sich hinter diesen beiden Kausalmodellen ein gemeinsames und noch tiefer liegendes Kausalmodell verstecke, nämlich das Modell eines Kausalmechanismus bzw. einer kausalen *Kraft*, welche die Ursache mit der Wirkung verbinde und welche bei nicht lebenden und lebenden Objekten jeweils eine andere sei (einmal die Stoßkraft, das andere mal die Willenskraft). Tomasello begründete seine Hypothese damit, dass Menschenaffen auch an physikalischen Aufgaben scheitern, welche Kenntnis der Kausalmechanismen verlangen. Doch in jüngeren Experimenten wurde gefunden, dass auch Primaten und andere höhere Säugetiere raffinierte Kausalmodelle entwickeln können (Dunbar 2000). Ratten unterscheiden in ihrem Konditionierungsverhalten sogar zwischen bloßer Korrelation aufgrund gemeinsamer Ursachen und direkter Kausalbeziehung sowie zwischen passiver Korrelationsbeobachtung und aktiver Intervention (Blaisdell et al. 2006). Dies macht Tomasellos These ziemlich unwahrscheinlich. Plausibler scheint die Annahme zu sein, dass Intentionskausalität und Kontaktkausalität zwei intuitiv separate Kausalmodelle sind. Dies passt auch zur historischen Ideengeschichte, der zufolge Kontaktkausalität für unbelebte Objekte nicht nur in der intuitiven Physik des Menschen gut verankert ist, sondern auch wissenschaftsgeschichtlich von Aristoteles bis Descartes vorherrschte (vgl. Crombie 1977). Bis Newton hatten Physiker sowohl gravitationelle als auch magnetische Fernkräfte auf Kontaktkräfte zwischen Atomen zurückzuführen versucht, wogegen Newtons Lehre von fernwirkenden Kräften lange brauchte, um akzeptiert zu werden. Davon abgesehen wurden in vorwissenschaftlichen Weltdeutungen (wie in ▶ Abschnitt 1.2 bis 1.3 erläutert) alle Gegenstände, die sich ohne offensichtliche Kontaktursachen fortbewegten, z. B. Himmelskörper, durchgängig mithilfe des Intentionalmodells der Kausalität erklärt, d. h., es wurde ihnen ein Wille bzw. Seelenvermögen zugeschrieben.

17.3 Zwischen Modularität und Universalität: Die evolutionäre Architektur menschlicher Kognition

Die eben erläuterten Modelle der Kontaktkausalität und Intentionalität, die sich schon bei Babys finden, sind ein Beispiel für das, was in gegenwärtigen Strömungen der evolutionären Psychologie auch als *kognitiver Modul* bezeichnet wird (vgl. Tooby und Cosmides 1992; Carruthers und Chamberlain 2000; Samuels 2000). Dabei handelt es sich um ein für eine spezifische Aufgabenstellung zurechtgeschnittenes und evolutionär selektiertes kognitives Programm bzw. Modell, das genetisch verankert und daher wenig veränderbar ist. Wie man herausgefunden hat, besitzt die intuitive menschliche Kognition eine Reihe solcher bereichs- und zweckspezifischer Module. Dazu zählen 1) das Modul der geteilten Aufmerksamkeit (9 Monate; ▶ Abschnitt 17.2), 2) die Module der Intentionalität und der Kontaktkausalität (ab 6 Monaten; ▶ Abschnitt 17.2), 3) die Module des Spracherwerbs (ab 18 Monaten; vgl. Chomsky 1973), 4) Raumkonzepte und mentale Raummodelle (sensomotorisch schon mit 2 Jahren; vgl. Brainerd 1978, Kap. 3), 5) das Theory-of-Mind-Modul (mit 4–5 Jahren; ▶ Abschnitt 17.2), 6) die konventionelle Moralvorstellung (mit ca. 6 Jahren; ▶ Abschnitt 16.4) und damit einhergehend 7) das Modul der Aufdeckung von Regelverletzung (▶ Abschnitt 16.7.2).

Man nannte die *modularistische* Auffassung von Kognition auch das „Schweizer Taschenmessermodell" (Cosmides und Tooby 1994) oder das Modell der Kognition als „adaptiver Werkzeugkasten" (Gigerenzer 2001). Im Gegensatz dazu stehen *generalistische* Kognitionsmodelle. Das wichtigste Beispiel eines generellen Lern- und Kognitionsmechanismus ist das *Konditionierungslernen,* das schon bei einfachen wirbellosen Tieren (z. B. Bienen oder Würmern; Bitterman 2000) sowie bei sämtlichen Wirbeltieren verbreitet ist und bei Vögeln oder Säugetieren zur Erkennung von komplexen Reizmustern führen kann (Delius, Jitsumori und Siemann 2000). Wie in ▶ Abschnitt 11.1.2 erläutert, beruhen die „klassische" Stimuluskonditionierung wie auch die „operante" Verhaltenskonditionierung auf dem Mechanismus der *Induktion* (Wasserman et al. 1996), der neurologisch durch die Hebb-Regel des assoziativen Lernens erklärt wird. In der Auffassung der älteren behavioristischen Psychologen wie z. B. Thorndike (1911) lag der Vorzug des Konditionierungslernens gerade darin, dass es sich dabei um keinen bereichsspezifischen Modul, sondern um einen universell anwendbaren Lernprozess handelt, der sich eben deshalb auch überall im Tierreich evolutionär durchgesetzt hat (Bitterman 2000, 62 f; im Pflanzenreich fehlen Sinnesorgane, eine Voraussetzung von Konditionierung).

Während die evolutionäre Bedeutung induktiven Konditionierungslernens unumstritten ist, kann dies von einem anderen universellen Kognitionsmodell weniger behauptet werden. Dabei handelt es sich um das *Turing-Modell* der Kognition (Wells 1998), welches das menschliche Gehirn nach dem Modell einer „Turing-Maschine" begreift, also Kognition auf serielle logische Verarbeitungsprozesse zurückführt, die auf symbolischen Repräsentationen beruhen. Dieses Kognitionsmodell wurde in jüngerer Zeit stark kritisiert. Im konkurrierenden *konnektionistischen* Modell der Kognition wurde demonstriert, dass eine Reihe von neuronalen Prozessen nicht seriell ablaufen, sondern auf im neuronalen Netzwerk verteilten parallelen Prozessen beruhen, die insofern *subsymbolisch* sind, als den einzelnen Neuronen und ihren Zuständen keine symbolische Bedeutung zugesprochen werden kann (Rumelhart, McClelland und PDP Research Group 1986; Macdonald und Macdonald 1995). Wie jedoch Leitgeb (2004) gezeigt hat, liegt kein direkter Widerspruch zwischen dem symbolischen und dem konnektionistischen Kognitionsparadigma vor: Logisch-symbolische Repräsentationen können auf neuronale Netzwerkprozesse derart abgebildet werden, dass zwar nicht den einzelnen Neuronen, wohl aber Neuronenmustern eine symbolische Bedeutung zugeordnet werden kann.[85]

Eine wesentlich berechtigtere Kritik des logisch-symbolischen Modells der Kognition verweist auf das *Komplexitätsproblem.* Im Gegensatz zu spezialisierten Modulen bzw. *Heuristiken,* wie sie der Logiker nennt, garantieren logische Ab-initio-Verfahren ein korrektes Ergebnis und suchen daher den Suchraum vollständig ab. Aus diesem Grund wächst ihr Zeit- bzw. Rechenaufwand im Regelfall *exponentiell* mit der Anzahl der Variablen, was diese Verfahren für Problemlösungen im Alltag unter Zeit- und Entscheidungsdruck meistens untauglich macht (vgl. Erk und Priese 1998, Kap. 15). Die komputationelle Ineffizienz ist ein Hauptkritikpunkt der evolutionären Psychologen an zweckungebundenen „General-Purpose"-Kognitionsmechanismen, seien diese „symbolistisch" oder „konnektionistisch" (Tooby und Cosmides 1992, 34; Gigerenzer und Todd 1999). Ein weiteres Argument zugunsten der kognitiven Modultheorie weist darauf hin, dass der Spracherwerbsmodul oder der visuelle Raumwahrnehmungsmodul derart leistungsstark ist, dass induktives Einzellernen kaum ausreichen könnte, um die rapide kognitive Entwicklung des Kindes zu erklären (so schon Chomsky 1973). Dazu sind *angeborene* Programme nötig, die sich im Verlauf von vielen Hunderttausend Jahren kognitiver Evolution herausbildeten (Tooby und Cosmides 1992, 95).

Kognitive Module haben sich im Laufe ihrer Selektionsgeschichte auf spezifische Anwendungsbereiche hin optimiert. Ihre Ausdehnung auf andere Bereiche, die in ihrer Selektionsgeschichte nicht vorhanden waren, kann zu systematischen Fehlern

---

[85] Leitgeb (2004) zeigte, dass inhibitorische Netzwerke für nicht monotone Aussagelogiken eine vollständige Semantik bilden. Werning (2005) demonstrierte, dass simultan gebundene prädikatenlogische Aussagen („x ist F und G") durch oszillatorische Netzwerke interpretiert werden können.

führen. Dementsprechend gab es in den modularistischen Kognitionsansätzen zwei Stoßrichtungen. Die ältere Richtung betonte die sich daraus ergebende *Fehleranfälligkeit* menschlicher Kognition. Prototypisch exemplifiziert ist diese Richtung im *Heuristics-and-Biases*-Programm von Kahnemann und Tversky, die in einigen berühmten Experimenten aufzeigten, dass das menschliche Schließen mit Wahrscheinlichkeiten den Gesetzen der Wahrscheinlichkeitslehre zuwiderläuft (Kahneman, Slovic und Tversky 1982; Kahnemann und Tversky 2000). In ähnlicher Weise wurde gezeigt, dass das intuitive menschliche Schließen mit konditionalen (Wenn-dann-Sätzen) zentralen Gesetzen der deduktiven Logik zu widersprechen scheint (vgl. Evans 1982, Kap. 8 und 9; Evans 2002; Johnson-Laird 2006). Kognitionswissenschaftler in der Heuristics-and-Biases-Tradition betonen die Fehlerhaftigkeit, ja sogar Irrationalität menschlichen Denkens und Schließens. Einige Beispiele solch systematischer Fehler werden wir im nächsten Abschnitt kennenlernen.

Die jüngere Stoßrichtung der *begrenzten Rationalität* (*bounded rationality*) will dagegen aufzeigen, dass kognitive Module bzw. Heuristiken das Beste sind, was erreicht werden kann (Gigerenzer et al. 1999; Gigerenzer und Selten 2001). Evolutionär selektierte Heuristiken haben drei herausragende Eigenschaften: Sie sind 1) schnell und einfach, 2) psychologisch und evolutionär plausibel und 3) „ökologisch rational“, d. h. auf bestimmte Zwecke und Anwendungsbereiche zurechtgeschnitten, was sie natürlich auch fehleranfällig macht (Gigerenzer und Todd 1999). Dennoch, so die zentrale These der Gigerenzer'schen Arbeitsgruppe, sind diese Heuristiken den inhaltsungebundenen bzw. formalen Allzweckmethoden der Deduktion und Induktion weit überlegen. Letztere seien hoffnungslos ineffizient und überdies ebenfalls fehleranfällig, weil grundsätzlich jede kognitive Methode gewisse Voraussetzungen macht und daher auf bestimmte Anwendungsbereiche beschränkt sei (ebenso Norton 2003). Gigerenzer et al. (1999, Kap. 2–8) versuchen anhand von Beispielen wie der „Take-the-Best“-Heuristik (TTB) oder der Rekognitionsheuristik zu zeigen, dass diese Heuristiken nicht nur schneller, sondern oft auch kognitiv erfolgreicher sind als vollständige Allzweckmethoden wie z. B. Bayes'sche Wahrscheinlichkeitsmodelle oder entscheidungstheoretische Nutzenkalküle.

Die Argumente zugunsten bereichsspezifischer evolutionärer Kognitionsmodule sind einleuchtend. Keinesfalls leuchtet jedoch ein, weshalb die Evolution nicht *auch* zugleich einige zweck- und bereichsungebundene Kognitionsmechanismen entwickelt haben sollte, soweit solche möglich sind. Darin besteht der Haupteinwand von Anhängern genereller Rationalität gegen das Gigerenzer'sche Bounded-Rationality-Programm (z. B. Over 2003a, 122; Amor 2003, 104). Evolutionär erfolgreiche Wesen müssen ja schließlich auch gut mit raschen *Änderungen* von Umgebungsbedingungen zurechtkommen. Doch um unter veränderten oder neuen Bedingungen erfolgreich zu sein, benötigt der Mensch genau jene allgemein anwendbaren kognitiven Methoden, welche die Bounded-Rationality-Psychologen als nachteilig ansehen.

So ist es zwar plausibel, dass der Mensch einen speziellen Modul zur Aufdeckung von Regelverletzungen entwickelt hat. Doch dass das menschliche Gehirn für jeden speziellen Anwendungsbereich einen bereichsspezifischen Modul enthält, ist nicht nur unplausibel, sondern, wie Tomasello (1999, 204 f) hervorhebt, auch kaum möglich, denn 200 000 Jahre Evolution reichen nicht aus, um im Menschen so viele Module entstehen zu lassen. In jüngerer Zeit wurden von generalistischen Psychologen Erklärungen der Abweichungen menschlichen Schließens von der deduktiven Logik entwickelt, die eine Auffassung des Schließens als eines evolutionär entstandenen *General-Purpose*-Mechanismus stützen. Die Wenn-dann-Beziehungen unserer natürlichen Umgebung sind nämlich im Regelfall nicht *strikt* bzw. ausnahmslos gültig, was Gesetze der deduktiven Logik wie z. B. der Modus tollens voraussetzen – sie gelten vielmehr nur mit hoher Wahrscheinlichkeit. Die These, dass Menschen Wenn-dann-Aussagen als ausnahmebehaftete Normalfallhypothese interpretieren, die hohen bedingten Wahrscheinlichkeiten entsprechen („wenn A, dann höchstwahrscheinlich B"), wurde von Adams (1975) vorgeschlagen, von Schurz (2001b) evolutionär begründet (▶ Abschnitt 7.4) und konnte in psychologischen Experimenten gut bestätigt werden (Evans, Simon und Over 2003; Oberauer und Wilhelm 2003). Das intuitive Wenn-dann-Schließen der Menschen stimmt gut mit den Regeln der Wahrscheinlichkeitslogik zusammen, welche die semantische Eigenschaft besitzen, hohe Prämissenwahrscheinlichkeit auf die Konklusion zu übertragen (Schurz 2005b; 2007b; Pfeifer und Kleiter 2008). Die Regel des Modus tollens ist dagegen wahrscheinlichkeitslogisch nicht generell gültig, was erklären könnte, warum die Versuchspersonen in dem in ▶ Abschnitt 16.7.2 erläuterten Wason'schen Kartentest nur selten gemäß dem Modus tollens schließen. Anders bei der Betrugsaufdeckung von ▶ Abschnitt 16.7.2: In diesem Fall sollen nicht Ereignisse vorausgesagt, sondern Verletzungen von strikten sozialen Regeln erkannt werden, weshalb die Schlussregel des Modus tollens hier ausnahmslos gültig und unentbehrlich ist. Somit besitzen sowohl der spezifische Modul der Betrugsaufdeckung als auch der bereichsunspezifische Schlussmechanimus für unsichere Konditionale eine plausible evolutionäre Erklärung, *ohne* gegenseitig in Konflikt zu geraten.

Das Zusammenwirken von speziellen Kognitionsmodulen und generellen Kognitionsmechanismen kann auch exzellent am erwähnten Beispiel der intuitiven Kontaktkausalität studiert werden. Obwohl Menschen schon im Kleinkindstadium die Intuition besitzen, unbelebte Gegenstände könnten nur durch Kontakt bzw. Anstoß in Bewegung versetzt werden, kennen Menschen seit Jahrhunderten Magneten. Nach einer kurzen Gewöhnungszeit an die scheinbar „magischen" Fernkräfte von Magneten haben sich Kinder wie Erwachsene problemlos daran gewöhnt. Offenbar wird hier ein angeborenes, aber im Fall der Magneten unzutreffendes Modell durch induktives Lernen *überschrieben* und damit korrigiert. Wir lernen daraus auch, dass das angeborene Kausalitätsmodell nicht, wie Immanuel Kant glaubte, als apriorische *Denknotwendigkeit* wirkt – es wirkt lediglich als intuitive *Disposition*, die durch andere kognitive Mechanismen *korrigiert* werden kann. Etwas verwickelter ist die Situation im Fall der dreidimensional-euklidischen Raumvorstellung, die dem Menschen ebenfalls angeboren ist: Einen vierdimensionalen oder nichteuklidisch-gekrümmten Raum kann sich der Mensch zwar nicht mehr vorstellen, aber er kann sich ihn durch Verallgemeinerung der mathematischen Gesetze des dreidimensionalen Raumes logisch denken.

An solchen Beispielen zeigt sich, wie vorzüglich spezielle und generelle, inhaltsgebundene und formale kognitive Mechanismen zusammenwirken. Over (2003a, 124 f) schlug daher eine *dualistische* Kognitionstheorie vor, der zufolge menschliche Kognition aus bereichsspezifischen Modulen *und* allgemeinen kognitiven Prozessen besteht. Ein weiteres Beispiel, das dieses Zusammenwirken vorzüglich illustriert, sind die schon erwähnten Methoden der *Metainduktion* (Schurz 2008b; 2009a). Metainduktive Methoden wenden Induktion auf der Ebene von Methoden an – im Gegensatz zu *objekt-induktiven* Methoden, welche Induktion lediglich auf gewöhnliche Objekte bzw. Ereignisse anwenden. Gegeben sei eine Aufgabenstellung, z. B. ein *Voraussagespiel* (*prediction game*; Schurz 2008b) oder *Handlungsspiel*, in dem verschiedene für den Metainduktivisten kognitiv zugängliche Methoden bzw. Strategien zum Einsatz kommen. Dann beobachtet der Metainduktivist deren Erfolgsbilanzen und versucht darauf aufbauend eine optimale „Superstrategie" zu konstruieren.

Die einfachste Methode der Metainduktion ist die schon erwähnte Strategie „Take the Best" (TTB), welche die zum gegebenen Zeitpunkt jeweils erfolgreichste Methode imitiert. Die TTB-Methode wird von Gigerenzer et al. (1999) favorisiert. Sie ist nachweislich in einer großen Klasse von Spielen optimal, nämlich in allen Spielszenarien, die induktiv gleichförmig sind, in denen also die bisher beobachteten Erfolgsraten der beteiligten Methoden (bzw. *cues*) auf die Zukunft übertragen werden können (Schurz 2008b, Theoreme 1 und 2). In Spielszenarien dagegen, in denen die Erfolgsraten der beteiligten Methoden ständig oszillieren, so wie es z. B. bei Aktienkursen oft vorkommt, kann die Optimalität der TTB-Strategie leicht zusammenbrechen, und es wäre ein schlechter Ratschlag, im Sinne von TTB alles auf eine Karte (bzw. Aktie) zu setzen. In Fällen von „betrügerischen" Erfolgsoszillationen, in denen die favorisierte Methode genau dann in ihrem Erfolg nachlässt, wenn der Metainduktivist auf sie zu setzen beginnt, kann die Erfolgsrate von TTB sogar auf null absinken (Schurz 2009a, Abschnitt 9). Dies ist in der Simulation eines Voraussagespieles in ▶ Abb. 17.2 dargestellt, worin ein TTB-Spieler gegen vier erfolgsoszillierende Voraussagemethoden spielt.

Wie in Schurz (2008b, Theoreme 4 und 5) in Anknüpfung an Cesa-Bianchi und Lugosi (2006) gezeigt wird, gibt es jedoch eine metainduktive Methode, nämlich die *gewichtete Metainduktion*, von der sich beweisen lässt, dass sie in der Tat *universell optimal* ist. Das heißt, abgesehen von einem bekannten und schnell verschwindenden Anfangsverlust ist gewichtete Metainduktion in allen möglichen Spielszenarien zu jedem Zeitpunkt mindestens ebenso erfolgreich wie die jeweils beste unter allen (endlich vielen) kognitiv zugänglichen Methoden, auch wenn sich die Erfolgsbilanzen der beteiligten Methoden ständig und in unvorhersehbarer Weise ändern. Im Fall eines Voraussagespieles prognostiziert diese metainduktive Strategie das gewichtete Mittel der Voraussagen aller zugänglichen Methoden, gewichtet mit deren bisherigen Erfolgsraten. Das Simulationsbeispiel in ▶ Abb. 17.3 veranschaulicht dieses Resultat.

Wie das Beispiel der gewichteten Metainduktion zeigt, gibt es entgegen dem Bounded-Rationality-Paradigma also doch universell optimale metainduktive Methoden. Schurz (2008b; 2009a) schlägt Metainduktion als einen neuen Lösungsweg für das erstmals von David Hume aufgeworfene erkenntnistheoretische Problem der Rechtfertigung induktiven Schließens vor. Abgesehen von ihrer erkenntnistheoretischen Bedeutung ist Metainduktion eine wesentliche Grundlage der kulturellen Evolution. Im Kontext der KE spielen angeborene Kognitionsmodule die Rolle von nicht induktiven Strategien, individuelles Lernen aus Erfahrung spielt die Rolle von objekt-induktiven Strategien, und metainduktive Strategien korres-

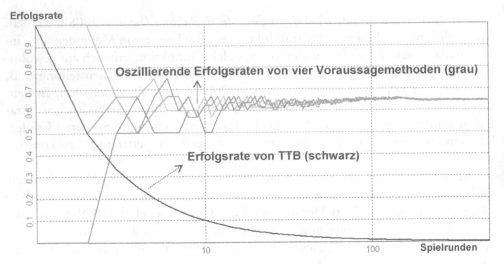

Abb. 17.2 Zusammenbruch der metainduktiven Voraussagestrategie TTB in einem Voraussagespiel gegen vier „betrügerisch" erfolgsoszillierende Voraussagemethoden: Sobald TTB die jeweils beste Methode favorisiert und deren Voraussagen übernimmt, beginnt diese Methode falsch vorauszusagen, so lange, bis TTB auf eine andere nunmehr beste Methode wechselt, worauf diese falsch vorauszusagen beginnt, usw. Programmiert mit *Python*.

pondieren Methoden des sozialen Lernens von anderen Personen. Metainduktion bildet damit eine essenzielle Grundlage der KE, und die Optimalität von Metainduktion erklärt die Überlegenheit evolutionärer Wesen, welche die Fähigkeit zur KE besitzen. Dabei dürfen Metainduktivisten freilich nicht so missverstanden werden, als würden sie ausschließlich Metainduktion betreiben, also nur vom Erfolg anderer Objektmethoden schmarotzen –; würden sie das tun, würden sie aussterben, sobald sie über keine imitierbaren Objektmethoden mehr verfügen. Erfolgreiche Metainduktivisten sind vielmehr Wesen, die kontinuierlich ihre eigenen Objektmethoden weiterentwickeln, jedoch *zusätzlich* Metainduktion betreiben und das Ergebnis ihrer Metainduktion als Entscheidungsgrundlage zugunsten bestimmter Methoden heranziehen.

Wir haben bislang das Zusammenspiel von modularen und generellen Mechanismen der menschlichen Kognition erläutert. Die meisten modularen kognitiven Prozesse, aber auch viele generelle Prozesse wie z. B. induktives Schließen funktionieren weitgehend *unbewusst* (Schurz 1999a). Wenn dem so ist, worin besteht dann überhaupt die Rolle des *Bewusstseins* in der menschlichen Kognition? Darüber besteht kein Konsens. Eine extreme Auffassung ist der *Epiphänomenalismus*, der behauptet, dass dem Bewusstsein nur die Rolle eines nachträglichen zusammenfassenden *Berichterstatters* über unsere unbewussten geistigen Prozesse zukommt, aber nicht die Rolle des kausalen Auslösers (Block, Flanagan und Güzeldere et al. 1996, Kap. 19). Auf den Bereich der Kognition angewendet scheint mir diese Auffassung übertrieben zu sein. Es ist zwar zutreffend, dass der bewusste menschliche Verstand nur einen Bruchteil der unbewussten menschlichen Kognitionsprozesse ausmacht und ihm oft

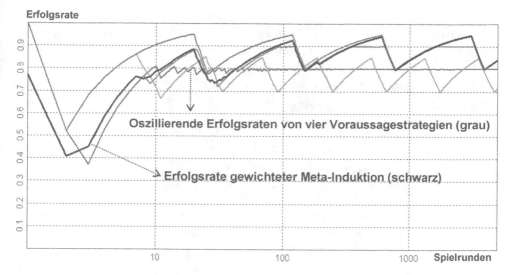

Abb. 17.3   Gewichtete Metainduktion im Voraussagespiel gegen vier „bösartig" erfolgs-oszillierende Voraussagestrategien. Gewichtete Metainduktion prognostiziert (abgesehen von einem schnell verschwindenden Anfangsverlust) mit optimalem Erfolg. Programmiert mit *Python*.

die Rolle eines zusammenfassenden Berichterstatters zukommt. Aber darüber hinaus leistet der bewusste menschliche Verstand eine nachträgliche systematische Vernetzung und Überprüfung unserer Denkinhalte, und diese bewusst-systematische Verstandestätigkeit kann durch Denkübung und Bildung *enorm* gesteigert werden. Freilich ist der bewusste Verstandes- bzw. Vernunftanteil bezüglich seiner Rechengeschwindigkeit um Zehnerpotenzen langsamer als die unbewussten und modularen kognitiven Prozesse. Wenn wir praktische Entscheidungen treffen, beispielsweise ob wir noch schnell über die Kreuzung laufen sollen oder nicht, dann schätzen wir die darin involvierten Wahrscheinlichkeiten und Nutzenwerte intuitiv innerhalb eines Bruchteils einer Sekunde ab, während wir Minuten und Stunden bräuchten, würden wir eine solche Abschätzung streng entscheidungstheoretisch berechnen.

Und dennoch hat dieser viel langsamere bewusste logische Verstand im Laufe der kulturellen Evolution bewiesen, dass er – wenn man ihm genügend Zeit lässt, in einem gefahrenfreien Raum seinen Aktivitäten nachzugehen – zu größeren kognitiven Leistungen imstande ist als alle kognitiven Heuristiken zusammengenommen. Durch die institutionelle Etablierung eines von unmittelbaren praktischen Zwängen abgeschotteten Forschungs- und Bildungsbereichs konnte sich dieser bewusste Verstand in unserer wissenschaftlich-technischen Zivilisation in kognitiv überlegener Weise entwickeln. Seine Vorzüge liegen in seiner Fähigkeit, seine Anwendungsbereiche logisch konsequent, empirisch kontrolliert und ohne alle Abkürzungen und Verfälschungen erfassen zu können. Die theoretische Vernunft des Menschen konnte (von Euklid bis Leonardo u. a.) die Mechanismen der euklidischen Geometrie und perspektivischen Projektion so vollständig darstellen, dass damit alle Täuschungen unserer Wahrnehmungsmodule aufklärbar waren. Sie konnte (von Aristoteles bis

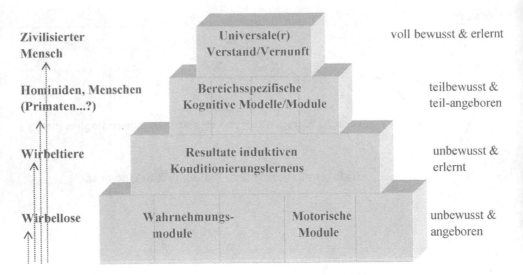

Abb. 17.4 Evolutionär bedingter Aufbau der menschlichen Kognition.

Boole u. a.) die Gesetze des logischen und probabilistischen Schließens so vollständig darstellen, dass damit alle intuitiven Schlussfehler erkannt werden konnten. Durch abstrakt-mathematisches Denken konnte unsere theoretische Vernunft in Bereiche vordringen, die alle Anschaulichkeit und jede Heuristik übersteigen – sie konnte mit Einstein u. a. in die Gesetze des unvorstellbar Großen und mit Bohr u. a. in die Gesetze des unvorstellbar Kleinen eindringen, mit Darwin u. a. die Grenze zwischen dem Nichtlebenden und dem Lebenden übersteigen und mit Informatik und Computertechnologie schließlich die Grenze zwischen Natur und Geist. Unsere theoretische Vernunft konnte in all diesen Bereichen übergeordnete Theorien entwickeln, aus denen völlig neuartige empirische Phänomene folgen, die wir in unserer natürlichen Wahrnehmung gar nicht antreffen, die unsere Reichweite schlagartig erweiterten und neuen Technologien Raum gaben, wie synthetische Chemie, Elektromagnetismus, Atomenergie, Kosmologie und Raumfahrt, medizinische Technologie, Gentechnik, künstliche Intelligenz und Robotik.

Zusammengefasst können wir sagen: Auch wenn die theoretische Vernunft in jedem Einzelmenschen nur durch ihr Zusammenwirken mit den spezialisierten kognitiven Modulen effizient wird, so ist es doch sie, die den wissenschaftlich-technischen Fortschritt erst ermöglicht hat, und damit dasjenige, was den Menschen am meisten von seinen nicht menschlichen Vorfahren unterscheidet. Der geschichtete Aufbau menschlicher Kognition, der sich aus den Überlegungen dieses Abschnitts ergibt, ist in ▶ Abb. 17.4 zusammengefasst.

17.4 Egozentrischer Bias und verallgemeinerter Placeboeffekt: Die Grenzen der evolutionären Erkenntnistheorie

Die Rationalitätskonzeption der *Aufklärung* geht davon aus, dass das beste Mittel, um für Menschen erstrebenswerte Ziele zu erreichen, der Erwerb von umfassender wissenschaftlicher Erkenntnis sei. Darin unterscheidet sie sich von ihren großen Gegenspielern, den mystischen und religiösen Weltauffassungen. In letzteren Weltauffassungen wird nicht davon ausgegangen, dass der zielführendste Weg des Menschen darin besteht, nur das zu glauben, was sich wissenschaftlich-rational begründen lässt. Vielmehr muss mit voller emotioneller Hingabe an Gott oder die Autorität der Überlieferung *geglaubt* werden, und nur wer *ohne* rationale Begründung zu glauben bereit ist, kann die tiefere Glaubenswahrheit überhaupt erst erfahren.

Eine ähnlich gelagerte These zum Zusammenhang von Wahrheitsnähe und praktischem Erfolg wie die der Aufklärung vertritt auch die *evolutionäre Erkenntnistheorie*, zumindest in ihrer *starken* Version. Dieser Auffassung zufolge gibt es einen systematischen Zusammenhang von Wahrheit und evolutionärem Erfolg: Jene Erkenntnisformen, die sich evolutionär durchsetzten, haben auch einen hohen *Wahrheitsgrad* (vgl. Vollmer 1988, 279 ff; Irrgang 1993). Die Tatsache, dass menschliche Kognition einer *Selektionsgeschichte* unterlag, liefere daher schon per se einen Grund für die Annahme ihrer approximativen Wahrheit. Pointiert formulierte dies Papineau (2000, 201), als er sagte, ein Gen für „Wahrheit-an-sich-Suche" müsse sich evolutionär durchsetzen.

Sowohl Aufklärungsrationalität als auch evolutionäre Erkenntnistheorie (in ihrer starken Version) beruhen auf der Annahme, dass alle praktischen Effekte, die unsere Überzeugungen auf uns haben, durch den Wahrheitswert unserer Überzeugungen bestimmt sind und über diesen zustande kommen. Glaube ich z. B., dass es bald regnet, so hat das den praktischen Effekt, dass ich einen Regenschirm mitnehme, und dies hat positive Konsequenzen, wenn mein Glaube wahr ist, weil ich dann nicht nass werde, wogegen es negative Konsequenzen hat, wenn mein Glaube falsch ist, weil ich dann ständig den unnützen Regenschirm mit mir herumschleppe. Ich nenne diese Effekte die *Wahrheitseffekte* unserer Überzeugungen. Nun ist es aus naturalistischer Perspektive aber offensichtlich, dass unsere Glaubenszustände auch diverse praktische Effekte auf uns haben, die ganz unabhängig von ihrem Wahrheitswert sind und die *direkt*, sozusagen ohne wahrheitswertvermittelten Umweg, auf uns wirken. Wenn ich z. B. glaube, dass mich in einer Stunde eine geliebte Person besuchen wird, so macht mich dieser Glaube die nächste Stunde froh und glücklich, ganz unabhängig davon, ob diese Person dann auch wirklich kommt. Ich nenne diese Effekte die *verallgemeinerten Placeboeffekte* unseres Glaubenssystems (▶ Abb. 17.5).

Aufklärungsrationalität und evolutionäre Erkenntnistheorie begehen den Fehler, diese Placeboeffekte zu vernachlässigen, obwohl sie evolutionär eine signifikante Rolle spielen. Ob die Evolution menschlicher Kognition deren Wahrheitsnähe erhöht oder nicht, hängt nämlich von den jeweils wirksamen *Selektionsparametern* ab. In Bereichen, in denen kognitive Evolution vornehmlich *erkenntnisinternen* Selektionsparametern ausgesetzt war (z. B. im Fall korrekter Wahrnehmungen oder zutreffender Prognosen), ist Fortschritt in Richtung Wahrheitsnähe zu erwarten. Wo aber zusätzlich *erkenntnisexterne* Parameter wie insbesondere der verallgemeinerte Placeboeffekt einen nachhaltigen Selektionseinfluss ausgeübt haben, wie z. B. im Bereich religiöser Weltanschauungen, ist eine systematische Abweichung der evolutionär erfolgreichsten kognitiven Modelle von den wahrsten zu erwarten.

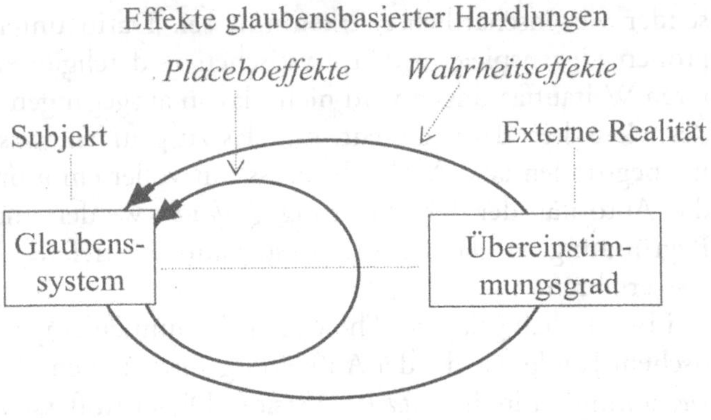

Effekte glaubensbasierter Handlungen

Placeboeffekte   *Wahrheitseffekte*

Subjekt   Externe Realität

Glaubens-system   Übereinstim-mungsgrad

Abb. 17.5 Wahrheits-effekte vs. Placeboeffekte unseres Glaubenssystems.

Extensiv erforscht wurden Placeboeffekte im Bereich von Medizin und Pharmazie. Wie Taylor (1989, 49, 88 ff) herausarbeitet, wirken sich positive Illusionen für die physische und psychische Gesundheit des Menschen generell positiv aus und erhöhen seine Widerstandsfähigkeit gegenüber Krankheiten und psychischem Leid. Experimentelle Vergleichsstudien mit „Placebos" (also bloß vermeintlich wirksamen Medikamenten ohne Wirkstoff) zeigen, dass der bloße Glaube an die Wirksamkeit einer Schlaftablette über 50 % des Erfolgs einer tatsächlichen Schlaftablette ausmacht; bei einem Schmerzlinderungsmittel sind es immerhin 35 % (Taylor 1989, 117 ff; Shapiro 1997). Auch die Grundregel aller praktischen Mental-Health-Lehren, die Regel des *positive thinking,* beruht auf dem Placeboeffekt: Glaube an dich und deine Fähigkeiten, denn – Klammer auf: wie es mit diesen auch immer bestellt ist : Klammer zu – dein positives Denken wird letztlich alles zum Guten wenden. Werbung und Propaganda bedienen sich ebenfalls des Placeboeffekts; und in Form von sich selbst erfüllenden Prognosen, z. B. über den Aktienmarkt, ist der Placeboeffekt ein Forschungsobjekt der Soziologie.

Um Missverständnissen vorzubeugen: Der Placeboeffekt ist nicht illusionär, sondern ein *realer* Effekt, der darin besteht, dass der starke Glaube an etwas, z. B. an die eigene Überlegenheit, unabhängig von seiner Wahrheit positive Effekte besitzt. Zwar ist der Glaubensinhalt, bezogen auf seine Wahrheitschancen, eine Illusion, doch der Effekt des Glaubens auf das Individuum ist real. Statt des bewussten Glaubens kann übrigens auch der unbewusste Glauben in Form von *Konditionierung* den Placeboeffekt auslösen: So konnte die Wirkung eines immunsuppressiven Medikaments bei Mäusen, das gleichzeitig mit einem Saccharin-Placebo verabreicht wurde, nach einer Konditionierungsphase in abgeschwächter Form auch durch den Saccharin-Placebo allein ausgelöst werden (Niemi 2008, 68).

Zusammengefasst ist der verallgemeinerte Placeboeffekt der *blinde Fleck* der Aufklärungsrationalität wie auch der evolutionären Erkenntnistheorie in ihrer starken Version. Einige evolutionäre Erkenntnistheoretiker haben dieses Problem erkannt und die These der evolutionären Wahrheitsannäherung abgeschwächt, wie z. B. Vollmer (1988, 49), der diese These auf genetisch vererbte Erkenntnis einschränkt, also insbesondere auf Wahrnehmung. Doch selbst Wahrnehmungen bleiben von Placeboeffekten nicht immer verschont (vgl. auch Schurz 2001a, Kap. 4).

Der verallgemeinerte Placeboeffekt ist aufgrund seiner Selektionsvorteile bis zu einem gewissen Grade in grundlegende menschliche Kognitionsprozesse eingebaut. Wie im vorhergehenden Abschnitt erläutert, hat die Kognitionswissenschaft in der Heuristics-and-Biases-Tradition eine Unmenge an Schwächen des menschlichen Verstandesvermögens herausgefunden. Piatelli-Palmarini (1997) fasst diese Unzulänglichkeiten in sieben Gruppen zusammen, von denen zumindest drei eine Folge der vermutlich schon genetischen Selektion von Placeboeffekten sind.

Ein erstes Beispiel ist die kognitive *Selbstüberschätzung* (*overconfidence*), womit gemeint ist, dass Versuchspersonen durch die Bank ihre eigene Urteilsreliabilität wesentlich höher einschätzen, als sie es wirklich ist. Während die Selbstüberschätzung bei Kindern besonders hoch ist, sinkt sie bei den meisten Erwachsenen auf ein weniger riskantes, aber immer noch hohes Maß. Zum Beispiel glauben fast alle Erwachsene, besser als der Durchschnitt zu sein, und der Verlust dieses Glaubens geht im Regelfall mit Depressionen einher (Taylor 1989, 10, 224 f).

Ein weiterer kognitiver Placeboeffekt ist der *hindsight bias*: Versuchspersonen glauben nachträglich, ein Geschehen mit ihnen bekanntem Ausgang hätte von ihnen erklärt bzw. kontrolliert werden können, obwohl der Ausgang des Geschehens tatsächlich durch Zufallsvariation festgelegt wurde. Die Placebowirkung der Illusion, Geschehnisse kontrollieren zu können, wird auch von Taylor (1989, 22, 76) herausgearbeitet: Experimente zeigen, dass der bloße Glaube an die Kontrollierbarkeit eines stressinduzierenden Reizes den Stress senkt – konkret fühlen sich Vpn (Versuchspersonen) weniger von Lärm belästigt, wenn sie vor sich Placebobuttons haben, deren Drücken (angeblich, nicht wirklich) den Lärmpegel senkt.

Ein dritter Placeboeffekt ist der egozentrische *Selbstgerechtigkeitsbias* in sozialen Urteilen: Vpn tendieren durchwegs dazu, ihre eigenen Leistungen und Güteransprüche überzubewerten und die der anderen unterzubewerten (vgl. Krebs 1998, 360 ff). Dabei ist dieser egozentrische Bias den Vpn unbewusst, sie streiten ihn hartnäckig ab, was Psychologen zu der Vermutung veranlasste, dass die Fähigkeit zur Fremdtäuschung mit der Fähigkeit zur Selbsttäuschung koevolvierte, insofern eine Selbsttäuschung über den eigenen Egozentrismus ein glaubwürdigeres Auftreten bei Fremdtäuschungen ermöglicht. Placeboeffekte unterliegen überdies einem sozialen Verstärkungseffekt, d. h., Illusionen werden stärker, wenn sie in der ganzen Gruppe auftreten (Taylor 1989, 42, 133). Am größten wird die menschliche Ignoranz gegenüber rationalen Urteilen im Zuge des Paarungsverhaltens, während umgekehrt positive Illusionen reduziert und durch realistischere Urteile ersetzt werden, wenn konkrete und angstauslösende Bedrohungen im Spiel sind (ebd. 361 f, 132).

Zusammengefasst ist die Nutzung der Vorteile positiver Illusionen und des verallgemeinerten Placeboeffekts in der menschlichen Psyche tief verwurzelt, sodass jedes Weltanschauungssystem, das diese Effekte systematisch verstärkt und reguliert, hohe Selektionschancen haben muss. Genau dies ist es nun, was insbesondere Religionen leisten. Der religiöse Glaube hat vielfache Placeboeffekte, die bekanntlich sogar so stark werden können, dass Menschen dafür in den Tod gehen, was wir aus christlichen Märtyrerlegenden kennen, aber auch in der verabscheuenswerten Form von Selbstmordattentaten erfahren müssen. Wie wir im folgenden Abschnitt zeigen wollen, lässt sich die nachhaltige Evolution von Religionen nur aus dem Gesichtspunkt dieses verallgemeinerten Placeboeffekts erklären.

17.5 Evolution von Religion

Religiöse Auffassungen über die natürliche Welt, wie die biblische Schöpfungsge-schichte, Geozentrismus, Wunderglaube oder Seelenlehre, wurden immer wieder wissenschaftlich widerlegt. Die gefährlichen kriegerischen Tendenzen von funda-mentalistischen Religionen haben im Verlauf der Geschichte immer wieder Unheil angerichtet. Religiöse Morallehren und Praktiken wie Keuschheitsgebot, Minder-wertigkeit der Frau, Hexenverbrennung oder Teufelsaustreibung wurden immer wie-der als inhuman verurteilt. All das hat zu einem Verlust der Autorität von kodifizier-ten religiösen Weltbildern und zu zunehmenden Kirchenaustritten geführt. Und dennoch ist das religiöse Bedürfnis der Menschen im gegenwärtigen Hightech-Zeit-alter nach wie vor massiv vorhanden, was sich unter anderem in der hohen Zahl reli-giöser Verbände und Sekten in den USA als technologisch fortgeschrittenstem Teil der Welt zeigt; ganz zu schweigen von den islamischen Ländern. Dass die Bedeutung der Religion in modernen Gesellschaften kaum nachgelassen hat, zeigen auch die Ergebnisse einer Studie der World-Value-Survey-Forschergruppe (WVS), welche die kulturellen Einstellungen von Menschen in mehr als 65 verschiedenen Ländern untersucht (▶ Tab. 17.1).

Wenn man evolutionär weiter zurückblickt, ergibt sich das gleiche Bild: In allen bekannten Frühkulturen der Menschen gab es Religion. Warum ist der Besitz von Religion kulturell universal? Gibt es gar ein *Religionsgen*, so wie dies kürzlich mehr-mals durch die Medien geisterte? Selbst Hamer (2006), der Autor des Buches mit dem reißerischen Titel *Das Gottes-Gen*, erklärt, es gebe kein spezifisches Gen für reli-giöse Ideen, wohl aber eine genetische Disposition für spirituelle Gefühle, deren Hormonausschüttungen für den Menschen bestimmte günstige Wirkungen aus-

Tab. 17.1 Weltweite Untersuchungsergebnisse zu Religiosität (Daten 1981–2001; nach Inglehart und Norris 2003, 57, Tab. 3.2)

	Gesellschaftstyp			
	Agrarisch	**Industriell**	**Postindustriell**	**Gesamt**
% Zustimmung bei Befragten				
Ich glaube an Gott	91	80	79	83
Ich glaube an ein Leben nach dem Tod	83	62	68	69
Religion ist sehr wichtig	87	60	55	64
Ich bin religiös	73	58	59	61
Religion stiftet Trost und Labsal	74	51	46	54
Ich besuche regelmäßig reli-giöse Veranstaltungen	47	45	21	28
Durchschnittliche Religiosität auf 100-Punkte-Skala	73	54	53	58

üben. Solche Effekte werden wir sogleich besprechen. Aber unsere Hauptfrage nach *Selektionsgründen* der universalen Verbreitung von Religion ist unabhängig davon, zu welchem Anteil diese Selektion auf genetischen oder kulturellen Mechanismen basiert. Zweifellos basiert sie auf beiden, wobei auch der in ▶ Abschnitt 11.4.1 erläuterte *Baldwin-Effekt* im Spiel war, dem zufolge eine kulturell erworbene Eigenschaft des Menschen die Selektionsvorteile für jene genetischen Variationen erhöht, welche die Ausbildung dieser Eigenschaft begünstigen.

Welche Selektionsgründe könnten es gewesen sein, die zu dieser enormen Verbreitung von Religiosität beim Menschen geführt haben? In der Evolutionstheorie unterscheidet man zwischen *Bewahrungsselektion* und *Entstehungsselektion* (vgl. Millikan 1993, 46 f): Entstehungsselektion erklärt, warum eine Variante neu entsteht und nicht gleich wieder untergeht, und Bewahrungsselektion erklärt, warum sie, wenn einmal entstanden, gegen den Selektionsdruck konkurrierender Variationen langfristig beibehalten wird. Die spezifische Pointe unserer evolutionären Erklärung von Religion wird sein, dass es sowohl auf der Ebene der bewahrenden Selektion (▶ Abschnitt 17.5.1) als auch der Entstehungsselektion (▶ Abschnitt 17.5.2) *multiple* Ursachen gibt, die allesamt religiöse Vorstellungen begünstigen, sodass die Wahrscheinlichkeit, dass religiöse Glaubenssysteme entstehen und dann nachhaltig beibehalten werden, in allen Kulturen sehr hoch ist, d. h. nahe bei 100 % liegt.

17.5.1 Multiple Beibehaltungsgründe für Religion: Der verallgemeinerte Placeboeffekt

Die Selektionsgründe für die Beibehaltung von religiösen Einstellungen, wenn sie einmal erworben wurden, lassen sich alle unter dem in ▶ Abschnitt 17.4 erläuterten Begriff des *verallgemeinerten Placeboeffekts* subsumieren. Im Folgenden seien zunächst die Placeboeffekte der Religion für das menschliche Individuum und danach für die soziale Gruppe erläutert:

1.) **Placeboeffekte für das Individuum.** Die Placeboeffekte von positiven Illusionen über die eigenen Fähigkeiten (▶ Abschnitt 17.4) werden durch Religion stark begünstigt, aber zugleich reguliert und vor extremer Realitätsblindheit bewahrt. Der Placeboeffekt des überzogenen Selbstvertrauens wird konsolidiert durch den Glauben an einen übermächtigen Schöpfergott, der den Menschen führt und potenziell in allem beiseite steht. Schicksalsschläge und Leiderfahrungen werden besser verarbeitet in der Erwartung, durch göttliche Gerechtigkeit kompensiert zu werden. Die Ausstrahlung positiver Illusionen erhöht zugleich die soziale Attraktivität eines Menschen, erhöht seinen Wert in der sozialen Gruppe und kommt ihm damit in vielfacher Weise indirekt zugute. Da Gott vom Menschen zugleich ein normenkonformes Verhalten einfordert, entbinden Religionen den Menschen nicht aus der eigenen Verantwortung. Sie reduzieren damit partiell die Gefahr der Realitätsblindheit – obwohl freilich fundamentalistische Ausartungen von Religionen die Gefahren solcher Realitätsblindheit deutlich dokumentieren.

Ein sehr greifbarer Placeboeffekt der Religion ist die Bewältigung der *Todeserfahrung*, sowohl des Todes geliebter Angehöriger als auch der Erwartung des bevorstehenden eigenen Todes, durch den Glauben an ein Jenseits, in dem die Seelen der Toten weiterleben. In der Tat besitzen Menschen ein *lebendiges Gedächtnis* an den Verstorbenen; sie setzen die Kommunikation mit ihm im Geiste fort, sodass es naheliegend erscheint, dass die Seele des Verstorbenen noch irgendwie außerkörperlich vorhanden sein müsste. Am schwersten akzeptierbar, wenn nicht schier unfassbar und paradox, ist die Vorstellung des eigenen Todes, der Nichtexistenz des eigenen Ichs. Die Wirksamkeit der Religion für die Bewältigung von Todeserfahrung und Todesantizipation ist auch empirisch belegt – empirischen Studien zufolge ist die Angst vor dem Sterben, dem Tod und was nach dem Tod kommt, bei religiösen Menschen viel geringer als bei nicht religiösen (Wenegrat 1990, 41; vgl. auch Taylor 1989, 107).

Die positiven Wirkungen der Religion gehen aber weit darüber hinaus. Wie Topitsch (1979) herausgearbeitet hat, schenken Religionen dem Menschen einen alles umfassenden *Lebenssinn* und stärken damit sein seelisches Gleichgewicht in einer kaum zu übertreffenden Weise. Topitsch geht dabei von einer Dreiteilung menschlicher Bedürfnis- und Handlungsdimensionen in eine *kognitive, sozial-normative* und *emotive* Dimension aus, gemäß der Kant'schen Dreiteilung der universalen Fragen „Was können wir wissen?", „Was sollen wir tun?" und „Was dürfen wir hoffen?". In der kognitiven Dimension geht es um die kognitive Orientierung in einer gefahrvollen Wirklichkeit, in der normativen Dimension um die Regulation des sozialen Handlungsgefüges durch Recht und Ethik und in der emotiven Dimension um seelisch-emotive Absicherung und Erfüllung. *Sinnstiftung* bzw. Konstruktion von Lebenssinn besteht Topitsch zufolge in der *gleichzeitigen* („plurifunktionalen") Führung in allen drei Dimensionen. Religionen vermögen diese plurifunktionale Führung vortrefflich zu leisten. Denn der Glaube an den übermächtigen Gott stillt nicht nur unsere kognitiven Orientierungsbedürfnisse und beantwortet letzte Warum-Fragen, sondern stabilisiert zugleich unseren festen Glauben an ein gottgegebenes normatives Regelsystem und gibt uns zu guter Letzt noch die Hoffnung auf ein ewiges jenseitiges Leben und die darin stattfindende ausgleichende Gerechtigkeit gegenüber erlittenem irdischen Unrecht. Dies kann dem Menschen ein solches Maß an seelischer Stärke verleihen, dass er auch härteste Schicksalslagen gut bestehen kann – vorausgesetzt freilich, dass er auch wirklich daran *glaubt*.

Eine wesentliche Komponente von Topitschs Weltanschauungsanalyse ist der unvermeidliche Verlust dieses plurifunktionalen Führungssystems im Verlauf der Ausbreitung von aufgeklärter Rationalität. Es kommt notwendigerweise zu Spannungen, ja Unvereinbarkeiten, zwischen den drei Bereichen des Kognitiven, Moralischen und Emotiven (vgl. Schurz 2009b). Die Spannung zwischen Wissenschaft und Moral äußert sich am deutlichsten in der Unmöglichkeit, aus deskriptivem Faktenwissen ethische Gebote herzuleiten (▶ Box 8.1). Aber auch zwischen Moral und künstlerischer Freiheit sowie zwischen wissenschaftlicher Genauigkeit und künstlerischer Metaphorik bilden sich Spannungen aus. So ist der Zerfall der plurifunktionalen religiösen Führungssysteme der Preis, den die Menschheit für aufgeklärte Rationalität, wissenschaftlich-technischen Fortschritt und das nie zuvor dagewesene Ausmaß an materieller und kultureller Freiheit tendenziell bezahlen muss.

2.) Placeboeffekte für die Kooperativität in der Gruppe. Diese Effekte haben wir schon in ▶ Abschnitt 16.7.4 herausgearbeitet: Die kulturelle Evolution des Menschen ist in hohem Maße auf Kooperation innerhalb der eigenen sozialen Gruppe angewiesen gewesen, und religiöser Glaube stabilisiert diese Kooperation, indem er die gemeinsamen Werte und Regeln der eigenen Gruppe durch eine höhere göttliche Macht legitimiert und altruistischen Handlungen im Dienste dieser Ordnung auch noch eine reziprok-egoistische Belohnung im Jenseits verspricht.

Wir haben aber auch erwähnt, dass der Altruismus, den eine Religion für die eigene Gruppe erzeugt, eine Kehrseite besitzt, nämlich die Abwertung oder gar Bekämpfung *andersgläubiger* Gruppen. Der Gott des Alten Testaments lehrt Altruismus nur gegenüber Angehörigen des eigenen auserwählten Volkes, während Nichtisraeliten von minderem moralischen Wert waren, mit denen günstigenfalls friedliche Kompromisse geschlossen wurden und die nötigenfalls auch grausam zu vernichten waren (Wilson 2002, 133 ff). Ähnliches gilt für andere Religionen, wie die des vormodernen Christentums oder des Islams. So wie Religion das altruistische Potenzial des Menschen stärkt, stärkt sie auch sein nationalistisch-imperialistisches Potenzial – nirgendwo zeigt sich das Janusgesicht der Religion deutlicher als hier.

17.5.2 Multiple Entstehungsgründe für Religion

Während wir in ▶ Abschnitt 17.5.1 verdeutlicht haben, warum das „Mem" der Religion, wenn es einmal vorhanden ist, so nachhaltig beibehalten wird, geht es uns nun um die Frage, wie religiöse Vorstellungen in menschlichen Kulturen *entstehen*. Die Pointe unserer Erklärung soll darin liegen, die kulturelle Universalität von Religion zu erklären, *ohne* ein abstruses „Religions-Gen" anzunehmen. Wir werden aber auch keine gemeinsame *Urreligion* annehmen, von der alle heutigen Religionsformen abstammen. Eine gemeinsame Urreligion mag es gegeben haben oder nicht. Doch wenn die Wahrscheinlichkeit der *spontanen* Entstehung von Religion nicht auch an sich schon hoch ist, wäre mit einer Urreligion allein nur schwer die quasi ausnahmslose kulturelle Universalität von Religionen zu erklären. Dann wäre nämlich die Wahrscheinlichkeit recht hoch, dass der religiöse Glaube in zumindest *einigen* isolierten Kulturen verloren ging und dort niemals wieder spontan entstanden ist. Unsere Erklärung beruht dagegen darauf, dass es drei unabhängige Mechanismen der spontanen Entstehung von religiösen Vorstellungen im Menschen gibt, die genau in dieselbe Richtung, in die Richtung übermächtiger intelligenter Wesen, weisen. In ihrem Zusammenspiel machen diese drei Mechanismen die spontane Entstehung von Religion hinreichend wahrscheinlich, um im Verein mit den Beibehaltungsgründen für Religion die universale Verbreitung von Religion in *Homo-sapiens*-Kulturen zu erklären.

1.) Gott als Vaterfigur. Dieser erste Mechanismus hat mit den psychischen Prozessen des Übergangs vom Kind zum Erwachsenen zu tun und wird im Leitmotiv von Gott als *Vaterfigur* (seltener auch Mutterfigur) deutlich. In der Tat sind die Eltern für das Kind eine übermächtige, letztverantwortliche, liebende und schützende, aber auch mit Strafe drohende Instanz, insgesamt also eine wahrhaft göttliche Instanz. Der tief verwurzelte Kindeswunsch nach schützenden und liebenden Eltern ist psychologischen Theorien zufolge auch noch beim Erwachsenen versteckt vorhanden und äußert sich, insbesondere in Notsituationen, in der Vorstellung von Gott als ultimativem Eltern- bzw. Vaterersatz. Dieser gegenwärtig von Wenegrat (1990, 32 f, 51, 118) herausgearbeitete Mechanismus der Entstehung der Gottesidee geht auf die Religionstheorie von Sigmund Freud (1913, 1927) zurück. Freud zufolge ist Gott eine Projektion der verlorenen Vaterfigur bzw. dessen Verinnerlichung im Über-Ich, die Schutz gewährt, aber auch mit Strafe droht.[86] Wie empirische Untersuchungen bestätigen, sind religiöse Personen meistens schutzsuchende und sozial abhängige Personen (Wenegrat 1990, 33, 53). Am Beispiel von Luther zeigt Wenegrat, wie sehr Luthers Gottesbild seinem eigenen Vater glich. Freuds Vision von 1927, die neue Menschheit würde Religion durch Wissenschaft ersetzen, erwies sich Wenegrat zufolge jedoch als Illusion (1990, 139). Zusammenfassend ist die kosmische Projektion des Vaterbzw. Elternwunsches nach dem Verlust der realen Eltern ein erster Mechanismus der spontanen Entstehung des Gottesglaubens.

2.) Erklärungsbedürfnis und intentionale Erklärungsmechanismen. Ein angeborenes Charakteristikum des Menschen ist sein *Erklärungsbedürfnis* – für alle wesentlichen Vorgänge sucht er nach Erklärungen. Der Kreationismus ist ein gemeinsamer Kern aller Religionen, der dieses Erklärungsbedürfnis durch die Annahme einer *Schöpfungshandlung* eines übermächtigen intentionalen Wesens stillt. Wie in ▶ Abschnitt 1.2 und 17.2 erläutert, geht die menschliche Tendenz zu intentional-kreationistischen Erklärungen darauf zurück, dass sich die ursprünglichsten Denkmodelle von *Homo sapiens* aus der sozialen Kognition ableiteten. Die Erklärungsmodelle des frühen Menschen für natürliche Vorgänge (wie Wind und Wetter, Himmelskörper, Pflanzen und Tiere etc.) bestanden in der *Übertragung* der aus der sozialen Gruppe vertrauten Vorgänge auf die Vorgänge der umgebenden Natur. So kam es zur *Beseelung* der Natur in den Frühreligionen mit ihren zahlreichen Naturgottheiten – wie Sonnengott, Wettergott, Tiergötter, Gestirne als Sitz der Götter usw. Für Topitsch (1979) ist der Mechanismus der *soziomorphen Projektion*, also die Deutung der Welt nach dem Vorbild vertrauter sozialer und psychologischer Vorgänge, der bedeutendste primitive Erklärungsmechanismus. Beispielsweise erklärt die ägyptische Gotteslehre von Memphis die Erschaffung der Welt nach dem Muster einer Staatsgründung. Nachdem die ewig-göttliche Hierarchie durch Projektion der gesellschaftlichen Ordnung in den Kosmos konstruiert worden ist, wird sie in einem zweiten Schritt wiederum zur Rechtfertigung der bestehenden gesellschaftlichen Ordnung benutzt – Feuerbach (1849) nannte dies den „Mechanismus der Projektion und Reflexion". Zusammenfassend beruht der zweite Entstehungsgrund für Religionen darauf, dass der Mensch nach Ursachen für bedeutende Naturvorgänge sucht und gemäß seinen primitiven Erklärungsmodellen hierfür gewisse machtvolle intentionale Wesen als Ursachen annimmt.

---

[86] Die zweite wichtige Funktion der Religion nach Freud ist der für soziale Kooperation nötige *Triebverzicht*.

3.) Spontaner Geisterglaube. Dieser dritte Entstehungsmechanismus ist spezifischer als der zweite, insofern es hier nicht um beliebige intentionale Wesen, sondern um spezifisch nicht materielle bzw. geisterhafte intentionale Wesen geht. Boyer (1994, 113 ff) hat dokumentiert, dass der spontane *Geisterglaube* ein gemeinsames Charakteristikum primitiver Jäger- und Sammlerkulturen zu sein scheint. Dabei lassen sich Geister allgemein als nicht materiale intentionale Wesen charakterisieren – sie gehorchen zwar nicht den physikalischen Naturgesetzen, wohl aber den Gesetzen der intentionalen Psychologie, d. h., sie haben Wünsche, Absichten, Vorstellungen und Wissen, sie sind handlungsfähig, man kann mit ihnen kommunizieren, sie gut oder böse stimmen usw. Schon kleine Kinder deuten seelische Vorgänge, Gefühle, Wünsche und Wunschinhalte sowie Träume und Trauminhalte spontan als besondere, nicht angreifbare, sondern immaterielle Entitäten (ebd., 108). Hinzu kommt die schon angesprochene Erfahrung des *Todes*, nun aber weniger vom Bewältigungsaspekt als vom Erklärungsaspekt betrachtet: Es scheint, dass die Seele des engen Familienangehörigen auch nach seinem Tode noch als Geist vorhanden sein muss, denn die innere Kommunikation mit ihm hält an, und die verstorbene Person ist nach wie vor ein integraler Bestandteil des eigenen seelischen Bezugssystems. Die menschliche Disposition, für unerklärbare Vorgänge nicht materielle intentionale Ursachen anzunehmen, nennt Boyer auch *magische Abduktion* (ebd., 147). So entsteht eine von Geisteswesen bevölkerte Welt, und gewisse Menschen, sogenannte Schamanen, haben die Fähigkeit, mit Geistern in Verbindung zu treten – im Stamm der Fang von Kamerun glaubt man beispielsweise, Schamanen seien Menschen mit einem besonderen Organ für die Wahrnehmung von Geistern (ebd., 43).

Geisterhafte, also nicht materielle intentionale Wesen sind auch ein zentraler Bestandteil von religiösen Glaubensinhalten. Von Geistern zu Göttern, Engeln, Teufeln oder anderen religiösen Wesen, vom Aberglauben zum religiösen Glauben, ist es nur ein kleiner Schritt. So liefert die Disposition des Menschen zur „magischen Abduktion" einen weiteren zentralen Entstehungsmechanismus für religiösen Glauben.

17.6 Gefahren der Religion: Aufklärung, Religion und Metaaufklärung

Die erläuterten Selektionsgründe für Religionen haben D. Wilson (2002, 220 ff) und in noch stärkerem Ausmaß Wenegrat (1990, 144 ff) dazu veranlasst, sich insgesamt *für* Religionen auszusprechen. Dieser Einstellung folge ich nicht, sondern bleibe Anhänger eines geläuterten Aufklärungsprogramms. Denn Religionen besitzen ein Janusgesicht: Die Kehrseite ihrer wohltuenden Placeboeffekte ist ihr hohes Gefahrenpotenzial. Dennoch halte ich es für äußerst wichtig, die Selektionsgründe von Religionen, ihre positiven Eigenschaften für den Menschen, herauszuarbeiten: erstens, um die evolutionäre Nachhaltigkeit von Religionen erklären zu können, und zweitens, um im Sinne einer *Metaaufklärung* die Illusionen eines überzogenen Aufklärungsprogramms aufzuzeigen. Es ist wohl kaum möglich, so wie Marx oder Freud es dachten, Religionen aus der Welt zu schaffen und durch Vernunft oder Wissenschaft zu ersetzen. Vermutlich ist dies auch nicht für alle und eventuell nicht einmal für viele Menschen erstrebenswert. Wichtig wäre es dagegen, Religionen so zu *transformieren*, dass sie ohne den Verlust ihrer wohltuenden Placeboeffekte ihr Gefahrenpotenzial abstreifen. Ist eine solch „aufgeklärte Transformation von Religion" möglich? Um dies herauszufinden, sei das Gefahrenpotenzial von Religionen und seine Entschärfung im Vernunftprogramm der Aufklärung näher betrachtet.

17.6.1 Fundamentalismus

Die große Gefahr aller Religionen ist ihre Tendenz zum Fundamentalismus, also zum Absolutheitsanspruch ihres jeweils eigenen Gottes und der Abwertung der Lehren anderer Religionen als Verfehlungen. Diese Gefahr ist bis zu einem gewissen Grad schon in der intrinsischen Natur der Gottesvorstellung als übermächtige Führer- und Beschützerfigur angelegt. Während im Polytheismus Götter zwar übermächtig, aber noch nicht alleinregierend und allmächtig sind, werden die fundamentalistischen Gefahren noch stärker im großen Vereinheitlichungsprozesses der Stammesreligionen in den frühen Hochkulturen, bis hin zu monotheistischen Staatsreligionen so wie erstmals im ägyptischen Königreich (Gehlen 1977, 167).

Einige Religionswissenschaftler sehen im Fundamentalismus lediglich ein gegenwärtiges Phänomen, eine traditionalistische Extremreaktion auf die Probleme der Moderne.[87] In der Tat weist der gegenwärtige Fundamentalismus etliche Besonderheiten auf. Doch ich möchte hier einen Grundaspekt des Fundamentalismus herausarbeiten, der nicht erst eine Erscheinung des 20. Jahrhunderts darstellt, sondern eine mehr oder weniger stark ausgeprägte Tendenz aller Religionen wiedergibt. Kernstück dieser allgemein-fundamentalistischen Tendenz ist ein erkenntnismethodologisches Merkmal – nämlich der *Ausschluss* der Methode der systematischen *Überprüfung* von religiösen Hypothesen. Gott führt nur den zum Heil, der bedingungslos an ihn glaubt, während *Zweifel* – ein Kernbestand der wissenschaftlichen Überprüfungsmethode – im Glauben nicht nur unangebracht ist, sondern als *Sünde* gilt. „Du sollst Gott nicht auf die Probe stellen", heißt es im Neuen Testament (Jesus in der Wüste), und der katholische Katechismus verurteilt Zweifel als eine der Hauptverfehlungen katholischen Glaubens. Ähnliches gilt in allen anderen großen Religionen. Die Einforderung eines unbedingten Glaubens ohne kritisch-methodischen Zweifel ist der grundlegende Unterschied zu aufgeklärten Meinungs- bzw. Erkenntnissystemen, welche die moralische Autorität von Gottes Wort durch den „zwanglosen Zwang" des besseren Arguments ersetzen oder zumindest zu ersetzen trachten. Ich schlage daher vor, den Begriff eines fundamentalistischen Glaubenssystems so zu charakterisieren:

---

[87] Vgl. Almond, Sivan und Appleby (1995), Meyer (1989) sowie wwwuser.gwdg.de/~agruens/fund/fund. html/.

Charakterisierung eines fundamentalistischen Glaubenssystems:

F1) Der Glaube beruht auf Prinzipien bzw. Quellen, die absolute und zumeist göttliche Autorität genießen.

F2) Diese Prinzipien beanspruchen zugleich deskriptive und moralische Autorität.

F3) Das Anzweifeln dieser Prinzipien ist – nicht nur erkenntnismäßig müßig oder unangebracht, sondern – moralisch verwerflich.

An dieser Stelle ist vor einer *Konfusionsgefahr* im Begriff des „Fundamentalismus" zu warnen. In der Erkenntnistheorie gibt es Ansätze, die annehmen, dass es gewisse (sogenannte) *Basismeinungen* gibt, in denen sich der Mensch letztlich nicht irren kann. Diese Ansätze wurden im englischsprachigen Bereich *foundationalistic* genannt. Dies wurde im Deutschen unglücklicherweise als „fundamentalistisch" übersetzt, was grob daneben gegriffen ist. Diese Ansätze sollten besser als „fundierungsorientiert" bezeichnet werden, denn sie stehen selbstverständlich in der guten Tradition der Aufklärung und haben mit Fundamentalismus in obigem Sinne nichts gemein. Religionen sind dagegen unvermeidlicherweise fundamentalistisch im oben erklärten Sinne, da sie durch Gott begründete Autoritäten annehmen, wobei ihr Fundamentalismus freilich unterschiedliche Ausprägungsgrade besitzen kann. Umgekehrt sind nicht alle fundamentalistischen Weltanschauungen schon religiös – es gibt auch nicht religiöse Typen fundamentalistischer Ideologien, z. B. rassistische oder kommunistische Heilslehren.

Die Vorteile fundamentalistischer Glaubenssysteme haben wir in Form des verallgemeinerten Placeboeffekts herausgearbeitet. Was die Nachteile betrifft, so liegen sie in der *Unkorrigierbarkeit* und *fehlenden Lernfähigkeit* des fundamentalistischen Glaubens. Denn Erkennen von Fehlern und Fehlerkorrektur setzen die Legitimität von Zweifel voraus, während fundamentalistischer Glaube diesen ausschließt. Der Ausschluss von Zweifel geht in religiösen Glaubenssystemen mit der Vorstellung der Fehlerlosigkeit bzw. Absolutheit des jeweils geglaubten Gottes einher. Diese Kombination erzwingt zwar nicht die Ausübung von *autoritärem Zwang*, öffnet diesem jedoch sozusagen Tür und Tor. Es fängt damit an, dass es für Religionen vor allem darauf ankommt, *dass* jemand den richtigen Glauben besitzt, während die Frage der *Begründung*, also warum jemand dies glaubt, zweitrangig ist. Daher tendieren fundamentalistische Glaubenssysteme zur *Indoktrination*, zur Manipulation der Meinungen von Personen im Sinne des „richtigen Glaubens", was oft schon bei der religiösen Indoktrination von Schulkindern beginnt.

Fundamentalistische Glaubenssysteme streben aus intrinsischen Gründen nach politischer Macht, denn es ist der Wille Gottes, dass ihn alle Menschen als den wahren Gott erkennen. Die islamische Religion war von Anfang mit einer Staatsgründung durch Mohammed verbunden, der arabische Stämme vereinte. Die christliche Religion begann zwar als Opposition zur herrschenden römischen und jüdischen Religion, doch was sich daraus entwickelte, war die Zweigewaltenlehre, in der sich politische und kirchliche Führer die Macht teilten. Die islamistische Konzeption des Heiligen Krieges bzw. Dschihad mit der Versprechung an den Gotteskrieger, nach seinem Tod auf dem Schlachtfeld direkt ins Paradies zu kommen, gab es ebenso in den Kreuzzügen des Christentums. Was die jüdische Religion betrifft, so hat das von Gott auserwählte Volk Israels seit seiner Einwanderung in Kanaan im 13. Jh. v. Chr. bis zu seiner Unterwerfung durch Kaiser Hadrian im 1. Jh. n. Chr. fortlaufend Eroberungskriege geführt. Auch die Geschichte der konfuzianischen Religion Chinas ist eine Serie von Unterwerfungskriegen (vgl. Diamond 1998, 322 ff).

17.6.2 Aufklärung

In Gegenüberstellung zu fundamentalistischen Systemen lassen sich die Grundprinzipien aufgeklärt-rationaler Glaubenssysteme so charakterisieren:

Charakterisierung eines aufgeklärt-rationalen Glaubenssystems:

A1) Es trennt die epistemische von der moralischen Autorität.

A2) Seine höchsten Prinzipien genießen epistemische Autorität – aber epistemische Autorität ist *keine* echte Autorität, sondern nur *Quasi*-Autorität, die auf dem *zwanglosen Zwang des besseren Arguments* beruht.

A3) Es ist jederzeit erlaubt, und in gewissem Maße gefordert, zu *zweifeln* (Descartes' methodischer Zweifel, Poppers methodische Falsifikationsversuche). Kritik ist niemals moralisch verboten, höchstens epistemisch unfruchtbar.

Der große *methodische* Vorzug der aufgeklärten Rationalität ist ihre intrinsische *Selbstkorrigierbarkeit* durch die Methode der kritischen Überprüfung. Wie es Popper einmal formulierte, werden in der kritischen Wissenschaft eben nicht unliebsame Menschen eliminiert, sondern nur falsifizierte Theorien. Aufgeklärt-rationale Glaubenssysteme sind daher im Prinzip unbegrenzt lernfähig. Während es in fundamentalistischen Glaubenssystemen vor allem auf die *Intensität* des Glaubens ankommt, kommt es in aufgeklärt-rationalen Systemen auf die richtige *Begründung* des Glaubens an. Denn Intersubjektivität beruht in der aufgeklärten Rationalität nicht auf autoritärem Zwang, sondern auf dem „zwanglosen Zwang" des besseren Arguments. Dies spiegelt sich auch in dem für aufgeklärte Rationalität charakteristischen Begriff der Erkenntnis bzw. des Wissens als *begründeter* wahrer Glaube.

Aufgeklärter Rationalität geht es nicht bloß darum, den Geisteszustand des Rezipienten so zu ändern, dass er das Richtige glaubt. Vielmehr beruht aufgeklärter Glaube auf rationaler Überzeugung, und diese setzt einen hinreichend freien und kritisch geschulten Hörer voraus. Daher ist in der Erziehung und schulischen Bildung aufgeklärter Gesellschaften nicht Indoktrination, sondern Erziehung zur Kritikfähigkeit und Ausbildung der eigenen Urteilskraft erwünscht. Aufgeklärte Rationalität kann freilich nur dort zu intersubjektivem Konsens führen, wo Objektivität von Erkenntnis tatsächlich möglich ist. Im Bereich menschlicher Interessen und Wertungen ist dies in nur geringerem Maße der Fall – Wertstandpunkte bleiben bis zu einem gewissen Grade subjektiv. Doch weil aufgeklärte Rationalität keine nicht epistemischen Autoritäten akzeptiert, hat sie auch bedeutende Konsequenzen für den Bereich von Werten, Normen und politischen Entscheidungen: Hier führt sie nämlich auf natürliche Weise zur Idee der *Gleichberechtigung* unterschiedlicher subjektiver Werteinstellungen und damit plausiblerweise zur Konzeption de *Demokratie*. Zwischen aufgeklärter Rationalität und Demokratie besteht somit ein ebenso enger Zusammenhang wie zwischen fundamentalistischem Glauben und Monokratie.

Aufgeklärte Demokratie führt in weiterer Folge zur Konzeption universeller Menschenrechte, denn es handelt sich dabei um keine nur auf einzelne Gruppen oder Nationen beschränkte, sondern für alle Menschen gleichermaßen geltende Kooperationsmaxime. Daher tendieren Demokratien weniger zu Kriegen als Diktaturen. Seit dem Zweiten Weltkrieg haben sich in ganz Westeuropa Demokratien durchgesetzt, und seit damals gab es dort fast keine Kriege mehr. Einen Beleg für die innere Kriegstendenz des Fundamentalismus liefert auch die statistische Tatsache, dass fundamentalistische Monokratien gegen andere Monokratien sogar noch häufiger Kriege führen als gegen demokratische Gesellschaften (Huntington 1996, 419 f).

Zugegeben ist diese Gegenüberstellung idealtypisch überzeichnet. Menschen besitzen (leider) generell eine Tendenz zu Feindbildmechanismen und kriegerischer Rivalität zwischen konkurrierenden Gruppen, die durch Religionen nur verstärkt wird. Selbst in einer Wissenschaft kann es soziologisch gesehen fundamentalistisch zugehen – Kuhn (1967) hat dies in seinem Paradigmenbegriff beleuchtet. Wer gegen die Autoritäten des vorherrschenden Paradigmas rebelliert, wird zunächst vermutlich einfach ignoriert und bekommt keinen Job. Doch der in einem Glaubenssystem *anerkannte Rechtfertigungsmaßstab* ist zu unterscheiden von der tatsächlich ausgeübten *Praxis*, die diesem Rechtfertigungsmaßstab nicht immer genügt. Unsere idealtypische Gegenüberstellung bezieht sich auf den Rechtfertigungsmaßstab, und dieser ist in fundamentalistischen Glaubenssystemen eindeutig anders gelegen als in aufgeklärten. In demokratischen Gesellschaften könnte die Berufung auf die quasigöttliche Autorität des eigenen Glaubenssystems niemals als *Rechtfertigungsmaßstab* dienen, sondern muss durch *Quasirechtfertigungen getarnt* werden. Bush rechtfertigte den Einmarsch der USA in den Irak damit, dass angeblich der Weltfriede bedroht gewesen sei, aber nicht damit, dass die USA im Besitz der wahren christlichen Religion seien und daher das Recht hätten, die Welt zu beherrschen. Dagegen können sich muslimische Politiker ohne Probleme öffentlich auf den Koran als höchste Autorität berufen.

17.6.3 Metaaufklärung und Schlussplädoyer

Der große Nachteil aufgeklärter Rationalität ist der Verlust des verallgemeinerten Placeboeffekts. Es scheint, dass der aufgeklärte rationale Mensch auf die wohltuende Wirkung von Placeboeffekten verzichten muss. Ist dies der unvermeidbare *Preis* der Aufklärung? Jein: Hier sind zahlreiche Kompromisse möglich, denn man muss zwischen harmlosen und weniger harmlosen Placeboeffekten unterscheiden. Es wäre kontraproduktiv und stünde im Widerspruch zum demokratischen Wertepluralismus, sämtliche (harmlosen) Placeboeffekte durch „gnadenlose wissenschaftliche Entlarvung" aus dem gesellschaftlichen Leben verbannen zu wollen. Harmlose Placeboangebote finden sich reichlich im Angebot postmoderner Gesellschaften, von seriösen psychologischen Therapieangeboten bis zu Esoterik, von Sport und Spiel bis zu gewissen Formen der Kunst. Nötig ist jedoch eine kontinuierliche Wachsamkeit gegenüber der ständig latenten Möglichkeit von irrationalen oder gar totalitären Ausartungen fundamentalistischer Glaubenssysteme. Und diese Wachsamkeit erfordert letztlich ein Festhalten an aufgeklärter Rationalität als übergeordnetem Beurteilungsmaßstab. Zusammengefasst kann der Preis des Verlusts der Placeboeffekte durch geschickte Psychologie und Sozialpolitik zwar verringert, aber nicht zum Verschwinden gebracht werden.

Nachdem Religion aufgrund ihrer evolutionären Selektionsgründe ein nachhaltiges Bedürfnis vieler Menschen bleiben wird, stellt sich die Frage nach sinnvollen Kompromissformen zwischen religiösen und aufgeklärten Glaubenssystemen. Hier müssen wir nicht lange suchen. Denn de facto sind solche Kompromisse in Form der *säkularisierten Religionen* unserer westlichen Gesellschaftssysteme bereits verwirklicht worden. Säkularisierte Religionen stellen religiöse Glaubenssysteme und ihre Placeboeffekte zur Verfügung, aber verzichten auf politische Macht und richten gegen die Gefahren des Fundamentalismus eine Barriere auf. Damit sind die säkularisierten Religionen westlicher Gesellschaften zweifellos eine historisch höchst erstrebenswerte Kompromissleistung.

Doch man darf nicht vergessen, dass Aufklärung und Säkularisierung im westlichen Europa, also die Trennung von weltlicher und kirchlicher Macht, ein langwieriger und vier Jahrhunderte andauernder Prozess waren, der in anderen Kulturregionen in vergleichbarer Form nicht oder nur in wesentlich geringerem Maße stattgefunden hat (vgl. Lehmann 2004). Die säkularisierten Religionen westlicher Gesellschaften sind zwar eine höchst erstrebenswerte Kompromissleistung. Diese bildet allerdings kein stabiles Gleichgewicht, sondern bleibt intrinsisch konfliktreich und benötigt daher ständige politisch-kulturelle Pflege. Es gibt keinen evolutionären Automatismus, aufgrund dessen sich die fundamentalistische „Sprengkraft" von Religionen, die auch noch in säkularisierten Religionen steckt, durch die Gegenkräfte aufgeklärter Rationalität hinreichend zähmen ließe. Die Säkularisierung der Religionen müsste im Zeitalter der Globalisierung *weltweit* institutionalisiert sein, um stabil sein zu können. Das ist aber, wie wir wissen, leider nicht der Fall. In anderen Kulturen sind nach wie vor, in mehr oder minder großem Ausmaß, Religionsführer an der politischen Macht. Hinzu kommt, dass sich jedenfalls gegenwärtig die Bevölkerung fundamentalistisch-dominierter Gesellschaftssysteme deutlich schneller vermehrt als die aufgeklärter Gesellschaftssysteme. Umso wichtiger ist es, in den Ländern des Westens die säkularisierte Form von Religionen hochzuhalten und attraktiv zu machen für andere Kulturformen.

Gerade *weil* es keinen Automatismus der Aufklärung und Modernisierung gibt, liegt es in der Verantwortung aufgeklärter Menschen, die Institutionen von Bildung und Wissenschaft so weit zu stärken, dass placebobasierte Glaubenssysteme in ihren säkularen Grenzen gehalten und fundamentalistische Gefahren abgewehrt werden können. Die Rede von postmoderner oder postaufgeklärter Gesellschaft ist so gesehen trügerisch, denn aus evolutionärer Perspektive hat der Übertritt von der religiösen in die Aufklärungsepoche der Menschheit gerade erst begonnen. Es ist nicht ausgemacht, ob sich dieser Übertritt langfristig halten wird. Und weil dem so ist, wird Aufklärung eine immerwährende Aufgabe des Menschengeschlechts bleiben.

Literatur

Adams, E. W. (1975): *The Logic of Conditionals*, Reidel, Dordrecht.

Alexander, J. McKenzie (2007): *The Structural Evolution of Morality*, Cambridge University Press, Cambridge.

Allen, G.E. (1978): *Life Science in the Twentieth Century*, Cambridge Univ. Press, Cambridge.

Allen, C., Bekoff, M., und Lauder, G. (Hrsg.) (1998): *Nature's Purposes*, MIT Press, Cambridge/Mass.

Almond, G. A., Sivan, E. und Appleby, R. S. (1995): „Fundamentalism: Genus and Species", in: M. E. Marty und R. S. Appleby (Hrsg.), *Fundamentalisms Comprehended (The Fundamentalism Project, Vol. V)*, Univ. of Chicago Press, Chicago/London 1995, 399–424.

Amor, A. (2003): „Specialized Behavior without Specialized Modules", in: Over (Hrsg.) (2003b), 101–120.

Anders, G. (1994/95): *Die Antiquiertheit des Menschen*, Band 1 (1994), Band 2 (1995), Beck, München (Original 1956).

Antonov, I. et al. (1993): „Activity-Dependent Presynaptic Facilitation and Hebbian LTP are Both Required and Interact During Classical Conditioning in Aplysia Neuron", *Neuron* 37(1), 135–147.

Arnold, E. (2008): *Explaining Altruism. An Simulation-Based Approach and Its Limits*, Ontos-Verlag, Frankfurt/M.

Ashby, W. R. (1974): *Einführung in die Kybernetik*, Suhrkamp, Frankfurt/M. (engl. Original 1964).

Ashman, K. und Barringer, P. (Hrsg.) (2001): *After the Science Wars*, Routledge, London.

Ashworth, T. (1980): *Trench Warfare, 1914–1918: The Live and Let Live System*, Holmes & Meier, New York.

Ast, G. (2005): „Ein Genom voller Alternativen", *Spektrum der Wissenschaft* 11, 48–55.

Aumann, R. (1987): „Correlated Equilibrium is an Expression of Bayesian Rationality", *Econometrica* 55, 1–18.

Aunger, R. (Hrsg.) (2000): *Darwinizing Culture: The Status of Memetics as a Science*, Oxford Univ. Press, Oxford.

Aunger, R. (2002): *The Electric Meme: A New Theory of How We Think*, Simon & Schuster, Free Press, New York.

Axelrod, R. (1984): *Die Evolution der Kooperation*, Oldenbourg, München (5. Aufl. 2000; engl. Original 1984).

Baldwin, J. M. (1909): *Darwin and the Humanities*, Review Publ. Co., Baltimore.

Ballhausen, W. (2010): *Technikphilosophische Aspekte der Automatisierungstechnik*, Peter Lang, Frankfurt/M.

Balzer, W., Moulines, C. U. und Sneed, J. D. (1987): *An Architectonic for Science*, Reidel, Dordrecht.

Bandura, A. (1977): *Social Learning Theory*, Prentice-Hall, Englewood Cliffs, NJ.

Barkow, J. (2006): „Vertical/Compatible Integration versus Analogizing with Biology (comment to Mesoudi, Whiten und Laland 2006)", *Behavioral and Brain Science* 29, 348 f.

Barkow, J., Cosmides, L. und Tooby, J. (Hrsg.) (1992): *The Adapted Mind: Evolutionary Psychology and the Generation of Culture*, Oxford Univ. Press, New York.

Barrow, J. D. (1994): *Theorien für Alles*, Rowohlt, Reinbek bei Hamburg (engl. Original 1991).

Barrow, J. D. und Tipler, F. (1988): *The Anthropic Cosmological Principle*, Oxford University Press, Oxford.

Basalla, G. (1988): *The Evolution of Technology*, Cambridge Univ. Press.

Bateson, W. (1894): *Materials for the Study of variation*, Macmillan, London.

Bauer, J. (2004): *Das Gedächtnis des Körpers. Wie Beziehungen und Lebensstile unsere Gene steuern*, Piper, München.

Baum, W. et al. (2004): „Cultural Evolution in Labaratory Micro-Societies Including Traditions of Rule-Giving and Rule-Following", *Evolution and Human Behavior* 25, 305–326.

Bayertz, K. (Hrsg.) (1993): *Evolution und Ethik*, Reclam, Stuttgart.

Becker, A. et al. (2003): *Gene, Meme und Gehirn*, Suhrkamp, Frankfurt/M.

Beckermann, A. (2001): *Analytische Philosophie des Geistes*, de Gruyter, Berlin.

Bedau, M. (1998): „Where's the Good in Teleology?", in: Allen, Bekoff und Lauder (Hrsg.), 261–291.

Behe, M. (1996): *Darwin's Black Box*, Free Press, New York.

Berlin, B. und Kay, P. (1969/99): *Basic Colour Terms: Their Universality and Evolution*, CSLI Publications, Stanford (Neuauflage 1999).

Bernal, J. D. (1970): *Sozialgeschichte der Wissenschaften*, Bde. 1–4, Rowohlt, Reinbek bei Hamburg.

Bertalanffy, L. von (1979): *General System Theory*, 6. Aufl., George Braziller, New York.

Bigelow, J. und Pargetter, R. (1987): „Function", *Journal of Philosophy* 84/4, 181–196.

Binmore, K. (1998): *Just Playing* (Game Theory and Social Contract II), MIT Press, Cambridge/Mass.

Bird, A. (1998): *Philosophy of Science*, McGill-Queen's Univ. Press, Montreal/Kingston.

Birnbacher, D. (2006): *Natürlichkeit*, de Gruyter, Berlin.

Bitterman, M. (2000): „Cognitive Evolution", in: Heyes und Huber (Hrsg.), 61–80.

Blackmore, S. (1999): *The Meme Machine*, Oxford Paperbacks, Oxford (dt. *Die Macht der Meme*, Spektrum Akademischer Verlag, Heidelberg 2005).

Blackmore, S. (2003): „Evolution und Meme: Das menschliche Gehirn als selektiver Imitationsapparat", in: Becker et al. (Hrsg.), 49–89.

Blaisdell, A. P. et al. (2006): „Causal Reasoning in Rats", *Science* 311, 1020–1022.

Bloch, M. (2000): „A Well-Disposed Social Anthropologist's Problems with Memes", in: Aunger (Hrsg.), 189-204.

Block, N., Flanagan, O. und Güzeldere, G. (Hrsg.) (1996): *The Nature of Consciousness*, MIT Press, Cambridge/Mass.

Blumler, M. (1992): *Seed Weight and Environment in Mediterranean-Type Grasslands in California and Israel*, Univ. of California, Berkeley.

Bodmer, W. F. und Cavalli-Sforza, L. (1976): *Genetics, Evolution, and Man*, Freeman, San Francisco.

Boë, L.-J., Bessière P. und Vallée, N. (2003): „When Ruhlen's ‚Mother Tongue' Theory Meets the Null Hypothesis", in: *XVth International Congress of Phonetic Sciences*, Barcelona, 2705-2708.

Boehm, C. (1993): „Egalitarian Society and Reverse Dominance Hierarchy", *Current Anthropology* 34, 227–254.

Boehm, C. (1999): *Hierarchy in the Forest: Egalitarism and the Evolution of Human Altruism*, Harvard Univ. Press, Cambridge/Mass.

Bolnick, D. A. et al. (2004): „Problematic Use of Greenberg's Linguistic Classification of the Americas in Studies of Native American Genetic Variation", *American Journal of Human Genetics* 75, 519-523.

Bolton, G. E., Katok, E. und Ockenfels, A. (2004): „Trust among Internet Traders: A Behavioral Economics Approach", *Analyse und Kritik* 26, 185-202.

Bouchard, T. J. (1997): „IQ Similarity in Twin Reared Apart", in: Sternberg und Grigorenko (Hrsg.), 126-160.

Bovens, L. und Hartmann, S. (2006): *Bayesianische Erkenntnistheorie*, mentis, Paderborn.

Boyd, R. (1991): „Realism, Anti-Foundationalism, and the Enthusiasm for Natural Kinds", *Philosophical Studies* 61, 127-148.

Boyd, R. und Richerson, P. J. (1985): *Culture and the Evolutionary Process*, Univ. of Chicago Press, Chicago.

Boyd, R., Richerson, P. (1988): „The Evolution of Reciprocity in Sizable Groups", *Journal of Theoretical Biology* 132, 337-356.

Boyd, R. und Richerson, P. (1992): „Punishment Allows the Evolution of Cooperation (or Anything Else) in Sizable Groups", *Ethology and Sociobiology* 13, 171-195.

Boyd, R. und Richerson, P. J. (2000): „Memes: Universal Acid or a Better Mousetrap?", in: Aunger (Hrsg.), 143-162.

Boyer, P. (1994): *The Naturalness of Religious Ideas*, Univ. of California Press, Berkeley.

Brainerd, C. (1978): *Piaget's Theory of Intelligence*, Prentice-Hall, Englewood Cliffs.

Brewka, G. (1991): *Nonmonotonic Reasoning. Logical Foundations of Commonsense*, Cambridge University Press, Cambridge.

Brown, D. E. (1991): *Human Universals*, Temple Univ. Press, Philadelphia.

Bryant, J. M. (2004): „An Evolutionary Social Science? A Skeptic's Brief, Theoretical and Substantive", *Philosophy of the Social Sciences* 34/4, 451–492.

Bshary, R. und Grutter, A. (2006): „Image Scoring and Cooperation in a Cleaner Fish Mutualism", *Nature* 441, 975–978.

Bühler, A. (Hrsg.) (2003): *Hermeneutik*, Synchron, Heidelberg.

Buss, D. M. (2003): „Evolutionspsychologie – ein neues Paradigma für die psychologische Wissenschaft?", in: Becker et al. (Hrsg.), 137–226.

Campbell, D. T. (1960): „Blind Variation and Selective Retention in Creative Thought as in Other Knowledge Processes", *Psychological Review* 67, 380–400.

Campbell, D. T. (1974): „Evolutionary Epistemology", in: Schillp (Hrsg.), *The Philosophy of Karl Popper*, Open Court, La Salle.

Canetti, E. (1960): *Masse und Macht*, Claasen, Hamburg.

Carnap, R. (1956): „The Methodological Character of Theoretical Concepts", in: Feigl und Scriven (Hrsg.), *Minnesota Studies in the Philosophy of Science*, Bd. I, Univ. of Minnesota Press, Minneapolis, 38–76.

Carnap, R. (1972): *Bedeutung und Notwendigkeit*, Springer, Berlin (engl. Orig. 1956).

Carrier, M. (1994): *The Completeness of Scientific Theories*, Kluwer, Dordrecht.

Carruthers, P. und Chamberlain, A. (Hrsg.) (2000): *Evolution and the Human Mind. Modularity, Language, and Meta-Cognition*, Cambridge Univ. Press, Cambridge.

Carson, H. L. (1983): „Chromosomal Sequences and Inter-Island Colonizations in Hawaian Drosophila", *Genetics* 103, 465–482.

Cartwright, N. (1983): *How the Laws of Physics Lie*, Clarendon Press, Oxford.

Causey, R. (1977): *The Unity of Science*, Reidel, Dordrecht.

Cavalier-Smith, T. (2002): „The Neomuran Origin of Archaebacteria, the Negibacterial Root of the Universal Tree, and Megaclassification", *International Journal of Systematic and Evolutionary Microbiology* 52, 7–76.

Cavalli-Sforza, L. et al. (1988): „Reconstruction of Human Evolution: Bringing Together Genetic, Archaeological and Linguistic Data", *Proceedings of the National Academy of Sciences* 85, 6002–6006.

Cavalli-Sforza, L. (2001): *Genes, Peoples and Languages*, Penguin Books, London.

Cavalli-Sforza, L. und Feldman, M. W. (1973): „Models for Cultural Inheritance I: Group Mean and Within Group Variation", *Theoretical Population Biology* 4, 42–55.

Cavalli-Sforza, L. und Feldman, M. W. (1981): *Cultural Transmission and Evolution*, Princeton Univ. Press, Princeton.

Cesa-Bianchi, N. und Lugosi, G. (2006): *Prediction, Learning, and Games*, Cambridge Univ. Press, Cambridge.

Chomsky, N. (1973): *Sprache und Geist*, Suhrkamp, Frankfurt/M.

Cloak, F. T. (1975): „Is a Cultural Ethology Possible?", *Human Ecology*, Bd. 3, 161–182.

Cosmides, L. und Tooby, J. (1992): „Cognitive Adaptations for Social Exchange", in: Barkow, Cosmides und Tooby (Hrsg.), 163–228.

Cosmides, L. und Tooby, J. (1994): „Beyond Intuition and Instinct Blindness: Towards an Evolutionary Rigorous Cognitive Science", *Cognition* 50, 41–77.

Crawford, C. und Krebs, D. L. (Hrsg.) (1998): *Handbook of Evolutionary Psychology*, Erlbaum, Mahwah, NJ.

Crombie, A. (1977): *Von Augustinus bis Galilei*, dtv, München (Orig. 1959, Kiepenheuer & Witsch, Köln/Berlin).

Crow, J. F. (2001): „The Beanbag Lives On", *Nature* 409, 771.

Cummins, R. (1975): „Functional Analysis", *Journal of Philosophy* 72/20, 741–765.

Cziko, G. A. (2001): „Universal Selection Theory and the Complementarity of Different Types of Blind Variation and Selective Retention", in: Heyes und Hull (Hrsg.), 15–34.

Darwin, C. (1859): *On the Origin of Species*, Harvard Univ. Press, Cambridge 1964.

Darwin, C. (1871): *The Descent of Man, and Selection in Relation to Sex*, Princeton Univ. Press, Princeton.

Darwin, C. (1874): *The Variation of Animals and Plants under Domestication*, 2. Aufl., 2 Bde., John Murray, London 1905.

Darwin, C. (1875): *Natural Selection* (ed. by R.C. Stauffer), Cambridge Univ. Press, Cambridge 1975.

Davies, P. (1995): *Der Plan Gottes*, Insel, Frankfurt/M. (engl. Orig. *The mind of God* 1992).

Dawkins, R. (1976): *The Selfish Gene*, Oxford Univ. Press. Oxford.

Dawkins, R. (1982): *The Extended Phenotype*, Oxford Univ. Press, Oxford.

Dawkins, R. (1987): *Der blinde Uhrmacher*, Kindler, München (engl. Orig. *The Blind Watchmaker* 1986).

Dawkins, R. (1989): „The Evolution of Evolvability", in: Langton (Hrsg.), *Artificial Life,* Addison-Wesley, Redwood City, CA.

Dawkins, R. (1998): *Das egoistische Gen*, 2. erw. Aufl., rororo, Rowohlt (englische Erstauflage 1976).

Dawkins, R. (1999): „Foreword", in: Blackmore (1999).

Dawkins, R. (2007): *Der Gotteswahn*, Ullstein, Berlin.

Delius J. (1989): „Of Mind Memes and Brain Bugs, a Natural History of Culture", in: Koch (Hrsg.), *The Nature of Culture*, Bochum Publications, Bochum, 26–79.

Delius, J., Jitsumori, M. und Siemann, M. (2000): „Stimulus Equivalencies Through Discrimination Research", in: Heyes und Huber (Hrsg.), 103–122.

Dembski, W. (1998): *The Design Inference*, Cambridge Univ. Press, Cambridge.

Dennett, D. C. (1990): „Memes and the Exploitation of Imagination", *Journal of Aesthetics and Art Criticism* 48/2, 127–135.

Dennett, D. C. (1997): *Darwins gefährliches Erbe*, Hoffmann & Campe, Hamburg.

Dennies, D. C. (2003): „Epigenetics and Disease: Altered States", *Nature* 421, 686–688.

De Vries, H. (1901): *Die Mutationstheorie*. Bd.1: *Die Entstehung der Arten durch Mutation*, Veit, Leipzig.

Diamond, J. (1994): *Der dritte Schimpanse*, S. Fischer, Frankfurt/M. (engl. Orig. 1991).

Diamond, J. (1998): *Guns, Germs and Steel*, Vintage, London (dt.: *Arm und Reich. Die Schicksale menschlicher Gesellschaften*, S. Fischer, Frankfurt/M. 1999).

Diamond, J. (2006): *Kollaps. Warum Gesellschaften überleben oder untergehen*, S. Fischer, Frankfurt/ M. (engl. Original 2005).

Dobzhanski, T. (1937): *Genetics and the Origin of Species*, Columbia Univ. Press, New York.

Dobzhanski, T. (1970): *Genetics of the Evolutionary Process,* Columbia Univ. Press, New York.

Donninger, C. (1986): „Is it Always Efficient to be Nice?", in: Diekmann und Mitter (1986), *Paradoxical Effects of Social Behavior*, Physica, Heidelberg.

Dugatkin, L. A. (1998): „Game Theory and Cooperation", in: Dugatkin und Reeve, *Game Theory and Animal Behavior*, Oxford Univ. Press, Oxford.

Dunbar, R. (2000): „Causal Reasoning and Mental Rehearsal in Primates" in: Heyes und Huber (Hrsg.), 205–220.

Durham, W. H. (1990): „Advances in Evolutionary Culture Theory", *Annual Reviw of Anthropology* 19, 187–210.

Durham, W. H. (1991): *Coevolution: Genes, Culture and Human Diversity*, Stanford Univ. Press, Stanford.

Earman, J. (1992): *Bayes or Bust?*, MIT Press, Cambridge/Mass.

Earman, J., Roberts, J. und Smith, S. (2002): „Ceteris Paribus Lost", *Erkenntnis* 57/3, 281–301.

Edelman, G. M. (1987): *Neural Darwinism*, Basic Books, New York,

Eder, K. (2004): „Kulturelle Evolution und Epochenschwellen", in: Jaeger und Liebsch (Hrsg.), *Handbuch der Kulturwissenschaften*, Bd. 1, Metzler, Stuttgart.

Eigen, M. (1971): „Self-Organization of Matter and Evolution of Biological Macro-Molecules", *Naturwissenschaften* 58, 465–523.

Eigen, M. und Schuster, P. (1977): *The Hypercycle. A Principle of Natural Self-Organization. Part A,* *Naturwissenschaften* 64, 541–565.

Eigen, M. et al. (1981): „Ursprung der genetischen Information", *Spektrum der Wissenschaft* 6, 36–56.

Eimer, T. (1888): *Die Entstehung von Arten aufgrund von Vererbung erworbener Eigenschaften*, Gustav Fischer, Jena.

El-Hani, C. N. (2007): „Between the Cross and the Sword: the Crisis of the Gene Concept", *Genetics and Molecular Biology* 30, 297–307.

Eliade, M. (Hrsg.) (1987): *The Encyclopedia of World Religions*, Macmillan, New York.

Elredge, N. und Gould, S. J. (1972): „Punctuated Equilibria: an Alternative to Phyletic Gradualism", in: Schopf (Hrsg.), *Models in Paleobiology*, Freeman, Cooper & Co., San Francisco, 82–115.

Engels, E.-M. (1993): „Herbert Spencers Moralwissenschaft – Ethik oder Sozialtechnologie?", in: Bayertz (Hrsg.), 243–287.

Erk, K. und Priese, L. (1998): *Theoretische Informatik*, Springer, Berlin.

Evans, J. (1850): „On the Date of British Coins", *The Numismatic Chronicle and Journal of the Numismatic Society* 12, 127–137.

Evans, J. S. (1982): *The Psychology of Deductive Reasoning*, Routledge & Kegan Paul, London.

Evans, J. S. (2002): „Logic and Human Reasoning: An Assessment of the Deduction Paradigm", *Psychological Bulletin*, 128, 978–996.

Evans, J. S., Simon, J. H. und Over, D. E. (2003): „Conditionals and Conditional Probability", *Journal of Experimental Psychology: Learning. Memory, and Cognition* 29(2), 321–335.

Fehr, E. und Gächter, S. (2002): „Altruistic Punishment in Humans", *Nature* 415, 137–140.

Festinger, L. (1957): *A Theory of Cognitive Dissonance*, Stanford Univ. Press, Stanford.

Feuerbach, L. (1849): *Das Wesen des Christentums*, 3. Aufl., Leipzig.

Fisher, R. A. (1930): *The Genetical Theory of Natural Selection*, Clarendon, Oxford.

Fisher, R. A. (1956): *Statistical Methods and Scientific Inference*, Hafner Press, New York (erw. Neuaufl. Oxford Univ. Press, Oxford 1995).

Flynn, J. R. (1984): „The Mean IQ of Americans", *Psychological Bulletin* 95, 29–51.

Fodor, J. (1976): *The Language of Thought*, Thomas Y. Crowell, New York.

Fodor, J. (1998): *Concepts: Where Cognitive Science Went Wrong*, Oxford Univ. Press, New York.

Forster, M. und Sober, E. (1994): „How to Tell when Simpler, More Unified, or Less Ad Hoc Theories will Provide More Accurate Predictions", *British Journal for the Philosophy of Science* 45, 1–35.

Fox, A. (1995): *Linguistic Reconstruction. An Introduction to Theory and Method*, Oxford Univ. Press, Oxford.

Fraassen, B. van (1990): „Die Pragmatik des Erklärens", in: Schurz (Hrsg.), 31–90.

Freud, S. (1913): „Totem und Tabu", in: ders., Studienausgabe Bd. IX, S. Fischer, Frankfurt/M. 2000.

Freud, S. (1927): „Die Zukunft einer Illusion", in: ders., Studienausgabe Bd. IX, S. Fischer, Frankfurt/M. 2000.

Fromkin, V. und Rodman, R. (1998): *An Introduction to Language*, Harcourt Brace College Publishers.

Futuyama, D. (1979): *Evolutionary Biology*, Sinauer Associates, Sunderland/Mass.

Gabora, L. (1997): „The Origin and Evolution of Culture and Creativity", *Journal of Memetics* I, www.cpm.mmu.ac.uk/jom-emit/1997/voll/gabora_1.html.

Gallese, V. und Goldman, A. (1998): „Mirror Neurons and the Simulation Theory of Mind-Reading", *Trends in Cognitive Science* 2, 493–501.

Gardner, M. (2000): „Kilroy was Here", (review of *The Meme Machine* by S. J. Blackmore), Los Angeles Times, March 5th.

Garnham, A., und Oakhill, J. (1994): *Thinking and Reasoning*, Blackwell, Oxford.

Gatherer, D.G. (1998): „Why the Thought Contagion Metaphor is Retarding the Progress of Memetics", *Journal of Memetics* 2 (www.cpm.mmu.ac.uk/jom-emit/1998/vol2/gatherer_d.html).

Gehlen, A. (1977): *Urmensch und Spätkultur*, 4. verb. Aufl., Athenaion, Frankfurt (1. Aufl. 1956).

Gelder, L. van (1998): „The Dynamical Hypothesis in Cognitive Science", *Behavioral and Brain Sciences* 21, 615–665.

Ghiselin, M. T. (1987): „Species Concepts, Individuality, and Objectivity", *Biology and Philosophy* 2, 127–143.

Gigerenzer, G. (2001): „The Adaptive Toolbox", in: Gigerenzer und Selten (Hrsg.), 37–50.

Gigerenzer, G. und Selten, R. (Hrsg.) (2001): *Bounded Rationality. The Adaptive Toolbox*, MIT Press, Cambridge/Mass.

Gigerenzer, G. und Todd, P. M. (1999): „Fast and Frugal Heuristics", in: Gigerenzer et al. (Hrsg.) (1999), 3–34.

Gigerenzer, G. et al. (1999): *Simple Heuristics That Make Us Smart*, Oxford Univ. Press, New York.

Goldberg, D. E. (1989): *Genetic Algorithms in Search, Optimization and Machine Learning*, Addison-Wesley, Reading/Mass.

Goodenough, W.H. (1959): „Cultural Anthropology and Linguistics", in: Garim (Hrsg.), *Report of the 7th Annual Roundtable on Linguistics and Languiage Study*, Georgetown Univ. Press, Washington DC, 167-173.

Gould, S. J. (1994): *Der falsch vermessene Mensch*, Suhrkamp, Frankfurt/M.

Gould, S. J. und Lewontin, R. C. (1979): „The Spandrels of San Marco and the Panglossian Paradigm", *Proceedings of the Royal Society of London B* 205, 581-598.

Grant, V. (1957): „The Plant Species in Theory and Practice", in: Mayr (Hrsg.), *The Species Problem*, Amer. Assoc. Adv. Sci. Publ. 50, Washington D.C., 39-80.

Gray, R. D. und Jordan, F. M. (2002): „Language Trees Support the Express-Train Sequence of Austronesian Expansion", *Nature* 405, 1052-1055.

Grewendorf, G. (2006): *Noam Chomsky*, Beck, München.

Grice, H. P. (1969): „Utterer's Meaning and Intentions", *The Philosophical Review* 78, 147-177; dt. wiederabgedruckt in: Meggle (Hrsg.) (1993), 16-51.

Griffiths, P. E. (1999): „Squaring the Circle: Natural Kinds with Historical Essences", in: Wilson (Hrsg.), *Species: New Interdisciplinary Essays*, MIT Press, Cambridge/Mass, 209-228.

Griggs, R. A. und Cox, J. R. (1982): „The Elusive Thematic-Materials Effect in Wason's Selection Task", *British Journal of Psychology* 73, 407-420.

Grimes, B. F. (2002): *Ethnologue: Languages of the World*, 14. Aufl., Summer Institute of Linguistics.

Guglielmino, C. R. et al. (1995): „Cultural Variation in Africa", *Proceedings of the National Academy of Science USA*, 92, 7585-7589.

Gürek, Ö., Irlenbuch, B. und Rockenbach, B. (2006): „The Competitive Advantage of Sanctioning Institutions", *Science* 312, 108-111.

Güth, W., Schmittberger, R. und Schwarze, B. (1988): „An Experimental Analysis of Ultimatum Bargaining", *Journal of Economic Behavior and Organization* 3, 367-388.

Habermas, J. (1973): „Vorbereitende Bemerkungen zu einer Theorie der kommunikativen Kompetenz", in: Habermas und Luhmann (Hrsg.), *Theorie der Gesellschaft oder Sozialtechnologie?*, Suhrkamp, Frankfurt/M., 101-141.

Habermas, J. (1976): *Zur Rekonstruktion des historischen Materialismus*, Suhrkamp, Frankfurt/M.

Habermas, J. (2001): *Die Zukunft der menschlichen Natur. Auf dem Weg zu einer liberalen Eugenik?*, Suhrkamp, Frankfurt/M.

Haken, H. (1983): *Synergetik*, Springer, Berlin.

Haldane, J. B. S. (1932): *The Causes of Evolution*, Longmans, New York.

Haldane, J. B. S. (1964): „A Defence of Beanbag Genetics", *Perspectives in Biology and Medicine* 7, 343-359.

Hamer, D. (2006): *Das Gottes-Gen. Warum uns der Glaube im Blut liegt*, Kösel, München.

Hamilton, W. (1964): „The Genetic Evolution of Social Behavior", *Journal of Theoretical Biology* 7, 1-52.

Hammerstein, P. (2003a): „Why is Reciprocity so rare in Animals", in: Hammerstein (Hrsg.), 83-94.

Hammerstein, P. (Hrsg.) (2003b): *Genetic and Cultural Evolution of Cooperation*, MIT Press, Cambridge/Mass.

Hardy, G. H. (1908): „Mendelian Proportions in a Mixed Population", *Science* 28, 49 f.

Harsanyi, J. und Selten, R. (1988): *A General Theory of Equilibrium Selection in Games*, MIT Press, Cambridge.

Hart, M.H. (1978): „The Evolution of the Atmosphere of the Earth", *Icarus* 33, 23-39.

Hebb, D. (1949): *The Organization of Behavior. A Neuropsychological Theory*, Wiley, New York (Nachdruck Erlbaum Books, Mahwah/N.J. 2002).

Hegselmann, R. und Flache, A. (2000): „Rational and Adaptive Playing", *Analyse & Kritik* 22, 75-97.

Hegselmann, R. und Merkel. L. (Hrsg.) (1991): *Zur Debatte über Euthanasie*, Suhrkamp, Frankfurt/M.

Hempel, C. G. (1965): *Aspects of Scientific Explanation and Other Essays in the Philosophy of Science*, Free Press, New York/London.

Hempel, C. G. (1972): „Das Konzept der kognitiven Signifikanz: eine erneute Betrachtung", in: Sinnreich (Hrsg.), *Zur Philosophie der idealen Sprache*, dtv, München, 126-144.

Hennig, W. (1950): *Grundzüge einer Theorie der phylogenetischen Systematik*, Deutscher Zentralverlag, Berlin.

Herrmann, E. et al. (2007): „Humans Have Evolved Spezialized Skills of Social Cognition: The Cultural Intelligence Hypothesis", *Science* 317, 1360-1366.

Hewlett, B. und Cavalli-Sforza, L. (1986): „Cultural Transmission among Aka Pygmies", *American Anthropologist* 88, 922–934.

Heyes, C. M. und Huber, L. (Hrsg.) (2000): *The Evolution of Cognition*, MIT Press, Cambridge/Mass.

Heyes, C. M. und Hull, D. L. (Hrsg.) (2001): *Selection Theory and Social Construction*, SUNY Press, New York.

Heyes, C. M. und Plotkin, H. C. (1989): „Replicators and Interactors in Cultural Evolution", in: Ruse (Hrsg.), *What the Philosophy of Biology Is*, Kluwer, Dordrecht, 139–162.

Hinton, G. E. und Nowland, S. J. (1987): „How Learning Can Guide Evolution", in: *Complex Systems. I: Technical Report CMU-CS-86-128* (Carnegie Mellon University), 495–502.

Hirshleifer, J. und Martinez-Coll, J. C. (1988): „What Strategies Can Support the Evolutionary Emergence of Cooperation?", *Journal of Conflict Resolution* 32, 367–398.

Hobbes, T. (1642): „Vom Bürger", in: *Elemente der Philosophie II/III*, Felix Meiner, Hamburg, 1994.

Hobbes, T. (1651): *Leviathan*, Reclam, Stuttgart 1970.

Hofstadter, D. (1986): *Gödel, Escher, Bach*, 8. Aufl., Klett-Cotta, Stuttgart.

Holden, C. J. (2002): „Bantu Language Trees Reflect the Spread of Farming Across Sub-Saharan Africa", *Proceedings of the Royal Society of London, Series B: Biological Sciences* 260, 793–799.

Howson, C. und Urbach, P. (1996): *Scientific Reasoning: The Bayesian Approach*, 2. Aufl., Open Court, Chicago.

Hudson, W. D. (Hrsg.) (1969): *The Is-Ought-Question*, Macmillan Press, London.

Hull, D. L. (1978): „A Matter of Individuality", *Philosophy of Science* 45, 335–360.

Hull, D. L. (1982): „The Naked Meme", in: Plotkin (Hrsg.), *Learning, Development and Culture*, Wily, Chichester, 19–50.

Hull, D. L. (1997): „The Ideal Species Concept – and Why We Can't Get It", in: Claridge et al. (Hrsg.), *Species – the Units of Biodiversity*, Chapman and Hall, London, 357–380.

Hull, D. L. (2000): „Taking Memetics Seriously", in: Aunger (Hrsg.), 43–68.

Hume, D. (1739/40): *Ein Traktat über die menschliche Natur. Buch II und III* (übers. von T. Lipps), Felix Meiner, Hamburg 1978 (unveränd. Nachdr. von 1906).

Hunter, G. (1996): *Metalogic*, 6. Aufl., Univ. of California Press, Berkeley.

Huntington, S. P. (1996): *Kampf der Kulturen*, Goldmann, München.

Hurford, J. (2000): „Social Transmission Favours Linguistic Generalization", in: Knight, Studdert-Kennedy und Hurford (Hrsg.), 324–352.

Huttegger, S. (2007): „Evolutionary Explanations of Indicatives and Imperatives", *Erkenntnis* 66, 409–436.

Hüttemann, A. (2004): *What's Wrong with Microphysicalism?*, Routledge, London.

Huxley, J. (1942): *Evolution: The Modern Synthesis*, Allen & Unwin, London.

Inglehart, R. und Norris, P. (2003): *Rising Tide: Gender Equality and Cultural Change Around the World*, Cambridge Univ. Press, Cambridge/Mass.

Irrgang, B. (1993): *Lehrbuch der Evolutionären Erkenntnistheorie*, UTB, Reinhardt, München.

Isaak, M. (2002): „What Is Creationism?", http://www.talkorigins.org/faqs/wic.html. (links updated: Dec 12, 2002).

Jacobs, R. und Campbell, D. (1961): „The Perpetuation of an Arbitrary Tradition through Several Generations of a Laboratory Microculture", *Journal of Abnormal and Social Psychology* 62, 649–658.

Jensen, A. R. (1997): „The Puzzle of Nongenetic Variance", in: Sternberg und Grogorenko (Hrsg.), 42–88.

Johnson-Laird, P. N. (2006): *How We Reason*, Oxford Univ. Press, Oxford.

Jones, J. S. und Probert, R. F. (1980): „Habitat Selection Maintains a Deleterious Allele in a Heterogeneous Environment", *Nature* 287, 632–633.

Kaati, G. et al. (2002): „Cardiovascular and Diabetes Mortality Determined by Nutrition during Parents and Grandparents", *European Journal of Human Genetics* 10, 682–688.

Kahneman, D., Slovic, P. und Tversky, A. (1982): *Judgement under Uncertainty: Heuristics and Biases*, Cambridge Univ. Press, Cambridge.

Kahneman, D. und Tversky, A. (Hrsg.) (2000): *Choices, Values, and Frames*, Cambridge Univ. Press, Cambridge.

Kandel, E., Schwart, J. und Jessell, T. (Hrsg.) (1996): *Neurowissenschaften*, Spektrum Akademischer Verlag, Berlin.

Karlson, P. et al. (2007): *Kurzes Lehrbuch der Biochemie*, Thieme, Stuttgart.

Kasting, J. F. (1993): „New Spin on Ancient Climate", *Nature* 364, 759–760.

Kay, P. und McDaniel, C. (1978): „The Linguistic Significance of the Meanings of Basic Color Terms", *Language* 54(3), 610–646.

Kelly, J. K. (1985): *The Nuer Conquest*, Univ. of Michigan Press, Ann Arbor.

Kemp, T. S. (1982): „The Reptiles That Became Mammal", *New Scientist* 93, 581–584.

Kettlewell, H. B. (1973): *The Evolution of Melanism*, Oxford Univ. Press, Oxford.

Kimura, M. (1968): „Evolutionary Rate at the Molecular Level", *Nature* 217, 624–626.

Kirby, S. (2000): „Syntax Without Natural Selection", in: Knight, Studdert-Kennedy und Hurford (Hrsg.), 303–323.

Kitcher, P. (1993): „Function and Design", in: Allen, Bekoff und Lauder (Hrsg.), *Nature's Purposes*, MIT Press, Cambridge/Mass., 479–504.

Kleesattel, W. (2002): *Evolution*, Cornelsen Skriptor, Berlin.

Kleiber, G. (1998): *Prototypensemantik*, 2. Aufl., Gunter Narr, Tübingen.

Knauft, B. M. (1991): „Violence and Sociality in Human Evolution", *Current Anthropology* 32, 391–428.

Knight, C., Studdert-Kennedy, M., und Hurford, J. (Hrsg.) (2000), *The Evolutionary Emergence of Language*, Cambridge Univ. Press, Cambridge.

Kohlberg, L. (1977): „Eine Neuinterpretation der Zusammenhänge zwischen der Moralentwicklung in der Kindheit und im Erwachsenenalter", in: Döbert, Habermas und Nunner-Winkler (Hrsg.), *Entwicklung des Ichs*, Kiepenheuer & Witsch, Köln, 225–252.

Krebs, D. L. (1998): „The Evolution of Moral Behaviour", in: Crawford und Krebs (Hrsg.), 337–368.

Kreuzer, H. (Hrsg.) (1969): *Die zwei Kulturen. Literarische und naturwissenschaftliche Intelligenz*, Ernst Klett Verlag, Stuttgart.

Kripke, S. (1972): *Naming and Necessity*, Basil Blackwell, Oxford (2. Aufl. 1980).

Krüger, L. (1981): „Vergängliche Erkenntnis der beharrenden Natur", in: Poser (Hrsg.), *Wandel des Vernunftbegriffs*, Alber, Freiburg, 223–249.

Kuhn, T. S. (1967): *Die Struktur wissenschaftlicher Revolutionen*, Suhrkamp, Frankfurt/M. (2. rev. Aufl. 2002).

Kunz, W. (2002): „Was ist eine Art?", *Biologie in unserer Zeit* 32(1), 10–19.

Kutschera, F. von (1975): *Sprachphilosophie*, Fink, München.

Kutschera, U. (2008): „Correspondence: Darwin-Wallace Principle of Natural Selection", *Nature* 453, 27.

Ladyman, J. und Ross, D. (2007): *Every Thing Must Go. Metaphysics Naturalized*, Oxford Univ. Press, Oxford (mit D. Spurrett und J. Collier).

Lakatos, I. (1977): „Science and Pseudoscience", in: ders., *Philosophical Papers*, Bd. 1, Cambridge Univ. Press, Cambridge, 1–7.

Laland, K. und Brown, G. (2002): *Sense and Nonsense. Evolutionary Perspectives on Human Behavior*, Oxford Univ. Press, Oxford.

Laland, K. und Odling-Smee, J. (2000): „The Evolution of the Meme", in: Aunger (Hrsg.), 121–142.

Lamarck, J.-B. (1809): *Philosophie Zoologique*, Paris (engl. Übersetzung *The Zoological Philosophy*, Macmillan, London 1914).

Laurier, D. (1996): „Function, Normality, and Temporality", in: Marion and Cohen (Hrsg.), *Québec Studies in the Philosophy of Science*, Kluwer, Dordrecht, 25–52.

Lauth, B., und Sareiter, J. (2002): *Wissenschaftliche Erkenntnis. Eine ideengeschichtliche Einführung in die Wissenschaftstheorie*, Mentis, Paderborn.

Lefrancois, G. R. und Lissek, S. (2006): *Psychologie des Lernens*, Springer, Berlin.

Lehmann, H. (2004): *Säkularisierung. Der europäische Sonderweg in Sachen Religion*, Wallstein, Göttingen.

Leitgeb, H. (2004): *Inference on the Low Level*, Kluwer, Dordrecht.

Lenzen, M. (2003): *Evolutionstheorien: In den Natur- und Sozialwissenschaften*, Campus, Frankfurt/M.

Leslie, A. M. (1982): „The Perception of Causality in Infants", *Perception* 11, 173–186.

Leslie, A. M. (1987): „Pretense and Representation: The Origins of ‚Theory of Mind'", *Psychological Review* 94, 412–426.

Levit, G. S., Meister, K. und Hoßfeld, U. (2005): „Alternative Evolutionstheorien", in: Krohs und Toepfer (Hrsg.), *Philosophie der Biologie*, Suhrkamp, Frankfurt/M.

Lewis, D. (1969): *Convention*, Harvard Univ. Press, Cambridge/Mass.

Liebers, D. et al. (2004): „The Herring Gull Complex Is Not a Ring Species", *Biological Sciences* 271, 893-901.

Linder-Biologie (1992): *Lehrbuch für die Oberstufe, Teil 3* (20. neu bearb. Auflage, hrsg. von H. Knodel und H. Bayrhuber), Swoboda & Bruder, Wien.

Linné, C. von (1735): *Systema Naturae*, Johan Wilhelm de Groot, Leiden.

Linné, C. von (1737): *Genera Plantarum*, Conrad Wishoff, Leiden.

Lorberbaum, J. (1994): „No Strategy is Evolutionary Stable in Repeated Prisoners Dilemma", *Journal of Theoretical Biology* 168, 117-130.

Lorenz, K. (1941/42): „Kants Lehre vom Apriorischen im Lichte gegenwärtiger Biologie", *Blätter für Deutsche Philosophie* 15, 1941/42, 94-125.

Lorenz, K. (1943): „Die angeborenen Formen möglicher Erfahrung", *Zeitschrift für Tierpsychologie* 5, 235-409.

Lorenz, K. (1963): *Das sogenannte Böse. Zur Naturgeschichte der Aggression*, Borotha-Schoeler Verlag, Wien.

Losee, J. (1977): „Limitations of the Evolutionist Philosophy of Science", *Studies in the History of Science* 8, 349-352.

Lovejoy, A. O. (1936): *The Great Chain of Being*, Harvard Univ. Press, Cambridge (dt. 1985).

Lumsden, C. J. und Wilson, E. O. (1981): *Genes, Mind, and Culture: The Coevolutionary Process*, Harvard Univ. Press, Cambridge/Mass.

Lunau, K. (2002): *Warnen, Tarnen, Täuschen*, Wissenschaftliche Buchgesellschaft, Darmstadt.

Lütterfels, W. (Hrsg.) (1993): *Evolutionäre Ethik zwischen Naturalismus und Idealismus*, Wissenschaftliche Buchgesellschaft, Darmstadt.

Lyell, C. (1830-1833): *Principles of Geology*, 3 Bde., John Murray, London.

Macdonald, C. und Macdonald, G. (Hrsg.) (1995): *Connectionism*, Blackwell, Cambridge/Mass.

Malotki, E. (1983): *Hopi Time*, Mouton, Berlin.

Margolis, E. und Laurence, S. (1999): „Concepts and Cognitive Science", in: Margolis und Laurence (Hrsg.), *Concepts*, MIT Press, Cambridge/Mass., 3-82.

Maturana, H. R. und Varela, F. (1984): *Der Baum der Erkenntnis*, Scherz, Bern.

May, R. M. (1987): „Chaos and the Dynamics of Biological Populations", *Proceedings of the Royal Society of London A* 413, 27-44.

Maynard Smith, J. (1964): „Group Selection and Kin Selection", *Nature* 201, 1145-1146.

Maynard Smith, J. (1974): „The Theory of Games and the Evolution of Animal Conflicts", *Journal of Theoretical Biology* 47, 209-221.

Maynard Smith, J. (1982): *Evolution Theory and the Theory of Games*, Cambridge Univ. Pres, Cambridge.

Maynard Smith, J. und Szathmáry, E. (1996): *Evolution*, Spektrum Akademischer Verlag, Heidelberg (engl. 1995).

Mayr, E. (1942): *Systematics and the Origin of Species*, Columbia Univ. Press, New York

Mayr, E. (1959): „Where Are We?", Cold Spring Harbor Symposia on Quantitative Biology 24, 1-14.

Mayr, E. (1963): *Animal Species and Evolution*, Harvard Univ. Press, Harvard.

Mayr, E. (1969): *Principles of Systematic Zoology*, McGraw.Hill, New York.

Mayr, E. (1982): *The Growth of Biological Thought*, Harvard Univ. Press., Harvard.

Mayr, E. und Short, L. (1970): *Species Taxa of Nord American Birds*, Nuttall Ornithological Club Pub. No. 9, Cambridge/Mass.

McGrath, A. (2007): *Der Atheismus-Wahn*, Gerth Medien GmbH, Asslar.

McNeill, W. H. (1977): *Plagues and Peoples*, Blackwell, Oxford.

Meltzoff, A. N. (1996): „The Human Infant as Imitative Generalist", in: Heyes und Galef (Hrsg.), *Social Learning in Animals*, Academic Press, San Diego, 347-370.

Mesarovic, M. und Takahara, Y. (1989): *Abstract Systems Theory*, Springer, Berlin.

Mesoudi, A und Whiten, A. (2004): „The Hierarchical Transformation of Event Knowledge in Human Cultural Transmission", *Journal of Cognition and Culture* 4, 1-24.

Mesoudi, A., Whiten, A. und Laland, K. N. (2006): „Towards a Unified Science of Cultural Evolution", *Behavioral and Brain Science* 29, 329-347.

Meyer, T. (1989): *Fundamentalismus. Aufstand gegen die Moderne*, Rowohlt, Reinbek bei Hamburg, 1989.

Milinski, M., Semmann, D. und Krambeck, H. J. (2002): „Reputation Helps Solve the ‚Tragedy of the Commons‘", *Nature* 415, 424–426.

Miller, S.L. (1953): „A Production of Amino Acids Under Possible Primitive Earth Conditions", *Science* 117, 528–529.

Millikan, R. G. (1984): *Language, Thought, and Other Biological Categories*, MIT Press, Cambridge/Mass.

Millikan, R. G. (1989): „In Defence of Proper Functions", *Philosophy of Science* 56, 288–302.

Millikan, R. G. (1993): *White Queen Psychology and Other Essays for Alice*, MIT Press, Cambridge/Mass.

Millikan, R. G. (2003): „Vom angeblichen Siegeszug der Gene und Meme", in: Becker et al. (Hrsg.), 90–111.

Mises, R. von (1964): *Mathematical Theory of Probability and Statistics*, Academic Press, New York.

Mitchell, M. (1996): *An Introduction to Genetic Algorithms*, MIT Press, Cambridge/Mass.

Molinier J. et al. (2006): „Transgenerational Memory of Stress in Plants", *Nature* 442, 1046–1049.

Morgan, H. D. et al. (1999): „Epigenetic Inheritance at the Agouti Locus in the Mouse", *Nature Genetics* 23, 314–318.

Müller, K. (1996): *Allgemeine Systemtheorie*, Westdeutscher Verlag, Opladen.

Murdock, G. P. (1956): „How Culture Changes", in: Shapiro (Hrsg.), *Man, Culture and Society*, Oxford Univ. Press, Oxford.

Murdock, G. P. (1967): *Ethnographic Atlas*, University of Pittsburgh Press, Pittsburgh.

Nägeli, C. (1865): *Entstehung und Begriff der naturhistorischen Art*, K. Bayr. Akademie, München.

Neander, K. (1991): „Functions as Selected Effects: The Conceptual Analyst's Defense", *Philosophy of Science* 58, 168 – 184.

Neirynck, J. (1998): *Der göttliche Ingenieur: die Evolution der Technik*, 3. Aufl., expert verlag, Renningen-Malsheim.

Neumann, J. von und Morgenstern, O. (1944): *Theory of Games and Economic Behavior,* Univ. Press, Princeton (Neuaufl. 2004).

Niemi, M.-B. (2008): „Wunder für Ungläubige", *Gehirn & Geist*, Nr. 6, 66–71.

Nisbett, R. E. (2009): *Intelligence and How to get It*, Norton & Company, New York.

Noble, J. (2000): „Cooperation, Competition and the Evolution of Prelinguistic Communication", in: Knight, Studdert-Kennedy und Hurford (Hrsg.), 40–61.

Norton, J. (2003): „A Material Theory of Induction", *Philosophy of Science* 70, 647–670.

Nowak, M. A. (2006): *Evolutionary Dynamics*, Belknap Press, Cambridge/Mass.

Nowak, M. und Sigmund, K. (1993): „A Strategy of Win-Stay, Lose-Shift that Outperforms Tit-for-Tat in the Prisoner"s Dilemma Game", *Nature* 364, 56–58.

Nowak, M. A. und Sigmund, K. (1998): „Evolution of Indirect Reciprocity by Image Scoring", *Nature* 393, 573–577.

Nozick, R. (1974): *Anarchy, State and Utopia*, Oxford Univ. Press, Oxford.

O'Brien, M. J. und Lyman, R. L. (2003): *Cladistics and Archaeology*, Univ. of Utah Press, Utah.

Oberauer, K. und Wilhelm, O. (2003): The Meaning(s) of Conditionals", *Journal of Experimental Psychology: Learning, Memory, and Cognition* 29(4), 680–693.

Over, D. E. (2003a): „From Massive Modularity to Metarepresentation: the Evolution of Higher Cognition", in: ders. (Hrsg.), 121–144.

Over, D. E. (Hrsg.) (2003b): *Evolution and the Psychology of Thinking: The Debate*, Psychology Press, Hove/UK.

Pagel, M. (2000): „The History, Rate and Pattern of World Linguistic Evolution", in: Knight, Studdert-Kennedy und Hurford (Hrsg.), 391–416.

Paley, W. (1802): *Natural Theology: Or, Evidences of the Existence and Attributes of the Deity*, Fauldner, London.

Papineau, D. (1993): *Philosophical Naturalism*, Blackwell, Oxford.

Papineau, D. (2000): „The Evolution of Knowledge", in: Carruthers und Chamberlain (Hrsg.), 170–206.

Pearl, J. (2000): *Causality*, Cambridge Univ. Press, Cambridge.

Peitgen, H.-O., Jürgens, H. und Saupe, D. (1992): *Bausteine des Chaos - Fraktale*, Springer, Berlin.

Penny, D., Foulds, L. und Hendy, M. (1982): „Testing the Theory of Evolution by Comparing the Phylogenetic Trees Constructed from Five Different Protein Sequences", *Nature* 297, 197–200.

Perner, J. (1991): *Understanding the Representational Mind*, MIT Press, Cambridge/Mass.

Petrie, W. M. (1899): „Sequences in Prehistoric Remains", Journal of the Royal Anthropological Institute of Great Britain and Ireland 29, 295–301.

Pfeifer, N. und Kleiter, G. (2008): „The Conditional in Mental Probability Logic", in: Oaksford (Hrsg.), The Psychology of Conditionals, Oxford Univ. Press, Oxford.

Piaget, J. (1973): Das moralische Urteil beim Kinde, Suhrkamp, Frankfurt/M.

Piatelli-Palmarini, M. (1997): Die Illusion zu wissen, Rowohlt, Reinbek bei Hamburg.

Pigden, C. (Hrsg.) (2010): Hume, „Is", and „Ought", Palgrave Macmillan, Hampshire.

Pitt-Rivers, Lane-Fox A. (1906): The Evolution of Culture, Clarendon Press, Oxford 1906.

Plotkin, H. (2000): „Culture and Psychological Mechanisms", in: Aunger (Hrsg.), 69–82.

Popper, K. (1935): Logik der Forschung, Mohr, Tübingen (10. Aufl. 2004).

Popper, K. (1965): Das Elend des Historizismus, Mohr, Tübingen.

Popper, K. (1973): Objektive Erkenntnis, Hoffmann & Campe, Hamburg.

Popper, K. (1987): „Natural Selection and the Emergence of Mind", in: Radnitzy und Bartley III. (Hrsg.), Evolutionary Epistemology, Rationality, and the Sociology of Knowledge, Open Court, La Salle, 139–156.

Popper, K. (1994/74): Ausgangspunkte. Meine intellektuelle Entwicklung, Hoffmann & Campe, Hamburg (engl. Orig. als „Autobiography", in: Schilpp (Hrsg.), The Philosophy of Karl Popper, Open Court, La Salle 1974).

Poundstone, W. (1992): Prisoner's Dilemma, Doubleday, New York.

Povinelli, D. (2000): Folk Physics for Apes, Oxford Univ. Press, Oxford.

Premack, D. und Woodruff, G. (1978): „Does the Chimapanzee Have a Theory of Mind?", Behavioral and Brain Sciences 1, 515–526.

Prior, A. N. (1960): „The Autonomy of Ethics", Australasian Journal of Philosophy 38, 199–206.

Psillos, S. (1999): Scientific Realism. How Science Tracks Truth, Routledge, London/New York.

Putnam, H. (1975): „What is Mathematical Truth?", in: Putnam, Mathematics, Matter and Method, Cambridge Univ. Press, Cambridge, 60–78.

Rapoport, A. (1986): General System Theory, Abacus Press, Cambridge/Mass.

Rawls, J. (1971): A Theory of Justice, Oxford Univ. Press, Oxford.

Reichenbach, H. (1949): The Theory of Probability, University of California Press, Berkeley.

Rescorla, R. A. und Wagner, A. R. (1972): „A Theory of Pavlovian Conditioning", in: Black und Prokasy (Hrsg.), Classical Conditioning II, Appleton-Century-Croft, New York, 64–99.

Reuter, G. (2003): „Einleitung: Einige Spielarten des Naturalismus", in: Becker et al. (Hrsg.), 7–48.

Richards, R. J. (1993): „Evolutionäre Ethik, revidiert oder gerechtfertigt", in: Bayertz (Hrsg.), 168–198.

Richerson, P. J., Boyd, R. und Henrich, J. (2003): „Cultural Evolution of Human Cooperation", in: Hammerstein (Hrsg.) (2003b), 357–388.

Ridley, M. (1993): Evolution, Blackwell Scientific Publications, Oxford.

Ritter, J. (1998): „Jedem seine Wahrheit: Die Mathematiken in Ägypten und Mesopotamien", in: Serres (Hrsg.), Elemente einer Geschichte der Wissenschaften, Suhrkamp, Frankfurt/M.

Rizzolatti, G. und Sinigaglia, C. (2008): Empathie und Spiegelneurone, Suhrkamp, Frankfurt/M.

Robson, A. J. (1990): „Efficiency in Evolutionary Games: Darwin, Nah, and the Secret Handshake", Journal of Theoretical Biology 144, 379–396.

Rockenbach, B. und Milinski, M. (2006): „The Efficient Interaction of Indirect Reciprocity and Constly Punishment", Nature 444, 718–723.

Röd, W. (1984): Geschichte der Philosophie. Bd. VIII: Die Philosophie der Neuzeit 2, Beck, München.

Rojas, P. (1996): Theorie der Neuronalen Netze, Springer, Berlin.

Rosenberg, A. (1985): The Structure of Biological Science, Cambridge Univ. Press, Cambridge.

Rosnow, R. (1980): „Psychology of Rumor Reconsidered", Psychological Bulletin 87, 578–591.

Rudwick, M. J. (1972): The Meaning of Fossils, Macdonald, London.

Rudwick, M. J. (2005): Bursting the Limits of Time, Univ. of Chicago Press, Chicago.

Ruhlen, M. (1987): A Guide to the World"s Languages, Stanford Univ. Press, Stanford (inkl. Postscript 1991).

Ruhlen, M. (1994): The Origin of Language: Tracing the Evolution of the Mother Tongue, Wiley, New York.

Rumelhart, D., McClelland, J. und PDP Research Group (1986): Parallel Distributed Processing, Bde. 1 und 2, MIT Press, Cambridge/Mass.

Runciman, W. G. (1990): „Doomed to Extinction: The Polis as an Evolutionary Dead-End", in: Murray und Price (Hrsg.), *The Greek City from Homer to Alexander*, Clarendon Press, Oxford, 347–367.

Runciman, W. G. (1998): *The Social Animal,* HarperCollins, London.

Ruse, M. (1993): „Noch einmal: Die Ethik der Evolution", in: Bayertz (Hrsg.), 153–167.

Ruse, M. und Wilson, E. O. (1985): „The Evolution of Ethics", *New Scientist* 17, 50–52.

Russell, Y., Call, J. und Dunbar, R. (2008): „Image Scoring in Great Apes", *Behavioral Processes* 78, 108–111.

Salmon, W. (1984): *Scientific Explanation and the Causal Structure of the World*, Princeton, Princeton Univ. Press.

Salomon, S. (1992): *Prairie Patrimony: Family, Farming and Community in the Midwest*, Univ. of North Carolina Press, Chapel Hill.

Salwiczek, L. (2001): „Grundzüge der Memtheorie", in: Wickler und Salwiczek (Hrsg.), *Wie wir die Welt erkennen*, Alber, Freiburg/München, 119–202.

Samuels, R. (2000): „Massively Modular Minds: Evolutionary Psychology and Cognitive Architecture", in: Carruthers und Chamberalin (Hrsg.), 13–46.

Sarich, V. und Wilson, A. (1967): „Immunological Time Scale for Human Evolution", *Science* 158, 1200–1203.

Saunders, B. (2000): „Revisiting Basic Color Terms", *Journal of the Royal Anthropological Institute* 6, 81–99.

Scarr, S. (1997): „Behavior-Genetic and Socialization Theories of Intelligence", in: Sternberg und Grigorenko (Hrsg.), 3–41.

Scarr, S. und Weinberg, R. (1978): „The Influence of ‚Family-Background' on Intellectual Attainment", *American Sociological Review* 43, 674–692.

Schiffer, S. (1991): „Ceteris Paribus Laws", *Mind* 100, 1–17.

Schurz, G. (1983): *Wissenschaftliche Erklärung*, dbv-Verlag für die TU Graz, Graz.

Schurz, G. (Hrsg.) (1990): *Erklären und Verstehen in der Wissenschaft*, 2. Aufl., Oldenbourg, München.

Schurz, G. (1991): „Relevant Deduction", *Erkenntnis*, 35, 391–437.

Schurz, G. (1996): „Kinds of Unpredictability in Deterministic Systems", in: Weingartner und Schurz (Hrsg.), 123–141.

Schurz, G. (1997): *The Is-Ought Problem. A Study in Philosophical Logic*, Kluwer, Dordrecht.

Schurz, G. (1998): „Das Problem der Induktion", in: Keuth (Hrsg.), *Karl Popper. Logik der Forschung*, Akademie-Verlag, Berlin 1998, 25–40.

Schurz, G. (1999a): „Bewußtsein und das kognitive Unbewußte", in: Baier (Hrsg.), *Bewusstsein*, Leykam, Graz, 50–72.

Schurz, G. (1999b): „Explanation as Unification", *Synthese* 120, 95–114.

Schurz, G. (2001a): „Natürliche und kulturelle Evolution: Skizze einer verallgemeinerten Evolutionstheorie", in: Wickler und Salwiczek (Hrsg.), *Wie wir die Welt erkennen* (Grenzfragen Bd. 27), Alber, Freiburg 2001, S. 329–376.

Schurz, G. (2001b): „What Is ‚Normal'?, An Evolution-Theoretic Foundation of Normic Laws and Their Relation to Statistical Normality", *Philosophy of Science* 28, 476–497.

Schurz, G. (2002): „Ceteris Paribus Laws: Classification and Deconstruction", *Erkenntnis* 57/3, 351–372.

Schurz, G. (2003): „Sind Menschen Vernunftwesen?", *Information Philosophie* 2005, Nr. 5 (Dezember), 16–27.

Schurz, G. (2004a): „Zur Rolle von Brückenprinzipien in einer faktenorientierten Ethik", in: Lütge and Vollmer (Hrsg.), *Fakten statt Normen?*, Nomos, Baden-Baden, 14–27.

Schurz, G. (2004b): „Normic Laws, Nonmonotonic Reasoning, and the Unity of Science", in: Rahman et al. (Hrsg.), *Logic, Epistemology, and the Unity of Science*, Dordrecht, Kluwer, 181–211.

Schurz, G. (2005a): „Laws of Nature vs. System Laws", in: Faye et al. (Hrsg.), *Nature's Principles*, Kluwer, Dordrecht.

Schurz, G. (2005b): „Non-Monotonic Reasoning from an Evolutionary Viewpoint", *Synthese* 146 (1-2), 37–51.

Schurz, G. (2006): *Einführung in die Wissenschaftstheorie*, Wissenschaftliche Buchgesellschaft, Darmstadt (2. Aufl. 2008).

Schurz, G. (2007a): „Wissenschaftliche Erklärung", in: Bartels und Stöckler (Hrsg.), *Wissenschaftstheorie*, mentis, Paderborn, 69–88.

Schurz, G. (2007b): „Human Conditional Reasoning Explained by Non-Monotonicity and Probability: An Evolutionary Account", in: Vosniadou et al. (Hrsg.), *Proceedings of EuroCogSci07*, Erlbaum, New York, 628–633.

Schurz, G. (2007c): „Kampf der Kulturen? Eine empirische und evolutionäre Kritik der Huntington-These", in: Gabriel (Hrsg.), *Technik, Globalisierung und Religion*, Alber, Freiburg, 123–167.

Schurz, G. (2008a): „Patterns of Abduction", *Synthese* 164, 201–234.

Schurz, G. (2008b): „The Meta-Inductivist"s Winning Strategy in the Prediction Game: A New Approach to Hume's Problem", *Philosophy of Science* 75, 278–305.

Schurz, G. (2009a): „Meta-Induction and Social Epistemology: Computer Simulations of Prediction Games", *Episteme* 6, 201–220.

Schurz, G. (2009b): „Theorie der Weltanschauungen und Musils *Der Mann ohne Eigenschaften*", in: Mulligan und Westerhoff (Hrsg.), *Robert Musil – Ironie, Satire, falsche Gefühle*, mentis, Paderborn 2009, 99–123.

Schurz, G. (2010): „Prototypes and Their Composition from an Evolutionary Point of View", in: Hinzen, Machery und Werning (Hrsg.): *The Oxford Handbook of Compositionality*, Oxford Univ. Press, Oxford 2010, im Druck.

Schurz, J. (1990): „Prometheus or Expert-Idiot? Changes in Our Understanding Sciences", *Polymer News* 15, 232–237 (dt.: *CBL* 39, 1988, 378–382).

Schüssler, R. (1990): *Kooperation unter Egoisten. Vier Dilemmata*, Oldenbourg, München.

Schwab, F. (2004): *Evolution und Emotion*, Kohlhammer, Stuttgart.

Shanks, D. R., Douglas, L. M. und Holyoak, K. J. (Hrsg.) (1996). *The Psychology of Learning and Motivation*, Academic Press, San Diego/CA.

Shapiro, A. K. (1997): *The Powerful Placebo: from Ancient Priest to Modern Physician*, Baltimore, Johns Hopkins Univ. Press, 1997.

Sheldrake, R. (2008): *Das schöpferische Universum*, 3. neu bearb. Aufl., Nymphenburger, München (1. Aufl. 1981).

Siewing, R. (Hrsg.) (1978): *Evolution*, G. Fischer (UTB), Stuttgart.

Singer, C. (1959): *A Short History of Scientific Ideas*, Oxford Univ. Press, London 1959.

Skyrms, B. (1996): *Evolution of the Social Contract*, Cambridge Univ. Press.

Skyrms, B. (2004): *The Stag Hunt and the Evolution of the Social Structure*, Cambridge Univ. Press, Cambridge.

Smolin, L. (1997): *The Life of the Cosmos*, Oxord Univ. Press, New York.

Sneath, P. und Sokal, R. (1973): *Numerical Taxonomy*, 2. Aufl., Freeman, San Francisco.

Sober, E. (1984): *The Nature of Selection*, MIT Press, Cambridge/Mass.

Sober, E. (1993): *Philosophy of Biology*, Westview Press, Boulder.

Sober, E. (2002): „Intelligent Design and Probability Reasoning", *International Journal for Philosophy of Religion* 52, 65–80.

Sober, E. und Wilson, D. (1998): *Unto Others*, Harvard Univ. Press, Cambridge/Mass.

Sommer, V. (2003): „Geistlose Affen oder äffische Geisteswesen?", in: Becker et al. (Hrsg.), 112–137.

Spelke, E. S, Phillips, A. und Woodward, A. L. (1995): „Infant's Knowledge of Object Motion and Human Action", in: Sperber, Premack und Premack (Hrsg.), 44–78.

Spencer, H. (1851): *Social Statics*, London.

Sperber, D. (2000): „An Objection to the Memetic Approach to Culture", in: Aunger (Hrsg.), 163–173.

Sperber, D., Premack, D. und Premack, A. J. (Hrsg.) (1995): *Causal Cognition*, Clarendon Press, Oxford.

Spiegelman, S. (1970): Extracellular Evolution of Replicating Molecules, in: Schmitt (Hrsg.), *The Neuro-Sciences*, Rockefeller Univ. Press, New York, 927–945.

Stanford, K. (2006): *Exceeding our Grasp*, Oxford Univ. Press, Oxford.

Stegmüller, W. (1965): „Das Universalienproblem einst und jetzt", in: Stegmüller, *Glauben, Wissen und Erkennen*, Wissenschaftliche Buchgesellschaft, Darmstadt, 49–118.

Stegmüller, W. (1970): *Probleme und Resultate der Wissenschaftstheorie und Analytischen Philosophie*. Bd. II: *Theorie und Erfahrung*. Erster Halbband (Studienausgabe Teil A–C), Springer, Berlin.

Stegmüller, W. (1983): *Probleme und Resultate der Wissenschaftstheorie und Analytischen Philosophie*. Bd. I: *Erklärung – Begründung – Kausalität*, 2. verb. und erw. Aufl., Springer, Berlin.

Sterelny, K. (2000): „Primate Mind Readers", in: Heyes und Huber (Hrsg.), 143–162.

Sternberg, R. J. und Grigorenko, E. L. (Hrsg.) (1997): *Intelligence, Heredity, and Environment*, Cambridge Univ. Press, Cambridge.

Sundet, J. M., Barlaug, D. G. und Torjussen, T. M. (2004): „The End of the Flynn Effect?", *Intelligence* 32, 349–362.

Suppes, P. (1985): „Explaining the Unpredictable", *Erkenntnis* 22, 187–195.

Swinburne, R. (1979): *The Existence of God*, Clarendon Press, Oxford (2. rev. Aufl. 2004).

Szathmáry, E. und Wolpert, L. (2003): „The Transition from Single Cells to Multicellularity", in: Hammerstein (Hrsg.) (2003b), 271–290.

Taylor, S. E. (1989): *Positive Illusions. Creative Self-Deception and the Healthy Mind*, Basic Books, New York.

Teasdale, T. W. und Owen, D. R. (2005): „A Long-Term Rise and Recent Decline in Intelligence Test Performance: the Flynn Effect in Reverse", *Personality and Individual Differences* 39, 837–843.

Tepe, P. (2007): *Kognitive Hermeneutik*, Königshausen & Neumann, Würzburg.

Thorndike, E. L. (1911): *Animal Intelligence*, Macmillan, New York.

Tille, A. (1895): *Von Darwin bis Nietzsche. Ein Buch zur Entwicklungsethik*, Leipzig.

Tomasello, M. (1996): „Do Apes Ape?", in: Heyes und Galef (Hrsg.), *Social Learning in Animals,* Academic Press, San Diego, 319–346.

Tomasello, M. (1999): *The Cultural Origins of Human Cognition*, Harvard Univ. Press, Cambridge/Mass.

Tooby, J. und Cosmides, L. (1992): „The Psychological Foundations of Culture", in: Barkow, Cosmides and Tooby (Hrsg.), 19–136.

Topitsch, E. (1979): *Erkenntnis und Illusion*, Hoffman & Campe, Hamburg.

Toulmin, S. (1972): *Human Understanding,* Princeton Univ. Press, Princeton.

Trivers, R. (1971): „The Evolution of Reciprocal Atruism", *Quarterly Review of Biology* 46, 35–57.

Turiel, E. (1977): „Konflikt und Übergangsprozesse der Entwicklung der Moral Jugendlicher", in: Döbert, Habermas und Nunner-Winkler (Hrsg.), *Entwicklung des Ichs*, Kiepenheuer & Witsch, Köln, 253–270.

Unwin, S. T. (2005): *Die Wahrscheinlichkeit der Existenz Gottes. Mit einer einfachen Formel auf der Spur der letzten Wahrheit*, discorsi, Hamburg.

Van Valen, L. M. (1973): „A New Evolutionary Law", *Evolutionary Theory* 1, 1–30.

Vollmer, G. (1988): *Was können wir wissen?* Bd. 1: *Die Natur der Erkenntnis*, Hirzel, Stuttgart.

Wachbroit, R. (1994): „Normality as a Biological Concept", *Philosophy of Science* 61, 579–591.

Wachtershäuser, G. (1988): „Before Enzymes and Templates: Theory of Surface Metabolism", *Microbiological Reviews* 52, 452–484.

Wagner, G. P. und Altenberg, L. (1996): „Complex Adaptations and the Evolution of Evolvability", *Evolution* 50, 967–976.

Wallace, A. R. (1855): „One the Law which has Regulated the Introduction of New Species", *The Annals and Magazine of Natural History* Series 2, 16, 184–196.

Ward, P. und Brownlee, D. (2000): *Rare Earth*, Springer, New York (dt.: *Unsere einsame Erde*, Springer, Berlin 2001).

Wason, P. C. (1966): „Reasoning", in: Foss (Hrsg.), *New Horizons in Psychology I*, Harmondsworth, Penguin, 135–151.

Wasserman, E., Kao, S.-F., Van Hamme, L., Katagiri, M. und Young, M. (1996): „Causation and Association", in: Shanks, Douglas und Holyoak (Hrsg.), 208–264.

Weber, M. (1998): *Die Architektur der Synthese. Entstehung und Philosophie der modernen Evolutionstheorie*, de Gruyter, Berlin.

Weibull, J. (1995): *Evolutionary Game Theory*, MIT Press, Cambridge/Mass.

Weinberg, S. (1977): *Die ersten drei Minuten. Der Ursprung des Universums*, Piper, München.

Weinberg, S. (1992): *Dreams of a Final Theory*, Pantheon. New York.

Weingartner, P. und Schurz. G. (Hrsg.) (1996), *Law and Prediction in the Light of Chaos Research*, Springer, Berlin.

Wells, A. (1998): „Turing-Modell", in: Crawford und Krebs (Hrsg.), 235–264.

Wenegrat, B. (1990): *The Divine Archetype: The Sociobiology and Psychology of Religion*, Lexington Books, Massachusetts.

Werning, M. (2005): „The Temporal Dimension of Thought: Cortical Foundations of Predicative Representation", *Synthese* 146, 203–224.

Whiten, A. et al. (1996): „Imitative Learning of Artificial Fruit Processing in Children" (*Homo sapiens*) and Chimpanzees (*Pan troglodytes*)", *Journal of Comparative Psychology* 110, 3-14.

Whorf, B. L. (1963): *Sprache, Denken, Wirklichkeit*, Rowohlt, Reinbek bei Hamburg (engl. Orig.1956).

Wickler, W. (1975): *Die Biologie der Zehn Gebote*, Piper, München (Orig. 1971).

Wilkins, J. S. (1998): „What is a Meme?", *Journal of Memetics – Evolutionary Models of Information Transmission* 2 (www.cpm.mmu.ac.uk/jom-emit/1998/ vol2.Wilkinsjs.html).

Williams, G. (1966): *Adaptation and Natural Selection*, Princeton Univ. Press, Princeton.

Williams, G. und Williams, D. (1957): „Natural Selection of Individually Harmful Social Adaptations Among Sibs with Special Reference to Social Insects", *Evolution* 11, 32-39.

Willke, H. (1987): *Systemtheorie*, 2. Aufl., G. Fischer, Stuttgart.

Wilson, D. (1980): *The Natural Selection of Populations and Communities*, Benjamin Cummins, Menlo Park/CA.

Wilson, D. (2002): *Darwin's Cathedral. Evolution, Religion and the Nature of Society*, Univ. of Chicago Press, Chicago.

Wilson, E. O. (1975): *Sociobiology. The New Synthesis*, Harvard Univ. Press, Cambridge/Mass.

Wilson, E. O. (1993): „Altruismus", in: Bayertz (Hrsg.), 133-152.

Wilson, E. O. (1998): *Die Einheit des Wissens*, Siedler, Berlin.

Wimmer, H. und Perner, J. (1983): „Beliefs about Beliefs", *Cognition* 13, 103-128.

Worrall, J. (1989): „Structural Realism: The Best of Both Worlds", *Dialectica* 43/1-2, 99-124.

Worrall, J. (2002): „New Evidence for Old", in: Gärdenfors et al. (Hrsg.), *In the Scope of Logic, Methodology and Philosophy of Science*, Kluwer, Dordrecht.

Wright, L. (1976): *Teleological Explanations*, Univ. of California Press, Berkeley.

Wright, S. (1931): „Evolution in Mendelian Populations", *Genetics* 16, 97-157.

Wright, S. (1968ff): *Evolution and the Genetics of Populations*, 4 Bde., Univ. of Chicago Press, Chicago.

Wuketits, F. (1993): „Die Evolutionäre Ethik und ihre Kritiker. Versuch einer Metakritik", in: Lütterfels (Hrsg.), 208-234.

Young, H. P. (2003): „The Power of Norms", in: Hammerstein (Hrsg.) (2003b), 389-400.

Zahavi, A. und Zahavi, A. (1998): *Signale der Verständigung. Das Handicap-Prinzip*, Insel Verlag, Frankfurt/M.

Zollman, K. (2009): Review of Arnold (2008), *Notre Dame Philosophical Reviews* (ndpr.nd.edu/ reviews.cfm).

Personenregister

Sachregister